有 机 化 学

（第三版）

徐伟亮　主编

科 学 出 版 社

北　京

内 容 简 介

本书共15章，分两部分内容。第一部分为基础有机化学及有机波谱内容，主要介绍了有机化学的基础理论、基本有机化合物的类型和命名、结构、理化性质、化学反应及重要的化合物、重要的反应机理、立体化学、紫外光谱、红外光谱、核磁共振谱、质谱。第二部分为天然有机化学内容，主要介绍了油脂、碳水化合物、氨基酸、蛋白质、核酸、含氮和含磷化合物、杂环化合物和生物碱。

本书在深度和广度上符合医学类、农林类、生物和生命科学类等有机化学课程的教学大纲，在内容取材和编排上面向生物和生命大类的有机化学教学，可作为高等学校医学类、农林类、生物和生命科学类各专业有机化学的教材。

图书在版编目(CIP)数据

有机化学/徐伟亮主编. —3版. —北京：科学出版社，2015.2

ISBN 978-7-03-043525-5

Ⅰ.① 有… Ⅱ.① 徐… Ⅲ.① 有机化学-高等学校-教材 Ⅳ.① O62

中国版本图书馆CIP数据核字(2015)第040332号

责任编辑：郑祥志 赵晓霞 / 责任校对：赵桂芬

责任印制：张 伟 / 封面设计：迷底书装

科学出版社出版

北京东黄城根北街16号

邮政编码：100717

http://www.sciencep.com

保定市中画美凯印刷有限公司印刷

科学出版社发行 各地新华书店经销

*

2002年9月第 一 版 开本：787×1092 1/16

2008年6月第 二 版 印张：22 1/2

2015年3月第 三 版 字数：573 000

2026年1月第二十六次印刷

定价：68.00元

(如有印装质量问题，我社负责调换)

第三版前言

自 2008 年《有机化学》第二版出版以来，已经过了七年时间。七年来，我校和使用本书的兄弟院校教师给了编者极大的鼓舞，也提供了许多有益的建议，在此谨向他们表达编者衷心的感谢。

此次再版编写的指导思想与第二版相同，仍然是面向医学、农林、生命科学等专业，编写时融合了我校近几年来有机化学课程教学内容改革的成果，并充分考虑到未来现代生物技术将占主导地位的事实。

本次再版着重正确地阐述有机化学的基本理论和概念，科学完整地表达有机化学基本原理和概念间的相互联系；注意理论联系实际，内容上充分反映当前国内外医学、农林和生命科学领域中应用有机化学的重大成果和进展。

第三版教材形式上仍保留第一版、第二版的章节安排。天然有机化学（英、美有机化学教科书中是以“biomolecules”为题进行介绍）中有关油脂、碳水化合物、氨基酸、蛋白质、核酸及杂环化合物和生物碱的内容，本书着重介绍这些化合物的化学结构和化学性质，而生理和生物性质及功能则交由后续的生物化学等课程介绍。本书仍保留“波谱基础”的内容。虽然要真正掌握并能应用波谱，还需进一步选修后续课程——波谱学，但考虑到不同学校的教学要求不同，以简洁的文字介绍波谱基础对医学、农林和生命科学中的个别专业仍有必要。

本次再版主要对每章文字叙述不合理、烦琐的地方进行了修改，有些表达不清晰的图重新绘制，部分知识点列入拓展学习部分，拓展学习及阅读材料部分用小号字列出。本书适合的课时数为 48～64 学时。考虑到当前各校有机化学学时数差异较大，教师可根据专业的不同，对教材内容进行增减。本次再版全书的架构体系未有变化。徐伟亮、吴百乐、陈时忠编《有机化学学习指南》（科学出版社，2007）仍可与本书配套使用。

编写一本面向医学、农林和生命科学等专业的有机化学教材，仍是编者再版教材编写中面临的新课题。由于编者水平有限，虽然尽了最大的努力，书中可能还会有疏漏和不当之处，希望使用本书的老师和学生提出意见和建议，以便在重印或再版时改进。

徐伟亮
2014 年 11 月于浙江大学紫金港校区
xwliang@zjip. com

第二版前言

本书第一版出版已经六年。六年来，我校和使用本书的兄弟院校的教师和学生给了作者极大的鼓舞和厚爱，提出许多有益的建议。因此，利用再版之际，谨向广大教师和学生表达作者衷心的感谢。

本书是我校医学类、农林类、生物和生命科学类等各专业使用的教材，是结合2006年教育部“化学与化工学科教学指导委员会”、“生物科学与工程教学指导委员会”在研讨“化学类专业发展战略研究报告”和“生物学科战略发展报告”时提出的化学与生物学科发展的态势，化学与生物教学体系和教学内容改革的要求编写的。

本书编写时融合了我校近几年来有机化学课程教学内容改革的成果，充分考虑未来现代生物技术的主导地位，要求医学、农林、生物和生命科学工作者有更为扎实的有机化学基础理论知识，比较熟练地掌握一些有机化学基本原理、基本机理和一些典型有机化合物的结构和性质。因此，本书着重正确地阐述本学科的基本理论和概念，科学完整地表达有机化学各基本原理和概念间的相互联系；并注意理论联系实际，内容上充分反映当前国内外医学、农林、生物和生命科学领域中有机化学应用，如仿生化学、酶化学、生物活性分子化学、化学生物学中的重大成果和进展等。

本书编写的理论体系构建，化学反应的选择，反应机理的阐述，化合物性质和结构特点的介绍，基本以有机化学在医学、农林、生物和生命科学领域中的应用为基础，符合医学类、农林类、生物和生命科学类等各专业对有机化学的需求，反映了有机化学教学为医学、农林、生物和生命科学服务的特点。

学生通过学习有机化学，将具备深入医学类、农林类、生物和生命科学类各专业后继课程学习的能力，能运用基础有机化学和天然有机化学的知识去解释和解决医药科学、农林科学、生物和生命科学中的各种有机化学问题。

本书编写中，形式上仍保留第一版的章节安排，每章除了保留10个左右习题外，另添加了5个左右思考题，这些思考题中，部分题目在深度和广度上略超过本书的内容范围，可作为有机化学课程小论文的题目或教师组织课堂讨论的题目。希望这些思考题能在教材和课堂教学的层面上，培养学生具有有机化学的思维方式和应用有机化学理论去思考问题的基础。

本书可供医学类、农林类、生物和生命科学类各专业学生使用。本书上课时数为60～75学时。教师可根据专业不同，对教学内容进行增减。与本书配套的教学辅导书，请参阅《有机化学学习指南》(科学出版社，2007)。

由于编者水平有限，虽然尽了最大的努力，书中肯定还有错误和不当之处，恳请使用本书的老师和同学提出批评和建议，以便在重印或再版时改正。

徐伟亮

xwliang@zjip.com

2008年1月于浙江大学紫金港校区

第一版前言

有机化学是化学的一个重要分支，最初是从研究生物体中的有机化合物和化学反应而发展起来的。有机化学的发展历史也是人类认识自然、征服自然的历史。100 多年来，经化学家的艰苦努力，有机化学有了长足的发展。从由生物体中分离有机物开始，到今天可以合成许多极为复杂的有机物，都是随着人们对有机物分子结构的逐步深入了解和有机化学学科的发展而实现的。现代生命科学和生物技术的崛起给有机化学注入了新的活力，研究生命现象和生命过程、揭示生命的起源和本质是 21 世纪自然科学的重大研究课题，也是有机化学的重大研究课题。

科学家认识到，只有化学与生命科学相结合才能在分子水平上研究生命。因此新的学科，如生物化学、生物有机化学、分子生物学、化学生物学、生物无机化学、化学生物信息学等蓬勃发展。

未来的世纪，现代生物技术将起主导地位，这就要求生物和生命科学工作者要有更为扎实的有机化学基础理论知识。因此，掌握和熟悉有机化学基本原理、基本技能及一些典型有机化合物的结构和性质是十分必要的。

有机化学是医学类、生物学类、农林科学类各专业的主要基础课程。学生学习这些课程，是为各专业的后续课程生物化学、植物生理学、医学生理生化、分子生物学、生物技术、基因工程及农药学、资源化学、生物资源综合利用等打好基础，亦是为将来从事上述研究、生产工作打好基础。

随着高等学校教学改革的发展和教学体制的变动，现在“有机化学”的教学，除继续面向农林、生物类各专业外，还面向医学类。因此原来使用的《有机化学》教材已不能适应农林、生物、医学类各专业教学的需要。尤其是受原有机化学教学大纲制约及当时编写教材的思想认识局限，有机化学教材未能充分反映有机化学在生物学和生命科学领域中的广泛应用和蓬勃发展的状况。因此编写一本面向医学、生物、农林类各专业的有机化学教材成了当务之急。

本书以我校近几年来有机化学课程教学内容改革的实践和成果为依据，突出了有机化学为生物和生命科学服务，为医学、生物、农林类各专业学生的后续课程服务的特点。充分反映了当前国内外生物和生命科学领域中应用有机化学的重大成果和进展，如仿生化学、酶化学、生物活性分子化学、生物有机化学等，使学生通过有机化学的学习，具备深入医学、生物、农林科学类各专业后续课程学习的能力，能运用基础有机化学和天然有机化学的知识去解释和解决生物和生命科学中的各种有机化学问题。

本书在编写过程中，得到我校理科和工科有机化学老师的大力支持，同时得到我校各专业后续课程老师的帮助和指导。尤其是施亚夫先生、叶孟兆先生对有机化学教学内容的改革，以及由他们编写的，长期在我校和部分兄弟院校使用的《有机化学》教材（1978 年的统编教材、八五规划的指导教材、九五规划教材）为本书的编写指明了方向。他们丰富的教学经验和编写教材的独到见解，使我们受益匪浅。在此我们表示衷心的感谢。

本书由徐伟亮编写第一、二、五、六章及全书的统稿，傅春玲编写第四、十三、十五章，吴军编写第十、十一章，钱卫星编写第三、九、十四章，章小波编写第七、八、十二章。

本书在深度和广度上符合医学、农林、生物类有机化学基础课的教学大纲要求，在取材和编排上面向生物和生命大类的有机化学教学。可作为农林、生物、医学类各专业的有机化学基础课教材。本书上课时数约70～85学时，教师可根据上课专业不同，对教材内容进行增减。

编写一本面向医学、生物、农林类各专业的有机化学教材，是编者面临的新课题。由于编者水平有限，虽然尽了最大的努力，但书中可能还会有错误和不当之处，我们恳请使用本书的老师和同学提出批评和建议，以便在重印或再版时改进。

徐伟亮

2002年5月于浙江大学

目　录

第1章　绪　　论

本章将介绍有机化学的发展历史、有机化合物的一般特性、有机化学的研究方法以及有机化学中的基础理论，如原子轨道理论、杂化轨道理论、分子轨道理论等。了解共价键的形成、类型和特点，分子间力以及氢键的特点。了解有机分子的构造和构型的区别，有机化学中的酸碱理论，如布朗斯台德酸碱质子概念、路易斯电子概念和软硬酸碱概念。

1.1　有机化学发展概况

1.1.1　有机化学的发展与其他学科的关系

有机化学是化学的一个重要的分支，最初是从研究生物体中的有机化合物性质和化学反应而发展起来的。18世纪中叶，化学家们一般认为有机化合物只能存在于生物体中，是"生命力"在制造这些有机化合物。

19世纪初，德国化学家F. Wöhler首先发现：用公认的无机化合物氰酸铵(NH_4OCN)在实验室中可以制造出原来只能从人体排泄物——尿中取得的有机化合物尿素(H_2NCONH_2)。从此，化学家们摒弃了不科学的"生命力"学说。100多年来，有机化合物的人工合成研究得到了极大的发展。创造新物质成了化学家的首要任务，许多新技术被用于有机化合物的合成，如高压合成、光合成、声合成、微波合成、固相合成、仿生合成等。现在，一些复杂天然化合物也能够通过化学合成的方法来获得，如人工合成了奎宁、胆固醇、可的松、叶绿素和利血平等一系列复杂有机化合物。如今，每年有数千种新的有机化合物出现。因此，毫不夸张地说，化学家为人类在自然界旁合成了一个新的自然界。

现代生命科学和生物技术的崛起给化学注入了新的活力，研究生命现象和生命过程、揭示生命的起源和本质是21世纪自然科学的重大研究课题。从20世纪初化学家开始对生物小分子(如糖、血红素、叶绿素、维生素等)的化学结构与合成研究，到1955年Vigneand首次合成多肽激素催产素和加压素而获得诺贝尔化学奖，1958年Sanger因对蛋白质特别是牛胰岛素分子结构测定的贡献而获得诺贝尔化学奖，1953年J. D. Watson和H. C. Crick提出了DNA分子双螺旋结构模型，有机化学家和生物化学家在分子水平上打开了一个又一个通向生命奥妙的大门。这些杰出的成果对于生命科学具有划时代的贡献，为分子生物学和生物工程的发展奠定了基础。

科学家也认识到只有化学与生命科学相结合才能在分子水平上研究生命，因此新的学科如生物化学、生物有机化学、分子生物学、化学生物学、生物无机化学、化学生物信息学等蓬勃发展。

在研究生命现象的领域里，化学不仅提供了理论还提供了技术和方法，如药物对人类健康的贡献，利用药物治疗疾病是人类文明的重要标志之一。由于我们对分子结构和药理作用的深入研究，药物化学得以迅速发展并成为化学学科一个重要领域。化学家通过合成、半合成或从动植物、微生物中提取而得到的化学药物超过2万种。例如，1909年德国化学家艾里希合成出了治疗梅毒的特效药物。磺胺药使许多细菌性传染病特别是肺炎、流行性脑炎、细菌性痢疾等长期危害人类健康和生命的疾病得到控制。青霉素、链霉素、金霉素、氯霉素、头孢菌素等类型抗生素的发明为人类的健康做出了巨大贡献。

农业科学研究的对象是生物。在农业生产中，为了使动植物朝着人们所期望的方向发展，就必须掌握动植物生长发育规律，了解各种有机化合物在生物体内的合成、转化、分解等过程。只有对有机化合物的一些典型结构、性质和变化规律有了认识之后，才能深入了解生物体中的这些生理变化过程，掌握和控制动植物的生长发育动向。

在农业科学研究和农产品的综合利用中，人们经常要对生物体内的某些有机化合物进行提取、分离和检测。如果不知道这些有机化合物的基本结构和性质，就不能很好地理解和掌握分离、检测技术，更不可能创造新的分离、检测方法并开发某些农副产品的新用途。

有机合成产品正越来越广泛地应用于农业生产中。合成的有机杀虫剂、杀菌剂、除草剂和植物生长调节剂等在农业生产中发挥了不小的作用。其他如兽用药物、医疗器材、饲料中的各种添加剂，还有农用塑料薄膜、塑料农具、燃料和润滑油等农用化学品也得到了广泛应用。只有了解这些化学品的组成、结构、理化性质和生理功能等，人们才能安全、合理、有效地使用它们。

未来，现代生物技术将占主导地位，这就要求生物和生命科学工作者具有更为扎实的有机化学基础理论知识。因此，掌握和熟悉一些有机化学基本原理、基本技能和一些典型有机化合物的结构和性质是十分必要的。

1.1.2　有机化合物的一般特性

有机化学是化学中一门相对独立的学科。除了因为有数目庞大和种类繁多的化合物外，主要是由于有机化合物在结构和性质上具有与无机化合物不同的特点。

有机化合物主要由碳、氢元素组成，一般还含有氧、氮元素，以及卤素、硫、磷等少数元素。从结构上看，绝大多数的有机化合物的骨架由碳组成，有机化合物可以看成是碳氢化合物以及由碳氢化合物衍生出来的化合物。有机化学就是研究碳氢化合物及其衍生物的化学。

有机化合物都含有碳原子。碳处于周期表第ⅣA族，原子半径较小，价电子比较多，碳原子之间的结合能力比其他元素的原子要强得多。碳原子之间可以单键、双键或叁键互相结合成链状的、环状的、有分支的等各种各样从简单到复杂的结构。而结构稍有不同，即使元素组成不变，也会成为另一种化合物。因此，有机化合物中普遍存在着同分异构现象。结构复杂、同分异构现象普遍存在是有机化合物数目庞大和种类繁多的重要原因之一。

碳原子有4个价电子，要失去4个电子或得到4个电子使之形成稀有气体的稳定电子构型，在通常情况下是不可能的。因此，在有机分子中，碳原子与碳原子之间、碳原子与其他元素的原子之间只能通过电子对的共享，即以共价键相结合，因此有机化合物一般都是共价化合物。

有机化合物原子间以共价键结合，结构复杂，同分异构现象普遍，这些结构上的特点使有机化合物与无机化合物相比，特别是与无机盐类相比，具有如下的特性：

(1) 大多数有机物是共价化合物，一般极性较弱或无极性，而水是强极性的。因此，有机物一般难溶或不溶于水，而易溶于有机溶剂。

(2) 大多数有机物能燃烧，生成水和二氧化碳，燃烧后没有或极少留下灰分。

(3) 一般有机化合物热稳定性较差，受热易分解，许多有机化合物在200～300℃时即逐渐分解。有机化合物分子间力主要以色散力为主，分子间的作用力较小。因此，许多有机化合物在常温条件下是气体、液体。常温下是固体的有机物，它们的熔点也较低，熔点超过300℃的有机物很少。

(4) 有机化合物结构比较复杂，反应往往不是单一的。有机化合物的化学反应多数不是离子反应，因而反应速率较慢，往往需用光照、加热或使用催化剂以加速反应。

反应物间常可同时发生不同的反应，得到几种产物。一般把某一特定条件下主要进行的反应称为主反应，其他反应称为副反应。因此，选择合适的反应条件，减少副反应，提高主反应产物的产量是有机化学家的一项重要任务。

(5) 有机化合物结构复杂，同分异构现象普遍，有些有机化合物还含有一个或多个手性碳原子。因此，认定一个有机化合物的结构，往往需要用多种物理和化学手段。有机化合物结构的鉴定也是有机化学家的一项重要任务。

1.1.3 有机化学的研究方法

有机化合物的化学性质很大程度上取决于有机化合物的结构。研究有机化合物(不管是来自生物体的天然有机物还是人工合成的有机物)，首先必须研究它的结构。一般从下列几点着手研究。

1. 提取、分离和纯化

研究某一有机物，首先必须把它从样本(生物材料或反应混合物)中提取出来。最常用的方法是用适当的溶剂提取。这样得到的化合物是不纯的，需进行分离、纯化。分离纯化的方法很多，如蒸馏、重结晶、萃取、升华、吸附、透析等，可根据研究对象选择合适的方法，但是必须保证在操作过程中目的化合物不受破坏或发生变化。色谱法是现代广泛应用的分离纯化手段，具有快速、简便、灵敏、可靠等优点，并可用于微量物质的分离。分离纯化后的物质，通过沸点、熔点等物理常数的测定，以鉴定物质的纯度。

2. 元素定性分析

化合物中碳和氢的存在可由燃烧法检定：让化合物与氧化铜一起加热，使碳转变为二氧化碳，氢转变为水；以共价键结合的卤素、氮、硫等元素，用钠熔法把它们转变为无机离子后再作分析；化合物中的氧没有简单的化学检定法，它的存在与否将由定量分析确定。

3. 元素定量分析

碳、氢元素是通过燃烧法来定量的。将一定量的有机物样品装在盛有氧化铜的管子中，加热到600～800℃，彻底燃烧分解。其后通过装有干燥剂(通常是高氯酸镁)的管子和装有强碱(通常是碱石棉，即附着在石棉上的氢氧化钠)的管子，生成的水被干燥剂吸收，二氧化碳被碱吸收。从每根管子质量的增加便可知道碳、氢的含量。在卤素、氮、硫、磷等元素的定量分析中，必须把共价键结合的卤素、氮、硫、磷等元素转变为无机离子后再定量。氧的百分含量常用

100%减去其他所有元素的百分含量求得。

4. 相对分子质量的测定

化合物的相对分子质量可用经典的凝固点下降法、沸点上升法等测定。但现在几乎都用质谱法测定,它能给出正确的数值。测出元素的百分含量和相对分子质量,分子式就容易求得了。

1.2 有机化合物的结构

1.2.1 价键

化学键是分子中将原子结合在一起的力。化学键有两种:柯塞尔(Kossel)的离子键和路易斯(Lewis)的共价键。它们都是基于如下的原子概念提出来的。

一个带正电荷的原子核周围,排列着各个同心壳层即不同能级的电子。每一壳层能容纳的电子数目有一个最大值:第一层 2 个、第二层 8 个、第三层 8 或 18 个等。当外层填满时,就像稀有气体那样,原子处在稳定状态。离子键和共价键都是由于原子要达到这个稳定的电子构型而形成的。

离子键(ionic bond)是通过电子转移而形成的,如氟化锂的形成。一个锂原子外层(价电子层)失去一个电子,带一个正电荷,一个氟原子外层(价电子层)得到一个电子,带一个负电荷,带相反电荷的离子间的静电吸引力称为离子键。

共价键(covalent bond)通过电子对的共享而形成。例如,氢分子的生成,每个氢原子各有 1 个电子,通过共享一对电子,两个氢原子都能满足它们的 2 个电子的价电子层。又如,氯分子的生成,两个氯原子的价电子层都是 7 个电子,通过共享一对电子完成它们的八隅体结构。我们可按同样方式设想 CH_4、CCl_4 的形成。这里的键合力同样也是静电吸引力,是指共享的电子对和两核之间吸引力。绝大多数有机化合物中的原子是以共价键相连接的。

1. 原子轨道

电子具有波粒二象性(wave particle dualism)。因此,不能用经典的力学概念来描述原子核外电子的运动状态,只能用量子力学概念来描述,基本表达式为薛定谔(Schrödinger)方程。它是根据能量来描述一个电子运动的数学表示式,称为波动方程。一个波动方程式有一系列的解,称为波函数,每一个波函数(ϕ)对应电子的不同能级。目前只能得到它的近似解。

一个波动方程式不能确切地告诉我们在某一瞬间电子在何处或它的运动速度有多快,就是说我们无法绘出电子围绕原子核运动的精确轨道,但能告诉我们电子在某处出现的概率。波函数(ϕ)在一定条件下可以在三维坐标上画出电子在空间最可能出现(如在 95%的空间)的区域,这个电子在空间最有可能出现(如在 95%的空间)的区域称为原子轨道。轨道有不同的类型,它们有不同的大小和形状,而且以特定的方式围绕在核的周围。不同能量的电子在不同能级的原子轨道上运动。我们可以把电子运动状态表示为轮廓不清的一团云,把这团云想象成快速运动电子的一张模糊不清的照片,云的形状就是轨道的形状。

在有机化学中常遇到的原子轨道(atomic orbital)为 s(1s,2s)轨道和 p(2p)轨道。s 轨道(s orbital)是一个以原子核为中心的球体(图 1-1),1s 轨道的能量最低。2p 轨道(p orbital)有 3 个,它们的能级相同,每个 2p 轨道都呈哑铃形(图 1-2)。原子核处在它们的中间,每个 2p 轨道的轴垂直于其他两个 2p 轨道的轴,它们分别用 $2p_x$、$2p_y$、$2p_z$ 的名称来区别,这里 x、y、z 是指相应的轴。

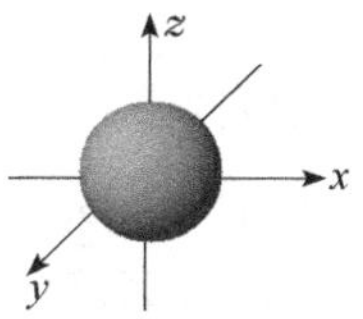

图 1-1　s 轨道

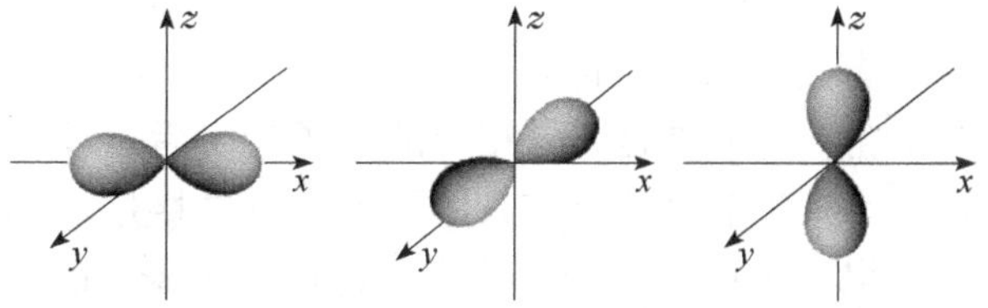

图 1-2　3 个 p 轨道

2. 共价键的形成

量子力学在处理共价键和分子结构时有两种近似方法:价键法(valence bond theory,VB)和分子轨道法(molecular orbital theory,MO)。处理化学键问题时,价键法与分子轨道法是互相补充的。

价键法:若两个原子的价层轨道上各有一个电子,且自旋方向相反,那么两个价层原子轨道重叠,两个自旋方向相反的电子配对。配对的电子在两核之间即轨道重叠部分出现的概率最高,由于电子的屏蔽效应,克服了两核之间的斥力,两个原子结合在一起形成共价键。如图 1-3 所示,两个氢原子形成氢分子时,按价键法处理如下:

图 1-3　H_2 共价键的形成

按原子轨道重叠的方式不同,共价键有两种:σ 键和 π 键。

1) σ 键

原子轨道重叠时,两个原子轨道都沿着轨道对称轴的方向重叠,键轴(原子核间的连线)与轨道对称轴重合。轨道重叠部分对称于键轴。形象地说,σ 键是两个原子轨道以“头碰头”的方式重叠而形成的共价键,如图 1-4 所示。

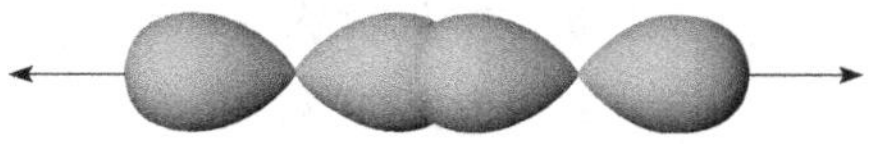

图 1-4　Cl—Clσ 键

2) π 键

如果两个对称轴相平行的 p 轨道,同时它们节面又互相重合,那么这两个 p 轨道就可以从侧面互相重叠,重叠部分对称于节面,这样形成的共价键称为 π 键。形象地说,π 键是两个 p 轨道以“肩并肩”的方式重叠而形成的共价键。π 键只存在于双键和叁键中,如图 1-5 所示。

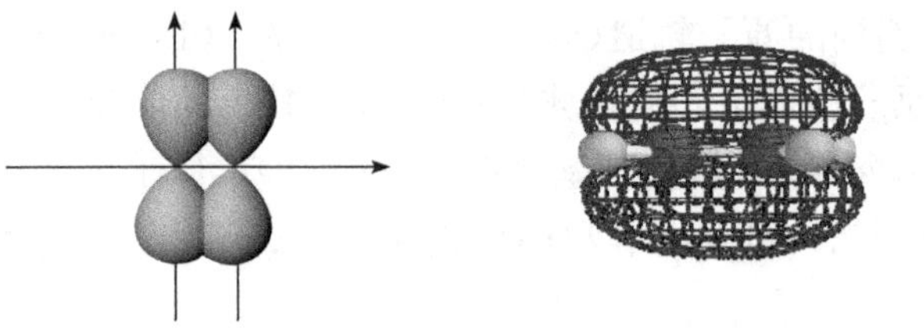

图 1-5 π键与π电子云密度

共价键具有以下两个特性：

(1) 饱和性。两个自旋方向相反的电子配对后，就不能再与第三个电子配对。

(2) 方向性。两个原子轨道只能按一定方向接近，才能实现最大限度的重叠，形成最稳定的共价键。如果一个原子的价层轨道上有孤对电子，而另一原子或离子有空轨道，这两个轨道也可以重叠形成共价键。这种共价键称为配位键。配位键是一种共价键，可看成σ键。

3) σ键和π键的比较

(1) σ键是原子轨道以"头碰头"的方式重叠，因而重叠程度比较大，σ键电子的流动性小，键比较稳定。

(2) π键是两个p轨道以"肩并肩"的方式重叠，重叠程度比较小，π键电子的流动性大，易极化，键比较活泼。

(3) 以σ键相连的两个原子可以绕键轴自由旋转，而以π键相连的两个原子不能旋转。

(4) 两个原子间只能生成1个σ键，但可以同时生成1个或2个π键，且π键不能单独存在。因此，单键必然是σ键。双键中有1个σ键，1个π键。叁键中有1个σ键，2个π键。

3. 分子轨道

处理共价键和分子结构的另一种近似方法是分子轨道法。分子轨道法是从分子的整体出发去研究分子中每一个电子的运动状态，认为形成化学键的电子是在整个分子中运动的。通过薛定谔方程的解，可以求出描述分子中的电子运动状态的波函数ψ，ψ称为分子轨道，每一个分子轨道ψ有一个相应的能量E，E近似地表示在这个轨道上的电子的电离能。

分子轨道法通常是采用原子轨道的线性组合(linear combination of atomic orbitals, LCAO)来处理共价键。但必须具备3个条件：①原子轨道能量应大致相近；②原子轨道对称性相同；③原子轨道能最大限度地重叠。当任何数目的原子轨道重叠时，可形成同样数目的分子轨道。例如，一个原子的某一原子轨道(波函数ϕ_a)与另一个原子轨道(波函数ϕ_b)，通过线性组合可以得到两个分子轨道(波函数ψ_1和ψ_2)：

$$\psi_1 = \phi_a + \phi_b$$
$$\psi_2 = \phi_a - \phi_b$$

ψ_1中原子核间的波函数增大，电子云密度增加，这种分子轨道能量比原来的原子轨道的能量低，为σ成键轨道或π成键轨道(bonding molecular orbital)。ψ_2中原子核间的波函数减少，电子云密度也减少，能量比原来的原子轨道的能量高，为σ^*反键轨道或π^*反键轨道(antibonding molecular orbital)，如图1-6所示。

分子轨道可看成电子在整个分子中运动的空间范围。每一个分子轨道中，也只能容纳两个电子。在分子轨道中运动的电子，受到两个或多个原子核的制约。分子轨道的数目与组成分子轨道的原子轨道数目相等。电子总是优先进入能量低的分子轨道，再依次进入能量较高

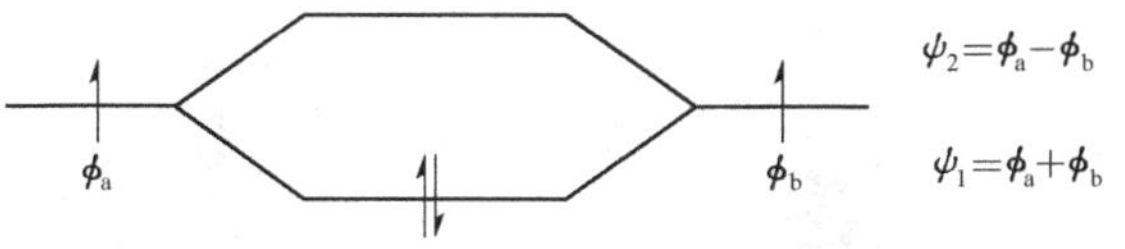

图 1-6　两个原子轨道组成两个分子轨道

的轨道，即分子轨道同原子轨道一样，在容纳电子时遵守能量最低原理、泡利(Pauli)原理和洪德(Hund)规则。

分子轨道的能量分布有如下次序：

$$\xrightarrow[\text{能量升高}]{\sigma\text{成键轨道}\quad \pi\text{成键轨道}\quad \pi^*\text{反键轨道}\quad \sigma^*\text{反键轨道}}$$

分子轨道理论较为复杂，本书将结合具体例子展开讨论。

1.2.2　有机化合物中的共价键

1. 碳原子的杂化轨道

1) sp^3 杂化

sp^3 杂化轨道(hybrid orbital)的形状大致呈保龄球瓶形，两端一头大一头小。杂化轨道大的一端用于成键，因此杂化轨道成键时可实现最大限度的重叠，以形成更强的共价键。每一个 sp^3 杂化轨道有 25%的 s 轨道和 75%的 p 轨道特征。sp^3 轨道的能量稍高于 2s 轨道，但略低于 2p 轨道。在每个 sp^3 杂化轨道上都有一个可用于成键的电子(未配对电子)。由于每个杂化轨道上都有一个电子，互相间具有排斥力，为使轨道尽可能隔开，这 4 个轨道分布在夹角为 109.5°的正四面体最为有利，如甲烷分子中 4 个完全等同的 C—H σ 键(sp^3-s σ 键)(图 1-7)。

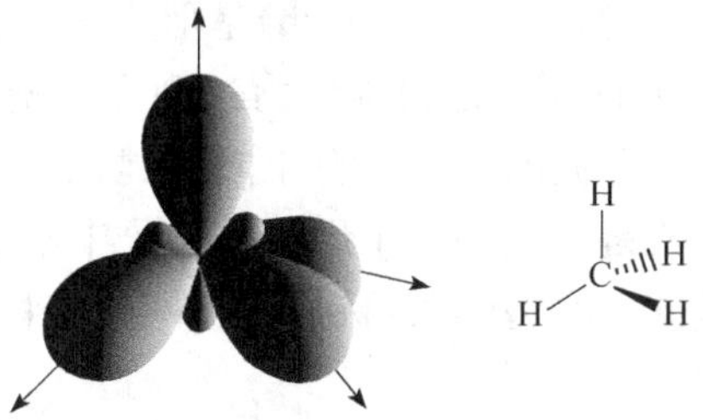

图 1-7　甲烷的 sp^3 正四面体

在甲烷(CH_4)分子中，碳原子与 4 个氢原子形成的 4 个 C—H 键是等同的，键长都是 0.109nm，键能为 435kJ/mol，两个 C—H 间的夹角是 109.5°。这 4 个等同的共价键是由 4 个原子轨道(1 个 2s 和 3 个 2p 轨道)经过杂化，形成 4 个完全等同的 sp^3 杂化轨道后成键的。

2) sp^2 杂化

碳原子在 sp^2 杂化中，碳原子的 2s 轨道和 2 个 2p 轨道杂化，形成 3 个完全等同的 sp^2 杂化轨道，还有 1 个 2p 轨道未参与杂化。sp^2 杂化轨道的形状与 sp^3 相似。每个 sp^2 杂化轨道都有 1 个可用于成键的电子，未参与杂化的 2p 轨道也有 1 个可成键的电子。sp^2 杂化轨道围绕原子核，为使它们之间处于尽可能分开的位置，3 个 sp^2 杂化轨道分布在 1 个正三角形的平面上，轨道的夹角 120°。未参与杂化的 2p 轨道垂直于 3 个 sp^2 杂化轨道所组成的平面上。

例如，乙烯分子中，1 个 sp^2 杂化轨道形成 1 个 C—C σ 键，剩余的两个 sp^2 杂化轨道分别与两个氢原子 1s 轨道形成 C—H σ 键，两个碳原子上的未参与杂化的 2p 轨道垂直于σ 键所组成的平面。它们从侧面重叠形成 π 键(图 1-8)。

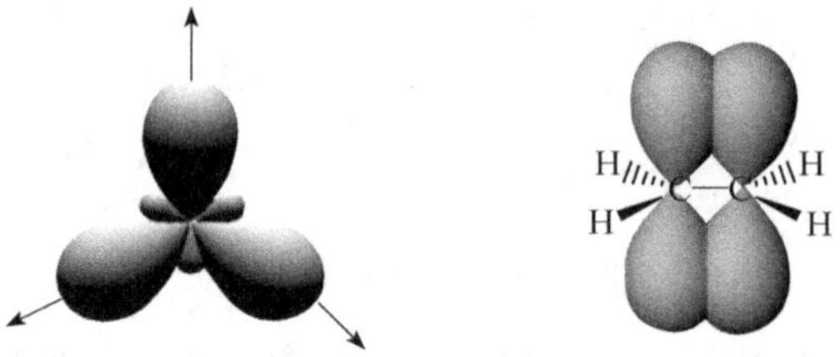

图 1-8　sp^2 杂化及 π 键形成

3）sp 杂化

在 sp 杂化中，碳原子的 2s 轨道和 1 个 2p 轨道杂化，形成 2 个完全等同的 sp 杂化轨道。sp 杂化轨道围绕原子核，为使它们之间处于尽可能分开的位置，两个 sp 杂化轨道分布在一条直线上，轨道的夹角为 180°（图 1-9）。未参与杂化的两个 2p 轨道都垂直于两个 sp 杂化轨道所构成的直线上。

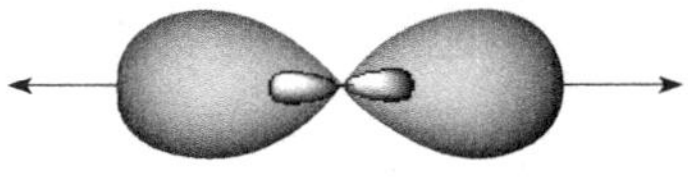

图 1-9　sp 杂化轨道

杂化轨道中含有的 s 成分和 p 成分不同，除成键能力不同外，电负性也不同，含 s 成分多，电负性较强，即电负性为 $sp > sp^2 > sp^3$。

2. 有机分子中共价键的特性

1）键长

键长(bond length)是形成共价键的两个原子核间的距离，即形成共价键的两个原子之间存在的吸引力和排斥力达到力平衡时的距离。两原子形成同型共价键时，键长越短，键越牢固。不同的共价键有不同的键长，有机分子中的常见共价键的平均键长如表 1-1 所示。由于共价键所连的两个原子在分子中不是孤立的，它们受到分子中其他原子的相互影响，因此即使是同一类型的共价键，在不同化合物中其键长也可能稍有不同。

表 1-1　常见共价键的平均键长

共价键	键长/nm	共价键	键长/nm
C—C	0.154	C—N	0.147
C═C	0.134	C═N	0.128
C≡C	0.120	C—F	0.142
C—H	0.109	C—Cl	0.177
C—O	0.141	C—Br	0.191
C═O	0.120	C—I	0.213
O—H	0.096	N—H	0.107

2）键角

键角(bond angle)是两个共价键之间的夹角。两个共价键之间的键角反映了分子的空间结构。有机分子的键角与碳原子的杂化状态有关。常见杂化状态的键角如表 1-2 所示。如果中心原子(碳)不含任何非成键的价电子，仅从键的数量就可能估计出分子的构成。但是键角还会因所连的原子或基团的大小而有所变化。对于水及氨分子来说，非成键电子所在的空间区域就必须被考虑在内，因此 H_2O 键角为 104.5°，NH_3 键角为 107.3°。

表 1-2　常见杂化状态的键角

结　构	键　数	杂化状态	键　角	例　子
四面体	4	sp^3	109.5°	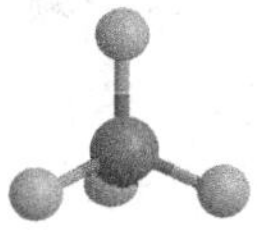
三角形	3	sp^2	120°	
直线形	2	sp	180°	

3）键能

断裂单个特定共价键所吸收的能量称为该键的离解能(bond dissociation energy)。例如，甲烷分子中有 4 个 C—H 键，它们逐个断裂所需的离解能依次为

$$\Delta H_1 = 435\text{kJ/mol},\quad \Delta H_2 = 444\text{kJ/mol},\quad \Delta H_3 = 444\text{kJ/mol},\quad \Delta H_4 = 339\text{kJ/mol}$$

$$\Delta H_1 + \Delta H_2 + \Delta H_3 + \Delta H_4 = \Delta H_{总} = 1662\text{kJ/mol}$$

共价键的键能(bond energy)是断裂分子中全部同类共价键的离解能的平均值。

甲烷分子中 C—H 的键能(average bond energy)是每个 C—H 键的离解能的平均值：

$$1662 \times 1/4 = 415.5(\text{kJ/mol})$$

键能的大小反映了键的稳定性，一般为 120～800kJ/mol。键能越大，键越稳定。表 1-3 列举了一些常见共价键的键能。

表 1-3　常见共价键的键能

共价键	键能/(kJ/mol)	共价键	键能/(kJ/mol)
C—C	347	C—N	305
C═C	611	C═N	615
C≡C	837	C—F	485
C—H	416	C—Cl	340
C—O	360	C—Br	285
C═O	736	C—I	218
O—H	464	N—H	435

3. 键的极性和分子的极性

1）键的极性

键的极性与键合原子的电负性(electronegativity)有关，成键原子的电负性差值越大，键的极性就越大。当成键原子的电负性相差很大时，可以认为成键电子对完全转移到电负性很大的原子上，这时原子转变为离子，形成离子键。一些元素电负性数值大的原子具有强的吸电子能力。常见元素电负性如下：

H	C	N	O	F	Si	P	S	Cl	Br	I
2.1	2.5	3.0	3.5	4.0	1.8	2.1	2.5	3.0	2.5	2.0

对于两个相同原子形成的共价键(如 H—H)来说,可以认为成键电子云是均匀地分布在两核之间,这样的共价键没有极性,为非极性共价键(nonpolar covalent bond)。当两个电负性不同的原子形成共价键时,共用电子对被吸引到电负性大的原子一边,造成成键电子密度向电负性大的原子移动,电子云不完全对称,这样的共价键是有极性的。极性共价键(polar covalent bond)中,一个原子带有部分正电(用 δ^+ 表示),而另一个原子带有部分负电(用 δ^- 表示)。例如

$$\overset{\delta^+}{H}\rightarrow\overset{\delta^-}{Cl} \qquad \overset{\delta^+}{CH_3}\rightarrow\overset{\delta^-}{Cl}$$

一个共价键或分子的极性大小用偶极矩 μ(dipole moments)表示:

$$\mu = q \times d$$

式中:μ 的单位为德拜(deb),1deb=10^{-18}Fr · cm=3.33564×10^{-30} C · m;q 为正电中心或负电中心的电荷;d 为两个电荷中心之间的距离。

碳和氢之间有很小的电负性差异,C—H 键被认为有极微弱的极性,因此碳氢化合物通常被认为是没有极性的化合物。

2) 分子的偶极

如果分子中共价键的电子对完全平均地共用,那么在分子中就不会有局部的电荷,如双原子分子 H_2、N_2 和 O_2。但是大多数共价化合物表现出一定程度的局部电荷分离,造成极性共价键或分子偶极(molecule dipole)。

永久偶极:如果分子中只有非极性键,或者极性键在分子中的分布是对称的,全部键矩的向量和等于 0,那么这种分子是非极性分子,没有偶极。如果极性键在分子中的分布不对称,全部键矩的向量和不等于 0,那么这种分子是极性分子,有永久偶极。分子极性的大小也用偶极矩表示,各同系物的偶极矩相差不多。

诱导偶极:一个极性分子或非极性分子可在外界电场(包括邻近的极性分子)的作用下发生正负电荷中心偏移,从而使非极性分子产生极性,或极性分子增加极性,这种作用叫极化作用。由极化作用产生或增加的偶极叫诱导偶极。如果外界电场消失,诱导偶极也随即消失。诱导偶极的偶极矩 $\mu_{诱}$ 与外界电场强度成正比:

$$\mu_{诱} = \alpha \times F$$

式中:F 为电场强度;比例常数 α 为该分子的极化度。极化度大的分子容易极化。在一定的电场强度下,分子的极化度与相对分子质量或分子体积呈正相关。如果其他因素相同或相近,则相对分子质量或分子体积大的分子,极化度也较大,容易极化。

瞬时偶极:分子中的电子在不停地运动,分子的正负电荷中心位置也在不停地变动,因而每一瞬间都会使非极性分子或极性分子产生或附加一个瞬时偶极,这种偶极矩在每一瞬间都会在某个方向产生。虽然不同方向的瞬时偶极可以互相抵消而使其总结果等于 0,但是在每一瞬间却都在某个方向发挥其作用。

4. 分子间力和氢键

1) 分子间力

分子间存在各种偶极,因偶极-偶极相互作用而产生一种弱的吸引力称为分子间力(intermolecular force)或范德华力。分子间力没有方向性和饱和性，它是很微弱的，比键能小一两个数量级，大小为每摩尔几千焦到几十千焦。分子间力的大小与分子间距离的六次方成反比，所以它只有在两个分子相距很近时才有作用。物质在气态时，分子相距甚远，分子间力可略而不计。范德华力的大小与物质的沸点、熔点等物理性质有密切联系。

范德华力可分为三种：

(1) 取向力——永久偶极产生的分子间力。

(2) 诱导力——诱导偶极产生的分子间力。

(3) 色散力——瞬时偶极产生的分子间力。

色散力是有机分子的主要的分子间力。

2) 氢键

分子间还有一种特别强的偶极-偶极相互作用，这就是氢键(hydrogen bonding)。在氢键中，1 个氢原子以共价键与 1 个电负性很强的原子结合时，电子云偏向电负性强的原子，从而使氢核出现一定程度的裸露。此时氢核的强正电荷受到第二个分子中电负性强的原子的吸引形成氢键。形成有效氢键的电负性原子为 F、O、N，因为只有这 3 种元素具有足够强的电负性来形成氢键。Cl 的电负性和 N 相同，但 Cl 的原子半径比 N 大，只能形成较弱的氢键。因此，Cl 只有极少例子能形成氢键，如邻氯苯酚。

在结构式子中通常用虚线表示氢键：

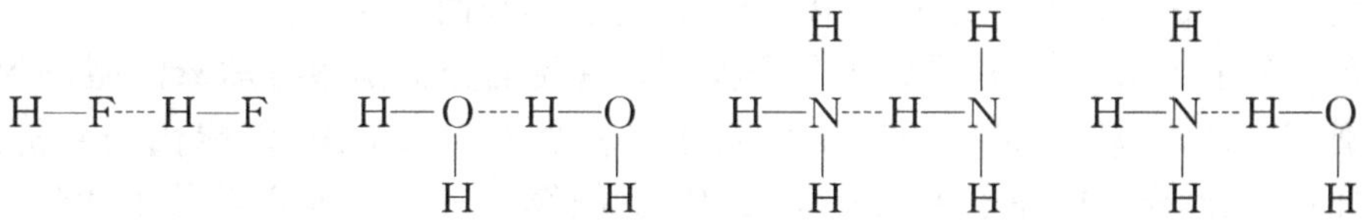

大多数氢键的键能在 20kJ/mol 左右，与共价键相比虽然相对是弱的，但比其他偶极-偶极相互作用要强得多，而且 O—H···O 氢键比 N—H···N 的氢键强。例如，丙醇相对分子质量为 60，沸点为 98℃；丙胺相对分子质量为 59，沸点为 48℃。

当氢键数量庞大时，氢键对化合物的沸点和溶解度有深远的影响，如纤维素纤维之间的氢键(第 13 章)。氢键还在维持生物大分子高级结构中起着很关键的作用，如蛋白质分子的 α-螺旋结构就是靠羰基(C═O)上的 O 原子和氨基(—NH)上的 H 原子以氢键(C═O···H—N)结合而成。DNA 的双螺旋结构也是靠碱基之间的氢键连接在一起的(第 14 章)。

1.2.3　有机分子的构造和构型

1. 构造和构造式

分子中原子的连接顺序和方式称为分子的构造。表示分子中各原子的连接顺序和方式的化学式叫构造式(也叫结构式)。用两小点表示一对共用电子的构造式叫电子式，用短划线(—)表示共价键的构造式叫价键式。有时可用只表达官能团结构特点的化学式，即结构简式。结构简式较为常用。

价键式

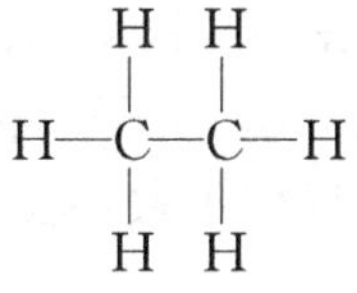

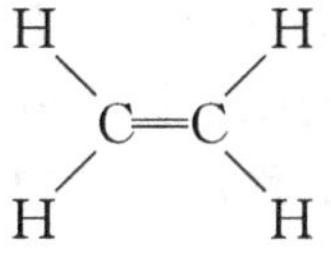

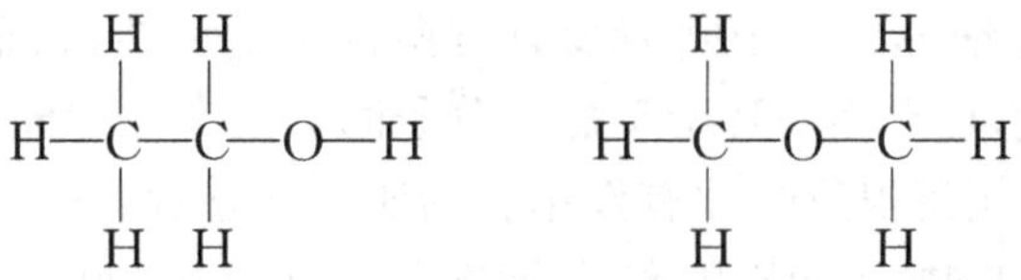

结构简式　$H_3C—CH_3$　　$CH_2═CH_2$　　CH_3CH_2OH　　$CH_3—O—CH_3$

2. 构型和透视式

有机物只有少数分子的原子是排布在一条直线或在同一平面上，而绝大多数有机分子的原子则是立体排布的。分子中，原子的空间排布（不论线型、面型或体型）统称分子构型(molecular configurations)或立体结构(图 1-10)。

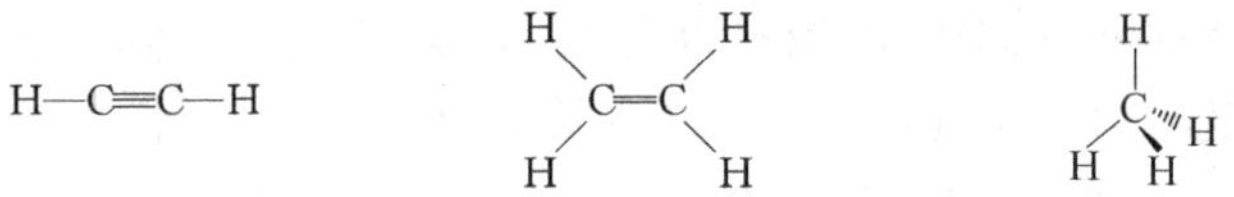

(a) 乙炔(直线型)
碳原子 sp 杂化

(b) 乙烯(平面型)
碳原子 sp^2 杂化

(c) 甲烷(立体型)
碳原子 sp^3 杂化

图 1-10　分子中原子的空间排布

考察一个有机分子的结构(structure)不仅要了解分子的构造(constitution)，而且要了解分子的构型(configuration)。“结构”一词包含构造和构型两个含义。

研究有机分子的结构，常常借助于分子模型。常见的分子模型有球棒模型(Kekulé 模型)和比例模型(Stuart 模型)两种。球棒模型以球代表原子或原子团，以棒代表共价键，形象清楚，使用方便。比例模型按原子半径和键长的比例制作。图 1-11 是甲烷分子的分子模型。

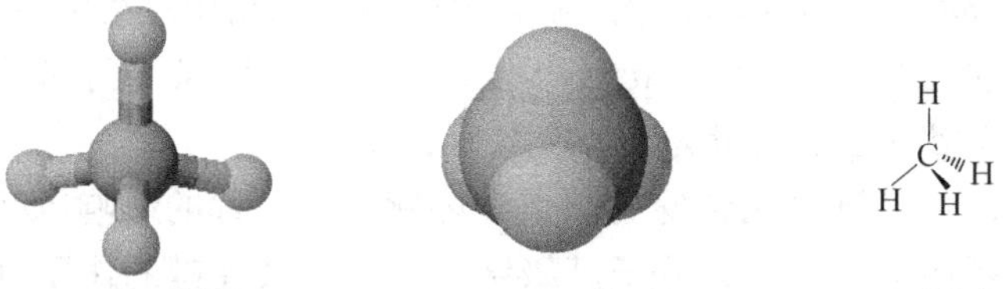

(a) Kekulé 模型　　(b) Stuart 模型　　(c) 透视式

图 1-11　甲烷分子模型和透视式

可用不同的线条代表共价键在纸面上表示一个分子的立体结构。例如，用实线表示在纸平面上，虚线或虚楔形线表示在纸平面后方，实楔形线或空心楔形线表示在纸平面前方。这种化学式称为透视式[图 1-11(c)]。

3. 同分异构现象

分子组成相同而结构不同的化合物称为同分异构体，简称异构体。有机化合物的同分异构现象非常普遍，结构不同，性质各异。因此，一个有机化合物通常不用分子式表示，而用结构式表示。

同分异构现象(isomerism)一般有两大类：构造异构和构型异构。分子式相同而原子的连接顺序或方式不同的异构现象简称构造异构或结构异构；分子的构造相同而原子或基团在空间的排布不同的异构现象简称构型异构。各种同分异构现象将在以后的有关章节中介绍。

1.2.4　有机化合物的分类

有机化合物的数目庞大，结构复杂，但有机化合物的结构和性质是密切相关的。将有机化合物按照分子结构中的骨架和官能团进行分类，就可使数百万种有机化合物各有归属。这种建立在结构基础上的分类系统，有助于阐明有机化合物的结构、性质以及它们之间的相互联系，也有助于有机化学这门学科的学习、研究和发展。

1. 按基本骨架分类

有机化合物可按基本骨架分为三大类。

1）脂肪族化合物

分子中碳原子相互结合成碳链或碳环。例如

$CH_3CH_2CH_2CH_3$　　　$\begin{array}{c}CH_3CHCH_3\\ |\\ CH_3\end{array}$

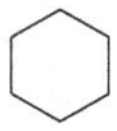

2）芳香族化合物

碳原子连接成特殊的芳香环。例如

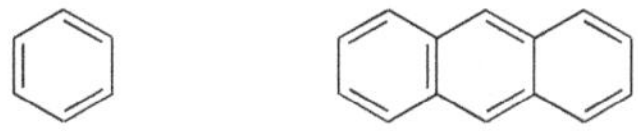

3）杂环族化合物

这类化合物具有环状结构，但组成环的原子除碳外，还有氧、硫、氮等其他元素的原子。例如

2. 按官能团分类

在上述每一类化合物中又可按分子中含有的官能团来进一步分类。官能团是决定某类化合物的主要性质的原子、原子团或特殊结构。显然，含有相同官能团的有机化合物具有相似的化学性质，所以按官能团分类为研究数目庞大的有机化合物提供了更方便、更系统的方法。本书将主要按官能团分类的方式分别对各类有机化合物进行讨论。表 1-4 列出一些重要官能团的结构和名称。

表 1-4　一些重要能团的结构和名称

官能团	名　称	官能团	名　称
C═C	双键	$-\overset{O}{\overset{\parallel}{C}}-O-$	酯键
C≡C	叁键	$-NH_2$	氨基
—X	卤素	$-NO_2$	硝基
—OH	羟基	—CN	氰基
$-\overset{O}{\overset{\parallel}{C}}-H$	醛基	—SH	巯基

续表

官能团	名　称	官能团	名　称
$-\overset{\overset{O}{\|}}{C}-$	羰基	—S—S—	二硫键
$-\overset{\overset{O}{\|}}{C}-OH$	羧基	$-SO_3H$	磺酸基
—O—	醚键		

1.3　有机化合物的性质

有机化合物的性质与结构有着密切的关系，从性质可以推断物质的结构，当然也可以从物质的结构来理解和推测其性质。各类物质的具体性质将在以后各章中介绍，本节只讨论与物理、化学性质有关的一些基本概念和一般规律。

1.3.1　物理性质

化合物的物理性质如密度、沸点、熔点、溶解度等，在一定条件下有固定的数值，称为物质的物理常数。

1. 密度

常温时物质单位体积的质量称为物质的密度，密度的单位为 kg/m^3。物质的质量与同体积水的质量之比称为物质的相对密度，即物质的密度与水的密度之比。

一般说来，烃的密度小于烃的衍生物的密度。脂肪烃的同系列中，随碳原子数的增加，密度也略有增加，高级同系物的密度接近于一个常数，脂肪烃的含氧衍生物的同系列中，随碳原子数的增加，密度略有减小，高级同系物的密度也接近于一个常数，并与相应的烃接近。

2. 沸点

液体的蒸气压与外界大气压相等时的温度就是物质在该大气压时的沸点(b. p.)。表示物质的沸点时必须标出测定时的大气压。例如，b. p. =100℃(0.1MPa)，表示物质在大气压为 0.1MPa 时的沸点是 100℃。如果不标明大气压，即表示该沸点是在 1 个标准大气压(101325Pa 或 760mmHg)时测定的。

液体物质，分子之间以分子间力相吸引，所以液体分子虽可以自由运动，但不能自由扩散。气体分子之间相距甚远，分子间力可以忽略不计。因此，液体转化为气体必须克服液体分子间的分子间力。分子间力与相对分子质量、分子的极性和分子的表面积等呈正相关。因此，物质的沸点有如下的变化规律：

(1) 在同系物中，随碳原子数的增加(相对分子质量增加)沸点升高。

(2) 在同分异构体中，没有支链的化合物的沸点比有支链的异构体高(分子的表面积大)。

(3) 相对分子质量相近的化合物，分子的极性越大，沸点越高；能够通过氢键缔合的化合物，因还需要能量克服氢键，其沸点就更高。

下面的例子能很好地说明以上的规律。

	$CH_3C(CH_3)_2CH_3$	$CH_3(CH_2)_3CH_3$	C_3H_7CHO	C_4H_9OH
化合物	异戊烷	戊烷	丁醛	丁醇
相对分子质量	72	72	72	74
偶极矩/deb	0	0	2.7	1.7
缔合情况	不缔合	不缔合	不缔合	缔合
支链	有	无	无	无
沸点/℃	9.5	36.1	75.7	117.3

3. 熔点

物质的固态与液态共存(固液平衡)时的温度就是物质的熔点(m. p.)。在通常情况下熔点受大气压的影响很小,可略而不计。

熔点涉及物质的固态与液态之间的转变。在结晶的固体中,作为结构单元的质点(对于以共价键结合的有机化合物来说是分子)是以某种非常有规律的、对称的方式排列着,而在液体中则是比较混乱的。熔融就是晶格中的质点从高度有序的排列转变成较混乱的排列,因此必须克服固体的晶格能和提高混乱度。有机化合物熔点与物质结构的关系比较复杂,一般说来有以下几点。

(1) 相对分子质量大、极性大、能缔合的化合物由于分子间力较大,分子晶体的晶格能也较大,其熔点也比较高。

(2) 对称性大的化合物分子在晶体中的排列更有序、紧密,提高混乱度需要克服较高的能量,因此分子结构对称性大的化合物,熔点比对称性小的异构体高。

(3) 偶数碳原子的碳链,其对称性比奇数碳原子的碳链高。在各脂肪族化合物的同系列中,从奇数碳原子的同系物增加一个 CH_2 到下一个偶数碳原子的同系物,随相对分子质量的增加,分子对称性的变化,熔点的增加较明显。而从偶数碳原子的同系物增加一个 CH_2 到下一个奇数碳原子的同系物,虽然相对分子质量的增加会使熔点提高,但分子对称性的变小又会使熔点降低,总的结果是:熔点提高甚微或者反而下降(如一元羧酸和二元羧酸)。但碳原子数目较多的高级同系物,奇偶数同系物间的差别逐渐减少。各类同系物的锯齿形熔点曲线如图 1-12所示。

4. 溶解度和水溶性

溶解度是一定温度时物质在某溶剂中的饱和溶液的浓度。如果没有特别注明温度,则一般是指常温时(20～25℃)的溶解度。溶解度通常以 g/(100g 溶剂)来表示。

物质的溶解性与溶质和溶剂的结构有关系,一般可根据“相似相溶”的经验规律来判断,即分子结构相似的化合物容易互相溶解。极性化合物在极性溶剂中的溶解度一般大于在非极性溶剂中的溶解度。非极性或弱极性化合物,通常易溶解于非极性溶剂中。

水是极性溶剂,有机分子中有些极性基团能与水形成氢键,这些基团增加了有机分子的水

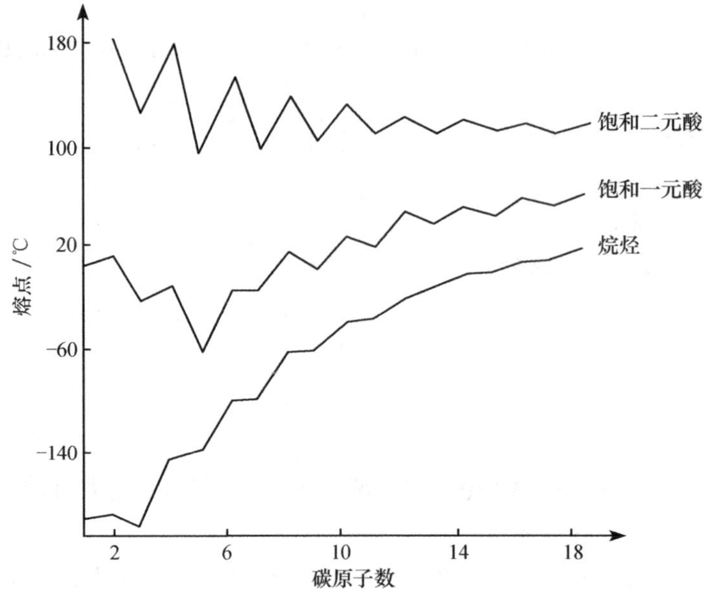

图 1-12 烷烃、饱和一元酸、饱和二元酸的熔点曲线

溶性，称为亲水基团。常见的亲水基团有

$$—OH \qquad C{=}O \qquad —COOH \qquad —NH_2 \qquad —SO_3H$$

各种烃是非极性化合物，烃基是疏水基团，所以烃不溶于水。有机分子中的卤原子虽然可使分子产生极性，但它们不能与水形成有效的氢键，因此有机分子中的卤原子不能使有机化合物溶于水。一个有机化合物能否溶解于水，可以从分子中亲水基团多少和疏水基团的大小等因素大致估计出来。如果分子中烃基加大，那么化合物的水溶性便会减小。如果分子中亲水基团增加，则化合物的水溶性一定增加。离子有强的亲水性，所以当有机化合物形成盐时，其水溶性也会明显增加。

5. 颜色

颜色是物质对可见光吸收的反映。当光照射物质时，物质分子中的某些外层电子就会吸收光能而激发到较高能级上。σ 电子激发时需要吸收能量较大的光，如紫外光；而 π 电子激发时只需吸收能量较小的光，如近紫外光和可见光，从而使物质有可能呈现我们肉眼看得见的颜色。分子中具有下述基团或结构的化合物时常是有颜色的。这些基团或结构称为发色团，它们都有双键（有 π 电子）。

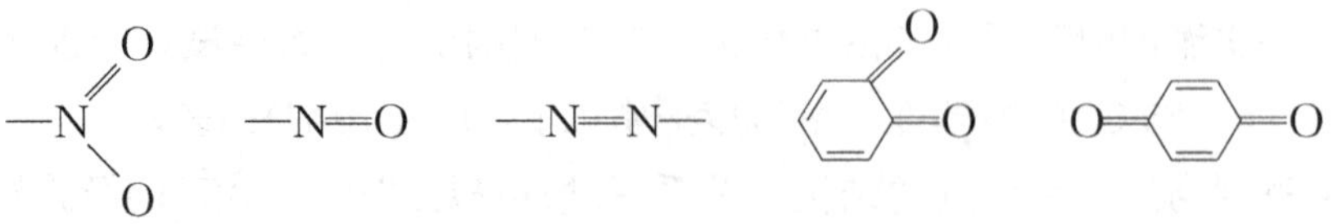

硝基　　亚硝基　　偶氮基　　邻醌　　对醌

—C=C—C=C—C=C—C=C—

单双键交替出现 4 次以上

有些基团（如—OH、—NH_2、—SO_3 等）本身不是发色团，但有助于发色团对可见光的吸收，这些基团称为助色团。

可以根据有机分子中是否有发色团来推测化合物是否有颜色（但不能推测是何种颜色）。

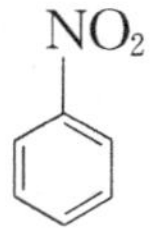

硝基苯（黄色）

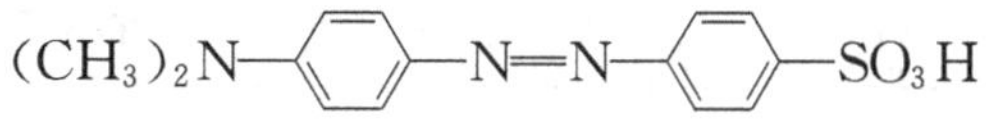

甲基橙（pH>4.4，黄色）

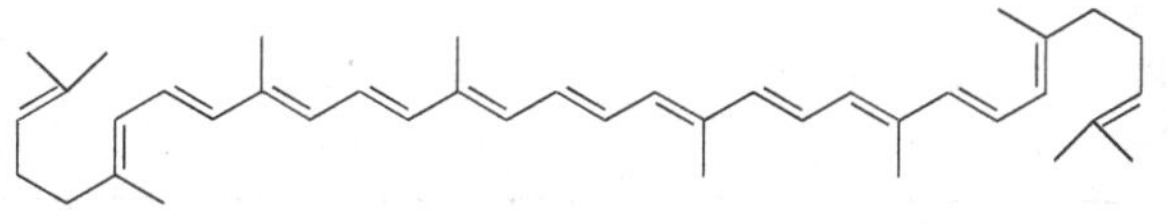

茄红素（红色）（单双键交替出现 11 次）

上面讨论的密度、沸点、熔点、溶解度、颜色等是常见的物理性质。比旋光度和旋光度是手性化合物的重要物理性质，将在第 5 章中专门讨论。

1.3.2　化学性质

有机化合物的化学反应较为复杂，以后各章我们将详细地讨论各类有机化合物的化学反应。这里只简要介绍化学反应的一些基本特征。

化学反应是反应物在某种条件下与试剂作用生成一种或几种产物的过程。反应式只是表示了化学反应的结果，有机反应非常复杂，涉及的反应很多，但其基本类型大致可归纳为以下几种：取代反应、加成反应、消除反应、氧化反应、还原反应、重排反应、缩合反应、聚合反应、脱水反应、酯化反应等。

有机反应的实质是某些旧共价键的断裂和某些新共价键的形成。共价键的断裂有两种方式。

1）均裂

共价键断裂时，两个原子之间的一对共用电子均匀分裂（homolysis），两个原子各保留一个电子，生成两个带单电子的原子或基团。这种带单电子的原子或基团称为自由基（free radical）。例如，下式中的氯自由基和甲基自由基。自由基是非常活泼的基团，可以继续引发一系列反应。有自由基参与的反应称为自由基反应（radical reaction）。

AB 单键的均裂		A 游离基		B 游离基
A∶B	⟶	A·	+	B·
Cl∶Cl	⟶	Cl·	+	Cl·
CH_3∶H+Cl·	⟶	CH_3·	+	HCl

2）异裂

共价键断裂时，两个原子间的一对共用电子由一个原子或基团独得成负离子，另一个原子或基团则缺一个电子而成正离子。由共价键异裂（heterolysis）产生离子而进行的反应称为离子型反应（ionic reaction）。离子型反应一般发生在溶剂分子能帮助中间产物形成的液体中。例如

AB 单键的异裂		A 正离子		B 负离子
A∶B	⟶	A^+	+	B^-
$(CH_3)_3C$∶Cl	⟶	$(CH_3)_3C^+$	+	Cl^-

也有一些有机反应，在反应过程中没有明显分步的共价键的均裂和异裂，即没有自由基或带电荷的离子生成，反应是通过一个环状的过渡态，化学键的断裂和形成同时完成而得到产物。这种同步完成的反应叫协同反应。这类反应为数不多，本书涉及的主要是离子型反应和自由基反应。这三类有机反应的主要区别见表 1-5。

表 1-5　三类有机反应的主要区别

类　型	反应方式	中间体	催化剂的影响	与溶剂关系
离子型反应	异裂	正、负离子	酸、碱	极性溶剂有利
自由基反应	均裂	自由基	引发剂、阻聚剂	关系小，气相有利
协同反应	协同	无	无(或加热条件)	关系小，气相有利

在化学反应中，不是一次共价键的断裂和生成就变成产物的，需要经历一些中间步骤。中间步骤所产生的物质叫中间体。例如，一个分两步进行的反应中，反应物先经过渡状态形成中间体，中间体再经过另一过渡状态形成产物。在多步反应中，过渡状态和中间体会更多。这种对化学反应的描述称为反应机理或反应历程(reaction mechanism)。

3) 活性中间体

化学反应中有一些合成或分解的产物在通常状态下是不稳定的，所以很难单独把它们分离出来。这些就是所谓的活性中间体(reactive intermediate)，它们短暂地存在于许多反应中。活性中间体基本结构和名称有 4 种，分别是碳正离子、碳负离子、自由基、碳烯(本书不做进一步介绍)。

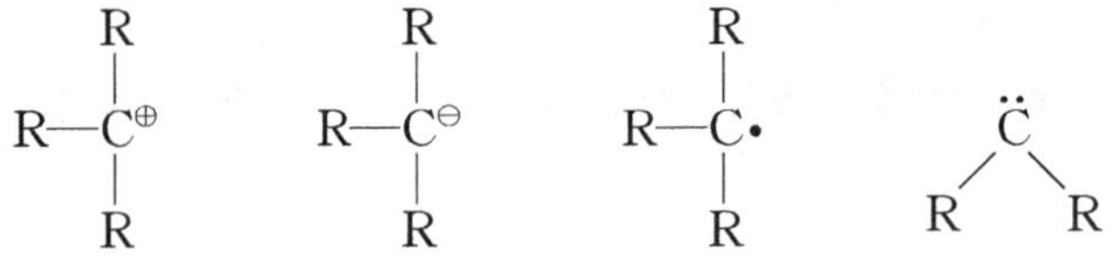

碳正离子　　碳负离子　　自由基　　碳烯

4) 反应过程的能量变化

在化学反应过程中，常伴随着能量的变化(放能或吸能)，这种能量变化称为化学反应的热效应，它的数值为反应热(enthalpies of reaction)，记为 ΔH(图 1-13)。吸热反应 ΔH 为正值，放热反应 ΔH 为负值。反应热可以由反应物和生成物的键能计算出来。例如

$$CH_3—H \quad + \quad Cl_2 \quad \longrightarrow \quad CH_3—Cl \quad + \quad H—Cl$$

$CH_3—H$	Cl_2	$CH_3—Cl$	$H—Cl$
断键	断键	成键	成键
+435kJ/mol	+243kJ/mol	−352kJ/mol	−431kJ/mol

反应热　　$\Delta H = 435 + 243 - 352 - 431 = -105(\text{kJ/mol})$

在这个能量的变化过程中，化学反应并不是反应物分子之间的简单碰撞就能发生的。按照碰撞理论，反应物分子要发生反应，必须发生有效碰撞而达到活化状态，经过渡状态而转变为产物分子。由基态分子变为活化分子所需的最低能量称为活化能 ΔE(单位 kJ/mol)。在一定温度下，活化能越大，反应越慢；活化能越小，反应越快。一般的常温情况下，活化能小于 40kJ/mol 的反应，速率很快；活化能大于 120kJ/mol 的反应，速率相当慢。

大多数有机化学反应速率相当慢，因此有机化学反应常采用催化剂。催化剂能加快反应速率就在于它能降低反应的活化能。

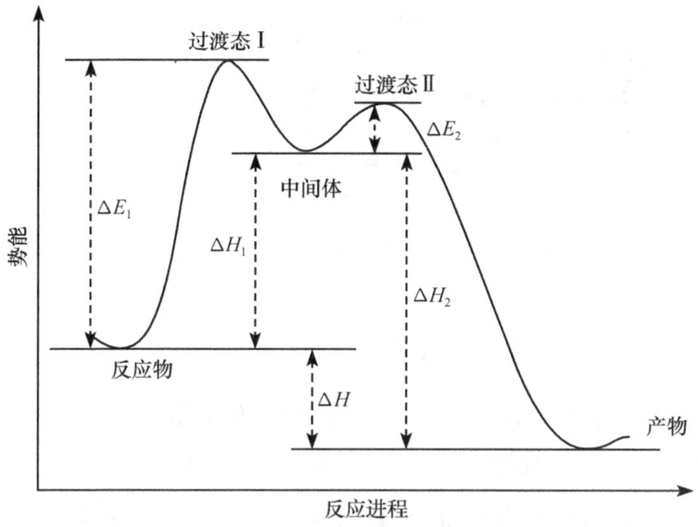

图 1-13 反应进程中的能量变化

1.3.3 有机化学中的酸碱理论

1. 布朗斯台德酸碱概念

在有机化学中，布朗斯台德(J. H. Brönsted)所定义的酸碱为：酸是能给出质子的物质；碱是能接受质子的物质。酸碱反应是酸转移质子给碱的过程。酸给出质子后即变成碱，这个碱称为该酸的共轭碱(conjugate base)，碱接受质子后即变成酸，称为该碱的共轭酸(conjugate acid)。例如

通式：$HA + B \rightleftharpoons BH + A^-$

酸 碱 共轭酸 共轭碱

$$CH_3COOH + H_2O \rightleftharpoons CH_3COO^- + H_3O^+$$

$$H_2SO_4 + CH_3COOH \rightleftharpoons CH_3COOH_2^+ + HSO_4^-$$

$$HCl + C_6H_5NH_2 \rightleftharpoons C_6H_5NH_3^+ + Cl^-$$

$$H_2O + C_6H_5O^- \rightleftharpoons C_6H_5OH + OH^-$$

酸碱反应是一个可逆反应，平衡总是偏向生成弱酸或弱碱一方。物质的酸碱性是相对的，这要由它在反应中是给出质子还是接受质子而定。某一分子或离子在一个反应中是酸，而在另一反应中却可能是碱。

布朗斯台德酸碱反应是质子的转移过程，这个特征可用于定量地比较酸碱的强度。物质酸性的强弱用离解常数 K_a 或它的负对数 pK_a 来度量。K_a 越大或 pK_a 越小，酸性就越强。但酸转移质子给不同的碱时，由于碱接受质子的能力不一样，其 K_a 亦不同，因此比较各种酸的强度要有一个参比碱。水常作为参比碱。因此，对于酸 HA，它的强度由它与水的反应程度来决定，这个“反应程度”由离解度 K_{eq}决定。

$$HA + H_2O \rightleftharpoons H_3O^+ + A\!:^-$$

$$K_{eq}=\frac{[H_3O^+][A:^-]}{[HA][H_2O]}$$

水的离子积浓度(55.5)是常数，可并入 K_{eq}，得

$$K_a=\frac{[H_3O^+][A:^-]}{[HA]}$$

$$pK_a=-\lg K_a=-\lg\frac{[H_3O^+][A:^-]}{[HA]}$$

以水作为参比碱时：

$$pK_a+pK_b=14$$

$$酸的\ pK_a=14-共轭碱的\ pK_b$$

$$碱的\ pK_b=14-共轭酸的\ pK_a$$

因此，酸性越强，它的共轭碱就越弱；碱性越强，它的共轭酸就越弱。常见的一些共轭酸碱对(conjugate acid-base pair)的 pK_a 值见表 1-6。

表 1-6 酸碱强度次序表(25℃相对于 H_2O)

酸	碱	pK_a	酸	碱	pK_a
$HClO_4$	ClO_4^-	～-20	HOCl	OCl^-	7.53
H_2SO_4	HSO_4^-	～-9	HOBr	OBr^-	8.6
HI	I^-	-10	$CH_3COCH_2COCH_3$	$CH_3CO\bar{C}HCOCH_3$	9
HBr	Br^-	-9	HCN	CN^-	9.14
			NH_4^+	NH_3	9.24
$RCHOH^+$	RCHO	-8	ArOH	ArO^-	9.95
$ArCOOH_2^+$	ArCOOH	-7.6	CH_3NO_2	$^-CH_2NO_2$	10.2
$ArSO_3H$	$ArSO_3^-$	-7	HCO_3^-	CO_3^{2-}	10.33
HCl	Cl^-	-7	RNH_3^+	RNH_2	10～11
$ArOH_2^+$	ArOH	-6.7	RSH	RS^-	10～11
$CH_3COOH_2^+$	CH_3COOH	-6.2	$\boxed{H_2O}$	$\boxed{OH^-}$	$\boxed{15.7}$
$CH_3C(=OH^+)OR$	CH_3COOR	-6.2	CH_3OH	CH_3O^-	16
$(CH_3)_2OH^+$	$(CH_3)_2O$	-3.5	CH_3CH_2OH	$CH_3CH_2O^-$	17
$CH_3OH_2^+$	CH_3OH	-2	$(CH_3)_2CHOH$	$(CH_3)_2CHO^-$	18
$\boxed{H_3O^+}$	$\boxed{H_2O}$	$\boxed{-1.74}$	$(CH_3)_3COH$	$(CH_3)_3CO^-$	19
HNO_3	NO_3^-	-1.4	CH_3COCH_3	$CH_3COCH_2^-$	19
HIO_3	IO_3^-	0.77	$CH_3COOC_2H_5$	$^-CH_2COOC_2H_5$	21
Cl_3CCOOH	Cl_3CCOO^-	0.9	Ar_2NH	Ar_2N^-	23
$Cl_2CHCOOH$	Cl_2CHCOO^-	1.3	$HC\equiv CH$	$HC\equiv C^-$	25
H_3PO_4	$H_2PO_4^-$	2.12	$ArNH_2$	$ArNH^-$	27

续表

酸	碱	pK_a	酸	碱	pK_a
$ClCH_2COOH$	$ClCH_2COO^-$	2.87	$ArCH_3$	$ArCH_2^-$	35
HNO_2	NO_2^-	3.29	ArH	Ar^-	37
HF	F^-	3.4	NH_3	NH_2^-	38
HCOOH	$HCOO^-$	3.77	CH_4	CH_3^-	39
ArCOOH	$ArCOO^-$	4.20	$CH_2{=}CH_2$	$CH_2{=}CH^-$	44
$ArNH_3^+$	$ArNH_2$	4.60	$(CH_3)_2CH_2$	$(CH_3)_2CH^-$	44
CH_3COOH	CH_3COO^-	4.76	环$(CH_2)_6$	环 $C_6H_{11}^-$	45
H_2CO_3	HCO_3^-	6.35	C_2H_6	$C_2H_5^-$	50
H_2S	HS^-	7.00			

2. 路易斯酸碱概念

根据路易斯的定义，酸是能接受一对电子形成共价键的物质，而碱是能提供一对电子形成共价键的物质。因此，酸是电子对的受体(electron pair acceptor)，而碱是电子对的授体(electron pair donor)。按照此定义，路易斯碱就是布朗斯台德碱。例如，NH_3 是电子对的授体，是路易斯碱，在反应中可以接受质子，是布朗斯台德碱。路易斯酸则和布朗斯台德酸略有不同。例如，H^+ 是电子对的受体，是路易斯酸，但按布朗斯台德定义，它不是酸。按布朗斯台德定义，HCl、H_2SO_4 等是酸，但按路易斯定义它们不是酸，它们所给出的质子 H^+ 才是酸。许多路易斯酸，如 BF_3、$AlCl_3$ 和 Mg^{2+} 并不是布朗斯台德酸。

路易斯酸是缺电子的，它易于向反应物的电子密度大的部位进攻，所以路易斯酸是一种亲电试剂(electrophile)，如缺电子的原子、离子或对电子对有亲和力的分子。路易斯酸可与路易斯碱键合。路易斯碱是富电子的，它要向反应物的电子密度小的部位进攻，所以路易斯碱是亲核试剂(nucleophile)，即有电子对的原子、离子或分子可与亲电试剂或路易斯酸键合。

路易斯酸碱反应的产物是一些中性的物质，可能是稳定的共价分子。

$$A^+ + B^- \longrightarrow AB$$

路易斯酸 + 路易斯碱 ⟶ 酸碱配合体

亲电试剂 亲核试剂

$$H^+ + Cl^- \longrightarrow HCl$$

$$H^+ + CH_3COO^- \longrightarrow CH_3COOH$$

$$H_3C^+ + OH^- \longrightarrow CH_3OH$$

$$H_3C^+ + Cl^- \longrightarrow CH_3Cl$$

物质的碱性和亲核性是两个不同的概念，碱性是路易斯碱与质子的结合能力，而亲核性是路易斯碱进攻反应物缺电子部位的能力。一般说来，碱性强亲核性也强。例如，碱性和亲核性的强弱基本一致的是

路易斯碱 H_2O $CH_3CO_2^-$ RS^- CN^- RO^- NH_2^- CH_3^-

⟶ 碱性增强，亲核性增强

但卤素碱性与亲核性并不一致。例如

碱性： $F^- > Cl^- > Br^- > I^-$

亲核性： $I^- > Br^- > Cl^- > F^-$

思 考 题

1. 共价键、分子间力、氢键各自性质上有何特点？它们在分子内、分子间起了什么作用？
2. 分子间力、氢键对化合物的理化性质有怎样的影响？
3. 化学反应进程中的能量是如何发生变化的？
4. 有中间体生成的化学反应与无中间体生成的化学反应，能量变化有何区别？
5. 催化剂在能量变化中起什么作用？
6. 布朗斯台德酸碱和路易斯酸碱在概念上有何差别？它们各自可对哪些化学反应做出合理的解释？

习 题

1. 下列反应中，碳原子的外层轨道的杂化状态有无改变？有怎样的改变？

(1) $CH_3CH_2OH \xrightarrow{H_2SO_4} CH_2{=}CH_2$

(2) $CH_2{=}CH_2 + Br_2 \longrightarrow CH_2BrCH_2Br$

(3) $CH_3Cl + NaOCH_3 \longrightarrow CH_3OCH_3 + NaCl$

(4) $CH{\equiv}CH + H_2O \xrightarrow[②H_2O]{①H^+, Hg^{2+}} CH_3CHO$

2. 指出下列化合物各属于哪一类化合物。

(1) $CH_3\underset{\displaystyle OH}{\underset{|}{C}}HCH_3$ (2) CH_3OCH_3 (3) $CH_3CH{=}CHCOOH$

(4) 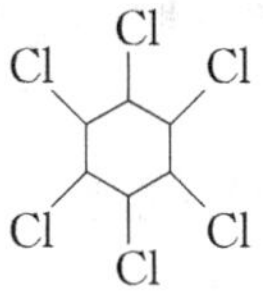 (5) 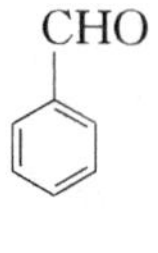 (6) 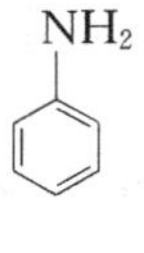

3. 经元素分析，某化合物的实验式为 CH，测定得知该化合物的相对分子质量为 78，请写出该化合物的分子式。
4. 指出下列化合物哪些可以通过氢键缔合；哪些虽不能缔合，但能与水形成氢键；哪些既不能缔合也不能与水形成氢键。

C_2H_5OH	C_6H_5OH	$CH_3CH_2OCH_2CH_3$	C_4H_9Cl
$C_{17}H_{35}COOH$	$C_{17}H_{35}COO^-Na^+$	CH_3OCH_3	CH_3CH_3
C_4H_9OH	$C_2H_5NH_2$	$C_6H_6(OH)_6$	$C_6H_{11}OH$

5. 比较下列各组化合物的沸点高低(不查表)。

(1) C_7H_{16}、C_8H_{18} (2) C_2H_5Cl、C_2H_5Br

(3) $C_6H_5{-}CH_2CH_3$、$C_6H_5{-}CHO$ (4) CH_3OCH_3、CH_3CH_2OH

(5) $CH_3CH_2CH_2CH_2CH_2CH_3$、$CH_3\overset{\displaystyle CH_3}{\overset{|}{C}}H\underset{\displaystyle CH_3}{\underset{|}{C}}HCH_3$

6. 比较下列化合物的沸点高低。

(1) 2-甲基庚烷(A)、3,3-二甲基戊烷(B)、2-甲基己烷(C)、庚烷(D)

(2) 环己烷(A)、环丁烷(B)、环戊烷(C)、环丙烷(D)、环庚烷(E)

(3) 正丁醇(A)、仲丁醇(B)、1-氯丙烷(C)、2-甲基丙醇(D)

(4) $CH_3(CH_2)_2CH_3$(A)、C_4H_9OH(B)、$C_2H_5OC_2H_5$(C)、$HO(CH_2)_3OH$(D)

(5) 苯甲醛(A)、邻羟基苯甲醛(B)、间羟基苯甲醛(C)

(6) $CH_3(CH_2)_4COOH$(A)、n-$C_6H_{13}OH$(B)、$C_3H_7COOC_3H_7$(C)、$C_3H_7OC_3H_7$(D)

(7) CH_3CH_2COOH(A)、$CH_3CH_2CH_2OH$(B)、CH_3CH_2CHO(C)

7. 比较下列各组化合物的水溶性的大小。

(1) C_2H_5OH、C_6H_5OH　　(2) C_4H_9OH、C_4H_9Cl

(3) CH_3OCH_3、CH_3CH_3　　(4) $C_{17}H_{35}COOH$、$C_{17}H_{35}COO^-Na^+$

(5) $C_6H_6(OH)_6$、$C_6H_{11}OH$

8. 指出下列酸碱反应中的共轭酸碱对，借助表 1-6 指出每个反应的平衡偏向哪一方。

(1) $CH_3COOH + NaHCO_3 \rightleftharpoons CH_3COONa + H_2CO_3$

(2) $CH_3COOH + H_2O \rightleftharpoons CH_3COO^- + H_3O^+$

(3) $C_6H_5OH + NaOH \rightleftharpoons C_6H_5O^-Na^+ + H_2O$

(4) $CH_3COOH + H_2SO_4 \rightleftharpoons CH_3COOH_2^+ + HSO_4^-$

(5) $C_2H_5NH_2 + HCl \rightleftharpoons C_2H_5NH_3^+ + Cl^-$

9. 比较下列化合物的碱性强弱。

(1) CH_3NHNa(A)、$C_2H_5NH_2$(B)、$(C_2H_5)_3N$(C)、$CH_3CH_2CONH_2$(D)

(2) NH_2^-(A)、$RCOO^-$(B)、RO^-(C)、Cl^-(D)

10. 比较下列化合物的酸性强弱。

(1) $C_6H_5SO_3H$(A)、C_6H_5SH(B)、C_6H_5COOH(C)、p-$NO_2C_6H_4COOH$(D)、C_6H_5OH(E)

(2) CH_3COOH(A)、$PhCOOH$(B)、Cl_3CCOOH(C)、p-$NH_2C_6H_4OH$(D)

第 2 章　饱和脂肪烃

有机化合物分子中只含碳和氢两种元素的化合物称碳氢化合物，又称烃。根据烃的骨架结构，烃可分为两类：脂肪烃和芳香烃。脂肪烃又可以进一步分为饱和烃（烷烃、环烷烃）和不饱和烃（烯烃、炔烃）。本章只讨论饱和烃。主要介绍系统命名法及普通命名法，烷烃的卤代反应及卤代游离基机理。介绍如何用 Newman 投影式解释构象变化与势能变化的关系。介绍环烷烃的张力和构象关系，特别是环己烷及其衍生物的优势构象。

2.1　烷　　烃

2.1.1　烷烃的结构

烷烃（alkanes）分子中的碳原子都是 sp^3 杂化，碳原子的 4 个 sp^3 杂化轨道只能以 4 个 σ 键与碳原子或氢原子生成共价键。这种碳原子称为饱和碳原子。饱和烃的结构特点是碳原子之间只存在单键。

烷烃的通式为 C_nH_{2n+2}。从甲烷开始，每增加一个碳原子就增加两个氢原子，因此两个相邻烷烃分子之间总是相差一个 CH_2。在分子组成上相差一个或几个 CH_2，且结构和性质相似的一系列化合物称为同系列（homologous series），同系列中的各个化合物互称为同系物（homolog）。同系列中，相邻的两个分子式的差值 CH_2 称为系列差。

烷烃由于分子中原子的连接顺序和连接方式不同而引起的异构现象比较简单，通常是构造异构。这种构造异构是由分子中碳原子的骨架不同而引起的，所以又称为碳架异构。

甲烷、乙烷、丙烷没有异构体，从丁烷开始就出现同分异构现象，如 C_4H_{10} 有正丁烷和异丁烷两种异构体，C_5H_{12} 有 3 种异构体，C_6H_{14} 有 5 种异构体。随着碳原子数的增加，异构体的数目也迅速地增加。$C_{10}H_{22}$ 有 75 种异构体，而 $C_{20}H_{42}$ 就有 366319 种异构体。

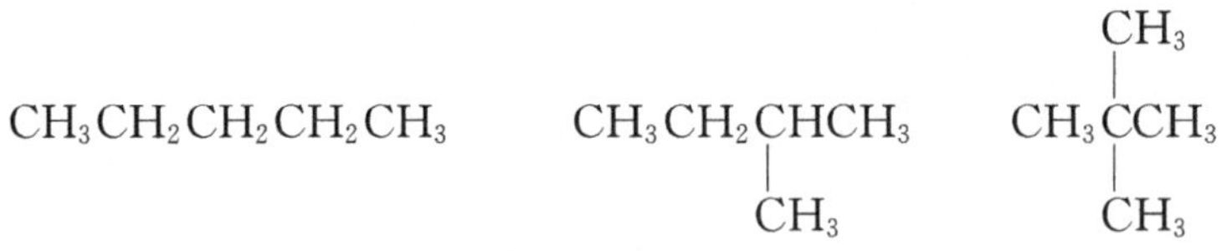

戊烷的 3 种异构体

烃分子中少 1 个氢原子留下的部分叫烃基。例如

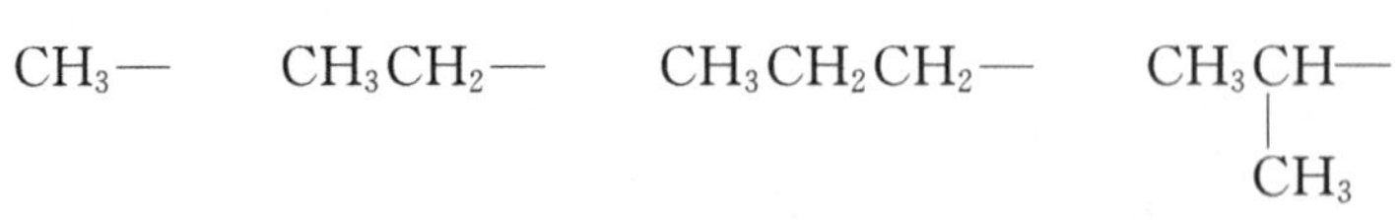

甲基　　　乙基　　　丙基　　　异丙基

2.1.2　烷烃的命名

1. 普通命名法

普通命名法（ordinary nomenclature）基本原则是：根据碳原子的数目称为某烷，10 个碳原

子以下用甲、乙、丙、丁、戊、己、庚、辛、壬、癸的天干顺序命名，11 个碳原子以上用中文数字十一、十二、……命名。没有支链的烷烃（直链烷烃），在名称前冠以“正”字，或冠“*n*-”；链端第二个碳原子有一个甲基支链的，在名称前冠以“异”字，或冠“*i*-”；链端第二个碳原子有两个甲基支链的，在名称前冠以“新”字。相应的烷基亦同上命名。

$CH_3CH_2CH_2CH_2CH_3$　　　　$CH_3CH_2CH_2CH_2CH_2—$

正戊烷　　　　正戊基

异戊烷　　　　异戊基

新戊烷　　　　新戊基

普通命名法虽然比较简单，但对结构稍为复杂的化合物或官能团的命名就有困难。例如，C_6H_{14}有 5 种异构体，用普通命名法命名全部 5 种异构体就有困难。

2. 系统命名法

系统命名法（system nomenclature）是由国际纯粹与应用化学联合会（International-Union of Pure and Applied Chemistry，简称 IUPAC）根据世界各国化学家的意见拟定的世界统一的有机化合物命名原则。后又做了几次修订，称为 IUPAC 系统命名法。我国根据这个命名法，结合中文的特点，制定了中文的命名原则。烷烃可以按下述的原则命名。

1）直链烷烃

按碳原子的数目，称为某烷。碳原子的数目在十以内，用十个天干序表示碳原子数；碳原子的数目在十以上，则用中文数字表示碳原子数。例如

甲　乙　丙　丁　戊　己　庚　辛　壬　癸　十一　十二　十三　……

2）支链烷烃

支链烷烃命名时把它看作是直链烷烃的烷基衍生物。它的命名原则是：

（1）选择最长的连续碳链作为母体结构，称为某烷。支链作为取代基（烷基），命名时将烷基写在母体名称的前面，称为某基某烷。

（2）如果烷基在母体碳链上可因位置不同而引起异构现象时，就必须对母体碳链进行编号，并用数字指明烷基所连的碳原子。编号时，以离取代基最近的一端为 1。

（3）有的烷基不止一次地作为支链出现，可用二、三、四、……中文数字来表示相同烷基的数目，并用阿拉伯数字指明每个烷基的位置，表示取代基位次的阿拉伯数字之间要用逗号分开；阿拉伯数字与汉字之间用“-”半字线分开。

（4）如果有几种不同的烷基连接在母体链上，按次序规则从小到大的先后次序来命名。例如

$CH_3CH_2CH_2CH_2CH_2CH_3$　　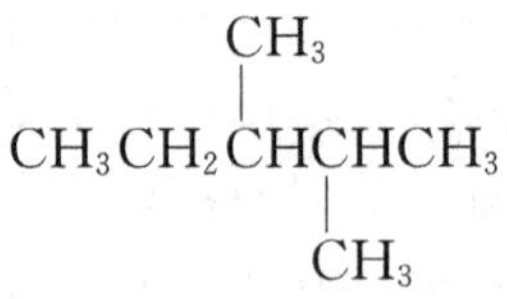　　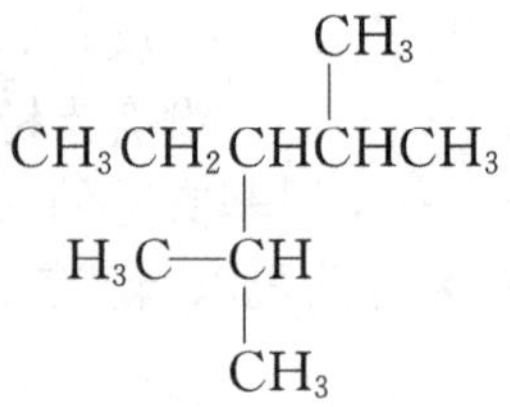

己烷　　2,3-二甲基戊烷　　2,4-二甲基-3-乙基戊烷

以烷烃为例的系统命名法是各类有机化合物命名的基础。但在命名较为复杂的化合物时,还有另外一些补充规则,将在以后有关章节中介绍。

烷烃分子中的碳原子,按照它们所连的碳原子数目的不同,可分为四类:只连 1 个碳原子的称为伯碳原子(primary carbon),通常用"1°"表示;连有两个碳原子的称为仲碳原子(secondary carbon),常用"2°"表示;连有 3 个碳原子的称为叔碳原子(tertiary carbon),常用"3°"表示;连有 4 个碳原子的称为季碳原子(quaternary carbon),常用"4°"表示。与伯、仲、叔碳原子相连的氢原子分别称为伯、仲、叔氢原子。例如

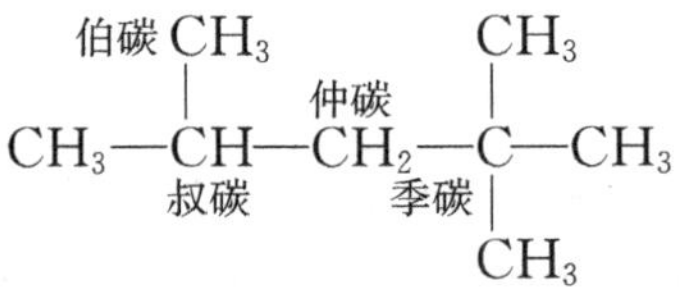

伯、仲、叔、季碳原子及相连的伯、仲、叔氢原子,这种叫法并非是命名,而是这些碳原子或氢原子,由于结构上的差别会导致它们在化学性质上的差别,才将它们区别开来。

2.1.3　烷烃的物理性质

在室温下,C_1～C_4 的烷烃是无色气体;C_5～C_{17}的烷烃是无色液体;C_{18}以上的烷烃是低熔点的蜡状固体。石蜡就是某些固态烷烃的混合物。

根据"相似相溶"的经验规律,烷烃可溶解于苯、乙醚、氯仿等有机溶剂而不溶于水。烷烃的密度随着相对分子质量的增加而略有增加,越到高级,增加越少,相对分子质量大的烷烃,相对密度近乎常数,在 0.8 左右。表 2-1 列举了一些烷烃的物理常数。

表 2-1　部分正烷烃的物理常数

名　称	结构式	熔点/℃	沸点/℃	相对密度	折光率
甲烷	CH_4	−183	−161.5	0.424	
乙烷	CH_3CH_3	−172	−88.6	0.546	
丙烷	$CH_3CH_2CH_3$	−188	−42.1	0.501	
丁烷	$CH_3(CH_2)_2CH_3$	−135	−0.5	0.579	1.3326
戊烷	$CH_3(CH_2)_3CH_3$	−130	36.1	0.626	1.3575
己烷	$CH_3(CH_2)_4CH_3$	−95	68.7	0.659	1.3742
庚烷	$CH_3(CH_2)_5CH_3$	−91	98.7	0.684	1.3876
辛烷	$CH_3(CH_2)_6CH_3$	−57	125.7	0.703	1.3974
壬烷	$CH_3(CH_2)_7CH_3$	−54	150.8	0.718	1.4054
癸烷	$CH_3(CH_2)_8CH_3$	−30	174.1	0.730	1.4119
十一烷	$CH_3(CH_2)_9CH_3$	−26	195.9	0.740	1.4176

续表

名　称	结构式	熔点/℃	沸点/℃	相对密度	折光率
十二烷	$CH_3(CH_2)_{10}CH_3$	−10	216.3	0.749	1.4216
十五烷	$CH_3(CH_2)_{13}CH_3$	10	270.6	0.769	1.4536
十七烷	$CH_3(CH_2)_{15}CH_3$	22	301.8	0.7780	1.4369
十八烷	$CH_3(CH_2)_{16}CH_3$	28	316.1	0.7768	
二十烷	$CH_3(CH_2)_{18}CH_3$	37	342.7	0.786	
三十烷	$CH_3(CH_2)_{28}CH_3$	66	446.4	0.810	

2.1.4　烷烃的化学性质

烷烃是一类不活泼的有机化合物，分子中只有 C—C 或 C—H σ 键，不易发生 σ 键断裂，在一般情况下不与强酸、强碱、氧化剂、还原剂等反应，因而液态的烷烃（如正己烷）常用作优良的惰性溶剂。但在特定条件下，烷烃也可以发生一些反应。

1. 燃烧和氧化

在室温和标准大气压下，烷烃与氧不发生反应，但如果点火引发，烷烃可燃烧生成水和二氧化碳，同时放出大量的热。例如，甲烷燃烧的 $\Delta H \approx -891\text{kJ/mol}$。

$$C_nH_{2n+2} + (3n+1)/2O_2 \longrightarrow nCO_2 + (n+1)H_2O \quad \text{放出大量的热}$$

烷烃燃烧时放出大量的热，这是石油作为能源的反应基础，但如果烷烃不充分燃烧，则可生成烟炱和有毒的气体一氧化碳。汽车、拖拉机等内燃机汽缸排出的废气中就常有一氧化碳，会对环境造成污染。

2. 裂化

在高温下使烷烃分子发生裂解的过程称为裂化。碳原子数越多，裂化产物越复杂，反应条件不同，产物也不同。裂化反应是一个复杂的过程，裂解过程发生了 C—C 和 C—H 键的断裂，生成相对分子质量较低的烷烃、烯烃等。隔绝空气加热至 400℃以上的裂化叫热裂。例如

$$CH_3CH_2CH_2CH_3 \longrightarrow \begin{cases} CH_4 + CH_3CH{=}CH_2 \\ CH_3CH_3 + CH_2{=}CH_2 \\ CH_3CH_2CH{=}CH_2 + H_2 \end{cases}$$

在催化剂作用下的裂化叫催化裂化。催化裂化在 C—C 键断裂的过程中，还发生异构化、环化、脱氢等反应，生成带支链的烷烃、烯烃、芳香烃等，它们是石油化工的基础。

3. 卤代反应

1）烷烃的氯代反应

在室温和黑暗中，烷烃与氯、溴、碘不发生反应，但在加热或光照条件下，烷烃分子中的氢原子可以被卤原子取代，发生卤代反应（取代反应的一种）。在紫外光照射下，甲烷和氯气的混合物剧烈地反应，甲烷分子中的氢原子被氯原子取代，生成氯甲烷、二氯甲烷、三氯甲烷、四氯化碳。各种产物的相对含量由两种反应物的比例决定。反应如下：

$$CH_4 + Cl_2 \xrightarrow{h\nu} CH_3Cl + CH_2Cl_2 + CHCl_3 + CCl_4 + HCl$$

一般烷烃的氯代反应条件与甲烷的氯代反应相似，但产物更复杂。乙烷氯代反应不仅生成氯乙烷，还得到 1,1-二氯乙烷和 1,2-二氯乙烷等。

$$CH_3CH_3 + Cl_2 \xrightarrow{h\nu} CH_2ClCH_3 + CH_2ClCH_2Cl + CH_3CHCl_2 + CHCl_2CHCl_2$$

烷烃的卤代反应对伯、仲、叔氢原子有一定的选择性。例如，异丁烷的氯代。

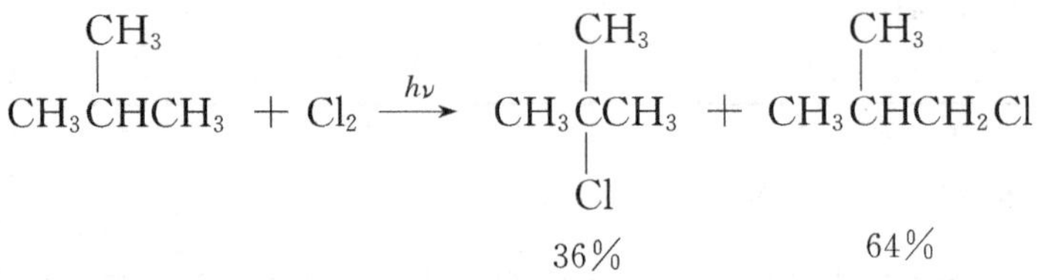

异丁烷的氯代得到 36%的叔丁基氯(2-甲基-2-氯丙烷)和 64%的异丁基氯(2-甲基-1-氯丙烷)。异丁烷有 9 个可被氯取代的伯氢原子，一个可被氯取代的叔氢原子。假定伯氢的活泼性为 1，叔氢活泼性为 x，则可由氯代产物的数量比来求 x 的值。

$$36/64 = 1 \cdot x/(9 \cdot 1) \qquad x = 5$$

从异丁烷的氯代得到的产物比例，可以算出叔氢的活泼性为伯氢的 5 倍。

其他烷烃分子的卤代反应亦有类似情况。我们可以得出烷烃分子中氢原子卤代的反应活泼性为

$$叔氢 > 仲氢 > 伯氢$$

烷烃分子中不同氢原子的反应活性与烷烃分子中伯、仲、叔氢原子卤代反应的相对活性和活化能有关(表 2-2)。

表 2-2　伯、仲、叔氢原子卤代反应的相对活性和活化能(单位：kJ/mol)

反应	甲烷氢	伯氢	仲氢	叔氢	相对活性(伯氢：仲氢：叔氢)
氯代	17	4	2	0.4	1：3.8：5(25℃)
溴代	75	54	42	31	1：82：1600(127℃)

2) 烷烃的其他卤代反应

烷烃与溴的反应也要在高温或光照的条件下才能进行。例如

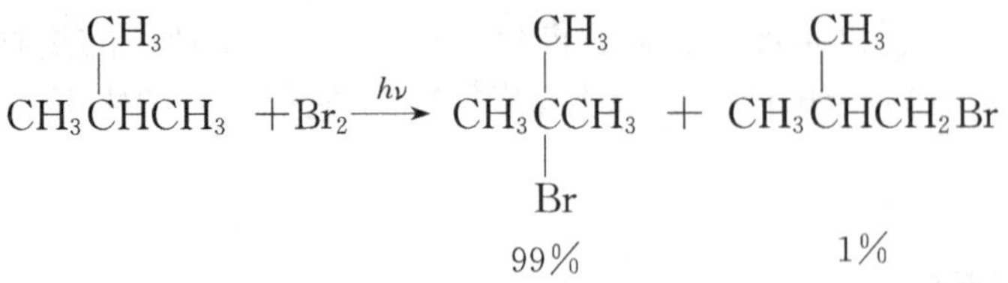

烷烃的氟代反应太剧烈，而碘代反应又太慢，故烷烃不直接进行氟代和碘代，卤代反应一般是指氯代和溴代反应。烷烃卤代反应中卤素的反应活泼性是

$$F \gg Cl > Br \gg I$$

2.1.5　自由基取代反应

1. 烷烃卤代反应的机理

现以甲烷氯代为例来说明烷烃卤代反应的机理。

实验事实发现：①甲烷与氯在室温和黑暗处不起反应；②在室温光照下或在暗处但温度高于 250℃时，反应立即发生；③氯光照后，在暗处通入甲烷，氯代反应能发生，但如果甲烷光照后，在暗处通入氯气，则不发生反应。根据以上实验事实，人们认为甲烷氯代的机理如下：

氯在光照或加热下，吸收了能量，均裂为两个氯自由基：

$$Cl:Cl \xrightarrow{h\nu} Cl\cdot + Cl\cdot \qquad ①$$

氯自由基与甲烷分子碰撞，生成甲基自由基(中间体)和氯化氢分子：

$$CH_4 + Cl\cdot \longrightarrow \cdot CH_3 + HCl \quad \Delta H = 4.2kJ/mol, \Delta E_1 = 16.7kJ/mol \qquad ②$$

甲基自由基与氯分子碰撞，生成氯甲烷和氯自由基：

$$\cdot CH_3 + Cl:Cl \longrightarrow CH_3Cl + Cl\cdot \quad \Delta H = -108.8kJ/mol, \Delta E_2 < 1kJ/mol \qquad ③$$

生成的氯自由基又可与甲烷分子碰撞，在②、③两步反应中，每一步都产生一个反应所需的自由基，这样②、③两步反应就可反复地进行下去，不断地产生氯甲烷和氯化氢。由于自由基在反应体系中的浓度很低，它们互相碰撞的机会很少，因此在甲烷氯代反应中，第①步反应生成的氯自由基，大约可使②、③两步反复进行数千次。

这种自由基反应一直发生到两个自由基自相碰撞结合成分子，反应才终止，如④、⑤、⑥步终止反应。

$$Cl\cdot + Cl\cdot \longrightarrow Cl:Cl \qquad ④$$

$$\cdot CH_3 + Cl\cdot \longrightarrow CH_3Cl \qquad ⑤$$

$$\cdot CH_3 + \cdot CH_3 \longrightarrow CH_3CH_3 \qquad ⑥$$

这种自由基(free radical)在引发后能自动反复进行一连串的反应称为链反应(chain reaction)。链反应一般包括第①步链的引发(chain initiation)，第②、③步链的传递(chain propagation)和第④、⑤、⑥步链的终止(chain termination)这三个阶段。链的传递是得到产物的主要阶段。在这个阶段中，第②步反应的活化能比第③步高得多，是整个氯代过程的慢反应(限速反应)。慢反应的这一步中有自由基参与，因此整个反应就称为自由基取代反应。

除烷烃的卤代反应是自由基取代反应外，还有许多其他的反应也按自由基反应机理进行。一般说来，自由基反应具有如下几个特点：

(1) 它们常在气相或非极性溶剂中进行；它们常是链反应；它们常需光照或加热。

(2) 能产生自由基的引发剂(如有机过氧化物、四甲基铅等)可引发自由基反应，如四甲基铅易离解出甲基自由基，可以使甲烷和氯发生氯代反应。

$$(CH_3)_4Pb \longrightarrow 4CH_3\cdot + Pb$$

(3) 氧气等抑制剂可减缓，甚至抑制自由基反应。因为氧分子能“捕获”自由基而终止反应：

$$\cdot CH_3 + O_2 \longrightarrow CH_3{-}O{-}O\cdot \quad (\text{过氧化甲基自由基})$$

过氧化甲基自由基很不活泼，与卤原子或甲烷碰撞不能产生新的自由基，这样就终止了链反应。因此，在甲烷的氯代反应中，只有在反应容器中先充入氮气将氧气冲排除去，反应才按正常的机理进行。

2. 不同卤素的反应活性

化学反应的速率主要取决于反应的活化能。一个分若干步进行的反应，其速率主要取决于慢反应的活化能。表 2-3 列出了烷烃卤代反应的活化能和反应热。

表 2-3　烷烃卤代反应的活化能和反应热（单位：kJ/mol）

	烷烃卤代反应	F	Cl	Br	I
ΔE	$RH+X\cdot \longrightarrow R\cdot +HX$	4	17	75	140
	$R\cdot +X_2 \longrightarrow RX+X\cdot$	<1	<1	<1	<1
ΔH		−427	−105	−33	54

显然，四种卤素在烷烃的卤代反应中的反应活性（反映在反应的速率上）次序是

$$F \gg Cl > Br \gg I$$

虽然碘分子比氯和溴易于离解成原子，但碘代反应的活化能很大，超过 126kJ/mol，不能与烷烃分子反应生成烷基自由基，因此碘代反应在实际上是不能进行的。氟代反应的活化能很低，反应释放出的能量很大，所以反应常能自动引发，而且反应非常剧烈，难于控制。为了控制氟代反应速度，须用惰性气体充分稀释，并在低温条件下进行反应。

2.2　环　烷　烃

2.2.1　环烷烃的分类和命名

脂环烃是脂肪烃连接成环的化合物。分子中只有单键的脂环烃是环烷烃(cycloalkane)，含有双键的脂环烃是环烯烃(cycloalkene)。具有脂环结构的化合物广泛存在于自然界中。本节主要讨论环烷烃。

1. 单环烷烃

只有一个碳环的环烷烃称单环烷烃，通式为$(CH_2)_n$。并可按碳原子多少分为小环(n=3～4)、普通环(n=5～7)、中环(n=8～11)、大环(n>11)数种。自然界最普遍存在的是五碳环和六碳环。

单环烷烃的命名原则与烷烃相似，以环作为主体，按环的碳原子数目称为环某烷。环上只有一个取代基时，不必编序；有两个或多个取代基时，连接最小的取代基的碳编为 1。例如

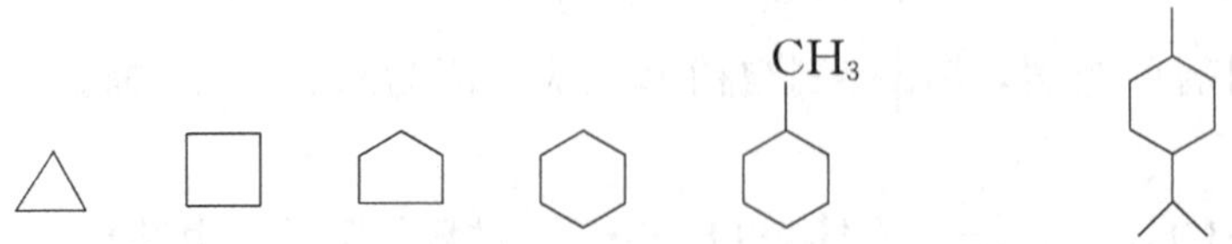

环丙烷　环丁烷　环戊烷　环己烷　甲基环己烷　1-甲基-4-异丙基环己烷

2. 多环烷烃

含有两个以上碳环的烷烃称为多环烷烃。多环烷烃按环连接的结构、位置又分为隔离多环、联环、螺环、桥环等几种类型。现以二环说明如下。

1) 隔离二环

两个环被一个以上的碳原子隔开的环烷烃称隔离二环。隔离两个环可将环作为取代基来命名。例如

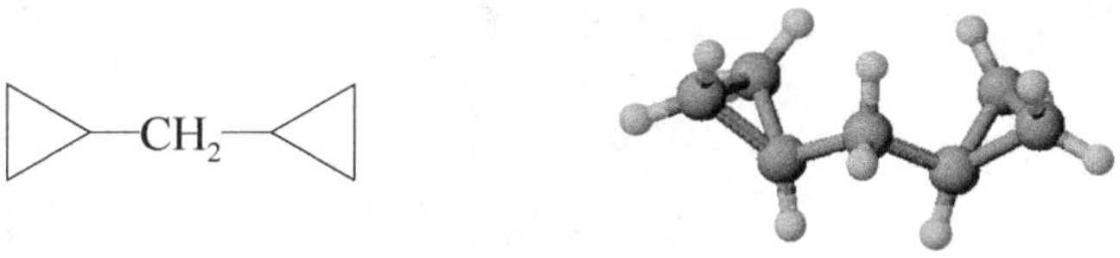

二环丙基甲烷

2) 联环

两个环直接相连，但没有共用碳原子的多环烷烃称联环。联环可用两个环烷基加“联”字命名。例如

联环丙基

3) 螺环

两个环共用一个碳原子的多环烷烃称螺环(spiro cyclic hydrocarbon)。螺环的命名原则是：①按两个环的碳原子数目叫螺某烷；②在螺字后用方括号注出两个环中除了共用碳原子以外的碳原子数目，小环的碳数排在前面，大环的碳数排在后面，两个数字之间用小圆点隔开；③螺环母体的编序从小环开始，后通过共用碳原子而到大环；④有取代基时，取代基位次尽量最小。例如

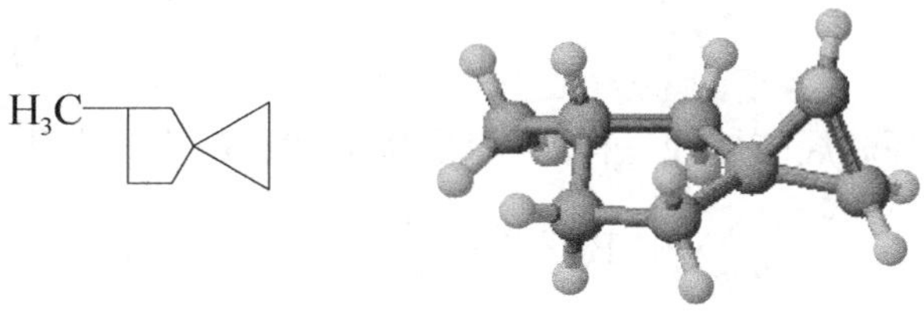

5-甲基螺[2.4]庚烷

4) 桥环

两个环共用两个以上碳原子的多环称为桥环(bridged cyclic hydrocarbon)。在桥环中，共用的两个碳原子称为“桥头”碳原子，且有三座桥连在两个“桥头”碳原子上。桥环的命名原则是：①按桥环母体的碳原子数目称为二环某烷；②在二环后面用方括号注出三座桥上的碳原子数目(“桥头”碳原子除外)，大数在前，各数字间用小圆点隔开；③编序时，从“桥头”碳原子开始，沿着最长的桥到另一“桥头”碳原子，再沿次长桥回到“桥头”碳原子，最短的桥最后编号。例如

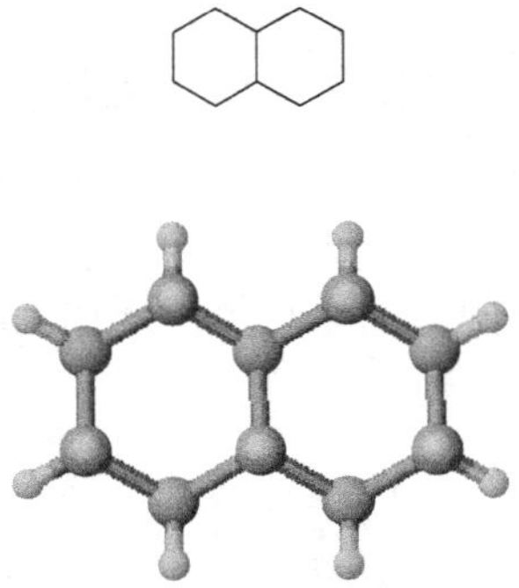

二环[4.4.0]癸烷

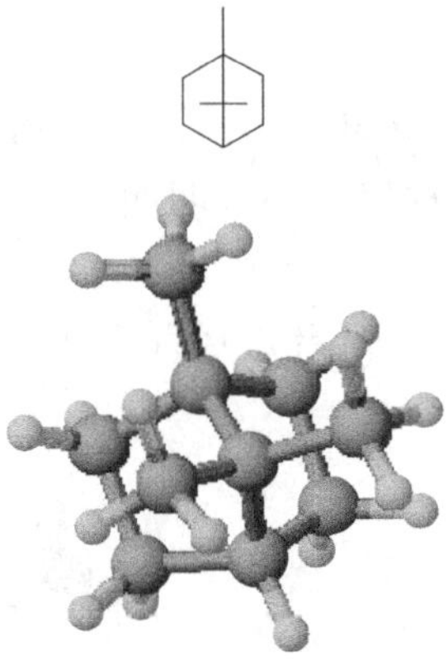

1,7,7-三甲基二环[2.2.1]庚烷

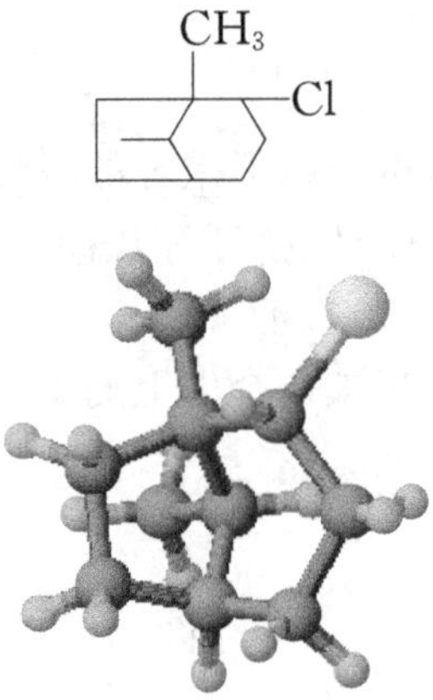

1,8-二甲基-2-氯二环[3.2.1]辛烷

2.2.2　环烷烃的物理性质

环烷烃的熔点、沸点、密度比相应的烷烃略高;但仍比水轻。一些常见的环烷烃的物理常数见表 2-4。

表 2-4　常见环烷烃的物理常数

化合物	熔点/℃	沸点/℃	密度/(g/cm^3)	折光率
环丙烷	−127	−33	0.6807	1.3726
环丁烷	−80	13	0.7038	1.3752
环戊烷	−9.4	49	0.7454	1.4065
环己烷	6.5	81	0.7786	1.4262
环庚烷	−12	118	0.8109	1.4449
环辛烷	15	151	0.8362	1.4585

2.2.3　环烷烃的化学性质

1. 取代反应

在光照或高温下,环烷烃与烷烃一样,可以发生卤代反应生成卤代环烷烃。例如

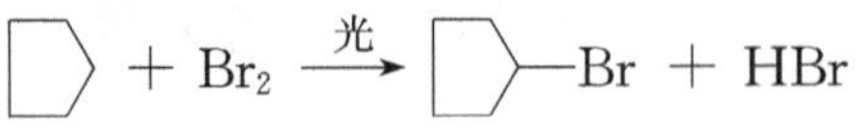

2. 开环反应

在环烷烃的开环反应中,环烷烃的碳环被打开,试剂加到打开处的两个碳原子上,形成链状的化合物,这种反应通常叫开环反应。环丙烷和环丁烷容易发生开环反应,在较温和的条件下即能与氢、卤素、卤化氢等发生开环加成反应。例如

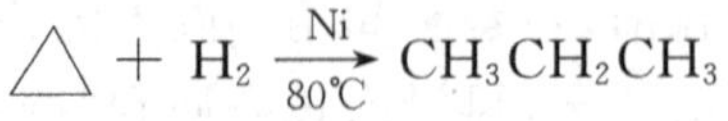

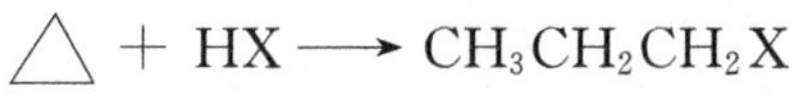

环丁烷的开环加成与环丙烷相似，但需较高的温度，如催化加氢需 120℃；与溴反应需加热；加 HX 需用较活泼的 HI。

环戊烷加氢需 300℃，并用 Pt 催化；与溴只发生取代反应，不开环；与 HX 一般不反应。

环己烷不发生加氢反应；与溴只发生取代反应，不开环；与 HX 不反应。

3. 氧化反应

在常温下，环烷烃与一般氧化剂（如高锰酸钾、臭氧等）不发生反应。即使是环丙烷，常温下也不会使高锰酸钾溶液褪色。但在加热时与强氧化剂作用，或在催化剂存在下用空气氧化，环烷烃可以被氧化成各种氧化产物。例如，用热硝酸氧化环己烷，则环破裂生成二元酸。

2.2.4　环烷烃的环张力和稳定性

1. 环张力和热稳定性

烷烃都能燃烧，根据测定的燃烧热，烷烃分子中每增加一个 CH_2，燃烧热（ΔH）的增加值基本上一定，平均为 658.6kJ/mol。

环烷烃的燃烧热随碳原子数的增加而增加，但是不像烷烃那样有规律。环烷烃的通式是 C_nH_{2n}，即$(CH_2)_n$。因此，环烷烃分子中每个 CH_2 的燃烧热是 CH_2/n。表 2-5 是各种环烷烃的每摩尔 CH_2 的燃烧热。从表中的数据可以看出，许多环烷烃的每摩尔 CH_2/n 的燃烧热比烷烃的每摩尔 CH_2 的燃烧热高。这表明环烷烃具有较高的能量，这高出的能量就称为张力能。例如，环丙烷的每摩尔 CH_2/n 的燃烧热为 697.1kJ/mol，比烷烃的每个 CH_2 燃烧热(658.6kJ/mol)高 38.5kJ/mol。这个差值就是环丙烷分子中每个 CH_2 的张力能。环丙烷分子中有 3 个 CH_2，因此整个分子的总张力能为 $38.5\times3=115.5$(kJ/mol)。不同的环烷烃张力能不同(表 2-5)。环己烷的每个 CH_2 燃烧热与烷烃相同，它的张力能为零，因此环己烷是没有张力的环状分子。

表 2-5　环烷烃的燃烧热和张力能

环烷烃	每个 CH_2 燃烧热 /(kJ/mol)	每个 CH_2 张力能 /(kJ/mol)	总张力能 /(kJ/mol)
环丙烷	697.1	38.5	115.5
环丁烷	686.2	27.6	110.4
环戊烷	664.0	5.4	27.0
环己烷	658.6	0	0
环庚烷	662.3	3.7	25.9
环辛烷	663.6	5.0	40.0
环壬烷	664.4	5.8	52.2
环癸烷	663.6	5.0	40.0
环十二烷	659.4	0.8	9.6

续表

环烷烃	每个 CH_2 燃烧热 /(kJ/mol)	每个 CH_2 张力能 /(kJ/mol)	总张力能 /(kJ/mol)
环十五烷	658.6	0	0
环十六烷	659.0	0.4	6.4
烷烃	658.6		

环烷烃的张力越大，能量越高，分子就越不稳定。环丙烷、环丁烷的张力比其他环烷烃大得多，因此它们最不稳定，容易开环。环戊烷、环庚烷等的张力不大，因此比较稳定。环己烷无张力环，是很稳定的化合物。大于 12 个碳原子的大环张力也很小，也是稳定的化合物，但是大环在自然界和人工合成时均不容易形成。

2. 分子张力

环烷烃为什么会有张力？这与环烷烃的结构密切相关。分子中的各原子和化学键总是趋向于按照体系势能最低的状况而作最适当的排布。如果由于某些原因使化学键偏离了最适当的排布，那么键便会产生某种张力来抵抗这种偏离，从而使体系的势能升高。这就是环烷烃为什么会有张力的原因。分子的总张力是由角张力、扭转张力、范德华张力等组成。这些张力的产生原因各不相同。

1) 角张力

键角受到压缩或扩展，或者键受到弯曲，都可使键产生张力。这种张力叫角张力(angle strain)。例如，环丙烷分子的 3 个碳原子是 sp^3 杂化的。如图 2-1 所示，sp^3 杂化轨道的夹角是 109.5°，而环丙烷分子若呈正三角形，则它的内角是 60°。因此，在环丙烷分子中，sp^3 杂化轨道不可能沿着轨道对称轴实现最大限度的重叠，为了能较好地形成 C—C σ 键，键角就必须压缩。

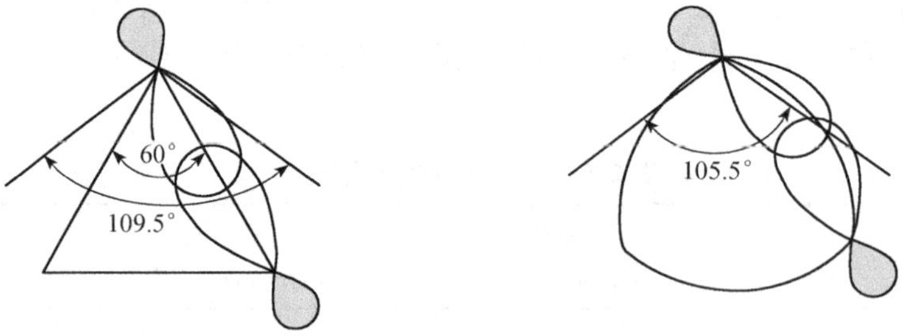

图 2-1　环丙烷的弯键和角张力

根据物理方法测定，环丙烷分子中 C—C—C 键角是 105.5°，比 109.5°小，但比 60°大。碳碳之间的 sp^3 杂化轨道仍然不是沿着两个碳原子之间的连线重叠的。这样的键与一般的 σ 键不一样，它的电子云没有对称轴，而是分布在一条曲线上，这种键通常称为弯键。

弯键与正常的 σ 键相比，轨道的重叠程度较小，因此比正常的 σ 键弱，并且具有较高的能量。这是由于键角的压缩和键的弯曲产生的角张力而使体系的势能增大，这也是环丙烷张力较大，容易开环的重要原因之一。环丁烷也是形成弯键，但键角的压缩和键的弯曲程度比环丙烷小，角张力也相对地较小，相对来讲不易开环。

2）扭转张力

相邻两碳原子上的非键合原子或基团的相对位置处于最适排布(交叉式构象)时，它们之间的作用力最小。当非键合原子或基团偏离最适位置时，碳碳键便受到扭转而产生张力，这种张力称为扭转(扭曲)张力(eclipsing strain)(图 2-2)。

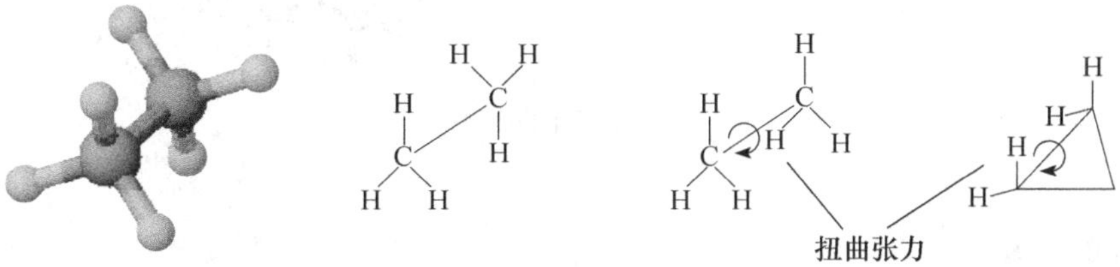

图 2-2　环丙烷的扭转(扭曲)张力

3）范德华张力

非键合原子或基团的距离接近到小于它们的范德华半径之和时，这两个原子或基团就存在着排斥力(或空间斥力)。这种排斥力就是范德华张力或称空间张力(steric crowding strain)(图 2-3)。

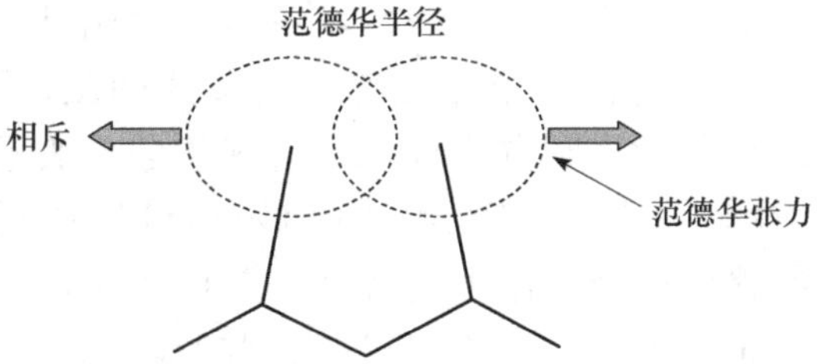

图 2-3　范德华张力

环烷烃的稳定性通常取决于角张力、扭转张力、范德华张力等分子的总张力。小环(三、四元环)分子的总张力大，环分子不稳定。普通环(五、六、七元环)分子的总张力小，环分子稳定。因此自然界中常常出现含五元或六元环的有机化合物。中环(八、九、十、十一元环) 分子的总张力比普通环略大，如环辛烷分子内氢之间有一定的范德华张力，使环分子稳定性比普通环略差。

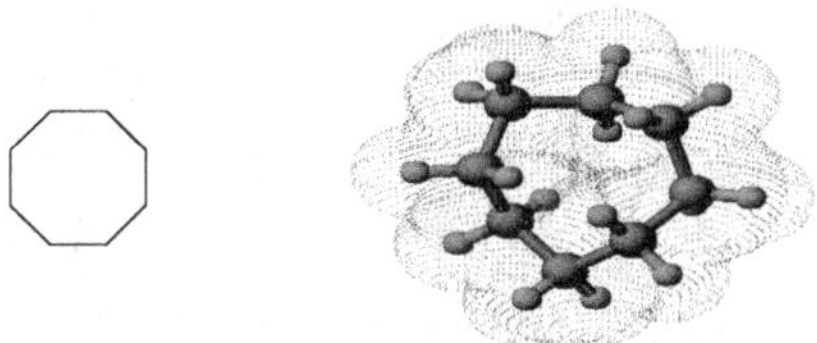

环辛烷

大环分子一般是比较稳定的，因为随着成环碳原子数增加，碳环逐渐增大，分子内部形成正常键角的可能性就增大，分子的总张力就减小，因而可形成基本上没有张力的环。例如，环二十四烷立体结构中分子环内氢之间无范德华张力。

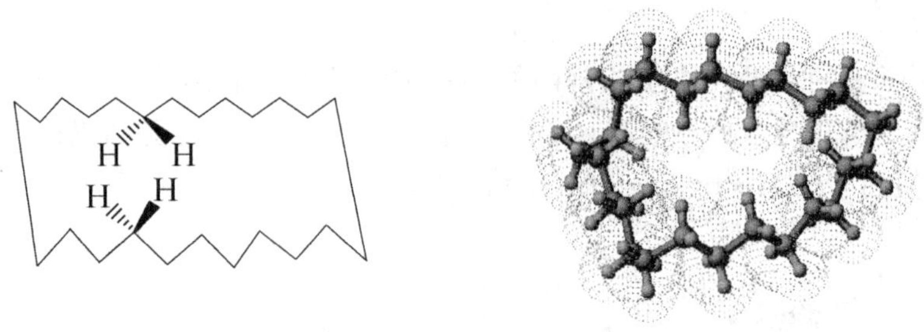

环二十四烷

2.2.5　烷烃的构象

1. 乙烷的构象

乙烷分子中 C—C σ 键可以自由旋转。在旋转过程中，两个甲基上的氢原子的相对位置在不断发生变化，这样就形成许多不同的空间排列方式。这种仅仅由于单键的旋转而引起分子中各原子(或基团)在空间的不同排布方式称为构象(conformations)。不同构象间的空间位置的改变并不涉及共价键的破裂。

乙烷有无数种构象，其中比较典型的有两种：一种是一个甲基上的 3 个氢正好分别处在另一甲基的两个氢的夹中线上，这种排布方式称为交叉式构象；另一种是两个甲基上的氢正好处在相互重叠的位置上，这种排布方式称为重叠式构象。表示构象可以用透视式或纽曼投影式。纽曼投影式的投影方法是：将光源放在 C—C 键轴的延长线上，通过 C—C 键轴向垂直于键轴的屏幕投影，得到两个碳原子重叠在一起的投影图。然后将前面的碳原子缩小成一个点，将后面的碳原子扩大成一个圆，这样得到的投影式就是纽曼投影式。例如，乙烷的纽曼投影式(图 2-4)。

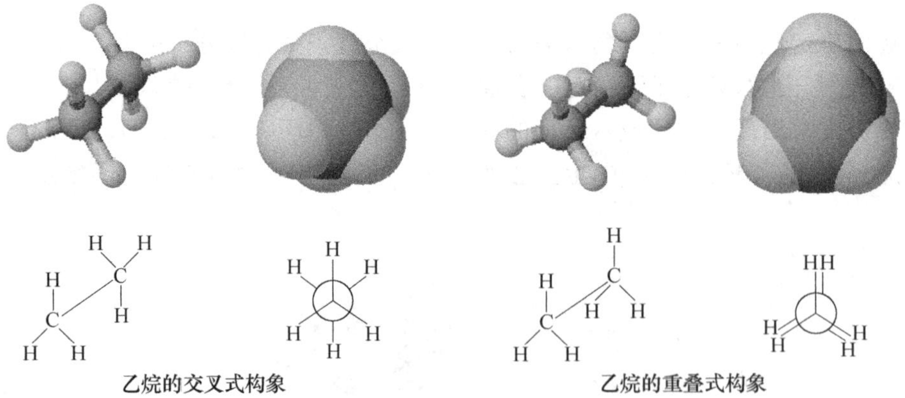

乙烷的交叉式构象　　乙烷的重叠式构象

图 2-4　乙烷的构象和纽曼投影式

在重叠式构象中，两个甲基上的各个氢原子相对距离最近，排斥力最大，体系的能量最高。而在交叉式构象中，两个甲基上的各个氢原子的相对距离最远，排斥力最小，体系的能量最低，它是乙烷最有利的构象，称为优势构象。

单键旋转的能量一般为 12.6～41.8kJ/mol，在室温下，分子的热运动(约为 84kJ/mol)即可越过此能垒而使各种不同构象间可互相转变，分子在某一构象停留的时间很短($<10^{-6}$ s)，因此不同的构象是不能分开的。

2. 丁烷的构象

丁烷以 C_2—C_3 为轴旋转可形成无数种构象，几种典型构象为：反交叉式（anti-staggered conformer）、部分重叠式（partially eclipsed conformer）、顺交叉式（gauche-staggered conformer）、全重叠式（eclipsed conformer）。这四种构象的纽曼投影式如图 2-5 所示。

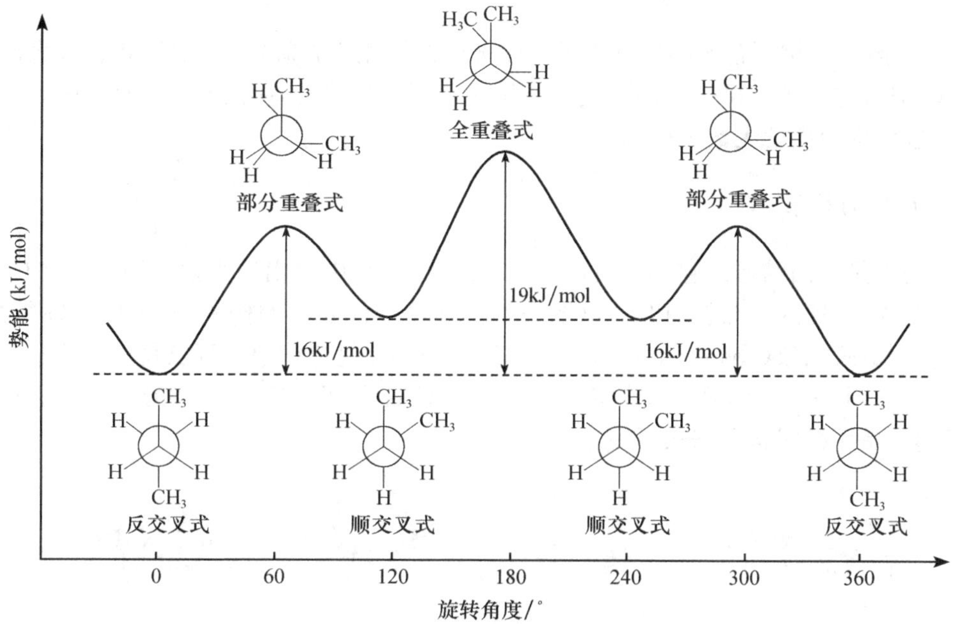

图 2-5　丁烷 C_2—C_3 键旋转的构象势能曲线

室温时，正丁烷的构象异构体处在迅速的动态转化平衡中，虽然丁烷的反交叉式构象和最不稳定的全重叠式的能量差约为 19kJ/mol，但各种构象异构体仍然不能分离。动态转化平衡中，反交叉式占约 68%，顺交叉式占约 32%，部分重叠式、全重叠式极少，因此丁烷的反交叉式是优势构象。

其他烷烃的构象较丁烷要复杂得多。各种烷烃在固体状态时，常以较稳定的优势构象（反交叉式）存在。

2.2.6　环烷烃的构象

1. 环丁烷、环戊烷的构象

环烷烃分子中，环丙烷是平面的，它的三个碳原子分布在正三角形的三个顶点上，它的键角远小于标准的正四面体碳原子的最优角度——109.5°，并且当碳碳键发生扭转的时候，环丙烷会产生很大的扭转张力，因此环丙烷不能翻转，只有一种构象。

环丁烷的四个碳原子不在同一平面上，减少了一些扭转张力，但总的扭转张力和角张力仍然很高。环丁烷可以翻转，其优势构象像一只张开的蝴蝶（称为蝶式构象）。

环戊烷的优势构象是其中 4 个碳原子几乎在同一平面上，另一个碳原子向上（或向下）微微折起，像一个未封口的信封（称为信封式构象）。五元环的这种非平面折叠结构在很大程度上减小了环的张力。图 2-6 是环丁烷、环戊烷的优势构象。

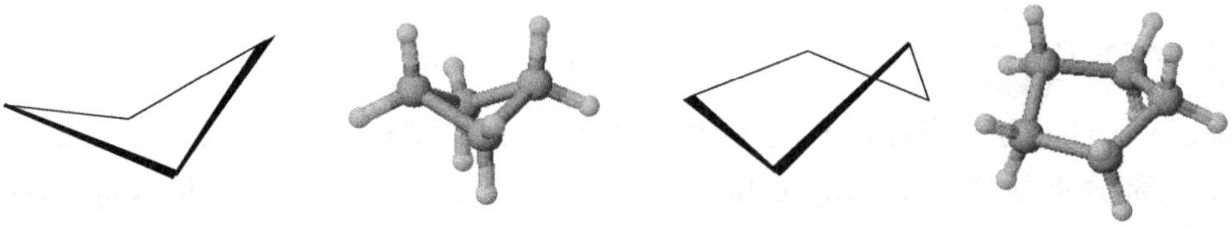

图 2-6　环丁烷和环戊烷的优势构象

大于 3 个碳的环烷烃分子中，每个 C—C 键也都不能单独旋转，但如果所有或大部分单键协同动作，那么这些单键可同时向不同方向稍作有限度的旋转，从而使整个环在一定范围内翻转。翻转过程中会出现无数种构象。

2. 环己烷的构象

环己烷不是平面结构。它的环可以翻转，在翻转过程中会出现无数种构象，其中比较有代表性的如椅式、半椅式、船式和扭船式(图 2-7)。在这些代表性的构象中，半椅式的张力最大，势能最高，而椅式构象(chair conformation)势能最低，是优势构象。环己烷的几个代表性构象的势能曲线如图 2-8 所示，环己烷的椅式构象占环己烷全部构象的 99.99%。因此，在单环体系中，我们总是用椅式构象来表示一个六元环。

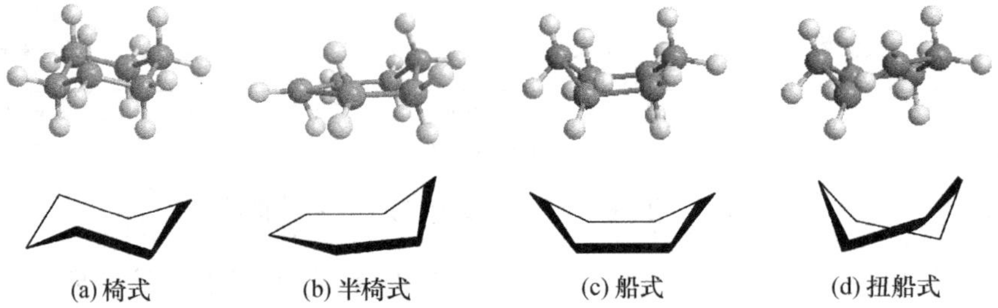

图 2-7　环己烷的代表性构象

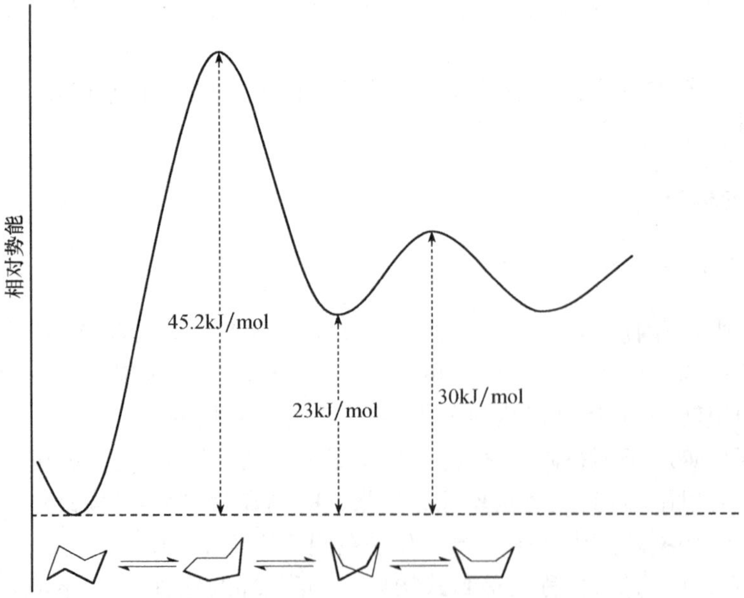

图 2-8　环己烷代表性构象的势能曲线

3. 环己烷中的直立键和平伏键

椅式环己烷的 6 个碳原子分别处在两个互相平行的平面上。如果垂直于平面并通过对称中心作一中轴，就可以看到，每个碳原子有一个 C—H 键与该轴平行，这个 C—H 键称为直立键(或竖键)，简称 a 键；另一个 C—H 与该轴约成 109.5°的角度，这个键称为平伏键(或横键)，简称 e 键。整个环己烷有 6 个 a 键(3 个朝上，3 个朝下)和 6 个 e 键(也是 3 个朝上，3 个朝下，但都朝外伸展)。从一种椅式构象转变为另一种椅式构象时，原来的 a 键就都成为 e 键，原来的 e 键就都成为 a 键(图 2-9)。

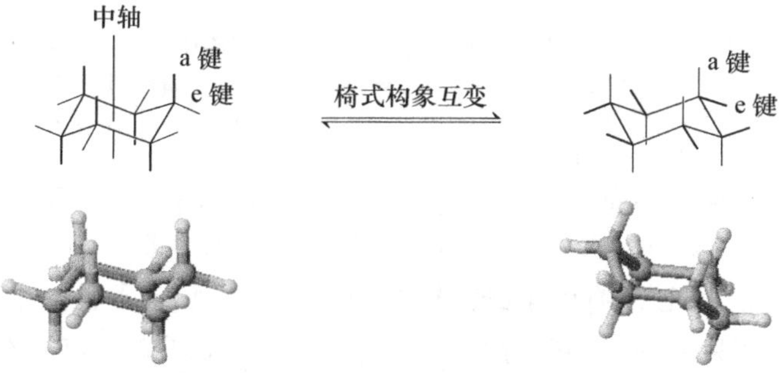

图 2-9　环己烷中的直立键和平伏键

环己烷的椅式构象中 6 个 e 键朝外伸展，相距较远，彼此之间不产生张力。朝上或朝下的 3 个 a 键虽相距较近(0.255nm)，但大于氢原子的范德华半径之和，所以 a 键和 e 键上的氢原子都不会使 C—C 键产生范德华张力。环己烷的一种椅式构象可以“自由地”翻转成另一种椅式构象。

如果氢原子换成一个较大的原子或基团(以甲基为例)，就可以有两种情况：①甲基在 a 键上，离其他两个 a 键上的氢原子相距 0.251nm，小于氢原子与甲基的范德华半径之和，使环产生约 7.5kJ/mol 的张力；②甲基在 e 键上，离非键合氢原子(无论 a 键还是 e 键上的氢原子)较远，不产生张力。这样在各种构象的平衡体系中，甲基处在 e 键上的构象是占有绝对优势的构象。因此，在环己烷的取代衍生物中，最大基团处在 e 键上的构象是最稳定的构象(图 2-10)。

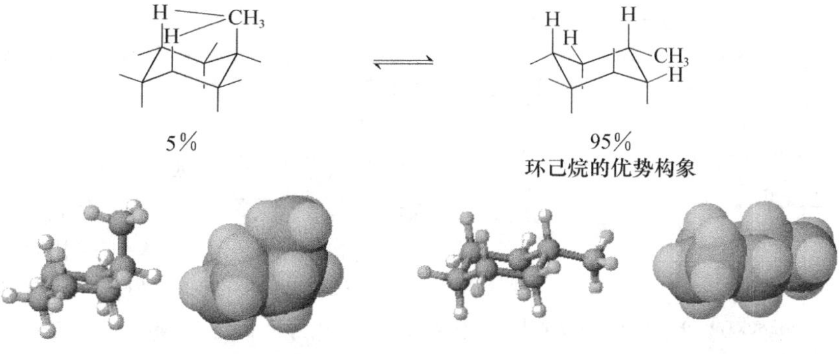

图 2-10　环己烷衍生物中最大的基团处在 e 键上最稳定的构象

2.2.7　构象分析

构象分析法是应用构象分析研究化合物的结构稳定性，有机反应发生的方向和部位的一种方法。在以后的章节中会看到构象分析的应用实例。这里举一些简单的例子。

1,2-二甲基环己烷有两种构型异构体：顺-1,2-二甲基环己烷和反-1,2-二甲基环己烷（图 2-11）。这两种异构体哪一种稳定？从一般的折线式是看不出何者稳定。但若从构象式分析，就很容易看出，顺-1,2-二甲基环己烷的两个甲基，1 个在 e 键上，1 个在 a 键上；而反-1,2-二甲基环己烷的两个甲基都在 e 键上，所以反-1,2-二甲基环己烷比较稳定。

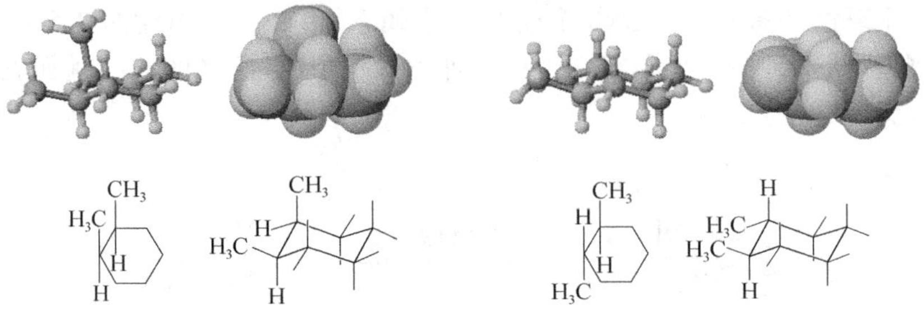

(a) 顺-1,2-二甲基环己烷　　(b) 反-1,2-二甲基环己烷

图 2-11　1,2-二甲基环己烷两种构型异构体的构象式

同样，在反-十氢萘中，B 环有两个碳碳键是 A 环 e 键；A 环亦有两个碳碳键是 B 环 e 键。而在顺-十氢萘中，B 环只有一个碳碳键是在 A 环的 e 键；A 环亦只有一个碳碳键是在 B 环的 e 键（图 2-12）。因此，从构象上可以看出反-十氢萘比顺-十氢萘稳定。

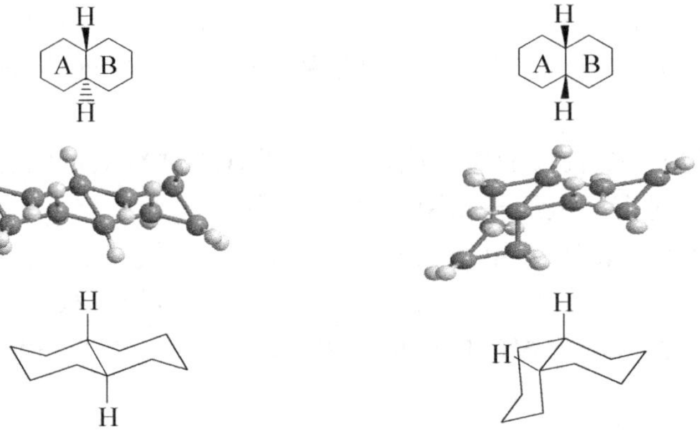

反-十氢萘(沸点185.4℃)　　顺-十氢萘(沸点194.6℃)

(燃烧热6277kJ/mol)　　(燃烧热6286kJ/mol)

图 2-12　反-十氢萘和顺-十氢萘构象

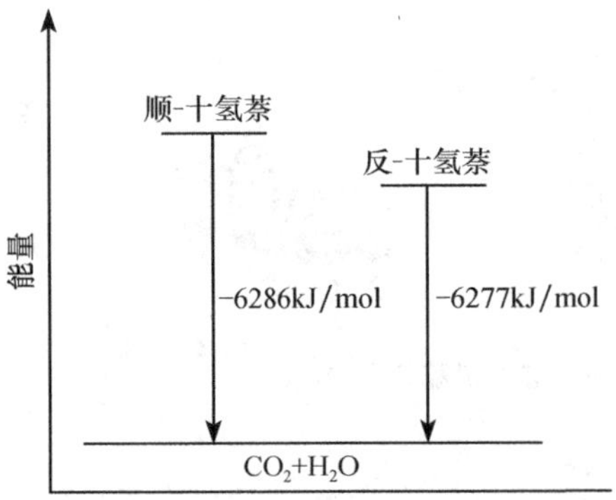

图 2-13　反-十氢萘和顺-十氢萘二者燃烧热的比较

反-十氢萘和顺-十氢萘二者燃烧热的比较（图 2-13）也证实反-十氢萘比顺-十氢萘稳定。

构象分析法在分析药物作用机制方面也得到了应用。因为药物分子的构象不同，其生理活性往往也有差异。例如，止血环酸，反式异构体有很好的止血效果，而顺式异构体药效很差，主要是反式异构体分子中羧基和氨甲基都处在 e 键，两者间距 0.7nm，有利于受体结合，而顺式异构体两者间距较近，不利于受体结合。

反式止血环酸　　顺式止血环酸

2.2.8　重要化合物

天然烷烃主要有石油和天然气。这些大自然造化的不可再生的资源是人类宝贵的财富，也是世界石油化工工业的基础。

1) 甲烷

甲烷大量存在于自然界，它是石油气、天然气和沼气的主要成分。甲烷是无色无嗅的气体，易溶于乙醇、乙醚等有机溶剂，微溶于水(20℃时 20 体积水可溶解 1 体积甲烷)。

甲烷容易燃烧，是一种清洁的燃料。甲烷与空气混合(甲烷含量 5.3%～14%，体积分数)，遇火就会爆炸。天然气可作内燃机燃料，就是利用这个性质。富含甲烷的天然气和沼气是优良的气体燃料。除用作燃料外，甲烷也是一种有用的化工原料，甲烷不充分燃烧会产生浓厚的烟炱，如制造炭黑，炭黑可作黑色颜料、墨汁以及橡胶的填料。甲烷局部氧化可制备甲醇、甲醛，与水蒸气反应制备“合成气”($CO+H_2$)等，合成气是合成氨或尿素的原料。

$$CH_4 + O_2 \longrightarrow 2H_2O + C(\text{炭黑})$$

$$CH_4 + O_2 \xrightarrow[400\sim500℃]{V_2O_5} H_2O + HCHO$$

$$CH_4 + H_2O \xrightarrow[725℃]{Ni} H_2 + CO$$

2) 石油

从油田开采出来的原油是黄褐色、暗绿色或棕黑色的黏稠液体，其主要成分是各类烷烃的复杂混合物，也含有一些环烷烃和芳香烃。

石油初步加工(炼油)的主要工艺是分馏。将烷烃混合物按不同沸程分成若干馏分，便可得到各种石油产品。表 2-6 是石油分馏产品的例子。

表 2-6　石油分馏产品举例

产　品	组　分	沸程/℃	主要用途
石油气	$C_1\sim C_4$	<40	化工原料、燃料
石油醚	$C_4\sim C_6$	40～70	溶剂、化工原料
汽油	$C_5\sim C_9$	40～150	内燃机燃料、溶剂
煤油	$C_9\sim C_{17}$	150～300	燃料、溶剂
柴油	$C_{12}\sim C_{18}$	180～350	柴油机燃料
润滑油	$C_{18}\sim C_{22}$	>350	润滑剂
凡士林	液体石蜡和固体石蜡的混合物		防锈、药用

生产上可根据需要调节沸程范围，以调整产品构成(各馏分的比例)。虽然如此，产品的构成与实际需要还是不相适应的。一般还要进行二次加工(如通过裂化)以取得我们大量需要的产品，如作为内燃机燃料的汽油和作为化工原料的低级烷烃、烯烃以及环烷烃、芳香烃。

3) 生物体中的烷烃

生物体中烷烃很少，一些植物表皮外的蜡质层中含有少量高级烷烃。某些昆虫分泌的“外激素体”中也找到一些烷烃。例如，某些昆虫常能分泌出某种信息素来传递信息，现已发现某种蚂蚁的信息素中含有正十一烷和正十三烷。有一种雌虎蛾能分泌出“性引诱剂”来引诱雄虎蛾，它的结构是2-甲基十七烷。人工合成性引诱剂来诱杀雄虫，使害虫不能繁殖后代。这种影响害虫某项生理活动而达到灭除害虫的农药是新兴的“第三代农药”，有着广阔的发展前景。

近年来发现一些微生物能在石油或某些石油成分中生存，它们在生活过程中会产生一些有机酸、氨基酸、糖、蛋白质、维生素等有机化合物。以石油产品为原料，通过微生物发酵法制取这些有机化合物，是一项颇为诱人的研究课题。

4）自然界里的环烷烃

自然界中发现的三元或四元环烷烃较少，但还是有一些，如乳酸杆菌中的乳杆酸，苹婆核油中的苹婆酸：

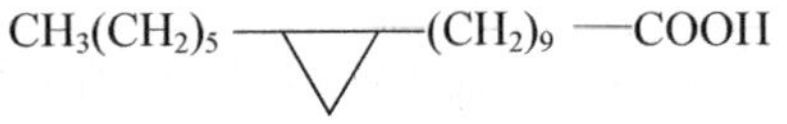

乳杆酸(m.p30℃)

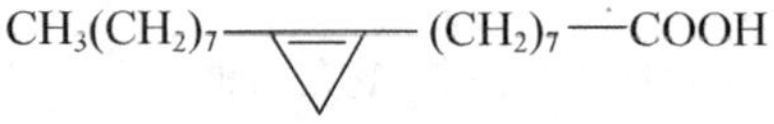

苹婆酸(m.p30℃)

肉桂酸经光照后可二聚成四元环的吐昔酸和吐星酸：

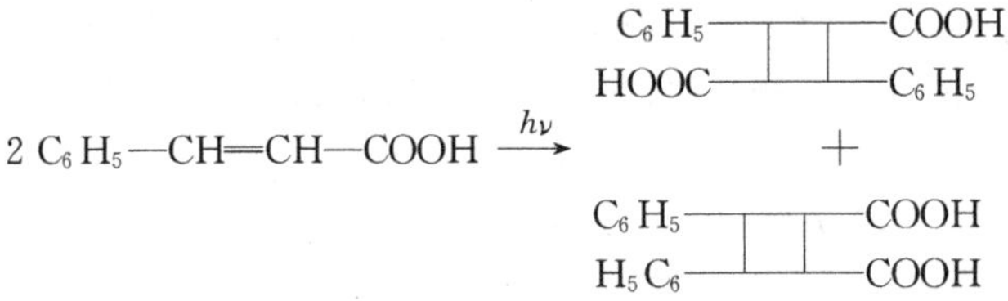

吐昔酸

吐星酸

自然界中有的三元环烷烃的衍生物已被人类改造利用，如天然除虫菊素是从非洲除虫菊的花序中分离得到一种高效的天然杀虫剂，具有高效、低毒的特点，对害虫有拒食和驱避作用，害虫不易产生抗性，广泛应用于卫生杀虫领域。天然除虫菊素是从除虫菊中提取出来的6种杀虫活性组分的混合物。天然除虫菊素中具有杀虫活性的结构就是三元环的衍生物，它的结构骨架如下：

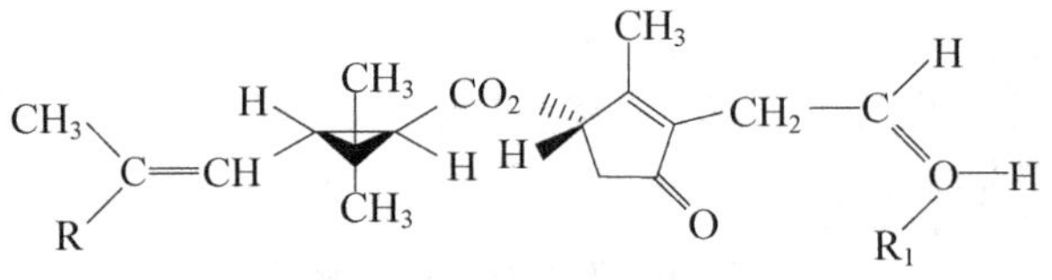

$R = —CH_3$ 或 $—CO_2CH_3$

$R_1 = —CH{=}CH_2$、$—CH_3$ 或 $—CH_2CH_3$

二氯菊酸作为人工模拟合成的具有杀虫活性的除虫菊，工业上通常由1,1-二氯-4-甲基-1,3-戊二烯和重氮乙酸乙酯反应制得：

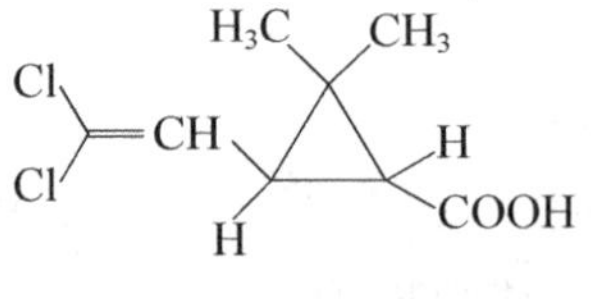

自然界中五元和六元环烷烃的衍生物比比皆是，这主要是五元和六元环比较稳定的缘故。例如，晁模油中可分离得到晁模酸：

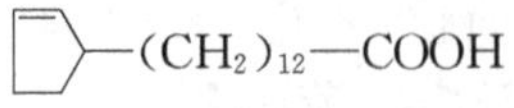

晁模酸(m. p. 68℃)

又如，在生物合成中，六元环的莽草酸在芳香族氨基酸的生物合成中起了重要的作用。

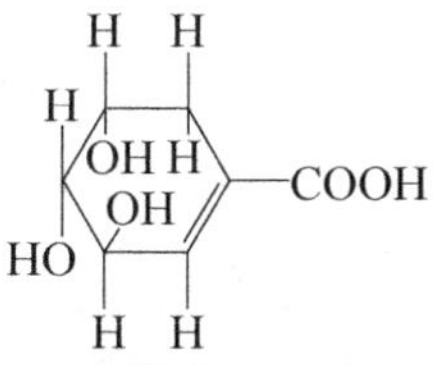

莽草酸

其他各类环状化合物将在后面结合各章内容作进一步的介绍。

思　考　题

1. 为什么环烷烃中的小环——环丙烷、环丁烷不稳定容易发生开环的反应？
2. 构象与构型概念上有何不同？
3. 为什么说烷烃有无数种构象？烷烃的优势构象能分离出来吗？
4. 为什么说环己烷的椅式构象是优势构象？为什么环己烷的取代衍生物中，最大基团处在 e 键上的构象是最稳定的构象？

习　　题

1. 命名下列化合物，并指出各化合物中的伯、仲、叔、季碳原子。

(1) 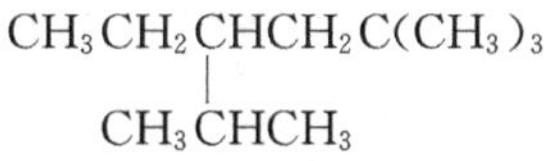

(2) 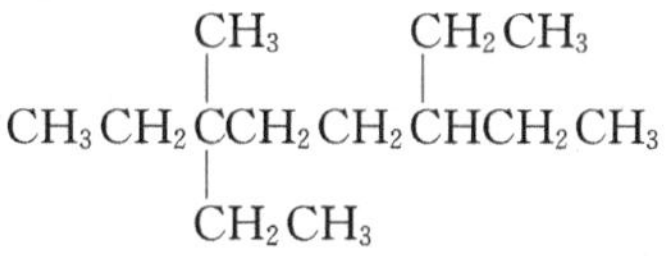

(3) 

(4) 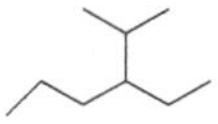

(5) 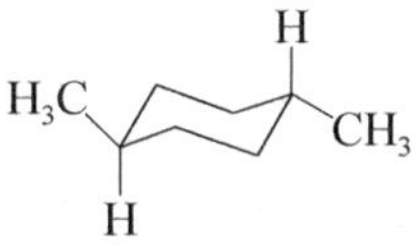

(6) 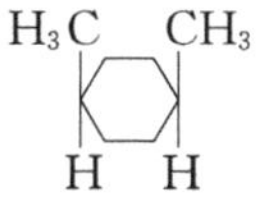

(7) 

(8) 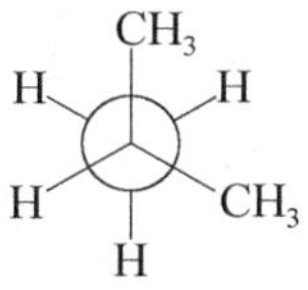

2. 写出下列化合物的结构式。

(1) 2,5-二甲基己烷　　(2) 2,4-二甲基-4-乙基庚烷

(3) 2,2,4-三甲基戊烷　　(4) 2,2,4,4-四甲基辛烷

(5) 异丙基环己烷　　(6) 1,7,7-三甲基二环[2.2.1]庚烷

(7) 甲基环戊烷　　(8) 二环[4.4.0]癸烷

3. 完成下列反应式。

(1) $CH_3CH_2CH_3 + Br_2 \xrightarrow{h\nu}$

(2) 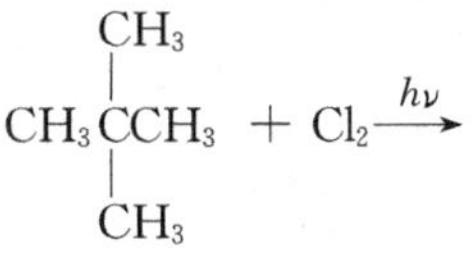

(3)  $+$ HBr $\longrightarrow$

(4)  $+ Cl_2 \xrightarrow{h\nu}$

4. 写出相对分子质量为 86，并符合下述条件的烷烃的结构式。

(1) 可有 2 种一溴代产物；　　(2) 可有 3 种一溴代产物；

(3) 可有 4 种一溴代产物；　　(4) 可有 5 种一溴代产物。

5. 用化学方法区别下列各组化合物。

(1) 丙烷和环丙烷

(2) 环戊烷和 1,2-二甲基环丙烷

6. 用纽曼投影式表示 1-氯丙烷绕 C_1—C_2 旋转的 4 种代表性的构象，并比较 4 种构象的稳定性。

7. 画出反-1-甲基-4-异丙基环己烷的优势构象（只作环的椅式构象）。

8. 用构象分析法说明：

(1) 反-1,4-二甲基环己烷比顺-1,4-二甲基环己烷稳定

(2) 顺-1,3-二甲基环己烷比反-1,3-二甲基环己烷稳定

9. 将下面 4 个 1-甲基-4-异丙基环己烷的构象按稳定性大小排列。

(1) 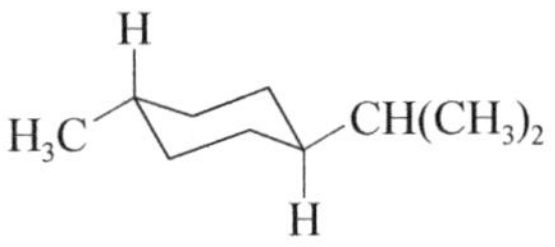

(2) 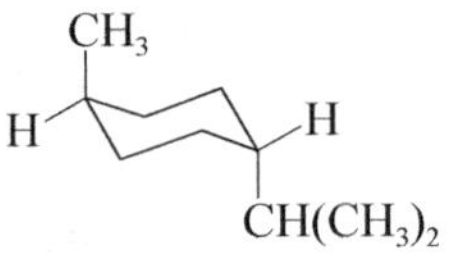

(3) 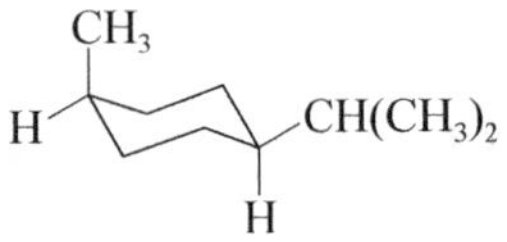

(4) 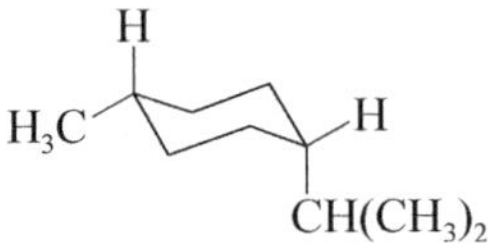

10. 写出甲烷和氯气在光照下发生氯代反应生成一氯甲烷的反应机理。

第 3 章　不饱和脂肪烃

分子中含有双键和叁键的烃类化合物通常称为烯烃(alkenes)和炔烃(alkynes)均属于不饱和烃(unsaturated hydrocarbons),通式为 C_nH_{2n} 和 C_nH_{2n-2}。双键和叁键是这类化合物的官能团。本章将重点介绍双键和叁键的形成,π 键的特点,烯烃的顺反异构,亲电加成反应及其机理,马尔科夫尼科夫(Markovnikov)规则,顺式和反式加成。介绍二烯烃的结构特点、共轭效应、共轭烯烃的 1,2 及 1,4 亲电加成反应等。

3.1 单 烯 烃

3.1.1 烯烃的结构和命名

1. 烯烃的结构

烯烃的结构特征是分子中含有 C═C 结构单元。烯烃的两个碳原子为 sp^2 杂化,它是由 1 个 σ 键和 1 个 π 键组合而成。在乙烯分子中,两个碳原子各以 1 个 sp^2 杂化轨道沿轴向互相重叠,形成一个碳碳 σ 键;又用 2 个 sp^2 杂化轨道分别与氢原子的 1s 轨道重叠,形成 4 个碳氢 σ 键,未参与杂化的 p 轨道,其对称轴相互平行侧面重叠,形成 π 键(图 3-1)。

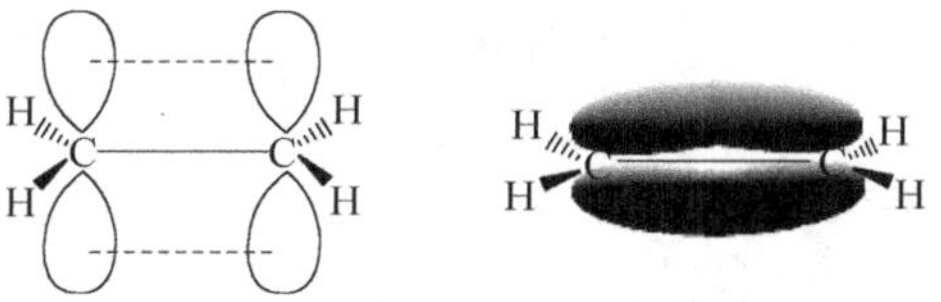

图 3-1　乙烯分子 σ 键及形成 π 键的结构示意图

烯烃的结构中 sp^2 杂化的碳原子比 sp^3 杂化碳原子的 s 成分多,而 s 轨道距核近,两个原子要更加靠近才能有效重叠成键,因此碳碳双键的键长为 134pm,比碳碳单键的键长(154pm)短。

碳碳双键的键能为 611kJ/mol,比碳碳单键的键能(347kJ/mol)大,但小于它的 2 倍,即 π 键的键能小于 σ 键的键能。这是由于形成 π 键的 p 轨道重叠程度比 σ 键小,π 键不如 σ 键牢固,比较容易断裂,所以 π 键活泼。

π 键的结构中,π 电子云不像 σ 电子云那样对键轴呈圆柱形对称分布,而是集中在成键的两个原子核连线上,呈块状垂直并对称分布在通过键轴的平面上、下两方,离成键的原子核较远,π 电子受原子核的束缚力较小,所以 π 电子有较大的流动性,容易受外界影响而发生变形,极化度比 σ 键大,易发生反应(图 3-1)。

π 键是由两个碳原子的 p 轨道从侧面平行重叠而形成的,所以碳碳双键相连的两个碳原子不能像单键那样绕碳碳 σ 键的键轴自由旋转,从而有可能形成顺反异构现象。

2. 烯烃的命名

烯烃的系统命名法基本上与烷烃相似，原则是：

(1) 选择一条包含碳碳双键在内的最长碳链为主链，按主链碳原子的数目命名为某烯。如主链的碳原子数超过 10 个时，应在烯字前加一“碳”字。

(2) 编号时，应使双键的位次尽可能地小，以双键两个碳原子中编号较小的阿拉伯数字表示双键的位次，写于烯烃名称的前面，并用半字线隔开。如不会发生误会时，也可不标双键的位次。若双键正好在主链中央，主链碳原子则应从靠近取代基的一端开始编号。

(3) 取代基的命名与烷烃命名相同，将其位次、数目、名称分别写在烯烃名称之前。例如

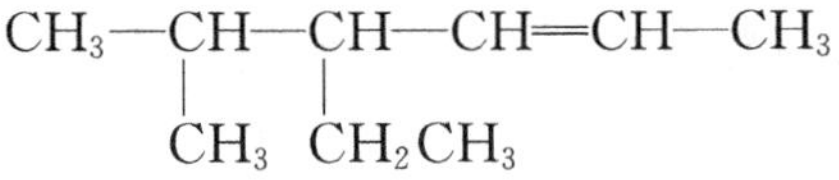

5-甲基-4-乙基-2-己烯

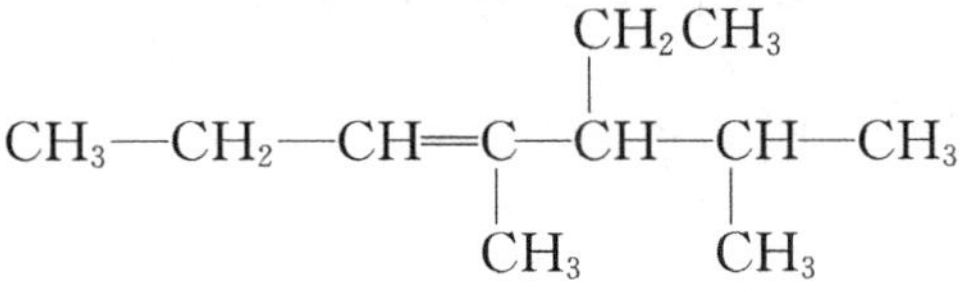

4,6-二甲基-5-乙基-3-庚烯

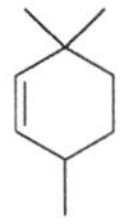

3,3,6-三甲基环己烯

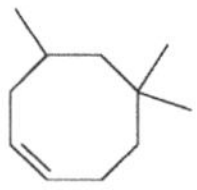

4,6,6-三甲基环辛烯

烯烃去掉 1 个氢原子后剩下的 1 价基团，叫烯基。例如

$CH_2=CH-$　　$CH_3-CH=CH-$　　$CH_2=CH-CH_2-$

乙烯基　　丙烯基　　烯丙基

3.1.2 顺反异构及构型表示法

由于烯烃分子中存在碳碳双键，其异构体数目比相应的烷烃多。例如，4 个碳原子的烷烃只有 2 个构造异构体(碳链异构)，而相应 4 个碳原子的烯烃则有 3 个构造异构体(包括碳链异构和碳碳双键位置异构)：

$CH_3-CH_2-CH=CH_2$　　$CH_3-CH=CH-CH_3$

1-丁烯　　2-丁烯

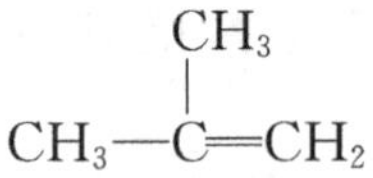

2-甲基丙烯

1-丁烯、2-丁烯与 2-甲基丙烯是碳链异构；1-丁烯与 2-丁烯是双键位置异构。此外还由于双键碳原子不能自由旋转，致使与双键碳原子直接相连的原子或基团在空间的相对位置被固定下来，2-丁烯就有下列两种异构体：

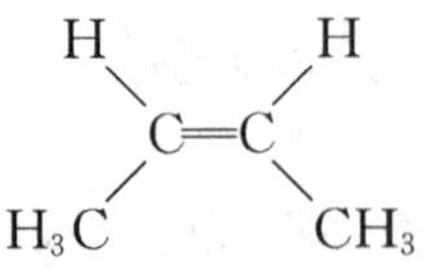

顺式

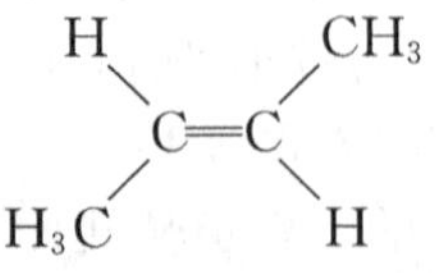

反式

这种异构称为顺反异构，属立体异构中的构型异构。虽然顺反异构现象(cis-trans isomerism)在烯烃中普遍存在，但并非所有具有碳碳双键的化合物都存在顺反异构现象。产

生顺反异构现象的条件是：

(1) 分子中存在着限制原子自由旋转的因素，如双键、脂环等结构。

(2) 不能自由旋转的两端原子上，必须各自连接着两个不同的原子或基团。

例如

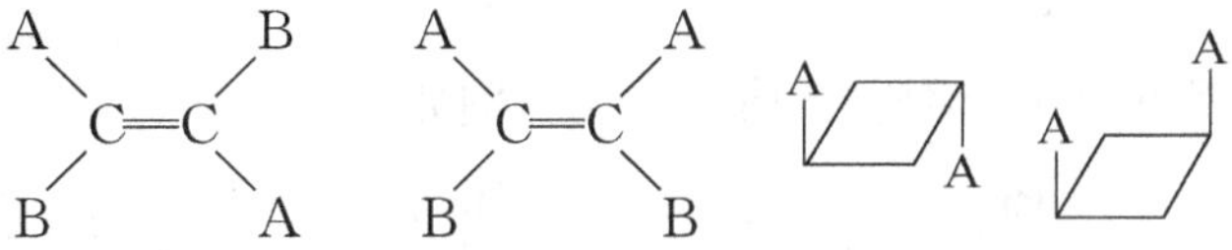

具有脂环结构的化合物，如果在 1 个环上的任何两个 sp^3 杂化的碳上有两个不同的取代基，则存在立体异构现象，这与由取代基引起烯类立体异构体的情况类似。例如

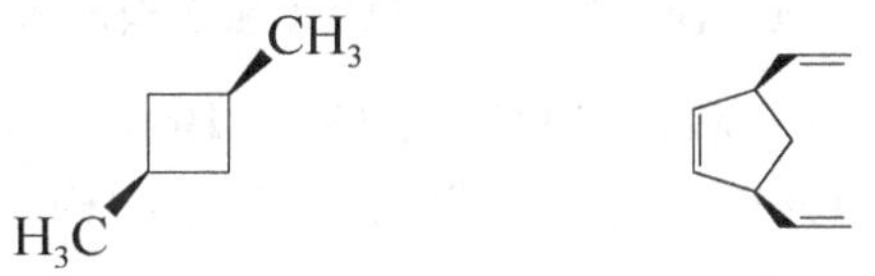

顺-1,3-二甲基环丁烷　　顺-3,5-二乙烯基环戊烯

反-2,4-二氯-1,1-二甲基环己烷　　反-5,6-二溴-1,4-二甲基-1,3-环庚二烯

对于顺反异构体的命名，一般是在烯烃名称之前标记其构型。目前常采用两种标记方法：一种是顺、反标记法；另一种是 *Z*、*E* 标记法。在二取代烯和环中，常用顺(*cis*-)、反(*trans*-)标记法。例如

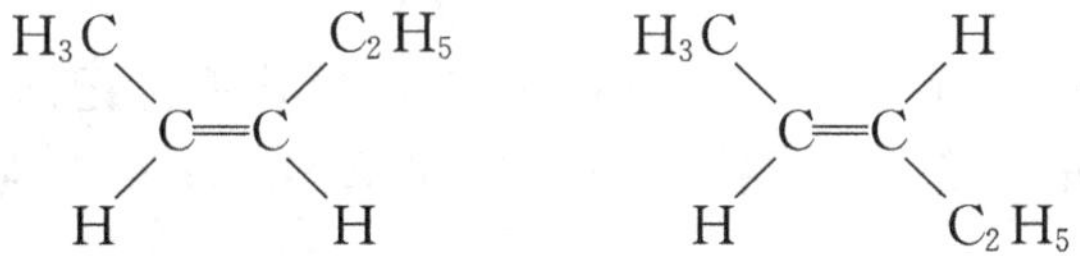

顺-2-戊烯　　反-2-戊烯

当双键碳原子连有 4 个互不相同的原子或基团时，由于无法判断处在双键同侧(或异侧)的两个原子或基团是否"相同"，难于用顺、反标记法确定构型。为了解决这个问题，国际上提出了以"顺序规则"为基础的 *Z*、*E* 构型标记法。当两个"较优"基团位于双键同侧时，用 *Z*(德文 zusammen 是"共同"的意思)标记其构型；位于异侧时，用 *E*(德文 entgegen 是"相反"的意思)标记其构型。书写时，将 *Z* 或 *E* 写在括号内，放在化合物名称的前面，并用半字线相隔。基本规则如下：

(1) 比较与双键碳原子直接相连的原子，"顺序"取决于原子序数的大小，原子序数大的原子较优先；如果是同位素，则质量大的优先；孤对电子排在最后。以下是常见原子的优先顺序：

$$I > Br > Cl > S > P > F > O > N > C > D > H > \text{孤对电子}$$

(2) 如果有些基团的第一个原子相同，则依次比较第二甚至第三个原子，直至出现差别，其中原子序数大的基团优先。例如

$$—CH_2Br > —CH_2Cl > —CH_2SH > —CH_2OH > —C(CH_3)_3$$
$$> —CH(CH_3)_2 > —CH_2CH_3 > —CH_3$$

(3) 如果有的基团含有双键或叁键，则可当成连接有 2 个或 3 个相同的基团。例如

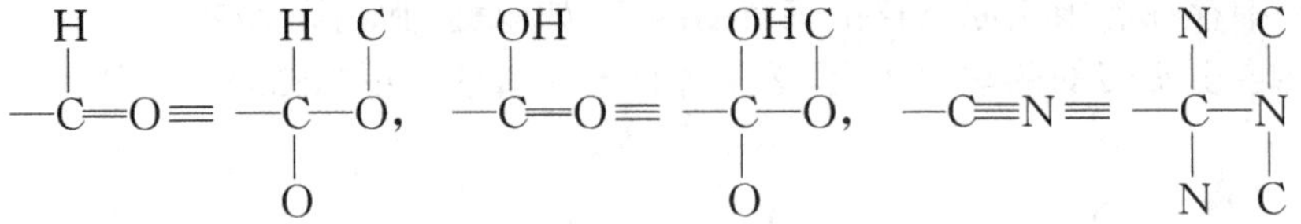

有了这些规则之后，就可对化合物进行构型命名。例如

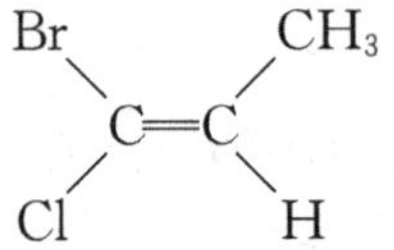

(Z)-1-氯-1-溴丙烯

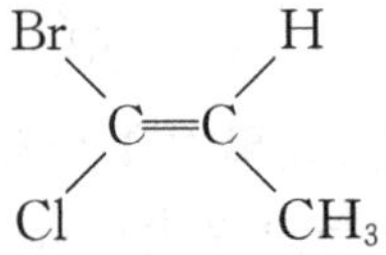

(E)-1-氯-1-溴丙烯

先找出双键碳原子各自所连的“较优”基团，即 C_1 是 Br，C_2 是 CH_3。再根据两个“较优”基团(Br 和 CH_3)的相对位置，即处在双键的同侧，故此化合物构型为 Z。其名称为(Z)-1-氯-1-溴丙烯，反之为(E)-1-氯-1-溴丙烯。

如果化合物分子中含有两个或两个以上双键，就应对每个双键的构型予以确定。命名时将 Z 或 E 标记在双键位次标号之后，低位次的在前，高位次的在后，并置于括号内，放在化合物名称的前面。例如

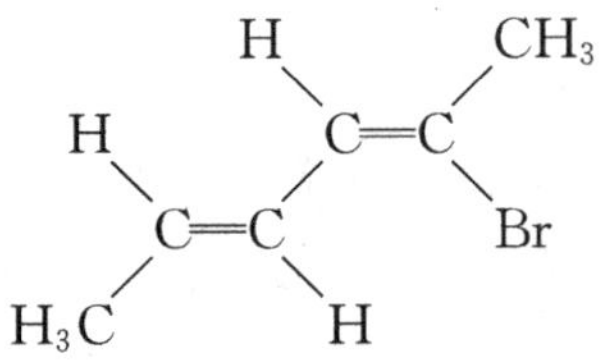

(2Z,4E)-2-溴-2,4-己二烯

Z、E 构型标记法适用于所有顺反异构体，它与顺、反构型标记法相比，更具广泛性。这两种标记法之间没有必然的联系，顺式构型不一定是 Z 构型；反式构型也不一定是 E 构型。例如

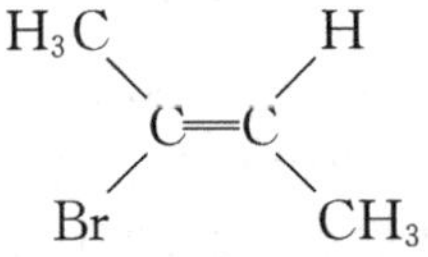

反-2-溴-2-丁烯
(Z)-2-溴-2-丁烯

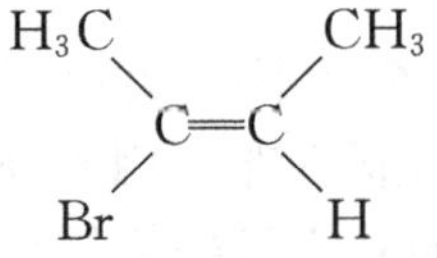

顺-2-溴-2-丁烯
(E)-2-溴-2-丁烯

顺反异构现象是有机化学中最主要的立体异构现象之一。它不仅对深入研究物质的结构、各类反应的立体化学及有关理化性质是非常重要的，而且对生物体内的生理、药理作用影响也是极为重要的。其顺反异构体在生物活性上的显著差异，充分表明了分子构型与生物活性功能之间的相互关系。

例如，具有降血脂作用的亚油酸和花生四烯酸分子中，所有双键碳原子所连的基团都是顺式构型。如果改变其构型，生物活性将有明显改变。

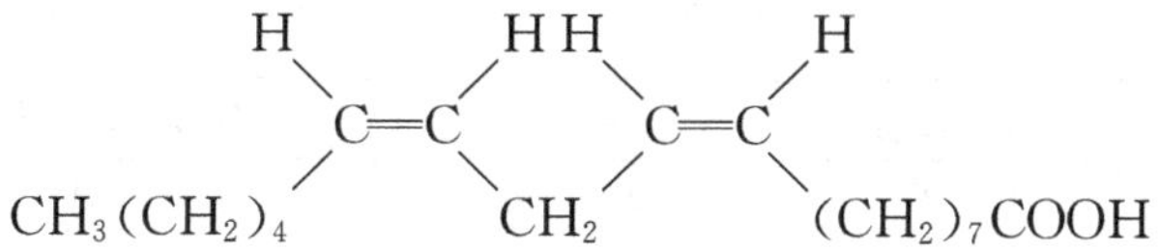

亚油酸

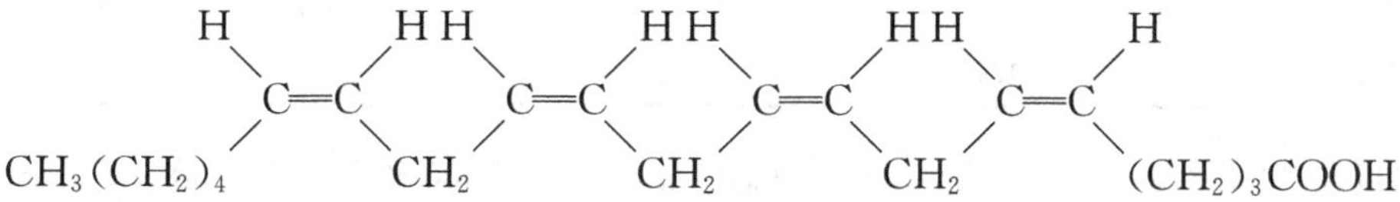

花生四烯酸

又如，1959 年，德国有机化学家阿道夫·布特南研究昆虫利用信息素相互沟通的情形时，发现了雌蚕在交配期间用以吸引雄蚕的性信息素。他把这种信息素命名为蚕蛾醇，并弄清了这种信息素的分子结构和它的功能。已知蚕蛾醇(10*E*,12*Z*)的活性最高，若合成时将合成的蚕蛾醇 10*E* 转为 10*Z*，则活性只有天然蚕蛾醇的十万分之一。

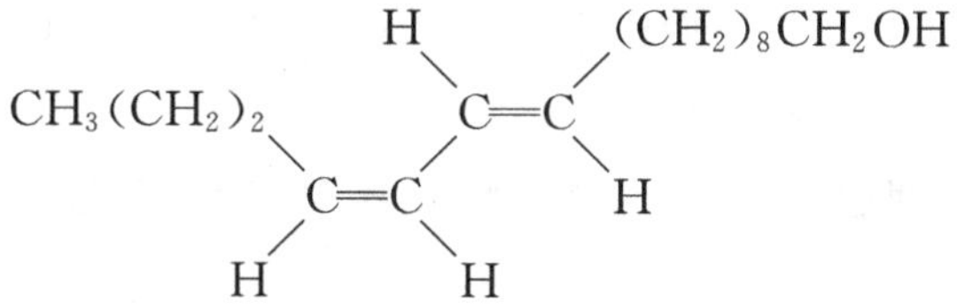

蚕蛾醇(10*E*,12*Z*)

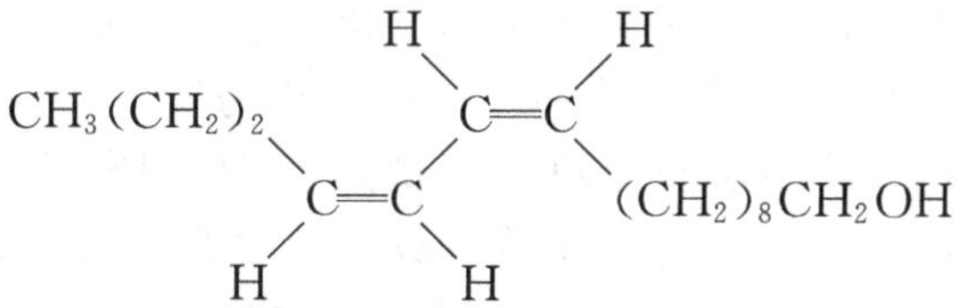

合成蚕蛾醇(10*Z*,12*Z*)

3.1.3　烯烃的物理性质

烯烃的物理性质与相应烷烃很相似，并随着碳原子数的递增而有规律的变化。在常温常压下，2～4 个碳原子的烯烃是气体，5～18 个碳原子的烯烃为液体，19 个碳以上的烯烃为固体。在位置异构体中，随着双键向分子中间移动，熔沸点都有升高的趋势。与烷烃相似，烯烃不溶于水，易溶于苯、乙醚、氯仿、四氯化碳等非极性有机溶剂。一些常见烯烃的物理常数见表 3-1。

表 3-1　常见烯烃的物理常数

化合物	熔点/℃	沸点/℃	密度/(g/cm^3)	折光率
乙烯	−169.5	−103.9	0.569	1.363
丙烯	−185.1	−47.7	0.610	1.3623
1-丁烯	−185.4	−6.5	0.6255	1.3777
顺-2-丁烯	−139.5	3.5	0.6213	
反-2-丁烯	−105.5	0.9	0.6042	
异丁烯	−140.8	−0.9	0.613	1.3715

续表

化合物	熔点/℃	沸点/℃	密度/(g/cm^3)	折光率
1-戊烯	−165.2	30.1	0.641	1.3877
1-己烯	−139.8	63.5	0.673	1.3998
1-庚烯	−119.0	93.6	0.697	1.4087
1-辛烯	−101.7	121.3	0.7149	

在顺反异构体中，由于顺式异构体极性较大，通常其沸点比反式沸点高；反式异构体比顺式异构体有较高的对称性，分子能较规则地排入晶体结构中，分子间作用力较大，所以反式异构体通常有较高的熔点和较小的溶解度。例如，顺-丁烯二酸的熔点为 130℃，溶解度为 77.8g；反-丁烯二酸的熔点为 300℃，溶解度为 0.7g。

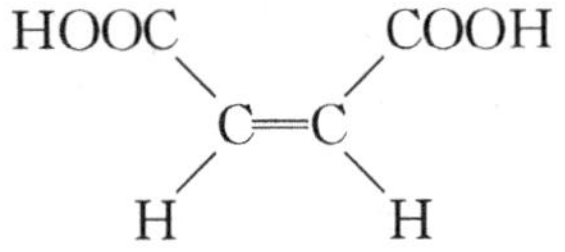

顺-丁烯二酸

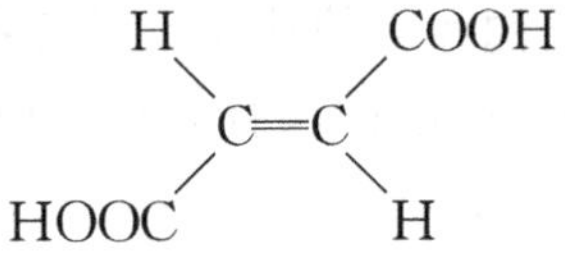

反-丁烯二酸

顺反异构体的其他物理性质，如偶极矩、沸点、相对密度、折光率等方面都存在差异。

3.1.4 烯烃的化学性质

从烯烃的结构分析中看到，π 键是由未参与杂化的 p 轨道通过侧面重叠形成，受原子核的束缚力较小，其键能小于 σ 键。受到路易斯酸的进攻易发生 π 键的断裂，形成两个新的 σ 键而生成相应的加成产物。路易斯酸是缺电子试剂，具有亲电性，称为亲电试剂。常见的亲电加成试剂，如有机酸中的质子、受 π 键影响易被极化的卤素、未满足八电子体的缺电子化合物等。由亲电试剂(electrophilic reagent)进攻而发生的加成反应称为亲电加成反应(electrophilic addition)。

1. 烯烃的亲电加成

1) 加氢反应

烯烃在一般情况下不会与氢发生反应，因反应需要很高的活化能，必须有催化剂存在才能顺利进行，有时还需要加压。催化剂的种类很多，如 Ni、Pt、Pd 等，以及一些重金属的络合物，如著名的三(三苯基膦)氯化铑[$Rh(PPh_3)_3Cl$]。

$$CH_3—CH═CH—CH_3 + H_2 \xrightarrow{Pd} CH_3CH_2CH_2CH_3$$

烯烃加氢生成烷烃是制备烷烃的一个方法，也是将碳碳双键转变为单键的一个常用方法。烯烃的加氢反应是定量进行的，而且用去氢的体积数量很容易测定，因此，催化氢化是有机分析上用来测定分子中不饱和度的一个方法，因为一个双键只能吸收 1 个氢分子。

2) 与卤素的加成

烯烃易与氯和溴发生亲电加成反应，生成邻二卤代烃。例如，在常温下将乙烯气体通入溴的四氯化碳溶液中，溴的红棕色立即褪去，生成无色的加成产物。利用这个性质可以检验碳碳双键的存在。

$$CH_2{=}CH_2 + Br_2 \xrightarrow{CCl_4} BrCH_2CH_2Br$$

碘不活泼，加成困难；而氟太活泼，反应太剧烈，难以控制。

实验证明，烯烃双键加成反应是一个分步的离子型亲电加成反应机理，这已被实验所证实。

例如，当乙烯通入溴的氯化钠溶液中发生反应时，产物除了 1,2-二溴乙烷外，还有 1-氯-2-溴乙烷。因为在反应的第二步，带正电荷的溴鎓离子既能与 Br^- 反应，也能与氯化钠溶液中的 Cl^- 反应。烯烃与卤素的亲电加成反应机理为：

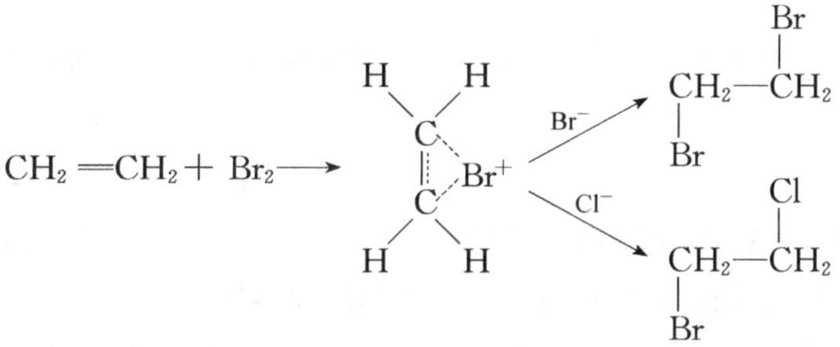

第一步反应是生成溴鎓离子(bromonium)；溴分子受 π 电子的影响而被极化成一端带部分正电荷、一端带部分负电荷的极性分子($Br^{\delta+}—Br^{\delta-}$)。溴分子中带部分正电荷的一端与乙烯双键的 π 电子相互作用形成不稳定的 π 配合物(π complex)，受到 π 电子的极化，使 Br—Br 键发生异裂而形成溴鎓离子(图 3-2)和溴负离子。

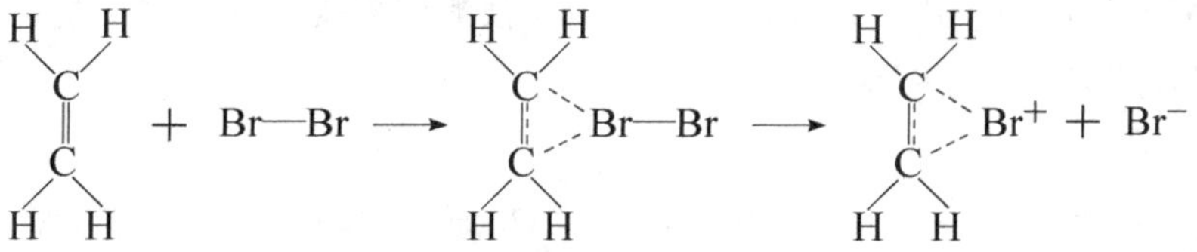

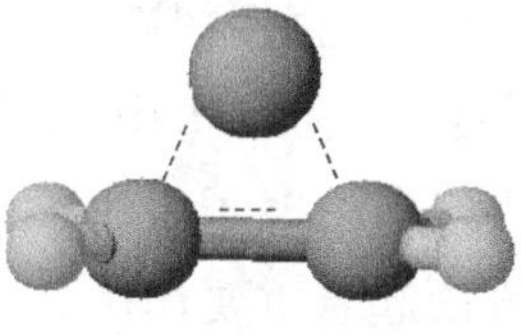

图 3-2　溴鎓离子示意图

第二步反应是溴负离子从溴鎓离子的相反一侧进攻其中一个碳原子，将环打开生成邻二溴乙烷。从加成产物看，溴是从双键两侧分别加在烯烃双键碳原子上。

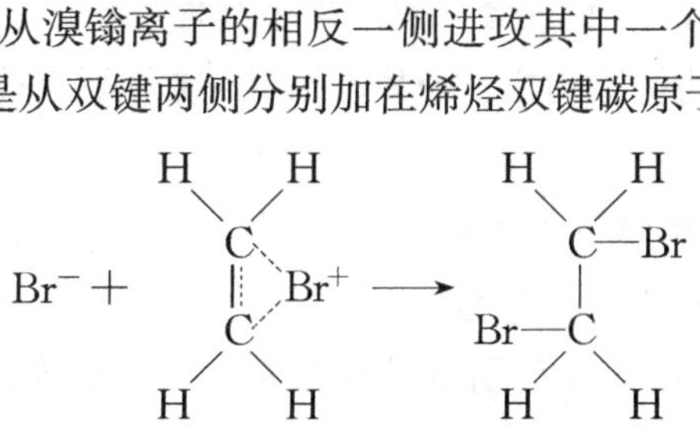

卤素虽都有孤对电子，但它们的原子半径和电负性各异，与烯烃加成时，形成环状正离子的难易程度也有别，其难度顺序为 $Cl_2>Br_2>I_2$。一般认为，加碘和加溴时经过环状鎓离子中间体；加氯时，有时经过环状氯鎓离子中间体，有时则经过链状正碳离子中间体。

反应是经历链状正离子还是经历环状鎓离子，将受到反应物的结构、试剂的性质、反应介质等不同程度的影响。溶剂的极性大，往往有利于链状正碳离子的生成；而极性小，则有利于环状鎓离子的形成。试剂的原子半径大，就有利于环状鎓离子的形成。

3）与卤化氢的加成

烯烃与 HX 气体或浓的氢卤酸加成时，可得到卤代烃。一般情况下，反应活性为：HI＞HBr＞HCl，氟化氢不与烯烃加成。

$$CH_3CH{=}CHCH_3 + HBr \longrightarrow CH_3\underset{\displaystyle Br}{\underset{|}{C}}HCH_2CH_3$$

$$CH_3CH{=}CH_2 + HBr \longrightarrow \underset{\text{主要产物}}{CH_3\underset{\displaystyle Br}{\underset{|}{C}}HCH_3} + \underset{\text{次要产物}}{CH_3CH_2CH_2Br}$$

碳碳双键原子上所连相同取代基的烃称为对称烯烃；所连取代基不相同的烃称为不对称烯烃。当不对称烯烃（如丙烯）与不对称试剂（如 HX）加成时，理论上应有两种不同的取向，生成两种异构产物。通常这两种异构产物是不等量的，常以一种异构体为主。

马尔科夫尼科夫在大量实验的基础上总结出一条规律：当不对称烯烃与不对称试剂（HX）进行加成时，试剂中带正电部分（H^+）总是加在含氢较多的双键碳原子上，而带负电部分（X^-）则加到含氢较少的双键碳原子上。该规律称为马尔科夫尼科夫规则（Markovnikov's rule），简称"马氏规则"。应用马氏规则可以正确地预测许多反应的主要产物。

马氏规则可从以下两方面得到解释。

（1）诱导效应。

分子中键的极性及分子表现出的化学性质，都与原子之间的电子云密度有关，电子云的分布不但取决于成键原子的性质，而且也受到不直接相连原子间的相互影响，这种影响称电子效应（electric effect）。电子效应可分为诱导效应（inductive effect，用 I 表示）和共轭效应（conjugative effect，用 C 表示），电子效应说明分子中电子云密度的分布对分子性质产生的影响，它们在分析化合物结构和推测其性质等方面起着重要作用。

在多原子分子中，由于成键原子或基团之间电负性不同，不仅使成键原子间电子云密度呈不对称分布，共价键上产生极性，而且会引起分子中其他原子之间的电子云沿着碳链向电负性大的原子一方偏移，使邻近共价键的极性也发生变化，这种不直接相连原子之间的相互影响称为诱导效应。

诱导效应的传递是以静电诱导的方式进行的，只涉及电子云分布状态的改变，即键的极性变化，一般不引起整个电荷的转移和价态的变化。

诱导效应的强弱取决于原子或基团电负性的大小，当诱导效应沿 σ 键传递时，离吸电子（或斥电子）基团越近，诱导效应越强，但沿 σ 键传递中，诱导效应迅速下降。诱导效应的强弱还取决于原子或基团斥电子或吸电子能力的向量叠加性，如果有几个基团对某一键都产生诱导效应，则此键所受的诱导效应是这几个基团诱导效应的向量总和。

例如，1-氯丙烷分子中诱导效应表示如下：

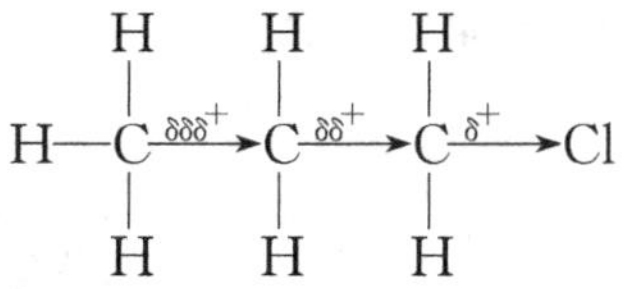

上式箭头所指方向是 σ 电子云偏移方向，是由电负性小的原子指向电负性大的原子。电子云靠近电负性较大的氯原子，使其带部分负电荷，用“δ^-”表示；与此相反，电负性较小的碳原子则带部分正电荷，用“δ^+”表示。诱导效应以静电诱导的形式沿着碳链朝向一个方向由近及远依次传递，并随传递距离的增加，其效应迅速降低。δ^+、$\delta\delta^+$、$\delta\delta\delta^+$分别表示在碳链中连续碳原子 C_1、C_2、C_3 上所引起的部分正电荷的量依次降低。一般经过 3 个碳原子以后，诱导效应的影响极微，可以忽略不计，因此它的影响是短程的。

诱导效应的方向是以 C—H 键中的 H 作为比较标准，如果以电负性大于氢原子的原子或基团(X)取代氢原子后，则 C—X 键间电子云偏向 X，与 H 相比，X 具有吸电子性，X 称为吸电子基团，由它所引起的诱导效应称为吸电子诱导效应，用符号－I 表示。如果以电负性小于氢原子的原子或基团(Y)取代氢原子后，则 C—Y 键间电子云偏向碳原子，与 H 相比，Y 具有斥电子性，Y 称为斥电子基团，由它所引起的诱导效应称为斥电子诱导效应，符号＋I 表示。

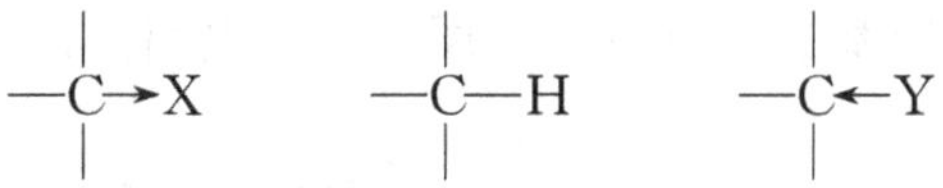

－I 效应　　比较标准　　＋I 效应

诱导效应的强度主要决定于官能团中心原子相对电负性的大小，一个原子或基团是吸电子基还是斥电子基，都可通过实验测定。根据实验结果，常见的一些原子或基团的电负性大小次序如下：

$$\text{—F}>\text{—Cl}>\text{—Br}>\text{—I}>\text{—OCH}_3>\text{—NHCOCH}_3>\text{—C}_6\text{H}_5>$$
$$\text{—CH}=\text{CH}_2\text{—}>\text{—H}>\text{—CH}_3>\text{—C}_2\text{H}_5>\text{—CH(CH}_3)_2>\text{—C(CH}_3)_3$$

在 H 前面的是吸电子基，引起－I 效应；在 H 后面的是斥电子基，引起＋I 效应。

以丙烯加 HX 作为例子，丙烯中的甲基是一个斥电子基团，其斥电子作用使双键的 π 电子云发生偏移，导致含氢较少的双键碳原子带微量的正电荷(δ^+)，另一个双键碳原子带微量的负电荷(δ^-)。加成时 H^+ 首先加到带 δ^- 的双键碳原子上，形成一个碳正离子(carbocation)。然后卤素负离子加到带 δ^+ 的碳原子上生成产物。

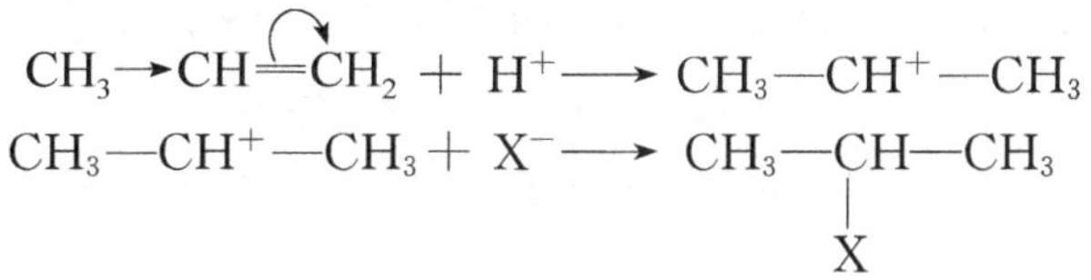

(2) 碳正离子中间体的相对稳定性。

碳正离子是带有 1 个单位正电荷，最外层有 6 个电子的三价碳原子基团。碳原子以 sp^2 杂化(图 3-3)。

遵循物理学中电荷越分散、体系越稳定的理论。碳正离子的相对稳定性，主要取决于正电荷的分散程度。因此与带正电荷的碳原子上所连取代基的性质有关。若取代基是斥电子的，电荷得到分散，使碳正离子得到稳定。

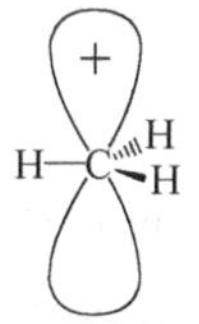

图 3-3　碳正离子

例如，2,2-二甲基丙烷碳正离子中，甲基的斥电子效应，使电荷向碳正离子转移，电荷得到分散。

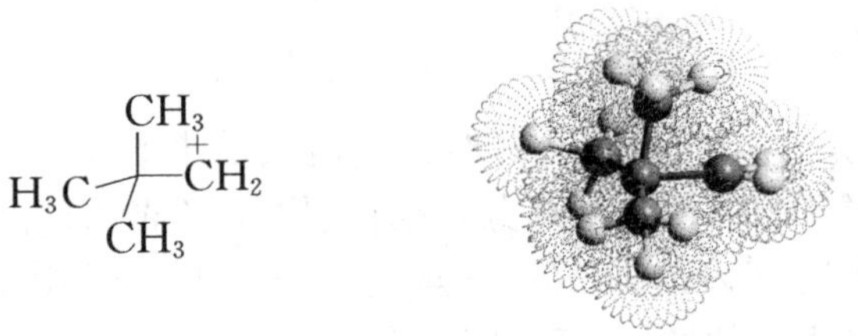

2,2-二甲基丙烷

因此，简单烷基碳正离子的相对稳定性有如下顺序(共轭效应可作进一步解释)：

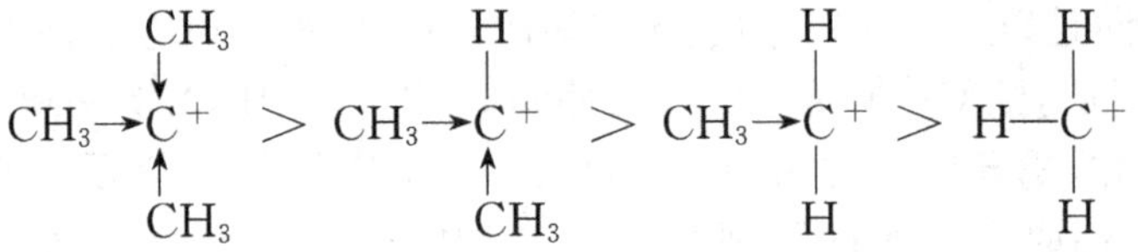

叔丁基正离子　　异丙基正离子　　乙基正离子　　甲基正离子

若取代基是吸电子的，将增加带正电荷碳原子上的正电荷，降低碳正离子的稳定性。例如，$Cl_3C—C^+H_2$，由于三氯甲基的－I效应，使原来带正电荷的碳原子上电子云密度进一步下降，致使碳正离子稳定性降低。

在不对称烯烃与不对称试剂的加成中，可生成两种碳正离子，而稳定性大的那一种比较容易生成。例如

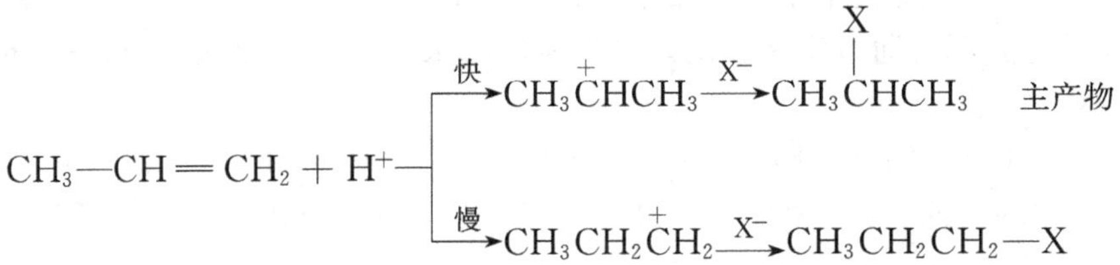

由于碳正离子 $CH_3C^+HCH_3$ 比 $CH_3CH_2C^+H_2$ 稳定，容易生成，速率快，加成易按生成 $CH_3C^+HCH_3$ 稳定中间体的反应方向进行。因此，碳正离子的稳定性决定烯烃的加成取向。

从上面的讨论中可以看出，马氏规则是反应过程原子或基团的诱导效应导致的必然结果。但是当反应体系中有过氧化物存在时，丙烯与溴化氢的加成取向却与马氏规则相反。该现象称为过氧化物效应(peroxide effect)或“反马氏加成”，其反应机理如下：

$$R—O—O—R \longrightarrow 2RO\cdot$$

$$RO\cdot + HBr \longrightarrow ROH + Br\cdot$$

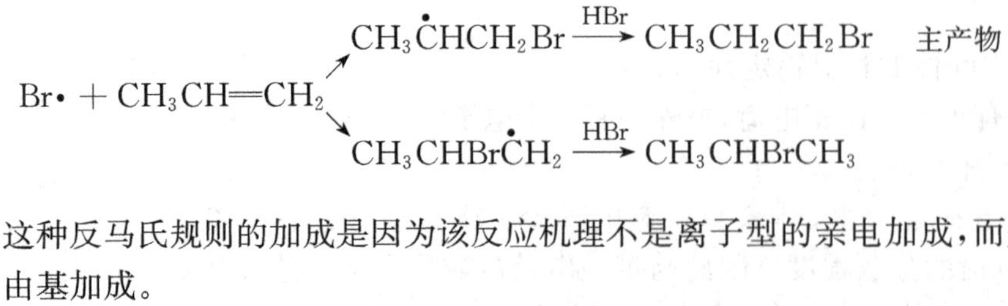

这种反马氏规则的加成是因为该反应机理不是离子型的亲电加成，而是有过氧化物引发的自由基加成。

反马氏加成反应中产生的溴自由基进攻双键时有两种取向，有可能产生两种中间体

$CH_3\dot{C}HCH_2Br$ 和 $CH_3CHBr\dot{C}H_2$，其产物由中间体自由基的稳定性决定。

自由基的相对稳定性如下(共轭效应可作进一步解释)：

$$CH_2{=}CH{-}CH_2\cdot > (CH_3)_3C\cdot > (CH_3)_2CH\cdot > CH_3CH_2\cdot > CH_3\cdot$$

仲碳自由基要比伯碳自由基稳定，所以 $CH_3CH{=}CH_2$ 与 HBr 作用生成反马氏规则的产物 $CH_3CH_2CH_2Br$。

在卤化氢中，只有 HBr，有过氧化物效应，而 HF、HCl 和 HI 都没有此效应。这是因为 H—F 键很牢固，在一般条件下不能使其均裂而发生自由基反应；H—Cl 键较牢固，其中 H 不能被自由基夺去而产生氯自由基，因此也不发生自由基加成反应；H—I 键虽弱，容易生成碘自由基，但所形成的碘自由基活性低，很难与双键发生自由基加成反应。

4) 与浓硫酸的加成

将烯烃气体通入浓硫酸中可生成酸式硫酸酯：

$$CH_2{=}CH_2 + H_2SO_4 \longrightarrow \underset{\text{硫酸氢乙酯}}{CH_3CH_2OSO_3H}$$

$$CH_3CH{=}CH_2 + H_2SO_4 \longrightarrow \underset{\text{硫酸氢异丙酯}}{CH_3\underset{|\atop OSO_3H}{C}HCH_3}$$

生成的酸式硫酸酯易水解生成醇，是工业制醇的一种方法。

$$CH_3CH_2OSO_3H + H_2O \longrightarrow CH_3CH_2OH$$

$$CH_3\underset{|\atop OSO_3H}{C}HCH_3 + H_2O \longrightarrow CH_3\underset{|\atop OH}{C}HCH_3$$

由于烯烃能溶于冷的浓硫酸，利用这一特点可以提纯某些化合物。例如，利用浓硫酸将烷烃中的烯烃杂质去除。

5) 与水或有机弱酸的加成

烯烃不能与水或有机弱酸直接加成，因它们的酸性太弱，但在强酸作为催化剂的情况下，可发生加成反应。

$$CH_2{=}CH_2 + H_2O \xrightarrow{H_2SO_4} CH_3CH_2OH$$

$$CH_2{=}CH_2 + CH_3COOH \xrightarrow{H_2SO_4} CH_3COOCH_2CH_3$$

生物体中的水合酶，如延胡索酸水合酶也可催化烯烃水合：

$$HOOCC{=}CCOOH + H_2O \xrightarrow{\text{延胡索酸水合酶}} HOOCCH_2{-}\underset{|\atop OH}{C}HCOOH$$

6) 与次卤酸的加成

烯烃与次卤酸(HOX)加成，生成卤代醇。

$$CH_3CH{=}CH_2 + HOCl \longrightarrow \underset{\text{1-氯-2-丙醇}}{CH_3\underset{|\atop OH}{C}HCH_2{-}Cl}$$

2. 氧化反应

烯烃分子中的不饱和键可与一些氧化剂如 $KMnO_4$、$K_2Cr_2O_7$、O_3 等反应。反应条件不同生成的产物亦不同。在冷的稀高锰酸钾溶液和过氧酸中，烯烃的 π 键断裂，被氧化成邻二醇结构的产物。

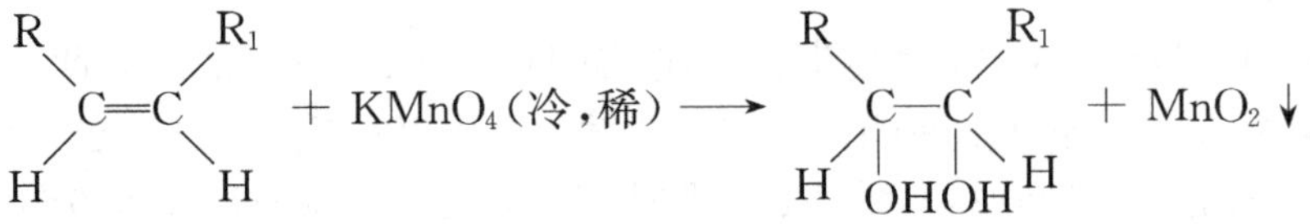

在较高温度、浓的高锰酸钾溶液或酸性高锰酸钾溶液中，烯烃的 π 键将被完全打断，与双键相连的碳氢 σ 键也被氧化。根据不同结构的反应物，得到不同的氧化产物。

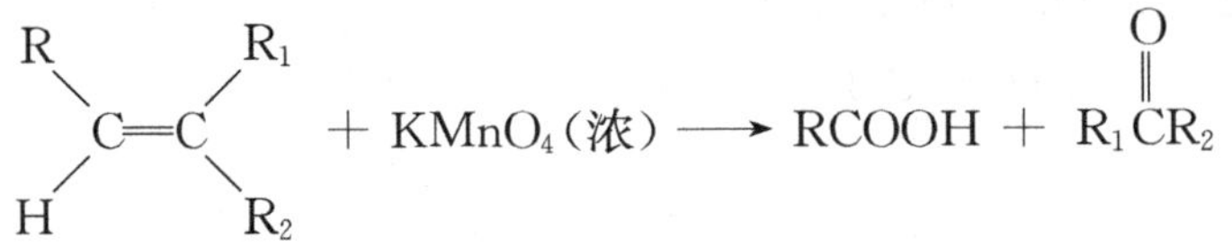

$$R—CH═CH_2 + KMnO_4(酸性) \longrightarrow RCOOH + CO_2 + H_2O$$

在低温下，向溶有烯烃的惰性溶剂中通入臭氧，烯烃首先与臭氧生成加成产物，该加成产物很快重排为臭氧化物，臭氧化物不稳定，加热易爆炸，一般不经分离而直接在溶液中水解为产物。

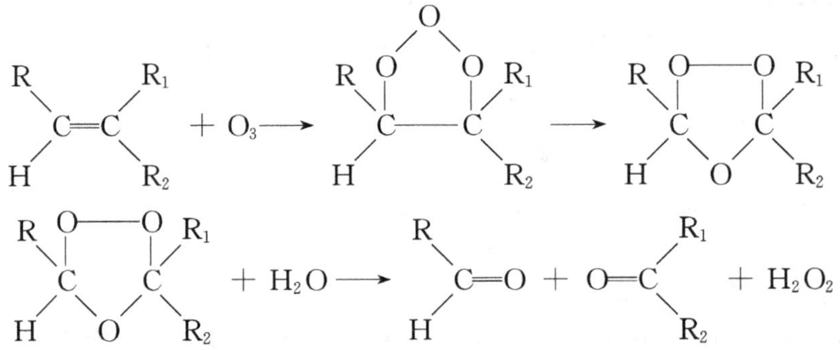

水解生成的醛易被过氧化氢氧化为羧酸，因此，经常在还原条件(如锌粉加乙酸，催化氢化或二甲硫醚)下进行水解。

$$(CH_3)_2CHCH═CH_2 + O_3 \xrightarrow{H_2O_2} (CH_3)_2CHCOOH + HCOOH$$

$$(CH_3)_2CHCH═CH_2 + O_3 \xrightarrow[HAc]{Zn} (CH_3)_2CHCHO + HCHO$$

从上面的反应中可看到，将上述产物中的氧去掉，在双键处连接起来，就可推断出原来的烯烃结构。例如

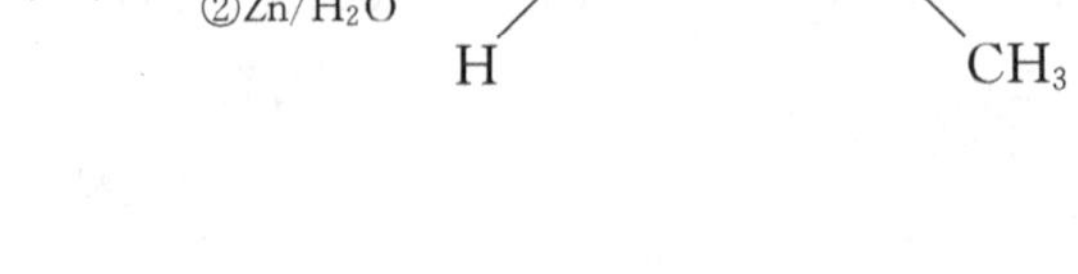

那么，原来的烯烃为

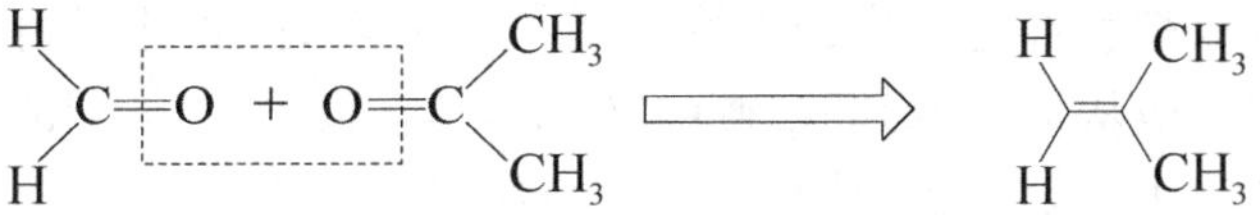

因此，这些反应过去常被用于测定烯烃的结构。

3. α-氢的反应

碳碳双键对分子中其他部位也有一定影响，特别对 α-碳上的 H 活化作用明显，它可以在合适的反应条件下被取代和氧化。例如

$$CH_2{=}CHCH_3 + Cl_2 \xrightarrow[\text{或光照}]{500\sim600℃} CH_2{=}CHCH_2Cl$$

$$CH_2{=}CHCH_3 + O_2 \xrightarrow[370℃]{CuO} CH_2{=}CHCHO$$

3.2 炔　　烃

3.2.1 炔烃的结构和命名

1. 炔烃的结构

炔烃的结构特征是分子中含有 C≡C 结构单元。炔烃叁键的两个碳原子为 sp 杂化，它是由 1 个 σ 键和 2 个 π 键组成(图 3-4)。

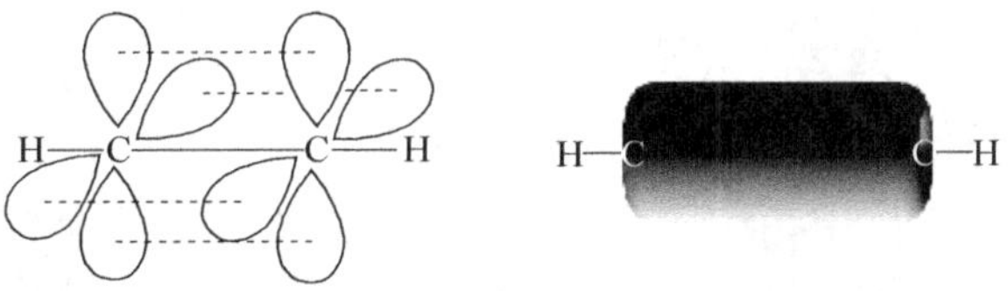

图 3-4　乙炔分子分子 σ 键及形成 π 键的结构示意图

在乙炔分子中，碳碳叁键的键能为 835kJ/mol，比碳碳双键的键能(611kJ/mol)大。这是由于乙炔分子中两个碳原子的 p 轨道重叠程度更大。同时，在乙炔分子中由于两个碳原子为 sp 杂化，s 成分增加更多，从而增加了对对方原子核的吸引力，使两个碳原子更加靠近，键长仅为 120pm。因此，乙炔中的 π 键比乙烯中的 π 键强一些，乙炔中的 π 电子与电负性较强的 sp 杂化碳原子结合更紧密，不易受外界亲电试剂的接近而极化，所以，乙炔与溴的亲电加成反应活性不如乙烯与溴的亲电加成反应活性。

2. 炔烃的命名

炔烃的系统命名法与烯烃相似，例如

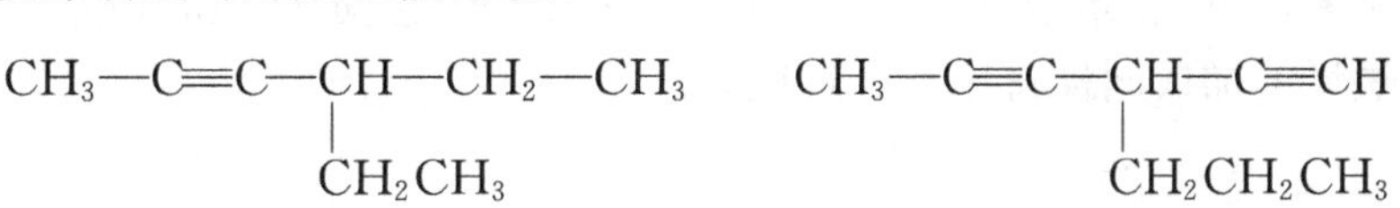

4-乙基-2-己炔　　　　3-丙基-1,4-己二炔

分子中同时含有双键和叁键的化合物称为烯炔。命名时，要选择含有双键和叁键最长碳链为主链。碳链的编号应从最先遇到双键或叁键的一端开始，并以双键在前、叁键在后的原则命名。若在主链两端等距离处遇到双键或叁键时，编号要从靠近双键的一端开始。例如

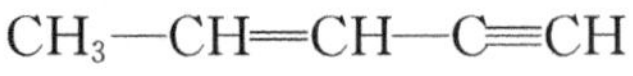

3-戊烯-1-炔

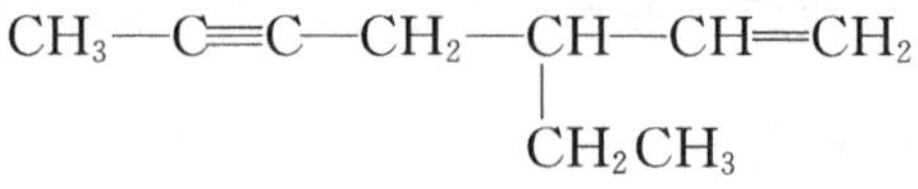

3-乙基-1-庚烯-5-炔

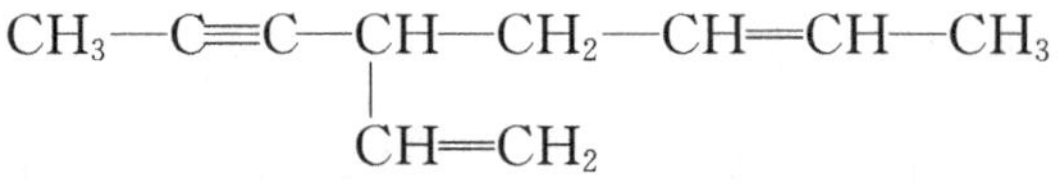

5-乙烯基-2-辛烯-6-炔

3.2.2　炔烃的物理性质

炔烃的物理性质与相应的烯烃、烷烃很相似，简单炔烃的沸点、熔点和密度比同碳原子数的烷烃、烯烃略高些，这可能是由于较为短小的炔烃分子间范德华作用力较强。一般情况下，端炔(末端炔烃，terminal alkynes)比非端炔的沸点和熔点低，这是由于分子对称的缘故。炔烃不溶于水，易溶于苯、乙醚、氯仿、四氯化碳等非极性有机溶剂。一些常见炔烃的物理常数见表 3-2。

表 3-2　一些炔烃的物理常数

化合物	熔点/℃	沸点/℃	密度/(g/cm³)	折光率
1-丁炔	−125.7	8.1	0.67	
2-丁炔	−32.2	27.2	0.69	
1-戊炔	−95.0	40.2	0.69	1.3860
2-戊炔	−101.0	56.1	0.71	
1-己炔	−132.0	71.3	0.72	1.3990
2-己炔	−89.6	85.0	0.73	
3-己炔	−103.0	81.5	0.72	

3.2.3　炔烃的化学性质

炔烃和烯烃一样可以进行亲电加成反应，但对亲电试剂的反应活性比烯烃低，若分子中同时存在碳碳双键和碳碳叁键，则加成反应首先在双键上进行。例如

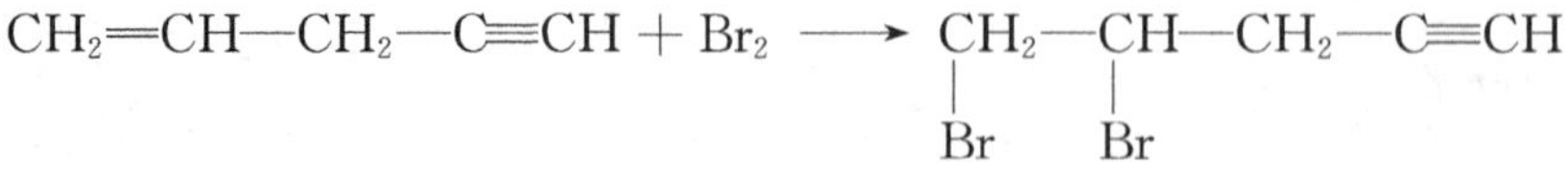

虽然活性略差，但炔烃还是可以和氢、卤化氢、卤素等发生加成反应，并且反应也是分步进行的。不对称炔烃的加成同样遵循马氏规则。

1. 加氢反应

炔烃在催化剂如 Ni、Pt、Pd 等存在下，可以加氢生成烷烃。通常，炔烃催化加氢反应难以

停留在烯烃阶段，而直接被还原为烷烃。当选用某些特定的催化剂（如 Lindlar 催化剂，它是将钯沉积在硫酸钡上，然后用喹啉处理，以降低其催化活性），炔烃可还原至烯烃，主要得到顺式烯烃。

使用活泼金属（如 Na、K）在液氨溶液中也可将炔烃还原为烯烃，主要得到反式烯烃。

$$HC\equiv CH + 2H_2 \xrightarrow{Pd} CH_3CH_3$$

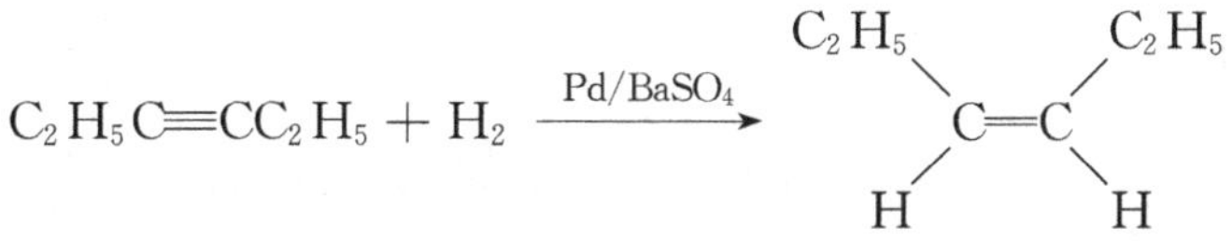

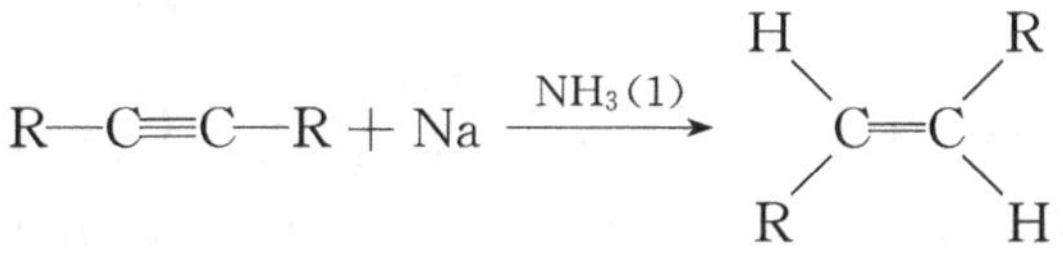

2. 亲电加成反应

炔烃与 HX（HX＝HCl、HBr）加成时，可得到卤代烃。

$$CH\equiv CH + HBr \longrightarrow CH_2=CHBr \xrightarrow{HBr} CH_3CHBr_2$$

炔烃分子与一分子卤化氢加成后生成一个不对称的烯烃，当它与第二分子卤化氢加成时会得到两种产物，但其中的一种为主要产物，这主要是氯原子的 p-π 推电子共轭造成（本章后面将讨论 p-π 推电子共轭）。

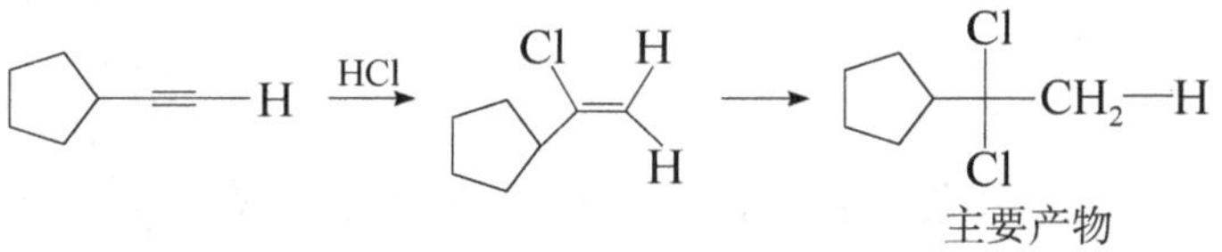

炔烃与氯和溴发生亲电加成反应，生成邻二卤代烃和邻四卤代烃，但反应活性较差。在常温下将乙炔气体通入溴的四氯化碳溶液中，溴的红棕色褪去，生成无色的加成产物。利用这个性质可以检验碳碳叁键的存在。例如

$$CH\equiv CH + Br_2 \longrightarrow BrCH=CHBr \xrightarrow{Br_2} Br_2CHCHBr_2$$

乙炔不能与水直接加成，但在汞盐催化下，1 分子水可加到叁键上，生成烯醇结构。一般情况下羟基直接与 sp^2 杂化的碳原子相连是很不稳定的（芳香烃基除外），要重排成醛或酮。例如

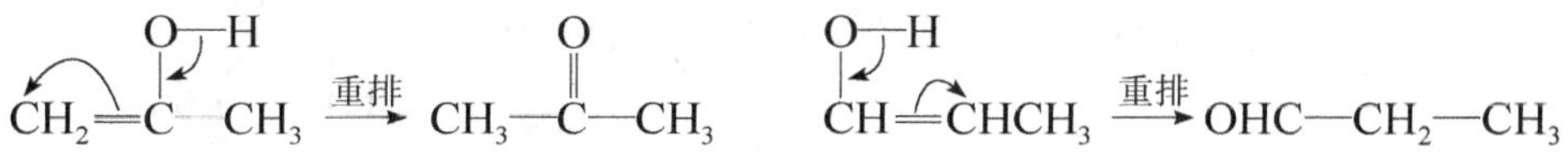

因此，乙炔与水加成立即重排成乙醛。这是工业制备乙醛的方法之一。其他的炔烃与水的加成产物为酮。其中，一元取代炔烃得到的是甲基酮。

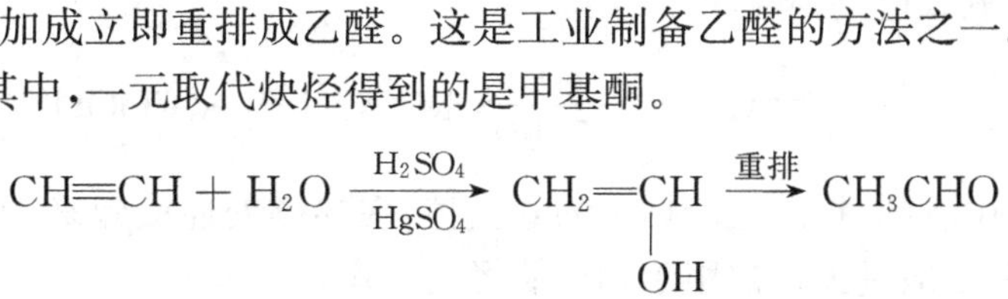

$$RC\equiv CH + H_2O \xrightarrow[HgSO_4]{H_2SO_4} RC(=O)-CH_3$$

3. 亲核加成反应

与烯烃不同，炔烃可以和 HCN 及带有—OH、—SH、—NH_2、—COOH 基团的有机化合物发生亲核加成反应。

$$CH\equiv CH + HCN \xrightarrow{Cu_2Cl_2\text{-}NH_4Cl} CH_2=CHCN$$

$$CH\equiv CH + CH_3COOH \xrightarrow[HgSO_4]{H_2SO_4} CH_3C(=O)OCH=CH_2$$

这些反应的结果是在氢氰酸和乙酸分子中导入 1 个乙烯基，故称为乙烯基化反应。

4. 聚合反应

炔烃也可发生聚合反应，但一般不形成高聚物，随催化剂和反应条件不同可以生成链状或环状的二聚或三聚产物。

$$2\ HC\equiv CH \xrightarrow[NH_4Cl]{Cu_2Cl_2} CH_2=CH-C\equiv CH$$

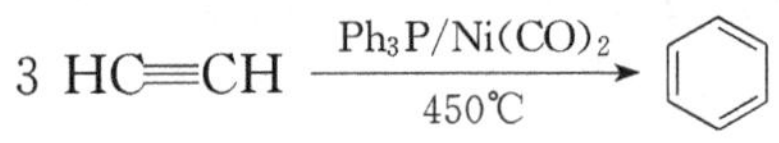

5. 氧化反应

炔烃(端炔除外)与冷的中性高锰酸钾溶液反应，生成二元酮。

$$R-C\equiv C-R_1 + KMnO_4(冷,中性) \longrightarrow R-C(=O)-C(=O)-R_1$$

在酸性高锰酸钾溶液中，炔烃的 π 键将被完全打断。根据不同结构的反应物，得到不同的氧化产物。

$$R-C\equiv C-R_1 + KMnO_4(酸性) \longrightarrow RCOOH + R_1COOH$$

例如

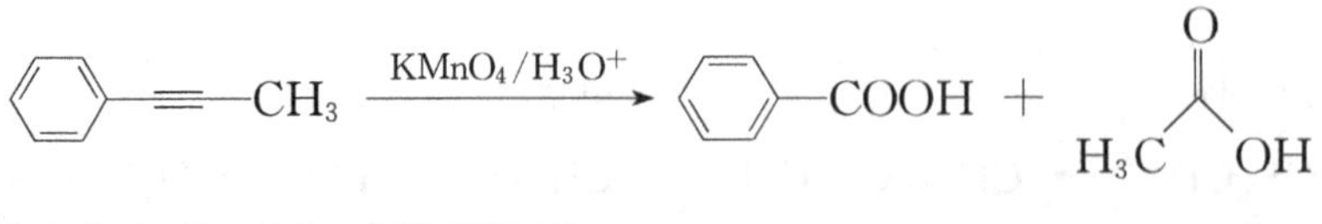

炔烃也能被臭氧氧化，水解后得到羧酸。

$$R-C\equiv C-R_1 \xrightarrow[②H_2O]{①O_3} RCOOH + R_1COOH$$

从上面的反应中看到，将上述产物中的氧去掉，在叁键处连接起来，就可推断出原来炔烃的结构。因此，这些反应过去常被用于测定炔烃的结构。

6. 金属炔化物的形成

乙炔中，与碳碳叁键相连的氢具有一定的酸性。例如，比较乙烷、乙烯、乙炔的 pK_a：

$$\underset{pK_a \approx 50}{H_3C—CH_2—H} \qquad \underset{pK_a \approx 44}{H_2C═CH—H} \qquad \underset{pK_a \approx 25}{HC≡C—H}$$

乙烷，乙烯，乙炔中 C—H 键的 pK_a 与碳的杂化状态有关。一般处在 s 轨道上的电子要比它们在 p 轨道上更接近原子核，核对 s 轨道上的电子束缚力强，从而增加了 C—H 键的极性，使氢原子易解离，显示出弱酸性。

乙炔($pK_a \approx 25$)的酸性比水($pK_a = 15.7$)和醇($pK_a = 16 \sim 19$)弱，但远比氨($pK_a = 35$)强。因此，液氨中的氨负离子可以夺取乙炔或其他末端炔烃的氢，生成炔负离子，即炔化物。

$$RC≡CH + NaNH_2 \longrightarrow RC≡C^- \ Na^+ + NH_3$$

炔化物中，炔负离子的孤对电子处于碳 sp(1/2s 和 1/2p)轨道上，轨道中 s 成分大，因此炔负离子有一定的稳定性；乙基负离子的孤对电子处于 sp^3(1/4s 和 3/4p)轨道上；乙烯基负离子的孤对电子处于 sp^2(1/3s 和 2/3p)轨道上；轨道中 s 成分小，不能形成稳定的乙基负离子 $CH_3CH_2^-$ 和乙烯基负离子 $CH_2═CH^-$，因此乙烷和乙烯不能发生这个反应。

炔负离子是很强的亲核试剂，可以起亲核取代和亲核加成反应。如与伯卤代烷发生取代反应得到较高级的炔烃。

$$HC≡CH \xrightarrow[②CH_3I]{①NaNH_2} HC≡CCH_3 \xrightarrow[②n\text{-}C_3H_7Br]{①NaNH_2} n\text{-}C_3H_7C≡CCH_3$$

炔负离子与羰基化合物发生亲核加成，形成炔醇。例如，乙炔钠与 2-丁酮加成，然后用水处理即得到 3-甲基-1-戊炔-3-醇。

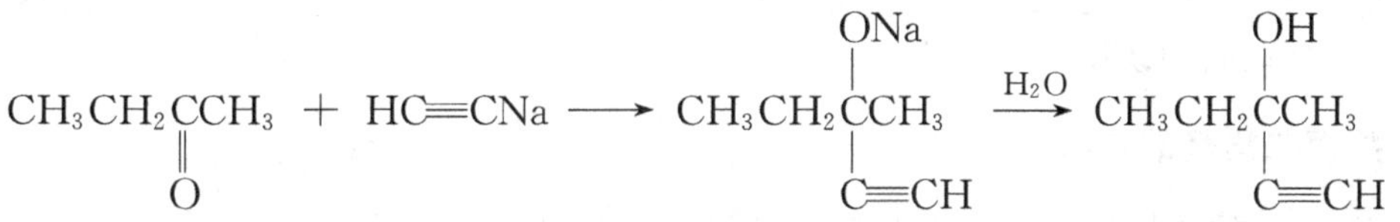

端炔氢酸性的另一个例子是炔氢能与某些重金属离子反应，生成不溶性的炔化物。将乙炔通入硝酸银氨溶液或氯化亚铜的氨溶液中，则分别生成白色的乙炔银和砖红色的乙炔亚铜沉淀。

$$HC≡CH + 2[Ag(NH_3)_2]NO_3 \longrightarrow \underset{\text{乙炔银}}{AgC≡CAg} + 2NH_3 + 2NH_4NO_3$$

$$HC≡CH + 2[Cu(NH_3)_2]Cl \longrightarrow \underset{\text{乙炔亚铜}}{CuC≡CCu} + 2NH_3 + 2NH_4Cl$$

上述反应极为灵敏，常用来鉴定具有(H)R—C≡C—H 结构特征的炔烃。R—C≡C—R 类型的炔烃则不发生这两种反应，从而可区分端炔和非端炔。乙炔银和乙炔亚铜在水中很稳定，干燥时受热或震动发生爆炸，所以实验完毕后，应立即加硝酸或浓盐酸把它分解掉。

$$CuC≡CCu + 2HCl \longrightarrow HC≡CH + Cu_2Cl_2 \downarrow$$

3.3 二 烯 烃

二烯烃(dienes)是分子中含有两个碳碳双键的烃。开链二烯烃的通式是 C_nH_{2n-2}。二烯烃可分为隔离二烯烃、累积二烯烃和共轭二烯烃三种类型：

1) 隔离二烯烃

隔离二烯烃分子中两个双键被两个或两个以上单键隔开的二烯烃(n=1,2,3 等)，即分子中含有如下结构：

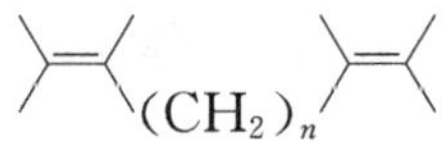

隔离二烯烃分子中的两双键距离较远，相互影响小，其性质如同一般单烯烃。

2) 累积二烯烃

累积二烯烃两个双键共用一个碳原子的二烯烃，即分子中含有如下结构：

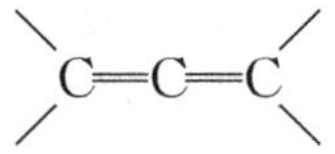

累积双键的中间碳原子为 sp 杂化，两边碳为 sp^2 杂化，3 个碳原子在一条直线上，两个 π 键互相垂直。由于两个 π 键集中在同一碳原子上，其结构不如共轭二烯或隔离二烯化合物稳定。累积二烯烃化学性质活泼，双键可逐个加成，容易异构化为炔烃。

3) 共轭二烯烃

共轭二烯烃(conjugated dienes)：两个双键相隔一个碳碳单键。最典型的化合物是 1,3-丁二烯。

$$CH_2{=}CH{-}CH{=}CH_2$$

它具有一些独特的物理性质和化学性质，通过对它的详尽讨论，可以使我们对这类化合物的特性有一个全面的认识。

3.3.1 共轭二烯烃的结构

1,3-丁二烯的结构体现了所有共轭二烯烃的结构特征。

1,3-丁二烯分子是平面形的，4 个碳原子均为 sp^2 杂化，每个碳原子未杂化的 p 轨道都垂直于分子平面，彼此平行。不仅 $C_1{-}C_2$ 及 $C_3{-}C_4$ 之间的 p 轨道发生重叠形成 π 键，$C_2{-}C_3$ 之间的 p 轨道也可发生部分重叠。造成 4 个 p 电子的运动范围扩展到 4 个碳原子的周围，这种现象称为 π 电子的离域，这样形成的键称离域 π 键，也称共轭双键，以区别于一般的定域键。π 电子的离域会使键长平均化。在 1,3-丁二烯中，碳碳双键键长(137pm)比一般烯烃的双键(134pm)稍长，碳碳单键(147pm)比一般烷烃的单键(154pm)短(图 3-5)。

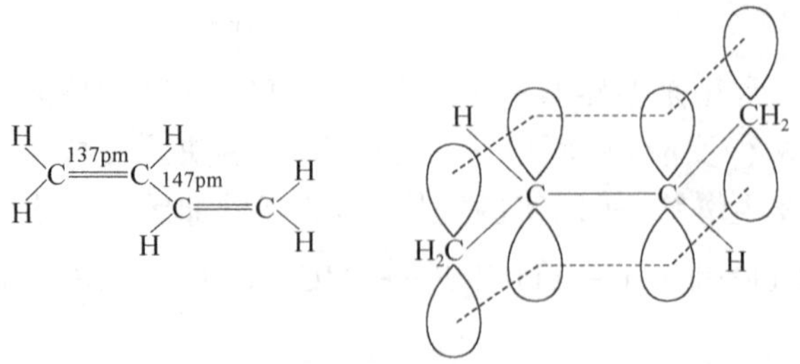

图 3-5　1,3-丁二烯的键长与 p 轨道的侧面重叠

处理共轭分子结构的理论方法现在有两种——分子轨道法和价键法。分子轨道法将处理的重点集中于 p 轨道。1,3-丁二烯分子中 4 个碳原子的 4 个 p 轨道线性组合成 4 个能量不同的 π 分子轨道——π_1、π_2、π_3^* 和 π_4^*，如图 3-6 所示。图中原子轨道波瓣的大小，粗略表示其对分子轨道的贡献大小。

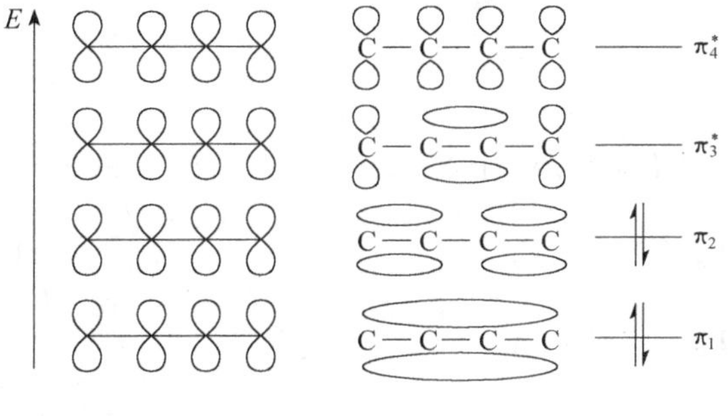

图 3-6　1,3-丁二烯的 π 分子轨道

根据泡利(Pauli)不相容原理，基态时，1,3-丁二烯的 4 个 p 电子(π 电子)中的两个首先占据能量最低的 π_1 轨道，另外两个电子占据能量次低的 π_2 轨道。这两个轨道都是成键轨道。激发态时，电子可占据 π_3^* 轨道，甚至是 π_4^* 轨道，这两个轨道能量高，是反键轨道。

分子轨道法处理的结果显示：1,3-丁二烯分子存在离域 π 键(共轭 π 键)，而不是像经典的价键结构式所表示的 π 电子定域在 C_1 与 C_2 和 C_3 与 C_4 之间，π 电子云也不是在 4 个碳原子上平均分布，而是在 C_1 与 C_2 和 C_3 与 C_4 之间分布较多，在 C_2 与 C_3 之间较少分布，即 C_1 与 C_2 和 C_3 与 C_4 具有较多的双键特征，C_2 与 C_3 有较少的双键特征。这与键长未完全平均化是一致的。

3.3.2　共轭体系和共轭效应

1. 共轭体系

共轭体系是指分子中发生原子轨道重叠、电子离域(delocalization)的结构部分，可以是分子的一部分或是整个分子。有以下几类：

1) π-π 共轭

在链状分子中，凡双键、单键交替排列的结构都属此类 π-π 共轭体系。

$CH_3—CH═CH—CH═CH_2$　　$CH_2═CH—CH═CH—CH═CH_2$

1,3-戊二烯　　1,3,5-己三烯

2) p-π 共轭

一个与双键碳原子相连的原子，由于共平面，其 p 轨道与双键的 π 轨道平行并发生侧面重叠，形成共轭。下面的例子代表了 3 种类别的 p-π 共轭。

$CH_2═CH—Br$：

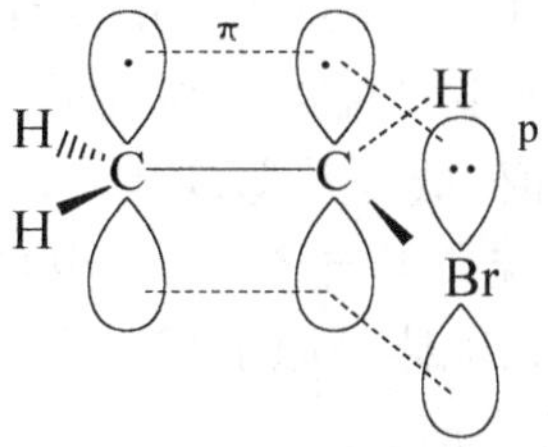

溴乙烯(3 个原子共享 4 个 π 电子，是多电子共轭)

$CH_2{=}CH{-}CH_2^+$

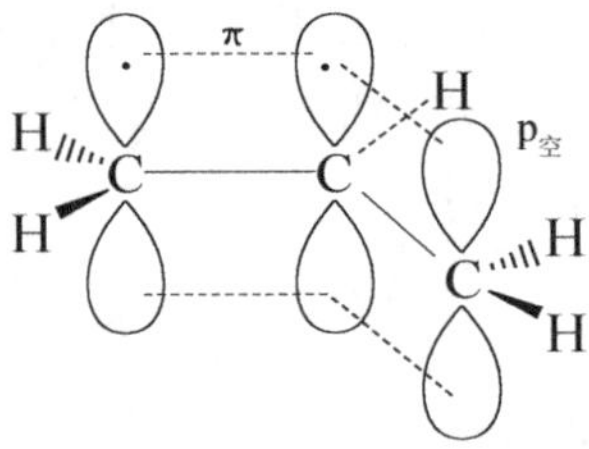

烯丙基正碳离子(3 个原子共享 2 个 π 电子,是缺电子共轭)

$CH_2{=}CH{-}CH_2\cdot$

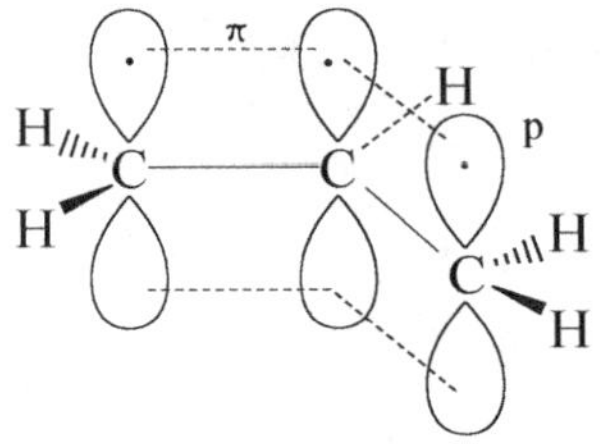

烯丙基自由基(3 个原子共享 3 个 π 电子,是等电子共轭)

3) 超共轭

超共轭是碳氢 σ 键参与的共轭。氢原子的体积很小,像是嵌在碳氢 σ 电子云中,因此碳氢 σ 键类似孤对电子。碳氢键的 σ 轨道与毗邻的 π 或 p 轨道虽不平行,但仍可以发生一定程度的侧面重叠,但轨道之间重叠程度较小,故称此类共轭为 σ-π 或 σ-p 超共轭。例如,乙基碳正离子和丙烯碳正离子中的超共轭:

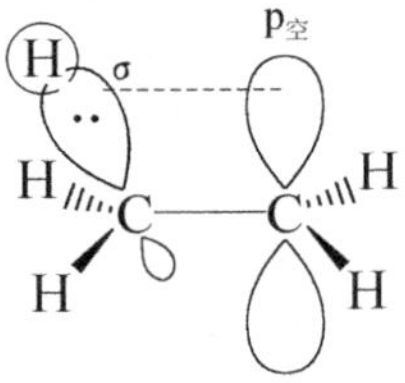

σ-p超共轭

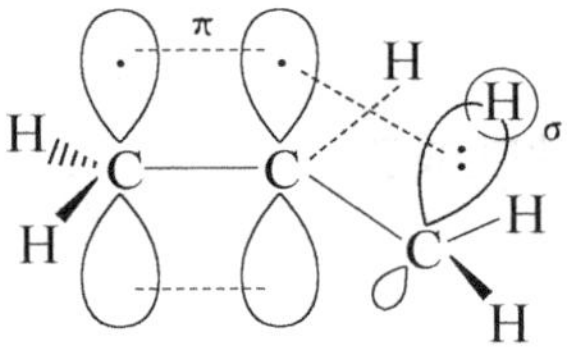

σ-π超共轭

由于碳碳 σ 键可以转动,甲基上的 3 个氢原子在分子结构中处于等同的地位(称为等位氢),每个 C—H 均有可能在其最佳位置上形成完全相同的超共轭。

通过上述讨论可以看出,形成共轭体系的条件是:①有关的原子必须在同一平面上;②必须有可实现平行重叠的 p 轨道;③要有一定数量供成键用的 p 电子。

2. 共轭效应

共轭体系中,π 电子离域导致体系内能量降低,这可从氢化热反映出来。仍以 1,3-丁二烯为例,如果 1,3-丁二烯分子的双键不发生共轭,则其氢化热可以预期约为 1-丁烯氢化热的 2 倍,即 2×(126.8kJ/mol)= 253.6kJ/mol;而实际上的观测值为 238.9kJ/mol,比预期值低了 14.7kJ/mol。因此,1,3-丁二烯的离域能是 14.7kJ/mol。共轭分子的氢化热比预期的数值(按经典结构式的计算值)低是普遍现象。π 电子离域导致体系内能量降低的部分称为离域能,又称为共轭能,它标志了电子离域(共轭)使体系稳定化的程度。因此,共轭效应就是由共轭体系势能变化,以及共轭体系原子间电荷密度分布变化所产生的影响。共轭效应可分为静态共轭效应和动态共轭效应。

1）静态共轭效应

由于电子的离域导致体系的内能降低、键长平均化和静态极化作用(由参与共轭体系的原子或基团的电负性与碳原子不同所引起)，是分子内固有的效应。共轭体系极化时，波及整个体系，可出现电荷密度分布“正负交替”的现象。例如，丙烯醛分子的静态极化：

弯箭头表示 π 电子的偏移方向。这个极化由氧原子的电负性引起。在多电子共轭体系里，由于 p 或 σ 电子对向体系中分散(离域)，呈现推电子性。例如

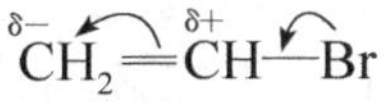

p-π共轭的推电子作用

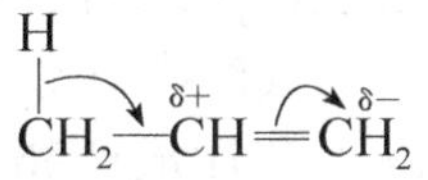

σ-π超共轭的推电子作用

溴乙烯分子中的共轭极化和诱导极化的方向相反，分子的极性由这两种电子效应的总和决定。

2）动态共轭效应

共轭体系在发生化学反应时，由于进攻试剂或其他外界条件的影响，使 π 电子云在反应瞬间发生变形(极化)。例如，1,3-丁二烯分子无静态极化，分子无极性，但受到试剂(如 H^+)作用时，产生极化：

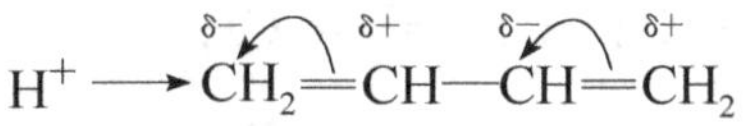

共轭效应和另一类电子效应——诱导效应在产生原因和作用方式上不相同。区别在于诱导效应是建立在定域键基础上，所以是短程的，不出现电荷密度分布交替极化现象；共轭效应则是建立在离域键的基础上，可以沿着共轭体系一直传递下去而几乎不减弱，出现体系稳定化，电荷密度分布交替极化。分子中可以同时存在这两种电子效应。共轭效应和诱导效应对分子的反应性和反应方向有重要影响。

3.3.3　共轭体系的反应

1. 共轭二烯烃的 1,2-加成和 1,4-加成

共轭二烯烃与等量的 X_2、HX 等亲电试剂加成时，可生成 1,2-加成和 1,4-加成两种产物。

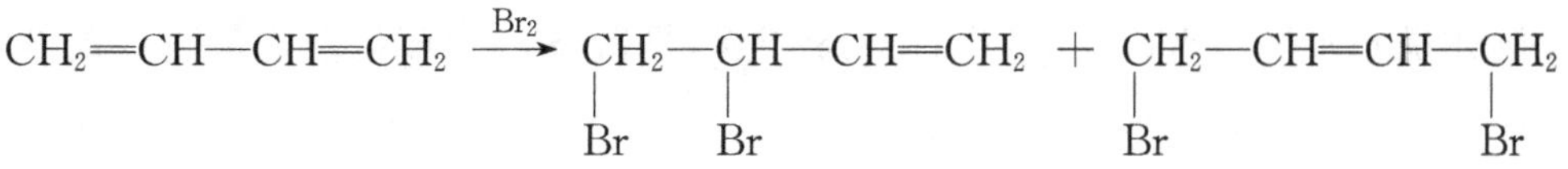

1,2-加成产物　　1,4-加成产物

1,2-加成和 1,4-加成是共轭体系的特点。反应的第一步是溴分子与 1,3-丁二烯分子接近，受二烯烃 π 电子云的影响而极化，被极化的溴分子与二烯烃的一个 π 键形成 π 络合物，接着，π 络合物裂解为碳正离子。

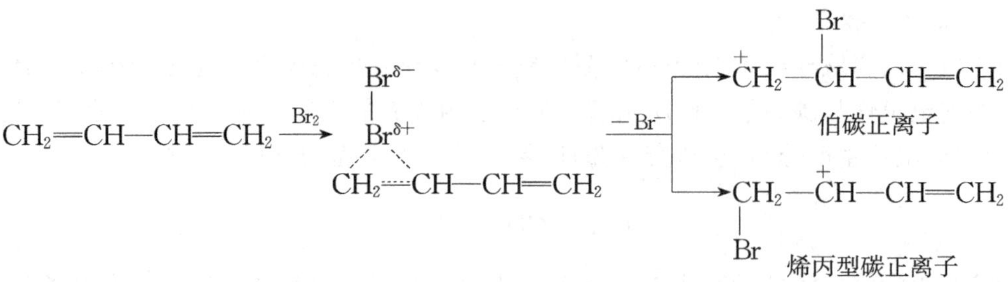

生成的烯丙型碳正离子可发生 p-π 共轭，使正电荷得以分散，结果使 C_2 和 C_4 都带有微量的正电荷，溴负离子可以进攻 C_2 或 C_4 两个位置，从而形成 1,2-和 1,4-加成产物。

1,2-加成产物和 1,4-加成产物的比例取决于反应条件，一般在较高的温度下以 1,4-加成产物为主，较低的温度以 1,2-加成产物为主。例如，1,3-丁二烯与溴化氢在不同温度下的加成：

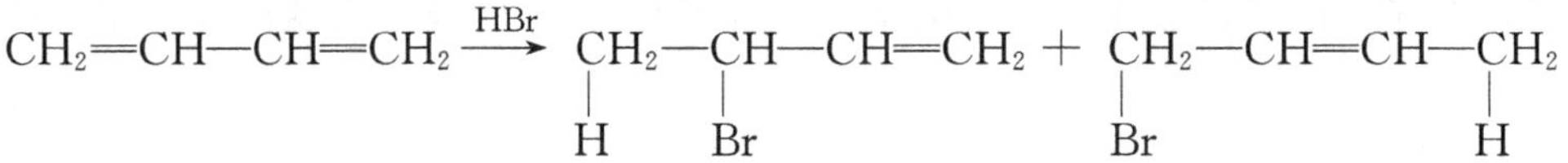

$t=-80℃$	80%	20%
40℃	20%	80%

1,2-加成产物随温度升高可以重排为 1,4-加成产物：

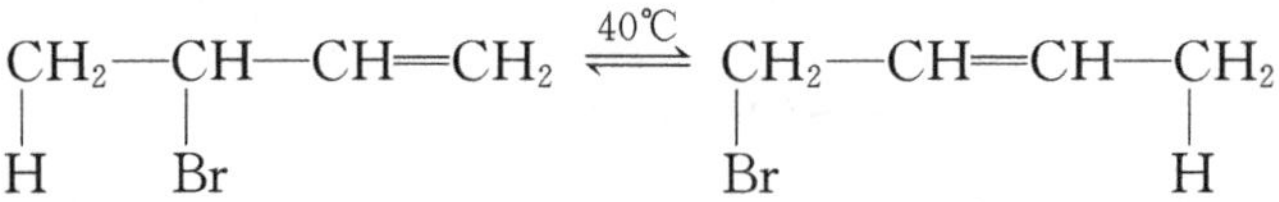

这是由产物的稳定性（热力学控制）和反应速度（动力学控制）两种因素决定的。就反应的活性中间体来说，较低温度时，1,2-加成所生成的碳正离子中间体，经活化能低的过渡态进行 1,2-加成；较高温度时，1,4-加成所生成的碳正离子中间体，经活化能高的过渡态进行 1,4-加成。所以低温时为速度控制，1,2-加成比例高；而在较高温度时，是热力学控制，产物的稳定性起主要作用。由于超共轭效应的影响，使 1,4-加成产物比 1,2-加成产物稳定。因为 1,4-加成产物有 5 个 C—H σ 键与双键发生 σ-π 超共轭，而 1,2-加成产物仅有一个 C—H σ 键与双键发生 σ-π 超共轭。所以较高温度时，1,4-加成产物产率高。

2. 环加成反应

共轭二烯烃与烯或炔发生加成反应，生成含有碳碳双键的六元环状化合物，这类反应称为狄尔斯-阿尔德（Diels-Alder）反应，也称双烯合成，是制备六元环化合物最重要的合成方法之一。

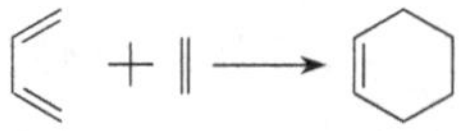

在该反应中，共轭二烯烃称为双烯体（diene），与共轭二烯加成的烯或炔称亲双烯体（dienophile）。亲双烯体的双键上有吸电子基团，如—CHO、—NO_2、—COOH、—CN 等，或双烯体碳原子上含有给电子基团，对双烯合成有利。

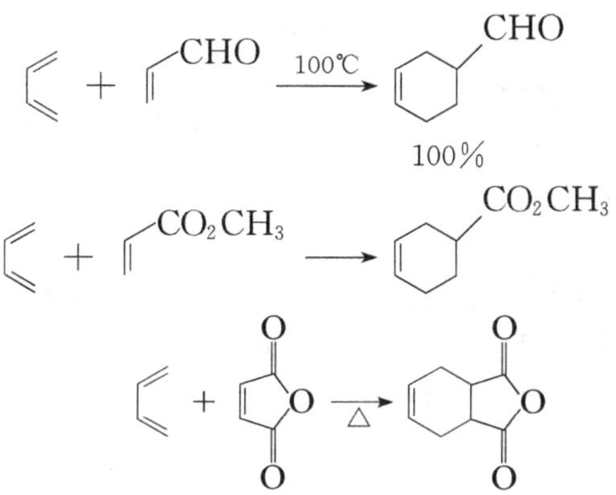

双烯合成是一种环加成反应，它们是同时完成的，即二烯的两个 π 键、亲双烯体的一个 π 键破裂的同时，形成一个新的 π 键和两个新的 σ 键，反应过程中没有中间体。所以这类反应也称为协同反应(concerted reaction)。

3.4　萜类化合物

3.4.1　萜类化合物的结构

萜类(terpenes)化合物是指存在于植物中的橡胶、挥发油、某些色素、树脂等的一些不饱和烃类化合物，具有$(C_5H_8)_n$ 的通式。通过对上述物质的研究，发现这些分子中均含有异戊二烯(isoprene)的结构单位。并且这些异戊二烯结构单位常以“头-尾”相连的形式构成化合物，故称异戊二烯规则。

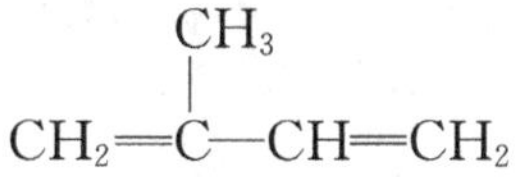

异戊二烯

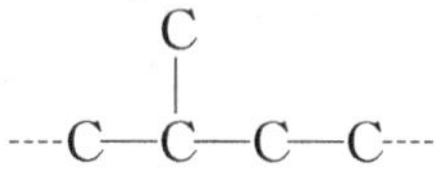

异戊二烯单位

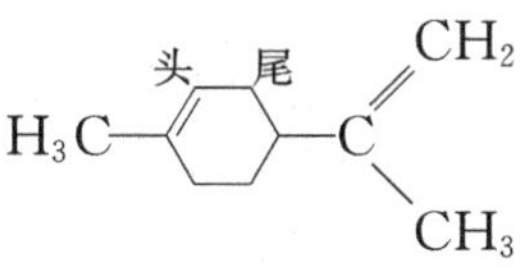

单环萜烯

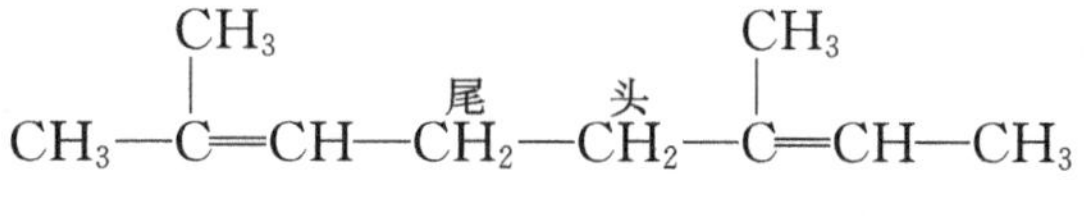

链萜烯

根据分子中异戊二烯单位连接方式不同，萜类化合物可以分为链萜、单环萜和双环萜等。根据分子中所含异戊二烯单位的多少可分为单萜(含有 2 个异戊二烯单位)、倍半萜(含有 3 个异戊二烯单位)、二萜(含有 4 个异戊二烯单位)以及有更多异戊二烯单位聚合而成的多萜等。

3.4.2　萜类化合物概述

1. 单萜

1) 月桂烯

月桂烯属链状的单萜，在碱性条件下水解，可得香叶醇、橙花醇和芳樟醇。香叶醇和橙花醇互为顺反异构体。香叶醇是一种昆虫外激素，蜜蜂分泌出香叶醇以吸引其他蜜蜂来集结采蜜。芳樟醇分子中含有 1 个手性碳原子，具有 1 对对映体。它们存在于许多香精油如香叶油、玫瑰油、橙花油中，是重要的化妆品香料。

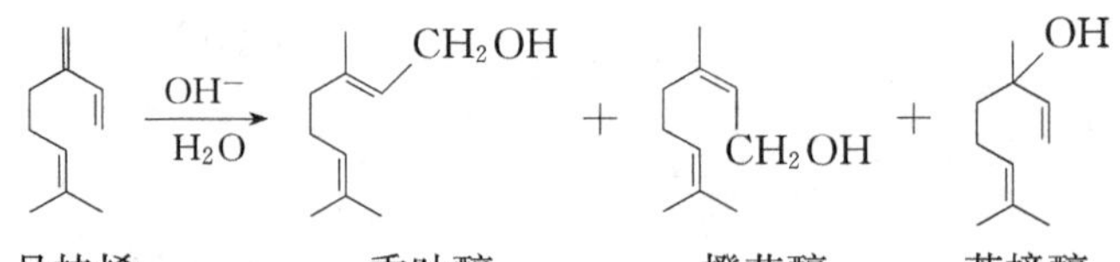

月桂烯　　香叶醇　　橙花醇　　芳樟醇

2）薄荷醇

薄荷醇属单环萜，存在于薄荷油中，是低熔点的固体。薄荷醇具有芳香凉爽气味，有杀菌、防腐作用，并有局部止痛的效力。广泛应用于医药、化妆品及食品工业中，如清凉油、牙膏、糖果、烟酒等。薄荷醇分子中有三个手性碳原子。天然的薄荷醇是左旋的薄荷醇。

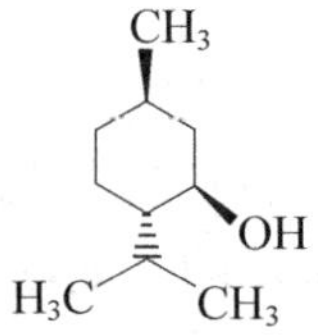

薄荷醇

3）蒎烯

蒎烯属二环单萜烯，有 α、β 两种异构体。

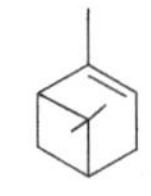

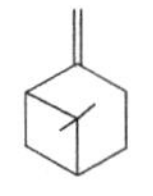

α-蒎烯　　β-蒎烯

蒎烯为无色的液体，不溶于水，有清快的香气。将松树伤口流出的松脂经水蒸气蒸馏，可以得到松香和松节油。松节油中 α-蒎烯含量为 60%～70%，β-蒎烯含量为 20%～30%，用真空蒸馏法就可将它们单离出来。微量的蒎烯作为香料，用于香柠檬、香叶等香型的日用香精，以及柠檬、肉豆蔻等食用香精中。蒎烯经过热裂解生成月桂烯，然后用月桂烯合成香叶醇、橙花醇、芳樟醇等重要香料。α-蒎烯和β-蒎烯是重要的药物合成中间体，α-蒎烯在无水条件下经酸性催化剂处理重排后得樟烯，可作为合成樟脑的原料。

4）莰醇和莰酮

莰醇为饱和的二环萜醇，莰酮为饱和的二环萜酮。

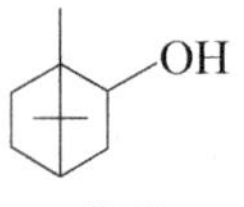

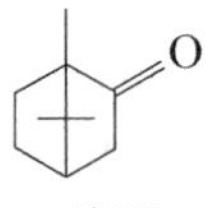

莰醇　　莰酮

莰醇又称冰片。主要存在于热带植物龙脑的香精油中，是无色片状晶体，有特异香气。它具有止痛消肿的作用，是人丹、冰硼散等中成药的成分之一。将莰醇氧化可得莰酮，莰酮又称樟脑，主要存在于樟树油中。莰酮为无色晶体，易升华，并有使人愉快的香气。在医学上用作强心剂，工业上可作增塑剂和驱虫剂。

2. 倍半萜

倍半萜是由 3 个异戊二烯单位组成的化合物。法尼醇又称金合欢醇，存在于玫瑰、茉莉及橙花的香精油中。最简单的单环倍半萜是红没药烯，存在于香柠檬和没药的油中。山道年花蕾中提取的山道年是医药上常用的驱蛔虫药。

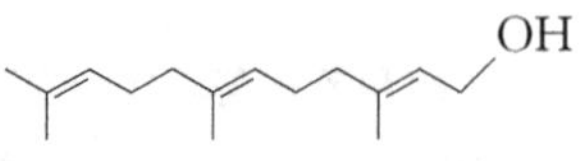

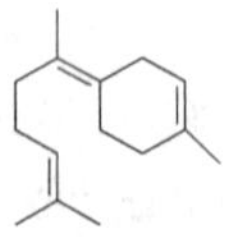

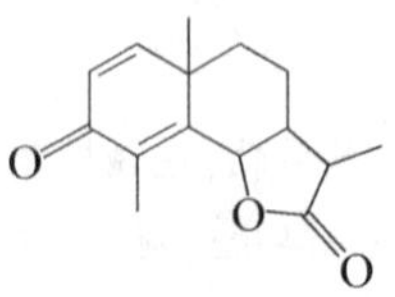

法尼醇　　红没药烯　　山道年

具有与法尼醇结构相似的昆虫保幼激素(JH)是倍半萜的衍生物，昆虫保幼激素能使昆虫保持幼虫的体态，阻止从幼虫向成蛹阶段的变形。可应用于养蚕业和防治害虫。

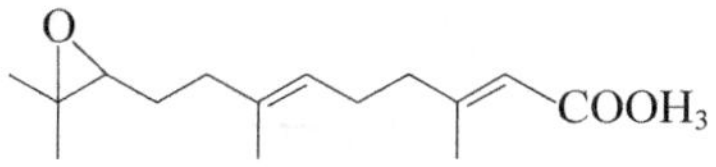

昆虫保幼激素(JH)

3. 二萜

二萜是由 4 个异戊二烯单位聚合成的衍生物，具有多种类型的结构。

1) 维生素 A

维生素 A 又称视黄醇，为单环双萜醇，包括 A_1 和 A_2 两种。

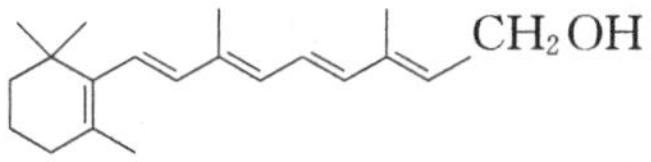

维生素 A_1

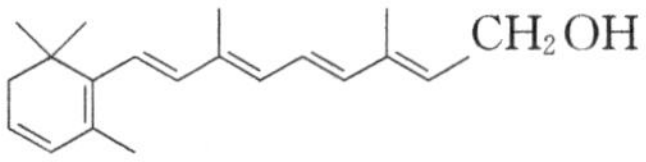

维生素 A_2

维生素 A_2 比维生素 A_1 多一个双键，它的生物活性只有维生素 A_1 的一半。通常所说的维生素 A 是指维生素 A_1。维生素 A_1 与视觉有密切关系。视网膜中有一种圆柱细胞，其中含有视紫红质，视紫红质由视蛋白和视黄醛结合而成。视紫红质能吸收可见光，吸收光子后变成光视紫红质，同时发生刺激神经纤维的脉冲，产生视觉。

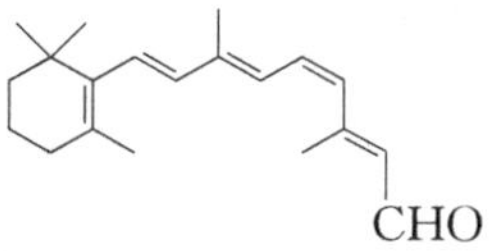

视黄醛

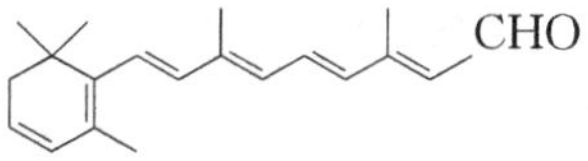

反视黄醛

视紫红质变成光视紫红质时，其中的视黄醛异构化为反视黄醛，反视黄醛不能与视蛋白牢固结合。因此，光视紫红质立刻分解为反视黄醛和视蛋白，反视黄醛在酶的作用下，又变成视黄醛，重新与视蛋白结合变成视紫红质，如此不断循环。在此过程中，不断有视黄醛消耗，维生素 A_1 在酶的作用下能变成视黄醛，所以是视黄醛的来源。缺乏维生素 A_1 的病人，视紫红质含量不足，对弱光的感应能力差而造成夜盲症；还会对儿童造成角膜软化和生长滞缓，对成人产生干皮病、不育等疾病。

2) 紫杉醇

紫杉醇(paclitaxel injection)是从红豆杉的内层树皮、树根和枝叶中提取的复杂二萜类化合物(见结构中虚线划出的 4 个异戊二烯单位)。紫杉醇是继多年前出现的阿霉素和顺铂之后，目前国际上最热门的新型抗癌天然植物药。它对治疗前列腺癌、上胃肠道癌、黑色素瘤、肺癌、卵巢癌、子宫癌、乳腺癌、糖尿病等效果显著。

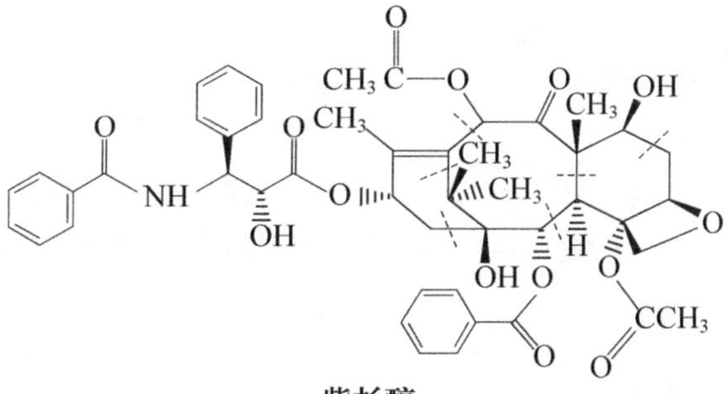

紫杉醇

3) 叶绿素

叶绿素水解可得到叶绿醇(phytol)也是二萜类化合物，叶绿醇是合成维生素 K 及维生素 E 的原料。

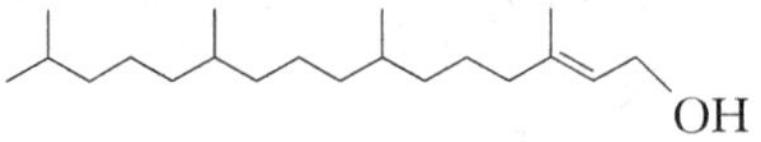

叶绿醇

4) 松脂酸

松脂酸为一种多环的二萜类化合物，是松香的主要成分。它不溶于水而溶解于有机溶剂，其钠盐可作肥皂的增泡剂和乳化剂，是一种有用的工业原料。

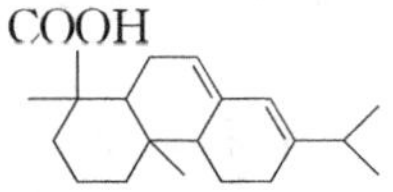

松脂酸

4. 三萜

由 6 个异戊二烯分子聚合而成，广泛存在于动植物体内，如 β-香树素是马尼拉榄香树树脂的主要成分。角鲨烯大量存在于鲨鱼的鱼肝油中，在米糠油和橄榄油中也少量存在，它是甾类化合物生物合成的中间体。羊毛甾醇的碳胳与角鲨烯有密切的关系，在生物体内可能是以角鲨烯为前体合成的。

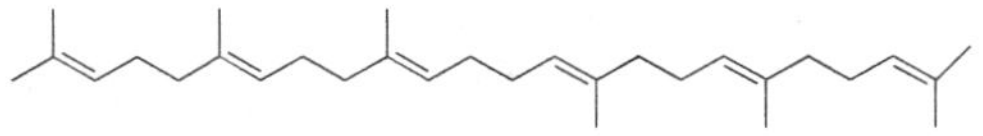

角鲨烯

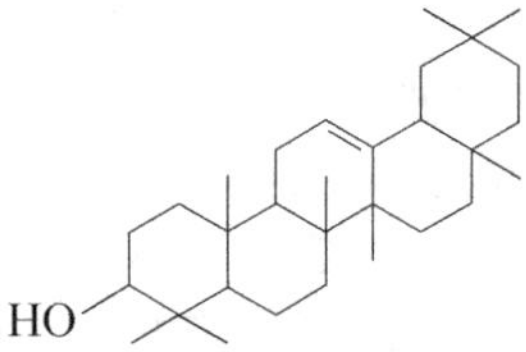

β-香树素

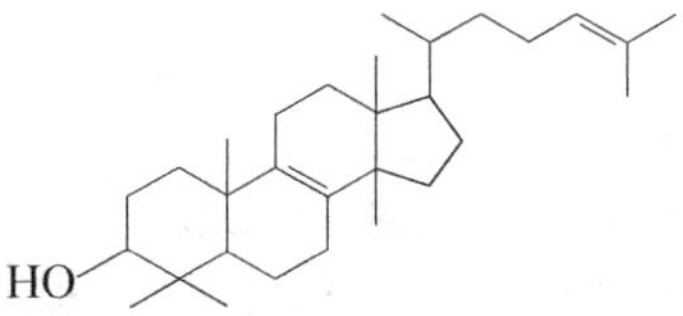

羊毛甾醇

5. 四萜

1) 胡萝卜素

胡萝卜素属四萜化合物。广泛存在于植物的叶、花和果实中，也存在于动物的脂肪中。胡萝卜素有 α、β、γ 三种异构体，其中以 β-胡萝卜素的含量最高(85%)。

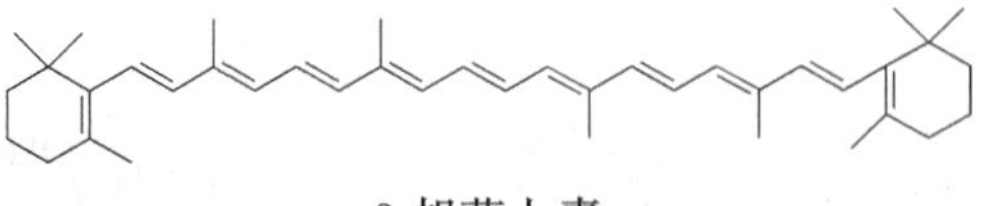

β-胡萝卜素

β-胡萝卜素在动物肝脏中酶的作用下，可以裂解成两分子维生素 A_1，所以 β-胡萝卜素又称为原维生素 A_1。与胡萝卜素结构相似的还有叶黄素、茄红素等，因其分子结构中有长的共轭体系，都有颜色，是一类重要的天然色素。

2) 虾青素

虾青素是广泛存在于甲壳类动物和空肠动物体中的一种多烯色素，最初是从龙虾壳中发现的，虾青素在动物体内与蛋白质结合存在，能被氧化成虾红素。

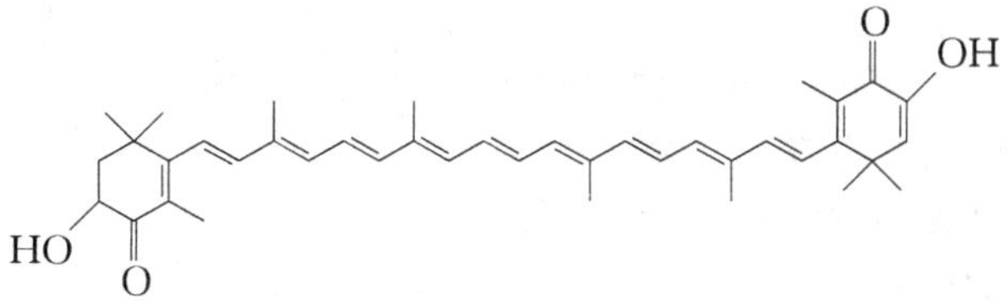

虾青素

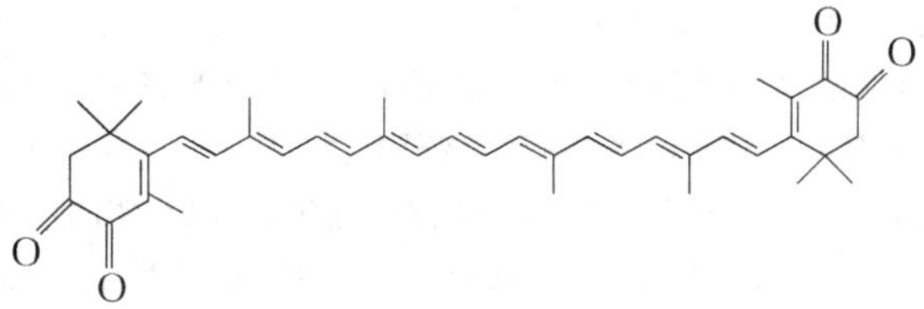

虾红素

思 考 题

1. 为什么不对称烯烃发生亲电加成时，会遵循马氏规则？
2. 为什么乙烯与溴的氯化钠水溶液反应，产物除了 1,2-二溴乙烷外，还有 2-溴乙醇和 1-氯-2-溴乙烷？
3. 甲基环丙烷与卤化氢的加成，要符合马氏规则吗？为什么？
4. 为什么共轭二烯烃在室温或加热时主要生成热力学控制的 1,4-加成产物？
5. 为什么炔烃有亲核加成反应？

习　　题

1. 命名下列化合物。

(1) $HC \equiv C—CH═CH—CH═CH_2$

(2) $HC \equiv CCH_2CH═CHCH_3$

(3) 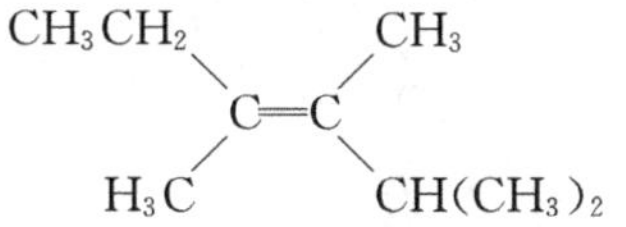

(4) 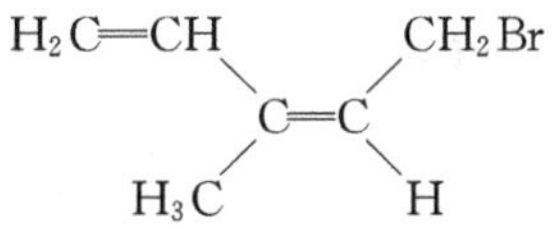

(5) 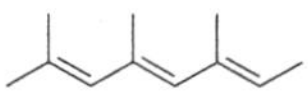

(6) 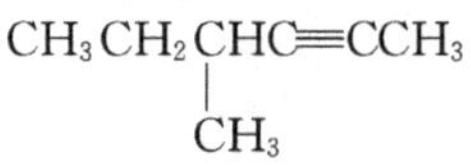

2. 写出下列化合物的结构式。

(1) 2,3-二甲基-2-丁烯
(2) (*Z*)-3-甲基-4-异丙基-3-庚烯
(3) 2-甲基-1-溴丙烯
(4) (3*Z*)-1,3-己二烯
(5) (3*E*)-2-甲基 1,3-戊二烯
(6) 环丙基乙炔
(7) 2-异丙基-1,5-庚二烯-3-炔
(8) 顺-二乙炔基乙烯

3. 分子式为 C_6H_{12} 的开链烯烃异构体(包括顺反异构体)中属构造异构体有多少个？顺式构型、反式构型各几个异构体？

4. 下列各组烯烃与 $HOCl(Cl_2 + H_2O)$ 亲电加成，按其活性大小排列成序。
(1) 2-甲基-1-丁烯，1-戊烯和 2-甲基-2-丁烯
(2) 3-氯丙烯，丙烯，2-甲基丙烯和 2-氯丙烯
(3) 溴乙烯，1,2-二氯乙烯，氯乙烯和乙烯

5. 在较高温度时，1mol 二烯烃与 1mol Br_2 加成：异戊二烯以 1,4-加成为主，而 1-苯基-1,3-丁二烯则以 1,2-加成为主。试解释之。(提示：主要考虑产物的稳定性)

6. $ICH_2CH=CH_2$ 在 Cl_2 的水溶液中反应，主要产物为 $ClCH_2CHOHCH_2I$，同时还产生少量 $HOCH_2CHClCH_2I$ 和 $ClCH_2CHICH_2OH$，请解释该现象。

7. A、B 和 C 三个碳氢化合物，其分子式都为 C_4H_6，经催化加氢都生成正丁烷，可是在与高锰酸钾作用时，A 生成 $CH_3CH_2—COOH$，B 生成 $HOOC—CH_2CH_2—COOH$，而 C 生成 $HOOC—COOH$。试写出 A、B 和 C 的结构式。

8. 解释 $CH_2=CHCH_2C\equiv CH$ 与 HBr 生成 $CH_3CHBrCH_2C\equiv CH$，而 $HC\equiv C—CH=CH_2$ 与 HBr 生成：

$$H_2C=\underset{\displaystyle Br}{\underset{|}{C}}—CH=CH_2$$

9. 写出 1mol 1-丁炔与下列化合物反应所得的有机产物的结构式。
(1) 1mol H_2, Pd-$BaSO_4$
(2) 2mol H_2, Ni
(3) 1mol Br_2
(4) 1mol HCl
(5) 2mol HBr
(6) $[Cu(NH_3)_2]Cl$
(7) H_2O, Hg^{2+}, H^+
(8) $[Ag(NH_3)_2]^+OH^-$
(9) $NaNH_2$
(10) (9)的产物 $+ C_2H_5Br$
(11) O_3，然后水解
(12) 热的 $KMnO_4$ 水溶液

10. 用化学方法鉴别下列化合物。
(1) 丁烷、1-丁烯和 1-丁炔
(2) 1-丁炔和 1,3-丁二烯

11. 完成下列反应。

(1) $CH_3CH_2\underset{\displaystyle CH_3}{\underset{|}{C}}=CH_2 + HCl \longrightarrow$

(2) $CH_3CH_2\underset{\displaystyle CH_3}{\underset{|}{C}}=CH_2 + H_2SO_4 \longrightarrow \xrightarrow{H_2O}$

(3) 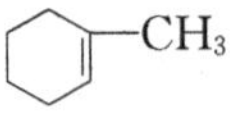 $+ HI \longrightarrow$

(4) $Cl_3C—CH=CH_2 + HBr \longrightarrow$

(5) $CH_3CH_2CH=CH_2 + HOCl \longrightarrow$

(6) $CH_3C\equiv CCH_3 + H_2 \xrightarrow{Pd/BaSO_4}$

(7) $HC\equiv CCH_2CH=CH_2 + HBr \longrightarrow$

(8) 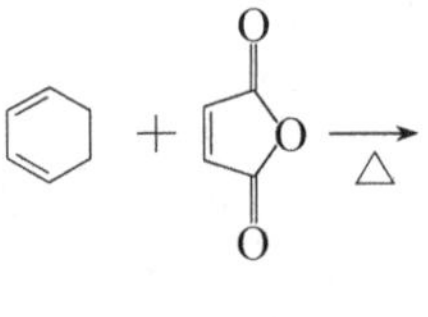

12. 完成下列转变。

(1) 丙炔⋯⋯→2-己烯

(2) 2-甲基-2-丁烯⋯⋯→3-甲基-1-戊炔-3-醇

13. 某烃分子式为 $C_{10}H_{16}$，能吸收 1mol 氢，分子中不含甲基、乙基和其他烷基，用高锰酸钾氧化，得到一个对称二酮，分子式为 $C_{10}H_{16}O_2$，试推测该烃的结构。

14. 分子式为 C_7H_{12} 的化合物，具有旋光性，能使溴水褪色，与[$Cu(NH_3)_2$]Cl 溶液作用生成炔铜沉淀，写出该化合物的可能结构式。

第4章 芳 香 烃

芳香族碳氢化合物简称芳香烃或芳烃(aromatic hydrocarbons)。"芳香"二字来源于有机化学发展初期,是指从天然的树脂、香精油中提取得到的有芳香气味的物质。随着有机化合物种类的增多及对其深入研究,证明它们基本上都是苯的同系物、多苯环化合物及其衍生物。芳烃可分为三大类:单环芳烃,多环芳烃,非苯芳烃。本章主要介绍苯及苯衍生物的各类亲电取代反应,以及诱导和共轭效应对定位规则的解释。介绍苯衍生物侧链上的各类反应,萘的各类亲电取代反应等。介绍了 Hückel 规则,以及应用 Hückel 规则判断非苯芳烃的芳香性。

4.1 单 环 芳 烃

4.1.1 苯的结构

苯(benzene)是最简单也是最重要的芳烃。1825 年法拉第(M. Faraday)从照明气的液体冷凝物中分离出苯,并测定其组成为 CH。1833 年测得它的分子式为 C_6H_6。但直到 1865 年,凯库勒(Kekulé)才提出苯的环状结构。凯库勒对苯环状结构的研究促进了 19 世纪后半期芳香族化合物化学的迅速发展。真正认识苯分子结构是在 20 世纪 30 年代分子轨道理论发展起来后才得以实现。

1. 苯的凯库勒结构

凯库勒提出苯的环状结构(Ⅰ),又称为凯库勒式。根据凯库勒式,苯环上相邻两个碳原子上的氢被溴取代,应当得到两种 1,2-二溴苯(Ⅱ,Ⅲ),其不同在于双键和溴的相对位置:

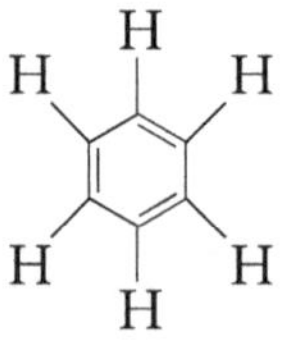

Ⅰ

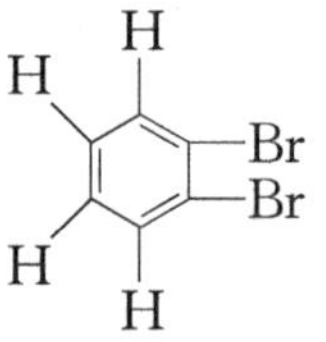

Ⅱ

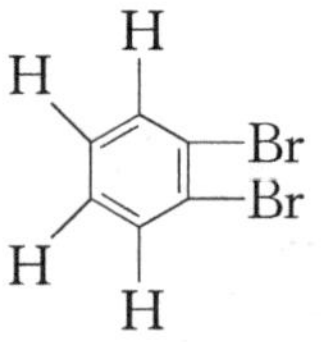

Ⅲ

但实际上只有一种 1,2-二溴苯。为了克服这一困难,凯库勒假定苯分子中的双键在不停地来回移动,结果两个 1,2-二溴苯(Ⅳ和Ⅴ)处于快速平衡中,不能分开。

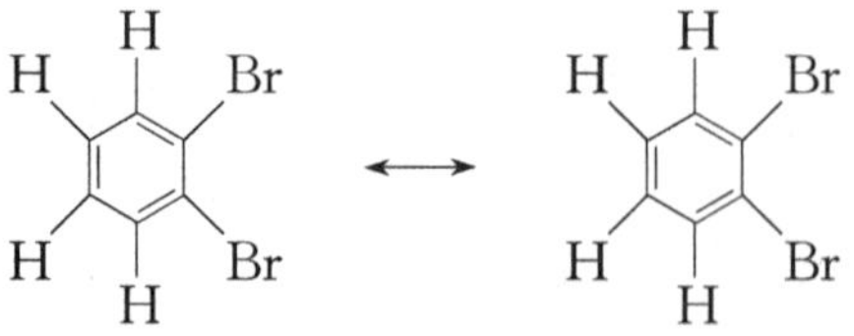

Ⅳ　　Ⅴ

凯库勒结构满意地解释了前面所说的事实,但用凯库勒结构说明不了苯环的特殊稳定性,以及苯不易发生加成反应,而易于发生取代反应等事实。

如果苯是“环己三烯”，那么，它的氢化热应是环己烯的 3 倍（$\Delta H=-360\text{kJ/mol}$），但实际上苯的氢化热比“环己三烯”要小得多（仅为 $\Delta H=-208\text{kJ/mol}$）：

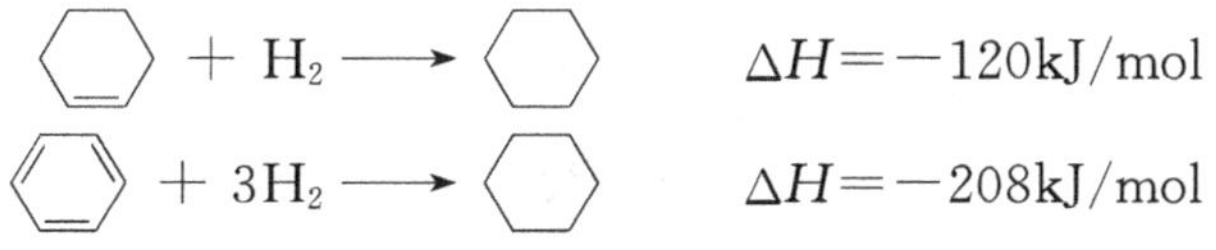

氢化反应是放热的，脱氢是吸热的，但环己二烯脱氢生成苯时，不但不吸热反而是放热反应（$\Delta H=-23\text{kJ/mol}$），这说明苯比所谓的“环己三烯”的势能低，更稳定。

如果苯是“环己三烯”，那么，就应该容易发生烯烃的特征反应——加成反应。但事实上，在烯烃能很快发生反应的条件下，苯却不反应（表 4-1）。这些实验事实只有用分子轨道理论才能做出较为完满的解释。

表 4-1　环己烯和苯与溴和高锰酸钾反应的对比

试　剂	环己烯	苯
Br_2/CCl_4（暗处）	迅速发生加成反应	不反应
HI	迅速发生加成反应	不反应
冷的稀 $KMnO_4$ 溶液	迅速发生氧化反应	不反应

2. 苯分子结构的近代概念

近代物理方法如 X 射线衍射测定，证明苯分子是正六边形结构，6 个碳原子和 6 个氢原子在同一平面上，相邻的碳碳键之间的夹角是 120°，碳碳键的键长都是 0.139nm。

杂化轨道理论认为：苯分子中的六个碳原子都是 sp^2 杂化，每个碳原子的三个 sp^2 杂化轨道分别与两个相邻的碳原子 sp^2 杂化轨道和一个氢原子的 s 轨道形成两个 C—C σ 键和一个 C—H σ 键，所有的 σ 键都在同一平面上。每个碳原子都还有一个未参加杂化的 p 轨道，并且都垂直于 σ 键所构成的平面，六个 p 轨道侧面相互重叠形成一个闭合的大 π 键共轭体系。大 π 键的电子云就像两个救生圈分布在分子平面的上下方（图 4-1）。由于 π 电子的充分离域，离域能大，体系势能低，因此，苯环就特别稳定。由于苯分子中所有的碳碳键完全相同，为此，常常用正六边形内加 3 个不相邻短线来表示苯的结构。虽然如此，为了方便起见，本书仍采用大家已习惯的凯库勒式。

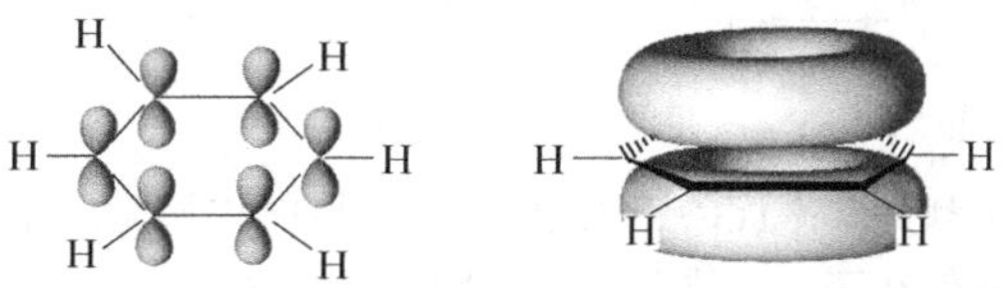

图 4-1　苯分子中的 σ 键和 π 键结构示意图

分子轨道法认为：苯分子形成 σ 键以后，苯的 6 个 p 轨道通过线性组合，可组成 6 个分子轨道（图 4-2）。其中 3 个是成键轨道，分别以 π_1、π_2、π_3 表示；3 个是反键轨道分别以 π_4^*、π_5^*、π_6^* 表示。3 个成键轨道中，π_1 轨道能量最低，而 π_2、π_3 两个轨道能量相同（称为简并轨道），但比 π_1 轨道的能量高。3 个反键轨道中的 π_4^*、π_5^* 轨道也是能量相同的简并轨道，比成键轨道的能量高，π_6 轨道是能量最高的反键轨道。在基态时，苯的 6 个 π 电子都处在成键轨道上。

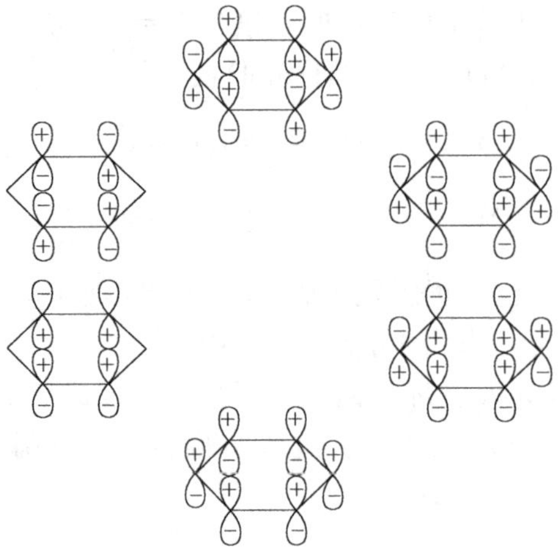

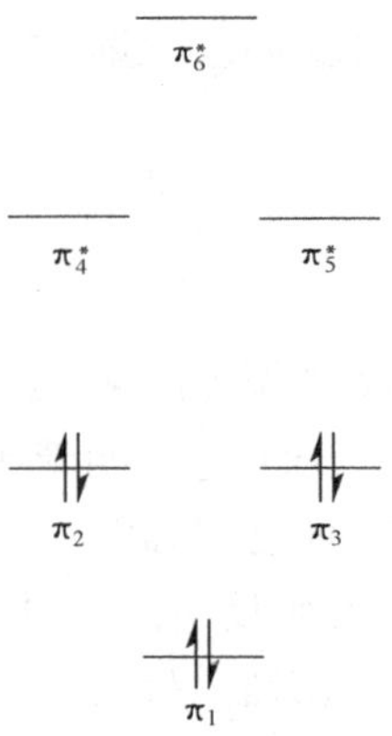

原子轨道线性组合　　　　能级和电子排布

图 4-2　苯分子中的 π 分子轨道

3. 共振论简介——苯的共振结构式

在有机化学中，普遍使用的价键结构式未能圆满地表示苯结构上的特征，即未能把苯所具有的 π 电子离域而又闭合的大 π 键表示出来。为了解决这种难以正确表达真正结构的困难，20 世纪 30 年代，美国化学家鲍林提出了另一种处理分子结构的理论——共振论。下面就共振论作一简要的介绍。

为了便于理解，首先列出共振论的基本原理，然后结合苯的共振结构来讨论这些原理。

(1) 凡是一个分子可用两个或更多个仅在电子排列上有差别的结构杂化体来表达时，即在表示原子核的排列完全相同的结构时，就存在共振。这个分子是全部参与结构的共振杂化体，任何一个结构都不能很好地代表这个分子，但这些结构中的每一个都是杂化体的参与结构。

(2) 当这些参与结构有差不多相同的稳定性时(具有大约相同的内能时)，则共振是重要的。每个结构对杂化体的参与程度取决于那个结构的相对稳定性，结构越稳定，参与程度就越大，也就是对杂化体的贡献越大。

(3) 共振杂化体比任何一个参与结构都稳定。这种稳定性的增加称为共振能(resonance energy)。这些参与结构在稳定性上越接近，则共振能也越大。

根据上述基本原理，苯的真实结构是两个或多个经典结构的共振杂化体：

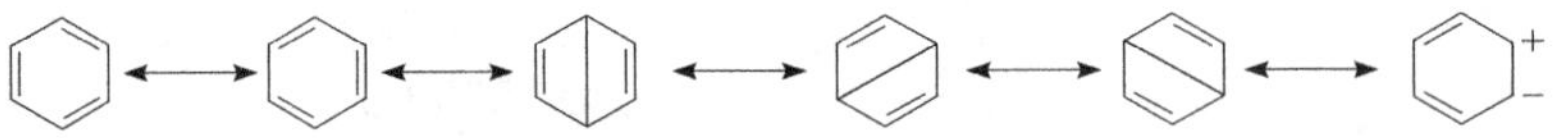

Ⅰ　Ⅱ　Ⅲ　Ⅳ　Ⅴ　Ⅵ

这些共振结构式中，每一个都是共平面的正六边形，原子核的排列完全相同。这些共振结构式实际上都是假想的结构，它们之间的不同仅在于电子排列上的差别。各共振结构式的能量是不同的。(Ⅰ)和(Ⅱ)式的能量最低，其余的共振结构式能量都比较高。能量低的这些共振结构式在真实结构中参与最多或贡献最大。因此，可以说苯主要是由(Ⅰ)和(Ⅱ)式共振而成的，或者说(Ⅰ)和(Ⅱ)式共振得到的共振杂化体最接近于苯的真实结构。

通常把经典结构式的能量与实际分子的能量比较，来估计几个经典结构式的"共振"所引起的稳定作用的大小，称为共振能。例如，1,3,5-环己三烯与苯之间的能量差为苯的共振能。苯的氢化热为 208.5kJ/mol，环己烯的氢化热为 119.5kJ/mol，假想的 1,3,5-环己三烯的氢化热应为 358.5kJ/mol[(119.5×3)kJ/mol]，但事实上苯的氢化热比假想的 1,3,5-环己三烯的氢化热要低 150kJ/mol(图 4-3)，150kJ/mol 即为共振能或离域能。共振能体现了苯的稳定性，也决定了苯难以发生加成反应。

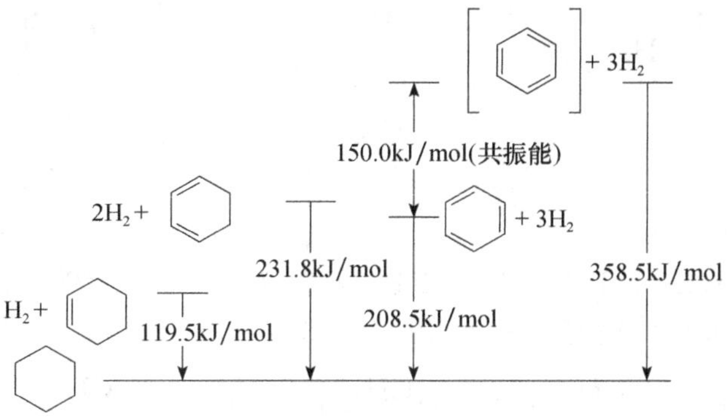

图 4-3　苯的共振能

4. 苯的结构表示方法

苯的结构可以用一个正六边形内加一个圆圈表示。例如

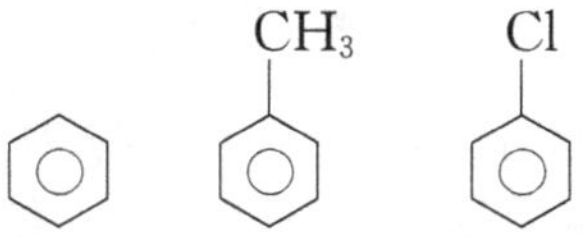

苯　　甲苯　　氯苯

这种方法强调了苯分子中 π 电子云的平均分布,但没有说明 π 电子的数目,用于其他芳环容易产生误解。例如,萘的结构一般表示为

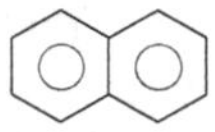

可能误解为萘含有 12 个 π 电子,分属于两个苯环,实际上萘只有 10 个 π 电子。

另一种表示方法是用正六边形加上三个双键,但这不是环己三烯,而是共振式的简写。例如

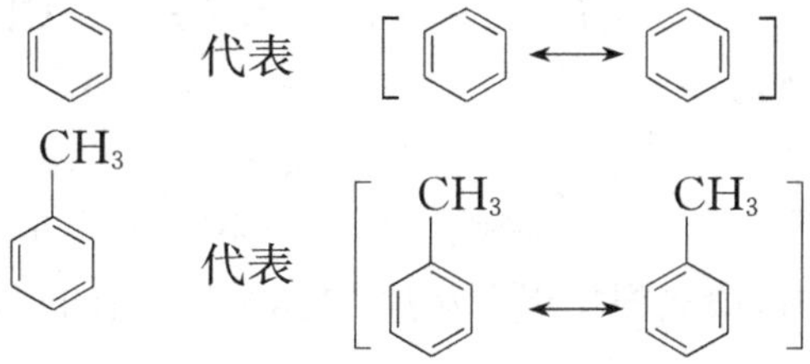

4.1.2　单环芳香烃的异构和命名

苯是最简单的单环芳香烃。苯环上的氢原子被烷基取代而成的一元取代物,命名时是以苯为母体,烷基为取代基。例如

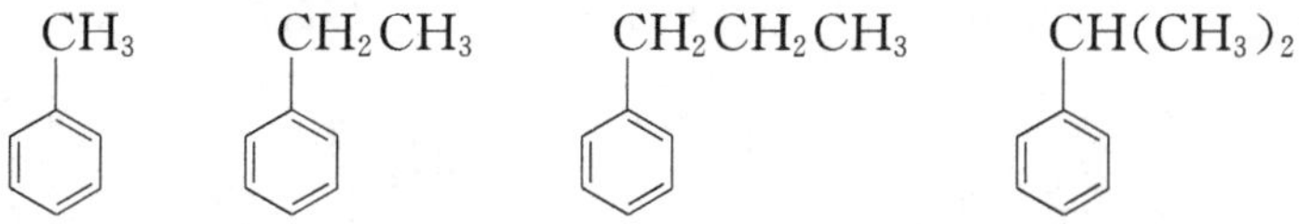

甲苯　　乙苯　　丙苯　　异丙苯

苯的二元取代物有三种异构体。例如

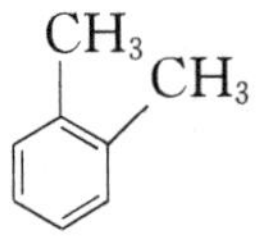

1,2-二甲苯（邻二甲苯或 *o*-二甲苯）

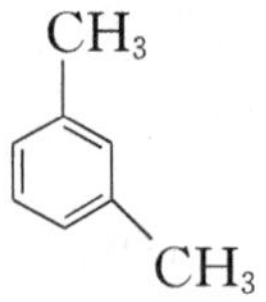

1,3-二甲苯（间二甲苯或 *m*-二甲苯）

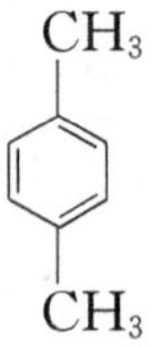

1,4-二甲苯（对二甲苯或 *p*-二甲苯）

取代基相同的三元取代物有三种异构体。例如

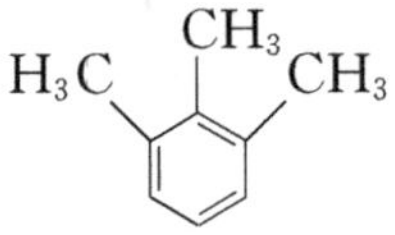

1,2,3-三甲苯（连三甲苯）

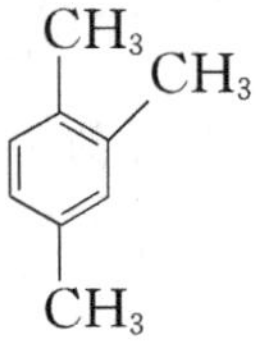

1,2,4-三甲苯（偏三甲苯）

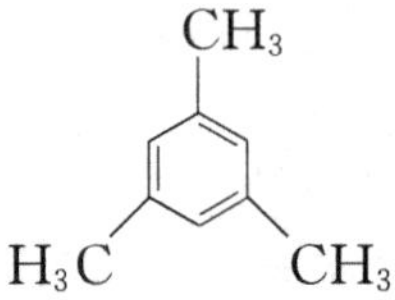

1,3,5-三甲苯（均三甲苯）

命名时常用的还有苯基（phenyl）C_6H_5—，简写为 Ph—；苯甲基或称苄基（benzyl）$C_6H_5CH_2$—，简写为 Bn—。广泛表示芳香基（任何芳环）使用的符号是 Ar—。

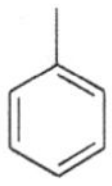

苯基

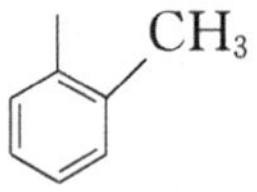

邻甲苯基

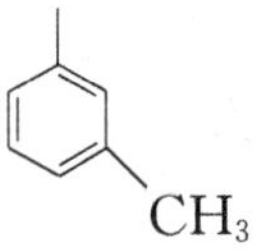

间甲苯基

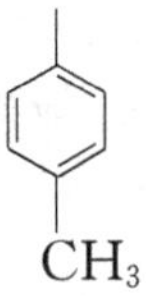

对甲苯基

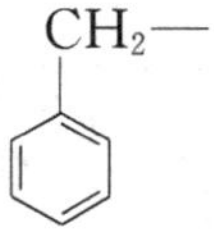

苄基

对结构比较复杂或支链上有官能团的化合物，命名时可以把支链当作母体，把苯环当作取代基。例如

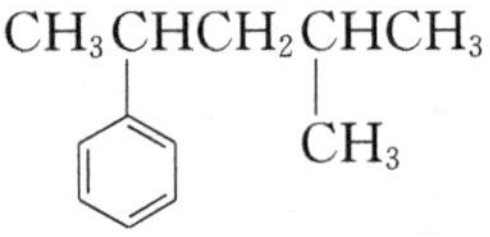

2-甲基-4-苯基戊烷

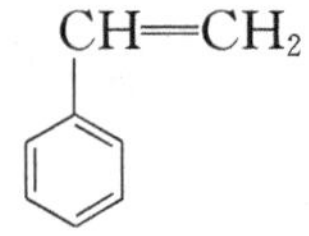

苯乙烯

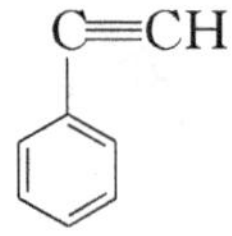

苯乙炔

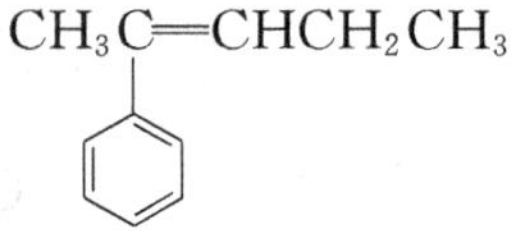

2-苯基-2-戊烯

苯环上有多个官能团时，命名根据以下次序，把排在前面的官能团作为母体，排在后面的官能团作为取代基。

$$—COOH > —SO_3H > —COOR > —COX > —CONH_2 > —CN >$$
$$—CHO > ROH > ArOH > —SH > —NH_2 > R— > X—, —NO_2$$

例如

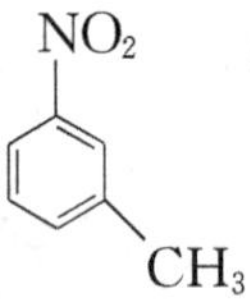

3-硝基甲苯

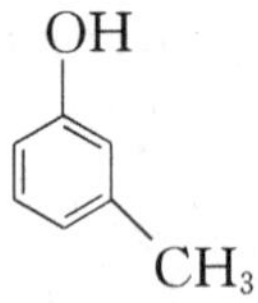

3-甲基苯酚

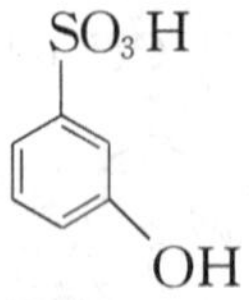

3-羟基苯磺酸

4.1.3 单环芳烃的物理性质

苯及其同系物多数为无色液体，不溶于水，易溶于石油醚、乙醚、四氯化碳等有机溶剂。特别是 *N*-甲基吡咯烷-2-酮、*N*，*N*-二甲基甲酰胺等溶剂对芳烃有很好的选择性溶解，因此，工业上常用这些溶剂从烃的混合物中萃取芳烃。由于苯及其同系物中含碳量比较高，燃烧时火焰带有黑烟。

单环芳烃的相对密度小于1，但比同碳数的脂肪烃大，一般在0.8～0.9。单环芳烃有特殊的气味，蒸气有毒，对呼吸道、中枢神经和造血器官产生损害。长期吸入苯会引起血液系统的损害，如贫血、骨髓增生不良综合征，最严重时将导致白血病。甲苯、二甲苯也有毒性，使用时应特别注意。

苯由于其高度对称性而具有较高的沸点，在苯的同系列中，每增加一个 CH_2 单位，沸点平均升高30℃左右。含相同碳原子数的各种异构体，其沸点相差不大，而结构对称的异构体，都具有较高的沸点。例如，邻、间、对二甲苯的沸点分别为144.4℃、139.1℃、138.2℃，用高效率的分馏塔只能把邻二甲苯分出。由于结构对称的对二甲苯的熔点比间二甲苯高61℃，因此，可以用冷冻结晶的方法把对二甲苯分离出来。

苯、甲苯、二甲苯等也是常用的有机溶剂。一些单环芳烃的物理常数见表4-2。

表4-2 苯及其同系物的物理常数

名 称	熔点/℃	沸点/℃	密度/(g/cm³)	折光率
苯	5.5	80.1	0.8765	1.5001
甲苯	−9.5	110.6	0.8669	1.4961
邻二甲苯	−15	144.4	0.8670	1.5055
间二甲苯	−47.9	139.1	0.8642	1.4972
对二甲苯	13.5	138.4	0.8611	1.4958
丙苯	−99.5	159.2	0.8620	1.4920
异丙苯	−96	152.4	0.8618	1.4915
连三甲苯	−25.4	176	0.8944	1.5139
偏三甲苯	−43.8	169	0.8758	1.5048
均三甲苯	−44.7	165	0.8652	1.4888
1,2,3,4-四甲苯	−6.3	205	0.9053	1.5203
1,2,3,5-四甲苯	−23.7	196	0.8903	1.5130
苯乙烯	−30.6	145.2	0.9061	1.5468
苯乙炔	−44.8	142.4	0.9281	1.5485

4.1.4 单环芳烃的化学性质

由于芳环的特殊稳定性，苯环没有典型的C═C双键性质，但环上电子云密度较高，易被亲电试剂进攻，引起苯环上的氢被亲电试剂取代，称为亲电取代反应。如卤化、硝化、磺化、烷基化和酰基化等反应都是亲电取代反应。只有在一定条件下芳环才能发生加成和氧化反应。芳烃的侧链具有脂肪烃的基本性质，特别是与芳环相连的 α-碳上的氢(α-氢)具有较大的反应活性。

1. 亲电取代反应概述

苯与亲电试剂 E^+ 作用时，亲电试剂先与离域的 π 电子结合，生成 π 络合物，π 络合物仍然保持着苯环的结构。

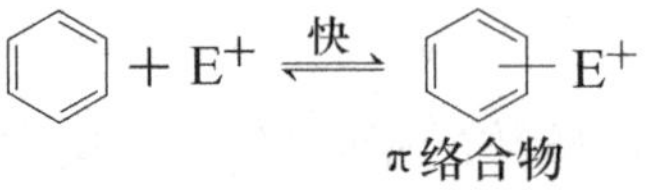

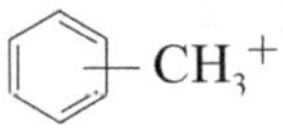

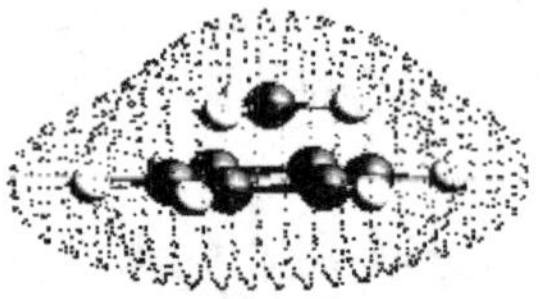
π络合物模拟图

接着亲电试剂从苯环的 π 体系中得到两个 π 电子，与苯环上 1 个碳原子形成 σ 键，生成 σ 络合物。此时，该碳原子由 sp^2 杂化变成 sp^3 杂化状态，苯环中 6 个碳原子形成的闭合共轭体系被破坏，变成 4 个 π 电子离域在 5 个碳原子上。

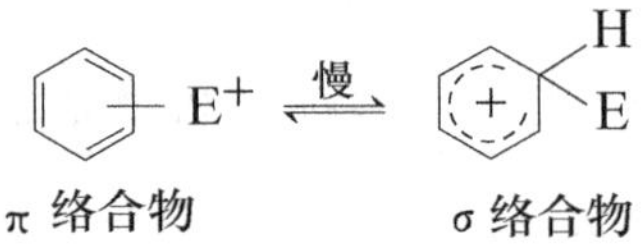

根据共振论的观点，σ 络合物是 3 个碳正离子极限结构的共振杂化体。

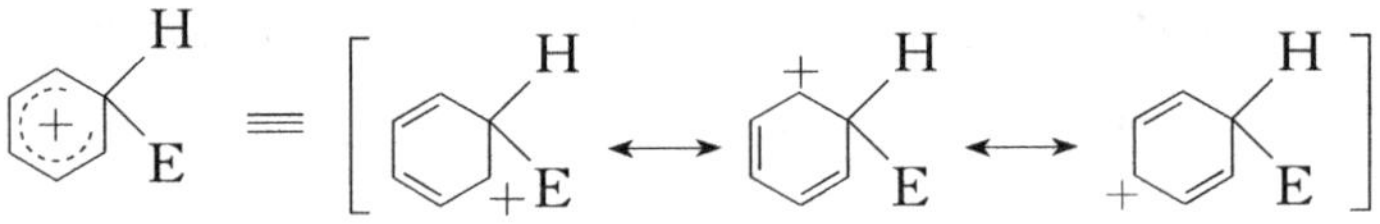

σ 络合物是苯亲电取代反应的中间体，和烯烃加成生成的碳正离子相似。σ 络合物生成这一步的反应速度比较慢，它是决定整个反应速度的一步，芳烃生成的 σ 络合物随即迅速失去一个质子，重新恢复为稳定的苯环结构，生成了取代产物。这一步是放热反应，其能量变化如图 4-4 所示。

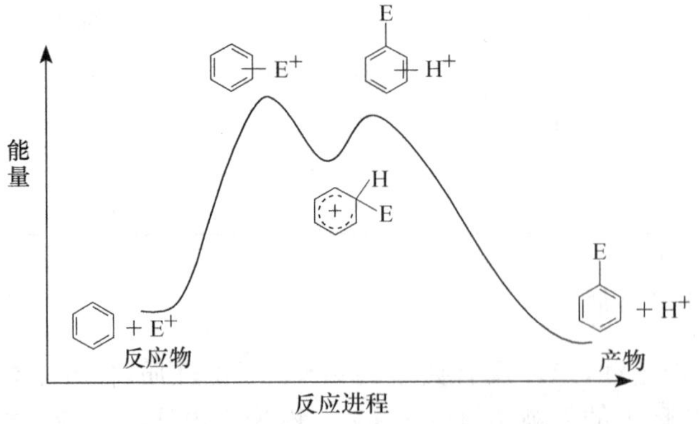

图 4-4　苯亲电取代反应进程和能量曲线图

如果 σ 络合物不是失去一个质子，而是与亲核试剂结合生成加成产物（环已二烯衍生物），则由于加成产物不再具有稳定的苯环结构，这一步将是吸热反应。所以，从热力学规律来讲，芳烃取代反应要比加成反应容易得多。由此可知，芳烃不易加成，而容易发生亲电取代反应，完全是由苯环的稳定性决定的。

综上所述，芳烃亲电取代反应机理可表示如下：

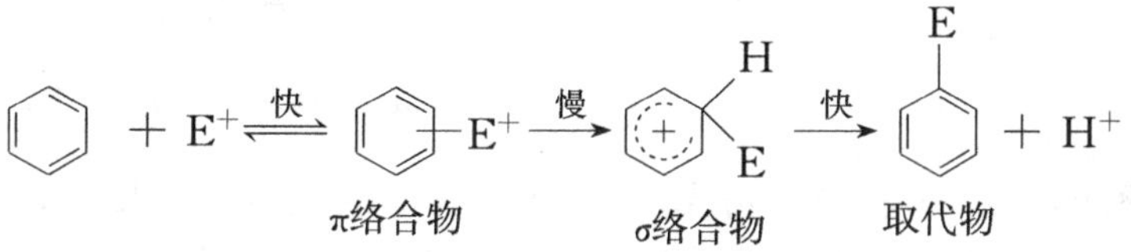

2. 亲电取代反应

单环芳烃重要的亲电取代反应有：卤化、硝化、磺化、烃基化、酰基化等。在亲电取代反应中，催化剂的作用多数都是促进亲电试剂 E^+ 的形成。

1) 卤化反应

在三卤化铁等路易斯酸催化下，苯与卤素作用生成卤代苯的反应称做卤化反应或卤代反应。

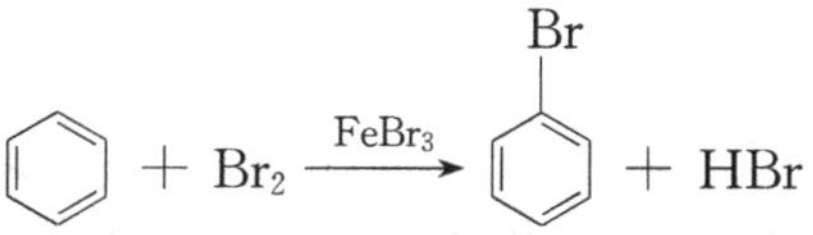

卤素与卤代苯继续作用，生成二卤代苯，主要得到邻位和对位二取代产物。

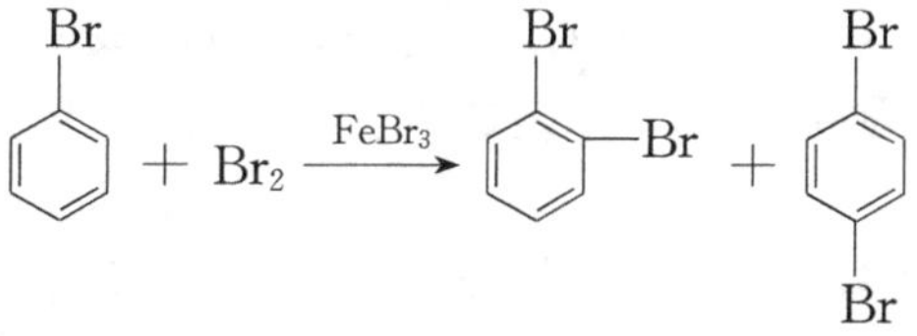

在反应中，加入铁粉也可起催化作用，催化剂的作用是使卤素形成更强的亲电试剂，促进反应发生。

$$Br_2 + FeBr_3 \rightleftharpoons FeBr_4^- + Br^+$$

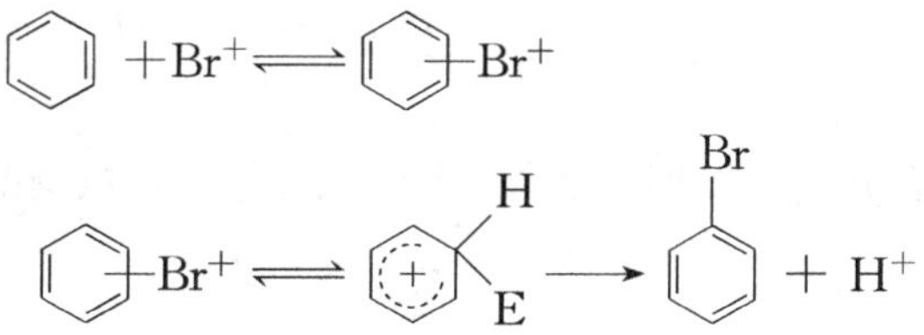

$$H^+ + FeBr_4^- \longrightarrow HBr + FeBr_3$$

2) 硝化反应

在有机分子中引入硝基的反应称为硝化反应。苯与浓硝酸和浓硫酸的混合物(称为混酸)共热，可发生硝化反应，生成硝基苯。

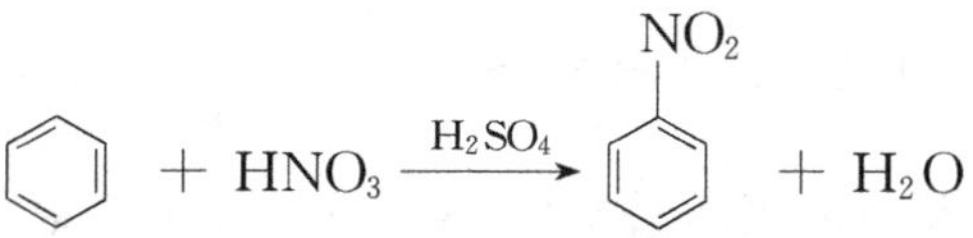

烷基苯在混酸的作用下，发生硝化反应比苯容易进行，主要生成邻位和对位硝基苯。

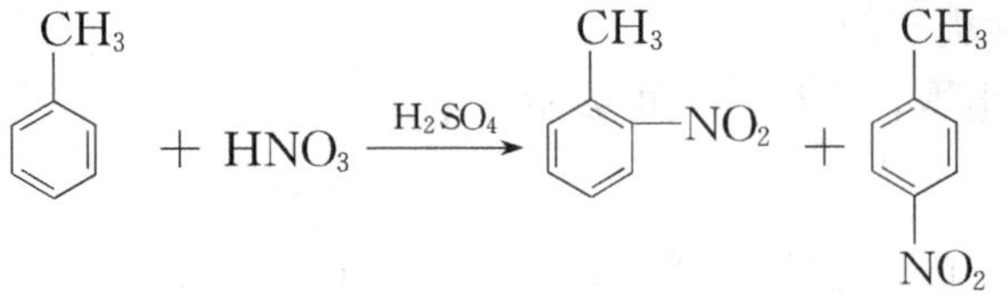

如果增加硝酸的浓度，并提高反应温度，硝化产物继续发生硝化反应，主要产物为 2，4-二硝基甲苯和 2，4，6-三硝基甲苯（TNT，一种强力的炸药）。

在硝化反应中，浓 H_2SO_4 的作用是使 HNO_3 形成硝酰正离子（NO_2^+）。

$$H_2SO_4 + HO{-}NO_2 \rightleftharpoons H_2\overset{+}{O}NO_2 + HSO_4^-$$

$$H_2\overset{+}{O}NO_2 \rightleftharpoons NO_2^+ + H_2O$$

硝酰正离子是一种强的亲电试剂，它可与苯环结合生成 σ 络合物，然后失去 1 个质子而生成硝基苯。

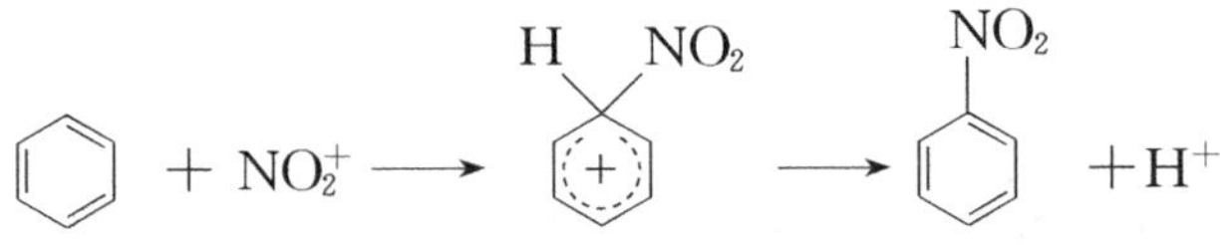

由以上反应可以看出，硝化反应中，硝酰正离子是有效的亲电试剂，而浓硫酸的存在有利于 NO_2^+ 的生成，从而有利于硝化反应的进行。

由于大量使用混酸对环境造成污染，在生产技术上对负载型硝化剂（如硝酸铜担载到蒙脱土上，称黏土铜试剂）的开发研究已取得一定成果。

3）磺化反应

在有机分子中引入磺酸基（$-SO_3H$）的反应称为磺化反应。苯与浓硫酸或发烟硫酸作用，可发生磺化反应生成苯磺酸。磺化反应是可逆的，反应生成的水使磺化试剂浓硫酸稀释，磺化能力下降，逆反应反而增强，因此常用发烟硫酸进行磺化反应。苯磺酸在较高的温度下可以继续磺化，生成间苯二磺酸。

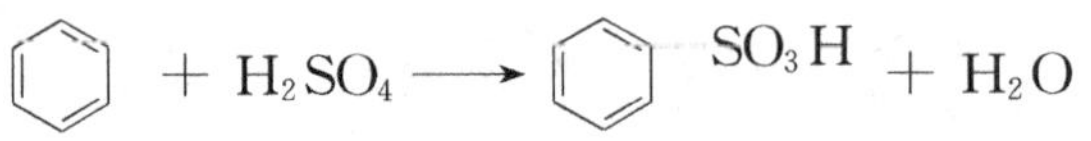

常用的磺化剂除浓硫酸和发烟硫酸外，还有三氧化硫和氯磺酸（$ClSO_3H$）等。例如

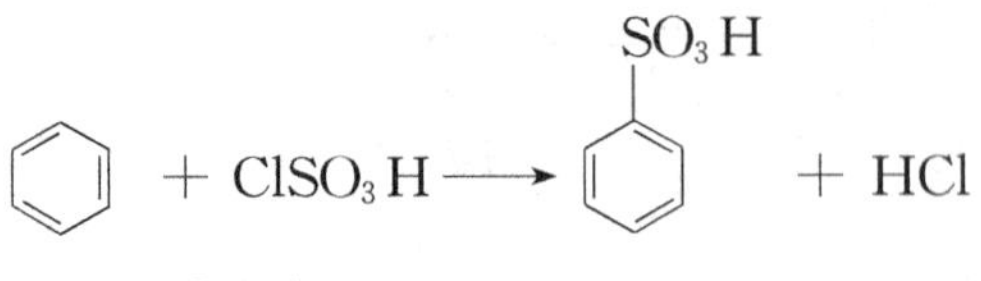

如氯磺酸过量，则得到的是苯磺酰氯。

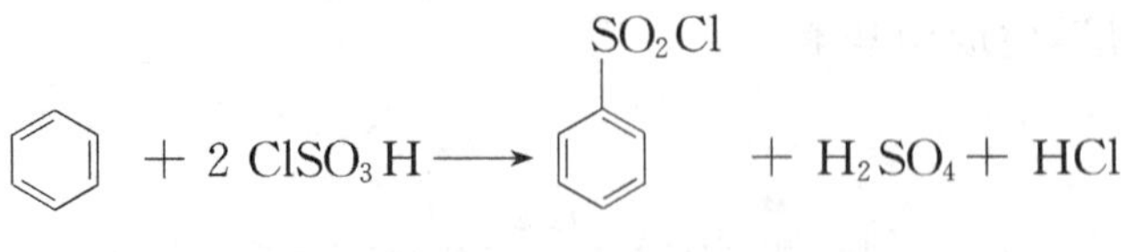

该反应是在苯环上引入一个氯磺酰基（$-SO_2Cl$），因此叫做氯磺化反应。氯磺酰基非常活泼，通过它可以制取芳磺酰胺（$ArSO_2NH_2$）等一系列芳磺酰衍生物，在制备染料、农药和医

药上具有广泛的用途。

上述磺化反应中,目前认为有效的亲电试剂是三氧化硫,其磺化机理如下:

$$2\ H_2SO_4 \rightleftharpoons SO_3 + H_3^+O + HSO_4^-$$

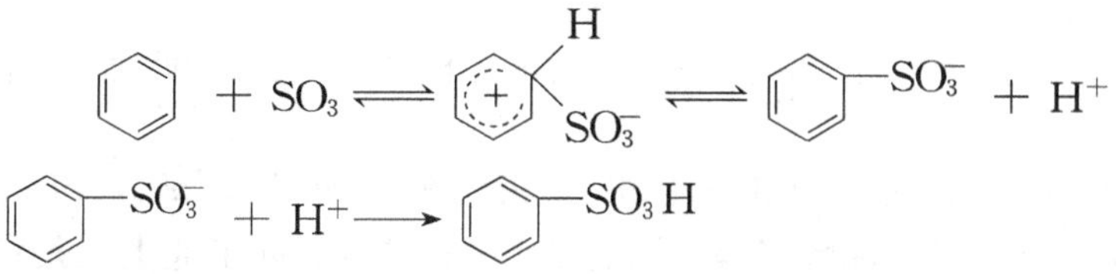

与苯的硝化或卤代反应不同,苯的磺化反应是可逆的。如在磺化后的反应混合物中,通入过热水蒸气或将芳基磺酸与稀硫酸一起加热,可以脱去磺酸基。

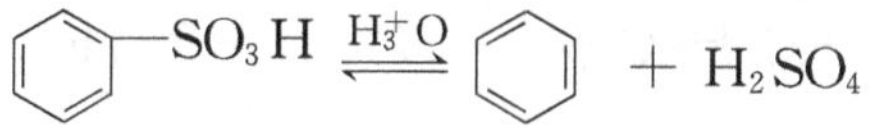

磺化反应之所以可逆,是因为反应过程中生成的 σ 络合物脱去 H^+ 和脱去 SO_3 的活化能相差不大,因而它们的反应速度相近(图 4-5)。

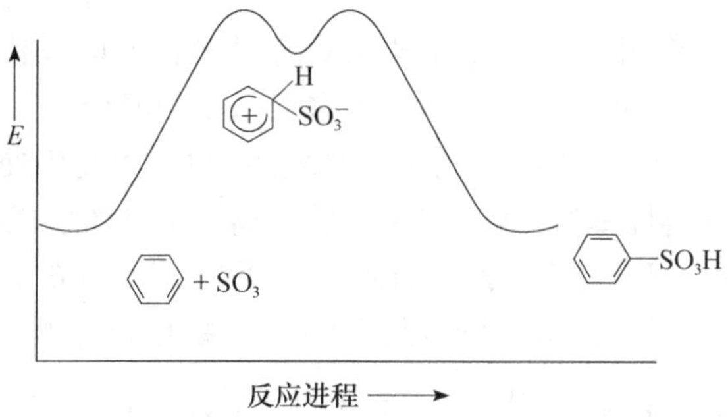

图 4-5　苯的磺化和苯磺酸水解过程的能量变化

因为磺酸基容易除去,在有机合成上有较大的用处。例如,在磺化条件下将磺酸基引入苯环上暂时需占据的位置,待其他反应完毕后,再脱去磺酸基,空出苯环上先前占据的位置。邻二硝基甲苯的制备就是如此:

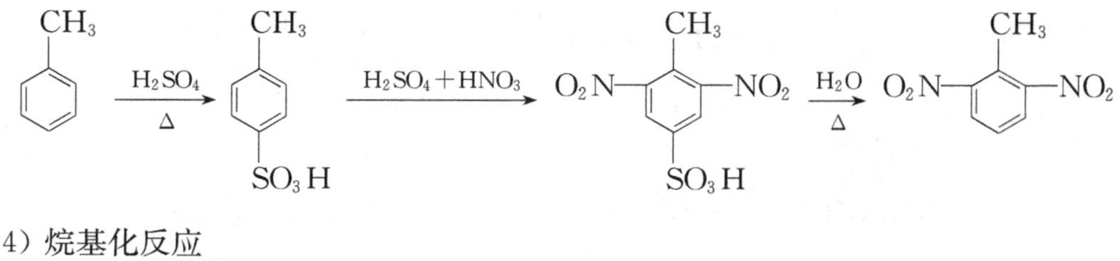

4) 烷基化反应

法国有机化学家弗里德尔(C. Friedel)和美国化学家克拉夫茨(J. M. Crafts)发现,在路易斯酸催化下,卤代烷、醇、烯烃等与芳烃能反应生成烷基苯,称做烷基化反应(称弗-克烷基化反应)。

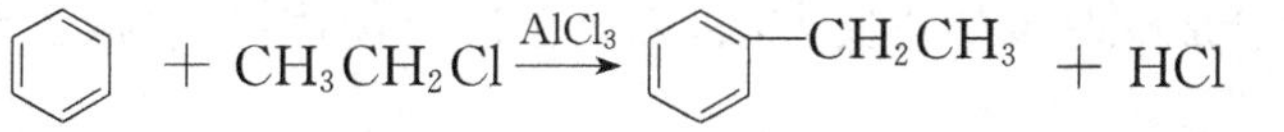

在烷基化反应中,有效的亲电试剂为烷基碳正离子。烷基碳正离子与苯发生亲电取代反应。

$$RCl + AlCl_3 \longrightarrow R^+ + AlCl_4^-$$

$$ROH + BF_3 \longrightarrow R^+ + HOBF_3^-$$

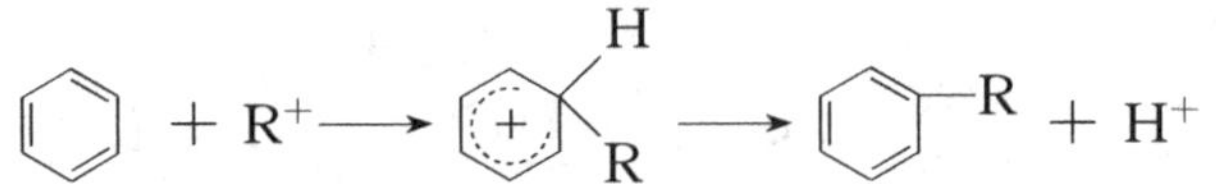

无水三氯化铝是烃基化反应常用的催化剂，此外 $FeCl_3$、$SnCl_4$、$ZnCl_2$、BF_3、HF、H_2SO_4 等均可作为催化剂。除卤代烃外，烯烃或醇也可作为烃基化试剂，如工业上就是利用乙烯和丙烯作为烃基化试剂来制取乙苯和异丙苯。用醇或烯烃进行烃基化反应常用三氟化硼或浓硫酸作为催化剂。

$$RCH{=}CH_2 + H^+ \longrightarrow R\overset{+}{C}HCH_3$$

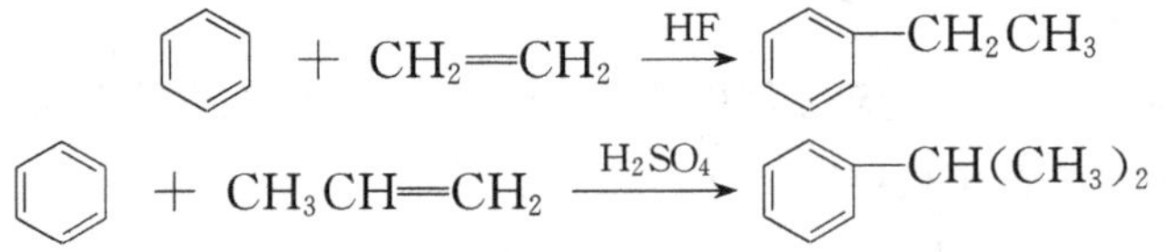

由于苯环上引入烃基后，生成的烷基苯比苯更容易进行亲电取代反应，因此，烃基化反应需要过量的苯才能得到一烃基化产物，否则产生多烃基苯的混合物。此外，还由于烃基化反应的亲电试剂是烃基碳正离子 R^+，而碳正离子容易发生重排，因此当使用的烃基化试剂具有三个或三个以上碳原子的直链烃基时，就得到由于碳正离子重排而生成的异构化产物。例如，正氯丙烷和苯的反应，在反应过程中，生成的伯碳正离子(中间体)先重排成更稳定的仲碳正离子，然后仲碳正离子再与苯进行反应，因此，约 70%的产物是异丙苯。

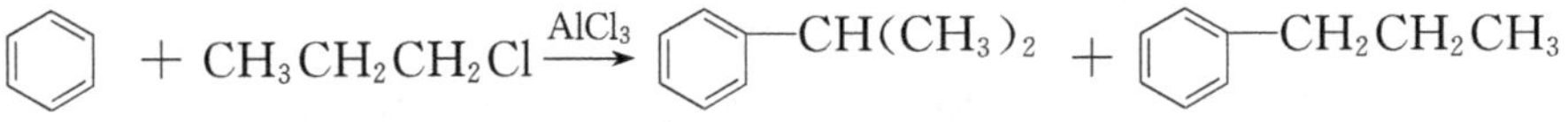

主产物

同理，苯和 2-甲基-1-氯丙烷反应，则全部生成叔丁基苯，这是由于重排的叔丁基碳正离子更稳定的缘故。

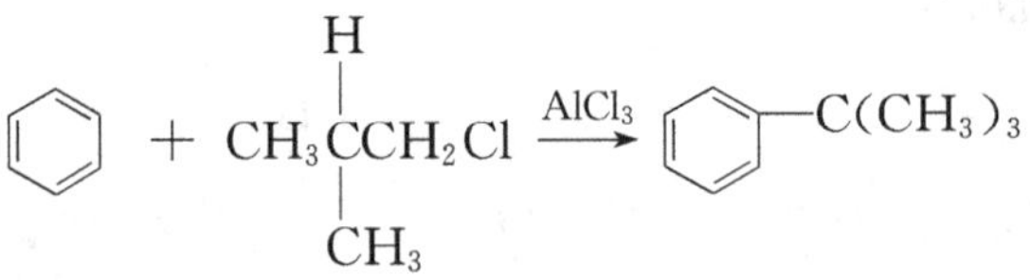

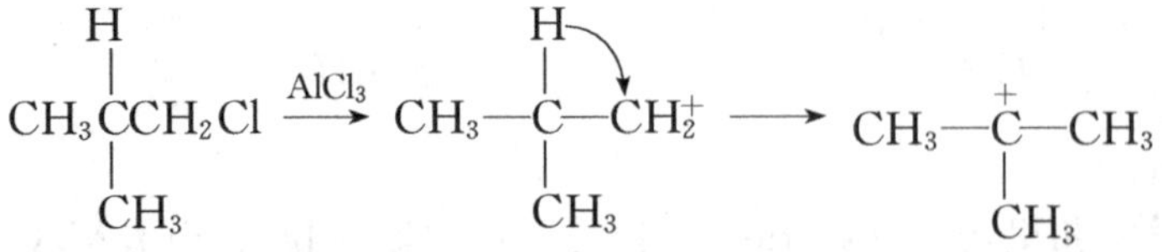

当苯环上有硝基、磺酸基等强吸电子基时，不能发生傅-克烷基化反应。所以常用硝基苯作为烃基化反应的溶剂。芳烃和三氯化铝都能溶于硝基苯。

烃基化反应是合成烷基苯的重要方法，工业上广泛使用，如合成乙苯、异丙苯和十二烷基苯，食用抗氧剂等。

例如，2-叔丁基对苯二酚(TBHQ，其安全性已经经过 FAO/WHO 评价)对植物性油脂抗氧化性有特效，同时还兼有良好的抗细菌、真菌、酵母菌的能力，属高效新颖的食用抗氧剂。通常用烃基化反应合成。

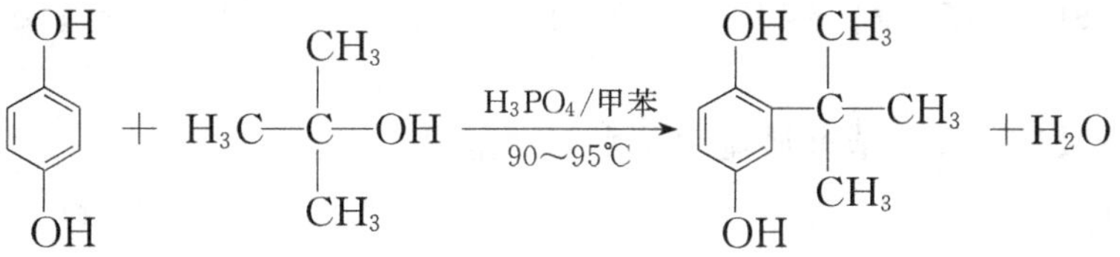

5）酰基化反应

弗里德尔和克拉夫茨同时还发现，芳烃在无水三氯化铝等路易斯酸的催化下能与酰氯或酸酐反应，生成酰基苯（称弗-克酰基化反应）。酰卤、酸酐称做酰基化试剂。酰基化反应是制备芳基烷基酮的重要方法。

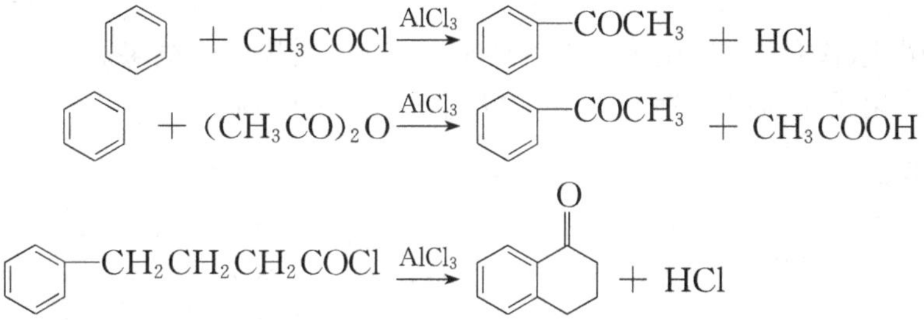

酰基化反应和烷基化反应不同，酰基化反应不会生成多取代产物，也不会发生酰基异构化现象。利用酰基化反应不会发生重排的特点，先合成芳基烷基酮，再还原羰基，可制取长链（直链）烷基苯。例如

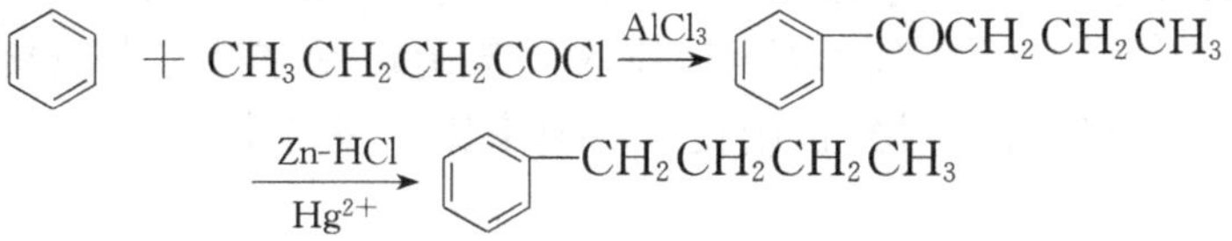

酰基化反应也是亲电取代反应，催化剂的作用是形成酰基碳正离子。

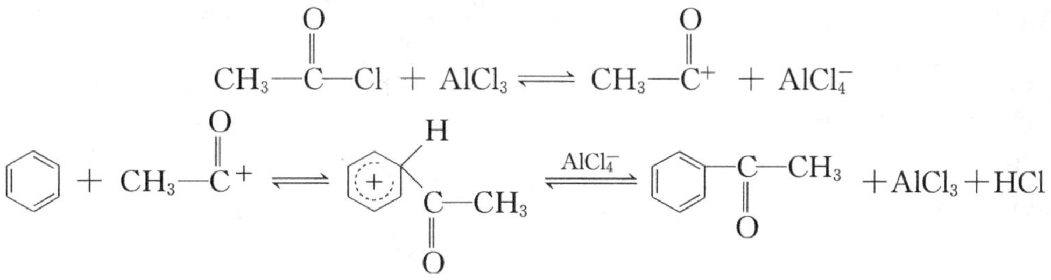

当苯环上有硝基、磺酸基等强吸电子基时，不能发生弗-克酰基化反应。

3. 芳烃亲电取代反应的定位规律

在讨论芳烃的亲电取代反应时提到，甲苯发生硝化反应主要生成邻硝基甲苯和对硝基甲苯，而硝基苯进行硝化反应主要得到间二硝基苯，可见苯环上原有的取代基对新导入的取代基有定位作用。下面介绍芳烃亲电取代反应的定位规律。

1）邻、对位定位基和间位定位基

在一元取代苯的亲电取代反应中，新进入的取代基可以取代原有取代基的邻位、间位或对位上的氢原子，生成 3 种不同的二取代产物。一元取代苯有两个邻位、两个间位和 1 个对位氢

原子，如果新取代基取代这 5 个氢原子的机会是均等的，生成的产物应当是 3 种二取代物的混合物，其中邻位 40%(2/5)，间位 40%(2/5)，对位 20%(1/5)。但实际上主要产物只有一种或两种。例如

甲苯起硝化反应主要生成邻硝基甲苯和对硝基甲苯：

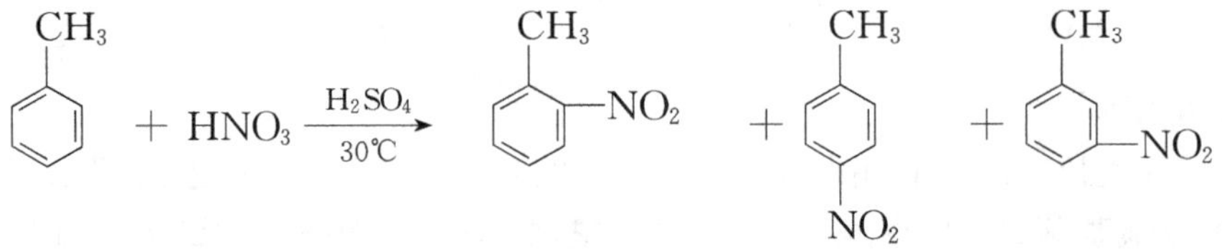

邻硝基甲苯 63%　　对硝基甲苯 34%　　间硝基甲苯 3%

在甲苯的磺化、卤化、烷基化等反应的研究中，都得到相似的结果。

硝基苯起硝化反应的情况就不同了，主要生成间二硝基苯。

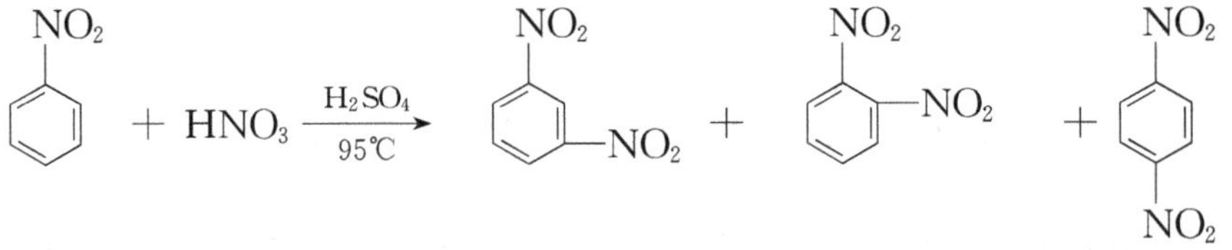

间二硝基苯 93%　　邻二硝基苯 6.5%　　对二硝基苯 0.5%

对各种一元取代苯进行硝化反应，得到表 4-3 的实验结果：排在苯上面的取代苯，硝化主要生成邻位和对位产物，除卤代苯外，其他取代苯硝化反应速率都比苯快。排在苯下面的取代苯，硝化主要生成间位产物，且硝化反应速率比苯慢得多。

表 4-3　一元取代苯的硝化反应相对速率与产物的组成

取代基	相对速率	硝化产物分布×100			(邻+对)/间
		邻	间	对	
—OH	很快	55	痕量	45	100/0
$—NHCOCH_3$	快	19	1	80	99/1
$—CH_3$	25	63	3	34	97/3
$—C(CH_3)_3$	16	12	8	80	92/8
—F	0.03	12	痕量	88	100/0
—Cl	0.03	30	1	69	99/1
—Br	0.03	37	1	62	99/1
—I	0.18	38	2	60	98/2
—H	1.0				
$—NO_2$	6×10^{-6}	6	93	1	7/93
$—COOC_2H_5$	0.0037	28	68	4	32/68
$—N^+(CH_3)_3$	1.2×10^{-8}	0	89	11	11/89
—COOH	慢	19	80	1	20/80
$—SO_3H$	慢	21	72	7	28/72
$—CF_3$	慢	0	100	0	0/100

可见第二个基团(新导入基团)进入一元取代苯的位置和难易程度,主要取决于原有基团的结构。原有基团对芳环亲电取代反应有两种效应:

(1) 定位效应,即第二个基团主要进入原有基团的邻、对位或间位的效应。

(2) 活化或钝化效应,也就是更容易发生亲电取代反应或更难发生亲电取代反应的效应。

归纳了大量的实验结果,根据其在亲电取代反应中的定位效应,可以把苯环上的取代基分为两类:

(1) 邻、对位定位基(又称第一类定位基),在亲电取代反应中使新进入的基团主要进入它的邻、对位(邻+对>60%),同时使苯环活化(卤素除外)。常见的邻、对位定位基有

$$—O^-,—N(CH_3)_2,—NH_2,—OH,—OCH_3,—NHCOCH_3,$$
$$—OCOCH_3,—R,—C_6H_5,—F,—Cl,—Br,—I$$

(2) 间位定位基(又称第二类定位基),在亲电取代反应中使新进入的基团主要进入它的间位(间位>40%),同时使苯环钝化。常见的间位定位基有

$$—N^+(CH_3)_3,—NO_2,—CN,—SO_3H,—CHO,—COOH,—COOCH_3,—CONH_2$$

从这两类定位基的结构上看,邻、对位定位基与苯环直接相连的原子上只有单键(苯环除外)且多数含有孤对电子;间位定位基与苯环直接相连的原子含有重键(且重键的另一端为电负性较大的元素)或带正电荷。

两类定位基的活化或钝化强弱不同,其强度次序如表 4-4 所示。

表 4-4 取代基的定位效应

	邻、对位定位基(致活)	间位定位基(致钝)	
强	$—NH_2$ $—NHR$ $—NR_2$	$—COR$	弱
↓	$—OH$	$—COOR$	↑
	$—OR$	$—SO_3H$	
	$—NHCOR$	$—CHO$	
	$—C_6H_5$ (Ar—)	$—COOH$	
	$—R$	$—CN$	
弱	$—X$	$—NO_2$	强
		$—N^+R_3$	

2) 定位规律的解释

苯环上原有的取代基影响着苯环的反应活性,并决定了第二个取代基进入苯环的位置。芳香烃的取代反应是亲电取代反应,亲电试剂(X^+、NO_2^+、SO_3、R^+)容易进攻苯环上电子云密度较大的部位。苯环上没有取代基时,环上的 6 个碳原子的电子密度是均等的,但当苯环上有了取代基时,由于取代基的电子效应沿着苯环共轭体系传递,在环上出现了电子云密度的疏密交替分布现象,亲电试剂主要进攻电子云密度较大的碳原子,从而使这些碳原子上的取代物占了多数。

(1) 邻、对位定位基。

从表 4-4 可看出,邻、对位定位基中与苯环直接相连的原子多数具有孤对电子(O、N 等原子)或是给电子基团(烷基),由于 p-π 共轭和 σ-π 超共轭的结果,增加了苯环上的电子云密度,并且使苯环上的各个碳原子出现电子云密度疏密交替分布的现象,在邻位和对位上的电子密

度较高，这样，亲电取代反应就比苯容易发生，而且主要发生在邻、对位上。例如

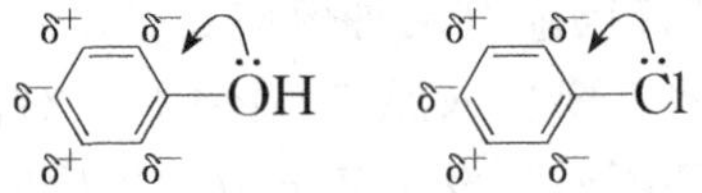

卤原子是一个特例，它们是邻、对位定位基，但却是钝化基团。卤原子有孤对电子，可与苯环发生 p-π 共轭，因此，卤原子是邻、对位定位基；但由于卤原子的电负性大，有强的吸电子诱导作用（-I 效应），降低了苯环上的电子云密度，卤代苯的亲电取代反应比苯难以发生（钝化效应）。

也可以用共振论解释，即从一取代苯进行亲电取代反应生成的中间体 σ 络合物的相对稳定性来解释：

邻、对位定位基的特点是使苯环上的电子云密度增加。以甲苯为例：

当亲电试剂进攻邻位时，σ 络合物的共振结构有

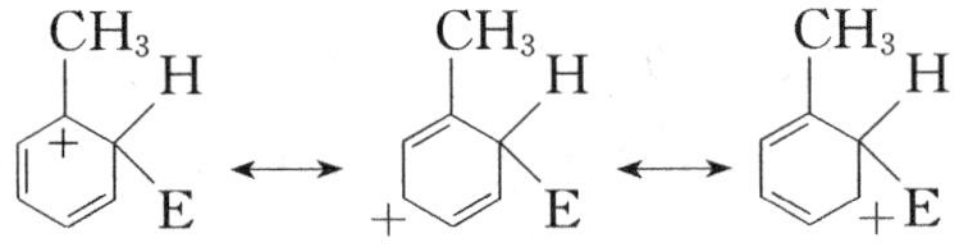

Ⅰ

当亲电试剂进攻对位时，σ 络合物的共振结构有

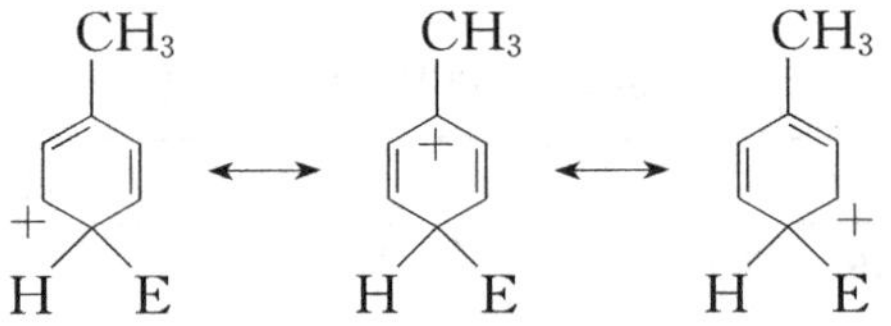

Ⅱ

当亲电试剂进攻间位时，σ 络合物的共振结构有

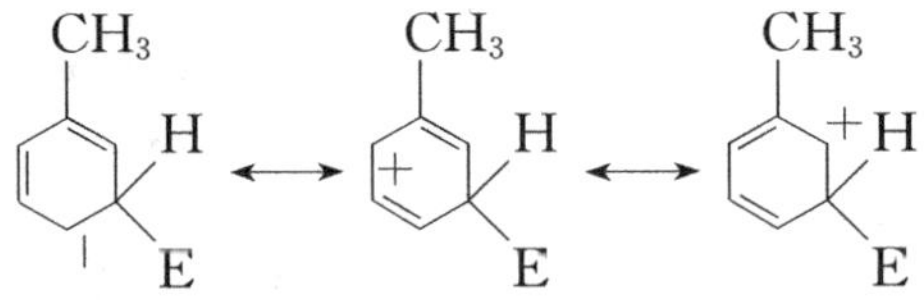

Ⅲ

当甲基与苯环相连时，由于甲基的给电子效应，增加了苯环上的电子云密度。这就有利于中间体碳正离子正电性的分散而增加其稳定性，因此，甲基活化了苯环，使亲电取代反应容易发生。但甲基对苯环上不同位置的影响是不同的，影响最大的是和它直接相连的碳原子。在亲电试剂进攻甲基的邻位或对位时，所形成的中间体（σ 络合物）碳正离子的共振结构式中，（Ⅰ）式和（Ⅱ）式恰好在和甲基相连的碳原子上带正电荷。由于甲基的给电子效应，正电荷较分散，因此，这两个共振结构的能量较低，也较稳定。而在Ⅲ式中，正电荷都分布在仲碳上，不稳定。所以甲基是邻、对位定位基。

(2) 间位定位基。

从表 4-4 可看出，间位定位基都是吸电子基团，与苯环直接相连的原子基本上都含有双键，它们对苯环有吸电子诱导效应和吸电子的 π-π 共轭效应，使苯环上的电子云密度降低，亲电取代反应比苯难。共轭效应的结果，使与定位基相连的碳原子的电子云密度相对较小，疏密

交替的结果使定位基的间位上的电子云密度相对大些，于是主要得到间位取代的产物。例如

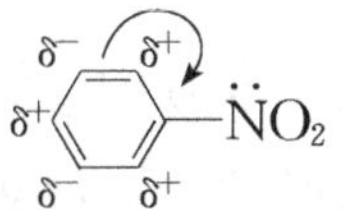

共振论也可解释间位定位基的定位作用。间位定位基的特点是具有吸电子作用，使苯环的电子云密度降低，从而使中间体 σ 络合物碳正离子的电荷更集中，能量较高，稳定性较差，因此，间位定位基钝化了苯环，使亲电取代反应难以发生。但间位定位基对苯环上不同位置的影响是不同的。如硝基对苯环有强的吸电子诱导效应和共轭效应，虽然这种吸电子效应的影响是遍及整个苯环，但与硝基直接相连的碳原子影响最大。硝基苯在亲电取代反应中形成的中间体 σ 络合物碳正离子可以用共振结构式来表示。

当亲电试剂进攻邻位时，σ 络合物的共振结构有

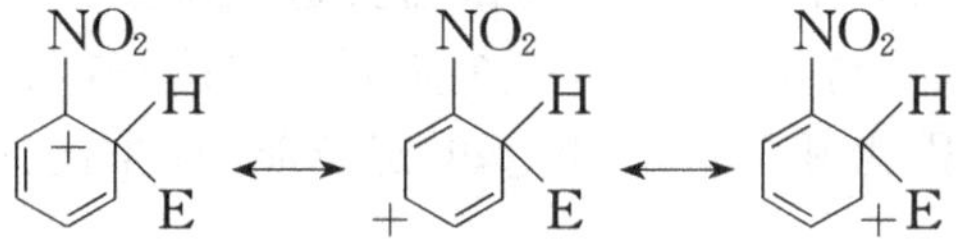

Ⅳ

当亲电试剂进攻对位时，σ 络合物的共振结构有

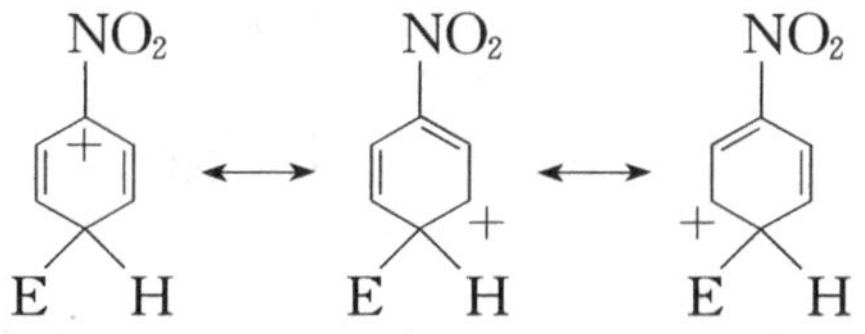

Ⅴ

当亲电试剂进攻间位时，σ 络合物的共振结构有

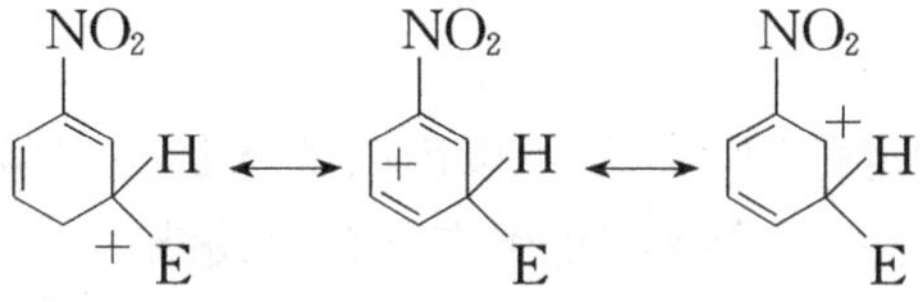

Ⅵ

亲电试剂进攻硝基的邻位和对位时，所生成的中间体 σ 络合物碳正离子共振结构式中，Ⅵ比Ⅳ和Ⅴ稳定，因为在Ⅳ和Ⅴ中正电荷分布在与硝基氮原子直接相连的碳原子上，能量特别高，不稳定，所以硝基是间位定位基。共振结构Ⅵ有硝基这一强吸电子基，与相应的苯的共振结构相比，Ⅵ不稳定。因此，硝基表现出钝化苯环的作用。

3）二元取代物的定位效应

如果苯环上已连有两个取代基，那么，第三个取代基进入苯环的位置就决定于这两个取代基的性质。苯环上原有的两个取代基对于引入第三个取代基的定位作用一致时，仍按上述定律进行。例如，下列化合物引入第三个取代基时，取代基将进入箭头所表示的位置。

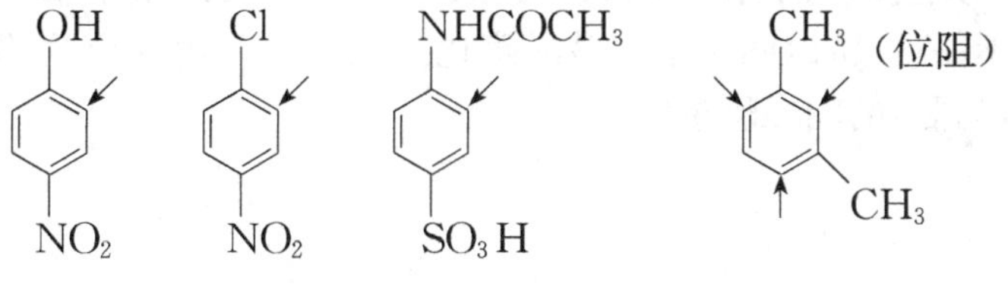

在间二甲苯的 2 位上虽然也被两个甲基活化，但由于空间位阻效应妨碍了亲电试剂向 2 位进攻。

苯环上原有两个取代基对于引入第三个取代基的定位作用不一致时，大致分为两类：

① 如果 Y 和 Z 都是邻、对位定位基或者都是间位定位基，那么，亲电试剂进入苯环的位置主要由定位效应较强的基团来决定。如果两个取代基的定位作用强度相差较小，则得到两个取代基定位作用的混合物。例如

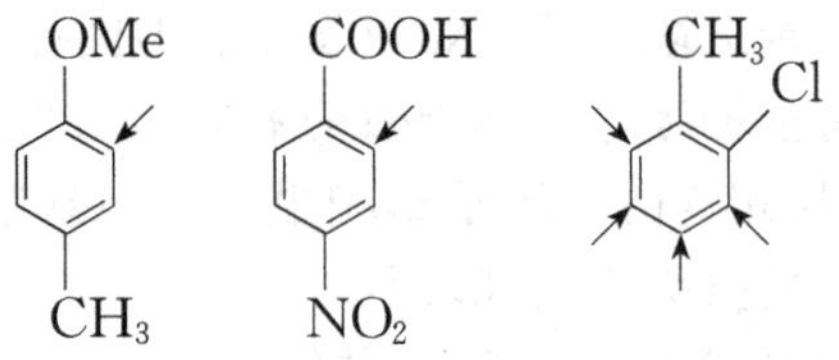

在上述例子中，箭头所指为第三个取代基的主要进入位置。

② 如果 Y 和 Z 一个是邻、对位定位基，一个是间位定位基，则第三个基团进入的位置主要由邻、对位定位基来决定。因为邻、对位定位基的定位能力比间位定位基强。当然也要考虑空间位阻效应。例如

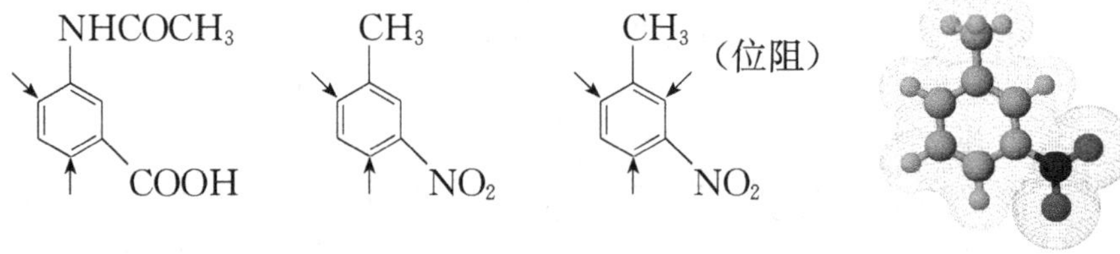

总之，无论是一元取代苯或是二元取代苯，取代基进入苯环的位置主要由定位基决定，同时也受空间位阻的影响。此外，亲电试剂的体积和性质，溶剂、温度、催化剂等外界条件，也都会影响产物的比例。

4）定位规律的应用

苯环上亲电取代反应的定位规律不仅可以用来解释某些实验事实，还可以通过它来指导取代苯的合成，包括预测反应主要产物和正确选择合成路线。

（1）预测主要产物。

当二元取代苯发生亲电取代反应时，若能综合考虑取代基的影响因素（电子效应、空间效应），就可以解释和预测所得的主要产物。例如，间甲苯酚进行硝化时，主要得到羟基的邻位和对位取代的产物。

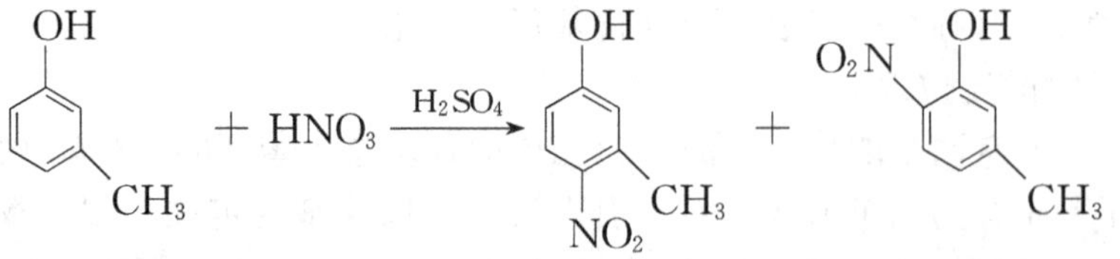

3 种二甲苯进行磺化反应时，由于间二甲苯的定位效应一致，而邻二甲苯或对二甲苯与间二甲苯的定位作用不一致，所以间二甲苯最易磺化。工业上利用这个规律将混合二甲苯经过磺化、分离和水解，得到纯的间二甲苯。

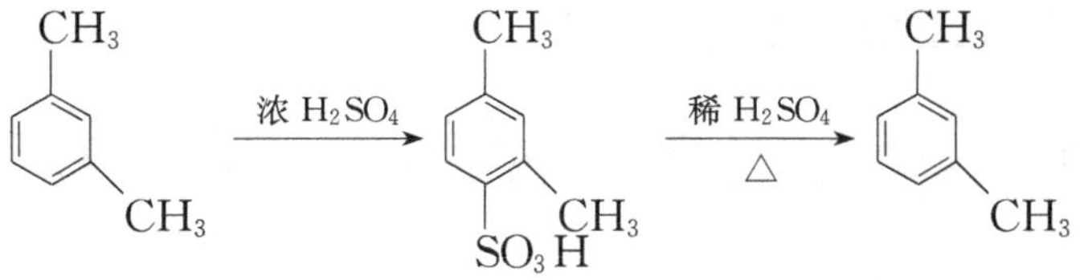

(2) 选择合理的合成路线。

定位规律不仅可用来解释某些实验事实，而且可用来指导合成多官能团取代的苯。例如，由苯合成对硝基溴苯，即是在苯环上引入一个硝基和一个溴原子，究竟先引入哪一个？应借助定位规律。如果先进行硝化，硝基是间位定位基，再进行溴化则得到间硝基溴苯；溴原子是邻、对位定位基，溴苯再进行硝化，则得到邻硝基溴苯和对硝基溴苯，经分离则得到对硝基溴苯。

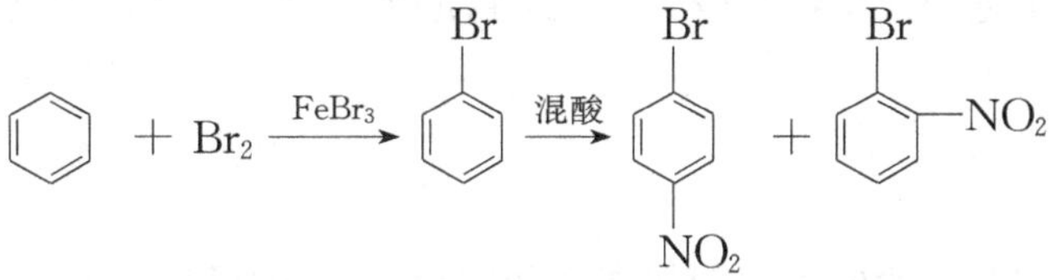

应用定位规律可以选择合理的合成路线，得到较高的产率和避免复杂的分离过程。例如，由甲苯合成 3-硝基-4-溴苯甲酸，由甲苯合成产物，需在苯环上引入一个溴原子和一个硝基，另外，还要把甲基转变为羧基。溴处于原甲基的对位，硝基处于原甲基的间位，因此，溴需在甲基转变为羧基之前引入苯环，而硝基需在甲基转变为羧基之后再引入苯环。由此可知，由甲苯合成目标分子的合成路线为：甲苯先进行溴化，然后进行氧化，将甲基氧化为羧基，最后进行硝化。反应式如下所示。

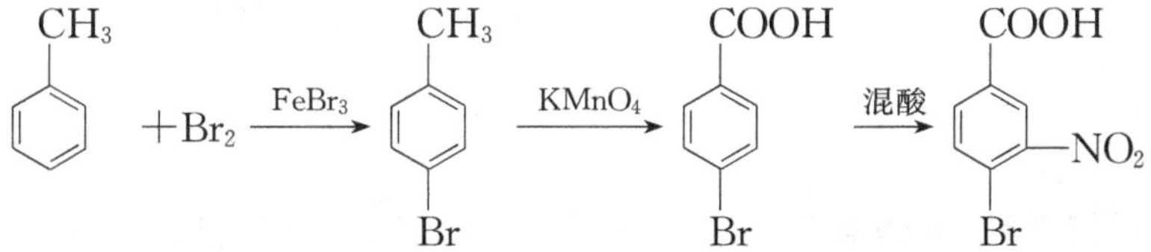

利用磺化反应的可逆性，可以制备一些用一般方法难以制备的化合物。例如，由苯酚制备邻溴苯酚：

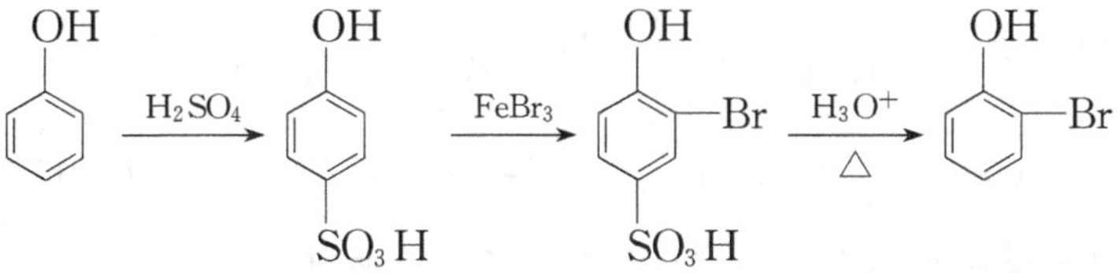

4. 加成反应

苯环是闭合共轭体系，能量较低，加成要破坏闭合的共轭体系，能量上不利，所以不易发生加成反应。但苯环又是不饱和体系，在特定条件下还是可以发生加成反应的。

1) 催化加氢

在较强烈的条件下，苯可以与氢气发生加成反应，生成环己烷。

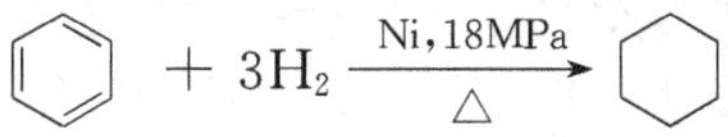

这是工业上制备环己烷的方法。

2）氯气加成

在紫外光照射下，苯与氯气发生加成反应，生成六氯环己烷。六氯环己烷又称六氯化苯，俗称六六六。

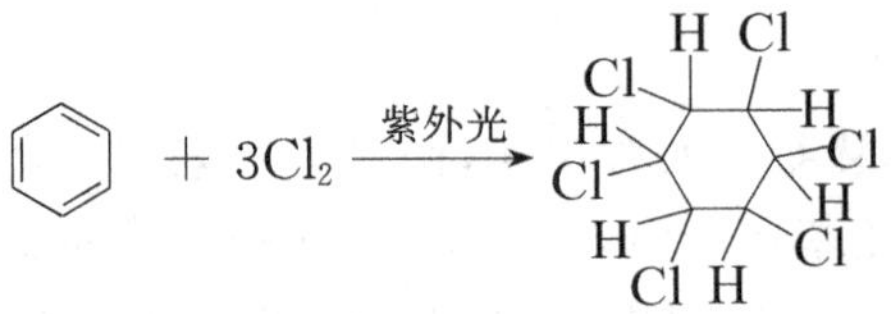

六六六有 8 种异构体，其中只有 γ 体具有杀虫活性，它的含量约占 15%。六六六曾作为农药大量使用，但由于它的残留毒性较大，化学性质稳定，不易分解，而逐渐被淘汰，很多国家都已禁止使用。

5. 氧化反应

苯环不易氧化，它对一般的氧化剂如高锰酸钾等是稳定的。在强烈的条件下，如高温时，在五氧化二钒的催化下，苯可以被空气氧化，生成顺-丁烯二酸酐。顺-丁烯二酸酐简称顺酐，是重要的有机合成原料。

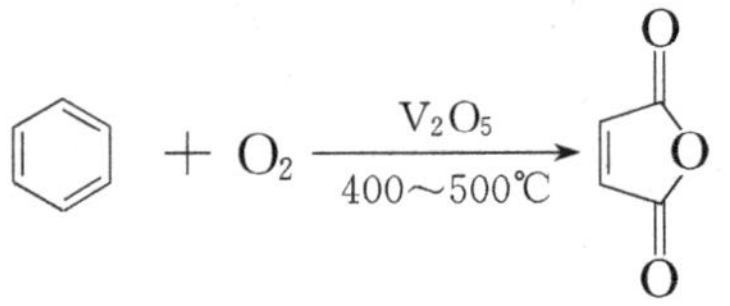

6. 侧链的反应

1）氧化反应

高锰酸钾、重铬酸钾、稀硝酸等氧化剂，不能氧化苯环。但烷基苯在这些氧化剂的作用下，可氧化芳环侧链，氧化反应发生在 α-氢上。因此，不管侧链多长，氧化产物都是苯甲酸。例如

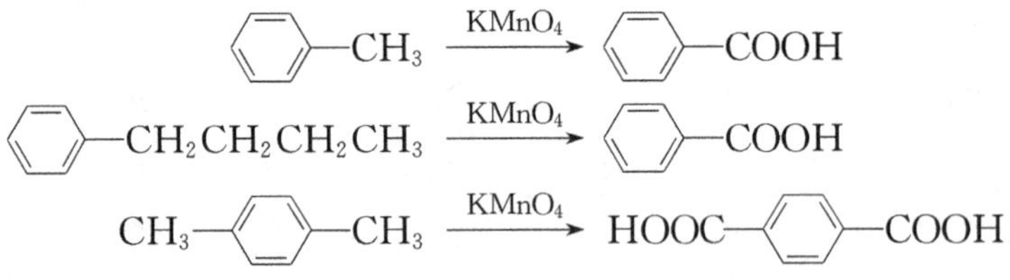

如果 α-碳上没有氢的烷基苯，在上述的条件下就不被氧化。例如

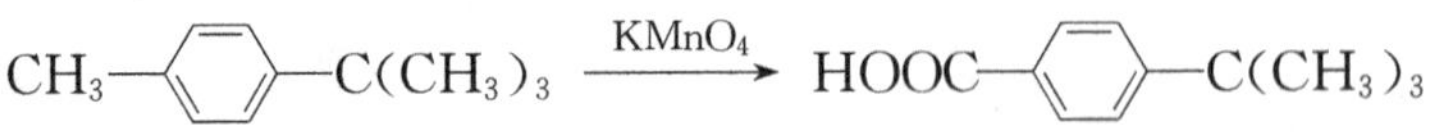

2）α-氢的氯代

在较高的温度或光照下，烷基苯与氯的反应，不是发生在苯环上，而是 α-氢被氯代。例如

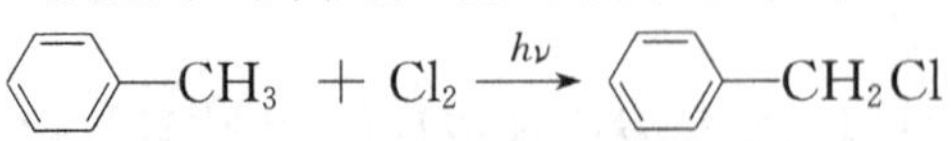

苯环侧链 α-氢的氯代反应与烷烃的卤代反应一样为游离基反应，其反应的中间体为苄基自由基。氯代苯甲烷还可进一步氯代得二氯代苯甲烷和三氯代苯甲烷。

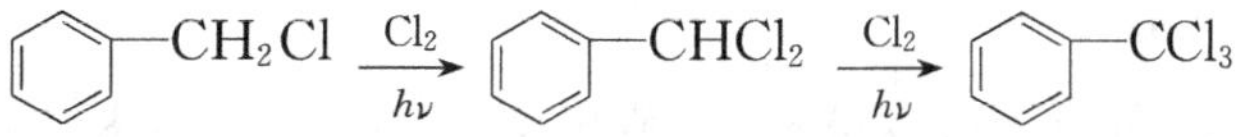

侧链较长的芳烃光照卤代也主要发生 α-氢的卤代反应

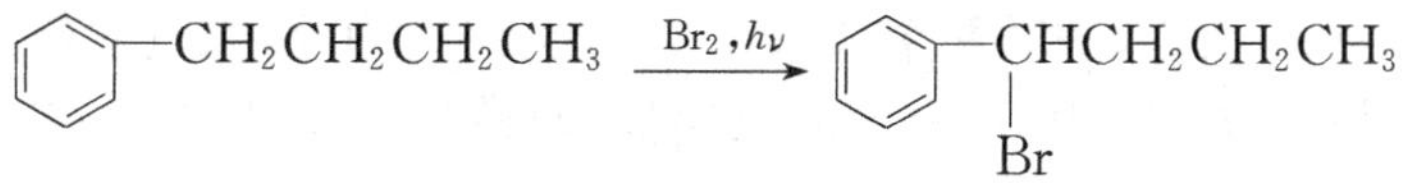

4.2 稠环芳烃

多个苯环共用两个或多个碳原子稠合而成的芳烃称为稠环芳烃(fused aromatic ring)。稠环芳烃的结构与苯相似。它们也都是平面型分子,组成环的碳原子也都是 sp^2 杂化的,所有的p轨道都相互从侧面重叠而形成闭合共轭体系,因此,它们有与苯相似的芳香性。但是,各p轨道相互重叠的程度是不同的,π 电子的分布不像苯那样分布均匀,碳碳键的键长也就不完全相等,因此,它们的芳香性都不及苯。

比较重要的稠环芳烃有萘、蒽、菲等。

4.2.1 萘

萘(naphthalene)是最简单的稠环芳烃,主要来源于煤焦油和石油。萘是光亮的片状晶体,有特殊气味,熔点80.2℃,沸点218℃。萘易升华。萘不溶于水而易溶于乙醇、乙醚等有机溶剂。

1. 萘的结构和命名

现代物理方法测得萘的各个碳碳键的键长(nm)、分子结构为

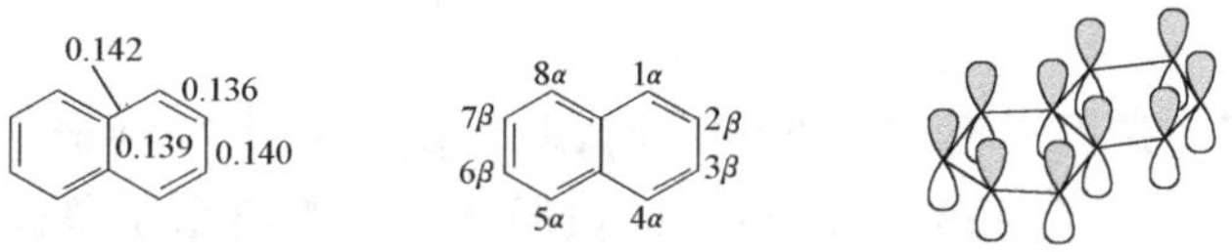

萘分子中,十个碳原子处于同一平面上,1、4、5、8四个位置在结构上是一样的,称为 α 位;2、3、6、7四个位置在结构上也是一样的,称为 β 位。萘的离域能(或共振能)为225.2kJ/mol。

萘的一元取代物只有两种位置异构体,可用 α、β 来命名;二元和多元取代物异构体则必须用阿拉伯数字标明取代基的位置。例如

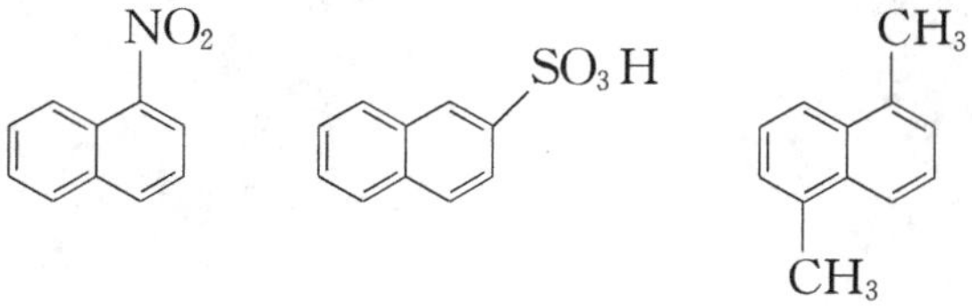

α-硝基萘　　β-萘磺酸　　1,5-二甲基萘

2. 萘的化学性质

萘的化学性质大致与苯相似,能发生亲电取代反应、加成反应和氧化反应等。但萘的芳香性比苯差,化学性质比苯活泼,容易发生亲电取代反应、加成反应和氧化反应。

1) 亲电取代反应

与苯相似,萘环上的氢原子可以被卤素、硝基、磺酸基、烃基、酰基等原子或基团取代,发生亲电取代反应。但由于萘环上 π 电子的离域并不像苯环那样平均化,而是在 α-碳原子上的电子云密度较高,β-碳原子次之,中间两个共用碳原子上更低,因此,亲电取代反应首先发生在 α-位。但 1 与 8 或 4 与 5 位相距很近,有大的取代基(如磺酸基)时比较拥挤,不稳定,大的取代基在 β-位上是比较稳定的。

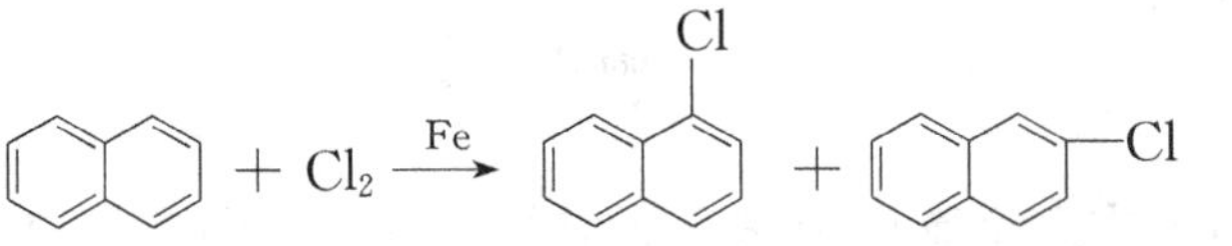

α-氯萘(95%)　β-氯萘(5%)

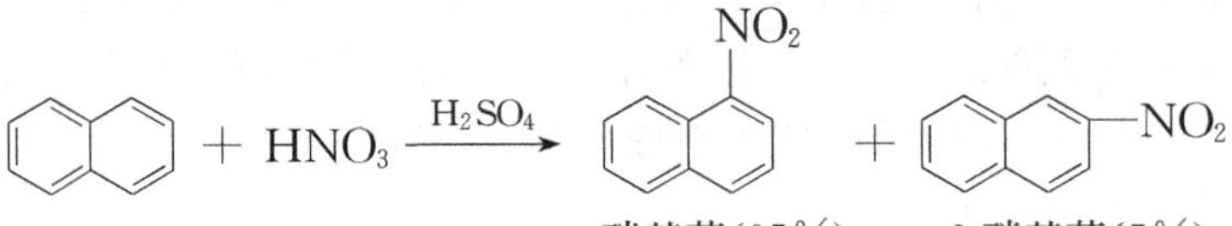

α-硝基萘(95%)　β-硝基萘(5%)

萘磺化所得的产物与反应温度有关。在较低的温度(<80℃)下磺化时,主要生成 α-萘磺酸;而在较高温度(165℃)磺化时,则主要生成 β-萘磺酸。α-萘磺酸在硫酸中加热到 165℃时,也会转变为 β-萘磺酸,其反应式如下:

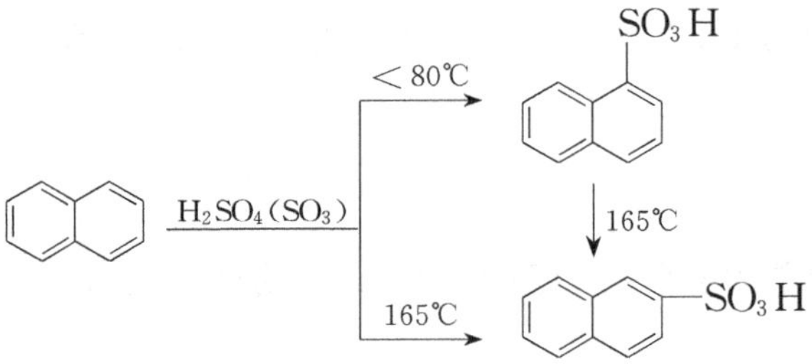

这是因为磺化反应是可逆反应。在低温时,取代反应发生在电子云密度较高的 α-位上,但因磺酸基的体积较大,它与相邻的 α-位上的氢原子之间距离小于范德华半径之和,所以,萘磺酸稳定性较差,此时反应为动力学控制。在较高温度时生成结构稳定的 β-萘磺酸,此时反应为热力学控制。

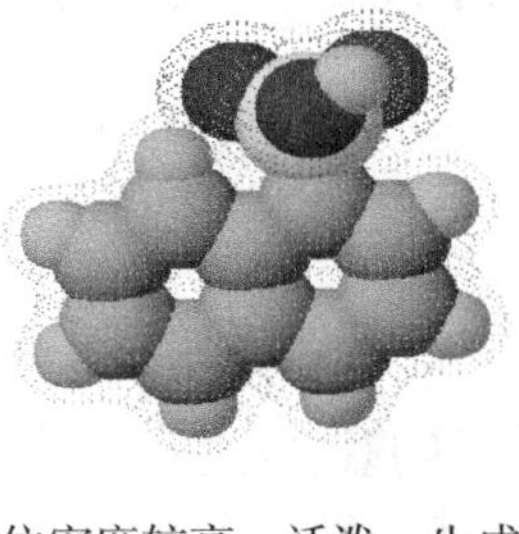

α-位密度较高,活泼,生成动力学控制产物

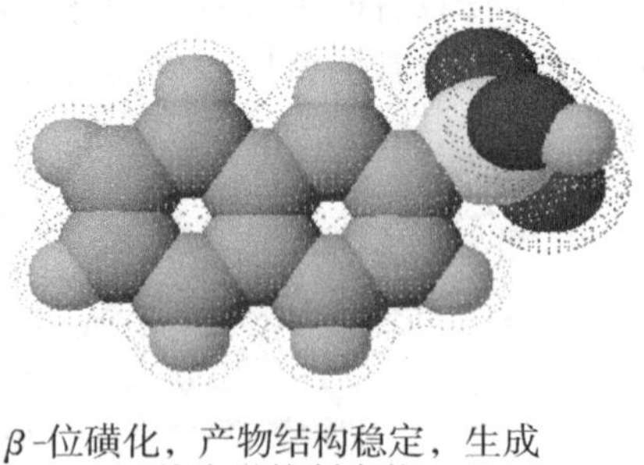

β-位磺化,产物结构稳定,生成热力学控制产物

在有机反应未达到平衡前,一种反应物可以向多种产物方向转变,动力学控制就是利用反应快速的特点,此时可通过缩短反应时间或降低反应温度来控制产物组成的比例。萘的 α-磺化即为动力学控制。热力学控制就是利用平衡到达来控制产物组成比例,热力学控制一般是

通过延长反应时间或提高反应温度使反应达到平衡点。萘的β-磺化即为动力学控制。

萘分子有两个苯环，第二个取代基进入的位置可以是同环，也可以是异环，主要取决于原有取代基的定位作用。原取代基为邻、对位定位基时，第二个取代基进入同环原取代基的邻或对位中的α-位。例如

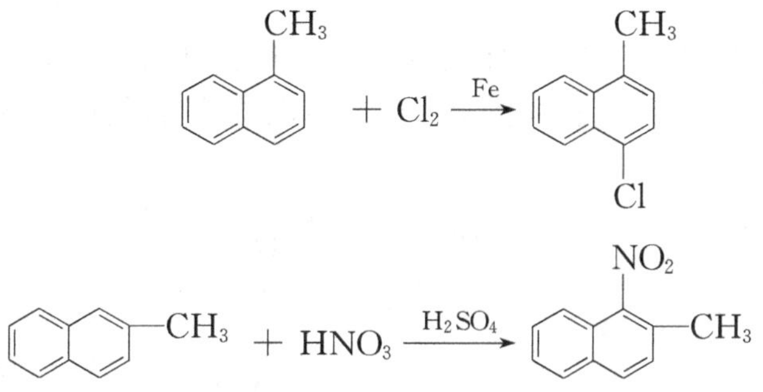

当原取代基为第二类定位基时，第二个取代基进入异环的α-位。例如

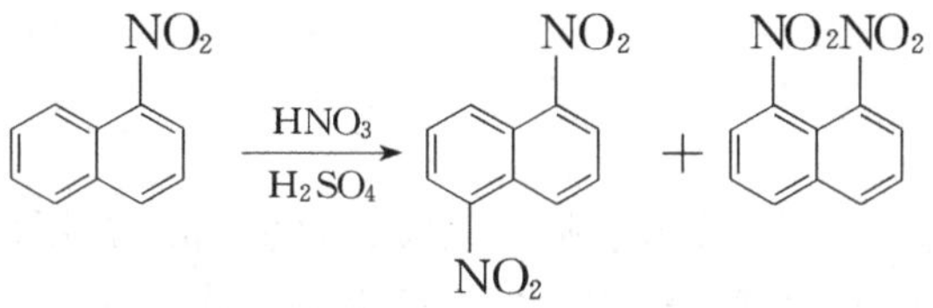

2）加成反应

由于萘的芳香性比苯差，故萘比苯容易进行加成反应，但比烯烃难。例如，不需光照就可加氯：

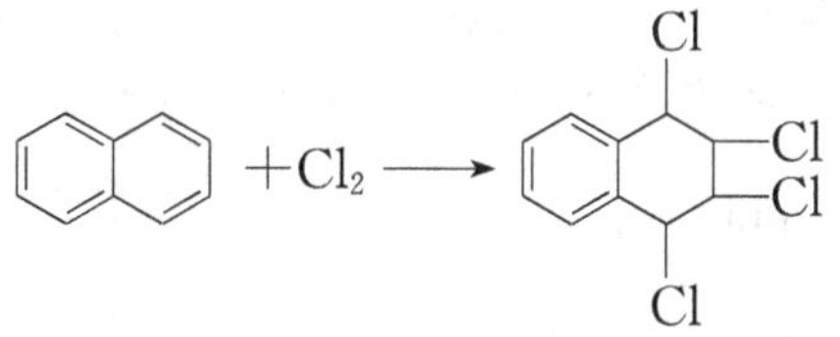

在催化剂(如镍或钯等)作用下，于一定的温度和压力下，萘可与氢加成，生成四氢萘和十氢萘。四氢萘再进一步加成，则需要与苯的加成同样的条件。

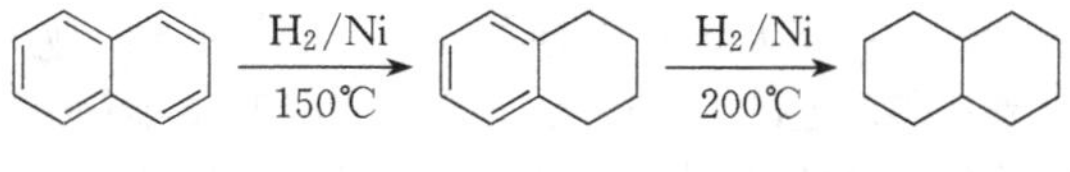

3）氧化反应

萘比苯更易被氧化。反应条件不同，氧化的产物亦不同。例如，在乙酸中用铬酐氧化，生成1,4-萘醌。

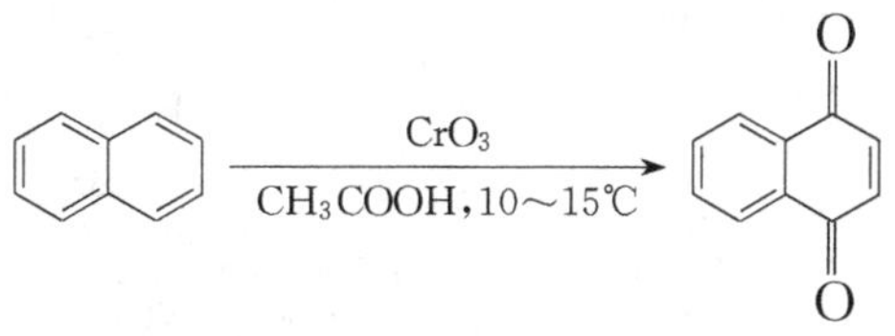

在催化剂五氧化二钒的作用下，于高温下(约450℃)，被空气氧化，其中一个环破裂，生成

邻苯二甲酸酐。

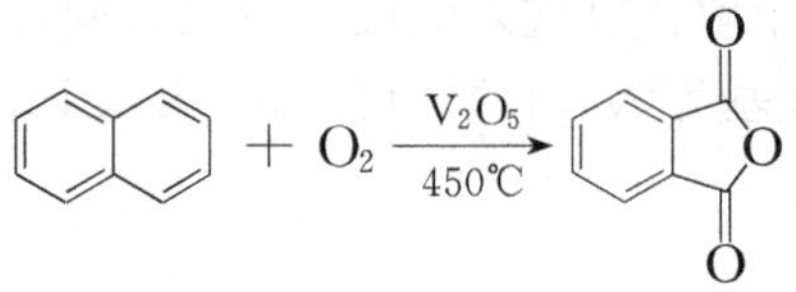

取代萘氧化时哪个苯环破裂取决于取代基的性质。取代基为第一类定位基时,使所在的环电子云密度升高,氧化时同环破裂;取代基为第二类定位基时,使所在环钝化,氧化时异环破裂。

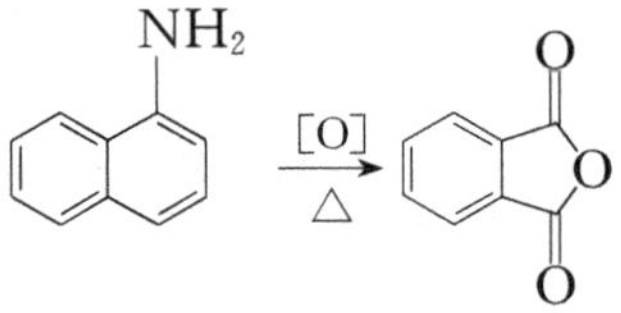

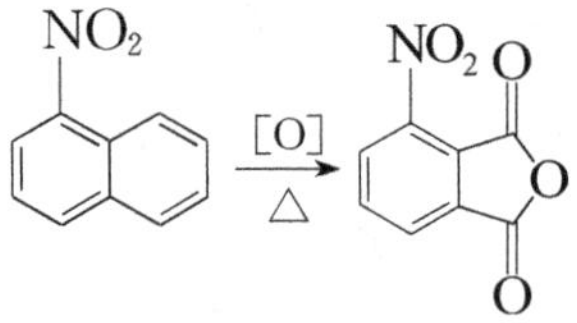

萘在化学工业上有重要用途,可用于制备萘胺、萘酚、邻苯二甲酸酐等。进而又可制备各种合成树脂、染料、药物、农药、香料等。因此,萘是重要的化工原料。

4.2.2 蒽和菲

蒽是无色片状的晶体,熔点为 216℃,沸点为 342℃,不溶于水,难溶于乙醚和乙醇,溶于苯,溶液有蓝色荧光。菲是带光泽的无色片状晶体,熔点为 101℃,沸点为 340℃,不溶于水,易溶于苯,溶液呈蓝色荧光。

蒽和菲的结构,碳碳键的键长(nm)以及命名时碳原子的编号如下:

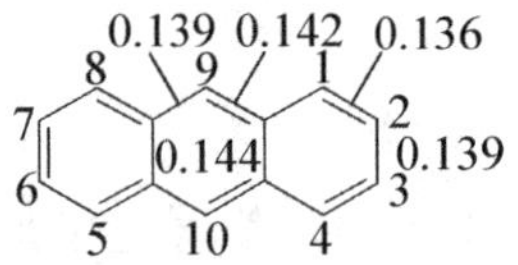

蒽

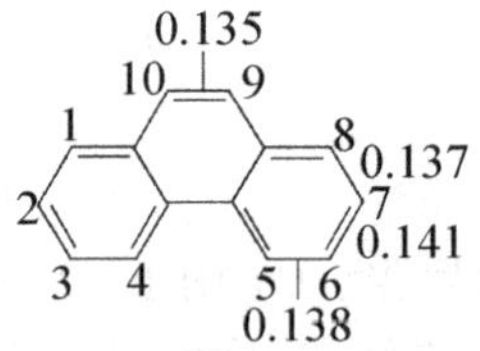

菲

蒽(anthracene)和菲(phenanthrene)互为同分异构体,分子式为 $C_{14}H_{10}$,所有碳原子都处在同一平面上,环上各碳原子的电子云密度差别比萘环上的差别还大,它们的电子离域能(每个苯环平均值)比萘还小,蒽比菲更小,即芳香性由苯、萘、菲、蒽依次降低,氧化和加成反应活性依次增加。

蒽和菲的芳香性比萘还差,9、10 位特别活泼,取代反应容易发生在 9、10 位上。

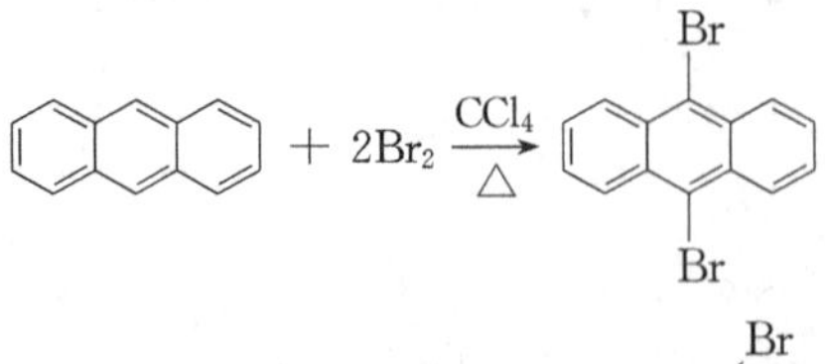

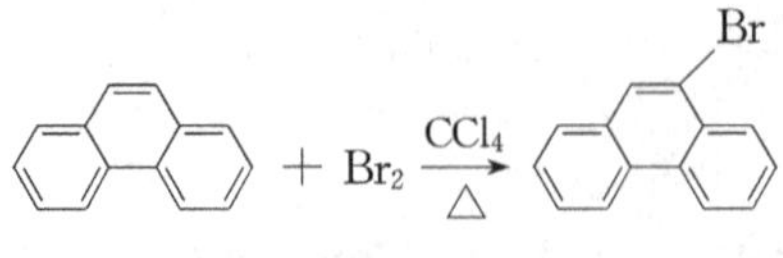

蒽和菲的氧化反应也容易发生在 9、10 位上，生成蒽醌和菲醌。

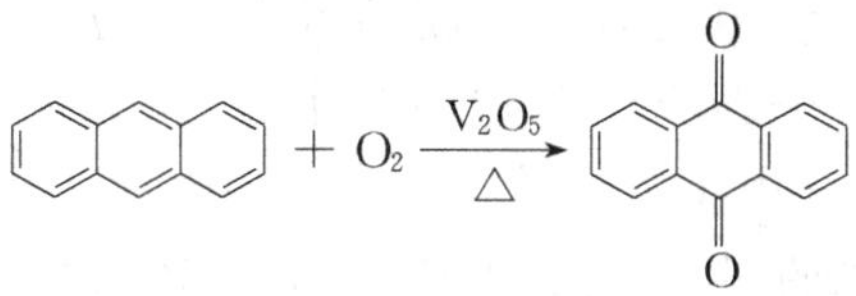

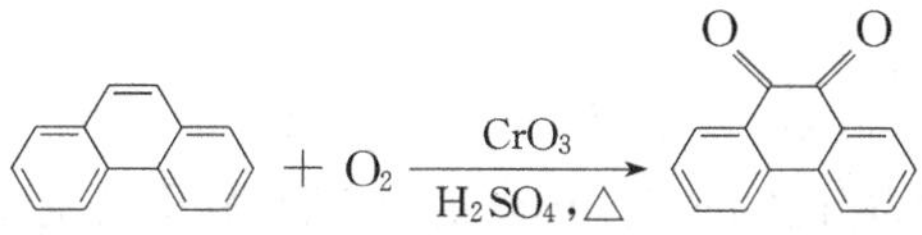

蒽醌是重要的染料和药物中间体；菲醌为农药中间体。

蒽与菲的加成反应也容易发生在 9、10 位上

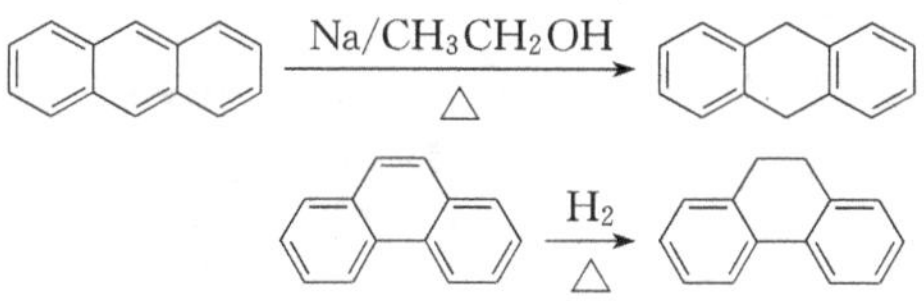

4.2.3　其他稠环芳香烃

除萘、蒽、菲外，现在已发现和合成出含有更多苯环稠合而成的稠环芳烃。例如

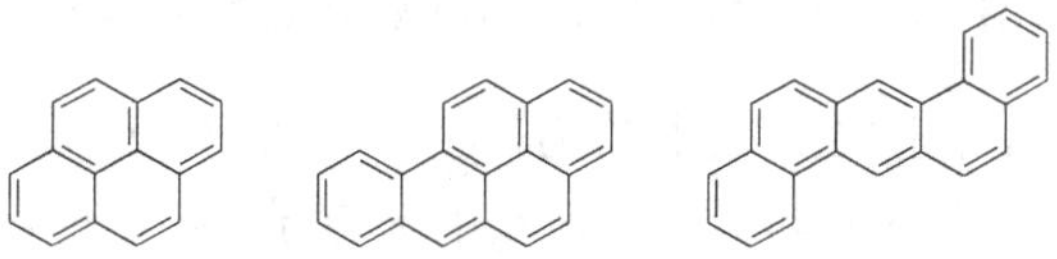

芘　　　3,4-苯并芘　　　1,2,5,6-二苯并蒽

煤、石油、木材和烟草等不完全燃烧时会产生较多的稠环芳烃，其中有些属致癌烃。如在煤烟和汽车尾气污染的空气以及吸烟产生的烟雾中都可检测出 3,4-苯并芘。3,4-苯并芘有强烈的致癌作用。因此，测定空气中 3,4-苯并芘的含量，是环境监测项目的重要指标之一。

4.3　非苯芳烃

4.3.1　休克尔 $4n+2$ 规则

前面所讨论的芳烃都含有苯环结构，这是由于 π 电子的离域而构成环状闭合的共轭体系，具有离域能，体系能量低，较稳定，在化学性质上表现为容易发生取代反应，不易发生加成和氧化反应，即它们都具有不同程度的芳香性。

某些化合物的分子中虽不含苯环结构，但其组成分子的碳氢比却很高，分子是高度不饱和的。它们与烯烃和炔烃不同，而是像苯那样，分子不易起加成反应，易发生亲电取代反应。它们很稳定，氢化热和燃烧热较低。从结构上看，其分子也是环状结构，组成环的碳原子也在同一平面上，其电子构型也相似。这样的分子是否与苯相似，也具有类似苯的那种芳香性呢？

德国的休克尔(E. Hückel)对其进行研究后，从分子轨道理论，对环状化合物的芳香性提出了如下的规则：一个单环化合物，只要它具有平面(或近似平面，即平面扭转不大于 0.1nm)的闭合共轭体系，且它的 π 电子数为 $4n+2$($n=0,1,2,\cdots$，整数)，就具有芳香性。这就是休克

尔规则或称 $4n+2$ 规则[Hückel's rule or $(4n+2)$electron rule]。

休克尔规则在解释大量实验事实和预言新的芳香体系方面是非常成功的。例如，苯有 6 个 π 电子，符合 $4n+2$ 规则，6 个碳原子在同一平面上，并组成闭合的共轭体系，故苯有芳香性。而环丁二烯、环辛四烯的 π 电子数不符合 $4n+2$ 规则，故无芳香性。凡符合休克尔 $4n+2$ 规则，虽不含苯环，但具有芳香性的烃类化合物就叫做非苯芳烃。非苯芳烃包括一些环多烯和芳香离子。

当一个环多烯分子所有的碳原子(n 个)处在(或接近)一个平面上时，由于每个碳原子(sp^2 杂化)都具有一个与平面垂直的 p 原子轨道，它们就可以组成 n 个 π 分子轨道。3～8 个碳原子的各种环多烯的分子轨道能级及基态 π 电子构型如图 4-6 所示。

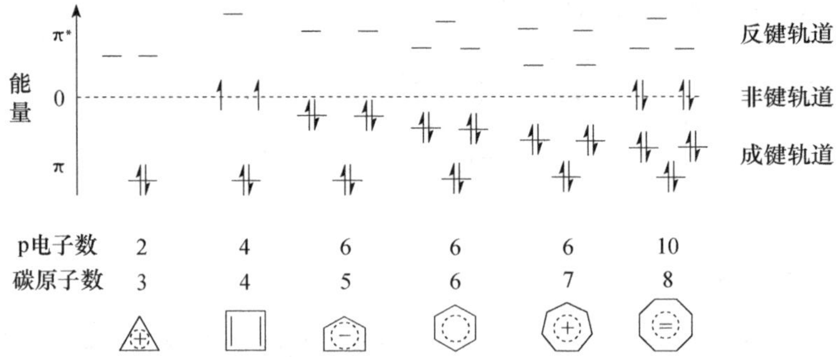

图 4-6　环多烯的分子轨道能级和基态电子构型

从图 4-6 可以看出，当环上的 π 电子数为 2，6，10，…$(4n+2)$时，π 电子正好填满成键轨道(有时也填满非键轨道)，例如，苯分子含有 6 个 π 电子，基态时，4 个 π 电子占据了一组简并的成键轨道，另外 2 个 π 电子占据了能量最低的成键轨道。又如环辛四烯二负离子，它含有 10 个 π 电子，其中 8 个 π 电子填满了一组简并的成键轨道和一组简并的非键轨道，另外 2 个 π 电子占据了能量最低的成键轨道。因而它们都具有稳定的电子构型，能量比相应的直链多烯低，也就相当稳定。

填满简并的成键轨道和简并的非键轨道的电子数正好是 4 的倍数，而填满能量最低的成键轨道需要两个电子，这就是休克尔 $4n+2$ 规则中 π 电子数的根据。

环丁二烯有 4 个 π 电子，不符合休克尔 $4n+2$ 规则的要求，从图 4-6 可看出，它有一个成键轨道，一组简并的非键轨道和一个反键轨道。在基态下，两个 π 电子占据能量最低成键轨道，另外两个 π 电子分别占据一个非键轨道，这是一个极不稳定的双游离基。实验证实，环丁二烯只能在极低温度下才能存在。像环丁二烯这样 π 电子数为 $4n$ 的离域的平面环状体系，基态下含有半充满的电子构型，这类化合物不但没有芳香性，而且它的能量比相应的直链多烯要高得多，它们的稳定性很差，通常把它们叫做反芳香性化合物。

环辛四烯分子含有 8 个 π 电子，也不符合休克尔 $4n+2$ 规则的要求，没有芳香性，但它没有像环丁二烯那样表现出极不稳定的反芳香性。实际上环辛四烯是个非平面分子，它具有一般烯烃的性质，是个非芳香性化合物。

环丙烯没有芳香性，但失去一个氢原子和一个电子后形成的环丙烯正离子中，3 个碳原子都是 sp^2 杂化，构成了平面的闭合共轭体系，它的 π 电子数为 2，符合休克尔规则($n=0$，$4n+2=2$)，因此，环丙烯正离子具有芳香性。

环戊二烯没有芳香性，但当它失去一个质子成为环戊二烯负离子时，5 个碳原子都是 sp^2

杂化，就构成了平面的闭合共轭体系，且含有 6 个 π 电子，符合休克尔规则（$n=1, 4n+2=6$），因此，环戊二烯负离子具有芳香性，可生成环戊二烯负离子的钠盐。

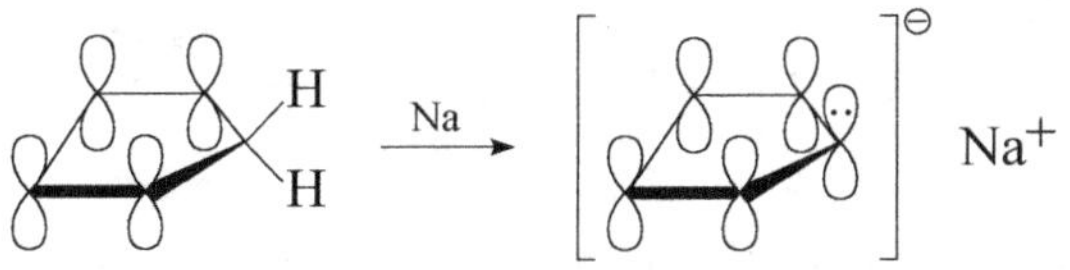

同样，环庚三烯本身没有芳香性，但失去一个氢原子和一个电子后形成的环庚三烯正离子也具有芳香性。

4.3.2　轮烯

通常把 $n \geqslant 10$ 的单环多烯（C_nH_n）称为轮烯（annulene）。例如，环癸五烯又称为 10-轮烯。有些轮烯的 π 电子数不符合休克尔 $4n+2$ 规则，如 12-轮烯、16-轮烯等，它们不具有芳香性。

有些轮烯的 π 电子数符合休克尔 $4n+2$ 规则，如 10-轮烯、14-轮烯，它们应该具有芳香性。但是它们并不稳定，因为它们中间的环内氢相距较近，相互干扰，使环偏离平面，所以它们也没有芳香性。如果把环内氢原子去掉，让对应的碳原子连接起来，环就可以处于同一平面而呈芳香性，这就是萘和蒽。

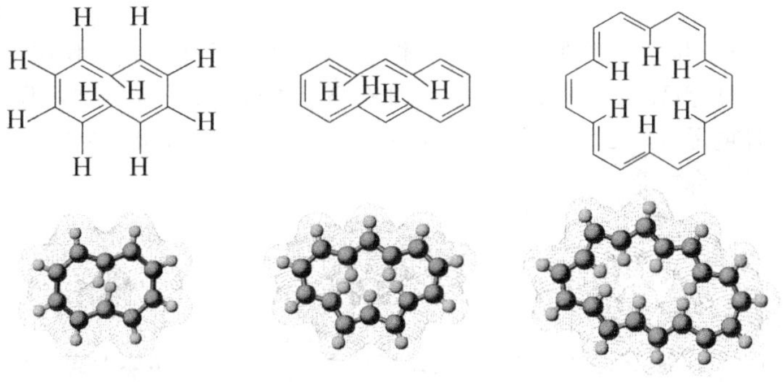

10-轮烯　　14-轮烯　　18-轮烯

18-轮烯，由于环加大了，环内氢原子距离拉开，互不干扰，是个平面型分子。X 光衍射证明，它的碳碳单键和碳碳双键的键长几乎相等，表明大 π 键电子云是高度离域的，它的 π 电子数为 18，符合休克尔 $4n+2$ 规则（$n=4, 4\times 4n+2=18$），具有芳香性。但这种芳香性并不表现为可以发生亲电取代反应，而是表现在特征性的核磁共振谱上，这是芳香性的新概念，这里就不讨论了。

从上述讨论可知：凡平面单环多烯分子，其 π 电子数符合休克尔 $4n+2$ 规则的就具有芳香性；符合 $4n$ 的为反芳香性化合物。而非平面的环多烯分子则为非芳香性化合物。在讨论杂环化合物时，还将应用休克尔 $4n+2$ 规则。

4.3.3　二茂铁

20 世纪 50 年代，化学家发现环戊二烯与二氯化铁可以反应得到二茂铁（ferrocene）。二茂铁是一个典型的金属有机化合物。二茂铁有类似樟脑的气味。熔点 172.5～173℃，100℃以上升华，沸点 249℃。二茂铁对热相当稳定，可耐 470℃高温，在沸水、10%沸碱液和浓盐酸沸液中既不溶解也不分解，但溶于稀硝酸、浓硫酸、苯、乙醚、石油醚和四氢呋喃。二茂铁在空气中稳定，具有强烈吸收紫外线的作用，有抗磁性，偶极矩为零。具有很强的非苯芳香性。

威尔金森（Wilkinson）和伍德瓦德（Woodward）在 1952 年确定了二茂铁具有独特的夹心型结构（sandwich structure）。

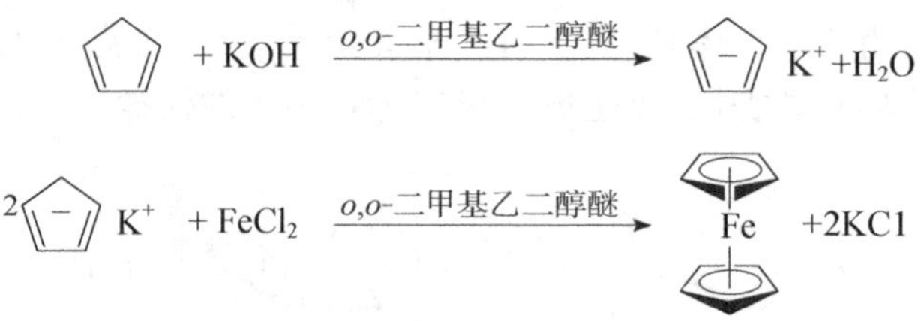

二茂铁的发现是金属有机化学研究的一个飞跃，促进了化学键理论的发展，扩大了配合物的研究领域，并由此合成了大量的过渡金属的有机金属化合物。在这类化合物分子结构中有饱和基团，不饱和的基团或芳香基团与中心金属直接键合的结构类型。

二茂铁的环戊二烯基不像典型的环戊二烯会发生加成反应，却表现出典型的芳香化合物的性质，具有类似苯环的反应，在芳环上容易发生亲电取代反应，如环上能发生 Fridle-Crafts 酰基化反应，形成多种取代基的衍生物。在催化剂 $AlCl_3$ 催化和适当的反应条件下，乙酰化的主要产物可以是单取代产物或是双取代产物。

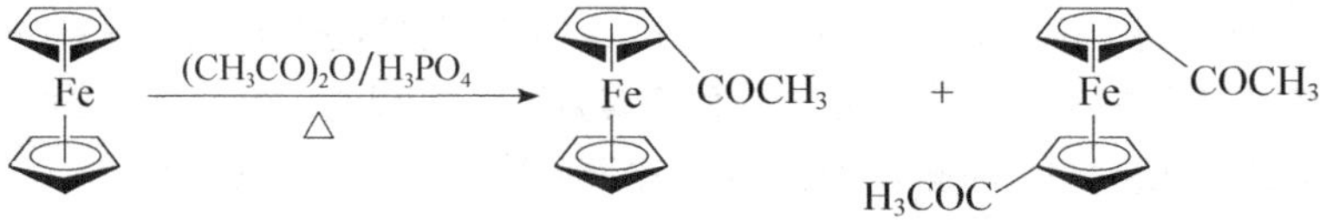

二茂铁作为燃料的燃速调节剂，添加在固体、液体、气体燃料中，有消烟助燃作用，提高燃烧热，增大功率而达到节能、减少大气污染等目的。二茂铁衍生物添加在高分子材料中作光敏剂，PE 薄膜暴露在日光下，三个月可完全降解，减轻环境污染。在生物医学方面，二茂铁及其衍生物可用于合成二茂铁青霉素、二茂铁头孢霉素、抗癌药二茂铁铂配合物等。

4.3.4　富勒烯

人类对碳元素的研究发现碳有两种同素异形体——石墨和金刚石。20 世纪 80 年代中期，克罗托(Kroto)发现了富勒烯(fullerene)碳原子簇，确认碳元素还存在着第三种晶体形态。如果说碳的四面体结构和凯库勒苯结构的发现，是碳化学的两个重要阶段，那么富勒烯(以 C_{60} 为代表)球形结构的发现，开辟了碳化学的新里程。

C_{60} 是由 60 个碳原子构成球形 32 面体，即由 12 个五边形和 20 个六边形组成的极为对称的球形结构。每个碳原子以 sp^2 杂化轨道和相邻三个碳原子相连，剩余 p 轨道和电子在 C_{60} 分子的外围和内腔形成大的共轭离域 π 键。对每个 C—C—C 键角来说，平均键角为 116°，六边形的 C—C 键长为 0.1388nm，五边形的 C—C 键长为 0.1432nm；球碳直径为 1nm，空腔内径为 0.7nm，即球心到球平面上每个碳原子中心平均距离为 0.35nm。富勒烯对称性好，结构稳定，易溶于 CS_2、苯、甲苯及烷烃等非极性有机溶剂中。

富勒烯C_{60}

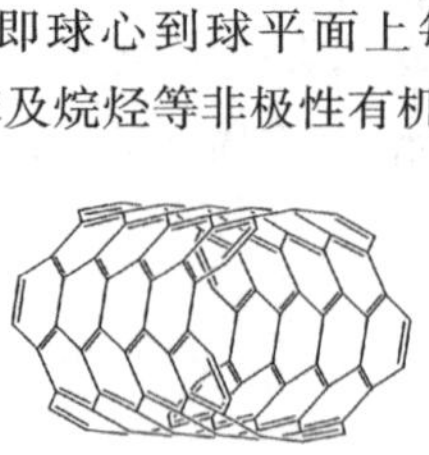

碳钠米管

富勒烯分子的球形空间结构存在着大的离域共轭体系，一般来说它应具有芳香性，表现出芳烃的富电子反应性，易与亲电试剂发生亲电取代反应，能够进行一般稠环芳烃所进行的烷基化，还原生成氢化物等反应。但实验发现 C_{60} 却反常地表现出缺电子化合物的化学反应性，它倾向于得到电子，易与亲核试剂，如与 NH_3 反应，与金属反应，发生卤化反应，自由基反应等。化学家利用富勒烯分子的这些性质合成了许多富勒烯衍生物。

富勒烯 C_{60} 的缺电子特征使其成为一个很好的 Diels-Alder 反应的亲二烯体，例如

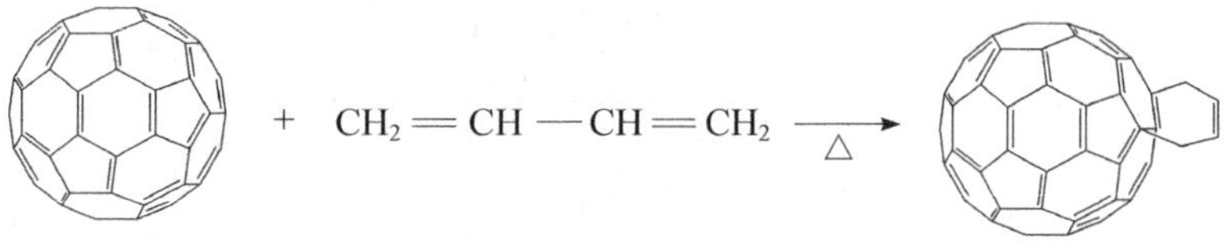

富勒烯 C_{60} 可与带离去基团的碳负离子发生加成-消除反应。如与硫叶立德(Ylides)、磷叶立德、α-卤代腈和 α-卤代丙二酸二乙酯等含有 α-活泼氢的化合物，在强碱(NaH 或 NaOH)作用下，会失去 α-氢生成相应的碳负离子。碳负离子与 C_{60} 的环稠合处的双键发生亲核加成反应，生成一个在 C_{60} 的球壳上新的碳负离子，从而发生亲核取代反应，硫叶立德(Ylide)、磷叶立德、α-卤代腈和 α-卤代丙二酸二乙酯分别失去 $(CH_3)_2S$、Ph_3P 和卤素，生成 C_{60} 的衍生物。例如，硫叶立德与 C_{60} 的反应如下：

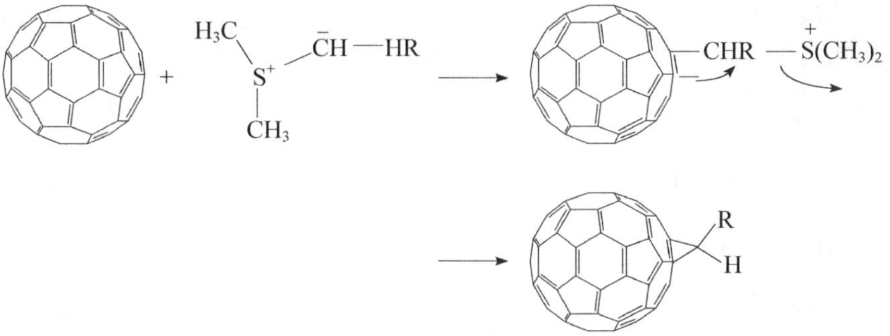

目前富勒烯的研究领域已经涉及生命科学。如多羟基富勒烯$[C_{60}(OH)_n]$，又名富勒醇，是一种很好的抗氧化剂，清除自由基效率高，且其水溶性好，可以自由穿过血脑屏障，深入的研究实验证明其可以降低皮质神经元的凋亡水平，保护自由基对神经组织的损伤。富勒烯二苯基衍生物，研究表明有明显抑制 HIVP 活性的效果。

富勒烯家族的新秀巴基管[又称为碳纳米管(carbonnanotube)]是表面结构类似富勒烯的一种管状结构。"巴基管"(buckytube)在高分辨电子显微镜下观察，都是由一些同轴圆柱形管状碳原子叠套而成。碳原子在管壁上形成六边形结构，并沿管壁方向呈螺旋状延伸，管端由五边形的"帽子"封住。管径在几个到几十个纳米之间。巴基管有十分奇特的结构和性质，如高抗张强度和高度热稳定性及神奇的电学性质等，值得人类去进一步探索。

思　考　题

1. 为什么单环芳烃发生亲电取代反应，往往需要催化剂催化？
2. 硝基苯能发生傅-克酰基化反应吗？为什么？
3. 为什么说卤代苯上卤原子是邻、对位定位基，但却是钝化基团？
4. 以甲苯磺化反应为例说明，何为化学反应的动力学控制和热力学控制？
5. 为什么环庚三烯正离子有芳香性？

习　题

1. 写出下列化合物的结构式。

(1) 对氨基苯磺酸　　(2) 2,3-二硝基-4-氯甲苯

(3) p-硝基氯苯　　(4) 4-甲基-2-硝基苯磺酸

(5) 1,5-二硝基萘　　(6) β-萘磺酸

2. 命名下列化合物。

(1) 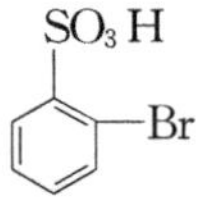

(2) 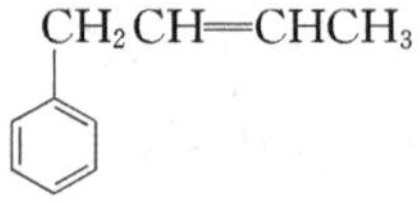

(3) 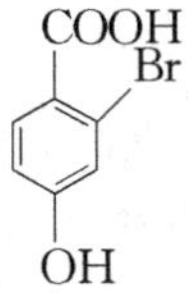

(4) 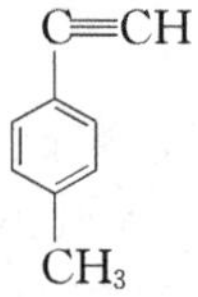

(5) 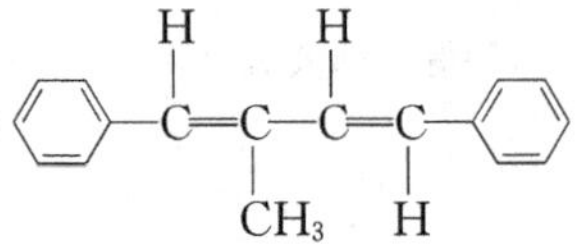

(6) 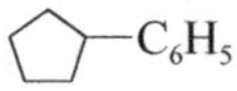

3. 完成下列反应式。

(1) 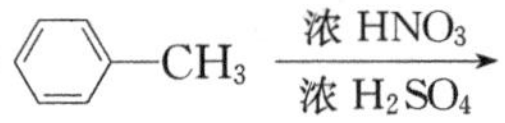

(2) 

(3) 

(4) 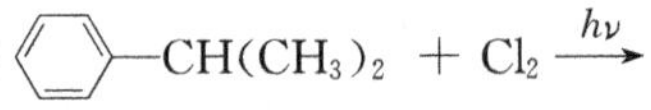

(5) 

(6) 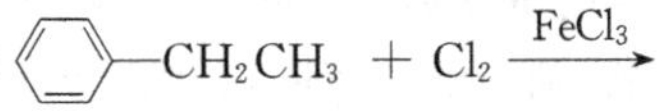

(7) 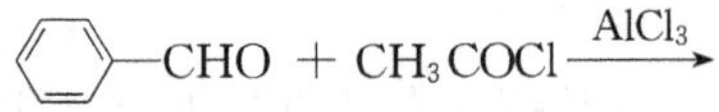

(8) 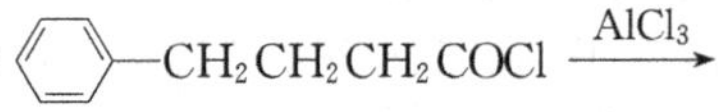

4. 指出下列反应中的错误。

(1) 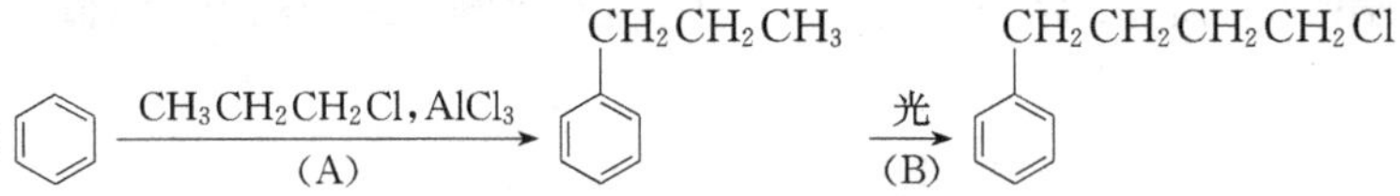

(2) 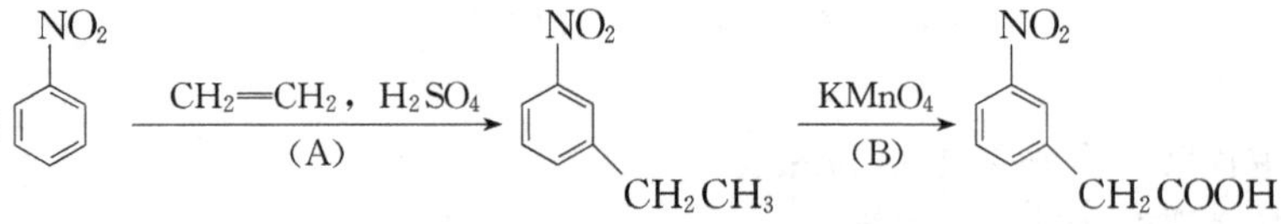

(3) 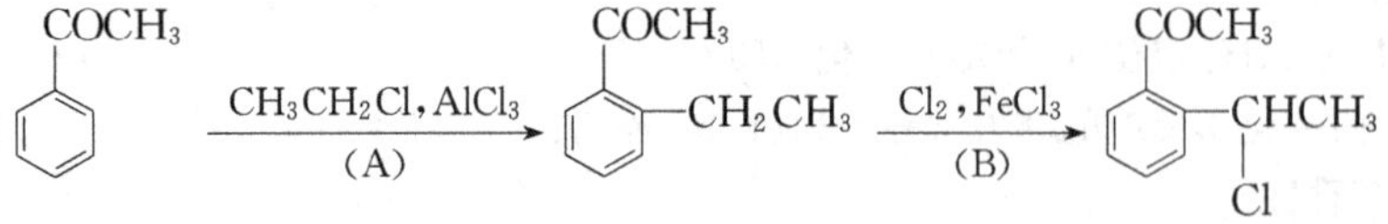

5. 每一个 C—H、C—C、C═C 键的燃烧热分别为：226.4kJ/mol、206.3kJ/mol、491.2kJ/mol，试计算环己三烯（假想的）的燃烧热与苯的燃烧热实测值 3301.6kJ/mol 相比，可以得到什么结论？

6. 加氢反应是放热的，脱氢反应是吸热的，环己二烯脱氢生成苯时，却放出 23.4kJ/mol 的热量，请解释这个事实。

7. A、B、C 三种芳烃的分子式都是 C_9H_{12}，侧链充分氧化后，再用 NaOH 滴定，1mol A 消耗 1mol NaOH，1mol B 消耗 2mol NaOH，1mol C 消耗 3mol NaOH。请写出 A、B、C 的命名。

8. 写出甲苯与下列试剂反应的反应式（括号内为催化剂或反应条件）。

(1) $CH_3CH_2CH_2Cl(AlCl_3)$　　(2) HNO_3(稀，加热)

(3) $KMnO_4(H^+)$　　(4) $Cl_2(FeCl_3)$

(5) HNO_3(浓 H_2SO_4)　　(6) Cl_2(光照)

9. 比较下列各组化合物进行硝化反应的难易。

(1) 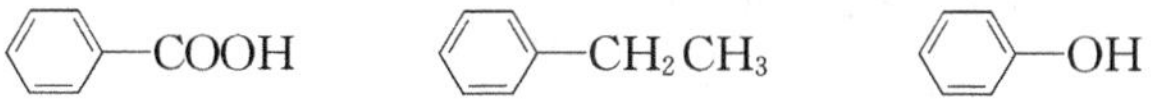

(2) 

10. 下列化合物进行硝化反应时，硝基应进入苯环的哪个位置(用箭头标出)？

(1) 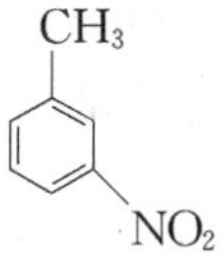　(2) 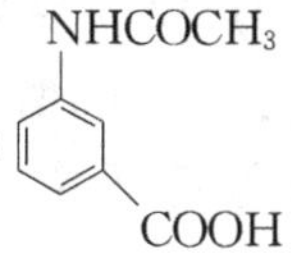　(3) 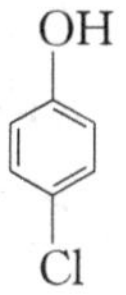

(4) 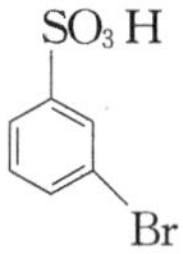　(5) 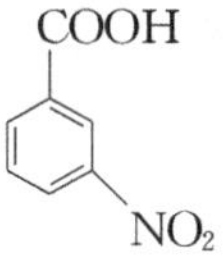　(6) 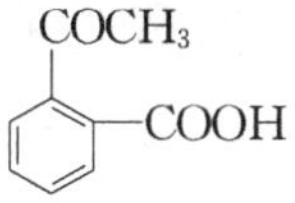

11. 用化学方法鉴别下列各组化合物。

(1) 　(2) 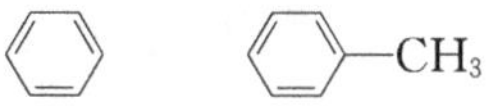

(3) 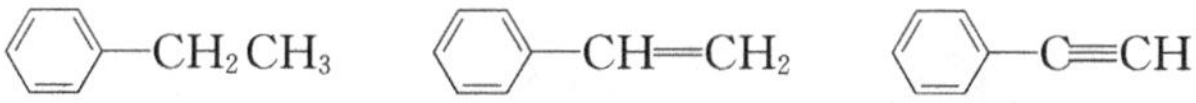

12. 化合物A的分子式为C_9H_8，在室温下能迅速使$Br_2—CCl_4$溶液和稀的$KMnO_4$溶液褪色，在温和条件下氢化时只吸收1mol H_2，生成化合物B，分子式为C_9H_{10}；A在强烈条件下氢化时可吸收4mol H_2，A强烈氧化时可生成邻苯二甲酸。试写出A和B的结构式。

13. 完成下列转变(可选用不多于4个碳的有机物及任何无机试剂)。

(1) 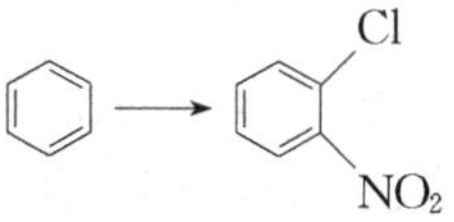　(2) 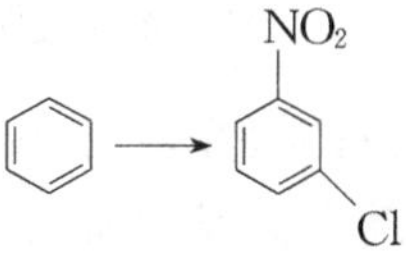

(3) 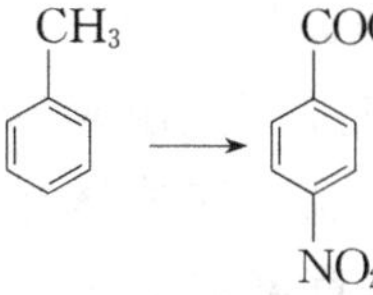　(4) 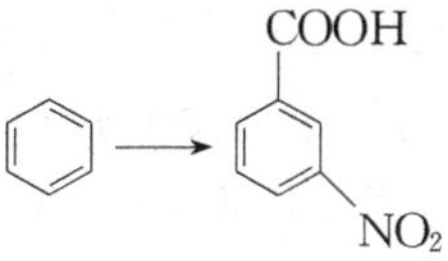

(5) 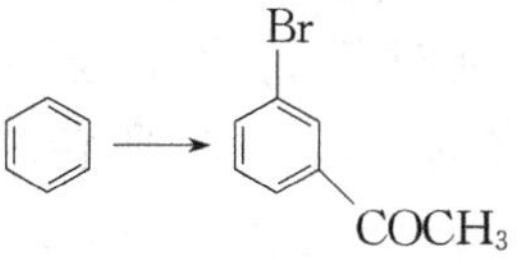　(6) 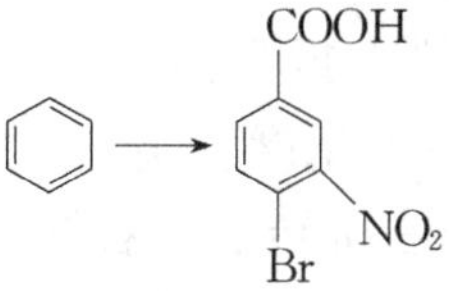

14. 下列化合物是否具有芳香性。

(1) 　(2) 　(3) 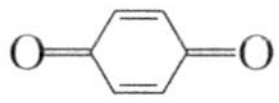　(4) 

(5) 　(6) 　(7) 　(8) 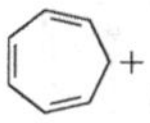

第5章 旋光异构

在第3章不饱和脂肪烃中，我们已讨论了一种立体异构现象——顺反异构(cis-trans isomerism)。本章将讨论另一种重要的立体异构现象——旋光异构。本章主要介绍旋光度及比旋光度概念，化合物的相对构型(D,L)，绝对构型(R,S)，对映异构体(enantiomer)，外消旋体(racemate)，内消旋体(mesomer)，非对映体(diastereomers)的概念。并在此基础上扼要地介绍一些立体化学的基本知识，如E2消除反应的立体化学特征等。

5.1 旋光性和比旋光度

5.1.1 旋光性

光波是一种横波，其振动方向垂直于前进方向。普通光是在不同方向上振动的，但当光通过尼柯尔(Nicol)棱镜时，则变成只在一个平面上振动的光，这种光称为平面偏振光(plane polarized light)，简称偏振光(图5-1)。

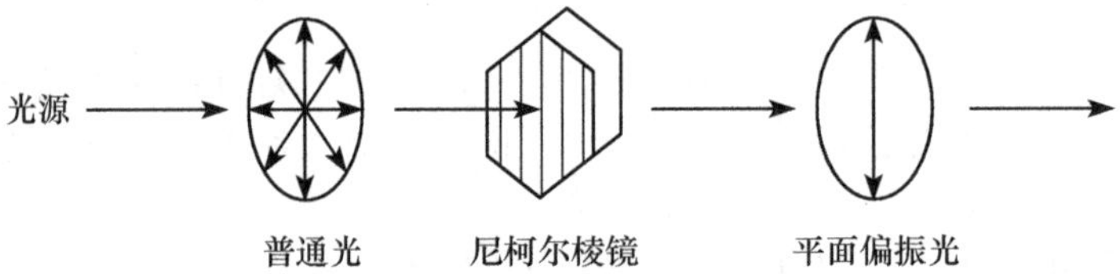

图5-1 偏振光的起源

当偏振光通过某介质时，有的介质对偏振光没有作用，即通过介质的偏振光的振动方向没有变化；而有的介质却能使偏振光的振动方向发生旋转，这种能使偏振光振动方向旋转的性质叫旋光性，具有旋光性的物质叫做旋光性物质或光学活性(optical activity)物质。

某物质是否有旋光性及旋光度大小，可用旋光仪(polarimeter)准确地测定出来。旋光仪中有两块尼柯尔棱镜(起偏镜 T_1 和连有刻度盘的检偏镜 T_2)。装有样品溶液的样品管放在 T_1 和 T_2 间的光通道上。当样品无旋光性时，经过 T_1 的偏振光不旋转，直接到达 T_2，T_2 处可观察到明亮。当样品具有旋光性时，则偏振光会旋转一个角度 α，此时若 T_2 不相应转一个角度 α，则观察到灰暗，只有 T_2 相应转一个角度 α，才能观察到明亮(图5-2)。T_2 所转的角度 α 就是旋光度。使偏振光的振动方向向右旋转的为右旋(dextrorotatory)，记做 $+\alpha$；向左旋转为左旋(levorotatory)，记做为 $-\alpha$。

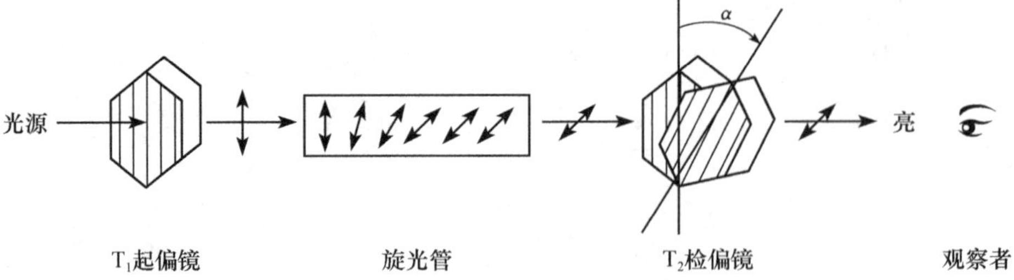

图5-2 旋光仪工作原理

5.1.2　比旋光度

一种旋光性物质的旋光度与测定时的温度、光源的波长、浓度、样品管长度等因素有关。为了便于比较，国际上需要一个统一的标准。通常规定在 20℃、波长为 589nm(钠光谱的 D 线)，偏振光通过长为 1dm，装有浓度为 1.0g/mL 溶液的样品管时，测得的旋光度为比旋光度(specific rotation)，用$[\alpha]_D^{20}$ 表示。

比旋光度$[\alpha]_D^T$ 与实测旋光度 α 的关系为：

$$[\alpha]_D^T=\frac{\alpha}{c\times l}\qquad \begin{aligned}&c=\text{溶液浓度(g/mL)}\\&l=\text{样品管长度(dm)}\end{aligned}$$

比旋光度必须表示出旋光方向，右旋为＋，左旋为－。比旋光度是光学活性物质的一项重要物理常数，一些重要的旋光性物质的比旋光度都被摘录在大型的化学手册中，以备查用。

测定旋光度的试验中，如果测定的旋光度 $\alpha=+270°$，可能是右旋 270°也有可能是左旋－90°。为了准确地断定观测到的旋光度是右旋的还是左旋的，通常还需要用不同浓度的化合物进行第二次测量，如果样品浓度减少，旋光度 α 值减小，则化合物为右旋；反之，旋光度 α 值增大，则化合物为左旋。

对于已知比旋光度的纯物质，可利用关系式$[\alpha]_D^T=\frac{\alpha}{c\times l}$求出溶液的浓度。此种测定方法称为旋光法。在制糖工业中就常利用测定糖溶液的旋光度来计算溶液中蔗糖的含量。食品分析中，测定商品葡萄糖以及谷类食品中淀粉的含量等。

5.2　手征性分子和旋光异构体

5.2.1　对称性和手性

任何物体都可在平面镜里映出一个与该物体相对应的镜像。当物体能够和它的镜像完全重合时，则它们具有对称性(symmetry)，在它们内部至少可找到一个对称中心或对称面。

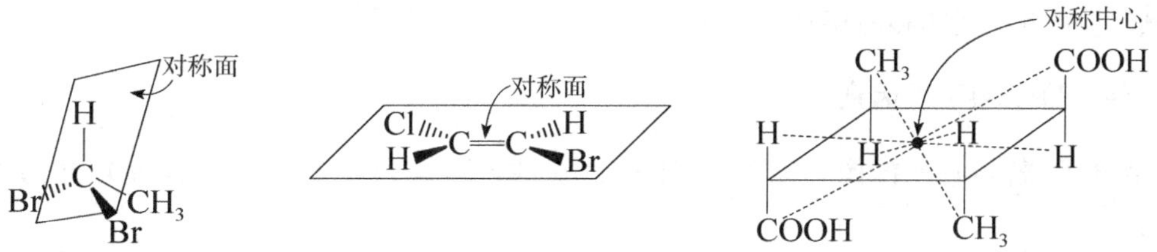

反之，若物体和它的镜像不能重合，则在它们内部找不到任何对称中心或对称面，是不对称的(asymmetry)。正像我们的左右手那样，互为镜像，但不能重合，因此，不对称性也常称为手性(chirality)。

有机分子也同样，大部分有机分子与它们的镜像能重合，是对称分子。对称分子对偏振光没有作用。但有一些有机分子与它们的镜像不能重合，是不对称分子，也称手性分子(chiral molecule)。手性分子具有旋光性。例如，乳酸的分子式为 $CH_3CH(OH)COOH$，m. p. 53℃，$pK_a=3.80$。但肌肉组织中发现的乳酸，比旋光度为$[\alpha]_D^{15}=+3.82°$，称为右旋乳酸[也称为(＋)-乳酸或 *d*-乳酸]。而酸奶发酵过程中产生的乳酸，比旋光度为$[\alpha]_D^{15}=-3.82°$，称为左旋乳酸[有时也称为(—)-乳酸或 *l*-乳酸]。这两种乳酸具有不同的旋光性，就是因为乳酸是不对称分子。

5.2.2　对映体

乳酸是不对称分子，和它的镜像不能重合，它们组成了一组对映体：

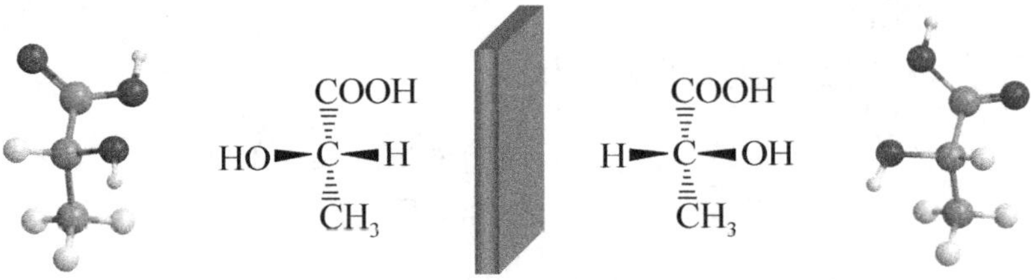

镜面

这组对映体，实质上是原子或基团在空间上的排布不同所形成的立体异构体。它们的理化性质相同，但在偏振光中，光学活性上有区别，特称为“旋光异构体”。互为对映体的一组旋光异构体又称为“对映异构体”简称“对映体”。前述的(+)-乳酸与(—)-乳酸为对映异构体。对映异构体的比旋光度$[\alpha]_D^T$数值相等，但符号相反。如果把对映异构体等量混合，则两种异构体因旋光方向相反，旋光度刚好相互抵消，不再显示出旋光性。这种对映体的等量混合物称为“外消旋体”(racemates)。一般合成手性化合物时，常得到等物质的量的对映体混合物，由于右旋体与左旋体的旋光性相互抵消，而成为无旋光性的外消旋体。例如，由丙酮酸制乳酸，可得外消旋乳酸，其中 D-型和 L-型两种产物构造完全相等，但构型不相同。

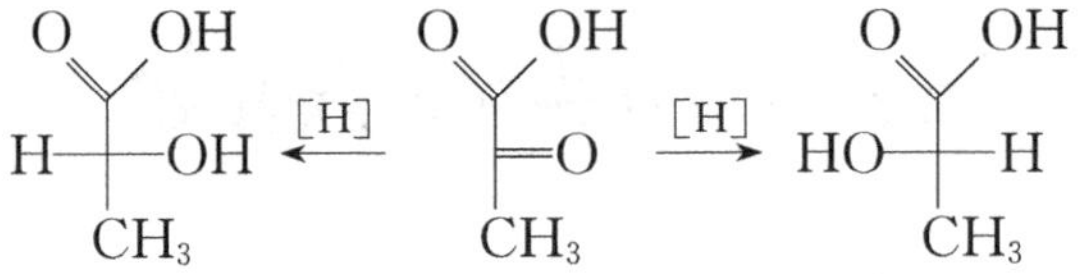

D-乳酸　　L-乳酸

乳酸外消旋体与右旋体或左旋体在物理性质上有差别，如右旋或左旋的乳酸熔点为53℃，而外消旋乳酸熔点为 18℃，但化学性质基本相同。外消旋体可通过物理、生物或化学方法拆分成纯净的左旋体和右旋体。

5.2.3　手性分子和手性因素

一个分子，若与它的镜像不能重合，则称为手性分子。凡手性分子都有旋光异构体，都有旋光性。

手性分子的结构特点是：分子中找不到任何对称中心或对称面。这种结构特点称为手性因素。最普遍的手性因素是手性碳原子(chiral carbon)，即连有四个不同的原子或基团的碳原子。手性碳原子常用“ * ”号标出。例如

丙酸，无手性碳原子，无旋光性　　乳酸，有手性碳原子，有旋光性

手性碳原子不是唯一的手性因素。有些分子结构中无手性碳原子，但因在分子中无对称中心或对称面，这些分子仍是手性分子。例如，累积双键化合物和 σ 键旋转受阻的联苯类化合物：

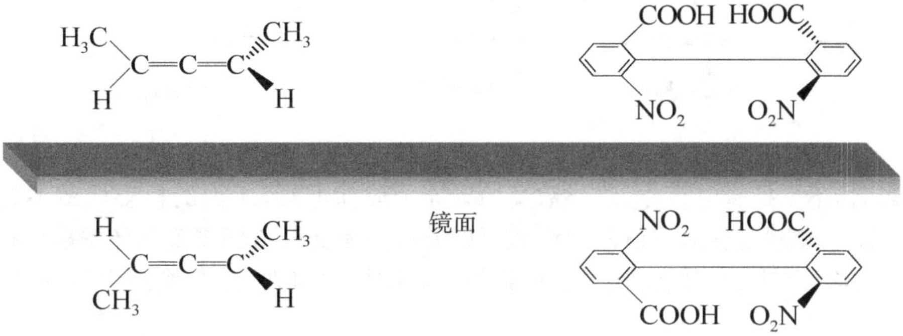

除了手性碳原子外，氮和磷原子若连有四个不同的基团，也有旋光性，称为手性氮和手性磷。例如

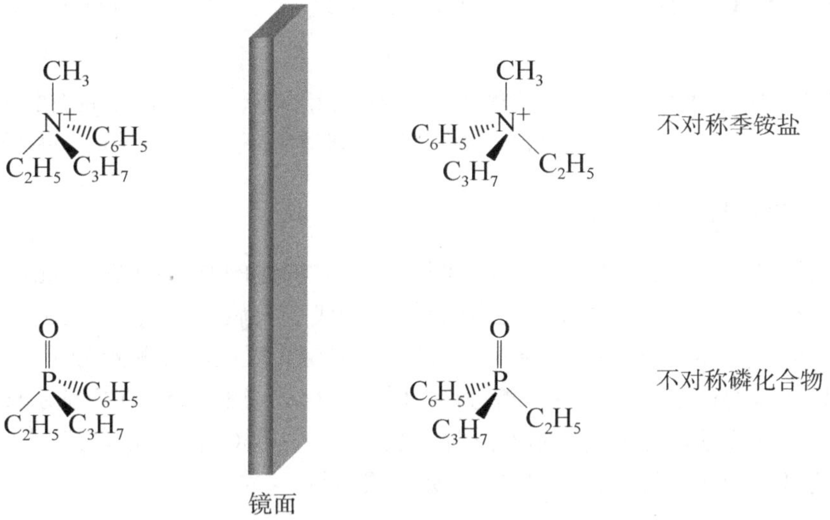

含碳原子、氮原子和磷原子的螺环化合物，若螺原子二边不对称，也有旋光性，称为手性螺环化合物，例如

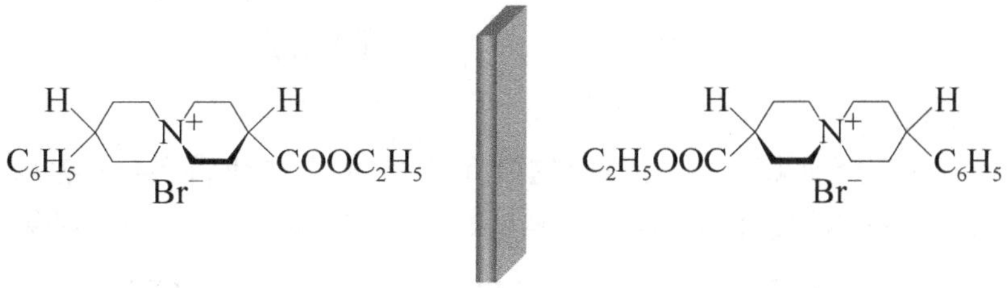

5.3　构型的确定和构型的表示方法

5.3.1　费歇尔投影式

为在平面上表示旋光异构体的不同立体结构，我们常用费歇尔(Fischer)投影式。费歇尔投影式的投影方法是：①以手性碳原子为中心。②主链直立，氧化数高的碳原子在链的上端。

③投影时，在手性碳原子上直立的两个基团朝向纸平面后方；在手性碳原子上横向的两个基团朝向纸平面前方。用这样方法所得的投影式叫规范化的费歇尔投影式。

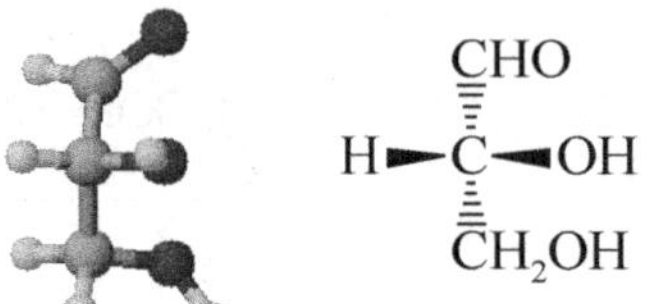

透视式

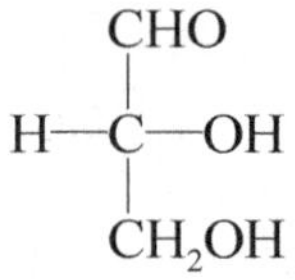

费歇尔投影式

若投影时，不是把碳链直立，氧化数高的碳原子放在上端，所得的投影式就不是规范化的费歇尔投影式。非规范化的费歇尔投影式可以通过基团交换得到规范化的费歇尔投影式。但须注意：手性碳原子上的基团交换一次得到的是原结构的对映体；交换两次得到的是原结构。例如

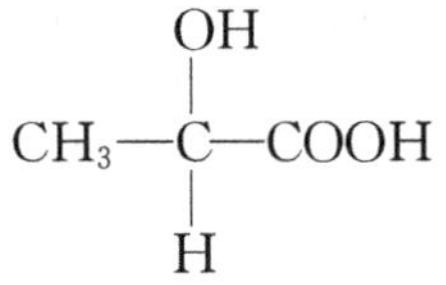

非规范化的费歇尔投影式

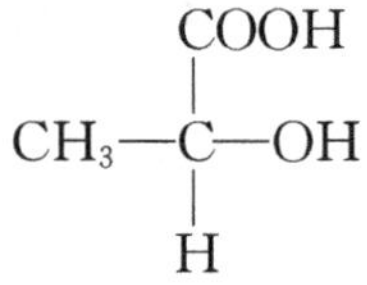

非规范化的费歇尔投影式
（交换一次得到原结构的对映体）

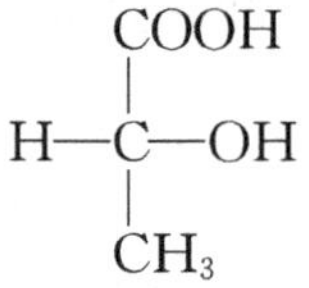

规范化的费歇尔投影式
（交换两次得到原结构）

5.3.2 相对构型和 D、L 表示法

在研究旋光异构现象的早期，由于无法测定旋光异构体的真实构型，因此，对映体的两种构型异构体虽然都可以用费歇尔投影式表示，但哪个代表右旋，哪个代表左旋，从费歇尔投影式是看不出来的，它们的旋光性可以从旋光仪测定，但旋光仪也不能测定分子的真实构型。为了确定旋光异构体的构型，人们以甘油醛为标准构型物，人为地规定：在费歇尔投影式中，甘油醛手性碳原子上的羟基在右边的表示右旋甘油醛，为 D-构型（D，dexter，拉丁文），在左边的表示左旋甘油醛，L-构型（L，laevus，拉丁文）。如下式所示：

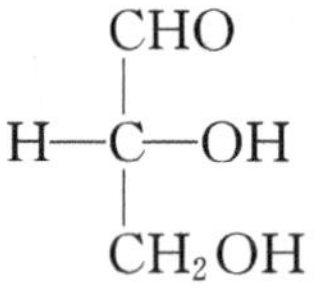

D-(+)-甘油醛

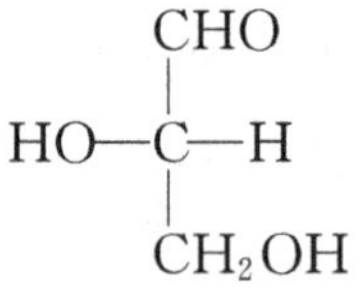

L-(−)-甘油醛

有了 D-(+)-甘油醛或 L-(−)-甘油醛这个标准物，可方便地确定与甘油醛结构上相关联的或相似的手性分子的构型。例如，D-(−)-乳酸可以通过 D-(+)-甘油醛经氧化、还原得到。

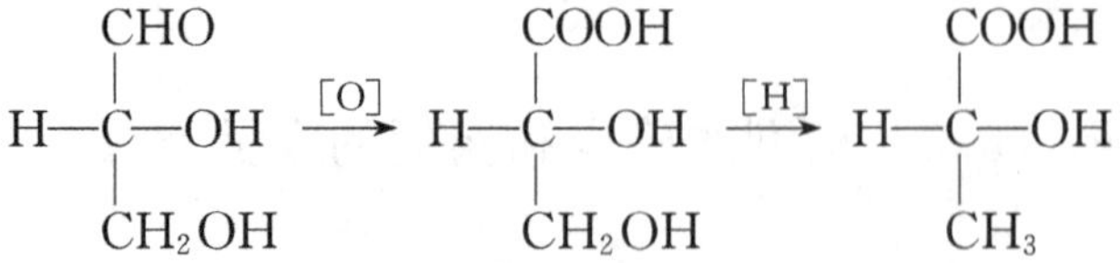

D-(+)-甘油醛　　D-(−)-甘油酸　　D-(−)-乳酸

由于标准构型是人定的，其他手性分子构型是以 D-或 L-甘油醛为标准，通过某种方法与甘油醛相联系而得到的，因而 D、L 构型称为相对构型。

5.3.3　绝对构型和 *R*、*S* 表示法

相对构型以甘油醛为标准构型物有它的局限性，有的旋光异构体的构型无法以甘油醛为标准来确定。例如，下列化合物就无法用相对构型表达。

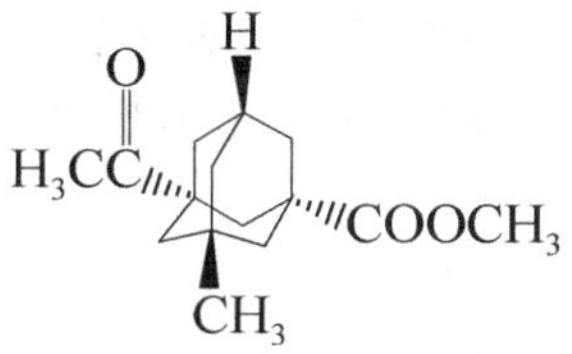
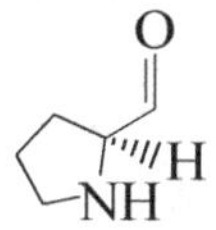

1951 年后，X 射线衍射技术的发展，人们可以直接测定对映体结构中的原子或基团的空间排列位置，这样就可以得到它们的真实构型，因此叫绝对构型。绝对构型的标记是英果尔和凯恩确立的，以手性碳原子所连接的基团在空间不同方向上的排布为特征的构型标记法，即 *R*、*S* 构型标记法。

绝对构型的确定：

① 把手性碳原子所连的四个不同的原子（或基团），据英果尔-凯恩规则（顺序规则）确定其顺序。

② 将顺序最后的原子（或基团）D 指向背离观察者方向，其他三个基团指向观察者，然后观察这三个基团的排列顺序。

③ 如果这三个基团从最优先基团 A 到第二优先基团 B，再到第三优先基团 C 的顺序是顺时针方向排布，则该分子的构型为 *R*-构型（rectus）；若逆时针方向排布则为 *S*-构型（sinister）。

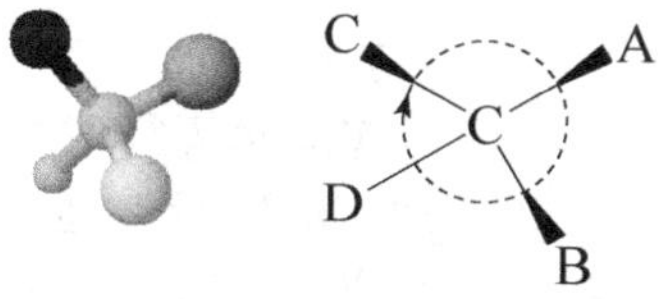

顺时针排列*R*-构型

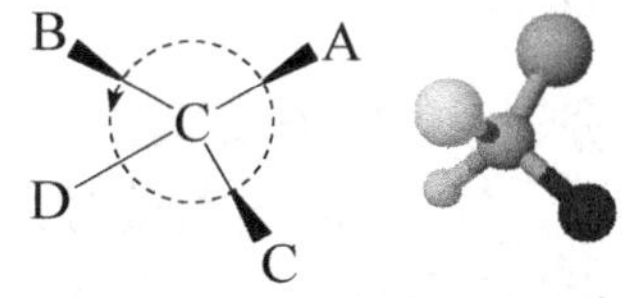

逆时针排列*S*-构型

有了绝对构型的确定方法，我们就可以确定任何手性化合物中手性碳原子的构型。例如

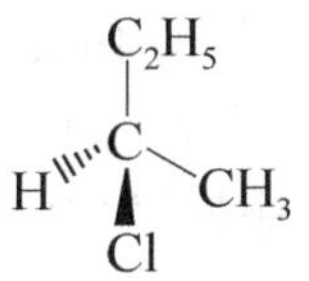
R-2-氯丁烷
顺时针排列为*R*-构型

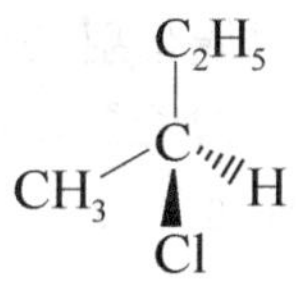
S-2-氯丁烷
逆时针排列为*S*-构型

绝对构型确定的方法，突破了相对构型确定必须与甘油醛相关的局限，如下面两个化合物，用相对构型无法确定 D、L 构型，但在绝对构型确定方法中，只要知道最小位次的原子或基团的空间位置，就可确定其构型。

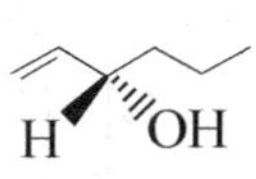
S-1-己烯-3-醇

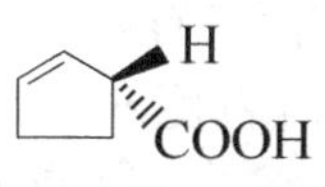
R-环戊烯-3-甲酸

费歇尔投影式由于已经明确表示了基团在空间的位置，因而也可直接确定 *R*、*S* 构型，例如

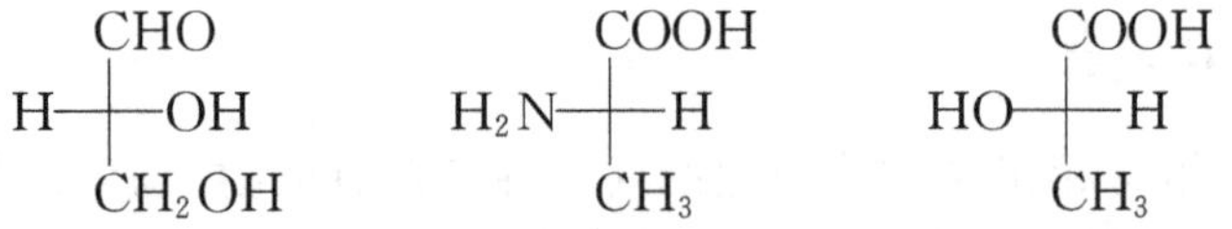

R-甘油醛　　*S*-丙氨酸　　*S*-乳酸

费歇尔投影式只能在纸面上转动180°其构型不变。若投影式离开纸面翻转过来，或在纸面上转90°，则构型发生了转变，因为此时手性碳原子上的基团前后关系发生了变化。

5.3.4　构型和旋光性的关系

含一个手性碳原子的化合物有两个对映异构体。我们可用旋光仪测知一个是右旋的，另一个是左旋的。那么，右旋的异构体是D-构型，左旋的是L-构型，还是正好相反呢？这需用实验方法来测定。

例如，(＋)-甘油醛具有D-构型，通过一系列不触及手性碳原子四个价键断裂的化学反应，将标准转化为待测化合物，就可知道待测物的构型。

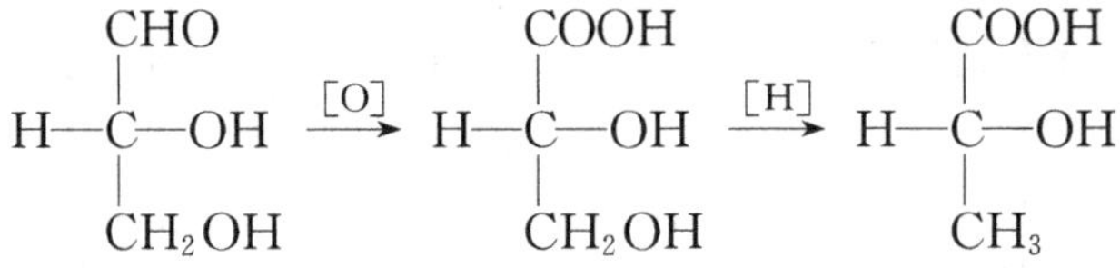

D-(＋)-甘油醛　　D-(－)-甘油酸　　D-(－)-乳酸

如上可知(－)-甘油酸和(－)-乳酸都具有与D-(＋)-甘油醛同样的构型，即都具有D-构型。显而易见(＋)-甘油酸和(＋)-乳酸是可从L-(－)-甘油醛转化而来，因此，它们应是L-构型。

构型表示了分子中的原子或基团在空间的排布方式。旋光性是手性分子对偏振光作出反应的一种物理性质。绝对构型与旋光性的关系只能通过实验才能确定。通过X-射线衍射法，我们能准确知道手性碳原子上4个基团在三维空间方向上的位置，即绝对构型。因此，一个用旋光仪已准确测出其旋光性(左旋或右旋)的异构体，再用X射线衍射法测出它的绝对构型后，我们就确定了它的旋光性和构型的关系。例如，经旋光性测定为D-(＋)-甘油醛，D-(－)-甘油酸，D(－)-乳酸经X射线衍射法确定他们的绝对构型为*R*，由此也可以肯定它们的对映体；L(－)-甘油醛，L-(＋)-甘油酸，L-(＋)-乳酸的绝对构型为*S*。在旋光异构体中，D、L，*R*、*S*是表示旋光异构体的构型，而(＋)、(－)是表示旋光异构体的旋光方向，两者之间没有必然的联系。

5.4　旋光异构体的数目和内消旋体

5.4.1　含两个不同手性碳原子的化合物的旋光异构体

含一个手性碳原子的化合物，有两种旋光异构体，即一组对映体。若有2个手性碳原子的化合物，例如，2,3,4-三羟基丁醛(图5-3)，有4个旋光异构体，即两组对映体(两组外消旋体)。以此类推，一个化合物中有几个不相同的手性碳原子，它便有2^n个旋光异构体，有2^{n-1}组对映体(外消旋体)。

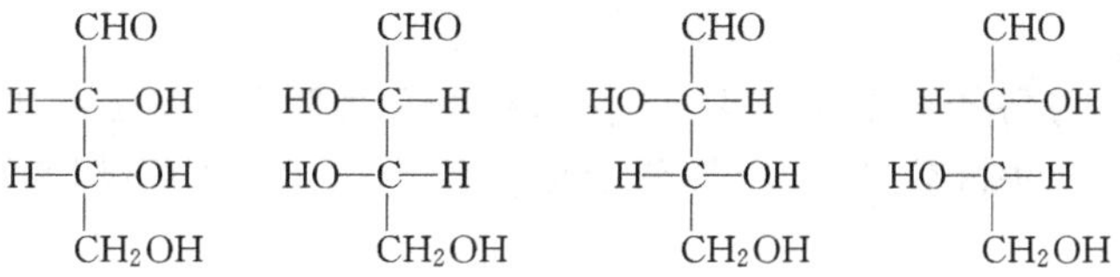

Ⅰ Ⅱ Ⅲ Ⅳ

图 5-3 2,3,4-三羟基丁醛的 4 个旋光异构体

从上例我们还可看到：Ⅰ和Ⅱ，Ⅲ和Ⅳ互为对映异构体（它们分别可组成两组外消体）。Ⅰ、Ⅱ和Ⅲ、Ⅳ之间不成对映关系，它们是非对映旋光异构体，非对映异构体理化性质，旋光性各不相同，不能组成外消旋体。

5.4.2 含两个相同手性碳原子的化合物的旋光异构体

含 2 个或 2 个以上手性碳原子的化合物中，若分子内部有对称面，则手性碳原子的旋光作用在分子内部就会互相抵消，整个分子不显示旋光性，称之为内消旋体。内消旋体不是手性分子，亦无对映体可言。例如，酒石酸有两个相同手性碳原子，就只有 3 种异构体，它们分别为（＋）-酒石酸，（－）-酒石酸，*dl*-酒石酸（内消旋体，有时记为 *i*-酒石酸）。

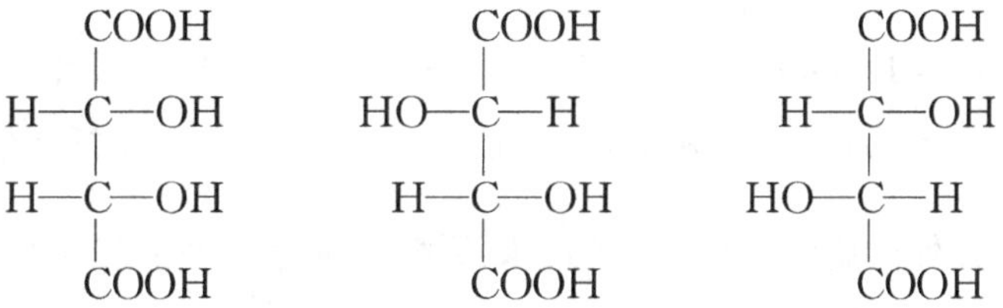

i-酒石酸 （－）-酒石酸 （＋）-酒石酸

5.4.3 外消旋体的拆分

外消旋体由一组对映体等量混合而成。对映体除旋光方向相反外，在非手性条件下，其他理化性质相同。例如，它们有相同的沸点、折光率、红外光谱。因此外消旋体用一般的物理方法（如分馏，重结晶）不能将一组对映体拆分开来。有机合成有生理活性的化合物，或从天然产物中提取有生理活性的化合物，往往只有一个立体异构体有所需的生理活性，如 L-（＋）-抗坏血酸（VC）有生理活性，D-（－）-抗坏血酸却是无效的。又如 *S*-（＋）-氯铵酮有麻醉作用，现用为静脉麻醉药；而*R*-（－）-异构体则产生兴奋和精神紊乱作用，两者生理活性完全不同，因此，必须经过拆分得到人们所需的生理活性异构体。这种外消旋体的拆分必须要用特殊的拆分方法（resolution）。拆分方法一般有下列几种：

1）机械拆分法

利用对映体结晶形态上的差异，借肉眼或放大镜辨认，把一组对映体的不同结晶分离出来。如 Pasteur 曾在研究外消旋酒石酸钠铵时发现它们有两种不对称的晶体（1848 年），并借助肉眼而将它们分离，得到左旋和右旋的酒石酸钠铵。此法目前极少应用。但若对映体结晶形态明显不对称，结晶颗粒又宜手工分离时，在实验室少量制备时偶尔会采用。

晶种拆分法是机械拆分法的一种改良。如果一个外消旋体的饱和溶液，其对映体在溶液中的结晶能力不一样，可用其中一种对映体的结晶作为晶种进行接种，从而该种对映体就可从外消旋体的饱和溶液中结晶出来。例如，*dl*-氯霉素的母体 *dl*-氨基醇就可利用 *d*-氨基醇或 *l*-氨基醇的晶种进行拆分。旋光性药物的生产中有许多晶种拆分法的例子。

2）选择性吸附法

利用某种旋光性的高分子物质作为吸附剂，有选择地吸附外消旋体中的某一对映异购体，而达到拆分的目的。此法拆分效率高，操作简便。目前国内外均在努力研制高效率的旋光性吸附剂，以便应用。

3）化学拆分法

此法是将外消旋体与某种旋光性物质发生化学结合，得到非对映体衍生物的混合物。因非对映体衍生物具有不同的物理性能，就可用一般的分离方法将其拆分。最后再把已分离的非对映体衍生物分别变回原来的旋光化合物。用来拆分对映体的旋光性物质，通常称为拆分剂。不少拆分剂是由人工合成或天然产物中分离提取得到。常用的有 *d*-酒石酸和 *l*-酒石酸，*d*-α-苯乙胺和 *l*-α-苯乙胺等。化学拆分特别适用于外消旋体为酸或碱的化合物。而无酸，碱基团的外消旋体可先接上酸，碱基团再行拆分。通式如下：

$$\left.\begin{matrix}(+)\text{-RCOOH}\\(-)\text{-RCOOH}\end{matrix}\right\} + 2(+)\text{-R}'\text{NH}_2 \longrightarrow \begin{matrix}(+)\text{-RCOOH}\cdot(+)\text{-R}'\text{NH}_2\\(-)\text{-RCOOH}\cdot(+)\text{-R}'\text{NH}_2\end{matrix}$$

外消旋体　　　　非对映体混合物

$$\xrightarrow{\text{分离}}\begin{cases}(+)\text{-RCOOH}\cdot(+)\text{-R}'\text{NH}_2\text{HCl}\longrightarrow(+)\text{-RCOOH}+(+)\text{-R}'\text{NH}_2\\(-)\text{-RCOOH}\cdot(+)\text{-R}'\text{NH}_2\text{HCl}\longrightarrow(-)\text{-RCOOH}+(+)\text{-R}'\text{NH}_2\end{cases}$$

已分离的非对映异构体衍生物　　　　已拆分的对映体

例如，用辛可宁碱拆分外消旋酒石酸，或反过来用酒石酸拆分外消旋辛可宁碱，均具有相同的原理。

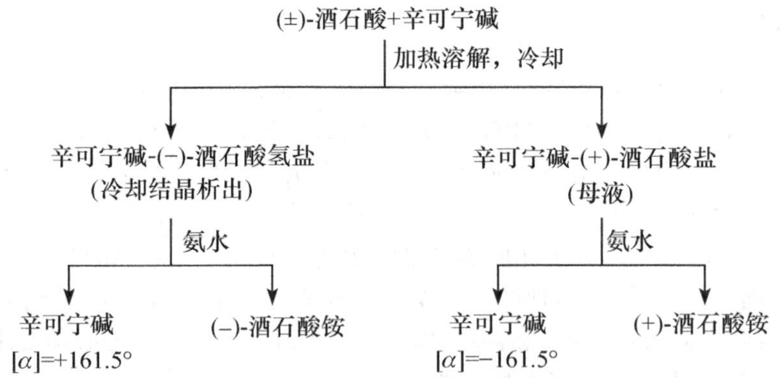

在化学研究和生产中，拆分对映体后得到左旋或右旋异构体，但往往只有左旋或右旋异构体能为研究和生产所用，利用了右旋异构体，则左旋异构体成了废物，利用了左旋异构体，则右旋异构体成了废物。因此，如何充分利用左旋或右旋异构体的方法就是使左旋或右旋异构体外消旋化。

外消旋化是通过化学反应或互变异构将左旋或右旋光学异构体转变成它的外消旋体的过程。例如，将 α-甲基丁酸加热，转化过程中 α-碳原子上的氢原子转移到羰基的氧原子上，形成烯醇式共平面，旋光性逐渐消失，最后得到等量的外消旋对映体混合物。

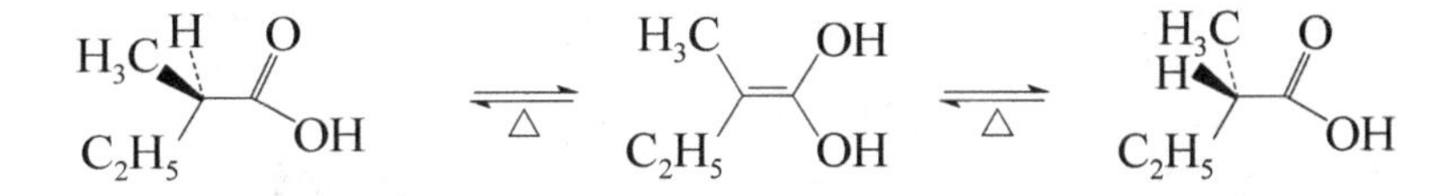

左旋或右旋α-甲基丁酸　　烯醇式(共平面)　　外消旋α-甲基丁酸

又如，在少量酸或碱的作用下，*R*-2-甲基环己酮可经烯醇式共平面，旋光性逐渐消失，最后得到等量的外消旋体：

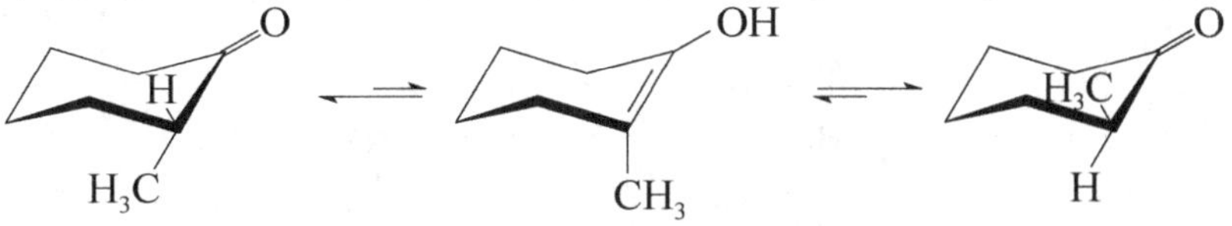

烯醇式(共平面)

外消旋化的易难，与化合物结构稳定性有关。大多数的化合物在光、热或化学试剂的作用下易发生外消旋化，有些结构易互变异构的化合物甚至会自动发生外消旋化，但有少数化合物却很难发生。

通过外消旋化，旋光物质的一半成了它的对映体。这对于旋光物质的化学拆分，充分利用光学异构体物质有重要意义。

5.5　烯烃亲电加成的立体化学

烯烃的碳碳双键具有平面结构。在发生亲电加成反应时，试剂是从双键平面的同侧加成上去(顺式加成)还是从双键平面的异侧加成上去(反式加成)，这个问题涉及亲电加成反应的立体化学。立体化学对研究反应机理是具有重要意义的。下面以碳碳双键上的亲电加成反应来说明立体化学在研究反应机理中的应用。

以顺-2-丁烯和反-2-丁烯与溴加成为例。如果反应在排除烯烃异构化的条件下进行，实验结果发现：顺-2-丁烯与溴加成得到的是外消旋 2,3-二溴丁烷，说明是反式加成。

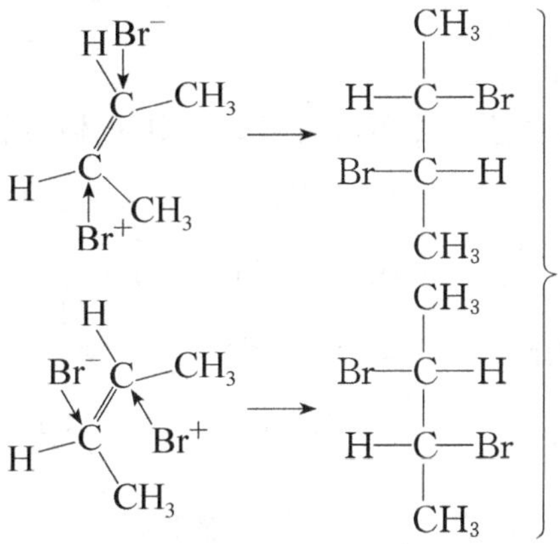

外消旋

若是顺式加成，则得到的应是内消旋体。但实验结果只生成少量的内消旋产物。

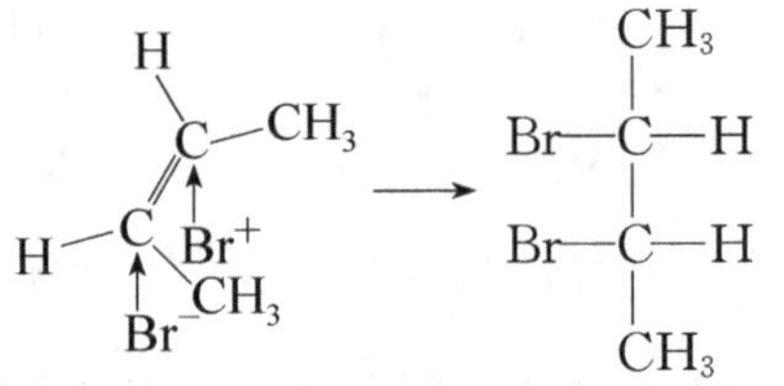

内消旋

若反应经生成碳正离子中间体，则该机理不能说明上述立体化学实验事实。因为，如果按生成碳正离子中间体机理进行，生成的碳正离子中间体具有平面构型(如下式 C^{+})。

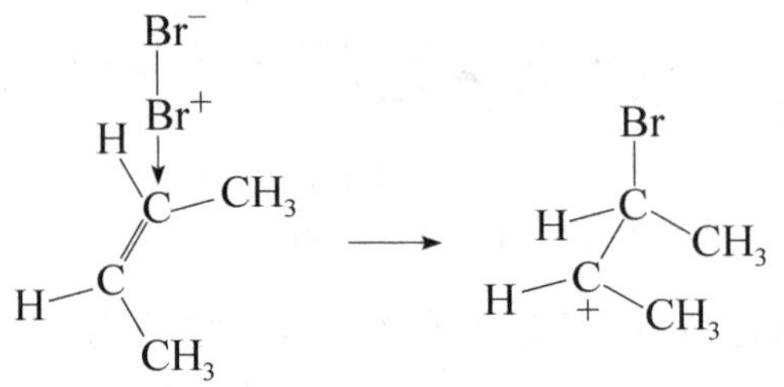

经碳正离子中间体顺式或反式加成，并考虑到由于碳碳单键(C_2—C_3)可以自由旋转，因而与溴的加成产物就不可能完全是外消旋体，也可能得到内消旋体。从理论上讲，内消旋体与外消旋体应各占 50%。这与主产物为外消旋体的实验事实不符。

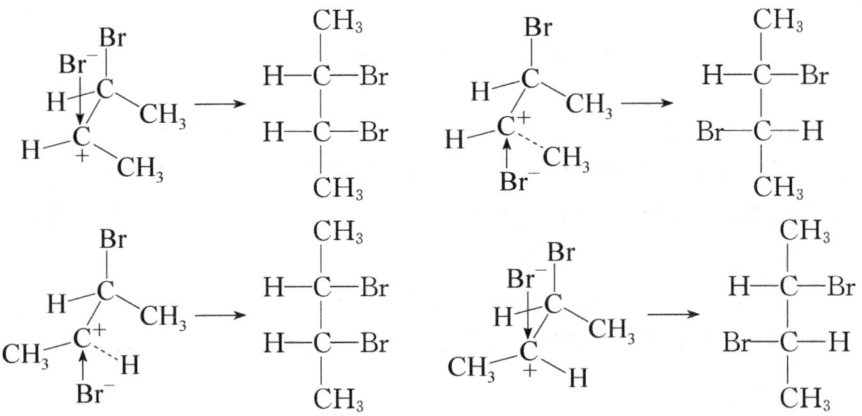

内消旋体　　　　外消旋体

现在认为，烯烃与溴的加成是通过生成环状溴正离子中间体(溴鎓离子)机理进行的。

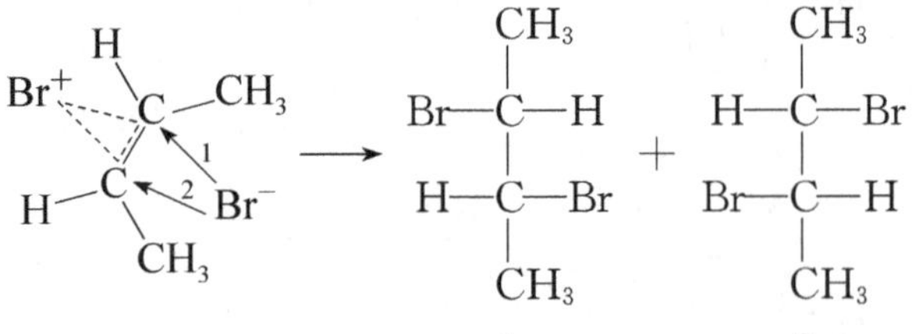

1　　　2

外消旋体

由于形成环状结构中间体，既阻止了碳碳单键的自由旋转，同时也限定了 Br^{-} 只能从环状溴鎓离子的反面进攻。因为进攻两个碳原子的机会均等，因此得到的是外消旋体。

上述顺-2-丁烯与溴加成主要得到的是外消旋体产物的反应是有立体选择性的反应。凡是一个反应能产生几种立体异构体的可能，而主要只产生一种立体异构体时，这个反应就称为有立体选择性的反应。

反-2-丁烯与溴加成得到的是内消旋 2,3-二溴丁烷。同样说明生成环状溴正离子中间体机理进行的反式加成反应。

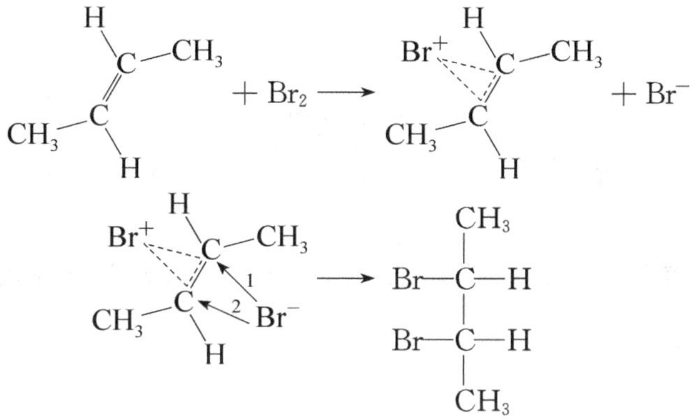

内消旋体

思　考　题

1. 手性碳原子、手性化合物与旋光性有何关系？手性化合物的构型与左旋或右旋光有无关系？
2. 对映体，非对映体，旋光异构体，非旋光异构体，内消旋体，外消旋体概念上有何差别？
3. 内消旋体与外消旋体均无旋光性，但它们有何不同？
4. 旋光度 α 与比旋光度[α]概念上有何差别？
5. 手性分子一定含有手性碳原子。有手性碳原子的化合物一定有旋光性，一定是手性分子。这些结论对吗？
6. 测定某一化合物的旋光度，发现其旋光度 $\alpha=+320°$，该化合物一定是右旋吗？为什么？

习　　题

1. 已知葡萄糖的[α]＝＋52.5°。在 0.1m 长的样品管中盛有未知浓度的葡萄糖溶液，测得其旋光度为＋3.4°。求此溶液的浓度。
2. 有一旋光性化合物，测得其旋光度为＋6.3，该旋光性化合物一定是右旋化合物吗？若不是右旋化合物，该如何做才能准确得知该旋光性化合物的旋光方向。
3. 下列化合物是否有对映异构体？若有的话写出它们的一对对映异构体。

   1-戊醇；　2-戊醇；　3-戊醇；　苹果酸；　柠檬酸；　2,3-戊二烯
4. 写出下列化合物的所有立体异构体。

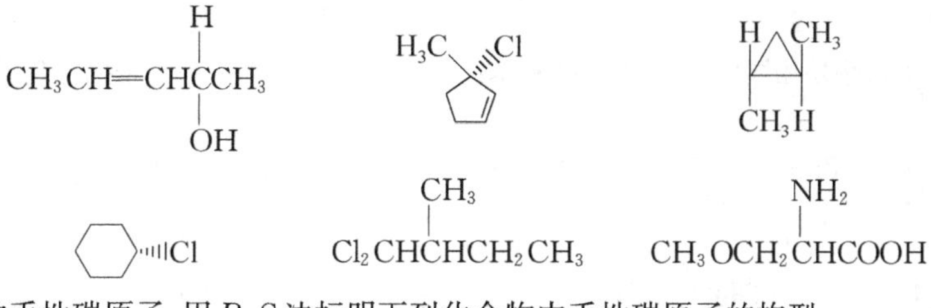

5. 找出下列化合物的手性碳原子，用 R、S 法标明下列化合物中手性碳原子的构型。

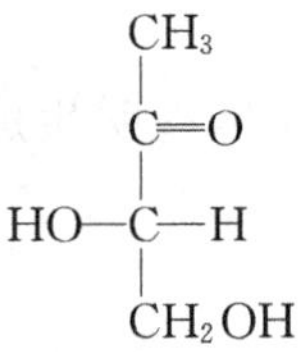
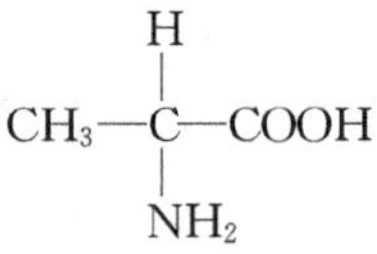
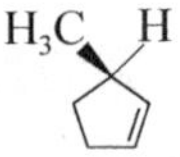

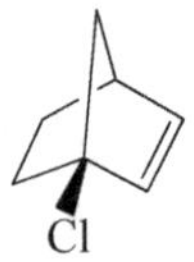
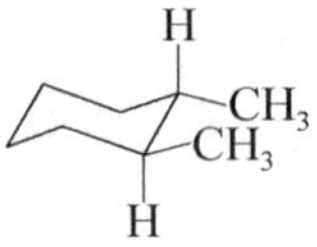
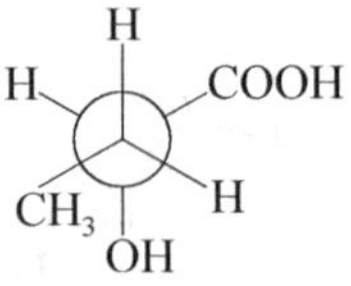

6. 脱落酸(ABA)是一种植物内源生长抑制剂。有抑制生长，诱导休眠，使器官衰老脱落等作用。天然脱落酸结构如下：

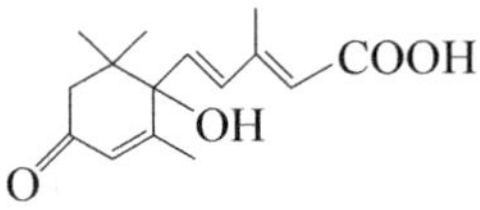

(1) 划出碳架中异戊二烯单位，属几萜碳架？

(2) 它可能有多少构型异构体？

(3) 若全部氢化后，产生多少个手性碳原子？

7. 胆甾醇的结构如下，标出该结构式所有手性碳原子(用“ * ”标示)。

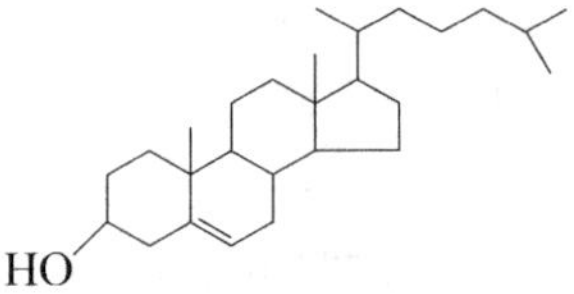

8. 将下列化合物结构式转变成费歇尔投影式，并标明每个手性碳原子的绝对构型。

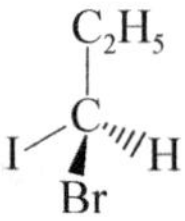
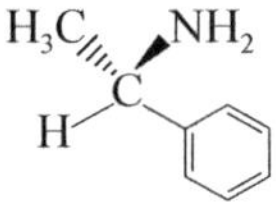
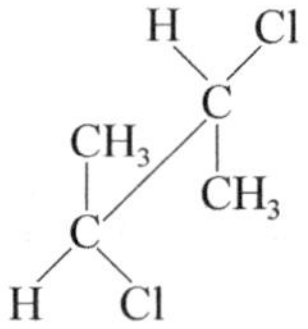

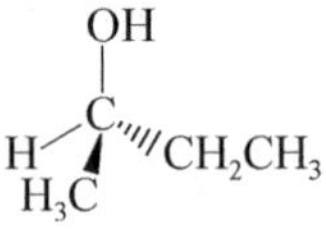
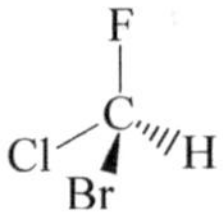
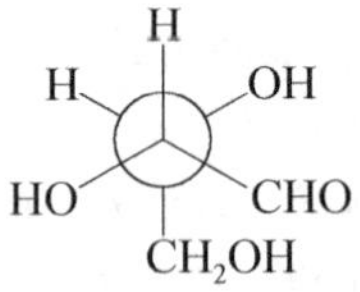

9. 环己烯与下列试剂加成后，所得产物的构型各如何？

HBr；　IBr；　Br_2

10. 下列各组化合物哪些是相同的？哪些是对映体？哪些是非对映体？哪些是内消旋体？

(1) 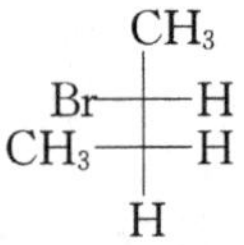　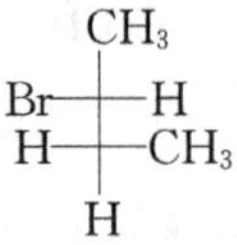　(2) 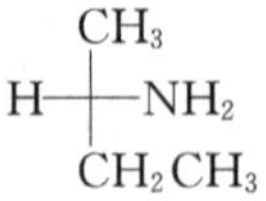　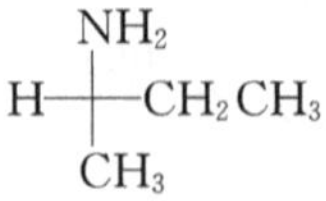

(3) 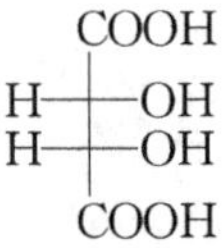　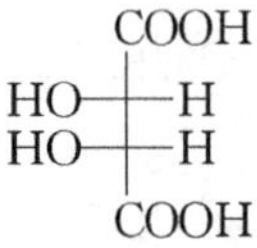　(4) 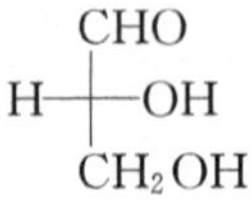　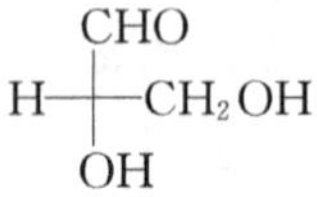

(5) 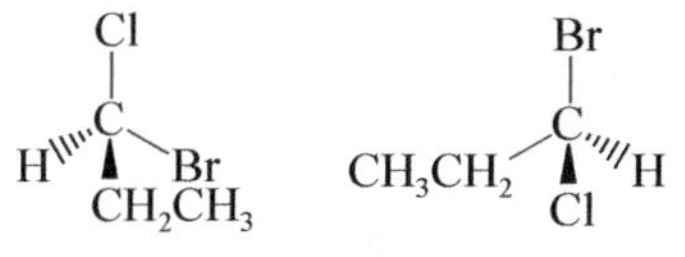

(6) 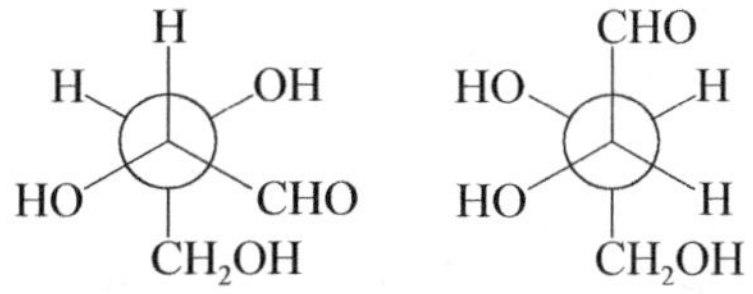

11. 有两种烯烃A和B,分子式均为C_7H_{14}。它们都有旋光性,且构型相同。分别催化加氢后都得到C,C也有旋光性。试推测A,B,C的结构式。

12. 写出反-2-丁烯与溴进行反式加成的反应式,得到何种立体异构体?

13. 鳄鱼能分泌一种性信息素,它由两个立体异构体组成,其中之一结构为

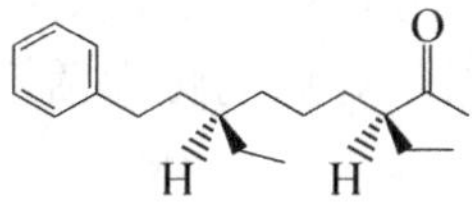

(Ⅰ)

(1) 用系统命名法命名这个化合物,并标明其手性碳原子的R、S构型。

(2) 这种性信息素的另一种立体异构体(Ⅱ)具有两个S构型的手性碳原子,写出另一种立体异构体(Ⅱ)。

(3) 试问立体异构体(Ⅰ)和(Ⅱ)是对映异构体,还是非对映异构体?

第 6 章　卤　代　烃

卤代烃(alkyl halides)是烃类分子中一个或多个氢原子被卤原子取代的化合物。卤代烃常常发生亲核取代反应和消除反应，从而实现官能团的转变。本章主要介绍亲核取代反应和消除反应，及其 S_N1 和 S_N2，E1 和 E2 反应机理。卤代烷结构，溶剂与 S_N1，S_N2，E1，E2 反应的关系。利用诱导效应和共轭效应解释卤代烯烃的化学活性。

6.1　卤　代　烷

6.1.1　卤代烷的结构和命名

卤代烷是烷烃分子中的氢原子被卤素取代的产物。根据烃的种类，卤代烃可分为卤代烷、卤代烯、卤代炔以及卤代芳烃等。

CH_3I　　$CH_2{=}CHCl$　　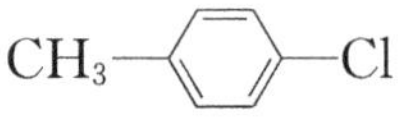

卤代烷　　卤代烯　　卤代芳烃

绝大多数的卤代烃是人工合成的。这些人工合成的卤代烃在我们生活中有着广泛的应用，二氯甲烷、氯仿、四氯化碳是常用的有机溶剂，1，1，2-三氯乙烯是一种很好的干洗剂，六六六、DDT 曾是广泛使用的杀虫剂。

过去认为自然界中卤代烃存在甚少，如甲状腺素是仅存在于人体中的含碘有机物。

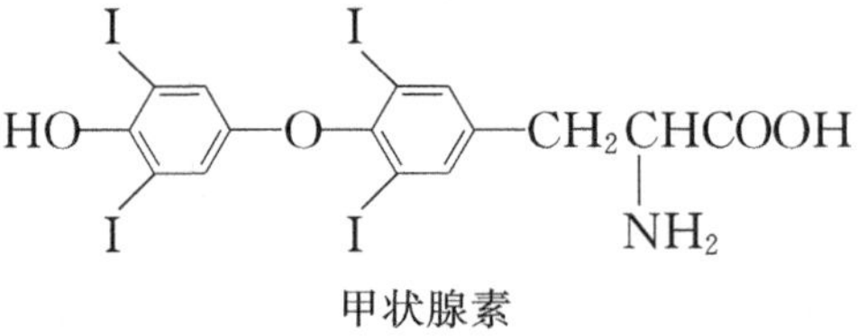

甲状腺素

20 世纪 70 年代以后，随着对海洋生物的深入研究，在海洋生物体中发现了许多含卤素的化合物。海水富含卤素，因此，海洋生物中的含卤有机物非常丰富，最常见的是含溴化合物，其次是含氯化合物，然后是含碘化合物。含有多卤素的天然产物是海洋天然产物中所特有的，特别是溴化物迄今尚未见于陆源生物中。如从海兔中分离得到一种多卤代烯：

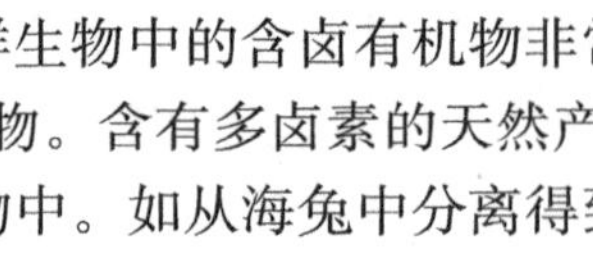

在系统命名法中，卤原子总是作为取代基的，即选择含卤素的最长碳链作为主链，支链和卤素作为取代基，按照主链所含碳原子的数目称为“某烷”，命名为某卤(代)某烃。例如

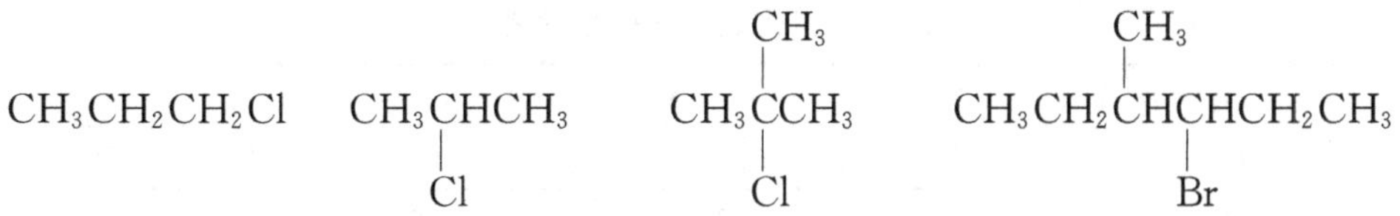

1-氯丙烷　　2-氯丙烷　　2-甲基-2-氯丙烷　　3-甲基-4-溴己烷

一些常见的卤代烃常用习惯名或俗名，例如

CHI_3　　三碘甲烷(碘仿)

$CHCl_3$　　三氯甲烷(氯仿)

CCl_2F_2　　二氯二氟甲烷(氟利昂)

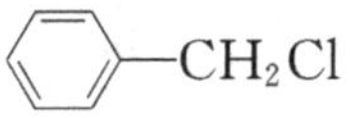

苄氯

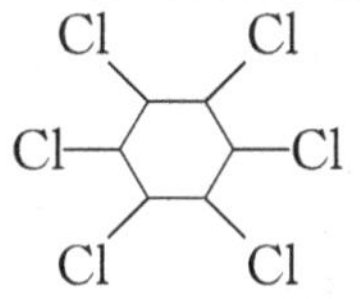

六六六

虽然卤代烷烃中卤原子所在的碳原子是 sp^3 杂化的，但根据卤原子所在碳原子的环境不同，有甲基卤代烷、伯卤代烷、仲卤代烷和叔卤代烷。

CH_3F　　CH_3Cl　　CH_3Br　　CH_3I　　甲基卤代烷

CH_3CH_2Br　　$CH_2=CHCH_2Cl$　　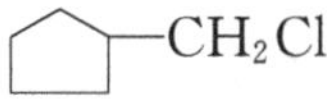　　伯卤代烷

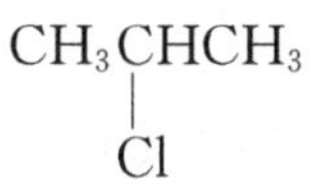　　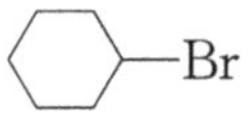　　仲卤代烷

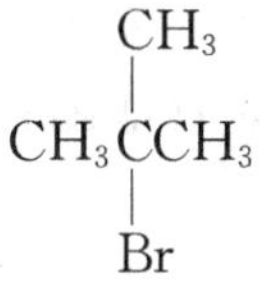　　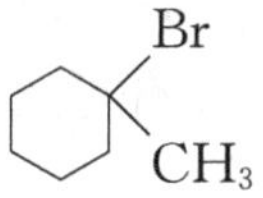　　叔卤代烷

卤代烃的异构体比相应的烷烃多，例如，丁烷只有两种异构体而一卤代丁烷有四种异构体：

$CH_3CH_2CH_2CH_2Cl$　　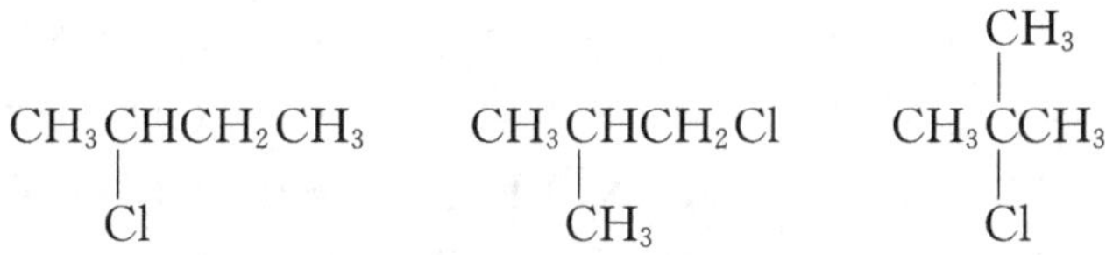

1-氯丁烷　　2-氯丁烷　　2-甲基-1-氯丙烷　　2-甲基-2-氯丙烷

6.1.2　卤代烷的物理性质

在室温下，含 1～3 个碳原子的一氟代烷，含 1～2 个碳原子的氯代烷和溴甲烷为气体，其余的一卤代烷为液体，高级卤代烷为固体。

卤原子是电负性比较大的原子，但不是亲水基团，所以卤代烷都不溶于水而溶于有机溶剂。一些低级的卤代烃(如三氯甲烷、四氯化碳)本身就是良好的有机溶剂，除一氟代烷和一氯代烷外，卤代烷的密度都大于 $1g/cm^3$，并随烃基加长而减小。分子中卤原子数目增多，熔沸点升高，相对密度加大。卤代烃的一些物理常数见表 6-1。

表 6-1 卤代烃的一些物理常数

R—	沸点/℃			密度/(g/cm³)			折光率		
	RCl	RBr	RI	RCl	RBr	RI	RCl	RBr	RI
CH_3—	−2.42	3.56	42.4	0.916	1.676	2.279	1.3661*	1.4218	1.5380
C_2H_5—	12.3	38.4	72.3	0.398	1.460	1.936	1.3676	1.4239	1.5133
n-C_3H_7—	46.6	71	102.5	0.891	1.354	1.749	1.3879	1.4343	1.5058
n-C_4H_9—	78.4	101.6	130.5	0.886	1.276	1.615	1.4021	1.4401	1.5001
n-C_5H_{11}—	107.8	129.6	157	0.882	1.218	1.516	1.4127	1.4447	1.4959
n-C_6H_{13}—	134.5	155.3	181.3	0.879	1.174	1.440	1.4199	1.4478	1.4929
n-C_7H_{15}—	159	178.9	204	0.879	1.140	1.379	1.4256	1.4502	1.4904
i-C_3H_7—	35.7	58.4	89.5	0.862	1.314	1.703	1.3777	1.4251	1.5026
环-C_6H_{11}—	143	166.2	180d	1.000	1.336	1.624	1.4626	1.4957	1.5477
CH_2X_2	40	99	180d	1.336	2.49	3.33			
CHX_3	61	151	升华	1.489	2.89	4.01			
CX_4	771	89.5	升华	1.595	3.42	4.32			

* 10℃测定；d 分解。

6.1.3 卤代烷的化学性质

卤素是卤代烷的官能团。卤代烷分子中，卤原子的电负性大于碳原子，因此，C—X 键是极性键，反应主要发生在 C—X 键上。当卤代烷与亲核试剂作用时，C—X 键发生异裂并与亲核试剂结合生成一系列化合物，因此，在有机合成上具有重要意义，是官能团转变的重要方法之一。

1. 取代反应

在一定条件下(通常为碱性条件)，卤代烃的卤原子可被一些亲核试剂取代。例如

$$R—X + Nu^- \longrightarrow R—Nu + X^-$$
$$R—X + {}^-OH \longrightarrow R—OH + X^-$$
$$R—X + R'O^- \longrightarrow R—OR' + X^-$$
$$R—X + {}^-CN \longrightarrow R—CN + X^-$$
$$R—X + NH_3 \longrightarrow R—NH_2 + NH_4^+$$

这些反应都是典型的亲核取代反应(nucleophilic substitution reaction)，是强的亲核基团 Nu^- 取代了弱的亲核基团 X^-。当烃基相同时，卤代烷的反应活性一般是：RI＞RBr＞RCl＞RF。这是因为卤原子半径越大，可极化性越大，反应活性也越大，因此，C—I 键最容易断裂。利用这些反应可从卤代烃制取许多类别的化合物，实现官能团转变，如卤代烃与 CN^- 反应得到腈，再水解可得羧酸，腈还原还可得胺。取代反应中生成 X^-，若有 Ag^+ 存在，则可生成卤化银沉淀(氟化银除外)，用以鉴别卤代烃。不同烃基的卤代烃与 $AgNO_3$ 乙醇溶液反应，根据生成卤化银沉淀的快慢、沉淀颜色(AgCl 白色，AgBr 淡黄色，AgI 黄色)来测得其卤代烃类型。

$$R—X + AgNO_3 \xrightarrow{酒精} RONO_2 + AgX\downarrow$$

不同烃基的卤代烃与 $AgNO_3$ 乙醇溶液反应，卤代烃结构活性次序为

烯丙基卤代烃 > 叔卤代烃 > 仲卤代烃 >
伯卤代烃 > 乙烯基卤代烃(很难发生反应)

2. 消除反应

有机分子中脱去一个小分子(如 HX、H_2O、NH_3 等)的反应叫做消除反应(elimination reaction)。消除反应通常形成双键。伯卤代烷在强碱作用下，可与 β-氢消除一个 HX，生成烯烃。

$$CH_3CH_2CH_2Cl \xrightarrow[\triangle]{NaOH, C_2H_5OH} CH_3CH{=}CH_2 + HX$$

不对称的仲、叔卤代烷，发生消除反应生成两种烯烃。例如

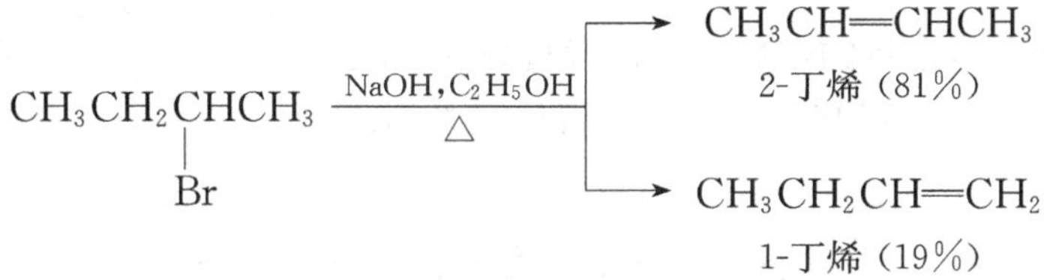

可见不对称的卤代烷发生消除反应有明显的方向性，查依采夫提出："卤代烷消除反应生成的主要产物是双键碳原子上有较多烃基的烯烃"，这就是查依采夫规则。用共轭效应来解释，就是说双键碳原子上烃基多，则与 π 键形成的 C—H 键超共轭(σ-π 超共轭)也多，体系因超共轭多而稳定，故生成双键碳原子上烃基取代多的烯烃。例如

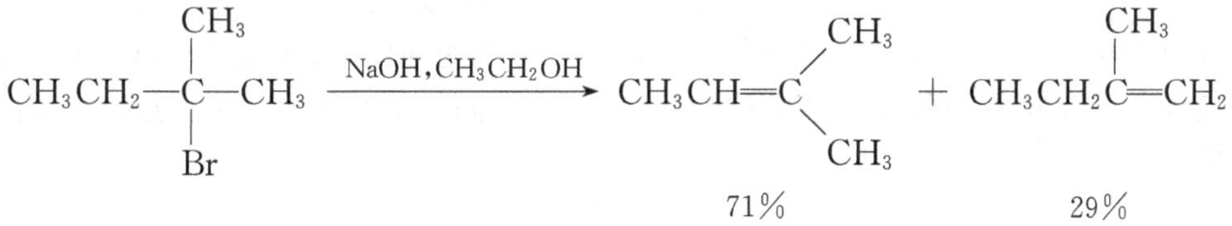

3. 与金属反应

卤代烃与金属钠反应，生成较高级的烃。这个反应叫武慈(Wurtz)反应

$$2CH_3CH_2Br + 2Na \longrightarrow CH_3CH_2CH_2CH_3 + 2NaBr$$

卤代烃在无水乙醚中与金属镁作用，生成有机镁化合物。这种有机镁化合物称为格林那(Grignard)试剂，简称格氏试剂。

$$R{-}X + Mg \xrightarrow{(CH_3CH_2)_2O} RMgX$$

格氏试剂中 $\overset{\delta^-}{C}{-}\overset{\delta^+}{Mg}$键是极性很强的键，因此格氏试剂非常活泼，能起多种化学反应。格氏试剂可以与醛、酮、二氧化碳等反应生成醇、羧酸等一系列化合物。例如

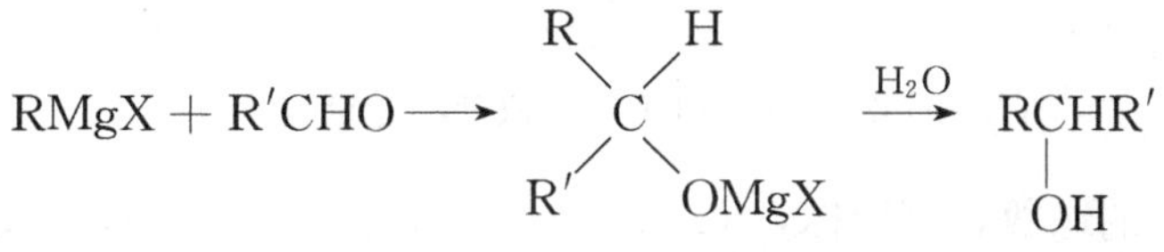

$$RMgX + CO_2 \longrightarrow RCOOMg \xrightarrow{H_2O} RCOOH$$

格氏试剂遇到含有活泼氢的化合物，如水、醇、氨等，会发生分解，生成相应结构的烃。格

氏试剂在空气中也会慢慢吸收氧生成烷氧基卤化镁，遇空气中的水水解生成醇。因此，保存格氏试剂时，或反应时应与空气隔绝并用绝对乙醚。但用四氢呋喃做溶剂时，可用试剂级溶剂。

$$RMgX + H_2O \longrightarrow RH + Mg(OH)X$$

6.1.4　亲核取代反应

各种类型的卤代烷发生亲核取代反应（nucleophilic substitution reaction），一般认为主要是通过两种机理进行。一种叫单分子亲核取代（S_N1，substitution nucleophilic unimolecular），另一种叫双分子亲核取代（S_N2，substitution nucleophilic bimolecular）。

1. 单分子亲核取代反应（S_N1）

S_N1 反应是分两步进行的：第一步，卤代烷异裂为碳正离子（中间体）；第二步，碳正离子与亲核试剂结合生成产物。以叔丁基溴的水解反应为例：

①
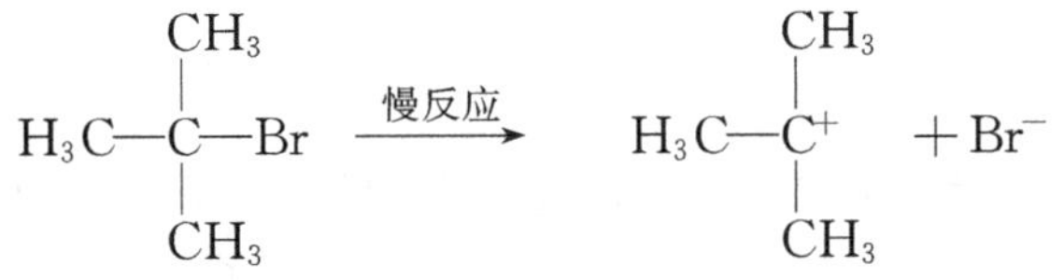

反应物（叔丁基溴）　　　中间体（叔丁基正离子）

② $(CH_3)_3C^+ + OH^- \xrightarrow{\text{快反应}} (CH_3)_3COH$

亲核试剂　　　产物（叔丁醇）

在此机理中，亲核试剂 OH^- 没有参加决定反应速率的慢反应，慢反应只涉及叔丁基溴，决定整个反应的速率也只与叔丁基溴卤代烷的浓度有关，而与试剂浓度无关，在动力学上表现为一级反应。

$$v = k[(CH_3)_3CBr]$$

根据 S_N1 机理：这类反应机理的能量变化可用位能曲线图表示（图 6-1）。

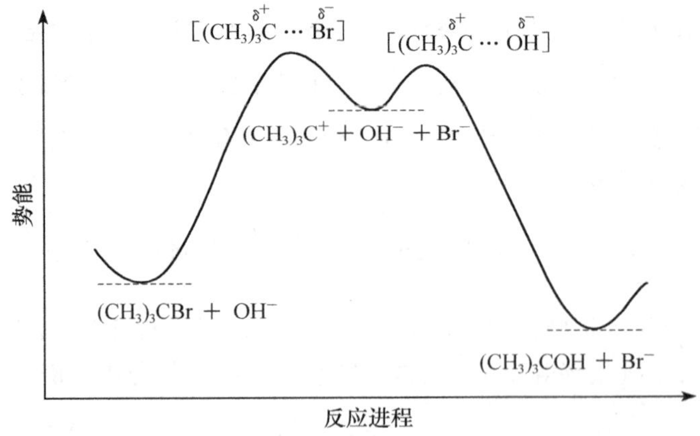

图 6-1　S_N1 机理反应机理的能量变化

由于超共轭效应的缘故，中间体（intermediates）碳正离子越稳定，生成碳正离子的活化能就越小，进行 S_N1 反应的速率就越快，因而各种类型卤代烷的 S_N1 反应速率如下：

叔卤代烷 > 仲卤代烷 > 伯卤代烷 > 卤代甲烷

2. 双分子亲核取代反应(S_N2)

S_N2 反应是一种只有过渡态(transition state)而无中间体的一步反应，以溴甲烷的水解反应为例

$$CH_3Br + OH^- \longrightarrow [\overset{\delta^-}{H}O\cdots CH_3\cdots \overset{\delta^-}{Br}] \longrightarrow HOCH_3 + Br^-$$

该步反应过渡态是由亲核试剂与卤代烷两种分子碰撞而形成，所以动力学上表现为反应速率与亲核试剂、卤代烷两者的浓度都有关。

$$v = k[CH_3Br][OH^-]$$

这类反应机理的能量变化可用势能曲线表示(图 6-2)。

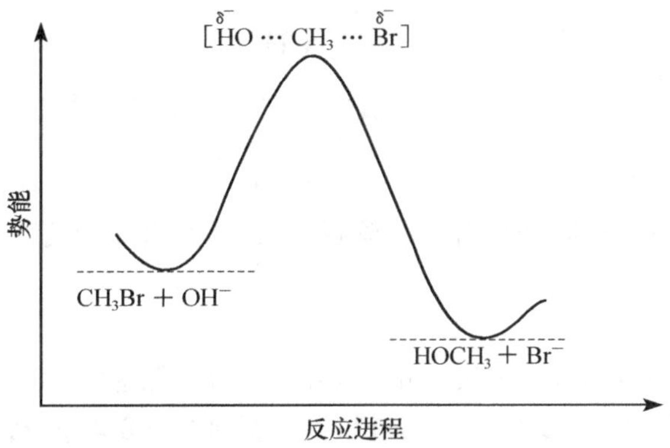

图 6-2　S_N2 机理反应机理的能量变化

S_N2 反应过渡态的形成过程中，中心碳原子从原来的 sp^3 杂化轨道转变为 sp^2 杂化轨道，所有的键角都是 120°，3 个 C—H 排列在 1 个平面上，另外还有 1 个 p 轨道与 OH^- 和 Br^- 部分结合。因此在反应中，亲核试剂只能从溴原子所在的 α-碳原子的背面进攻。当反应经过渡态最后转化为产物时，中心碳原子杂化轨道又恢复到原来的 sp^3 杂化轨道。

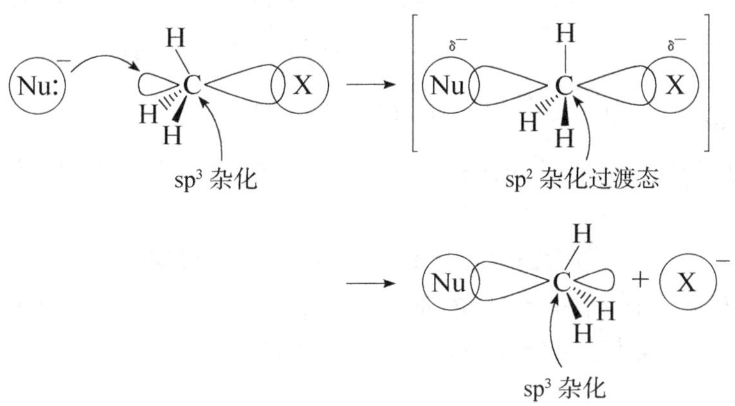

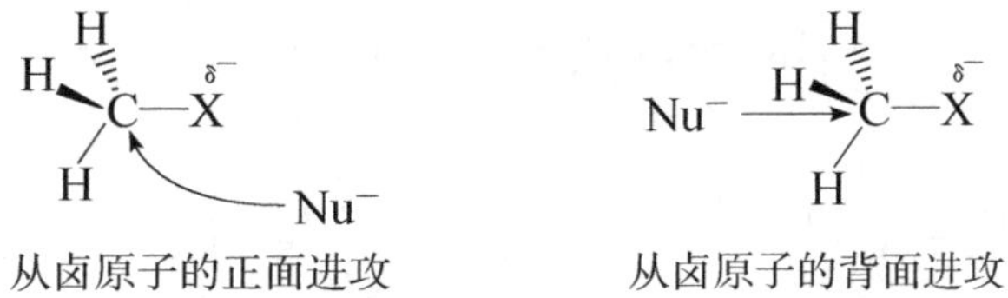

但从背面进攻时，若 α-碳原子上所在的 3 个基团体积较大(不是氢原子而是烃基 R)，那么

就会对亲核试剂的进攻产生空间位阻(steric hindrance)，R 越大、越多，空间位阻就越大。因此，S_N2 反应的速率是

卤代甲烷 > 伯卤代烷 > 仲卤代烷 > 叔卤代烷

6.1.5　消除反应

卤代烷与强亲核试剂进行亲核取代反应时，除进行亲核取代反应外，还同时进行消除反应。得到取代产物和消除产物的混合物。

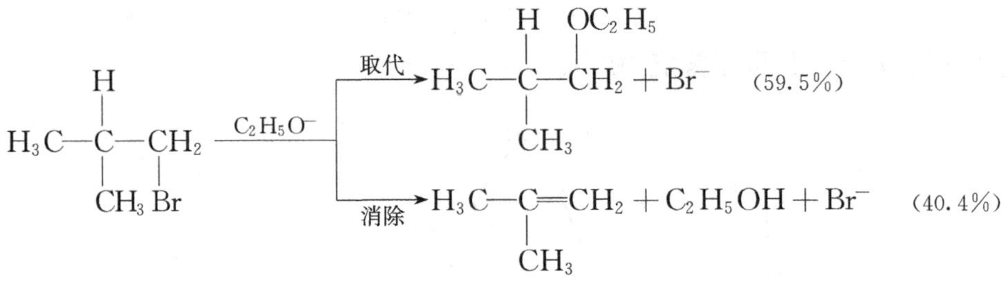

消除反应的机理也有两种，即单分子消除反应(E1)和双分子消除反应(E2)。

1. 单分子消除反应(E1)

单分子消除反应(E1，unimolecular elimination)反应机理与 S_N1 类似，第一步为慢反应，卤代烷异裂为碳正离子。第二步亲核试剂进攻 β-氢原子，并夺取 β-氢原子，同时在 α，β 两个碳原子之间形成 π 键

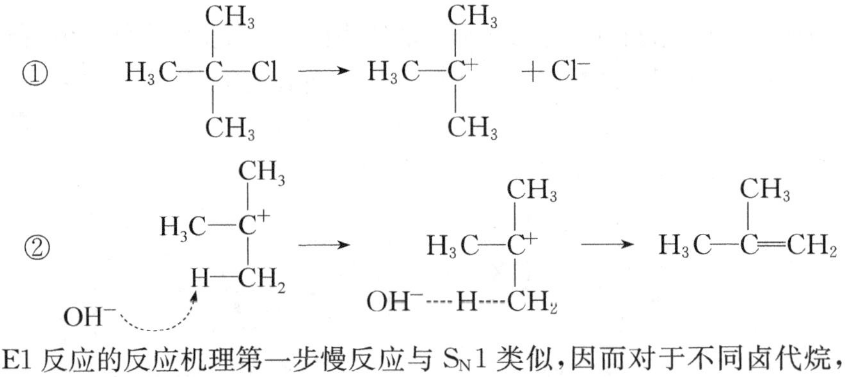

此上可见，E1 反应的反应机理第一步慢反应与 S_N1 类似，因而对于不同卤代烷，E1 反应的速率同样为

叔卤代烷 > 仲卤代烷 > 伯卤代烷

有些邻位有甲基或有氢的伯卤代烷，重排后又能产生仲碳或叔碳正离子时，在 E1 条件下完成消除反应时，常常发生重排(rearrangement)。例如

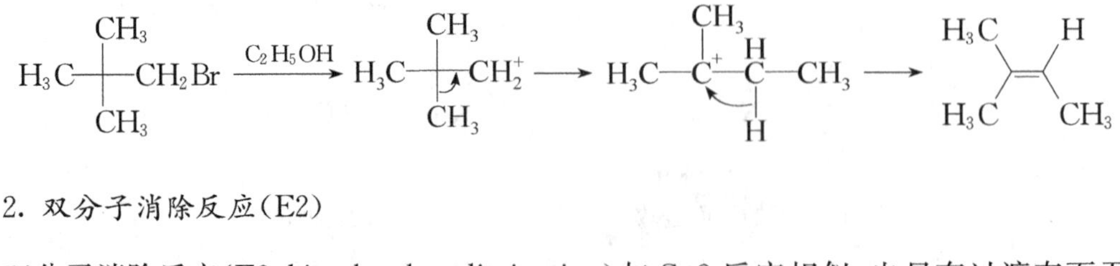

2. 双分子消除反应(E2)

双分子消除反应(E2，bimolecular elimination)与 S_N2 反应相似，也只有过渡态而无中间

体。E2 反应中，试剂直接向 β-氢原子进攻，使 β-氢原子与卤原子同步离去而形成 π 键。

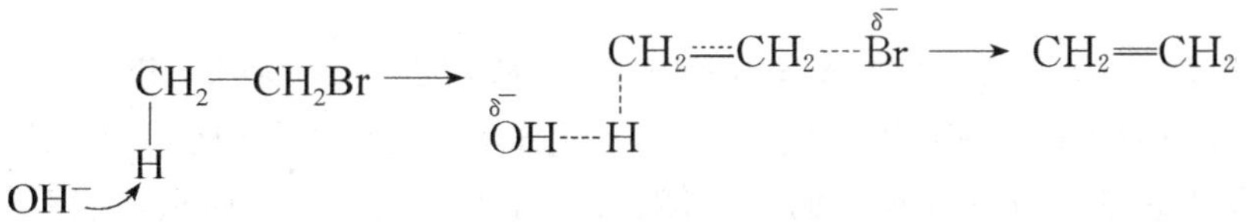

由于 E2 反应中的碱性试剂(B^-)与 S_N2 反应中的亲核试剂(Nu^-)，往往是相同的。是一种试剂起着两种作用，如 $CH_3CH_2O^-$、OH^-，既是亲核试剂(Nu^-)又是碱性试剂(B^-)，因此当试剂进攻 α-碳，空间位阻较大时，往往会转向进攻空间位阻较小的 β-氢，所以不同卤代烷 E2 反应的速率也是：

$$\text{叔卤代烷} > \text{仲卤代烷} > \text{伯卤代烷}$$

无论是 E1 还是 E2 反应机理，都是由碱性试剂进攻 β-氢原子引起的，所以通称为 β-消除反应。

3. 亲核取代反应与消除反应的竞争

取代反应和消除反应是一组竞争反应。是取代反应占优势还是消除反应占优势，由卤代烷的结构、试剂性质、反应条件等因素来决定。

1) 卤代烷的结构

一般说来，叔卤代烷较易发生消除反应，伯卤代烷较易发生取代反应，仲卤代烷介于两者之间。

2) 试剂的影响

试剂亲核性强有利于取代反应；试剂碱性强有利于消除反应。例如，当伯卤代烷和仲卤代烷在 NaOH 水溶液中反应，往往得到取代和消除反应的混合物，因为 HO^- 既是强碱又是强的亲核试剂；而当卤代烷与 EtONa 的乙醇溶液反应时，由于 EtO^- 碱性更强，则主要是消除产物。

根据动力学公式，试剂的浓度对 S_N1、E1 的反应速率都无影响；但对 S_N2、E2 都有影响。叔卤代烷如果增加试剂的浓度，则对 E2 更为有利。

3) 反应条件

温度提高有利于消除反应。溶剂极性强有利于取代反应，极性弱有利于消除反应。

以上只是粗略地总结了影响取代和消除反应的一些定性规律，我们可以选择适当的试剂和反应条件，来提高我们所需产物比例。例如

$$(CH_3)_3CBr + C_2H_5OH \longrightarrow \underset{81\%}{(CH_3)_3COC_2H_5} + \underset{19\%}{(CH_3)_2C{=}CH_2}$$

试剂碱性弱 S_N 反应占优势

$$(CH_3)_3CBr + C_2H_5ONa \longrightarrow \underset{93\%}{(CH_3)_2C{=}CH_2} + \underset{7\%}{(CH_3)_3COC_2H_5}$$

试剂碱性强 E 反应占优势

$$CH_3CH_2CH_2Br + OH^- \xrightarrow[\triangle]{C_2H_5OH} CH_3CH{=}CH_2 \quad \text{试剂极性小 E 反应占优势}$$

$$CH_3CH_2CH_2Br + OH^- \xrightarrow[\triangle]{H_2O} CH_3CH_2CH_2OH \quad \text{试剂极性大 } S_N \text{ 反应占优势}$$

6.1.6　亲核取代反应中的立体化学

如前所述，在 S_N2 反应机理中，亲核试剂 Nu^- 是从背面向 α-碳原子进攻，离去基团 X^- 从另一侧离去。在过渡态时，α-碳原子逐渐从 sp^3 杂化转为具有平面结构的 sp^2 杂化。在这过程中，进攻基团和离去基团分别处在平面的两侧，互不干扰。然后 X^- 离去，亲核试剂 Nu^- 与 α-碳原子结合，α-碳原子又恢复 sp^3 杂化。但此时原 α-碳原子上的 3 个 σ 键的伸展方向发生了翻转，好像大风将雨伞面吹得由里朝外翻了一面。这种翻转立体化学中称为构型翻转。特称为瓦尔登转化(图 6-3)。

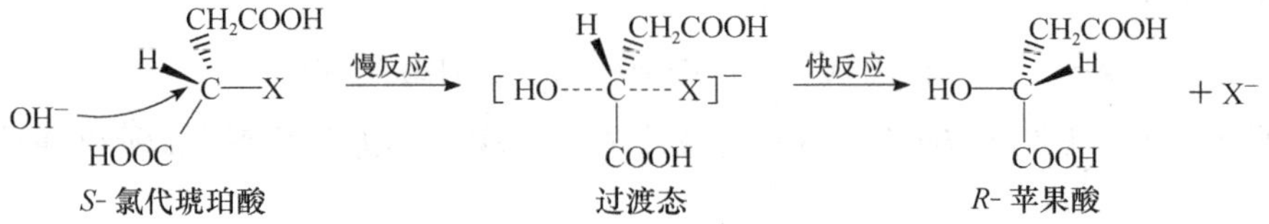

图 6-3　S_N2 反应中的瓦尔登转化

瓦尔登转化是 S_N2 反应的立体化学特征。当我们知道了某一反应是 S_N2 反应，那么就可从反应物的构型来预测产物的构型。当然，发生瓦尔登转化后的产物构型属 *R* 型还是 *S* 型，还得由确定绝对构型的方法来定，产物的旋光性是否变化也还得由实验测知。

在 S_N1 反应中，情况较复杂(这里以较纯粹的 S_N1 反应为例)。如果中间体正碳离子较稳定，存在时间比较长，那么亲核试剂从左侧和右侧向正碳离子进攻的机会相等，结果产物分子的 50%维持原构型，而另外 50%的分子构型发生转化，结果得到外消旋体(图 6-4)。

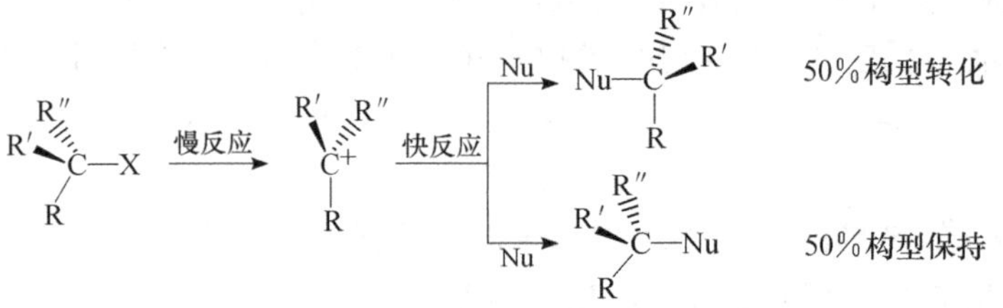

图 6-4　S_N1 机理，生成外消旋体

一个光学活性化合物，通过化学反应变成外消旋体的过程叫做外消旋化。外消旋化可以看作是 S_N1 反应的一个特征。

我们知道发生纯粹的 S_N1 或 S_N2 反应实际上并不多见。由于 S_N1 和 S_N2 是两种竞争反应，因此在立体化学上就出现部分外消旋化。例如，仲卤代烷在 60%的酒精溶液中发生亲核取代反应(图 6-5)。

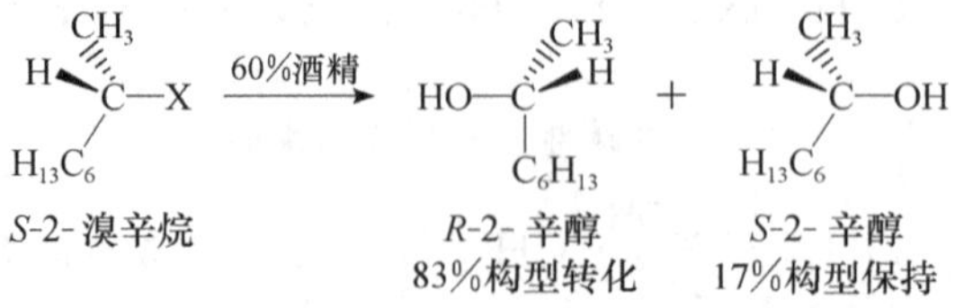

图 6-5　S_N1 和 S_N2 的竞争反应

该反应中，有 83%的产物构型发生转化，只有 17%的产物构型保持。这 17%构型保持的产物与 83%构型转化的产物中相应的 17%部分，发生外消旋化，即我们所说的部分外消旋化。当发生部分外消旋化后，产物从表观上看只有 66%的构型转化（构型转化产物的百分数与维持原构型产物的百分数之差），此时我们称该反应产物的旋光纯度（optical purity）为 66%。

因此，旋光纯度是我们了解部分外消旋化程度的一个重要度量值。

6.1.7　消除反应中的立体化学

在 E2 反应中，碱性试剂 B^- 进攻 β-氢原子，使 β-氢原子与 α-碳原子上的离去基团 X^- 同时离去。这种反应机理要求 β-氢原子和 α-碳原子上的 X^- 处在反式交叉的位置上，这样 B^- 进攻的位阻小，同时也能使 2 个离去基处在同一平面上，这将有利于两个 p-轨道的重叠，形成 π 键。因此。E2 反应的立体化学就是反式共平面消除。例如

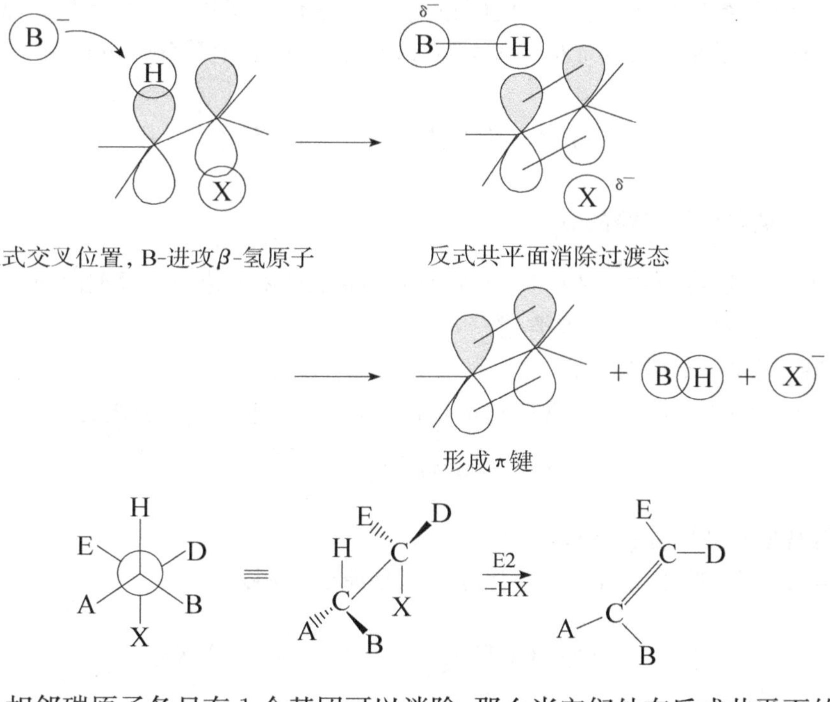

如果两个相邻碳原子各只有 1 个基团可以消除，那么当它们处在反式共平面的构象时（可能此时并非优势构象），才能顺利地进行 E2 反应。例如

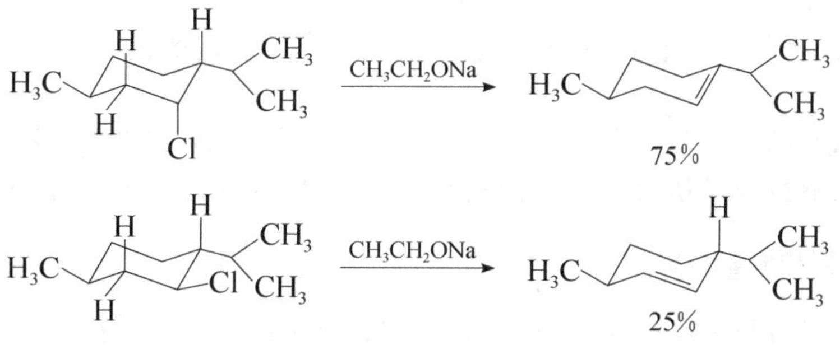

如果两个相邻碳原子有不止 1 个可供选择的离去基团，则分子处于优势构象时的反式共平面消除占主导地位。例如

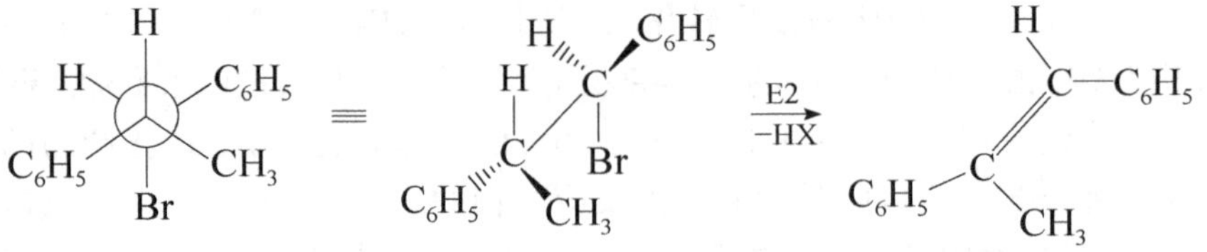

反式产物

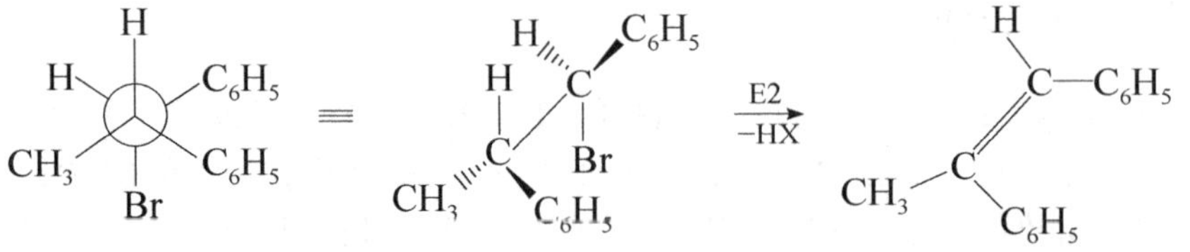

顺式产物

至于 E1 反应，情况要复杂些。形成碳正离子中间体后，可以是反式消除(anti-elimination)，如果 β-氢原子在碳碳单键旋转 180°后再离去，则形成了顺式消除(syn-elimination)。

6.2 卤代烯烃和卤代芳烃

6.2.1 卤代烯烃和卤代芳烃的分类

烃基中具有双键或芳香环的卤代烃称为卤代烯烃或卤代芳烃。根据卤原子与双键或芳环的相对位置，大致可分为如下三种类型：

1) 乙烯基型和芳基型卤代烃

卤原子与双键碳原子或与芳香环直接相连，即卤原子连在 sp^2 杂化的碳原子上。例如

$CH_3CH{=}CH{-}X$ 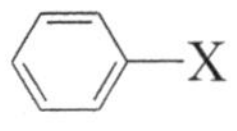

2) 烯丙基型和芳甲基型卤代烃

卤原子与双键碳原子或与芳香环相隔 1 个碳原子。例如

$CH_2{=}CHCH_2{-}X$  CH_2X

3) 隔离型卤代烯烃和隔离型卤代芳烃

卤原子与双键或芳环相隔两个或多个碳原子。例如

$CH_2{=}CHCH_2CH_2X$ 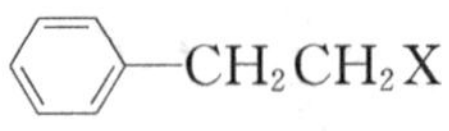

这 3 种卤代烃的反应活性差别很大，隔离型卤代烃的卤原子与双键或芳环相距较远，彼此影响很小，它们的性质与相应的烯烃、芳烃和卤代烷相似，不再进一步讨论。

6.2.2 乙烯基型和芳基型卤代烃

这类卤代烃的分子中存在 p-π 共轭体系。推电子的 p-π 共轭效应与卤原子吸电子诱导效应的方向相反，从而在相当大的程度上削弱了 C—X 键的极性，使 C—X 键难以异裂，因此卤原子的反应活性显著减弱，一般情况下与 NaOH、C_2H_5ONa、NaCN 等亲核试剂不起反应，与

$AgNO_3$ 也不生成卤化银沉淀。

另外，由于卤原子的吸电子诱导效应稍强于共轭效应，从而降低了双键的电子密度，降低了这类卤代烃的亲电加成反应速度，但亲电加成仍符合马氏规则。

$$CH_2{=}CH{-}\ddot{C}l + HCl \longrightarrow CH_3CHCl_2$$

6.2.3　烯丙基型和芳甲基型卤代烃

这类卤代烃分子按 S_N1 或 S_N2 机理进行亲核取代反应时，其中间体或过渡态可形成势能低的共轭体系(图 6-6)，从而反应活化能也显著降低，因此发生亲核取代反应比相应的卤代烷容易。例如，$H_2C{=}CHCH_2Cl$ 容易与亲核试剂 NaOH、RONa、NaCN、NH_3 等作用。

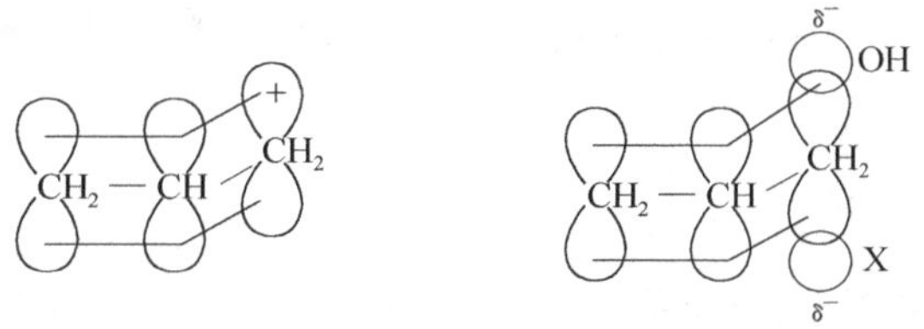

S_N1 中间体 (p-π共轭)　　S_N2 过渡态 (σ-π超共轭)

图 6-6　S_N1 中间体和 S_N2 过渡态的共轭体系

烯丙基卤和芳甲基卤分子中，甲基对双键和芳环的超共轭效应被卤原子相反方向的吸电子诱导效应所减弱，从而活化作用也相应减弱。因此双键的亲电加成和芳环的亲电取代活性均小于丙烯和甲苯，但比相应的乙烯基型和芳基型卤代烃活性要大。双键加成仍符合马氏规则，芳环亲电取代也仍符合定位规则。

$$CH_2{=}CHCH_2{-}Br + HBr \longrightarrow CH_3\underset{\displaystyle Br}{\underset{|}{C}}HCH_2Br$$

综上所述，可总结如下：

① 卤原子的亲核取代反应活性：

芳甲基型卤代烃 > 烯丙基型卤代烃 > 相应卤代烷 ≫ 乙烯基型卤代烃和芳基型卤代烃

② 双键的亲电加成活性：

相应烯烃 > 烯丙基型卤代烃 > 乙烯基型卤代烃

③ 芳环的亲电取代活性：

相应芳烃 > 芳甲基型卤代烃 > 芳基型卤代烃

6.2.4　重要化合物

1. 卤代甲烷和多卤代烃

1) 溴甲烷

溴甲烷(CH_3Br)是无色气体，一般加压液化后储存在耐压容器中。它有强烈的神经毒性，是一种熏蒸杀虫剂，能消灭棉花红铃虫、蚕虫象、谷蛀虫、米象等，可用于熏杀仓库、种子、温室害虫。由于有剧毒，一般由专业人员实施熏杀作业。

2）四氯化碳

四氯化碳（CCl_4）是无色液体，是实验室和工业生产上常用的有机溶剂。四氯化碳不易燃，且沸点低相对密度大，是良好的灭火剂。在农业上，亦可作熏蒸杀虫剂。

3）氟利昂

氟利昂是一类含氟和含氯的多卤代甲烷和乙烷的通称。例如，CCl_3F、$CHClF_2$、CCl_2F_2、$CFCl_2—CFCl_2$、CCl_2F_2。CCl_2F_2 的商品名为 F_{12}，是无色无臭的气体，沸点－26.8℃，易压缩成液体。压缩成液体的氟利昂解除压力后立即汽化并吸收大量的热，因此是一种优良的制冷剂。氟利昂一般毒性极小，且化学性质稳定，因而还用作灭火剂，发胶和卫生用品的喷雾剂。近年来研究发现它们对大气臭氧层有破坏作用，故人类正在积极研究和寻找氟利昂的代用品。

4）聚四氟乙烯

聚四氟乙烯（$[CF_2=CF_2]_n$）是由四氟乙烯在催化剂存在下聚合而成。它是一种优良的合成树脂，耐冷和耐热强，可在－100～300℃的范围内使用，它的化学稳定性超过一切塑料，与强酸强碱强氧化剂都不起作用，所以被誉称“塑料王”。

2. 有机氯杀虫剂

有机氯杀虫剂是含氯有机杀虫剂的通称。有机氯杀虫剂曾经广泛用于农业生产和卫生杀虫。但长期大量使用后，人们发现它们对环境造成严重污染，某些高残留的化合物能在环境中滞留多年，并转移到地下水中，或在生物体内富集等。潜在的慢性毒性，对生态平衡的影响却日益为人们所担心。特别是由于 DDT 和六六六残留期长，属高残留农药。因此，国际上已禁止生产和使用（我国于 1982 年已停止生产和使用）。

此外在生产除草剂 2,4,5-T 的过程中，常常会产生一种属二噁唭类（dioxin）的副产物，它们是一种具有强烈致癌和致畸的物质，能够进入细胞并与 DNA 结合，导致 DNA 复制发生错误，从而可能诱发癌变，目前 2,4,5-T 已禁止使用。

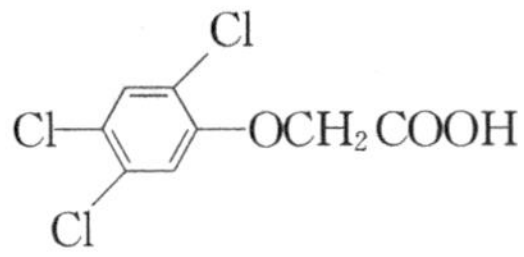

2,4,5-T

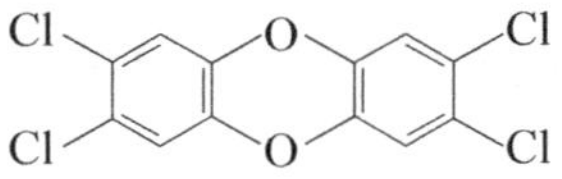

2,3,7,8-四氯二噁唭

但一些毒性较小，具有可生物降解性的品种，如硫丹、毒杀芬、三氯杀螨醇仍在部分国家和地区生产和使用。例如

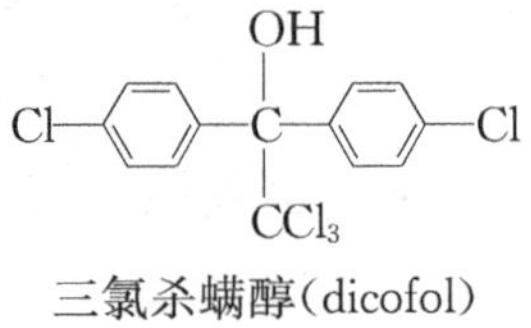

三氯杀螨醇（dicofol）

含卤素的农药种类繁多。特别是近年来，含氟的农药因具有毒性小、药效高、用量少等优良性能，世界各国正在竞相开发和研制。

例如，氟铃脲（hexaflumuron）是一种新型速效杀虫剂，属几丁质合成抑制剂。此类药剂以昆虫表皮合成酶为杀虫剂靶标，通过抑制昆虫表皮正常发育而起作用。该杀虫剂通过抑制蜕皮而杀死害虫的同时，还能抑制害虫吃食速度，故有较快的击倒力。氟铃脲具有很高的杀虫和杀卵活性，用于棉花、马铃薯及果树防治多种鞘翅目、双翅目、同翅目昆虫，尤其防治棉铃虫和白蚁。

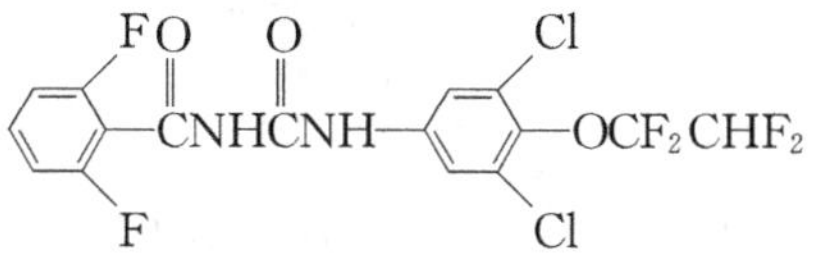

氟铃脲

思　考　题

1. 为什么极性大的溶剂对单分子反应有利(E1 和 S_N1)?
2. 为什么仲或叔卤代烃脱卤化氢时,会遵循查依采夫规则?
3. 醇与氢卤酸反应可制得卤代烃,但为什么不能用醇与 NaX 反应来制得卤代烃?
4. 武慈反应是制备高级烷烃的重要方法,那么能用武慈反应制备奇数碳原子的烷烃吗?制备奇数碳原子的烷烃,最好用什么方法?
5. 从卤代烷结构看,为什么叔卤代烷较易发生消除反应,伯卤代烷较易发生取代反应?
6. 瓦尔登转化使我们可从反应物的构型来预测产物的构型。但反应发生瓦尔登转化后,产物的绝对构型一定发生转变吗?产物的旋光性一定发生转变吗?
7. E2 反应主要以反式共平面消除。但 E1 反应,为什么可以是反式消除,也有可能顺式消除?

习　　题

1. 命名下列化合物。

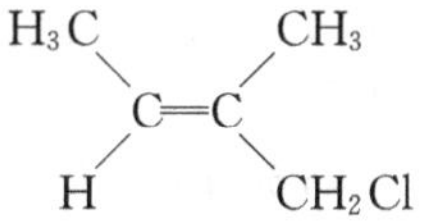　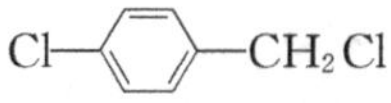　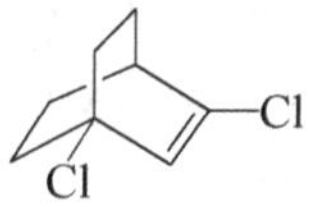

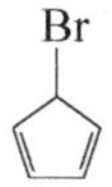　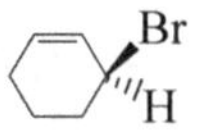　$ClCH_2CH_2\underset{\underset{CH_2Cl}{|}}{CH}CH_2CH_2CH_3$

2. 写出结构简式。
   (1) 丙烯基氯　(2) 烯丙基氯　(3) 反-1,3-二溴环己烷构象
   (4) 苄溴　(5) S-2-氯戊烷　(6) (1E,3Z)-1,4-二氯-1,3-丁二烯
3. 写出溴乙烷与下列试剂的反应方程。
   (1) KCN　(2) NH_3　(3) KOH(H_2O)
   (4) RONa　(5) NaI(丙酮)　(6) $AgNO_3$(△,酒精)
4. 写出从 1-丁醇制备 1-溴丁烷,2-溴丁烷的反应及条件。
5. 完成下列反应式。

(1) $(CH_3)_3CBr + KCN \xrightarrow{C_2H_5OH}$

(2) $CH_3\underset{\underset{OH}{|}}{C}HCH_3 \xrightarrow{HBr} \xrightarrow[\triangle]{AgNO_3}$

(3) $CH_3CH_2\underset{\underset{OH}{|}}{C}HCH_3 \xrightarrow{PCl_5} \xrightarrow{NH_3}$

(4) $CH_3CH{=}CH_2 \xrightarrow{HBr} \xrightarrow{NaCN}$

(5) 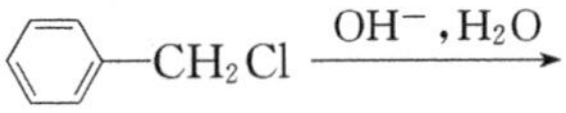

6. 把下列两组化合物按要求排序。

(1) $CH_3CH{=}CHCl$　　$CH_2{=}CHCH_2CH_2Cl$　　$CH_2{=}CHCH_2Cl$

(2) 

(a) 按亲核取代反应的难易次序排列；

(b) 按与 $AgNO_3$(醇溶液中)反应的活性顺序排列；

(c) 按亲电加成(第一组)，亲电取代(第二组)的难易次序排列。

7. 完成下列转变。

(1) $CH_3CH{=}CH_2 \longrightarrow \underset{\displaystyle OH}{\underset{|}{CH_2}}-\underset{\displaystyle OH}{\underset{|}{CH}}-\underset{\displaystyle OH}{\underset{|}{CH_2}}$

(2) $CH_3CH_2CH_2CH_2Br \longrightarrow CH_3CH_2\underset{\displaystyle OH}{\underset{|}{CH}}CH_3$

(3) 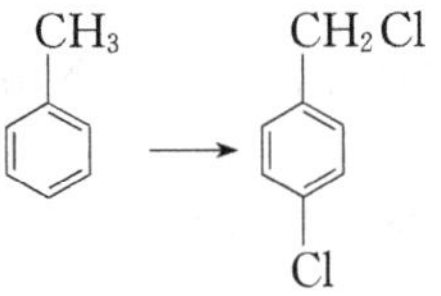

(4) 

8. 写出 $CH_2{=}CH\underset{\displaystyle Br}{\underset{|}{CH}}CH_3$ 与 C_2H_5ONa 进行 S_N机理反应的主产物及 E 机理反应的主产物。

9. 某烯烃 A 分子式为 C_6H_{12}，具有旋光性。加氢后生成相应的饱和烃 B。A 与 HBr 反应后生成 C($C_6H_{13}Br$)。C 亦具有旋光性。写出 A、B、C 的结构及各步反应式。

10. 某卤代烃 C_3H_7Br(A)，与 KOH-醇溶液共热得到主产物 C_3H_6(B)，B 与 HBr 作用得到的主产物是 A 的异构体。推测 A 的结构。并写出相应的反应式。

11. 写出 D-苹果酸和 L-苹果酸经消除反应后，所得到的产物，并命名。

第 7 章　醇、酚、醚

醇(alcohol)、酚(phenol)、醚(ether)的组成元素都是 C、H、O。醇和酚都含有羟基(—OH)。在醇中，羟基直接与脂肪烃基相连。在酚中，羟基直接与芳香环相连。醚则是氧与两个烃基相连的化合物，—O—键俗称为醚键。本章主要介绍醇的亲核取代反应，醇的消除反应，醇的氧化反应，以及以醇为例的 1,2-H 迁移重排。酚的芳环上的亲电取代反应。酸催化醚键断裂的反应，醚生成𬭩盐及亲核取代反应。

硫和氧处于元素周期表中的同一族，含硫的有机化合物与含氧有机化合物性质相似，所以也把硫醇、硫醚放在本章一并讨论。

7.1　醇

7.1.1　醇的结构、分类和命名

醇可以看作是水分子中的氢被烃基取代的产物，醇分子中的氧原子为 sp^3 杂化，外层的 6 个电子中有两个单电子分别占据两个 sp^3 杂化轨道，与 H 及 C 形成 O—H 及 O—C 两个 σ 键，余下的两对未共用电子分别在另两个 sp^3 轨道上。如图 7-1 所示。

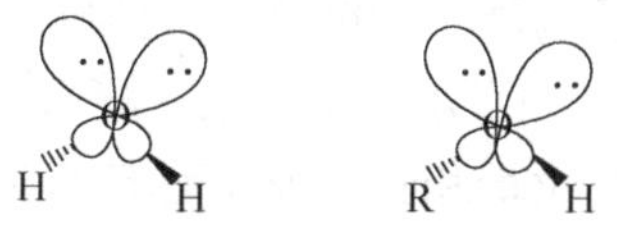

图 7-1　水及醇的结构示意图

根据羟基所连烃基的不同，可将醇分为脂肪醇、脂环醇和芳香醇；根据分子中的羟基多少，可以把醇分为一元醇、多元醇等；按羟基所连碳原子的类型分类，又可以把醇分为伯醇、仲醇和叔醇等。

醇的命名有两种方法。一般简单的醇是用烃基加上“醇”字来命名，这里的“基”字常常省去。一些较对称的简单醇，普通命名法中也可以甲醇衍生物来命名。例如

$CH_3CH_2CH_2OH$	$CH_3CH(OH)CH_3$	$CH_2{=}CHCH_2OH$	$C_6H_5CH_2OH$
正丙醇	异丙醇	烯丙醇	苯甲醇(苄醇)
$(CH_3)_3COH$	$(CH_3)_2CHOH$	$(CH_3CH_2)_2CHOH$	
三甲基甲醇	二甲基甲醇	二乙基甲醇	

结构较复杂的醇则需要用系统命名法(IUPAC 命名法)来命名。命名时所选主链是含有羟基的，取代基最多的、最长的碳链，并以最小数字表示出羟基的位次，放在名字的前面。羟基的位次是“1”时可以省去，例如

$$\underset{\displaystyle CH_3\overset{|}{C}}{\overset{CH_3}{}}{=}CHCH_2\overset{\overset{OH}{|}}{C}HCH_3 \qquad HOCH_2CH_2\overset{\overset{OH}{|}}{C}HCH_3 \qquad CH_3CH{=}CHCH_2CH_2OH$$

5-甲基-4-己烯-2-醇　　1,3-丁二醇　　3-戊烯醇

$$CH_3\overset{\overset{CH_3}{|}}{C}HCH_2\overset{\overset{CH_3}{|}}{C}HCH(OH)\overset{\overset{CH_3}{|}}{C}HCH_3 \qquad CH_3CH_2CH_2CH_2\overset{\overset{C_6H_5}{|}}{C}(OH)CH_3$$

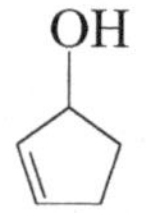

2,4,6-三甲基-3-庚醇　　2-苯基-2-己醇　　2-环戊烯醇

多元醇中，乙二醇、丙三醇是没有位置异构体的，因而不需标出羟基的位次。有异构体的丙二醇需标出羟基的位次：

$$\underset{\text{1,2-丙二醇}}{HOCH_2CH(OH)CH_3} \quad \underset{\text{1,3-丙二醇}}{HOCH_2CH_2CH_2OH}$$

7.1.2 醇的性质

1. 醇的物理性质

12 个碳原子以下的低级醇是无色的液体，比水轻，具有特殊的气味。甲醇、乙醇和丙醇都带有酒味，可以与水以任意比例相溶。许多香精油中含有特殊香气的醇，如苯乙醇有玫瑰香气，叶醇（顺-3-己烯醇）有极强的清香气味。4～11 个碳的醇为油状液体，有使人不愉快的气味，仅部分溶于水。高级醇是无色、无味、无嗅的蜡状固体。

一些低级醇能和某些无机盐（$MgCl_2$、$CaCl_2$、$CuSO_4$ 等）形成溶于水而不溶于有机溶剂的结晶状化合物（结晶醇），如 $MgCl_2 \cdot 6CH_3OH$、$CaCl_2 \cdot 4CH_3OH$、$CaCl_2 \cdot 4C_2H_5OH$ 等。所以不能用无水 $CaCl_2$ 来除去低级醇中的水分。但利用这一性质，可将醇与其他有机物分离开来。

醇的结构与水相似，醇的性质也与水有相似性。醇中的烃基越小与水的性质越相似，随着烃基（R—）的增大，羟基（—OH）在分子中比例降低，醇的“似水性”也随着迅速降低。

醇分子间与水一样也是由于氢键的作用存在缔合现象。所以，醇的沸点不但高于相对分子质量相近的烃，而且也高于相对分子质量相近的卤代烃和醛类。乙醇分子间的缔合如图7-2 所示。

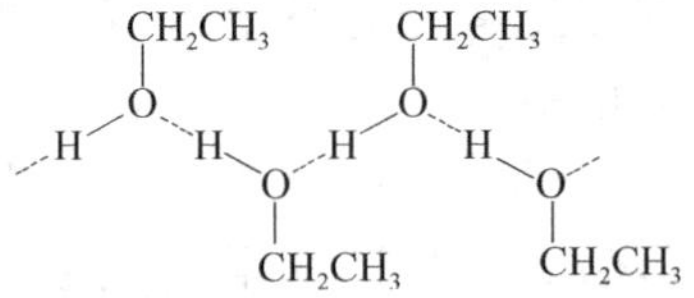

图 7-2 乙醇分子间的缔合示意图

实验结果显示，氢键的断裂约需 25.94kJ/mol 的能量。醇沸腾时，从液态变为气态，必须额外供给能量使氢键断裂。所以，醇的沸点比相对分子质量相近的烷烃高得多（一般高 100～200℃）。随着醇的相对分子质量的增大（大于 10 个碳原子），烃基对整个分子的影响越来越大，醇与相应的卤代烃或醛的沸点差也越来越小。某些醇的物理常数参见表 7-1。

表 7-1 某些醇的物理常数

名 称	熔点/℃	沸点/℃	相对密度(20℃)	在水中溶解度/(g/100g)	折光率 n_{20}^{D}
甲醇	−97	64.7	0.792	∞	1.3288
乙醇	−114	78.3	0.789	∞	1.3611
丙醇	−126	97.2	0.804	∞	1.3850
异丙醇	−88	82.3	0.786	∞	1.3776
丁醇	−90	117.7	0.810	7.9	1.3993
异丁醇	−108	108.0	0.802	10.0	1.3959

续表

名　称	熔点/℃	沸点/℃	相对密度(20℃)	在水中溶解度/(g/100g)	折光率 n_{20}^{D}
仲丁醇	−114	99.5	0.808	12.5	1.3978
叔丁醇	25	82.5	0.789	∞	1.3878
正戊醇	−78.5	138.0	0.817	2.4	1.4101
正己醇	−52	156.5	0.819	0.6	1.4162
正庚醇	−34	176	0.822	0.2	1.4238
十二醇	24	259	0.831	—	1.444
烯丙醇	−129	97	0.855	∞	1.4135
环己醇	24	161.5	0.962	3.6	1.465
苯甲醇	−15	205	1.046	4	1.5396
乙二醇	−16	197	1.113	∞	1.430

2. 醇的化学性质

醇分子中，羟基是醇的官能团。由于C—O键和O—H键都是极性键，所以醇的反应主要发生在C—O键及O—H键上。与羟基直接相连的烃基(R—)的不同会影响某些反应的速率，有时甚至会影响反应的类型。

1) O—H键的反应

水与金属钠反应激烈并放出大量的热，而醇与金属钠反应却比较缓和，虽然低级的醇与金属钠作用仍然较激烈，并产生大量热，但不燃烧也不爆炸。

$$H_2O + Na \longrightarrow NaOH + 1/2H_2\uparrow \qquad ROH + Na \longrightarrow RONa + 1/2H_2\uparrow$$

醇与钠反应缓慢的主要原因是由于烷基是推电子基，烷基使O—H键的极性减小，羟基上的氢难以电离。因此，醇中氢的活泼性比水中的氢稍弱(水的 $pK_a=15.7$，而醇的 $pK_a=16$)。与羟基所连的烷基越多，羟基中氢的活泼性就越低，即醇的酸性越弱，各类醇的相对酸性为

$$甲醇 > 伯醇 > 仲醇 > 叔醇$$

由于醇与钠反应缓慢，实验室中常用乙醇来处理反应中残留的金属钠，以免钠与水反应发生意外。

根据酸碱质子理论，醇的共轭碱——烷氧负离子应该是比水的共轭碱——氢氧根离子更强的碱。所以乙醇钠在空气中极易吸水生成氢氧化钠和醇，碱性比氢氧化钾或氢氧化钠还强，在有机反应中常作为碱来使用。

$$CH_3CH_2ONa + H_2O \longrightarrow CH_3CH_2OH + NaOH$$

除钠外，醇还可以与锂、钾、镁、铝等金属作用，放出氢气，生成醇镁、醇铝、醇钾等金属化合物，统称醇淦。

2) C—O键的反应

(1) 酯化反应。

醇与酸失水的反应叫酯化反应。醇与有机酸失水的产物叫有机酸酯(在羧酸一章中讨

论)；醇与无机酸失水而成的产物叫无机酸酯。常见的无机含氧酸如亚硝酸、硝酸、硫酸、磷酸等都可以与醇反应生成酯。例如，亚硝酸与醇发生反应得到亚硝酸酯：

$$(CH_3)_2CHCH_2CH_2OH + HONO \longrightarrow \underset{\text{亚硝酸异戊酯}}{(CH_3)_2CHCH_2CH_2ONO} + H_2O$$

亚硝酸酯在有机合成上常用作亚硝基化试剂。亚硝酸异戊酯还是一种缓解心绞痛的药物。

发烟硝酸或浓硝酸与醇作用后，即生成硝酸酯。

$$\begin{array}{l} CH_2-OH \\ | \\ CH-OH \\ | \\ CH_2-OH \end{array} + 3HONO_2 \longrightarrow \underset{\text{甘油三硝酸酯}}{\begin{array}{l} CH_2-ONO_2 \\ | \\ CH-ONO_2 \\ | \\ CH_2-ONO_2 \end{array}} + 3H_2O$$

所有的硝酸酯受热后，都发生极强烈的爆炸。多元醇的硝酸酯如甘油三硝酸酯，俗称硝酸甘油，是烈性炸药。在临床上甘油三硝酸酯能用于血管舒张，治疗心绞痛和胆绞痛。

硫酸是二元酸，它可以与醇酯化分别生成酸性酯和中性酯，如硫酸氢乙酯、硫酸二甲酯等。硫酸二甲酯是无色液体，极毒，常用作甲基化试剂。

磷酸也可以与醇作用生成各种酯，但在制备时常用三氯氧磷代替磷酸。磷酸酯是一类很重要的化合物，常用作萃取剂、杀虫剂和增塑剂等。存在于组织器官中的卵磷脂、脑磷脂等均含有磷酸酯结构。

(2) 卤代反应。

醇与氢卤酸反应是制备卤代物的一种方法。

$$ROH + HCl \longrightarrow RCl + H_2O$$

氢卤酸中以氢溴酸和氢碘酸比较活泼，若用氢氯酸(盐酸)则必须加无水氯化锌作催化剂。对于相同的醇，氢卤酸与醇反应的快慢程度一般是

$$HI > HBr > HCl$$

实验室里常利用卢卡斯(Lucas)试剂(氯化锌加浓盐酸的溶液)来鉴别低级的伯、仲、叔醇。在同样的条件下，醇的反应活泼性顺序：

$$\text{叔醇} > \text{仲醇} > \text{伯醇}$$

低级醇(6个碳以下的醇，苄醇)溶于水，遇卢卡斯试剂时，若溶液变浑浊，表示生成了不溶于水的卤代烃；若溶液仍澄清，则表示反应没有发生。

$$(CH_3)_3C-OH + HCl/ZnCl_2 \xrightarrow[\text{室温}]{\text{立即}} (CH_3)_3C-Cl + H_2O$$

$$(CH_3)_2CH-OH + HCl/ZnCl_2 \xrightarrow[\text{室温}]{\text{数分钟}} (CH_3)_2CH-Cl + H_2O$$

$$CH_3CH_2CH_2OH + HCl/ZnCl_2 \xrightarrow[\triangle]{} CH_3CH_2CH_2Cl + H_2O$$

室温不反应，需加热反应

醇与氢卤酸的反应是亲核取代反应。亲核试剂 X^- 取代了醇分子中的 OH^-。但是 X^- 的碱性比 OH^- 弱，只有在强酸催化下反应才进行。H^+ 与醇中氧结合成质子化醇，使 C—O 键的极性增强，有利于 X^- 取代 OH^- 生成卤代烃。

叔醇：

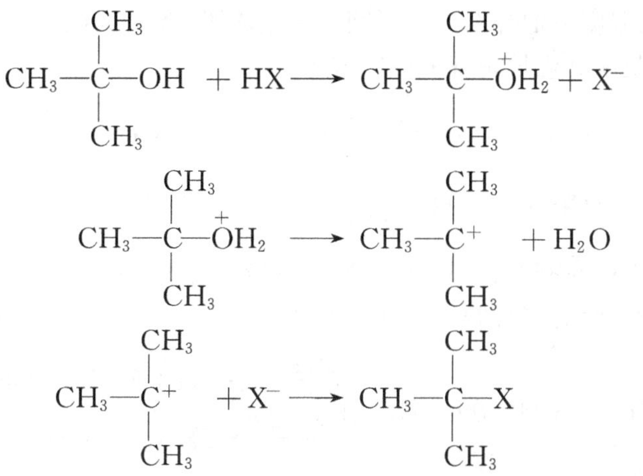

叔醇按 S_N1 机理反应。由于反应过程中有碳正离子中间体产生，因此，会得到重排及消除反应等的副产物。β-位上有支链的伯醇、仲醇与 HX 的反应也常有重排产物生成，这类重排反应称为瓦格涅尔-麦尔(Wagner-Meerwein)重排。例如

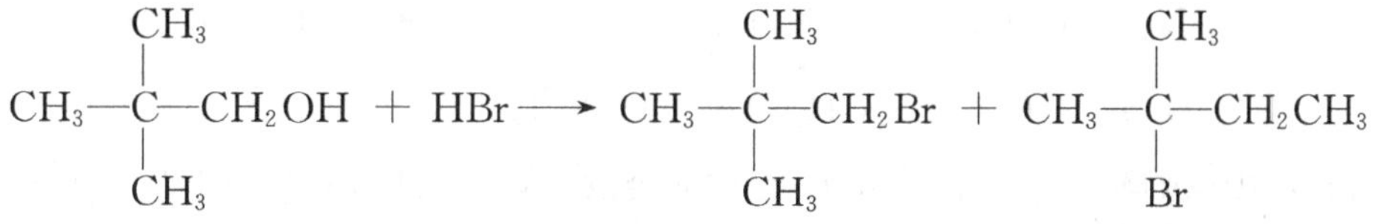

重排产物(主要产物)

伯醇则按 S_N2 机理反应

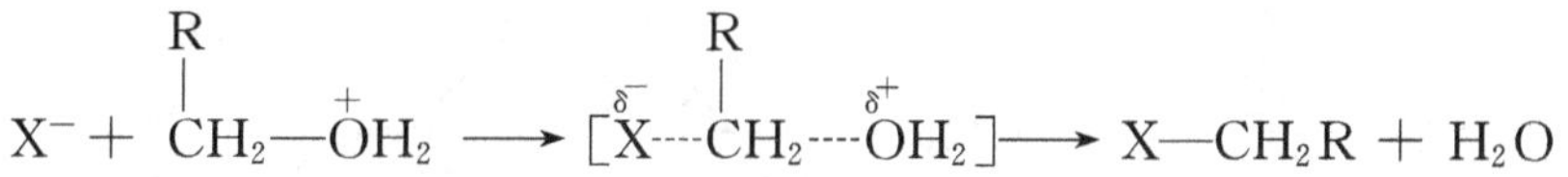

伯醇　　过渡态

为了避重排现象的发生，常用卤化磷(PX_3、PX_5)或氯化亚砜($SOCl_2$)作为卤化试剂。

$$3ROH + PX_3 \longrightarrow 3RX + P(OH)_3$$

$$ROH + PCl_5 \longrightarrow RCl + POCl_3 + HCl$$

$$ROH + SOCl_2 \longrightarrow RCl + SO_2 + HCl$$

用卤化磷卤化主要应用于伯醇、仲醇转化为卤代烷，叔醇很少使用。例如

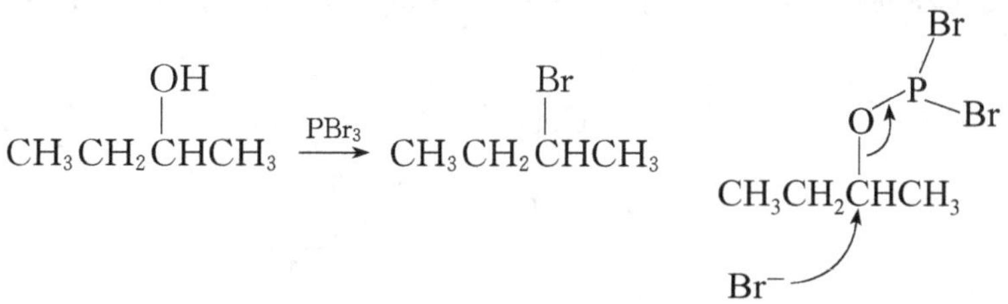

醇与卤化磷反应具有速度快，条件温和，不易发生重排，产率较高的特点。醇与五氯化磷或亚硫酰氯的反应常用于制备氯代烃，与三溴化磷或三碘化磷的反应常用于制备溴代烃或碘代烃。

(3) 醇的脱水。

醇与脱水剂(浓硫酸、三氧化二铝等)共热能发生脱水反应。温度对醇的脱水产物影响很

大，一般在较低的温度下伯醇发生分子间脱水生成醚；较高温度下，各类醇都易发生分子内脱水生成烯。醇的脱水反应是制备烯烃的常用方法之一。

$$CH_3CH_2OH \xrightarrow[140℃]{浓 H_2SO_4} CH_3CH_2OCH_2CH_3 + H_2O$$

$$CH_3CH_2OH \xrightarrow[160℃]{浓 H_2SO_4} CH_2{=}CH_2 + H_2O$$

各种醇的脱水难易程度也不一样。脱水反应的速率：叔醇＞仲醇＞伯醇。伯醇只有一种脱水方式；仲醇和叔醇有多种脱水方式。例如

$$CH_3CH_2CH(OH)CH_3 \xrightarrow{1,2 脱水} CH_3CH_2CH{=}CH_2 + H_2O$$

$$CH_3CH_2CH(OH)CH_3 \xrightarrow{2,3 脱水} CH_3CH{=}CHCH_3 + H_2O$$

所得到的主要是 2,3 脱水产物。即脱水有几种可能时，羟基大多数是和含氢原子数较少的碳原子上的氢发生脱水作用，遵从查依采夫(Saytzeff)规则。

醇的脱水反应通常是 E1 反应

$$(CH_3)_2CHOH \xrightarrow{H^+} (CH_3)_2CH\overset{+}{O}H_2 \xrightarrow{慢} (CH_3)_2\overset{+}{C}H + H_2O$$

$$(CH_3)_2\overset{+}{C}H \xrightarrow{快} CH_3CH{=}CH_2 + H^+$$

由于反应中生成碳正离子中间体，因此常常会发生重排反应，醇脱水会生成几种烯烃的混合物。没有重排的产物只占 0.4%。

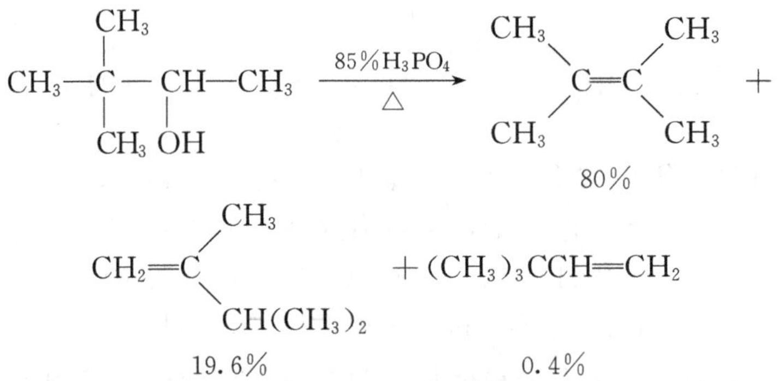

醇脱水生成几种烯烃的混合物时，主要产物为双键碳原子上烷基最多，或有共轭稳定的烯烃。

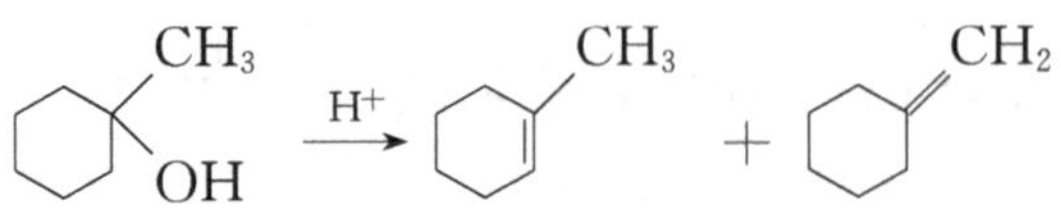

主产物

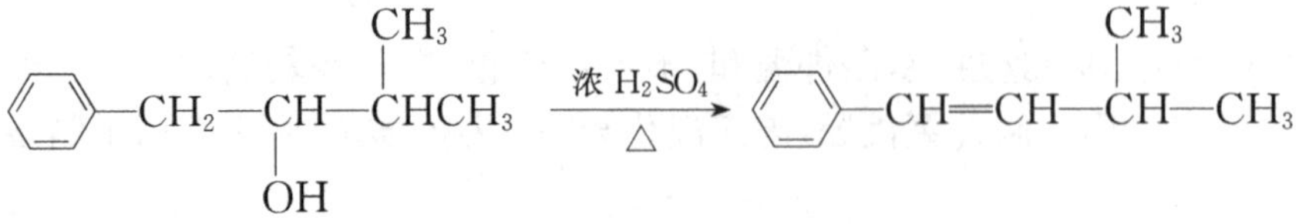

$$\underset{\underset{\text{OH}}{|}}{\text{CH}_3\text{—}\overset{\overset{\text{CH}_3}{|}}{\text{CH}}\text{—CH}}\text{—CH}_2\overset{\overset{\text{O}}{\|}}{\text{C}}\text{H} \xrightarrow[\triangle]{\text{浓 } H_2SO_4} \text{CH}_3\overset{\overset{\text{CH}_3}{|}}{\text{C}}\text{H—CH=CH—}\overset{\overset{\text{O}}{\|}}{\text{C}}\text{H}$$

(4) 醇的氧化。

醇分子中的 α-氢原子由于受到羟基的影响，比较活泼，容易被氧化。氧化可以通过加氧或脱氢的方式进行。叔醇无 α-氢，所以叔醇很难被氧化。

① 加氧：常用的氧化剂是高锰酸钾、重铬酸钾（或钠）加硫酸、浓硝酸、氧化铬加硫酸或乙酸等。伯醇先被氧化成醛，醛很容易继续被氧化成酸（若及时将醛蒸出来，则可停留在醛的阶段）。仲醇通常被氧化成酮。叔醇在碱性及中性溶液中很难被氧化，在酸性溶液中受强烈的氧化剂的氧化作用，虽然也能被氧化，但它的碳链发生了断裂，一般是产生碳原子数小于原来醇所生成的酮或酸。

$$CH_3CH_2OH \xrightarrow[K_2Cr_2O_7/H_2SO_4]{[O]} CH_3CHO \xrightarrow{[O]} CH_3COOH$$

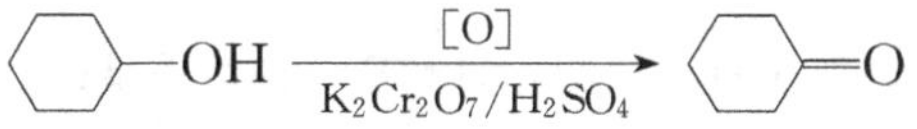

② 脱氢：伯醇和仲醇可以在脱氢试剂存在下，失去氢形成羰基化合物。如在高温下使醇蒸气通过催化剂即可生成醛或酮。工业生产上常用这种方法。

$$RCH_2OH \xrightarrow[\triangle]{Cu} RCHO + H_2\uparrow$$

$$(CH_3)_2CHOH \xrightarrow[\triangle]{Cu} (CH_3)_2C\text{=}O + H_2\uparrow$$

7.1.3　重要的醇

1. 乙醇

乙醇俗名酒精，是一种无色透明液体，易燃，溶于水，沸点 78.3℃。乙醇可由淀粉（主要是大麦、小麦、玉米、米及马铃薯等）发酵制得，也可由石油裂化气中的乙烯在催化剂存在下水合而成。乙醇中的水不能直接用蒸馏法除去。因为 95.5%的乙醇和 4.5%的水可组成恒沸物。要把剩下的 4.5%的水除去，在实验室里常加入生石灰，然后煮沸使水与生石灰结合，就可得到 99.5%的乙醇，俗称无水乙醇。为了去掉乙醇中少量（如 1%）的水，可用金属镁处理，这样可得到 99.95%的高纯度的乙醇。

乙醇的用途很广，可作为溶剂和燃料使用。少量的乙醇可使人麻醉，大量饮用对人体有害。在医药上，75%的乙醇水溶液是常用的外用消毒剂。用乙醇溶解药品所制成的制剂称酊剂，如碘酊（碘酒）。如果溶于乙醇的药物是挥发性的，则称醑剂，如薄荷醑、樟脑醑、氯仿醑等。

乙醇汽油是乙醇和普通汽油按一定比例混配形成的新型替代能源。按照中国的国家标准，乙醇汽油是用 10%的燃料乙醇与 90%的普通汽油调和而成。它可以有效改善油品的性能和质量，降低一氧化碳、碳氢化合物等主要污染物的排放。它不影响汽车的行驶性能，还减少有害气体的排放量。随着石油短缺和价格高涨，环境污染与能源短缺问题的突出，乙醇汽油应运而生。乙醇汽油作为一种新型清洁燃料，是目前世界上可再生能源的发展重点。

2. 丙三醇

丙三醇俗称甘油，是一种无色的黏稠液体，沸点 290℃。浓的甘油吸水性很强，但含有 20%的水时即不再吸水。它的分子中含有 3 个羟基，极性很强，所以不溶于有机溶剂而溶于水及醇。

甘油的主要用途是制造硝酸甘油酯。因为甘油有甜味，也可用来制备糖浆、酒类等。皮革和烟草一般都用甘油处理过，由于它的吸水性，可以使皮革及烟草不致变硬。甘油是组成油脂的重要成分，因此它可以大量地从油脂制取。甘油是制造肥皂的副产品，也可以用葡萄糖发酵的方法制备。甘油具有护肤作用，在医药上可作溶剂，如酚甘油、碘甘油等。对便秘患者，常用甘油栓剂或 50% 的甘油溶液灌肠。

由于相邻羟基的相互影响，甘油及其他具有邻二醇结构的化合物具有一定的酸性，能和氢氧化铜生成深蓝色的溶液，这是检验具有邻二醇结构的化合物的方法。

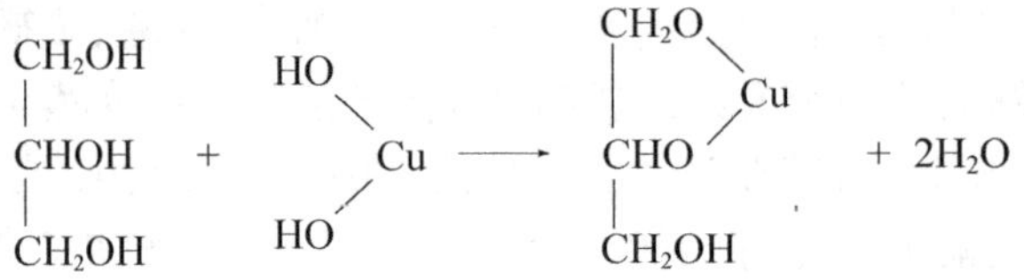

甘油铜(深蓝色)

3. 三十烷醇

三十烷醇一般情况下是指 1-三十醇[$CH_3(CH_2)_{28}CH_2OH$]，是一些植物蜡（如米糠蜡）和动物蜡（如蜂蜡）的组成成分。将这些蜡水解，可以分离到三十烷醇。

纯三十烷醇是白色鳞片状晶体，熔点 87℃，不溶于水，难溶于冷乙醇和丙酮，易溶于氯仿和四氯化碳等有机溶剂。

三十烷醇是一种植物生长调节剂，能提高作物的代谢水平和光合强度，加强干物质积累和能量储存，促进和改善作物的产量构成，在提高产量和改善品质上有良好作用。它具有使用剂量低，对人畜无毒，适用性广等优点。

4. 环己六醇

环己六醇又名肌醇，为白色结晶，熔点 225℃，能溶于水，不溶于无水乙醇和乙醚，主要存在于动物肌肉、心脏等器官中。肌醇有抗脂肪肝的作用，在医药上可用于治疗肝病及胆固醇过高而引起的疾病。肌醇的六磷酸酯叫植酸。植酸的钙镁盐广泛存在于植物体内，在种子、谷物种皮及胚中含量较高。种子发芽时，它在酶的作用下，向幼芽提供生长所需要的磷酸。

7.2 酚

7.2.1 酚的分类和命名

酚是羟基与芳苯环直接相连形成的化合物。按羟基所连的芳环不同，可分为苯酚、萘酚及蒽酚等；按分子中羟基数目多少，可分为一元酚、二元酚以及多元酚等。

酚的命名可用芳基作母体，也可以用酚作母体。例如

苯酚　邻甲基苯酚　邻羟基苯甲酸(水杨酸)　α-萘酚　β-蒽酚

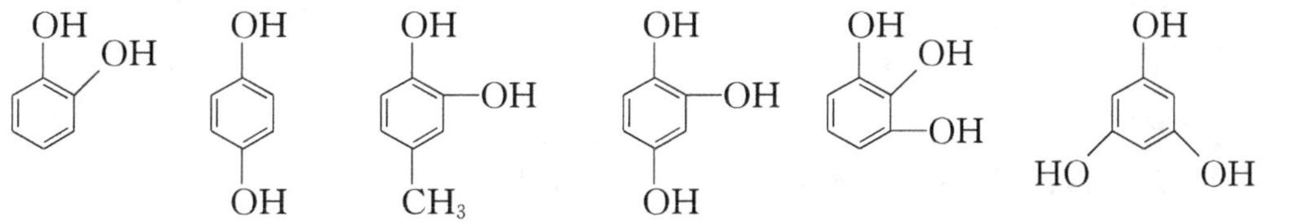

邻苯二酚　对苯二酚　4-甲基-1,2-苯二酚　1,2,4-苯三酚　1,2,3-苯三酚　1,3,5-苯三酚

7.2.2　酚的结构

在酚分子中,羟基直接与芳环的 sp^2 杂化碳原子相连,羟基氧上的 p 轨道与芳环中的大 π 键平行重叠,构成 p-π 共轭体系。苯酚的酸性比醇大,就是因为苯酚的共轭碱——苯氧负离子具有一个相当稳定的结构。苯酚分子中 p-π 共轭及苯氧负离子中 p-π 共轭结构如图7-3、图 7-4 所示。

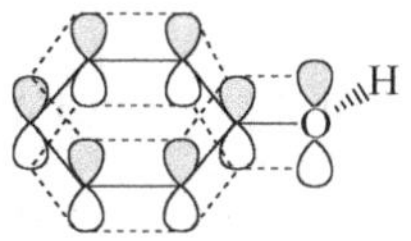

图 7-3　苯酚 p-π 共轭示意

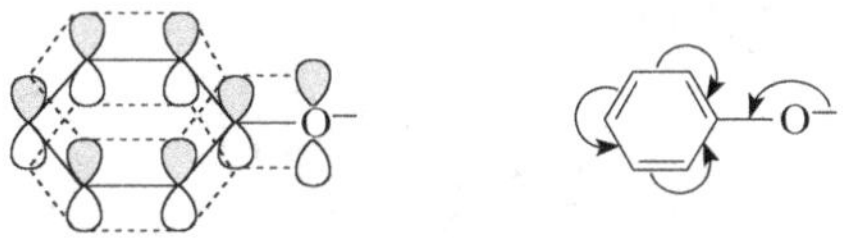

图 7-4　苯氧负离子 p-π 共轭示意图

由于共轭效应(+C),氧原子上的电子对向苯环转移,使苯环上的电子云密度增加。结果使羟基与苯环的结合更加牢固。因此苯酚分子中的羟基不易被其他基团所取代。但 O—H 键的极性却增加了,酚羟基中的氢原子易于电离成为氢离子,而使酚表现出弱酸性。

7.2.3　酚的性质

1. 酚的物理性质

最简单的酚是苯酚,为无色固体,具有特殊气味,在 100g 冷水中溶解度为 6.7g,在热水中溶解度增大,在醇、醚中易溶。由于酚分子间可形成氢键,所以沸点较高。其他酚的性质与苯酚相似,有关的物理常数见表 7-2。

表 7-2　酚的物理常数

化合物名称	熔点/℃	沸点/℃	溶解度/(g/100g 水)	pK_a
苯酚	43	181	9.3	9.95
邻甲苯酚	30	191	2.5	10.28
间甲苯酚	11	201	2.6	10.08
对甲苯酚	35.5	202	2.3	10.14
邻硝基苯酚	45	214	0.2	7.23
间硝基苯酚	96	194(9.33kPa)	1.4	8.40
对硝基苯酚	114	279	1.7	7.15
2,4-二硝基苯酚	113	分解	0.6	4.00
2,4,6-三硝基苯酚	122	分解(300 爆炸)	1.4	0.38
邻苯二酚	105	245	45.1	9.48
间苯二酚	110	281	111	9.44
对苯二酚	170	286	8	9.96

2. 酚的化学性质

1) 弱酸性

酚具有弱酸性，可与强碱溶液发生反应生成溶于水的盐和水：

$$C_6H_5OH + NaOH \longrightarrow C_6H_5ONa + H_2O$$

通入 CO_2 气体可使澄清的苯酚钠溶液又出现浑浊，这说明苯酚($pK_a=9.95$)是比碳酸($pK_a=6.35$)还要弱的酸：

$$C_6H_5ONa + H_2O + CO_2 \longrightarrow C_6H_5OH + NaHCO_3$$

由于苯酚的酸性弱于碳酸，所以，一般情况下，苯酚只能溶于 NaOH 而不溶于 $NaHCO_3$($pK_a=10.33$)。实验室常根据酚的这一性质而与有机酸相区别。

酚的酸性因芳环上连接了吸电子基而加强，连接了斥电子基而减弱。例如，下列化合物的酸性强弱次序为

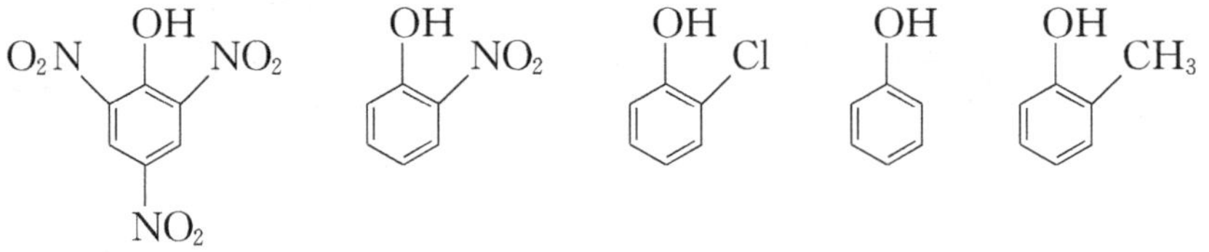

pK_a　　0.38　　7.17　　8.11　　9.95　　10.2

2) 成醚和成酯反应

利用酚的弱酸性也可合成芳基醚，如酚的钠盐与卤代烃在水、乙醇或其他有机溶剂中反应

$$C_6H_5OH + CH_3CH_2Br \xrightarrow[H_2O]{NaOH} C_6H_5OCH_2CH_3 + NaBr$$

酚也可生成酯，但比醇困难。醇可与羧酸很容易地在酸催化下直接发生酯化作用，但酚需在碱(碳酸钾，吡啶)或酸(硫酸，磷酸)的催化下，与酰氯或酸酐反应。乙酰水杨酸(又名阿司匹林)就是水杨酸通过乙酰基化反应制备的。

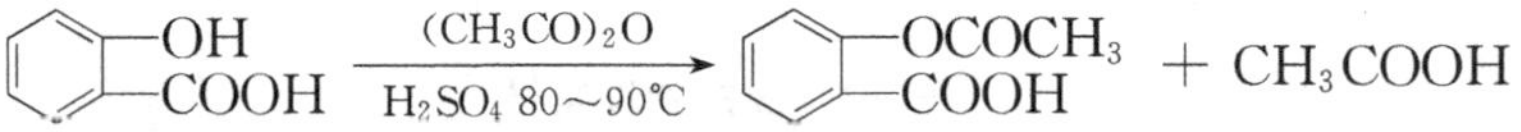

3) 与三氯化铁的显色反应

具有稳定的烯醇式结构的化合物均能与三氯化铁反应生成有色物质。苯酚也具有烯醇式结构，所以，苯酚与三氯化铁水溶液也能显色。酚与三氯化铁的显色反应比较复杂，不同的酚显示不同的颜色。如苯酚、间苯二酚和间苯三酚与三氯化铁显紫色；邻、间、对位三种异构体甲酚则显蓝色；邻苯二酚和对苯二酚却显绿色。关于所生成的有色物质的结构一般认为是配合物：

$$6\,C_6H_5OH + FeCl_3 \longrightarrow H_3[Fe(OC_6H_5)_6] + 3\,HCl$$

4) 苯环上的取代反应

由于酚羟基对苯环的活化作用，使羟基邻、对位极为“活泼”，易受亲电试剂进攻发生取代反应。

(1) 卤代。

苯酚卤代反应要比苯容易得多，室温下，过量的溴可与苯酚反应生成三溴代产物——2，4，

6-三溴苯酚白色沉淀：

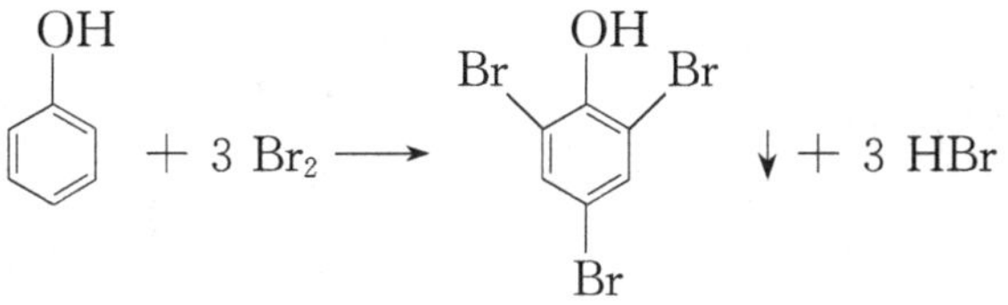

该反应灵敏度极高，即使苯酚溶液的浓度很稀(1/100000)也可以产生明显的沉淀，可用于苯酚的定性和定量测定。

(2) 磺化反应。

苯酚与浓硫酸在较低的温度下(15～25℃)易进行磺化反应，主要得到邻羟基苯磺酸，升高温度至 100℃时，主要得到对羟基苯磺酸。

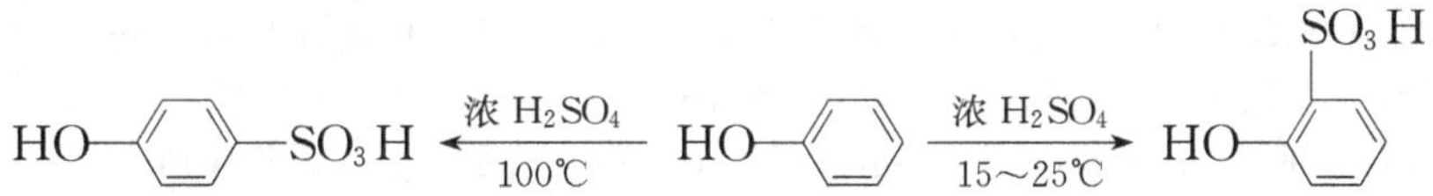

磺化反应是可逆的，若将上述两种产品进一步磺化，则都得到 4-羟基-1,3-苯二磺酸，在稀硫酸溶液中回流又可除去磺酸基。所以利用磺化反应可暂时将苯环上某个位置保护起来。例如，邻溴苯酚的制备如下：

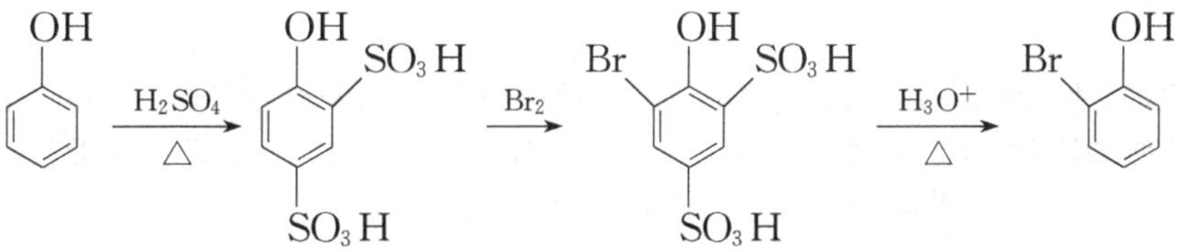

(3) 硝化反应。

苯酚用稀硝酸直接在室温硝化，可得到邻位和对位硝基苯酚的混合物：

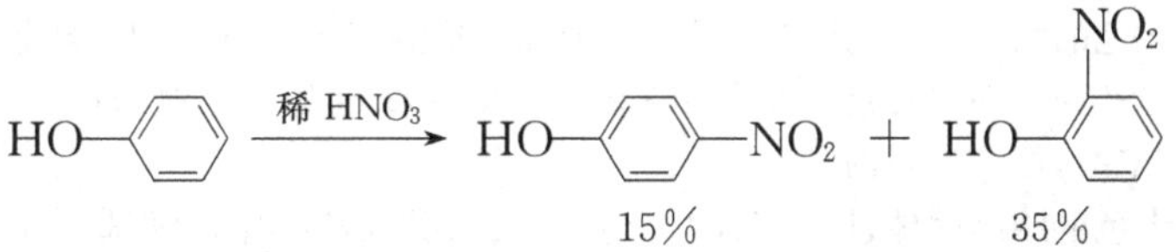

因为苯酚易被氧化，所以副产物较多，产率很低。但邻硝基苯酚由于酚羟基上的氢与相邻硝基中的氧形成氢键成为螯合环分子，使酚分子之间不能发生缔合，也不与水发生缔合，因而不再溶于水，并且挥发性较高，沸点较低，可随水蒸气一起蒸馏出来，易与对硝基苯酚分离。

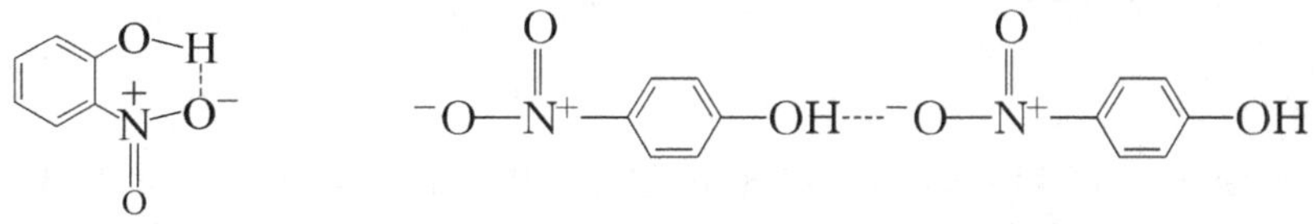

邻硝基苯酚的分子内氢键　　　　对硝基苯酚的分子间氢键

苯酚硝化后由于硝基的吸电子诱导效应及吸电子共轭效应，使酚羟基上的氢原子活泼性增大，即酸性增强。引入的硝基越多，酚的酸性越强。2,4,6-三硝基苯酚俗名苦味酸，黄色结晶，熔点 123℃，是一种有毒的有机强酸，其酸性接近于无机强酸(pK_a=0.38)。

5) 氧化反应

酚类很容易被氧化，生成复杂的混合物。苯酚置于空气中则随着氧化的进行，颜色由无色转变为粉红、红色或深褐色。多元酚更容易被氧化，弱氧化剂如 Ag_2O 就可使它们氧化成邻苯醌和对苯醌。

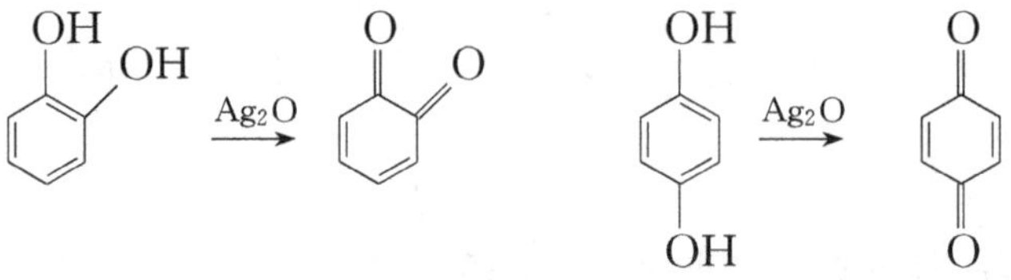

邻苯醌(红色)　　对苯醌(黄色)

7.2.4 重要的酚

1. 苯酚

苯酚是一个无色的结晶固体，熔点 43℃，沸点 182℃。在 25℃时，100g 水中可溶解 6.7g 苯酚，68℃以上可完全溶解于水中。苯酚易溶于乙醚、乙醇、氯仿、苯等有机溶剂。苯酚因具有酸性又叫石炭酸。苯酚有毒，可作为防腐剂和消毒剂。3%～5%的苯酚水溶液可用于消毒外科手术器械。临床所用的液化苯酚或称液体酚，是向苯酚固体中加入 10%的水使之保持流动性而得。苯酚很容易被氧化，见光及空气后即变为粉红色。平时应储藏于棕色瓶内并注意避光。在工业上，苯酚的用途很广，是有机合成的重要原料，大量用于制造塑料、染料、药物、炸药、农药等。

2. 甲酚

甲酚又称煤酚，是甲基苯酚的简称，它有邻、间、对位三种异构体，都存在于煤焦油中。甲酚的各种异构体具有比苯酚更强的消毒能力。通常用的“来苏儿”药水(47%～53%的肥皂水溶液)就是这三种异构体的混合物的肥皂溶液，供外用消毒用，临用时加水稀释至 3%～5%。

3. 苯二酚

苯二酚有三种异构体：邻苯二酚、间苯二酚、对苯二酚。

邻苯二酚是一种无色的结晶物质，熔点 105℃，邻苯二酚易溶于水、醇和醚中，容易被氧化，因此它可以用作还原剂，例如，当显影药用。许多植物中都含有邻苯二酚的一些重要衍生物，如邻甲氧基苯酚，俗名愈创木酚；2-甲氧基-4-烯丙基苯酚，俗名丁香酚等。

间苯二酚是一种无色的结晶固体，熔点 110℃，溶于水、乙醇及乙醚中。间苯二酚具有杀菌作用，强度仅为苯酚的 1/3，刺激性也小，其 2%～10%的油膏及洗剂可用于治疗皮肤病。间苯二酚也是制造红药水的重要原料。

对苯二酚是一种无色的固体，熔点 170℃，溶于水、乙醇及乙醚中。对苯二酚在植物中以配糖物存在。它也是一个还原剂，常被用作显影剂，也可用作抗氧剂。

4. 萘酚

萘酚有 α-萘酚及 β-萘酚两种异构体。α-萘酚是黄色针状结晶，熔点 96℃。β-萘酚是无色片状结晶，熔点 122℃。萘酚的化学性质与苯酚相似，都呈弱酸性，与三氯化铁发生颜色反应。α-萘酚与三氯化铁反应生成紫色沉淀，β-萘酚与三氯化铁作用生成绿色沉淀，可借颜色不同加以区别。萘酚广泛用于制备偶氮染料，是重要的染料中间体。实验室里也常用 α-萘酚来鉴别糖类化合物。β-萘酚具有抗细菌、梅毒和寄生虫的作用，因此，可用作杀菌剂及抗氧剂。

5. 白藜芦醇

白藜芦醇是一种天然的多酚类生理活性成分。目前在多种药用植物和食用植物中发现了白藜芦醇的存在。白藜芦醇抑制血小板非正常凝聚，可预防心肌梗死、脑栓塞，并能够扩张动脉血管及改善微循环。研究还发现白藜芦醇对金黄色葡萄球菌、卡他球菌、大肠杆菌、绿脓杆菌有抑制作用，并对单纯疱疹病毒及肠道病毒有较强的抑制作用。

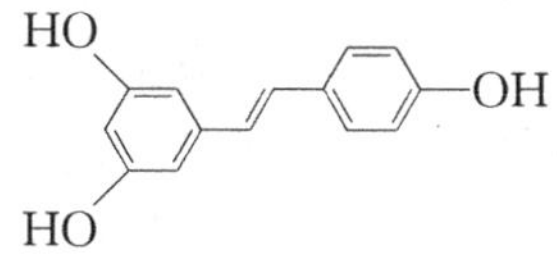

白藜芦醇

6. 肾上腺素

天然的肾上腺分为髓质和皮质两部分，髓质分泌肾上腺素和少量去甲肾上腺素。去甲肾上腺素主要由交感神经末梢分泌，它们也是酪氨酸的衍生物，为 *R*-构型。

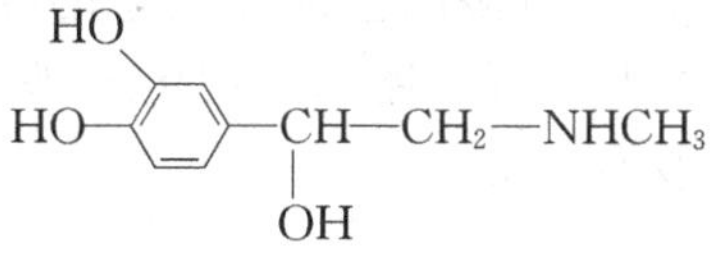

肾上腺素

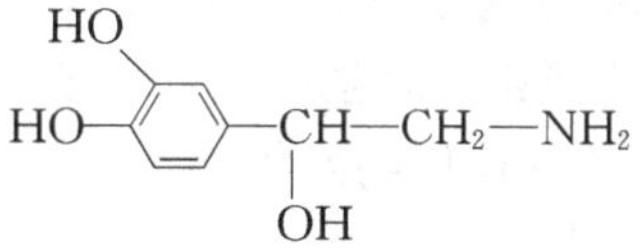

去甲肾上腺素

7. 没食子酸

没食子酸又称棓酸、五倍子酸，为白色或灰白色的结晶性粉末，在 100℃时失去结晶水。能溶于丙酮、乙酸乙酯，微溶于冷水，不溶于苯或三氯甲烷。与三氯化铁作用产生蓝黑色物质。没食子酸广泛用于有机合成、制药、墨水、染料、国防、食品等轻工领域。医学上可用于腹泻症，小范围皮肤的糜烂、溃疡和痔疮。

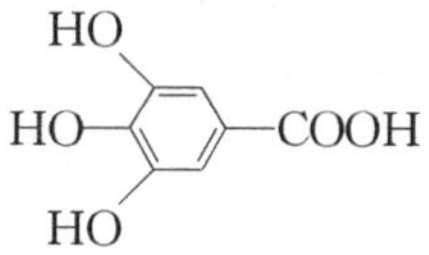

没食子酸

7.3　醚

7.3.1　醚的分类和命名

醚可以看作是水分子中的两个氢原子被烃基所取代得到的化合物，也可以说是两分子醇之间失去一分子水生成的化合物。醚分为无环醚及环醚两大类。无环醚包括单醚和混醚；环醚又可分为环氧化合物和冠醚等。一些常见的醚如下：

CH_3OCH_3 甲醚　　$CH_3OCH_2CH_3$ 甲乙醚　　$CH_3OCH_2CH{=}CH_2$ 甲(基)烯丙(基)醚

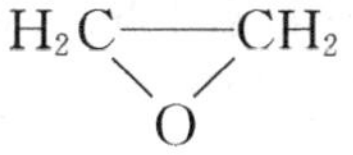

环氧乙烷

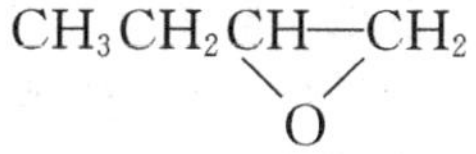

1,2-环氧丁烷

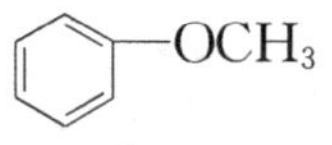

苯甲醚

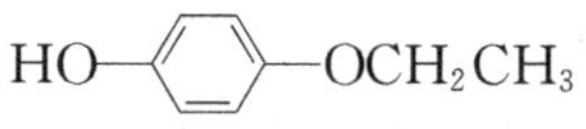

对乙氧基苯酚

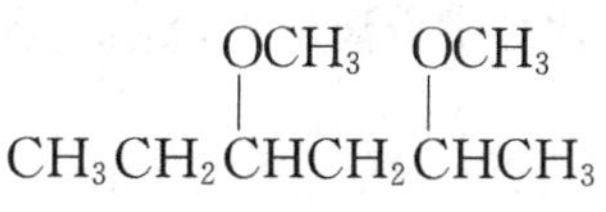

2,4-二甲氧基己烷

简单的醚可以用它的烷基来命名，如甲醚、乙醚、二苯醚；两个都是脂肪烃基的混合醚，只需将氧原子所连接的两个烃基的名称按小的在前，大的在后，写在“醚”字之前，如甲乙醚、甲(基)烯丙(基)醚、烯丙(基)乙炔(基)醚等；芳醚则将芳基放在烷基之前来命名，如苯甲醚。环醚需指出氧环的位置，如环氧乙烷、1,2-环氧丁烷等。复杂的醚也可将烃氧基作为取代基来命名，如对乙氧基苯酚、2,4-二甲氧基己烷等。

7.3.2 醚的性质

1. 醚的物理性质

除甲醚和甲乙醚为气体外，其余的醚大多是无色、有特殊气味的液体，相对密度小于1。醚比它相应的异构体醇的沸点低得多，很容易挥发。如乙醇的沸点是78.3℃，而甲醚的沸点是−24℃。这是因为醚分子中没有羟基，不存在由于氢键的生成而发生的缔合现象。但它与水分子间却能形成氢键，醚键是个亲水基，它在水中的溶解度与相应的醇差不多。甲醚、环氧乙烷、1,4-二氧六环等可以与水混溶。一些醚的物理常数见表7-3。

表7-3 醚的物理性质

名称	熔点/℃	沸点/℃	密度/(g/mL)
(二)甲醚	−114	−24	0.661
甲乙醚		7.9	0.691
(二)乙醚	−116	34.6	0.741
(二)丙醚	−122	90.5	0.736
(二)异丙醚		68	0.735
甲正丙醚		39	0.733
乙基乙烯基醚		36	0.763
1,2-二甲氧基乙烷		83	0.863
环氧乙烷	−111.3	10.7	0.8969
1,4-二氧六环	11	101	1.036
甲氧基苯	−37	154	0.994
苯氧基苯	27	258	1.0728

2. 醚的化学性质

醚是一类比较稳定的化合物。在常温下，醚与许多试剂(如氧化剂、还原剂、碱、活泼金属等)都不发生反应。在酸性环境下，它会发生下面一些反应。

1) 𬭩盐的生成

醚分子中，氧原子上有两对孤电子对，它是一种路易斯碱，在常温下能与强酸形成𬭩盐(oxonium salt)。所以醚能溶于强酸。但醚的碱性太弱，生成的𬭩盐很不稳定，只在冷的浓酸里才稳定(如在浓盐酸或浓硫酸里才存在)，遇水就分解成为原来的醚。利用这一性质，可将醚从烷烃或卤代烃中分离出来，从而达到提纯的目的。

$$R{-}O{-}R + HX \longrightarrow \left[R{-}\overset{\overset{\displaystyle H}{|}}{O}{-}R\right]^{+}X^{-} \xrightarrow{H_2O} R{-}O{-}R + H_3^{+}O + X^{-}$$

2）醚键的断裂

醚特别容易被氢卤酸，尤其是氢碘酸所分解，醚键发生断裂生成卤代烷和醇(或酚)。在反应中醚先与 HI 生成𬭩盐，碘负离子作为强亲核试剂进攻𬭩盐而使醚键断裂。醚键断裂的方式往往是含碳原子较少的烃基断裂下来，与碘离子结合成碘代烃。大基团的烃基则生成醇(或酚)。这个反应可定量地完成，在实验室中常用它来测定甲氧基或乙氧基。若有过量的氢碘酸存在，则产生的醇可再与氢碘酸反应，生成碘代烷

$$CH_3OCH_2CH_3 + HI \longrightarrow CH_3I + CH_3CH_2OH$$
$$CH_3CH_2OH \xrightarrow{HI} CH_3CH_2I + H_2O$$

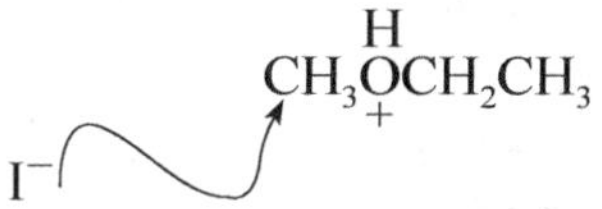

碘离子进攻𬭩盐

醚键的断裂是一种亲核取代反应。机理与醇的亲核取代一样，首先是强酸使醚形成𬭩离子，然后再通过 S_N1 或 S_N2 反应而生成卤代烃和醇(或酚)。

环醚与氢卤酸作用，醚键断裂生成双官能团化合物。例如

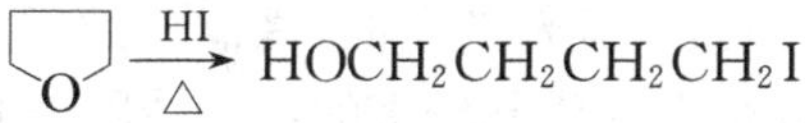

3）过氧化物的生成

醚对氧化剂虽然较稳定，但与空气长期接触，可被空气氧化成过氧化醚。如乙醚储藏一定时期后，就有过氧化乙醚生成。过氧化醚的结构还不十分清楚，一般认为氧化发生在 α-碳氢键上，生成过氧键：

$$CH_3CH_2OCH_2CH_3 + O \longrightarrow CH_3\underset{}{\overset{OOH}{\overset{|}{C}}}HOCH_2CH_3$$

过氧化醚很容易爆炸，所以储藏很久的乙醚，在蒸馏前，必须检查是否有过氧化乙醚生成，以防意外。检查的方法是用 KI-淀粉试液或加入少量的二价铁盐和硫氰化钾(KCNS)的混合液。如果有过氧化物存在，前者变为蓝色，后者生成红色的配离子。除去过氧化物的方法是将醚与适量的硫酸亚铁溶液混合振荡，使过氧化物分解。储存时应放在棕色瓶中，并在醚中加入少量金属钠或铁，以避免过氧化物的生成。

7.3.3　环醚

1. 环氧化合物

环氧乙烷是最简单的环氧化合物(epoxide)。与其他醚不同的是它的性质非常活泼，它不但能与酸反应，而且还能与不同的碱反应。这主要是由于它的三元环结构存在张力，极易与其他试剂发生开环反应。例如

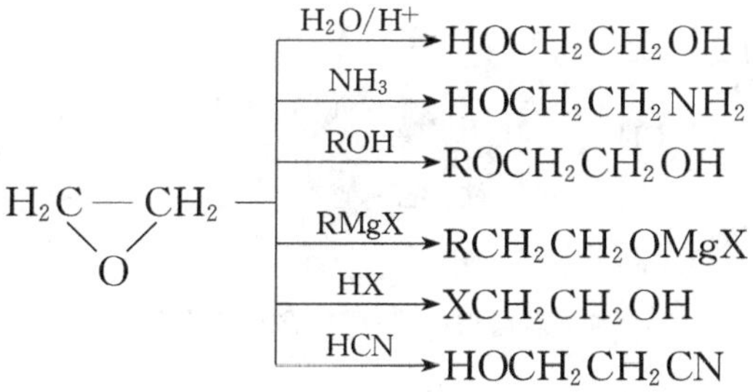

不对称的环氧化合物，如最简单的1，2-环氧丙烷的开环反应有两种方式，在中性或碱性条件下是按 S_N2 反应机制进行的。亲核试剂进攻含取代基较少，即空间位阻较小的碳原子。例如

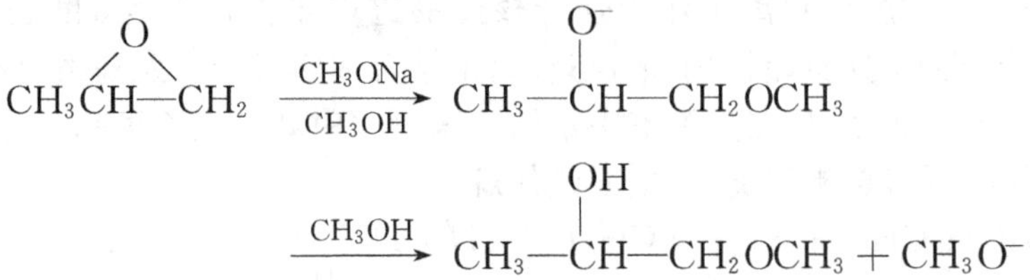

在酸性条件下，大多数是按 S_N1 反应机理进行的。中间体碳正离子稳定的（取代基较多的）先生成，所以亲核试剂进攻含取代基较多的碳原子。例如

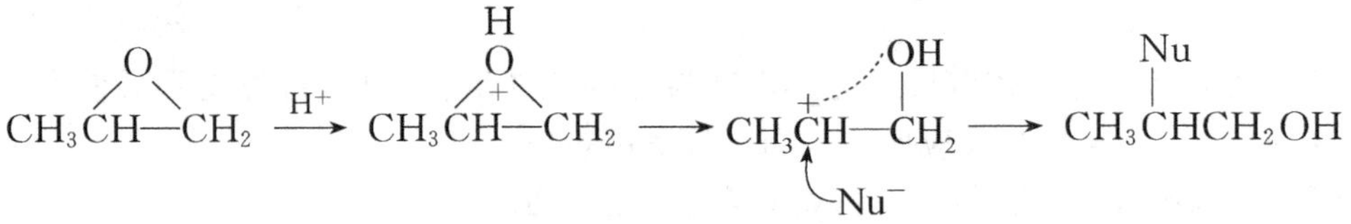

因而，变换反应的酸碱条件，可以改变开环的方向，碱催化的反应主要发生在取代基较少的一端，而酸催化下的反应则主要发生在取代基较多的那个碳原子上。

2. 冠醚

冠醚(crown ether)是20世纪60年代末合成的一类新的多氧大环醚，形如王冠，故称冠醚。近十几年以来，它的发展异常迅速，已研制出数百种各种不同的冠醚。冠醚一般可采用威廉逊醚合成法制取。

冠醚的命名是在"冠"字前写出环中的总原子数，并用短线隔开，在"冠"字后表示环中的氧原子数，也用短线隔开。常见的有18-冠-6、二环己基-18-冠-6和二苯基-18-冠-6等。例如

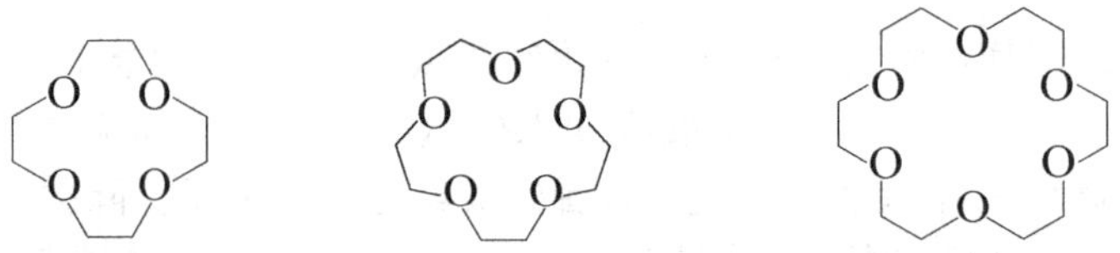

12-冠-4　　15-冠-5　　18-冠-6

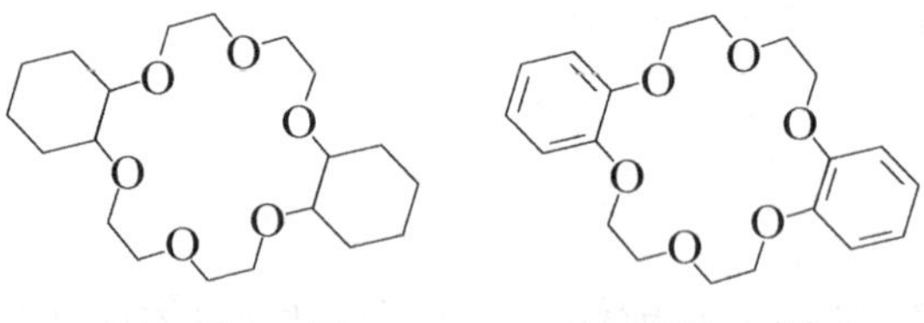

二环己基-18-冠-6　　二苯基-18-冠-6

冠醚具有选择性地络合阳离子（主要是金属阳离子）的重要特性，并且随环的大小不同，而与不同的金属阳离子络合，如12-冠-4环上向内的氧原子可与锂离子络合，15-冠-5与钠离子络合，18-冠-6与钾离子络合。

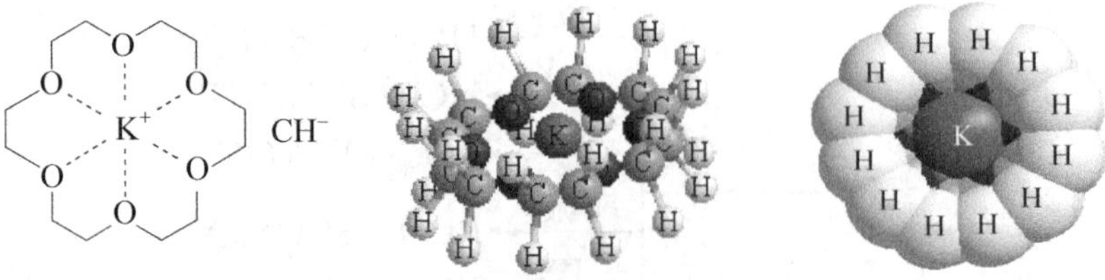

18-冠-6与钾离子形成的络合体

这种络合物都有一定的熔点，因此可以利用它们分离金属阳离子混合物。冠醚和金属离子的这种关系叫做主-客体关系(host-guest relationship)，冠醚为主，金属离子为客。这种关系不仅在有机化学中极为有用，在生物界也是非常重要的。

冠醚更重要的用途是在有机合成中可以加快或使难以进行的反应迅速进行。由于冠醚，特别是含芳环的冠醚难溶于水和乙醇，较易溶于二氯甲烷、氯仿等有机溶剂中，因此在适当的冠醚存在下，冠醚与阳离子可络合为亲油性阳离子，使许多本来不溶于有机溶剂的盐类可溶于溶液中，同时通过静电作用，使裸阴离子也随之溶入溶剂中，提高了裸阴离子的活性。例如，固体氰化钾和卤代烷在有机溶剂中很难反应，但加入 18-冠-6 反应即可迅速进行。

冠醚使氰化钾由水相进入有机相中与溴代烷相遇而迅速反应，在这里冠醚实际上起了相转移催化剂的作用。除冠醚作为相转移催化剂外，季铵盐及季鏻盐等也有类似的作用。冠醚在有机合成上的应用，近年来十分引人注目。如用于元素有机化合物的制备，反应机理的研究，外消旋氨基酸的拆分以及不对称合成等。所以冠醚在有机合成和理论研究上都具有一定的意义。

7.4　硫醇和硫醚

碳和硫直接相连的有机物称为有机硫化合物(sulfur compound)。它在数量上仅次于含氮和含氧有机化合物。有机硫化合物包括硫醇、硫酚和硫醚等。这一节主要介绍硫醇和硫醚的有关性质。

7.4.1　硫醇

1. 硫醇的结构和命名

硫醇(thioalcohol)可看作是硫化氢中的一个氢被烃基取代后的化合物，通式为 RSH。巯基(—SH)是硫醇的官能团。硫醇的命名与醇相似，只在醇前加一个“硫”字。例如

CH_3SH	CH_3CH_2SH	$HSCH_2CH_2SH$	$(CH_3)_2CHSH$	$C_6H_5CH_2SH$
甲硫醇	乙硫醇	1,2-乙二硫醇	异丙硫醇	苯甲硫醇

2. 硫醇的性质

硫与氧虽是同一主族(ⅥA)元素，有相似的电子层结构，但它们的主电子层不一样，电负性不同，因此，硫醇与醇的性质有着明显的差异。例如，醇易形成氢键，有缔合现象，而硫醇却很难形成氢键，不能缔合。所以，硫醇难溶于水，沸点也比同碳原子数的醇低(乙硫醇的沸点 37℃，乙醇的沸点 78.3℃)。又如，低级的醇有酒味而低级的硫醇有恶臭，空气中含有 5×10^{10} 分之一(体积)的硫醇，即可被人嗅觉。因此，硫醇是一种臭味剂，可以把它加入有毒气体如煤气中，以便检查管道是否漏气。

1) 酸性

在化学性质上硫醇与醇一样具有酸性，但酸性比醇强。如乙硫醇 $pK_a=10.5$，而乙醇 $pK_a=17$，所以，硫醇能与氢氧化钠或碳酸氢钠作用生成硫醇盐。

$$CH_3CH_2SH + NaOH \longrightarrow CH_3CH_2SNa + H_2O$$

硫醇还能与砷、汞、铅、铜等重金属离子形成难溶于水的硫醇盐沉淀。例如

$$2\,CH_3CH_2SH + HgO \longrightarrow (CH_3CH_2S)_2Hg\downarrow + H_2O$$

$$2\,CH_3CH_2SH + (CH_3COO)_2Pb \longrightarrow (CH_3CH_2S)_2Pb\downarrow + 2\,CH_3COOH$$

许多重金属盐能与体内某些生物功能分子中的巯基结合造成中毒。利用硫醇与重金属能形成稳定的不溶性盐的性质可以起到解毒作用。如常用的汞中毒治疗剂 2,3-二巯基丙醇

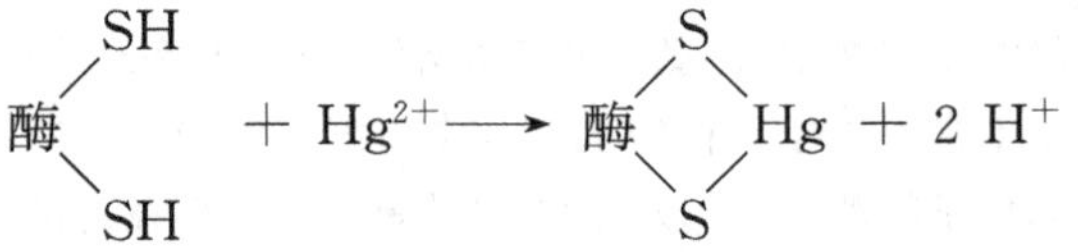

具有活性的酶　　　　中毒酶

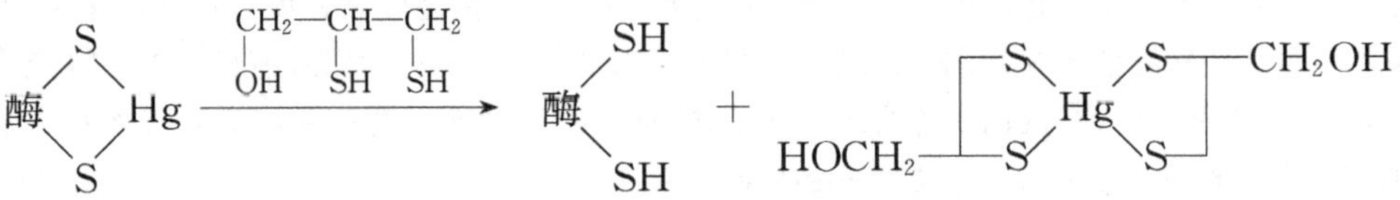

中毒酶　　　　具有活性的酶

2,3-二巯基丙醇(商品名 BAL)是重金属离子的特效解毒剂。

2) 氧化

硫有空的 d 轨道,硫氢键又易断裂,因此硫醇远比醇易氧化,氧化反应常发生在硫原子上。弱氧化剂如三氧化二铁、二氧化锰、氧气、碘等都能把硫醇氧化成二硫化物:

$$2RSH \underset{[H]}{\overset{[O]}{\rightleftharpoons}} R—S—S—R$$

二硫化合物中的—S—S—键称为二硫键。二硫化合物在亚硫酸氢钠、锌和乙酸、金属锂和液氨等还原剂的作用下,二硫键还原重新转变为硫醇。硫醇与二硫化物间的这种相互转化在温和的条件下也能发生,这也是生物体内常见的一个很重要的生化反应之一。例如,硫辛酸(6,8-二硫辛酸)是少数不属于维生素的辅酶。硫辛酸有两种形式,即硫辛酸(氧化型)和二氢硫辛酸(还原型)在生物体内起传递氢原子的生化反应。

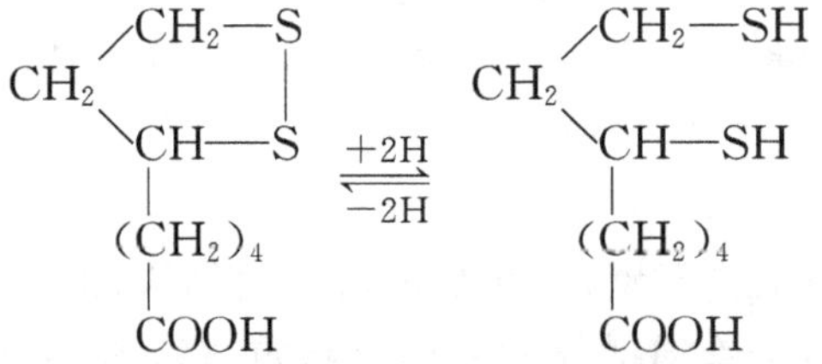

二硫化合物也可进一步被氧化成较高价的化合物。例如,自然界存在的大蒜素和合成抗菌剂 401、402 都是二硫化合物的氧化物。

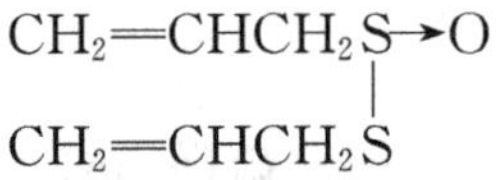

大蒜素
(存在于蒜、韭、葱等植物中,油状液体,有杀菌作用)

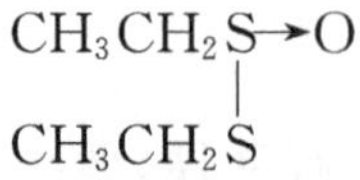

乙基蒜素
(商品名 401 抗菌剂,无色油状液体)

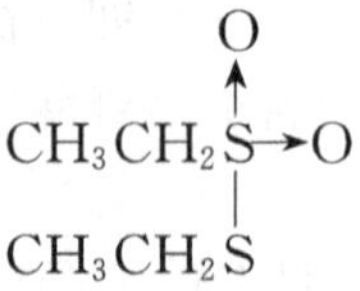

氧化乙基蒜素
(商品名 402 抗菌剂)

近几年的研究表明,胃癌的发病率与葱、蒜的摄入量有关。常食用葱、蒜的人胃癌发病率比不食用葱、蒜的人低 60%,其主要原因是葱、蒜中含有大蒜素等含硫有机物。所以多食葱、

蒜有益身体健康是有一定科学依据的。

在强氧化剂(如硝酸、高锰酸钾等)作用下,硫醇能被氧化为磺酸。这也是实验室中制备脂肪族磺酸的一种方法。

$$RSH \xrightarrow{KMnO_4} RSOH \longrightarrow RSO_2H \longrightarrow RSO_3H$$

7.4.2　硫醚

硫醚(thioether)可以看作是硫化氢中的两个氢都被烃基取代的产物。硫醚的命名与醚相似,只是在醚字前加一“硫”字。例如

CH_3SCH_3	$CH_3SCH_2CH_3$	$C_6H_5SCH_3$	$ClCH_2CH_2SCH_2CH_2Cl$
二甲硫醚	甲乙硫醚	苯甲硫醚	β,β'-二氯乙硫醚(芥子气)

低级的硫醚是油状的液体,不溶于水,易溶于醇和醚等有机溶剂,具有极不愉快的气味。硫醚的沸点比相应的醚高,性质与醚相似,比较稳定,但硫醚遇不同的氧化剂可得到各种形式的氧化物。如遇过氧化氢,二甲硫醚被氧化成亚砜,若遇强烈氧化剂(如发烟硝酸,高锰酸钾,过氧羧酸等)则被氧化成砜。

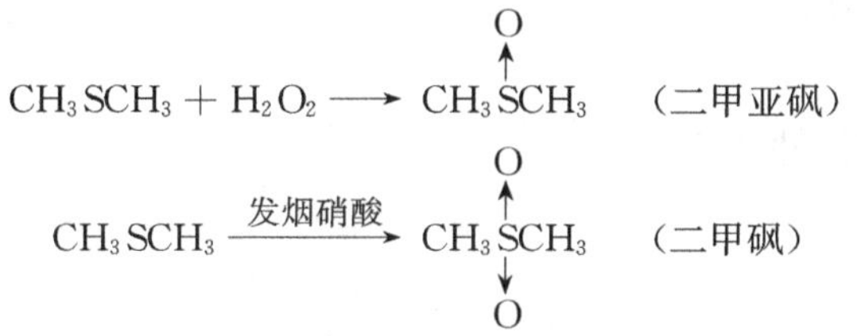

二甲亚砜(DMSO)为无色液体,是一种非常好的非质子极性溶剂,许多有机或无机的化合物在二甲亚砜中能迅速溶解,常用作有机溶剂。二甲亚砜还具有很强的溶解和穿透能力,因此常用作某些药物的透入载体以加强组织的吸收。因为它的溶解力和穿透力都很强,会把各种化合物透过皮肤带入体内,在实验室中使用,有一定的潜在危险。

芥子气($ClCH_2CH_2SCH_2CH_2Cl$)是硫醚的衍生物,它是一种无色油状液体,沸点 215～217℃,具有一种芥末的气味,不溶于水,但溶于有机溶剂中。芥子气是一种极毒的化合物,对人体的黏膜组织及呼吸器官具有强烈的腐蚀作用。利用漂白粉的氧化作用,可将其氧化为毒性较小的砜类。

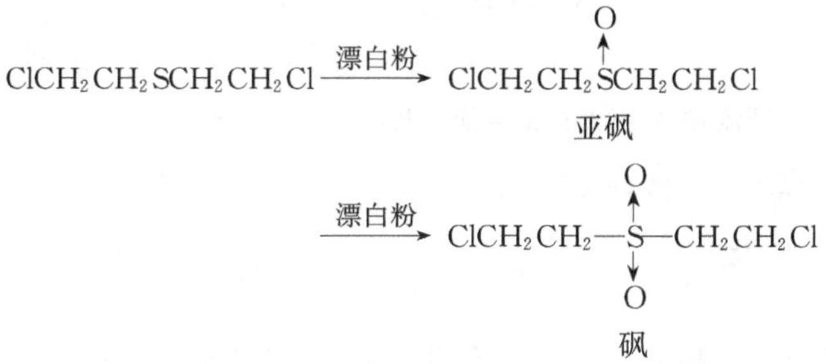

思　考　题

1. 为什么酚的酸性比醇强?
2. 醇与氢卤酸反应羟基被取代可制得卤代烃,为什么酚羟基不能被氢卤酸取代制得卤代芳香烃?
3. 为什么醇与羧酸在酸催化下容易直接发生酯化作用,但酚比醇困难,需在碱催化下,与酰氯或酸酐反应,才能得到相应的苯酯?

4. 为什么酚类化合物常用酚羟基甲基化的方法来保护酚羟基？
5. 为什么在中性或碱性条件下与酸性条件下，不对称的环氧化合物开环反应得到的产物不同？

习　题

1. 用 IUPAC 法命名下列化合物。

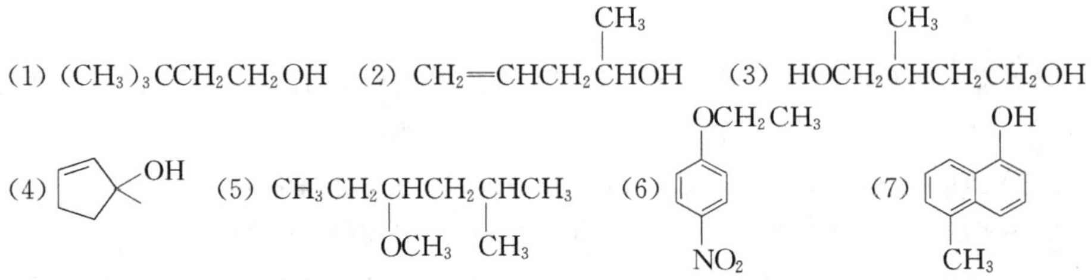

2. 分别从下列各物合成 2-溴丁烷。
(1) 2-丁醇　(2) 1-丁醇　(3) 1-丁炔
3. 完成下列化学反应式。

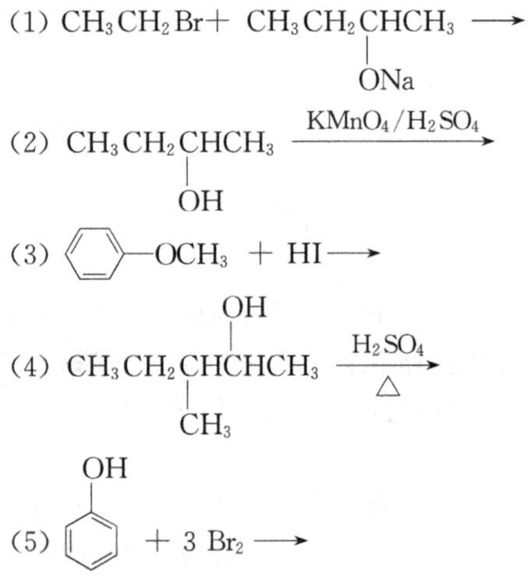

4. 试解释下列反应的机理。

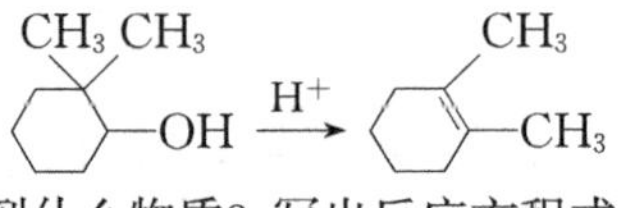

5. 当下列醚与过量的 HBr 回流时，能得到什么物质？写出反应方程式。
(1) $CH_3CH_2OCH_3$　(2) $CH_3CH_2OC(CH_3)_3$　(3) 　(4) 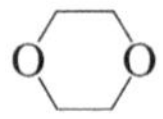
6. 从异丁烷开始合成下列各化合物。

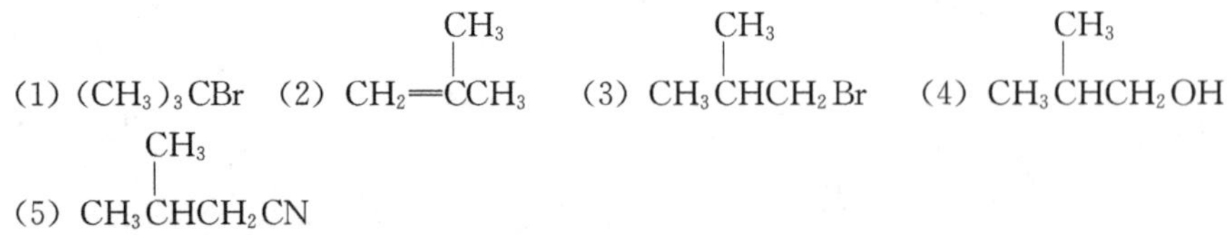

7. 比较下列化合物的酸性强弱。

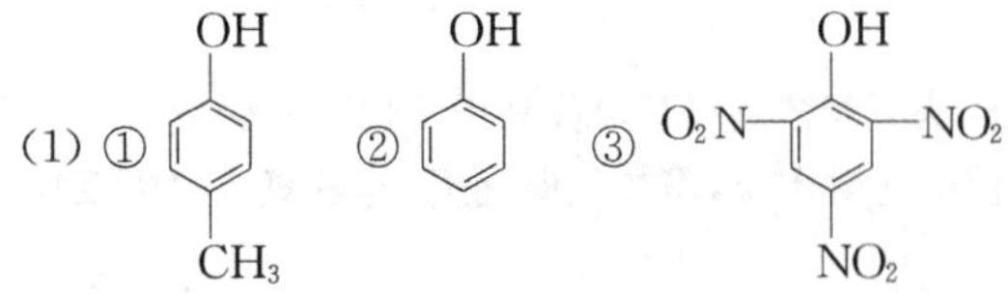

(2) ① 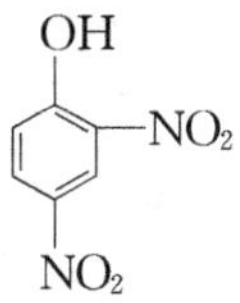 ② 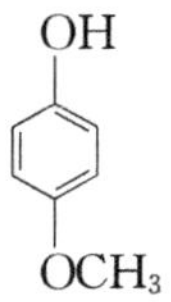 ③ 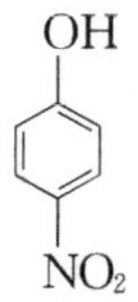

8. 用简单的化学方法区别下列各组化合物。

(1) 己烷,丁醇,苯酚,丁醚

(2) 苯甲醇,苯酚

(3) 异丙醚,烯丙基异丙醚

(4) 庚烷,2-氯丁烷,二丁醚

(5) 甲基苯基醚,对甲苯酚

(6) 含酚的水溶液和纯水

9. 一芳香化合物 A 的分子式为 C_7H_8O,A 与 Na 不反应,与氢碘酸反应生成两个化合物 B 和 C,B 能溶于 NaOH 并与 $FeCl_3$ 溶液作用呈紫色,C 与硝酸银水溶液作用生成黄色碘化银沉淀,试写出 A,B,C 的结构式。

10. 有两种液体化合物的分子式同是 $C_4H_{10}O$,其中 A 在室温下不与卢卡斯试剂作用,但与浓氢碘酸作用生成碘乙烷,B 与卢卡斯试剂很快地生成 2-氯丁烷,与氢碘酸作用则生成 2-碘丁烷,写出这两种化合物的结构式。

第 8 章　醛、酮、醌

醛(aldehyde)、酮(ketone)、醌(quinone)的分子中都含有羰基($>$C=O)。通式为 RCHO 的化合物称为醛,通式为 RCOR 的化合物称为酮。醌则是一类含有共轭环己二烯二酮结构的化合物。

醛、酮、醌广泛存在于自然界,有些是生物代谢过程的中间体,如丙酮酸、甘油醛是细胞代谢作用的基本成分,具有极为重要的生理活性。本章主要介绍醛、酮结构与化学性质的关系,亲核加成,加成-消除反应,氧化和还原反应。醛和酮是有机化学中极为重要的物质,其性质活泼,可以发生多种化学反应,尤其是羰基的亲核加成反应有着广泛的用途。

8.1　醛　和　酮

8.1.1　醛、酮的结构和命名

从结构上看,所有的醛和酮都含有羰基。醛中的羰基连有 1 个氢原子(甲醛连有两个氢原子),—CHO 叫做醛基;酮中的羰基则连有两个碳原子,$>$C=O也叫酮基。酮分子中的烃基(R)可以相同也可以不相同。醛、酮分子中的烃基可以是直链的或是环状的,脂肪族的或芳香族的。

醛

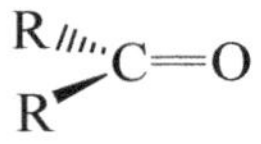

酮

在羰基中,由于碳原子是以 sp^2 杂化轨道与另外 3 个原子以 σ 键结合的,所以这 3 个 σ 键都处于同一个平面上,键角约为 120°。碳原子未参与杂化的 1 个 p 轨道与氧原了的 1 个 p 轨道侧面重叠(肩并肩)形成一个 π 键,垂直于这个羰基平面[图 8-1(a)]。羰基氧的电负性比碳大,吸电子能力比碳强,因此,羰基中电子密度分布是不均匀的,流动性较大的 π 电子云偏向于电负性强的氧原子。所以羰基是一个极性基团,氧原子上带部分负电荷(δ^-),碳原子上带部分正电荷(δ^+)[图 8-1(b)]羰基的偶极矩一般情况下大于 2D。

(a) 醛 (R=H)　　(b) 醛 (R=H)

图 8-1

醛、酮的系统命名法是以含有羰基的最长碳链为主链,醛从醛基的碳原子开始编号,酮从靠近羰基的一端开始编号,把羰基的位号写在名称前面。如主链上有取代基,则将取代基的位号及名称写在醛、酮的名称前。如有两个以上的羰基,可以用二醛、二酮等命名。编号可用阿拉伯数字，也可以用希腊字母，与醛、酮的羰基（官能团）直接相连的碳原子为 α，依此为 β、γ 等。例如

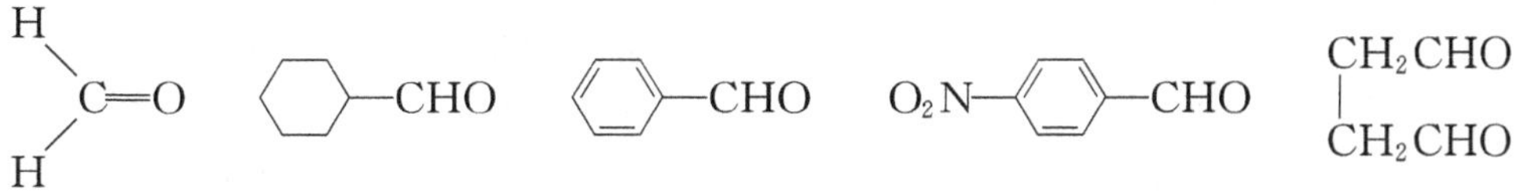

甲醛　环己基甲醛　苯甲醛　对硝基苯甲醛　丁二醛

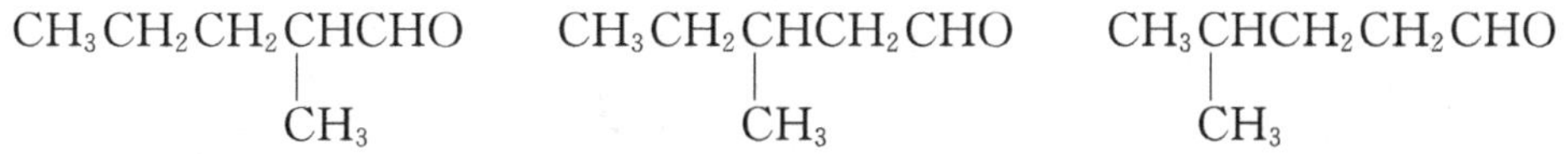

2-甲基戊醛（α-甲基戊醛）　3-甲基戊醛（β-甲基戊醛）　4-甲基戊醛（γ-甲基戊醛）

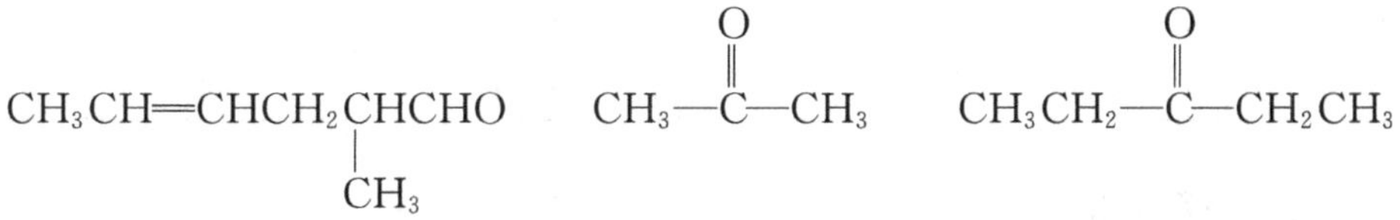

2-甲基-4-己烯醛　丙酮　3-戊酮

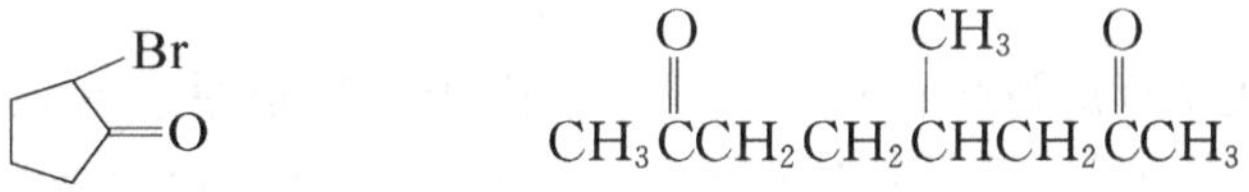

2- 溴环戊酮　4-甲基-2,7-辛二酮

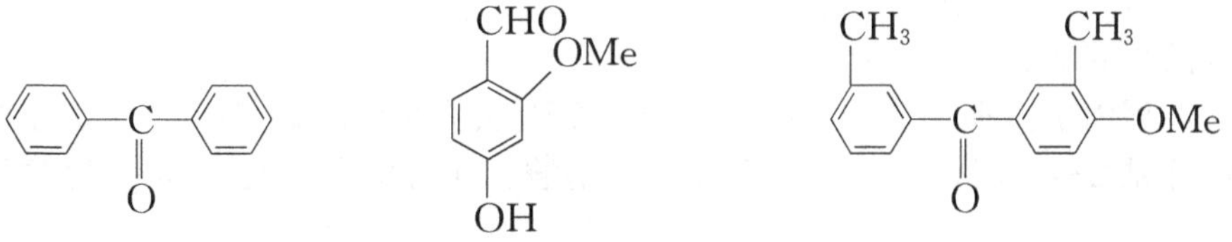

二苯甲酮　4-羟基-2-甲氧基苯甲醛（香草醛或香兰醇）　3,3′-二甲基-4-甲氧基二苯甲酮（除草剂）

8.1.2 醛、酮的物理性质

羰基是极性基团，因此醛、酮分子一般都是极性分子，羰基中的氧原子可以与水形成氢键，相对分子质量低的醛、酮如甲醛、乙醛及丙酮等可溶于水，也可溶于有机溶剂。醛、酮在水中的溶解度随着相对分子质量的增加而减弱（微溶或不溶）。羰基的极性虽然增加了醛或酮分子间的吸引力，但醛或酮分子间不能形成氢键。因此，醛、酮的沸点比相应相对分子质量的烷烃高得多，而比相应相对分子质量的醇低得多。室温时，除甲醛是气体外，C_{12} 以下的醛、酮是液体，高级的醛、酮是固体。低级的醛具有刺激的气味，中级的醛则有花果清香，常作为香料工业中的配方成分。酮类化合物及芳香醛一般也有特殊的香味。脂肪族醛、酮的相对密度小于 1，芳香族醛、酮的相对密度大于 1。一些常见的醛、酮的物理常数见表 8-1。

表 8-1　一些醛、酮的物理常数

化合物	熔点/℃	沸点/℃	化合物	熔点/℃	沸点/℃
甲醛	−92	−21	对羟基苯甲醛	116	−21
乙醛	−121	20	对甲氧基苯甲醛	3	248
丙醛	−81	−49	丙酮	−94	56
正丁醛	−99	76	甲基乙基酮	−86	80
正戊醛	−91	103	2-戊酮	−78	102
正己醛	−56	131	3-戊酮	−41	101
正庚醛	−42	155	2-己酮	−35	150
苯甲醛	−26	178	3-己酮	−25	124
苯乙醛	34	194	甲基异丙基酮	−85	119
邻甲基苯甲醛	49	196	苯乙酮	21	202
间甲基苯甲醛	71	205	苯丙酮	21	218
对甲基苯甲醛	135	205	二苯甲酮	48	306

8.1.3　醛、酮的化学性质

1. 羰基的加成

醛、酮最主要的化学反应发生在碳氧双键上。由于羰基碳原子带部分正电荷，显正电性，容易与一系列的亲核试剂发生亲核加成反应(nucleophilic addition reaction)。亲核试剂有许多种，可以是极性很强的碳负离子、带孤电子对的硫、氮或氧等原子的分子。如 CN^-、RMgX、RS^-、RNH_2、NH_3、OH^-、ROH、H_2O 等。

1) 与氢氰酸的加成

醛及多种活泼的酮(脂肪族甲基酮及少于 8 个碳原子的脂环酮)与氰基负离子的碳原子发生加成反应，生成 α-羟基腈，进一步水解得 α-羟基酸。在有机合成上，这是一种常用的增长碳链的方法。

$$CH_3CHO + HCN \xrightarrow{OH} CH_3\underset{}{\overset{OH}{\overset{|}{C}}}HCN \xrightarrow[(或\ OH^-)]{H_3O^+} CH_3\overset{OH}{\overset{|}{C}}HCOOH$$

著名的斯特雷克(Strecker)氨基酸合成法也用到此反应。例如

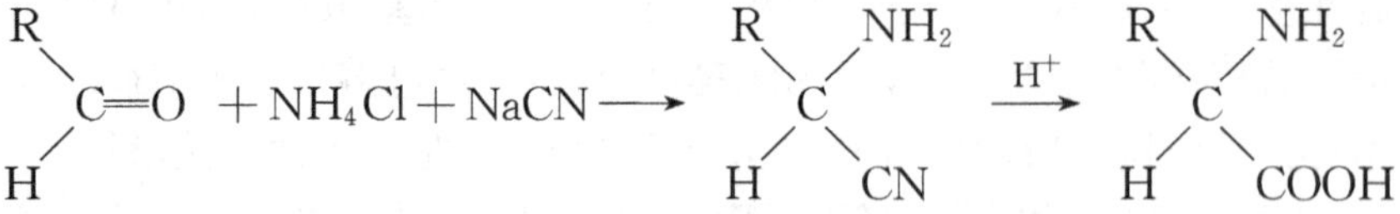

氢氰酸是一种弱酸，在中性条件下反应，氢氰酸存在一个解离平衡，达到平衡时，氰基的浓度很低，反应速率慢。在酸性条件下，虽然 H^+ 与羰基氧的结合增加了羰基碳的亲电性能，但由于 H^+ 的加入使 CN^- 的浓度降低，所以反应速率降低。

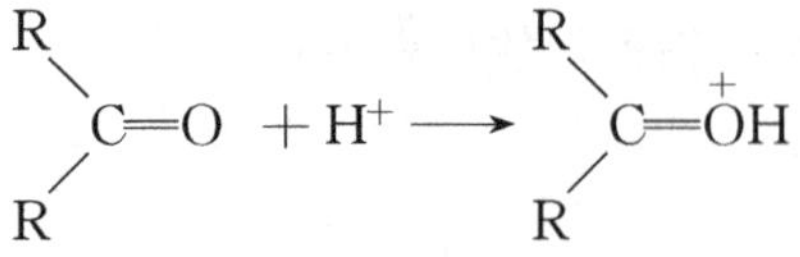

H^+ 的加入增加羰基的亲电性但使 CN^- 的浓度降低，反应速率下降

在酮与氢氰酸的反应体系中，加入几滴氢氧化钾(钠)溶液后，HCN 的解离度增加，氰基的浓度增加，反应速率大大加快，这说明此反应是亲核试剂 CN^- 首先进攻羰基碳原子而进行的亲核加成反应。

$$HCN \rightleftharpoons H^+ + CN^-$$
$$H^+ \xrightarrow{OH^-} H_2O$$

H^+ 的加入使 CN^- 的浓度降低，OH^- 的加入使 CN^- 的浓度增加，反应速率增加。

2) 与亚硫酸氢钠的反应

醛或多种活泼的酮(脂肪族甲基酮及少于 8 个碳原子的脂环酮)在室温下与过量的饱和亚硫酸氢钠(40%水溶液)溶液一起振荡，不需加任何催化剂反应即可发生：

$$RCHO + NaHSO_3 \longrightarrow RCH(OH)SO_3Na \downarrow$$

生成的加成产物是一种 α-羟基磺酸钠盐，溶于水，但不溶于乙醚，在饱和亚硫酸氢钠溶液中也不溶解，生成白色晶体析出，此反应可用来鉴别醛及某些酮。这种加成物在稀酸或稀碱中可分解为原来的醛或酮，因此可以用此方法来提纯分离醛或某些酮。

$$RCH(OH)SO_3Na \rightleftharpoons RCHO + NaHSO_3 \xrightarrow{HCl} NaCl + H_2O + SO_2 \uparrow$$
$$RCHO + NaHSO_3 \xrightarrow{1/2Na_2CO_3} Na_2SO_3 + 1/2H_2O + 1/2CO_2 \uparrow$$

3) 与醇及水的加成

醛在干燥氯化氢气体的存在下，可与醇发生加成反应，生成半缩醛(hemiacetal)。半缩醛不稳定，会分解为原来的醛，若有另一分子醇存在，半缩醛将与之失水生成缩醛。

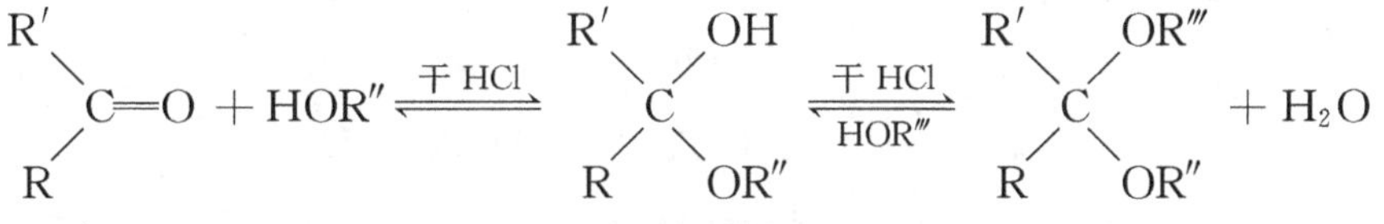

醛(R′ = H)　　醇　　半缩醛　　缩醛

半缩醛虽然不稳定，但环状的半缩醛却比较稳定，自然界里生成的各类糖，主要以环状半缩醛形式存在。这种结构在碳水化合物一章中还要详细讨论。

从醛形成缩醛(acetal)的过程都是可逆的。如果我们将醛溶于大大过量的无水乙醇中，加入少量的无水酸(氯化氢气体或浓硫酸)，平衡将向缩醛方向移动。达到平衡后，用碱中和酸，并蒸除过量的乙醇，就可分离得到缩醛。

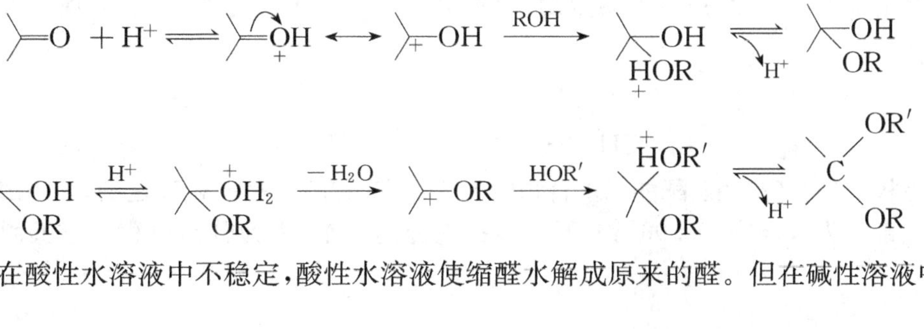

缩醛在酸性水溶液中不稳定，酸性水溶液使缩醛水解成原来的醛。但在碱性溶液中，缩醛

还是比较稳定的：

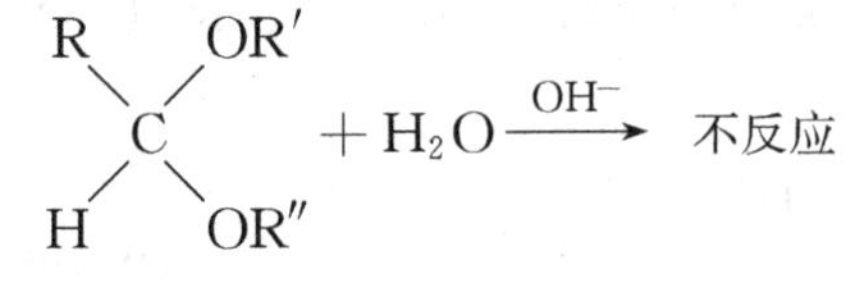

缩醛

缩醛具有醚的结构，对氧化剂、还原剂也不敏感，在同样的条件下，缩酮(ketal)比缩醛难以生成，但用1,2-二醇则容易生成缩酮。因此，在有机合成中常将醛、酮做成缩醛来保护羰基，也可以反过来利用醛、酮保护羟基。例如氧化反应中

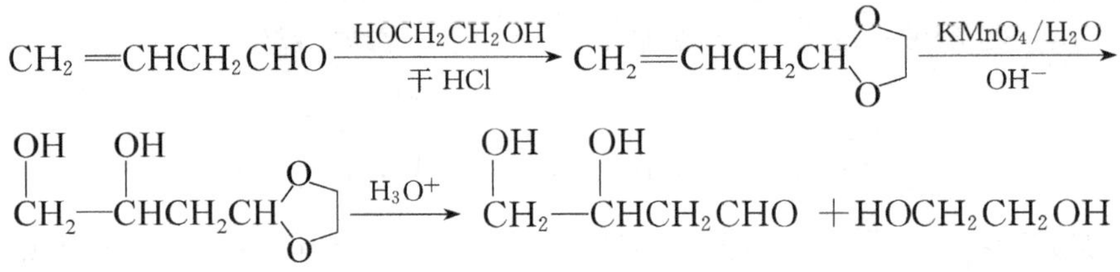

又如消除反应中

$$BrCH_2CH_2CHO \xrightarrow{CH_3CH_2OH,HCl(g)} BrCH_2CH_2CH(OCH_2CH_3)_2$$

$$\xrightarrow{NaOH,CH_3CH_2OH} CH_2=CHCH(OCH_2CH_3)_2 \xrightarrow{H_3O^+} CH_2=CHCHO$$

又如缩合反应中

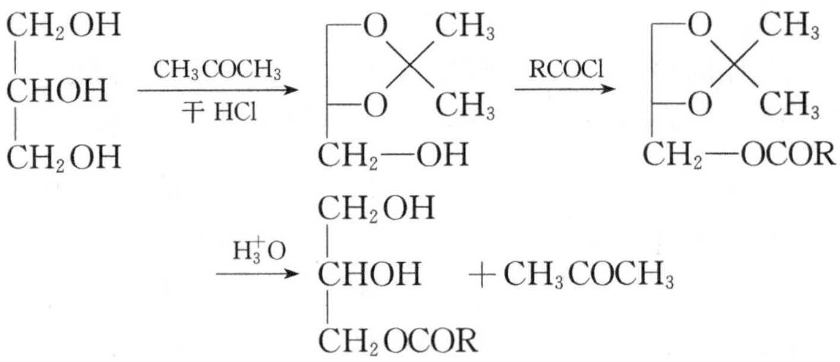

醛、酮的羰基和水加成的产物是偕二醇：

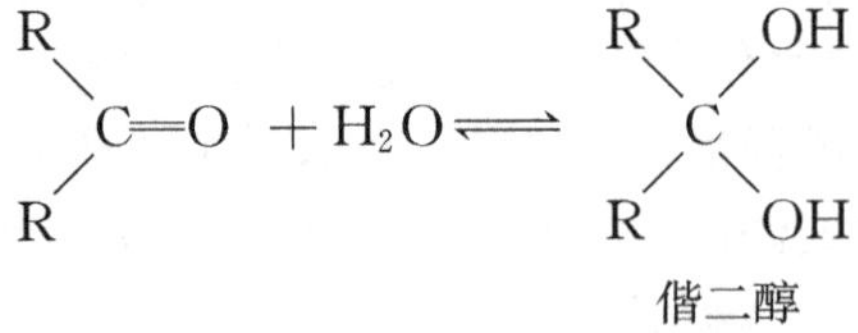

偕二醇

通常情况下，偕二醇是极不稳定的，要失去一个水分子成为醛或酮，平衡大大偏向于反应物：

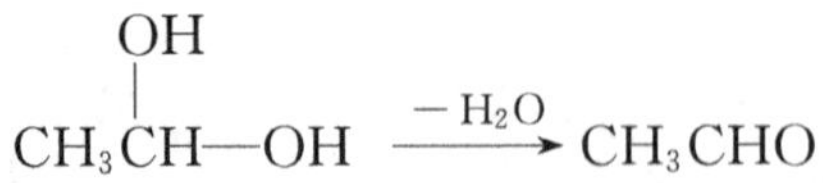

只有极少数特殊的醛、酮能以水合物的形式存在，有的还是比较稳定的，如甲醛在水溶液中几乎全部变为水合物(99.96%)，但不能把它分离出来，因为分离过程中它又脱水成甲醛分子。

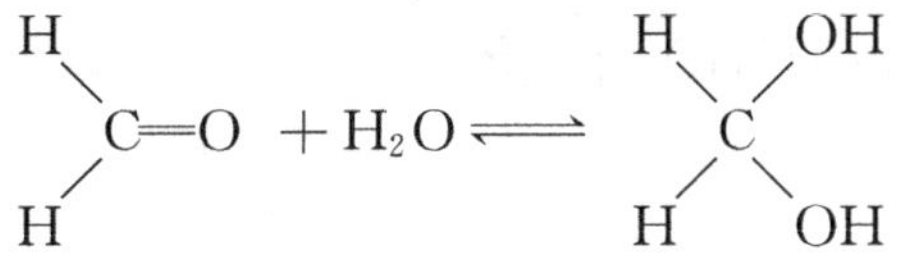

甲醛水合物

如果羰基与强吸电子基相连，可增加羰基碳的正电性，从而使水分子更容易与之进行亲核加成，生成稳定的水合物。如三氯乙醛（$—CCl_3$ 是很强的吸电子基）及茚三酮都能与水形成稳定的水合物：

$$Cl_3CCHO + H_2O \longrightarrow CCl_3—\underset{}{CH}(OH)—OH$$

三氯乙醛水合物

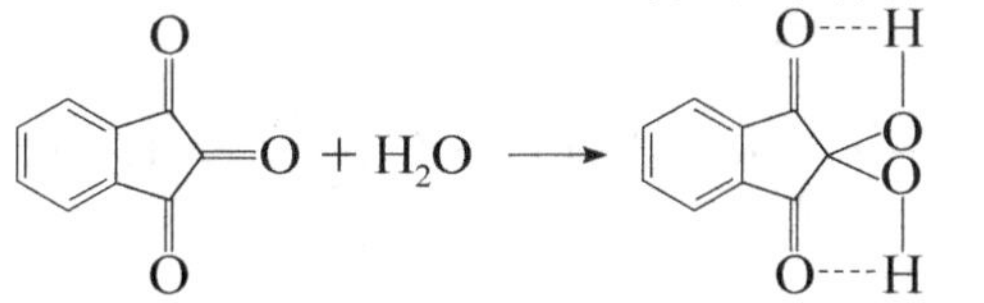

茚三酮水合物

茚三酮水合物稳定的原因除了有两个强吸电子的羰基外，还与分子内借助氢键形成两个五元环的结构有关。水合茚三酮在氨基酸的色谱分析中常用作显色剂。

4）与格氏试剂的加成

格氏试剂（RMgX）在有机合成中应用很广，常用来增长碳链。格氏试剂中的烃基负离子（R^-）亲核性很强，可以与醛、酮的羰基发生亲核加成反应，加成产物经水解后可得到各种类型的醇。

（1）甲醛与格氏试剂反应生成伯醇。

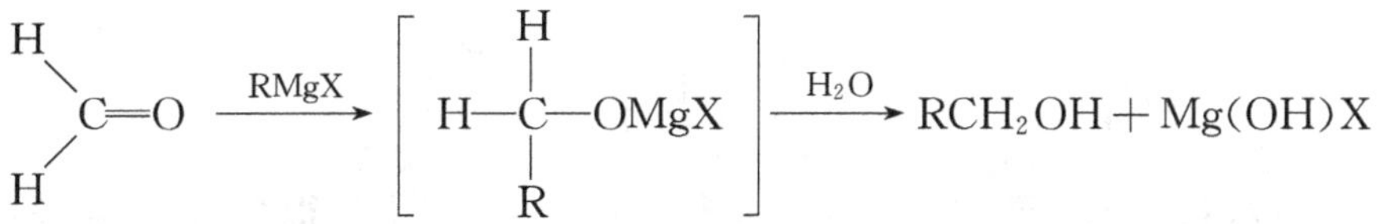

（2）醛（甲醛除外）与格氏试剂反应生成仲醇。

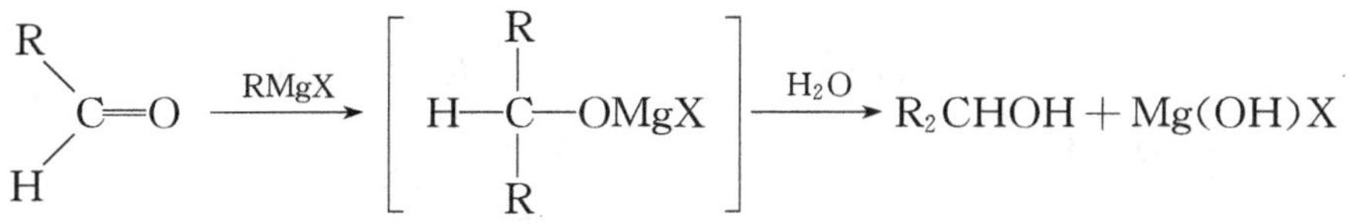

$$CH_3CHO + C_6H_5MgBr \longrightarrow CH_3CH(C_6H_5)OMgBr \xrightarrow{H_2O} CH_3CH(C_6H_5)OH + Mg(OH)Br$$

酮基布洛芬（3-苯甲酰基-α-甲基苯乙酸），是较好的非甾体类消炎镇痛药。酮基布洛芬临床上用于治疗慢性类风湿性关节炎，变形性关节炎，外伤和术后疼痛。酮基布洛芬的合成，就充分利用了缩醛保护羰基，及格氏试剂与羰基的亲核加成反应：

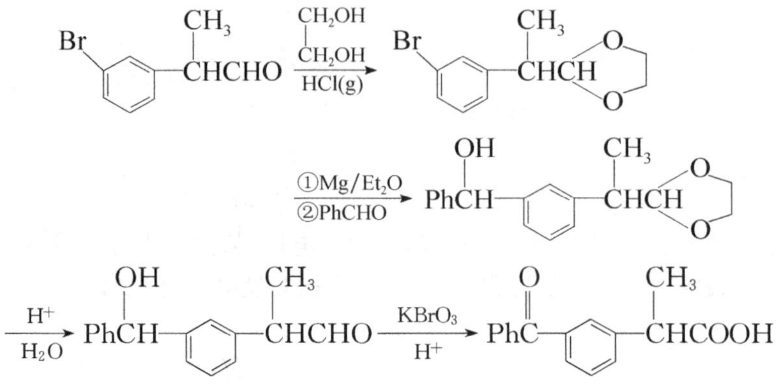

酮基布洛芬

（3）酮与格氏试剂反应生成叔醇。

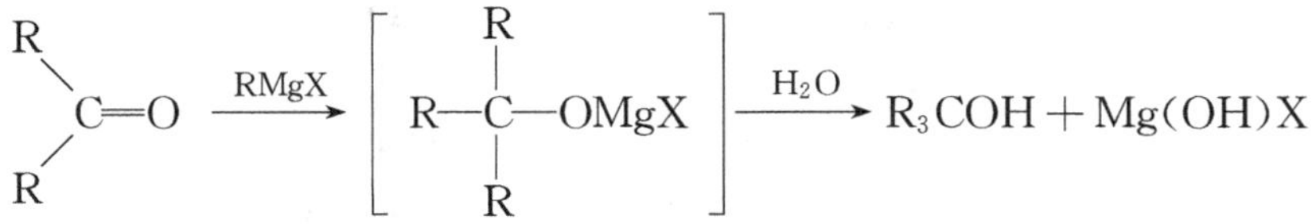

酮与格氏试剂反应生成叔醇，往往有多种选择。当一个化合物有多种可选择的合成路线时，往往要综合考虑成本、反应条件、环境污染等因素，选择最经济最科学的路线合成目标分子。例如

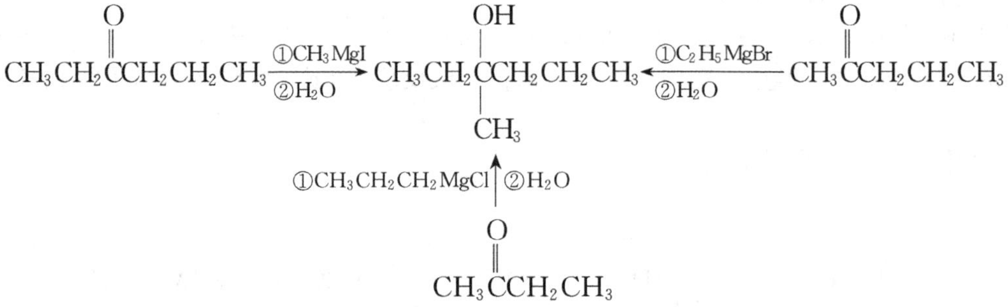

对于酮来说，只要羰基两边的基团不是很大，空间位阻不是很突出，一般都可正常反应。但当羰基旁的两个基团比较大，而且格氏试剂中的烃基也较大时，反应就比较困难。

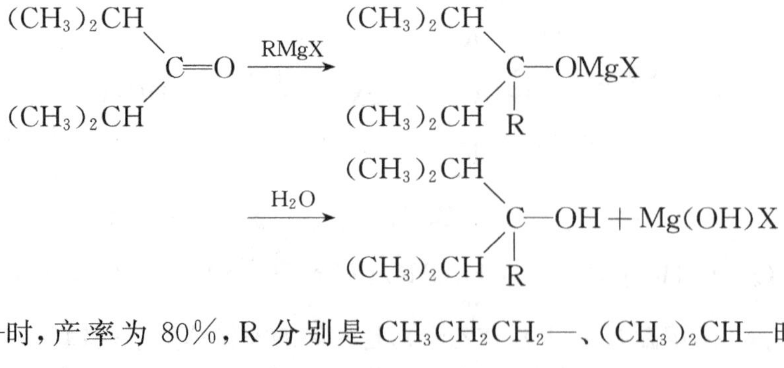

当 R 为 C_2H_5—时，产率为 80%，R 分别是 $CH_3CH_2CH_2$—、$(CH_3)_2CH$—时产率相应为 30%、0%。

5）与炔化物的加成

炔化钠或炔化锂等金属炔化物也是一个很强的亲核试剂，和羰基发生加成反应后生成 α-炔

基醇。如乙炔钠与环戊酮加成，然后用水处理即得到 1-乙炔基环戊醇：

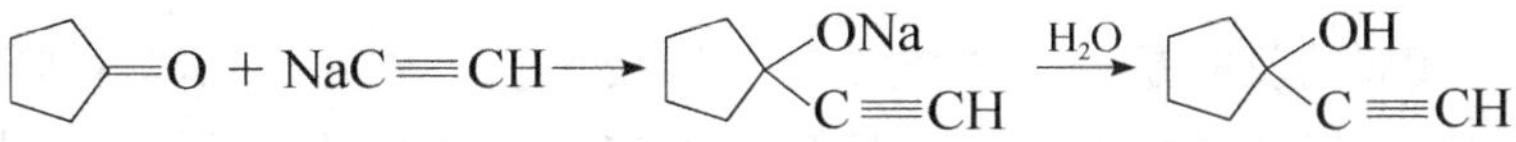

1-乙炔基环戊醇是目前临床使用的许多避孕药化学结构的重要部分。炔诺酮是目前常用的避孕药，此类药物的合成就是利用了酮与乙炔的类似反应。

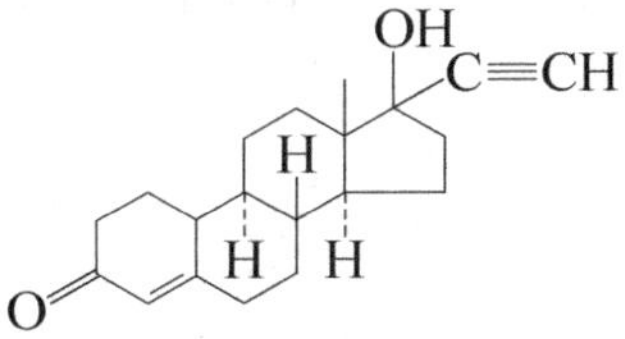

炔诺酮

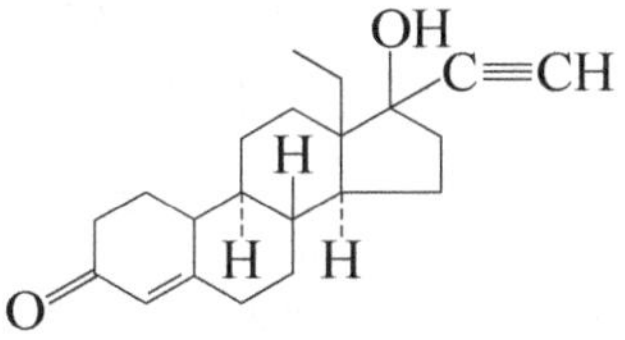

18-甲基炔诺酮

从以上醛、酮的各类亲核反应中可以看出，醛的亲核加成反应都比酮有利。这可以用空间效应或电子效应来解释。

从空间效应看，醛基中有 1 个小的氢原子，亲核加成有空间位阻小，生成的四面体加成产物中，中心碳原子不太拥挤，产物较稳定，因而易于形成；酮羰基中有两个烃基，亲核加成空间位阻(steric hindrance)大，生成的四面体加成产物中，中心碳原子周围也较拥挤，使产物不稳定，在反应平衡中产率较低。

从电子效应来考虑，由于烃基是推电子的基团，醛只连有 1 个推电子的基团，而酮则连有两个推电子基团，醛羰基碳原子的正电性比酮高，因此醛比酮易发生亲核加成反应。

直接连有吸电子基可使羰基碳原子正电性增高，反应活性增强，更易于发生加成反应。因此，综合考虑空间效应和电子效应，常见醛酮的相对活泼性顺序为

$$CCl_3CHO > HCHO > RCHO > CH_3COCH_3 > RCOCH_3 > ArCOCH_3 > ArCOAr$$

2. 与氨的衍生物的加成-消除反应

氨分子中的氢被烃基、羟基、氨基等取代后得到一系列氨的衍生物。最常见的有：羟胺($H_2N—OH$)；肼($H_2N—NH_2$)；苯肼($H_2N—NHC_6H_5$)；氨基脲($H_2N—NHCONH_2$)；2,4-二硝基苯肼[$H_2N—NHC_6H_5(NO_2)_2$]等。氨的衍生物可以用通式 $H_2N—X$ 来表示。

在氨的衍生物中氮原子上仍保留一孤对电子，容易与醛、酮发生反应，氨的衍生物因此也称为羰基试剂。羰基试剂与醛、酮的加成反应可以分成两步，第一步是亲核加成，可以用以下通式来表示：

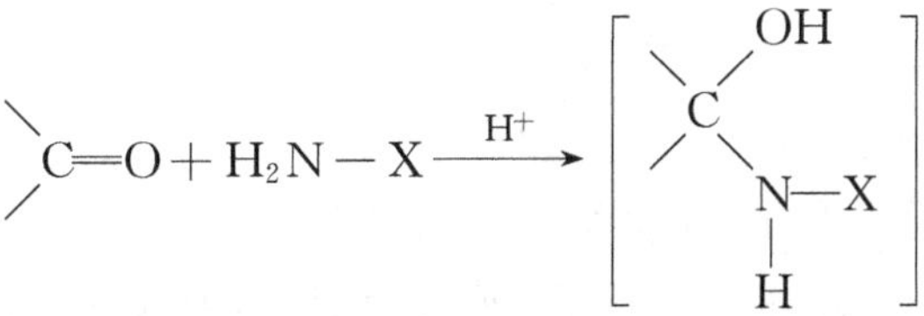

亲核加成(慢反应)

第二步是消除反应。因为得到的加成产物在同一个碳上有 1 个羟基及 1 个氨基，类似于偕二醇，是极不稳定的，容易失去一分子水生成含有碳氮双键的化合物：

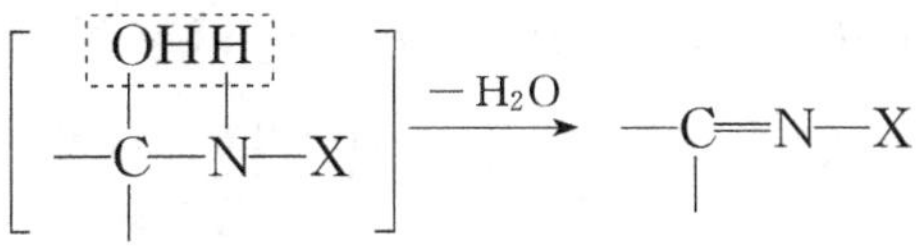

消除

$$C_6H_5CHO + H_2NNHC_6H_5 \longrightarrow C_6H_5CH{=}NNHC_6H_5 + H_2O$$

醛、酮与羰基试剂的反应是一个亲核加成-消除反应。生成的产物因 X 基团的不同而有不同的名称，分别称为某醛或某酮的肟、腙、苯腙、2,4-二硝基苯腙、缩氨脲等。例如

$$CH_3CH{=}NNH_2$$

乙醛腙

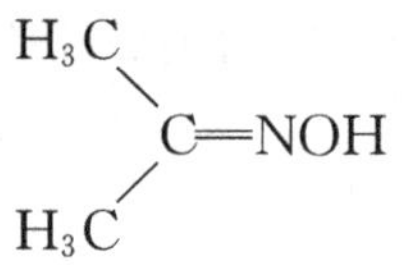

丙酮肟

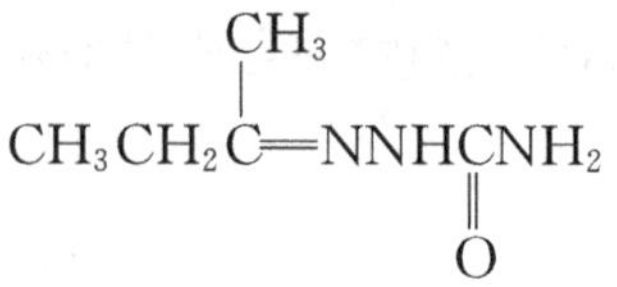

2- 丁酮缩氨脲

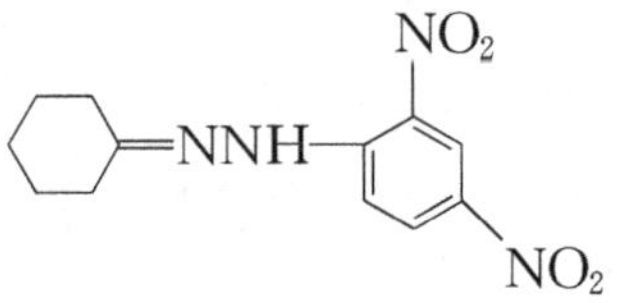

环己酮 -2,4- 二硝基苯腙

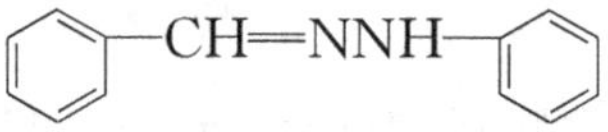

苯甲醛苯腙

醛、酮与羰基试剂的反应产物多数是固体，很容易结晶，并具有一定的熔点，但大部分熔点较低。2,4-二硝基苯肼与醛、酮的反应产物 2,4-二硝基苯腙多数是橙黄色或橙红色沉淀，从溶液中析出，熔点较高，所以经常用来鉴别醛、酮。醛、酮与羰基试剂的反应产物经提纯后，再进行酸性水解，又得到原来的醛或酮，因此也可用此法来分离及精制醛、酮。

不少醛、酮与氨的衍生物有实用价值。例如，高压锅炉水的化学除氧过去一直用联氨。联氨毒副作用很大，污染环境。丙酮肟是可靠的替代产品。丙酮肟具有强还原性，其水溶液能在钢材表面形成良好的磁性氧化物，比联氨防腐的腐蚀速度小 5 倍，比未作防腐处理的锅炉腐蚀速度小 60 倍。

又如，3-羟基-1-甲基二氢吲哚-5,6-二酮缩氨脲，为肾上腺素的氧化衍生物，无拟肾上腺素作用，因此不影响血压和心率，但能增强毛细血管对损伤的抵抗力，稳定血管及其周围组织中的酸性黏多糖，降低毛细血管的通透性，增强受损毛细血管端的回缩作用，使血块不易从管壁脱落，从而缩短止血时间，但不影响凝血过程。

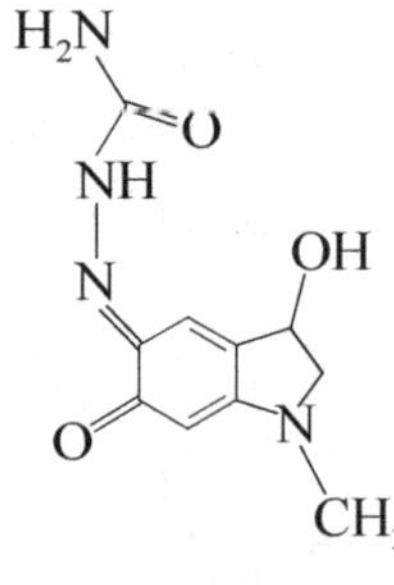

3-羟基-1-甲基二氢吲哚-5,6-二酮缩氨脲

醛、酮与伯胺（RNH_2）的加成物失去一分子水，即变为亚胺，亚胺也称席夫碱（Schiff's base）。其反应通式如下：

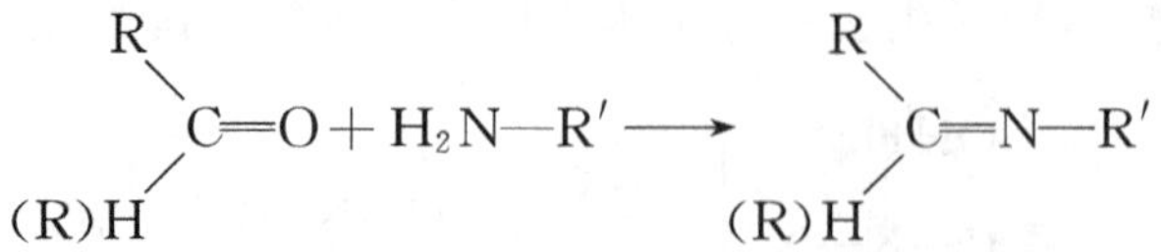

席夫碱

体内许多生化过程与席夫碱的生成与分解有关。在生物体内，氨基酸分子中的氨基在某些酶的催化下，可与醛、酮反应生成弱碱性的席夫碱，它是植物体内合成生物碱及生物体内酶促转氨基反应的中间产物。

$$R'CHO + H_2N\text{—}\underset{\displaystyle R}{\underset{|}{CH}}\text{—}COOH \longrightarrow R'C{=}NH\text{—}\underset{\displaystyle R}{\underset{|}{CH}}\text{—}COOH$$

又如，在与视觉有关的生化过程中，11-顺视黄醛和一个视蛋白的侧链氨基经加成缩合而成的亚胺是视网膜的主要光敏色素，叫做视紫红质，经光照射后，顺式的视紫红质又异构化为稳定的反式构型，并导致视蛋白分子构象发生变化，再经一系列复杂的信息传递到达大脑形成视觉。

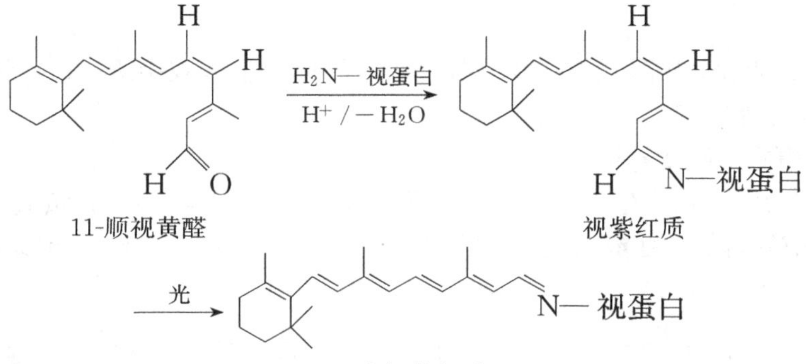

11-顺视黄醛　　视紫红质

光视紫红质

3. *α*-活泼氢的反应

羰基化合物的第二个重要特性是与羰基相连的碳上的氢原子具有酸性(这些氢原子通常称为 α-氢，连接 α-氢的碳原子称为 α-碳原子)。由于羰基的吸电子诱导效应及 σ-π 超共轭效应，α-氢原子变得较为活泼，一般称为 α-活泼氢。在碱作用下，α-氢容易离去，因此显示出弱酸性。如醛、酮的 α-氢的 pK_a 为 19～20，其酸性比乙炔($pK_a=25$)、乙烯($pK_a=44$)及乙烷($pK_a=50$)略强。

$$\text{—}\overset{\displaystyle H}{\overset{|}{CH}}\text{—}\overset{|}{C}{=}O \underset{}{\overset{B^-}{\rightleftharpoons}} \text{—}\bar{C}H\text{—}\overset{|}{C}{=}O + BH$$

脱去 α-氢后，生成的 α-碳负离子与羰基形成 p-π 共轭，从而使整个体系能量降低，如图 8-2(a)所示。

α-氢的解离度还与醛、酮的分子结构有关，若分子中连有吸电子基团 Y，对分散碳负离子的电荷有利，将大大增加碳负离子的稳定性；另一方面使醛、酮的 α-氢活泼性(酸性)增加，如图 8-2(b)所示。

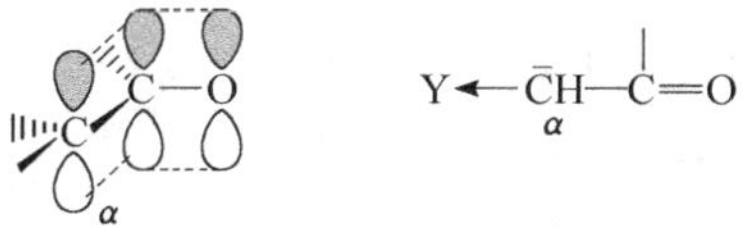

(a)　　(b)

图 8-2

Y 基团的吸电子能力越强，醛、酮的 α-氢活泼性增加越大。这些基团常见的有

—NO_2，—SO_3H，—C=O，—COOR，—CN，—C≡CH，—C_6H_5，—CH=CH_2

除了电子效应外，空间位阻的作用对 α-氢的活泼性也有一定的影响，若分子中有大的基团阻碍了醛、酮分子与碱的接近，也会使醛、酮的 α-氢活泼性降低。因此，醛的 α-氢一般比酮的 α-氢的活泼性高。

醛、酮在酸的作用下，可生成烯醇：

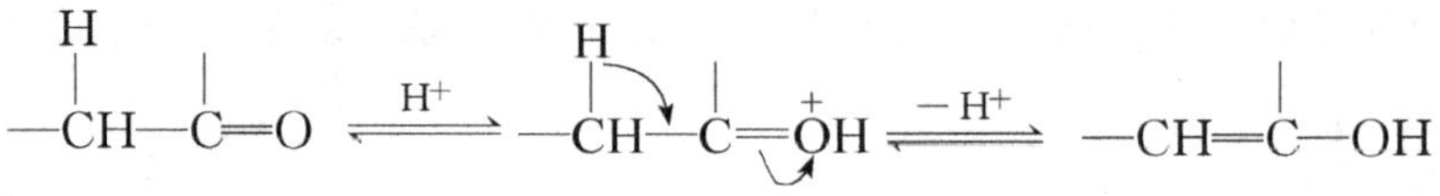

因此，具有 α-活泼氢的醛、酮在酸或碱作用下，可以发生酮式-烯醇式的互变异构、卤代反应及羟醛（酮）缩合等反应。

1）酮式-烯醇式的互变异构

醛、酮的 α-氢离去后，产生碳负离子。由于羰基是强的吸电子基，碳负离子与羰基的 p-π 共轭效应使负电荷分散，形成酮式-烯醇式互变异构(keto-enol tautomerization)。

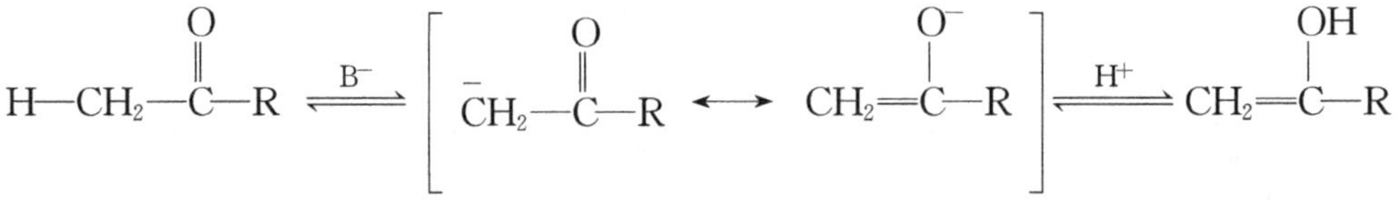

酮式　　　　烯醇式

一般情况下，简单的单羰基化合物，烯醇式的含量很少：

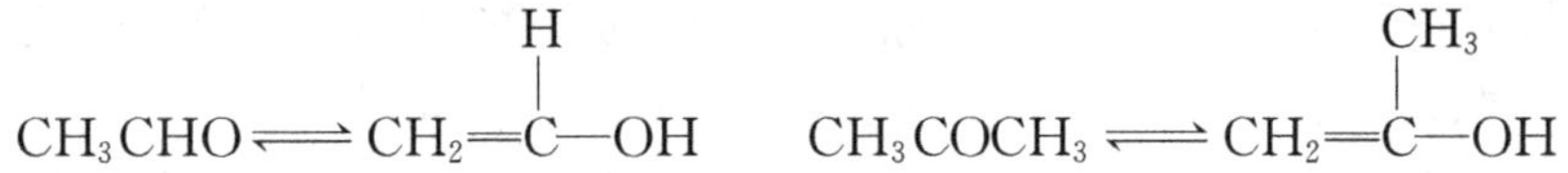

（～100%）　极少量　（>99%）　（0.00015%）

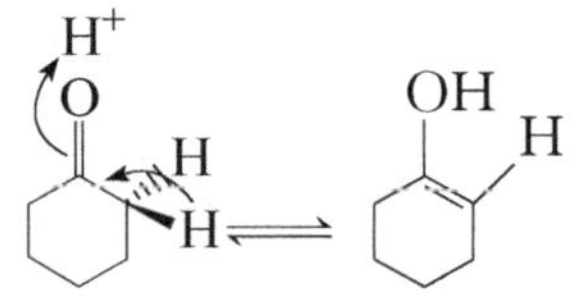

99.9%　　0.01%

分子中含有与烯键共轭的基团时有利于烯醇式的存在。如 2,4-戊二酮（β-二羰基化合物）的分子中有两个羰基（两个羰基中隔 1 个—CH_2—），烯醇式的含量就比较高。β-二羰基化合物的烯醇式比较稳定的另一个原因是分子中通过氢键可以形成一个稳定的六元环：

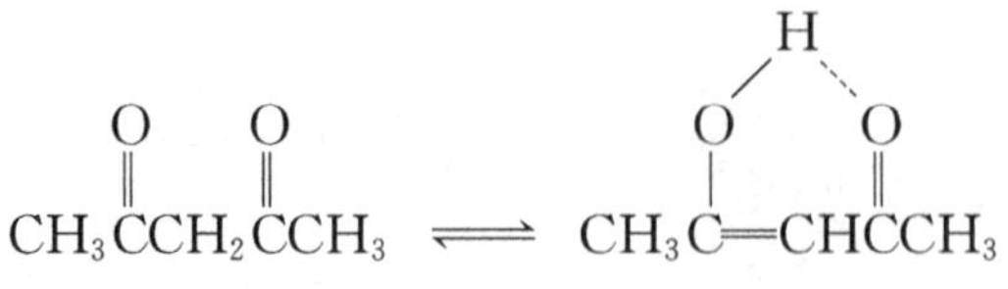

（24%）　　（76%）

酮基比酯基更有利于形成烯醇式结构。例如，下面几个化合物的烯醇式含量为

$CH_2(CO_2Et)_2$　0.0077%
$NCCH_2COOEt$　0.25%
$CH_3COCH_2CO_2Et$　7%
$CH_3COCHPhCO_2Et$　30.0%
$PhCOCH_2COCH_3$　99.9%

分子中有苯环存在可以形成更大的共轭体系，也使烯醇式结构含量增加。

2）卤代反应

在碱催化下，醛、酮的 α-氢可以逐个被卤素取代，生成单卤代或多卤代羰基化合物。在酸催化下，卤代反应可以控制在一卤代、二卤代或三卤代阶段，只要小心控制卤素的用量即可。因为 α-氢被卤素取代后，由于卤素的吸电子诱导效应，使羰基氧原子上电子云密度降低，再质子化形成烯醇式要比卤素未取代时困难得多。

酸性条件下　$CH_3COCH_3 + Br_2 \xrightarrow{HAc} CH_3COCH_2Br + HBr$

中性条件下
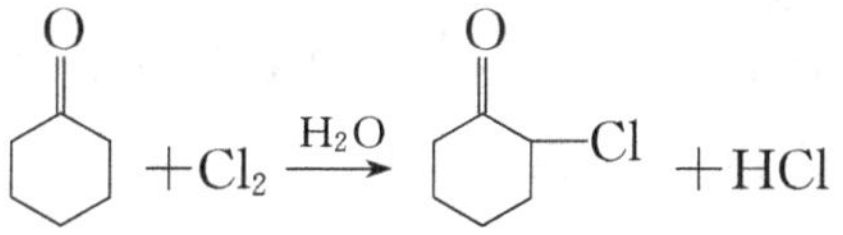

在中性条件下反应，此时没有质子作催化剂，烯醇含量很低，有一个诱导阶段，开始时反应很慢，但反应开始后产生的酸就自动发生催化作用，反应就可以很快进行。当完成 α-氢的一卤代后，第二个 α-氢由于羰基及卤素的双重吸电子诱导效应，酸性更强。在碱性条件下，容易被羟基夺取。所以，在碱性条件下，二卤代比一卤代容易，三卤代比一卤代更容易，即反应难停留在一元卤代阶段，而是一直到这个碳原子上的氢完全被取代为止。

$$CH_3CH_2COCH_2CH_3 \xrightarrow{Br_2/OH^-} CH_3CH_2COCBr_2CH_3$$

$$CH_3CHO \xrightarrow{Br_2/OH^-} CBr_3CHO$$

若有三个 α-氢的醛、酮如乙醛、甲基酮等，在碱性溶液中完成三卤代反应后，由于三个卤原子及氧原子的吸电子作用，使羰基碳易受氢氧根离子的进攻，继而发生 C—C 键断裂，生成三卤甲烷（卤仿）及羧酸，这个反应也称为卤仿反应。

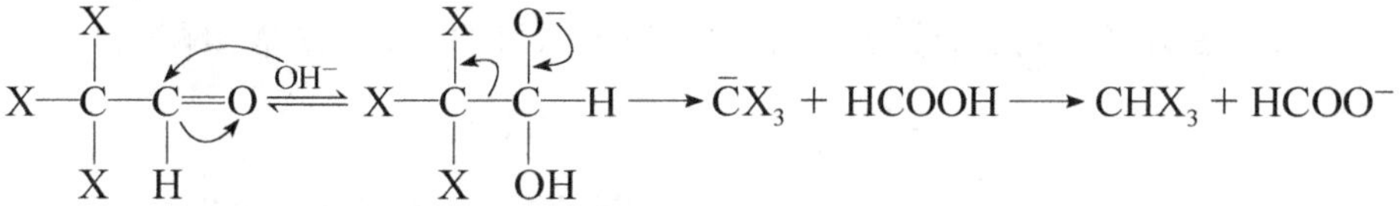

若选用碘和氢氧化钠（钾）作试剂与具有三个 α-氢的醛、酮反应，产物是碘仿及羧酸盐，此反应叫碘仿反应。碘仿是一种黄色沉淀，具有特殊的气味。因此，常用碘仿反应来鉴别乙醛、甲基酮等物质。卤素和氢氧化钠（钾）作用后生成次卤酸钠（钾），因此，可以直接用次卤酸钠（钾）作卤仿试剂。

次卤酸盐具有氧化性，可以将具有 CH_3CH_2OH 和 $CH_3CH(OH)R$ 结构的醇氧化成具有 CH_3COR 结构的化合物，所以，凡分子中有 CH_3CO—基团或 $CH_3CH(OH)R$ 结构的化合物都能发生碘仿反应。

$$CH_3CH(OH)CH_2CH_3 \xrightarrow{NaOI} CH_3CH_2COONa + CHI_3\downarrow$$

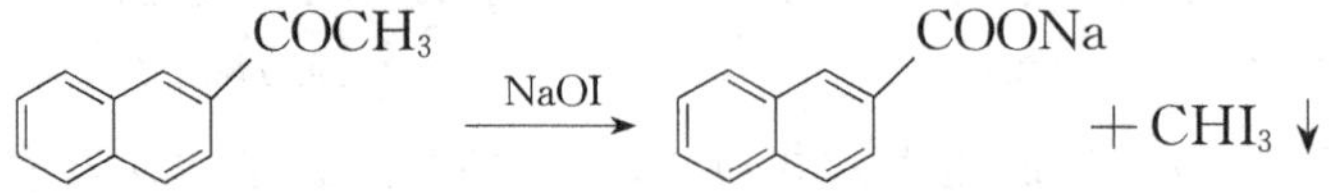

3) 羟醛缩合反应

在稀碱溶液中，醛的 α-氢被碱夺取后所形成的碳负离子，是较强的亲核试剂，可与另一分子醛的羰基发生亲核加成反应，生成 β-羟基醛，因此该反应叫羟醛缩合反应(aldol condensation)。生成的 β-羟基醛大多数情况下是稳定的，需加热才能失去水生成 α,β-不饱和醛，也有的在反应过程中即失水成为 α,β-不饱和醛。

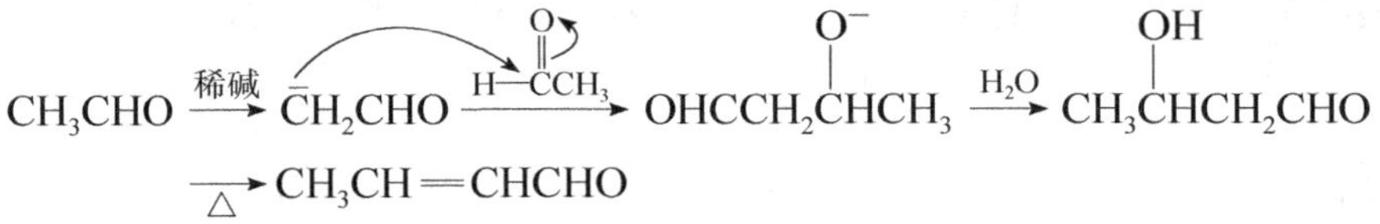

酮羰基不如醛羰基活泼，在同样的条件下缩合比较困难。如丙酮在室温下与氢氧化钡作用，只有 5%的缩合产物：

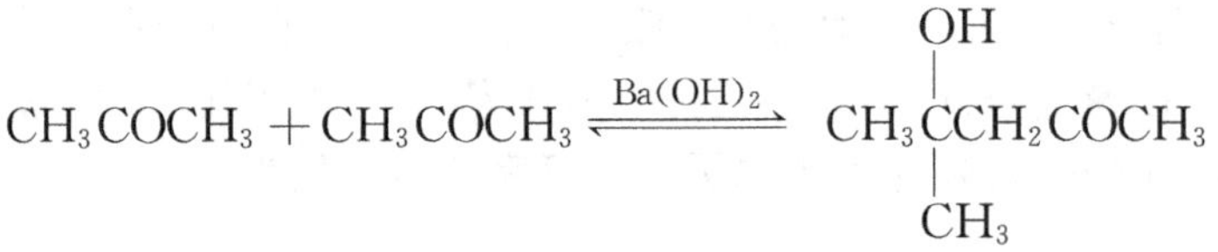

此反应需采用特殊的装置或在酸性催化剂作用下进一步脱水生成 α,β-不饱和酮，反应才向右进行，产率达到 70%左右。

分子内羟醛缩合，主要得到 5 元或 6 元环的脱水产物。例如

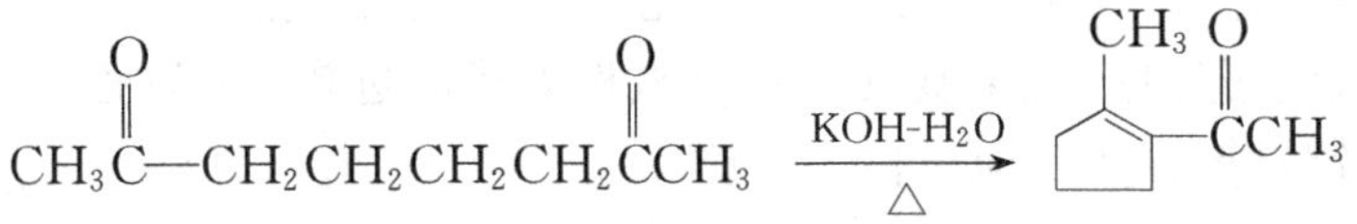

没有 α -氢的醛酮不能进行自行羟醛缩合反应，但可以与含有 α -氢的醛、酮进行交叉缩合反应：

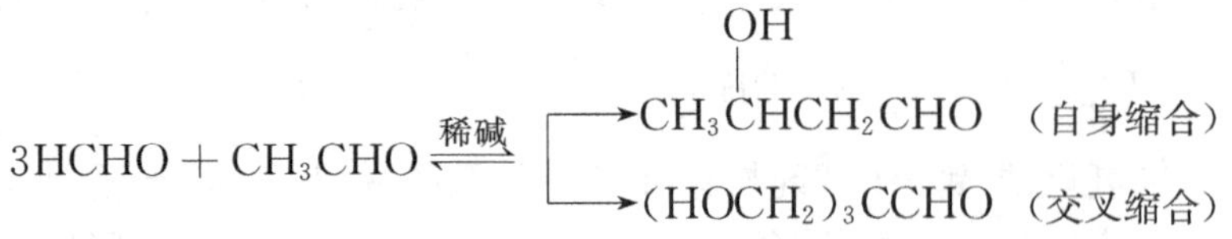

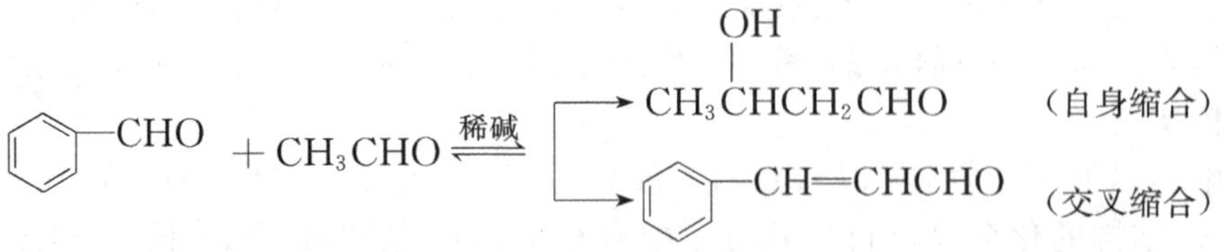

两种都含有 α-氢的醛在稀碱溶液中，经羟醛缩合往往得到 4 种混合产物。在合成上用途不大。但一种醛的自身缩合以及一种无 α-氢的醛与另一种有 α-氢的醛进行缩合(控制反应条件可以减少自身缩合的副反应)，在有机合成上也是常用的增长碳链的方法之一。

在生物体内的糖代谢中常见有羟醛缩合反应。如磷酸二羟基丙酮和 3-磷酸甘油醛经羟醛缩合生成 1,6-二磷酸果糖等。可见,羟醛缩合在糖的合成及分解过程中也具有重要的意义。

4. 氧化还原反应

1) 氧化反应

常见的氧化剂如高锰酸钾、硝酸、三氧化铬、重铬酸钾等,都可以将醛、酮氧化。

$$n\text{-}C_5H_{11}CHO \xrightarrow[H_2SO_4]{KMnO_4} n\text{-}C_5H_{11}COOH$$

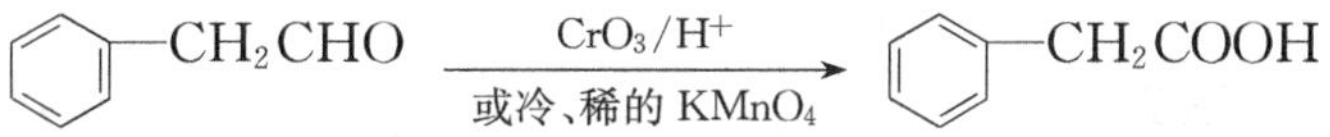

如果在酸性高锰酸钾溶液中加热,反应条件太强烈,则 C—C 键也发生断裂,得到苯甲酸:

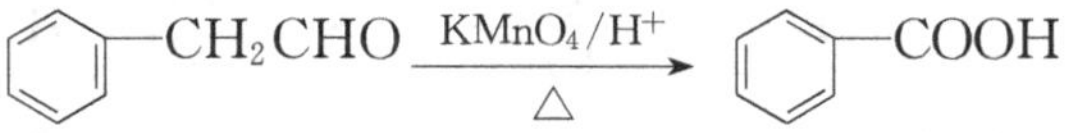

酮在强烈的氧化条件下,也能被氧化,得到的是 C—C 键断裂的复杂的混合物,一般情况下没有制备价值:

$$R'CH_2COCH_2R \xrightarrow[\text{或 } HNO_3]{KMnO_4, H^+, \triangle} R'CH_2COOH + R'COOH + RCOOH + RCH_2COOH$$

但在适当的氧化剂作用下,某些环对称的酮类化合物只得到一种产物,有制备价值。例如,工业上用于生产尼龙-66 的原料己二酸,就是氧化环己酮得到的:

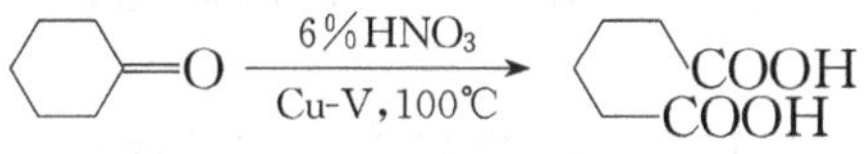

己二酸

醛、酮在化学性质上的主要区别就是醛比酮容易氧化。弱氧化剂如土伦试剂、费林试剂及班氏试剂等,通常情况下只能氧化醛而不能氧化酮。根据这一差异可以方便地鉴别醛和酮。

土伦试剂是硝酸银的氨溶液,真正起作用的是银氨离子,利用银氨离子解离出来的微量的银离子,将醛氧化成酸,银离子则被还原成单质银。若反应是在洁净的玻璃试管中进行,反应中不断析出的极细金属银会附着在试管壁上形成银镜。所以,这个反应又称为银镜反应。例如

$$RCHO + 2Ag(NH_3)_2OH \xrightarrow[\triangle]{} RCOONH_4 + 2Ag\downarrow + 3NH_3 + H_2O$$

费林试剂(班氏试剂与费林试剂类同,由硫酸铜、碳酸钠及柠檬酸钠组成的混合物,但稳定性较好)是由硫酸铜、氢氧化钠及酒石酸钾钠组成的混合物,铜离子和酒石酸钾钠形成深蓝色的稳定的配离子。真正起作用的是铜离子(Cu^{2+}),深蓝色的 Cu^{2+} 配合离子被还原为砖红色的氧化亚铜,醛则被氧化成羧酸盐。其中,脂肪醛的氧化速率较快,芳香醛与费林试剂作用较为困难,所以,利用费林试剂还可以区别脂肪醛与芳香醛。

$$RCHO + 2Cu^{2+} + 5OH^- \xrightarrow[\triangle]{} RCO\bar{O} + Cu_2O\downarrow + H_2O$$

葡萄糖是一个多羟基醛,糖尿病人的尿液中含有多量的葡萄糖,在医学检测中就是用班氏试剂来检验尿液中的葡萄糖。

2) 还原反应

(1) 催化氢化还原法。

醛、酮与不饱和烃一样，可以在催化剂存在下被氢气还原。但羰基的催化氢化比不饱和烃困难，一般需较高的温度和压力。醛、酮的氢化产率很高，副反应也少，但若醛、酮分子中有不饱和键存在时，将同时被还原：

$$CH_3CH_2CH{=}CHCHO \xrightarrow[Pt]{H_2} CH_3CH_2CH_2CH_2CH_2OH$$

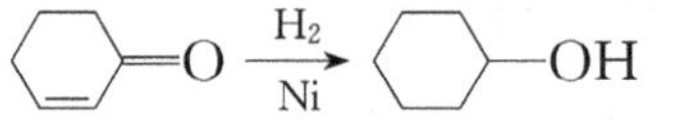

(2) 金属氢化物还原法。

金属氢化物如氢化锂铝($LiAlH_4$)、硼氢化钠($NaBH_4$)等也能将羰基还原为醇：

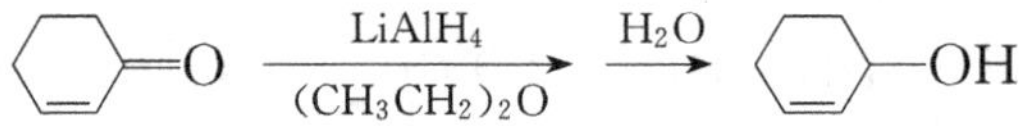

在还原时，金属氢化物与醛、酮的亲核加成类似于格氏试剂与醛、酮的加成：

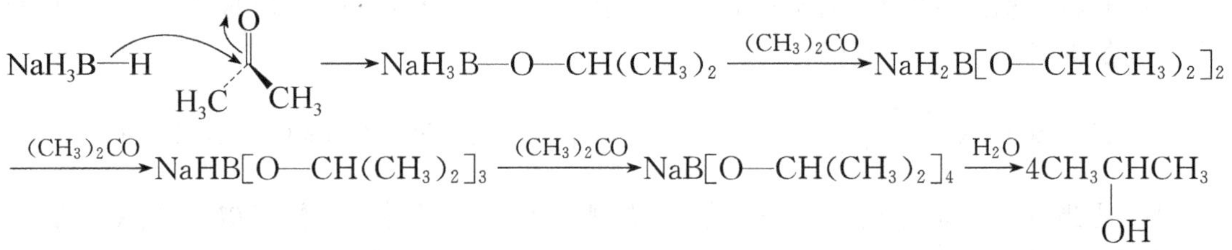

氢化锂铝($LiAlH_4$)还原反应一般在醚中进行。硼氢化钠($NaBH_4$)还原反应一般在醇或水中进行。

$NaBH_4$的还原能力不如 $LiAlH_4$ 的强，但具有较高的选择性。例如，$NaBH_4$ 还原醛、酮的羰基时，分子中的酯基($-CO_2R$)、羧基($-CO_2H$)、腈基($-CN$)和硝基($-NO_2$)等基团可不受影响，而这些基团都能被 $LiAlH_4$ 还原。

$NaBH_4$ 和 $LiAlH_4$ 都不能将分子中的 C═C 双键和叁键还原。例如

$$CH_3CH{=}CHCH_2CH_2CHO + NaBH_4 \xrightarrow[\triangle]{\text{乙醇}} \xrightarrow{H_2O} CH_3CH{=}CHCH_2CH_2CH_2OH$$

(3) 克莱门森(Clemmenson)还原法。

特殊的还原剂如浓盐酸与锌汞齐的混合物与醛、酮一起加热回流，可以将羰基直接还原为亚甲基。

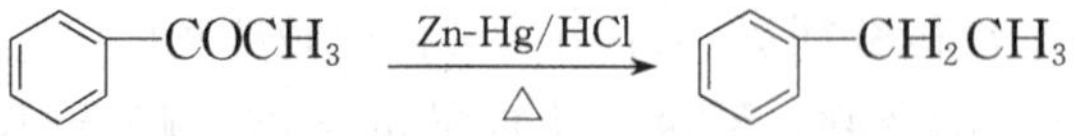

锌汞齐(Zn-Hg)是用锌粒与氯化汞在稀盐酸溶液中反应制得，锌先把两价的汞离子还原为金属汞，然后金属汞与锌在锌的表面上形成锌汞齐。

克莱门森还原法特别适合于芳香酮，而芳香酮可以由芳烃的傅-克酰基化反应合成，所以这是一个合成纯的带侧链芳烃的很好方法。但此法只适用于对酸稳定的化合物，那些对酸敏感的醛、酮可以改用乌尔夫-凯惜纳-黄鸣龙还原法。

(4) 乌尔夫-凯惜纳-黄鸣龙还原法。

乌尔夫-凯惜纳-黄鸣龙还原法(Wolff-Kishner-黄鸣龙)是将醛、酮与肼、氢氧化钠或氢氧

化钾、一缩二乙二醇(沸点 245℃)等一起加热，反应过程中，先生成腙，然后失去氮气同时形成亚甲基。

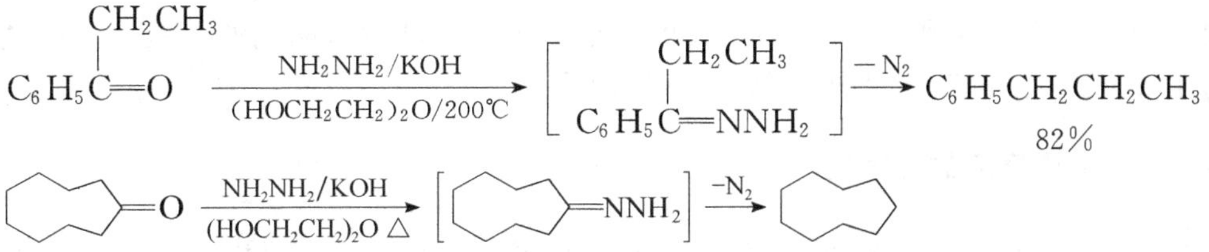

环壬烷
47%

乌尔夫-凯惜纳-黄鸣龙还原法需在较高的温度下进行，若用二甲亚砜(DMSO)作溶剂，反应可以在较低的温度下进行。克莱门森还原法在酸性条件下进行，适用于对碱敏感的醛酮；乌尔夫-凯惜纳-黄鸣龙还原法在碱性条件下进行，适用于对酸敏感的醛酮，根据不同的原料选择不同的方法进行还原。

3) 歧化反应

不含 α-氢的醛在浓碱作用下，一分子醛被氧化成酸，而另一分子醛则被还原为醇，这是自氧化还原反应，也叫歧化反应或康尼查罗(Cannizzaro)反应。

$$2HCHO \xrightarrow{浓\ NaOH} HCOONa + CH_3OH$$

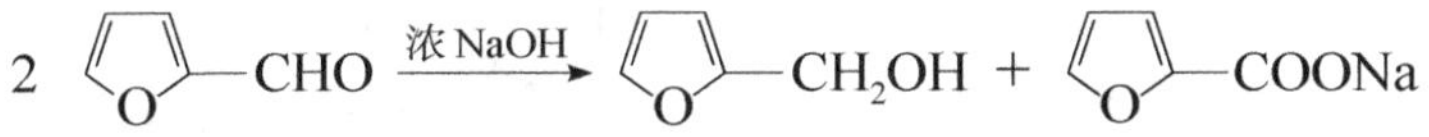

康尼查罗反应机理如下：

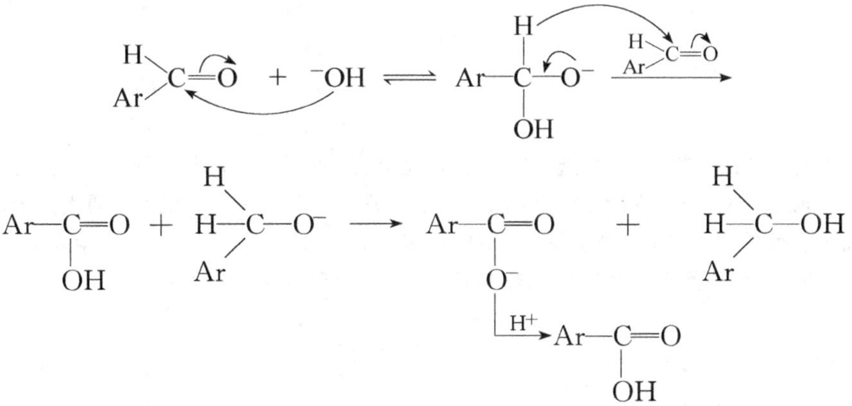

若将两种不同的不含 α-氢的醛(如甲醛和糠醛)混合在一起，在浓碱的作用下，也能发生交叉的康尼查罗反应，结果总是甲醛被氧化成甲酸，糠醛被还原为糠醇：

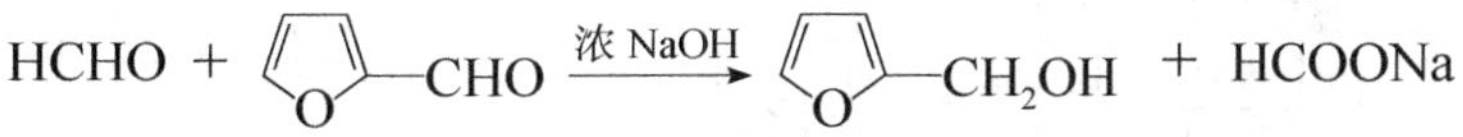

工业上利用羟醛缩合反应和康尼查罗反应，从乙醛和甲醛合成季戊四醇：

$$CH_3CHO + 3HCHO \xrightarrow{稀碱} (HOCH_2)_3CCHO$$

$$(HOCH_2)_3CCHO + HCHO \xrightarrow{\text{浓 NaOH}} (HOCH_2)_4C + HCOONa$$

季戊四醇

季戊四醇是塑料工业的重要原料，又可用于扩张冠状动脉和防治心绞痛。其四硝酸酯还是一个爆炸威力比 TNT 大得多的烈性炸药(PETN)。

8.1.4 羰基加成反应的立体化学

由于羰基碳是 sp^2 杂化的，羰基碳氧原子及与羰基直接相连的两个原子都处在一个平面上。亲核试剂可以从这个平面的上方或下方接近羰基碳，若与羰基相连的两个基团相同，如甲醛或对称的酮等，加成产物只有一种：

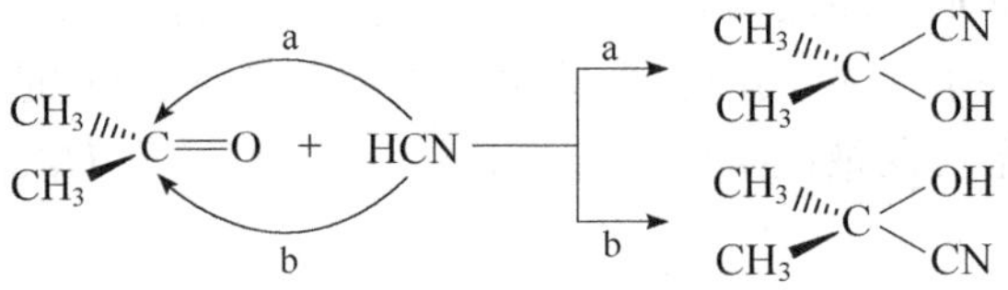

如果与羰基相连的两个基团不同，如 RCHO(R≠H)及 RCOR′等，醛、酮本身没有手性，而且亲核试剂也是非手性的，加成时试剂从羰基的上方及下方进攻的机会相等，得到的将是外消旋体：

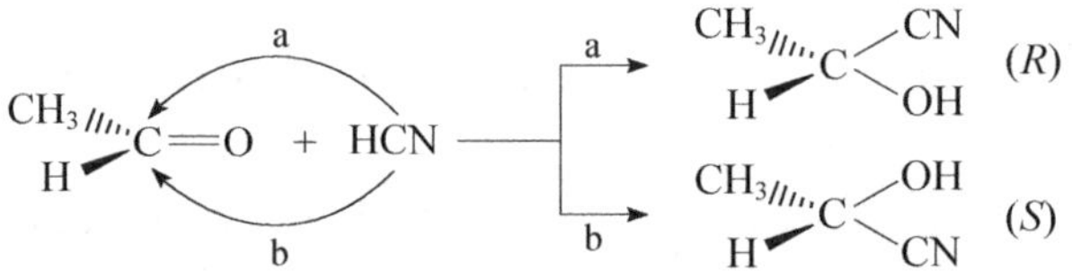

外消旋体

若丙酮酸、氢气、催化剂等都是非手性的，丙酮酸催化氢化将得到有一个手性碳原子的产物。*R*-构型及 *S*-构型产生的机会相等，得到的是等量的一对对映体，即外消旋体。

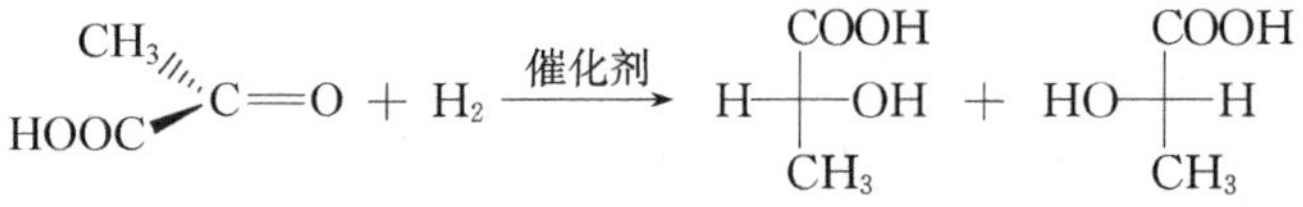

R-乳酸　　*S*-乳酸

但生物体内的酶具有非常高的立体选择性，它往往完全从一个面的方向与底物作用，得到完全立体选择性专一的产物。如肌肉中的丙酮酸在酶及辅酶的联合作用下进行还原，酶是手性的蛋白质大分子，受到羰基平面构型及酶和辅酶空间构型的限制，辅酶提供的氢只能从羰基平面的某个方向进入，结果生成唯一的立体异构体产物 *S*-(+)-乳酸，如图 8-3 所示。由此可见，羰基平面在生化过程中具有重要的意义。

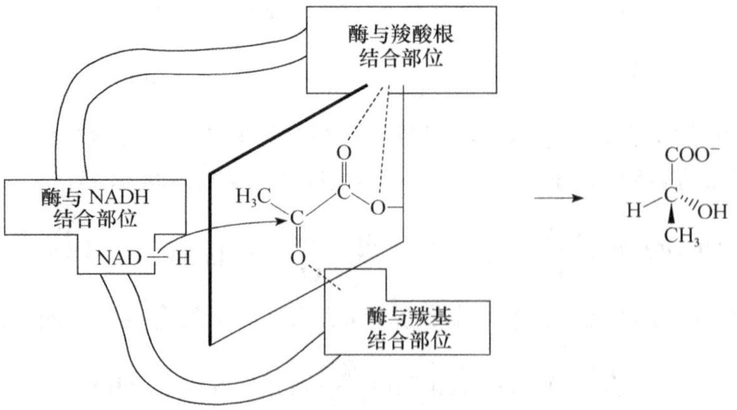

图 8-3　酶促还原丙酮酸生成 *S*-(+)-乳酸

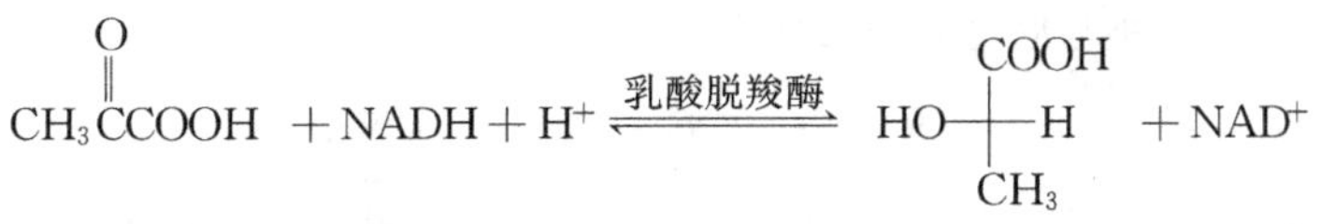

辅酶的还原形式　　　　辅酶的氧化形式

当羰基与一个手性碳相连时，亲核试剂将从较小基团一边接近分子，得到主要产物，这叫克拉姆(Cram)规则。这一现象具有普遍意义，经常可以预言主要产物：

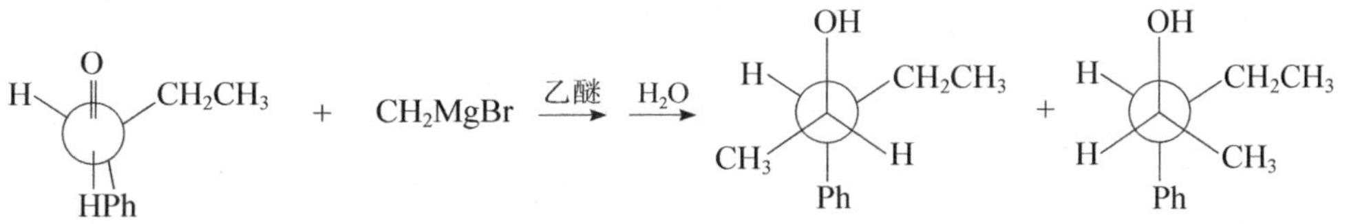

主要产物　　　　次要产物

格氏试剂从醛的手性碳原子位阻较小的 H 的一边(左边)接近羰基，得到主要产物。从右边进攻得到次要产物。所以两种产物是不等量的，它们的混合物不是外消旋体。

金属氢化物(如 $NaBH_4$)还原酮的反应，如果没有直立键位阻的影响，以羟基在 e 键上的取代产物为主：

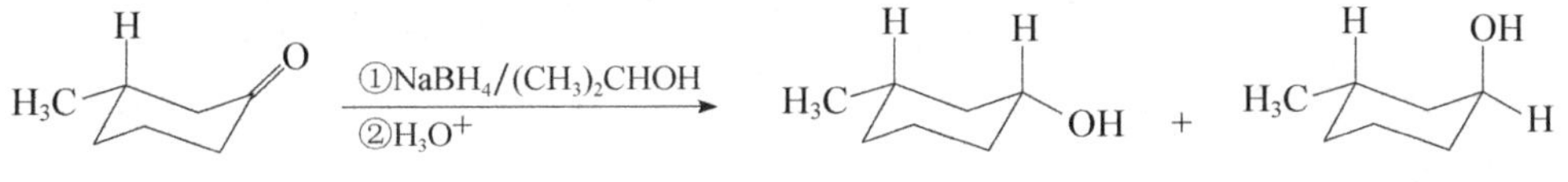

主要产物　　　　次要产物

但若酮羰基两边的立体环境不同，有直立键位阻的影响时，氢负离子(H^-)从羰基平面的上方与下方进攻的机会不等，以羟基 a 键上的取代产物为主，因此也不能得到外消旋体：

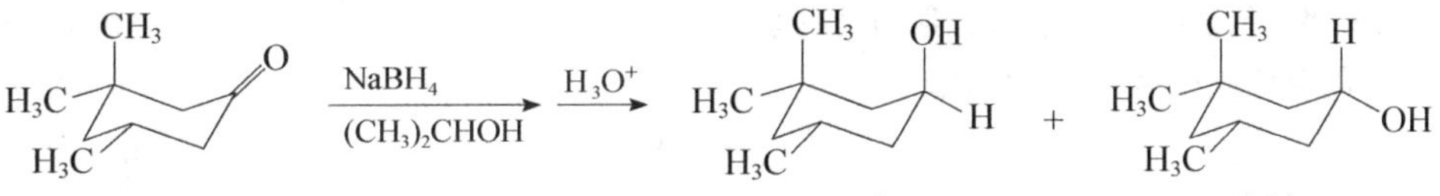

64%　　　　36%

8.1.5　重要的醛、酮化合物

1. 甲醛

甲醛是最简单的也是产量最大的醛，广泛用于生产各种树脂和塑料、合成纤维材料，也是制造乌洛托品和季戊四醇的原料。甲醛在室温下是气体，对眼、鼻、喉有刺激作用。甲醛对蛋白质有凝固作用，因而有杀菌和防腐能力。消毒用的福尔马林就是 40% 的甲醛水溶液。醛与品红亚硫酸作用，可以生成紫色的加成物质(酮没有这个反应)，然后加入浓硫酸，紫红色会消褪。甲醛没有这种现象，因此用此方法可以区别甲醛和其他醛。

甲醛通过打开碳氧双键能聚合成三聚体或多聚体。三聚甲醛比较稳定(b. p. 114℃)，是保存甲醛的一种重要形式，在酸性催化剂存在下受热即解聚放出甲醛单体。

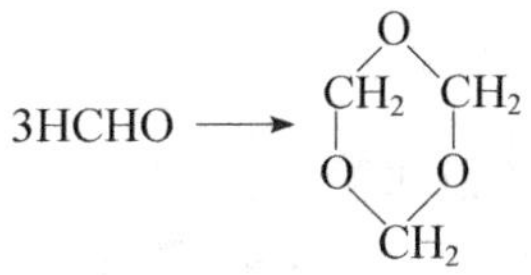

(三聚甲醛)

将甲醛水溶液长时间放置或蒸发浓缩至干，可得到多聚甲醛。相对分子质量在 6 万上下的高聚甲醛是性能优良的工程塑料，可以抽丝制成性能与尼龙相似的纤维。

$$n\mathrm{HCHO} \longrightarrow \mathrm{[\!-CH_2-O-\!]_{\mathit{n}}}$$ （多聚甲醛）

甲醛很容易与氨或铵盐作用，生成一个特殊的笼状化合物，叫做乌洛托品（urotropine）或称六亚甲基四胺。

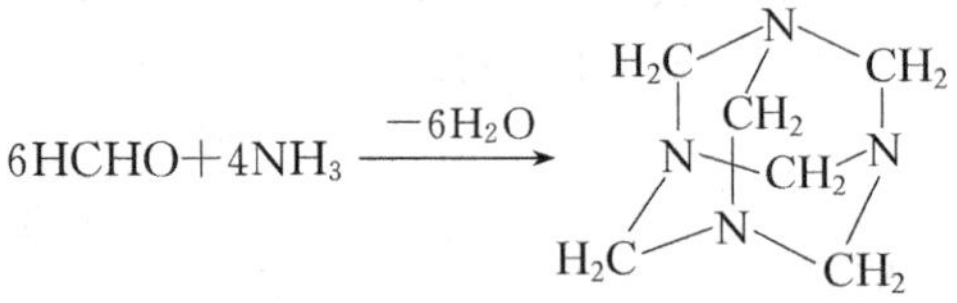

六亚甲基四胺

六亚甲基四胺本身有消毒作用，同时也是合成树脂及炸药的中间体，将它用硝酸硝化，就生成爆炸力极强的旋风炸药（hexogen，简称 RDX），可用于雷管和导火索。

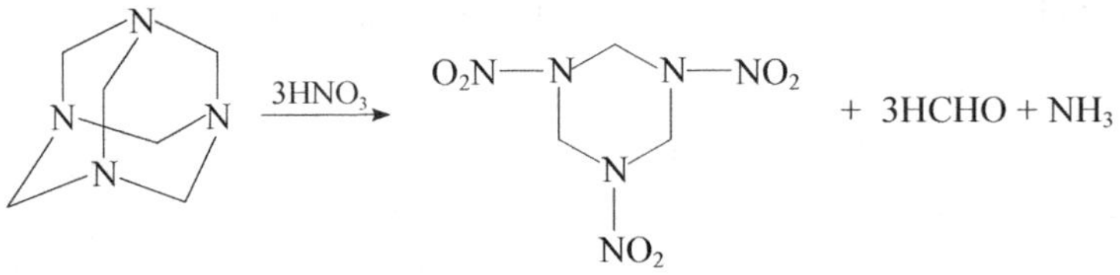

RDX

2．乙醛

乙醛又名醋醛，是易挥发的液体，有强烈的刺激性气味，能溶于水、乙醇和乙醚中。与甲醛一样，乙醛在浓硫酸或干燥的氯化氢作用下可聚合成三聚乙醛。

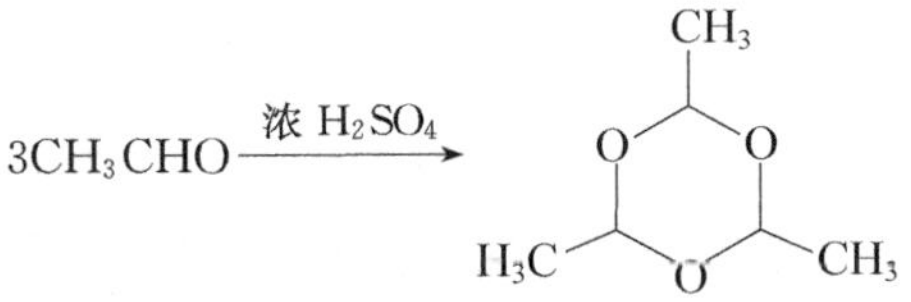

（三聚乙醛）

三聚乙醛是有香味的液体（b. p. 124℃），加稀酸蒸馏可解聚放出乙醛单体，它是一种乙醛的保存形式。乙醛也是一个极重要的工业初级产物，可用于合成乙酸、乙酐、乙酸乙酯、丁醇和季戊四醇等化工产品。

3．苯甲醛

苯甲醛是无色液体，沸点 178℃，有浓厚的苦杏仁气味。自然界中苯甲醛常与葡萄糖、氢氰酸等结合而存在于杏仁、核桃中，其中以苦杏仁中含量较高，所以苯甲醛俗称苦杏仁油。

苯甲醛易被空气氧化成苯甲酸，故保存时常加入少量对苯二酚作为抗氧剂，阻止其被氧化。苯甲醛在工业上是制造染料和香料的重要原料。

4．三氯乙醛

三氯乙醛是有刺激性气味的无色油状液体，沸点 98℃。在水溶液中三氯乙醛多形成水合三氯乙醛。水合三氯乙醛商品名为水合氯醛，系无色透明晶体，熔点 57℃，有刺激性气味，易溶于水和有机溶剂。可用作催眠镇静剂和兽用麻醉剂。

8.2　醌

8.2.1　醌的结构和命名

醌是一类特殊的不饱和脂环二酮，具有共轭结构。醌的结构中虽然存在碳碳双键和碳氧双键的 π-π 共轭体系。但不同于芳香环的环状闭合共轭体系，所以醌不属于芳香族化合物，也没有芳香性。常见的和较重要的醌类化合物及其衍生物有

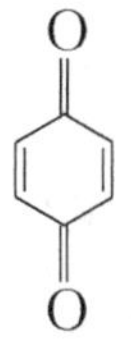

对苯醌
黄色结晶

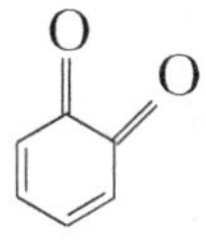

邻苯醌
红色结晶

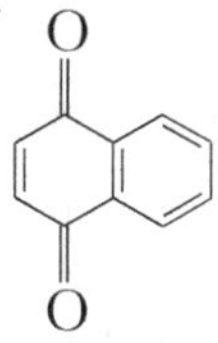

1,4-萘醌
黄色结晶

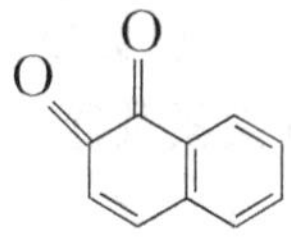

1,2-萘醌
橙色结晶

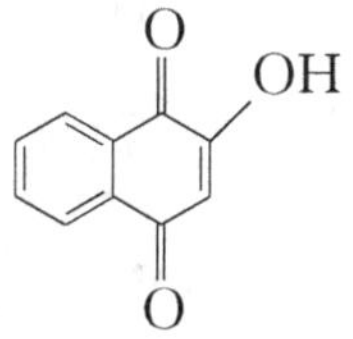

2- 羟基 -1,4- 萘醌
黄色色素

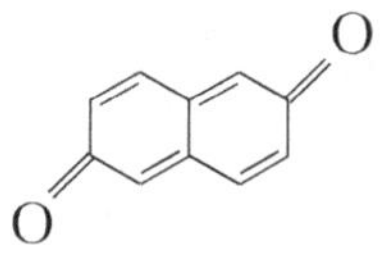

2,6- 萘醌
橙色结晶

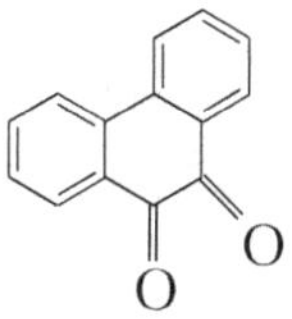

9,10- 菲醌
橙红色结晶

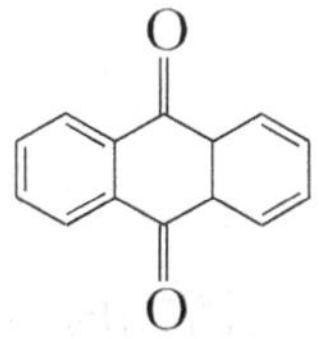

9,10- 蒽醌
淡黄色结晶

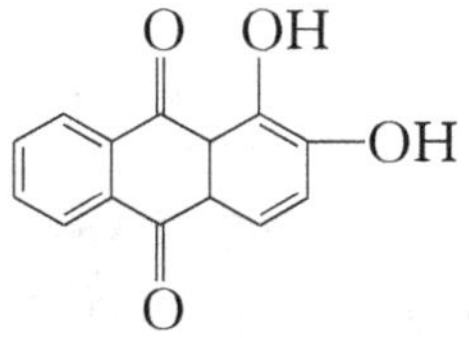

1,2- 二羟基 -9,10- 蒽醌
茜素(红色染料)

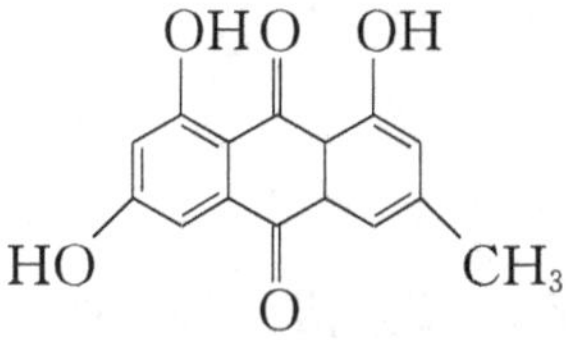

大黄素(存在于大黄中)

醌类化合物一般都具有颜色，色泽鲜艳，可以用作染料。如茜素是一种古老的红色染料，大黄素呈黄色，是中药大黄的主要有效成分，它们都具有蒽醌的结构。现在人们已经能够合成出一大类具有蒽醌结构的染料，其性能已大大超过了茜素等天然染料。

8.2.2　对苯醌的化学性质

对苯醌是一个环烯酮，相当于 α,β-不饱和酮，具有 π-π 共轭结构，但对苯醌不具芳香性。间位的醌不存在，对醌及邻醌可以由相应的酚氧化而来。其主要性质是典型的烯烃及羰基化合物的各种加成反应及还原反应。

1. 加成反应

1) 碳碳双键的亲电加成

对苯醌在乙酸溶液中，碳碳双键可以与卤素(主要为氯及溴)等亲电试剂发生加成。

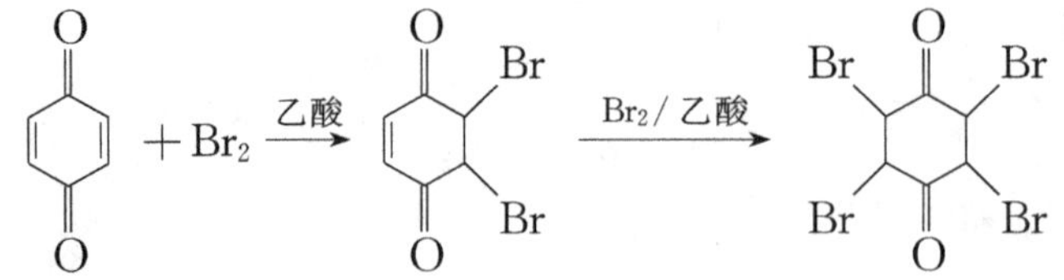

对苯醌还是一个很好的亲双烯试剂，可以与双烯进行 Diels-Alder 反应：

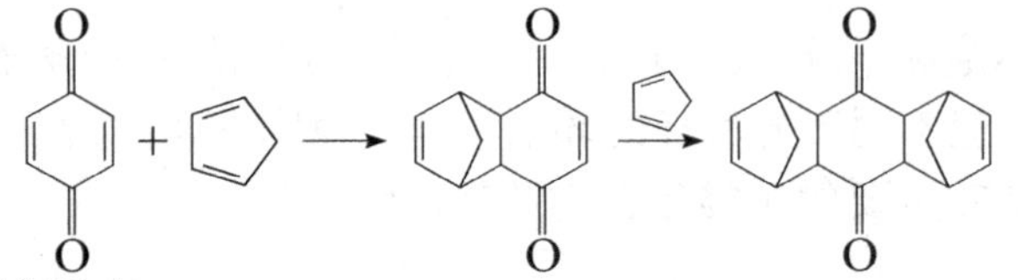

2）苯醌的 1,4-加成反应

对苯醌与卤化氢及氰化氢等都可以发生 1,4-加成反应，例如

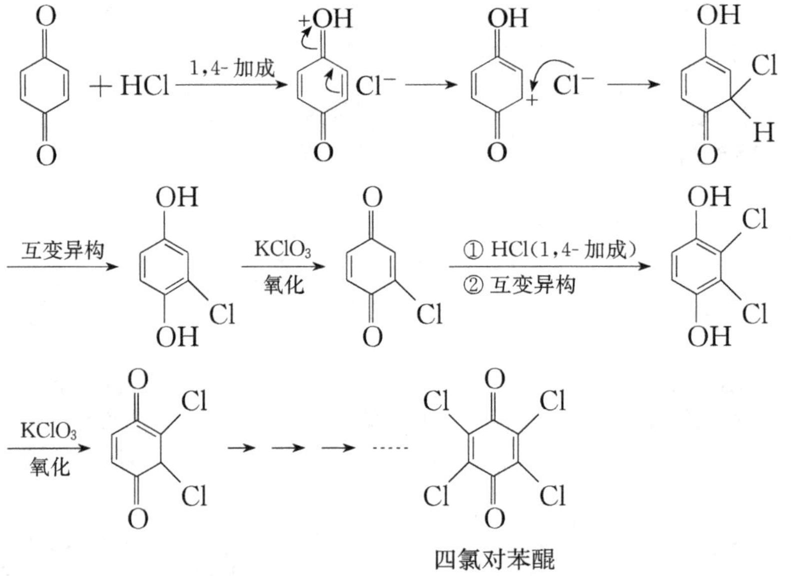

最终生成的四氯对苯醌，简称四氯醌，系黄色片状晶体，80℃时升华，是一种农用杀菌剂。

3）羰基的加成反应

对苯醌中的羰基能与一些亲核试剂发生加成反应，如在酸性溶液中羟胺对羰基的加成：

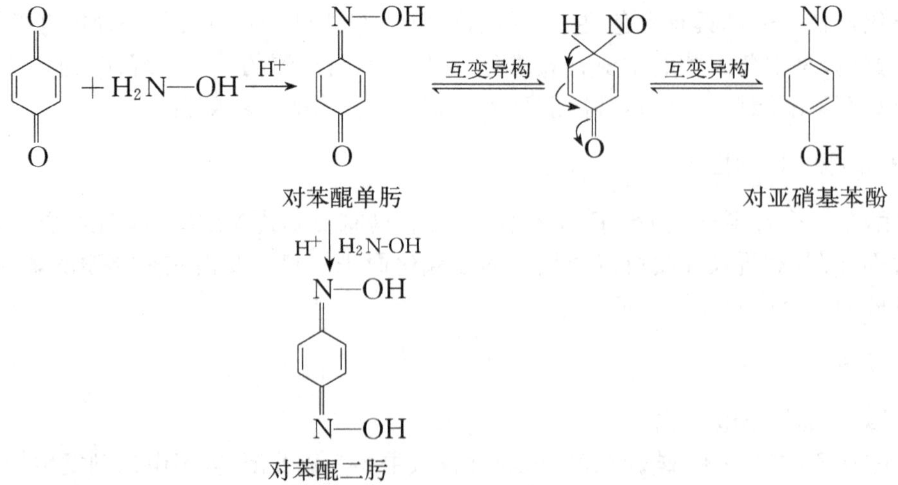

对苯醌还能与其他一些氨的衍生物反应，如在酸性条件下，对苯醌的两个羰基分别与氨基胍、氨基硫脲进行加成-消除反应，生成一种红棕色的晶体艾费萨尔：

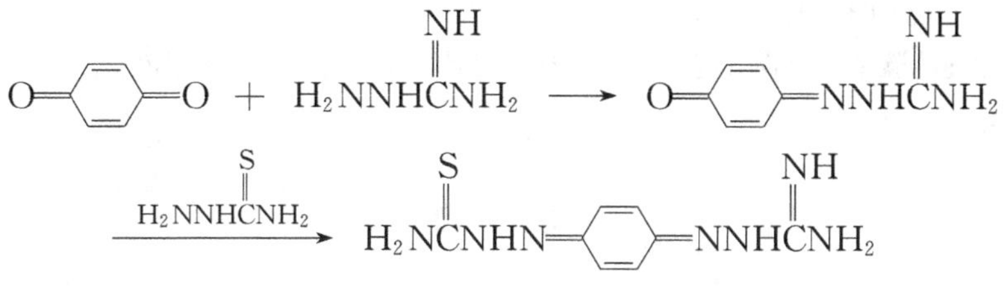

艾费萨尔是一种强碱性物质，可用作口腔和咽喉的消毒剂。体外实验显示它对链球菌、肺炎球菌和肠球菌都有抑制作用。

对苯醌还可与格氏试剂发生 1，2-加成反应得到醌醇，醌醇不稳定，易重排为取代对苯二酚：

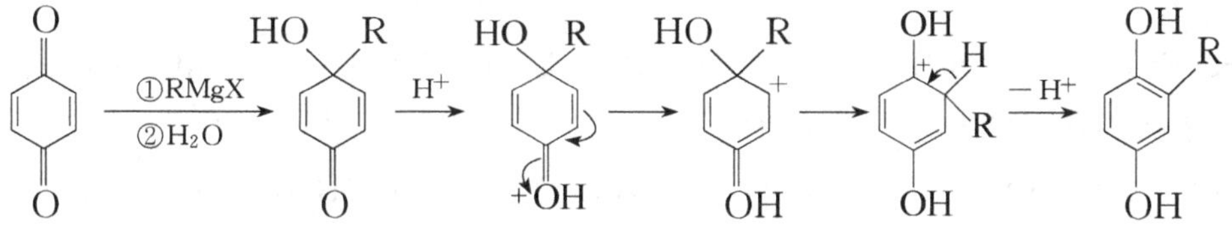

2. 还原反应

对苯醌在亚硫酸水溶液中很容易被还原为对苯二酚（氢醌），对苯二酚也容易被氧化为对苯醌。因此，它们可以通过氧化还原反应而互相转变。

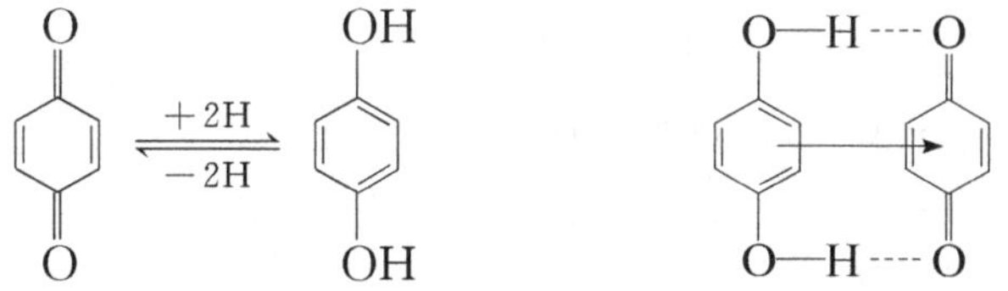

在对苯醌还原为氢醌以及氢醌氧化成对苯醌的两个反应中，生成 1 个难溶于水的中间产物，叫做醌氢醌（quinhydrone）。把等物质的量的对苯醌和氢醌两种溶液混合在一起也能制成醌氢醌。醌氢醌的形成是由于醌环中 π 电子“缺少”，而氢醌环中 π 电子“过剩”，两者之间形成电子授受配合物，即电荷转移配合物，同时分子中的氢键也能起到稳定分子的作用。

这一反应在生物化学过程中有重要的意义。生物体内进行的氧化还原作用常是以脱氢或加氢的方式进行的，在这一过程中，某些物质在酶的控制下所进行的氢的传递工作可通过酚醌氧化还原体系来实现。

醌氢醌是一种深蓝色的晶体，熔点 171℃，可溶于热水、乙醇和乙醚中，在溶液中全部解离为醌和氢醌。若在此溶液中插入一铂电极，即组成醌氢醌电极，常用于测定溶液的 pH。

思　考　题

1. 制备缩醛和缩醛水解都用到酸，这些酸有何不同？机理又有何不同？

2. 克莱门森还原和乌尔夫-凯惜纳-黄鸣龙还原反应在用途上有何差别？
3. 为什么醛、酮分子结构中的 α-氢活泼（呈酸性）？醛、酮分子结构中什么因素可增加 α-氢的活泼性？什么因素会使醛、酮的 α-氢活泼性降低？
4. 与一个手性碳相连的羰基化合物，发生亲核加成时，为什么会遵循克拉姆规则？
5. 醌式结构为什么不具芳香性？

习　题

1. 写出分子式为 $C_5H_{10}O$ 的醛和酮的结构式，并用普通命名法和 IUPAC 命名法命名。
2. 分别指出苯乙醛和苯乙酮与下列试剂反应后的产物。

   (1) $NaBH_4$ 而后 H_3O^+　(2) 土伦试剂　(3) C_2H_5MgBr 而后 H_3O^+

   (4) $2CH_3OH/HCl(g)$　(5) NH_2OH　(6) HCN/KCN　(7) H_2NNH_2
3. 下列化合物哪些能发生碘仿反应？哪些能与费林试剂反应？哪些能与土伦试剂反应？写出反应式。

   (1) $CH_3COCH_2CH_3$　(2)$CH_3CH_2CH_2CHO$　(3) $CH_3CH_2\overset{CH_3}{\overset{|}{C}}HCHO$　(4) CH_3CH_2OH

   (5) 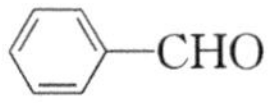　(6) 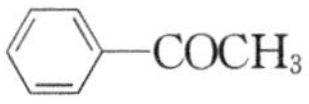　(7) 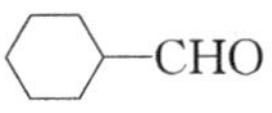

   (8) $CH_3CH_2COCH_2CH_3$　(9) $CH_3COCH_2CH_2COCH_3$　(10) $(CH_3)_3CCHO$
4. 完成下列转化，并写出反应式。

   (1) $CH_3CH_2CH_2CHO \longrightarrow CH_3CH_2CH_2CH(OCH_3)_2$

   (2) $CH_3CH_2\overset{CH_3}{\overset{|}{C}}HCHO \longrightarrow CH_3CH_2\overset{CH_3}{\overset{|}{C}}H\underset{\underset{OH}{|}}{C}HCH_3$

   (3) $CH_3COCH_2CH_3 \longrightarrow CH_3CH_2\overset{CH_3}{\overset{|}{\underset{\underset{CH_2CH_3}{|}}{C}}}COOCH_3$

   (4) $CH_3CH_2OH \longrightarrow CH_3COCH_3$
5. 解释下列实验现象。

   (1) 旋光性物质 3-苯基-2-丁酮在酸性水溶液中会发生消旋化，而同样旋光性的物质 3-甲基-3-苯基-2-丁酮在同样条件下不会消旋。

   (2) CH_3MgBr 和环己酮反应得到叔醇的产率可高达 99%，而 $(CH_3)_3CMgBr$ 在同等条件下和环己酮反应后，叔醇的产率只有 1%。

   (3) 3,4-二羟基丁醛在溶液中以五元而不是四元环状半缩醛形式存在。

   (4) 对称的酮和羟胺反应生成一种肟，不对称的酮和羟胺反应则生成二种肟。
6. 用化学方法区别下列各组化合物。

   (1) 2-甲基环庚酮和 3-甲基环己酮

   (2) 2-戊酮、3-戊酮、环己酮

   (3) 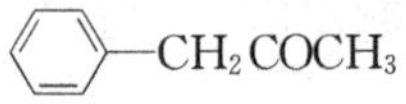、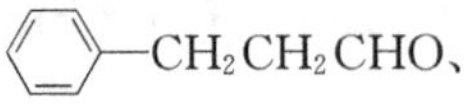、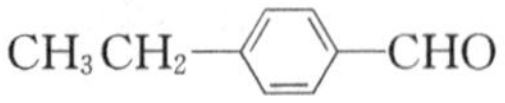
7. 完成下列反应，写出主要产物。

   (1) 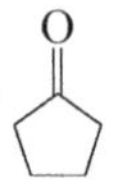　$+CH_3CH_2C\equiv CH \xrightarrow{KOH}$

(2) CH_2 ═CHMgBr＋ 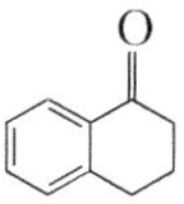 $\xrightarrow{THF}$ 　　 $\xrightarrow{H_2O}$

(3) 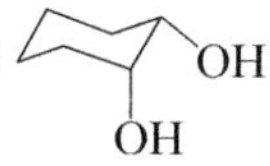 ＋CH_3COCH_3 $\xrightarrow{HCl(g)}$

(4) $C_6H_5CH_2COCH_3$ $\xrightarrow{Br_2/NaOH}$

(5) 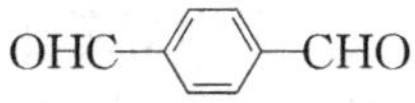 ＋HCHO(过量)$\xrightarrow{浓\ OH^-}$

(6)CH_3CH_2CHO $\xrightarrow{稀\ OH^-}$

8. 有一化合物 A，分子式 $C_{10}H_{12}O$，与氨基脲反应得 B，分子式为 $C_{11}H_{15}ON_3$，A 与土伦试剂无反应，但在 Cl_2 与 NaOH 溶液中反应得一个酸 C，C 强烈氧化得苯甲酸。A 与苯甲醛在 OH^- 作用下得化合物 D，D 分子式为 $C_{17}H_{16}O$，请推测 A、B、C、D 的结构式，并用反应式表示上述反应。

9. 有一化合物的分子式是 $C_8H_{14}O$(A)，能很快使 Br_2/CCl_4 褪色，并且能与苯肼反应生成黄色沉淀。A 用 O_3 氧化分解生成一分子丙酮和另一化合物 B。B 有酸性，与碘和氢氧化钠作用后生成碘仿和丁二酸($HOOC—CH_2CH_2COOH$)，试写出 A、B 的结构式。

10. 分子中同时含有羟基和羰基的化合物通常以更稳定的环状半缩醛或缩醛形式存在，试写出下列环状半缩醛或缩醛的开链式结构式。

(1) 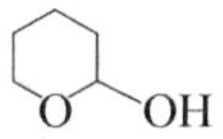

(2) 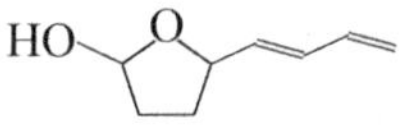

(3) 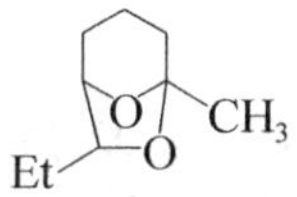

(4) 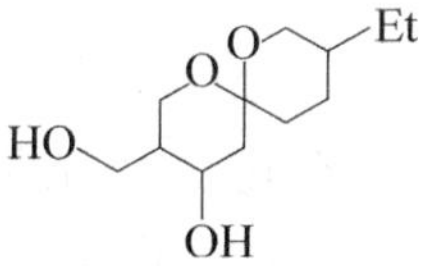

第 9 章　羧酸及其衍生物和取代酸

分子中含有羧基的有机化合物称羧酸(carboxylic acid)。羧酸分子中羧基上的羟基被其他原子或原子团取代的产物称羧酸衍生物(carboxylic derivative)。羧酸分子中烃基上的氢原子被其他原子团取代的产物称取代酸(substituted carboxylic acid)。羧酸、羧酸衍生物及其取代酸广泛存在于自然界，有些参与动植物体内的生命过程，有些是非常重要的工农业和医药工业中的有机合成原料。本章主要介绍羧酸及取代酸的系统命名，特别是部分羧酸及取代酸的普通命名；羧酸及取代酸涉及的反应，如羧酸的制备、羧酸衍生物的制备、取代的酰胺制备、卤代酸制备等，以及酯的碱性或酸性水解的加成-消除机理；二羰基化合物的烯醇式-酮式互变异构现象。

9.1　羧　　酸

9.1.1　羧酸的结构和命名

1. 羧酸的结构

羧基是羧酸的官能团。羧基碳原子为 sp^2 杂化，3 个杂化轨道分别与羰基氧原子、羟基氧原子和烃基碳原子或氢原子形成 3 个 σ 键，3 个 σ 键在同一平面上。羧基碳原子上未参与杂化的 p 轨道与羰基氧原子的 p 轨道形成 1 个 π 键。同时羟基氧原子上的未共用电子对与羰基的 π 键形成 p-π 共轭(图 9-1)。

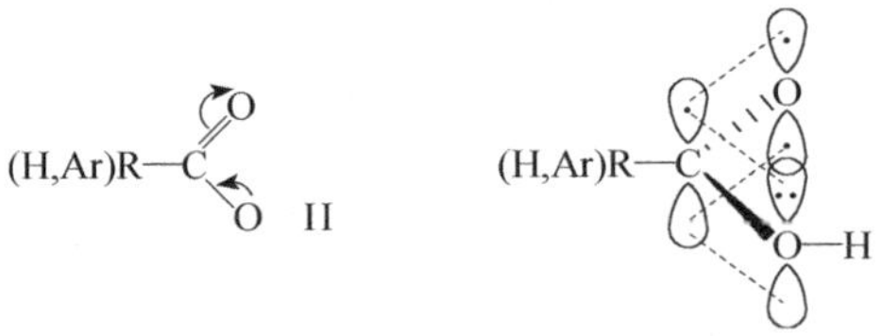

图 9-1　羧酸分子的结构示意图

由于 p-π 共轭的结果，降低了羰基碳原子的正电性，不利于亲核试剂的进攻，所以羧酸起亲核加成反应的活性要比醛、酮低。相反，羟基氧原子上的电子密度降低，增加了 O—H 键的极性，使 H 易于解离，从而使羧酸具有较强的酸性。

2. 羧酸的命名

许多羧酸根据其来源而用俗名，如从蒸馏蚂蚁体得到的甲酸又称蚁酸；从酿造食醋得到乙酸又称醋酸。苹果酸、柠檬酸和酒石酸分别来自于苹果、柠檬和酿造葡萄酒时所形成的酒石。

羧酸的系统命名原则上与醛的命名相同。首先是选取含有羧基的最长碳链为主链，根据主链碳原子数目称为“某酸”，编号自羧基碳原子开始，用 1、2、3、…来表示取代基的位次。若用俗名命名主链羧酸，则多用希腊字母 α、β、γ、ω 来表示链上取代基的位次。

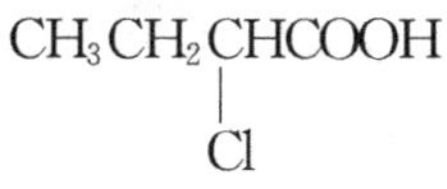

2-氯丁酸

$CH_3CH{=}CHCOOH$

2-丁烯酸(巴豆酸)

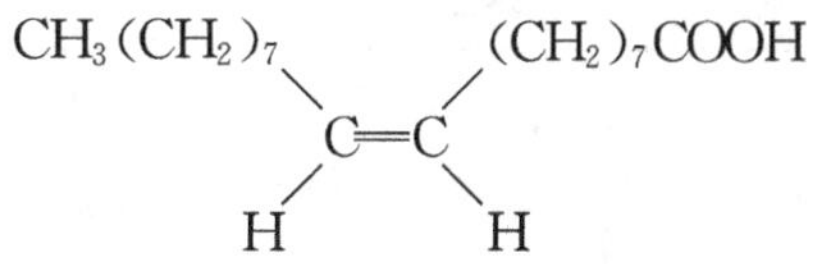

顺-十八碳-9-烯酸(油酸)

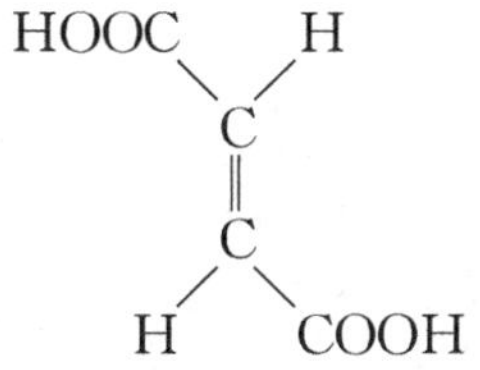

反-丁烯二酸(富马酸)

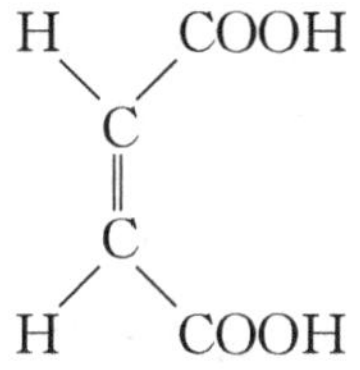

顺-丁烯二酸(马来酸)

乙二酸(草酸)

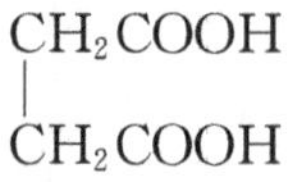

丁二酸(琥珀酸)

命名连有芳环和脂环的羧酸时，将芳环和脂环作取代基，脂肪酸作母体。

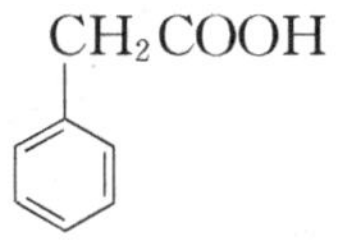

苯乙酸

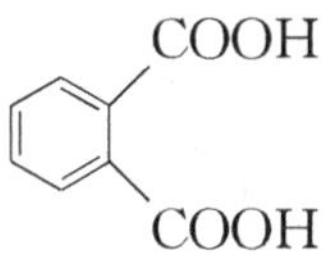

邻苯二甲酸

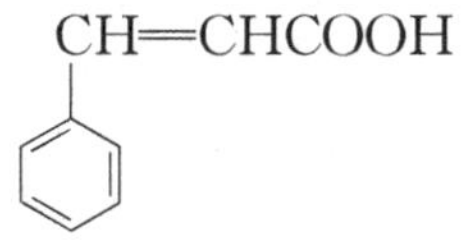

3-苯基丙烯酸(肉桂酸)

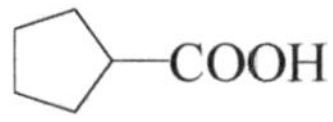

环戊基甲酸

9.1.2　羧酸的物理性质

在室温下 1～9 个碳原子的直链饱和一元羧酸为液体，并具有强烈的刺鼻气味和腐臭。癸酸以上是蜡状固体。脂肪族二元羧酸和芳香族羧酸为晶体。

含有 4 个碳原子以下的羧酸可与水互溶，从戊酸起随着碳链的增长，水溶性迅速下降；芳香族羧酸微溶于水，高级一元酸不溶于水，但能溶于乙醇、乙醚、氯仿等有机溶剂。多元羧酸的水溶性大于同数碳原子的一元羧酸。羧酸盐类在水中有良好的溶解性。

羧酸分子具有极性，与醇一样可以形成氢键。在固态、液态和气态下，羧酸主要以二聚体的形式存在。

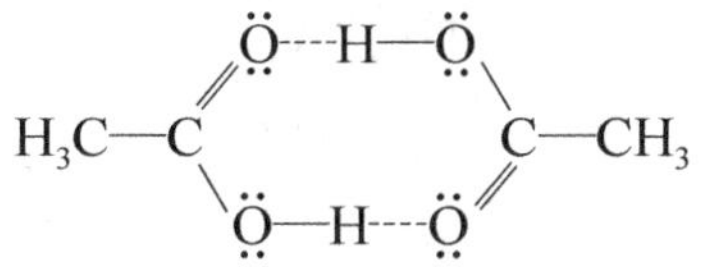

羧酸分子中，羧基是强极性基团，其形成的氢键(键能约为 14kJ/mol)比醇羟基间的氢键(键能约为 5～7kJ/mol)要强。羧酸分子通过氢键缔合成二聚体或多聚体。这种由一对氢键形成的双分子缔合物具有相当的稳定性。因此，羧酸的沸点随相对分子质量的增大而逐渐升高，并且比相对分子质量相近的烷烃、卤代烃、醇、醛、酮的沸点高。

羧酸的熔点呈锯齿状上升，含偶数碳原子羧酸的熔点比与其相邻两个奇数碳原子同系物的熔点高些。很可能是偶数碳原子羧酸分子比奇数碳原子分子有较好的对称性，分子在晶格中排列得更紧密些，故熔点较高。一些羧酸的物理常数见表 9-1。

表 9-1　羧酸的物理常数

化合物	熔点/℃	沸点/℃	pK_{a_1}	pK_{a_2}	溶解度/(g/100g 水)
甲酸	8.4	100.5	3.77		∞
乙酸	16.6	118.0	4.76		∞
丙酸	−22	141	4.88		∞
丁酸	−4.7	162.5	4.82		∞
戊酸	−34.5	187	4.81		4.97
己酸	−1.5	205	4.85		0.968
庚酸	−1.1	223.5	4.89		0.244
辛酸	16.5	237	4.85		0.068
丙烯酸	13	141	4.17		∞
苯甲酸	129.7	249	4.17		0.34
苯乙酸	78	265	4.31		
乙二酸	189		1.46	4.40	
丙二酸	135		2.80	5.85	
丁二酸	185		4.17	5.64	

9.1.3　羧酸的化学性质

1. 酸性

羧酸的酸性取决于羧基氢原子的解离程度，由于 p-π 共轭，使 O—H 键的极性大大增加，在水溶液中可解离出氢离子 H^+ 而显酸性。同时形成的羧基氧上的负电荷可通过 p-π 共轭得到分散，负离子得以稳定。

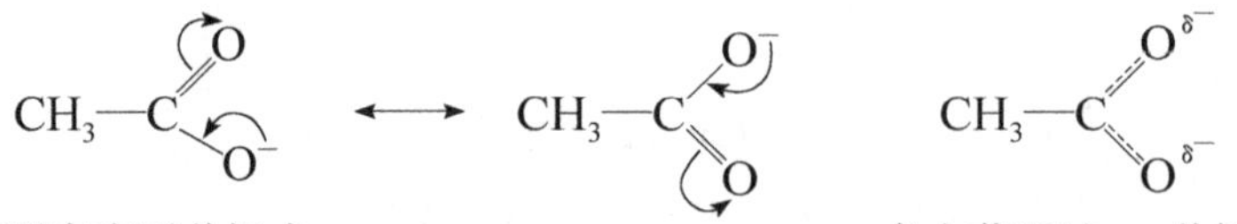

羧酸负离子共振式　　负电荷通过p-π共轭分散

这种共轭效应在甲酸负离子中得到充分的体现，经测定甲酸根两个碳氧键键长都是 0.127nm，键长完全平均化。

羧酸的酸性强弱受 R 烃基的影响，能使羧基电子云密度下降的基团将增加其酸性；反之，使羧基电子云密度上升的基团将减弱其酸性。

$$RCOOH + H_2O \rightleftharpoons RCOO^- + H_3O^+$$

脂肪族一元羧酸中，甲酸的酸性最强。从乙酸开始，因烷基的斥电子效应，随着碳链的增长酸性减弱。取代基对羧酸酸性的影响见表 9-2。

表 9-2　卤代酸的 pK_a 值

化合物	pK_a	化合物	pK_a	化合物	pK_a
FCH_2COOH	2.67	Cl_3CCOOH	0.64	$CH_3CH_2CHClCOOH$	2.86
$ClCH_2COOH$	2.86	$Cl_2CHCOOH$	1.26	$CH_3CHClCH_2COOH$	4.06
$BrCH_2COOH$	2.90	$ClCH_2COOH$	2.86	$ClCH_2CH_2CH_2COOH$	4.52
ICH_2COOH	3.16	CH_3COOH	4.76	$CH_3CH_2CH_2COOH$	4.82

苯甲酸的酸性比甲酸弱，但比其余的脂肪族一元酸强，是因为苯环大 π 键能与羧基形成共轭体系，稳定负离子。苯环上的取代基同样会对苯甲酸的酸性产生影响，但情况要比脂肪族羧酸复杂。

2. 羧酸衍生物的生成

羧基中的羟基在一定条件下可以被某些原子或原子团所取代，生成酰卤、酸酐、酯和酰胺等，这些化合物统称羧酸衍生物。

1）酰卤的生成

羧酸和卤化磷反应，如五氯化磷、三氯化磷或氯化亚砜，羧基中的羟基被卤代，生成酰卤。

$$3RCOOH + PCl_3 \longrightarrow 3RCOCl + H_3PO_3$$

$$RCOOH + PCl_5 \longrightarrow RCOCl + POCl_3 + HCl$$

$$RCOOH + \underset{\text{氯化亚砜}}{SOCl_2} \longrightarrow \underset{\text{酰氯}}{RCOCl} + SO_2 + HCl$$

羧酸与氯化亚砜反应制备酰氯是常用的方法，反应产生的两个副产物是气体，使反应朝有利于产物的方向进行，产率高，产物纯度好。

2）酸酐的生成

羧酸在脱水剂（如 P_2O_5）的存在下或加热，两分子羧酸脱去一分子水，生成酸酐。

$$R-\overset{\overset{\displaystyle O}{\|}}{C}-OH + HO-\overset{\overset{\displaystyle O}{\|}}{C}-R \xrightarrow{P_2O_5} \underset{\text{酸酐}}{R-\overset{\overset{\displaystyle O}{\|}}{C}-O-\overset{\overset{\displaystyle O}{\|}}{C}-R} + H_2O$$

某些易于形成 5 元或 6 元环的酸酐，可由二元羧酸加热脱水生成。

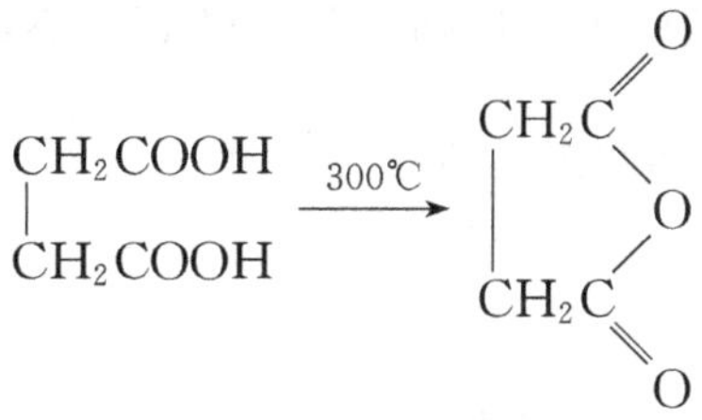

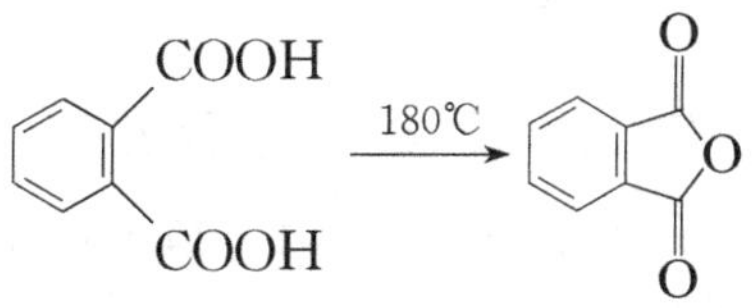

3）酯的生成

羧酸和醇在酸催化下，生成酯。酯化反应是可逆的，为了提高酯的产率，往往采用过量某一反应物或将生成的某一产物从平衡体系中除去的方法。

$$CH_3COOH + CH_3CH_2CH_2CH_2OH \xrightleftharpoons{H^+} CH_3COOCH_2CH_2CH_2CH_3 + H_2O$$

乙酸丁酯

羧酸和醇在酸催化下的酯化反应机理如下：

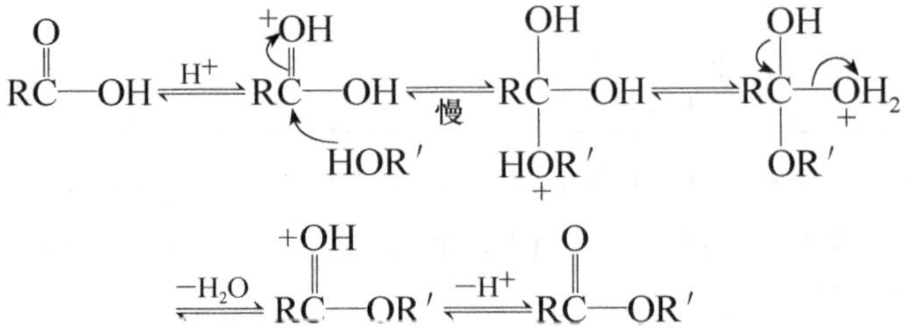

酯化反应的速率取决于醇或酸的结构，与羧基或羟基连接的基团体积大时，都使酯化反应速率减慢，甚至不反应。羧酸反应的活性顺序为：$RCH_2COOH > R_2CHCOOH > R_3CCOOH$；醇反应的活性顺序为：$RCH_2OH$（伯醇）$> R_2CHOH$（仲醇）$> R_3COH$（叔醇）。

4）酰胺的生成

羧酸与氨或碳酸铵反应生成羧酸的铵盐，然后将铵盐加热或用脱水剂使其脱水得到酰胺。

$$RCOOH \xrightarrow{NH_3} RCOONH_4 \xrightarrow[\triangle]{-H_2O} RCONH_2$$

$$C_6H_5CO_2H + C_6H_5NH_2 \xrightarrow[\triangle]{} C_6H_5CONHC_6H_5 + H_2O$$

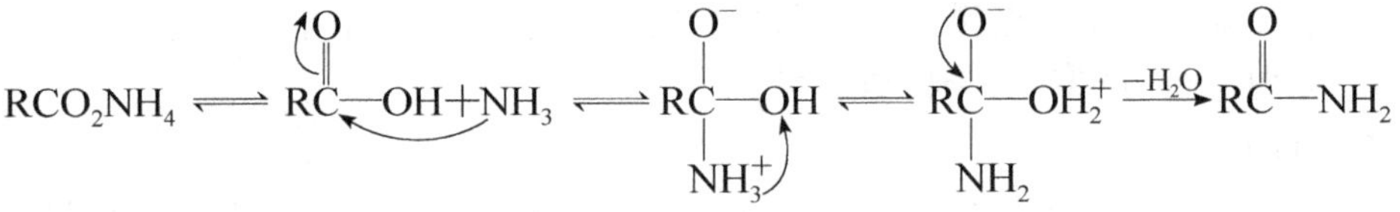

3. *脱羧反应*

羧酸脱去羧基的反应称脱羧反应。在一般情况下，饱和一元羧酸对热稳定，不发生脱羧。但把羧酸变为钠盐后与碱共熔，可脱羧生成烷烃。

$$CH_3COONa + NaOH \xrightarrow[\triangle]{} CH_4 + Na_2CO_3$$

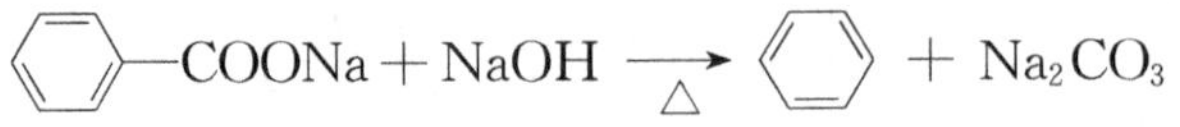

脱羧可能以下列方式进行：

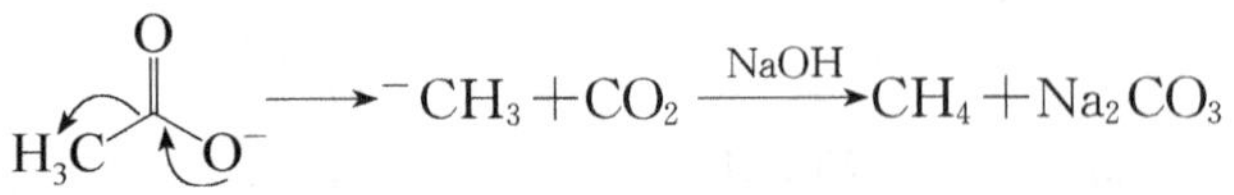

α-碳上有吸电子取代基（如硝基、卤素、氰基、羰基和羧基等）的羧酸，易脱羧。

$$HOOC—COOH \xrightarrow{150℃} HCOOH + CO_2$$

$$CH_3COCH_2COOH \xrightarrow[室温]{} CH_3COCH_3 + CO_2$$

在生物体内，呼吸作用所生成的二氧化碳就是羧酸脱羧的结果。生物体内的脱羧反应是在脱羧酶的作用下完成的。

$$CH_3COOH \xrightarrow{\text{脱羧酶}} CH_4 + CO_2$$

4. α-氢的卤代

羧酸 α-碳上的氢原子受羧基吸电子的影响，使 α-氢原子较活泼，能被卤素取代生成 α-卤代酸。由于羧基中羰基和羟基的 p-π 共轭效应，使羧基的吸电子能力比羰基小，羧酸必须在磷或硫等催化剂存在下才能发生 α-氢的卤代反应。

$$2P + 3X_2 \longrightarrow 2PX_3\,(X = Cl_2, Br_2)$$

$$3RCH_2COOH + PX_3 \longrightarrow 3RCH_2\overset{\overset{\displaystyle O}{\|}}{C}-X + P(OH)_3$$

$$3RCH_2\overset{\overset{\displaystyle O}{\|}}{C}-X \rightleftharpoons 3RCH{=}\overset{\overset{\displaystyle OH}{|}}{C}-X$$

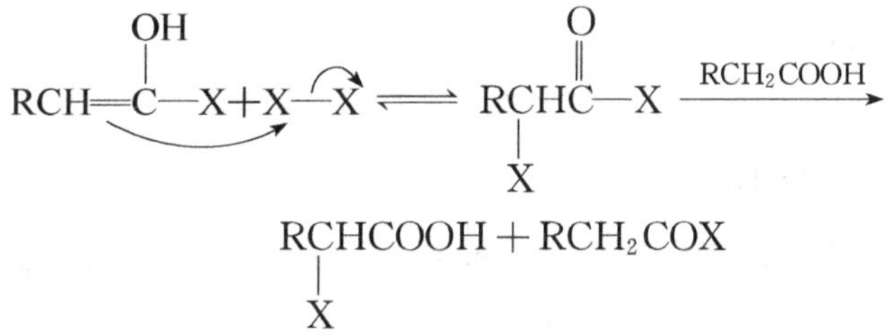

生成的一卤代物还可以被进一步卤代，直至所有的 α-氢原子全部被取代。卤代酸是非常有用的有机合成中间体，可与许多亲核试剂反应形成不同的产物。如除草剂 2,4-二氯苯氧乙酸的合成由氯乙酸和 2,4-二氯苯酚钠反应制得。

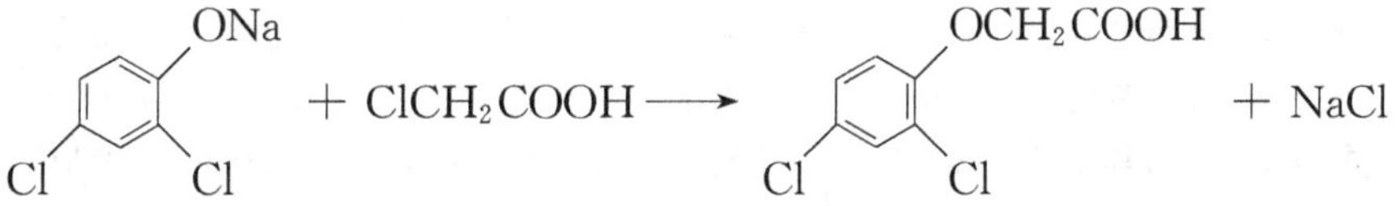

5. 二元羧酸的反应

二元羧酸除能发生一元羧酸的化学反应外，由于分子中两个羧基的互相影响而具有某些特殊的反应。

乙二酸和丙二酸的两个羧基相距很近，加热时脱羧变成少 1 个碳原子的羧酸。如乙二酸加热至 150℃以上会脱羧生成甲酸和二氧化碳。

$$HOOC{-}COOH \xrightarrow{150℃} HCOOH + CO_2$$

$$HOOCCH_2COOH \xrightarrow[\triangle]{} CH_3COOH + CO_2$$

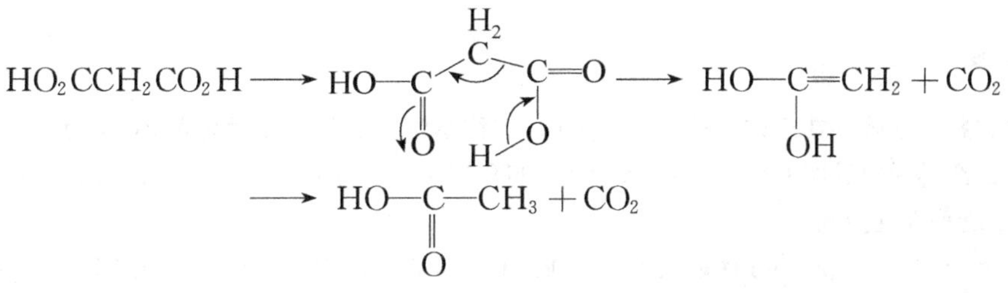

丁二酸和戊二酸加热时，分子内脱水生成稳定的 5 元和 6 元环的环酐。

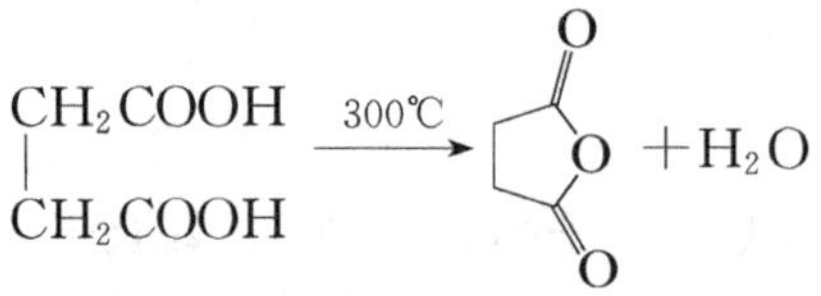

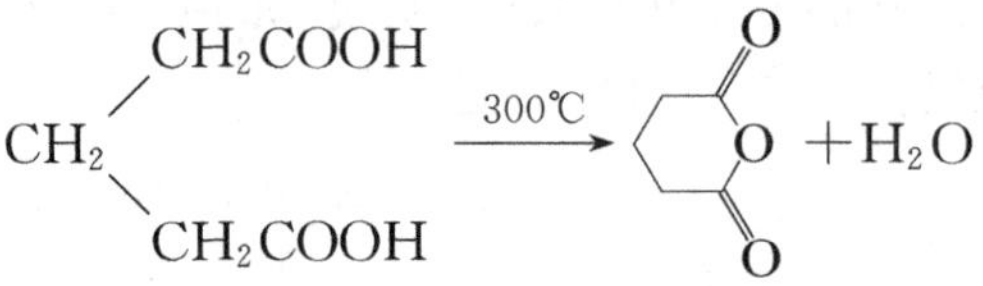

己二酸和庚二酸加热时，分子内同时发生脱水和脱羧，生成少 1 个碳原子的环酮。

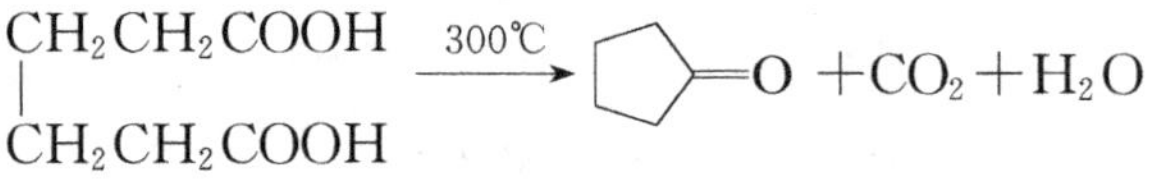

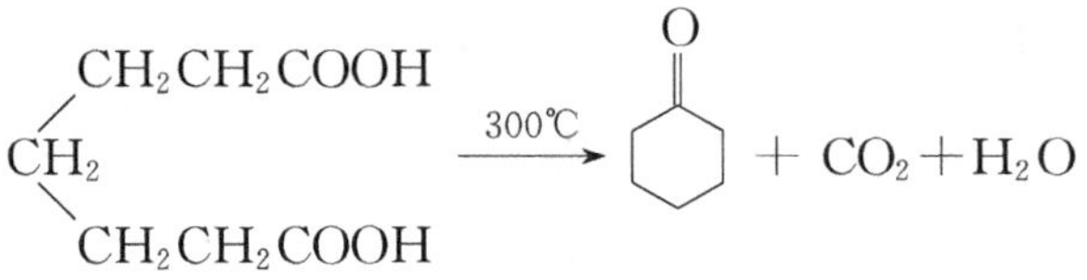

大于 7 个碳原子的直链二元羧酸加热时生成高分子聚合物。利用上述反应的差异，可用于不同二元羧酸的鉴别。

9.1.4 重要的羧酸

1. 甲酸

甲酸俗名蚁酸，为无色的有强烈刺激性气味液体，能与水混合，也能溶于乙醇、乙醚等有机溶剂中。其酸性是饱和一元酸中最强的，有腐蚀性。甲酸在自然界中存在于蚂蚁、蜂、蜈蚣和荨麻、松树针叶等植物中。

甲酸的结构比较特殊，其羧基直接与氢原子相连，可看作既有羧基结构，又有醛基的结构，所以甲酸有还原性，能与土伦试剂和费林试剂反应、能使高锰酸钾褪色。甲酸与浓硫酸共热可分解为一氧化碳和水。

$$HCOOH + H_2SO_4(\text{浓}) \xrightarrow{60\sim80^\circ C} CO + H_2O$$

$$HCOOH + [Ag(NH_3)_2]NO_3 \longrightarrow Ag\downarrow + CO_2 + H_2O$$

2. 乙酸

乙酸俗名醋酸，为具有强烈刺激性气味的无色液体，沸点 118℃，熔点 16.6℃。由于在 16℃以下能结成冰状固体，因此纯乙酸又称冰醋酸。乙酸能与水和许多有机溶剂混溶。本身也是一种常用的酸性溶剂。

乙酸的工业制法有甲醇羰基化法和乙醛空气氧化法。乙酸是重要的工业原料，广泛用于合成乙酐、乙酸乙烯酯等，是香料、医药、纺织、印染等工业不可缺少的原料。

3. 乙二酸

乙二酸常以盐的形式存在于许多植物及藻类中，俗称草酸。乙二酸是无色晶体，熔点 189.5℃。含有 2 个结晶水的乙二酸是无色透明的单斜晶体，加热至 100℃即失去结晶水得无水乙二酸，乙二酸易溶于水和乙醇，而不溶于乙醚等极性溶剂。

在饱和二元羧酸中乙二酸的酸性最强。乙二酸具有还原性，在酸性条件下，高锰酸钾可以定量地把乙二酸氧化成二氧化碳和水，所以在分析化学中可用纯乙二酸标定高锰酸钾的浓度。

$$5(COOH)_2 + 2KMnO_4 + 3H_2SO_4 \longrightarrow 2MnSO_4 + K_2SO_4 + 10CO_2 + 8H_2O$$

乙二酸能与许多金属离子形成配合物，使不溶性金属化合物形成可溶性配盐，用于提取稀有金属。工业上乙二酸也可用作除锈剂、漂白剂等。

4. 山梨酸

山梨酸即 2,4-己二烯酸。其结构式为 $CH_3CH{=}CHCH{=}CH{-}COOH$。山梨酸(或山梨酸钾盐)是一种广谱食品防腐剂，能有效地抑制真菌、酵母菌和好氧性细菌的活性，还能防止肉毒杆菌、葡萄球菌、沙门氏菌等有害微生物的生长和繁殖，从而达到有效地延长食品的保存时间，并保持原有食品的风味的目的。山梨酸防腐效果是苯甲酸钠的 5～10 倍，但毒性仅为苯甲酸钠的 1/40，目前已广泛地用于食品、饮料、医药、化妆品等行业中。

5. 苯甲酸

苯甲酸存在于安息香树胶及其他一些树脂中，故称安息香酸。安息香酸为无色结晶，熔点 122℃，能升华，微溶于冷水，易溶于热水、乙醇和乙醚，可用水重结晶。

苯甲酸的工业制法是采用甲苯氧化法、甲苯氯化后水解法或邻苯二甲酸加热脱羧等方法。苯甲酸和苯甲酸钠广泛用于制造香料、染料、药物等，也用作食品防腐剂。

6. 邻苯二甲酸

邻苯二甲酸为白色晶体，加热至 230℃左右失水生成邻苯二甲酸酐。邻苯二甲酸可由邻二甲苯或萘氧化制取。邻苯二甲酸和邻苯二甲酸酐是重要的有机合成原料，主要用于制造合成树脂、染料、合成纤维、药物和增塑剂等。

9.2 羧酸衍生物

羧酸衍生物是由羧基中的羟基被卤素、烃氧基、酰氧基和氨基取代后形成的化合物，包括酰卤、酸酐、酯和酰胺。

9.2.1 羧酸衍生物的结构和命名

1. 羧酸衍生物的结构

羧酸衍生物的结构可以用一个通式表示

$$R{-}\overset{\overset{\displaystyle O}{\|}}{C}{-}Y \qquad Y = {-}Cl, {-}OR, {-}NH_2, {-}O{-}\overset{\overset{\displaystyle O}{\|}}{C}{-}R$$

羧酸衍生物中的羰基分别和卤原子、氧原子及氮原子相连，存在着 p-π 共轭效应。但由于连接的原子不同，各自都有一些不同的特殊性质。在酰氯分子中，氯原子有较大的电负性，吸电子诱导效应强，共轭效应弱。酰氯中的 C—Cl 键易断裂，化学性质活泼。酸酐的性质要比酯活泼，因酸酐中的氧原子与两个羰基相连；而酯中氧原子除与一个羰基相连外，与另一个斥电子的烃基连接，因此，降低了 C—O 键的极性。酰胺中氮原子与羰基的共轭效应较强，C—N 键具有明显的双键性质，化学性质稳定。

2. 羧酸衍生物的命名

羧酸衍生物的命名以它们所含的酸和酰基来命名。酰卤和酰胺的命名相对较简单，酸酐根据其来源的酸来命名，酯则根据其组成的酸和醇称为某酸某酯。

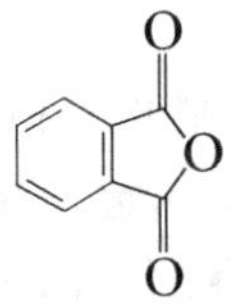
邻苯二甲酸酐

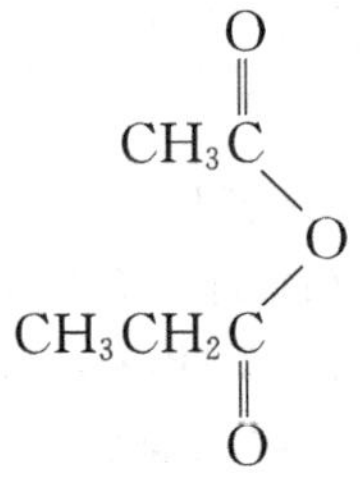
乙丙酐

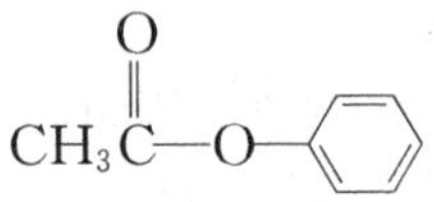
乙酸苯酯

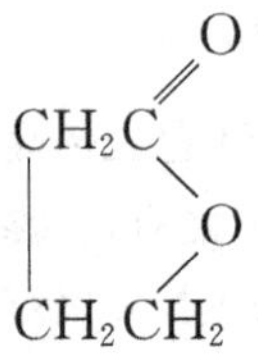
1,4-丁内酯

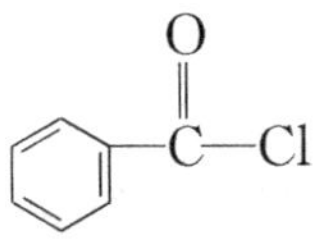
苯甲酰氯

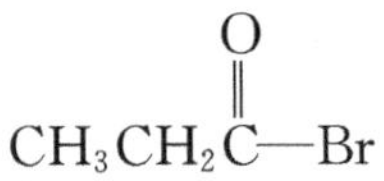
丙酰溴

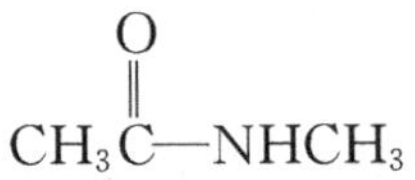
N-甲基乙酰胺

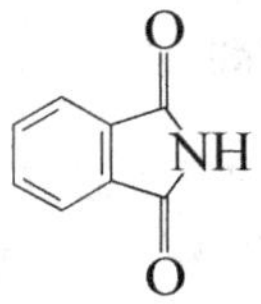
邻苯二甲酰亚胺

9.2.2　羧酸衍生物的物理性质

低级的酰卤和酸酐有刺激性气味，而酯则具有宜人的果香味。

酰卤、酸酐和酯的分子间不能通过氢键缔合，酰卤和酯的沸点比相应相对分子质量的羧酸低；酸酐的沸点比相同碳原子的羧酸高。酰胺分子间能形成氢键，故熔、沸点比相应的羧酸高。某些羧酸衍生物的物理常数见表 9-3。

表 9-3　某些羧酸衍生物的物理常数

化合物	沸点/℃	熔点/℃	化合物	沸点/℃	熔点/℃
乙酰氯	51	−12	甲酸乙酯	54	−80
乙酰溴	76	−96	乙酸甲酯	57.5	−98
丙酰氯	80	−94	乙酸乙酯	77	−84
丁酰氯	102	−89	乙酸苄酯	214	−51
苯甲酰氯	197	−1	苯甲酸乙酯	213	−35
乙酸酐	140	−73	乙酰胺	221	82
丁二酸酐	261	−120	丙酰胺	213	79
邻苯二甲酸酐	284	131	丁二酰亚胺	288	126
甲酸甲酯	32	−100	邻苯二甲酰亚胺		238

9.2.3　羧酸衍生物的化学性质

羧酸衍生物的分子中都含有酰基，酰基上连有一个可被取代的基团，能发生水解、醇解、氨解的反应。但因酰基所连的基团不同，反应活性也不一样。

1. 水解

酰氯、酸酐、酯和酰胺都能进行水解反应生成相应的羧酸。

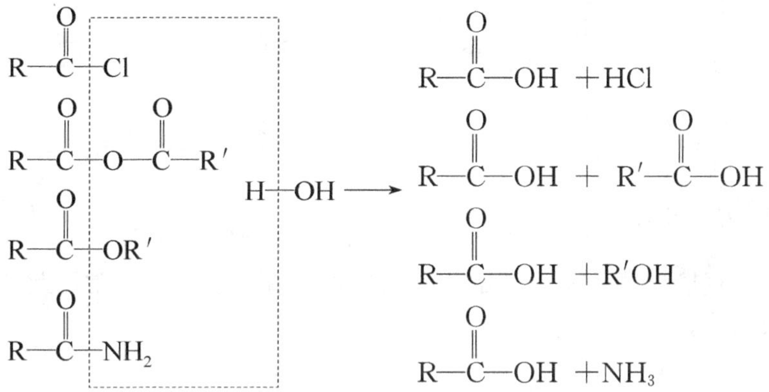

水解反应的活性次序为：酰氯＞酸酐＞酯＞酰胺。酰氯与水反应最激烈并伴有放热，酸酐与热水才能较快反应，酯在没有催化剂存在时反应很慢，而酰胺的水解需要酸或碱催化下长时间回流才能完成。

酯的酸性水解是酯化反应的逆反应，水解不能进行完全。酯的碱性催化水解产物与碱作用生成羧酸盐而使水解完全，反应变得不可逆。无论酸或碱催化，空间阻碍大不利于酯的水解。高级脂肪酸的盐简称肥皂，故高级脂肪酸酯的碱性水解又称皂化反应。

酯的酸性水解机理如下：

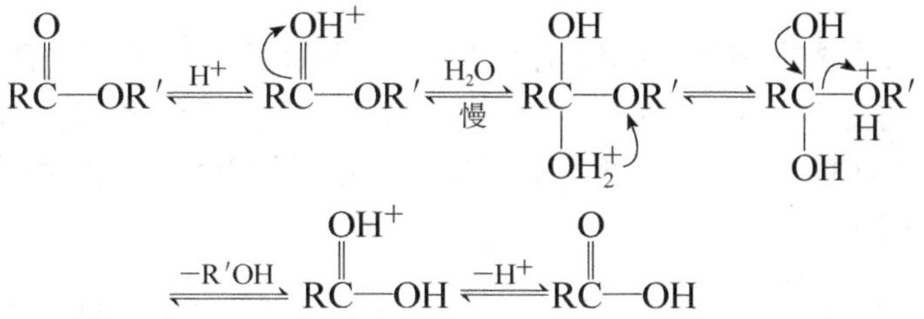

酯的碱性水解机理如下：

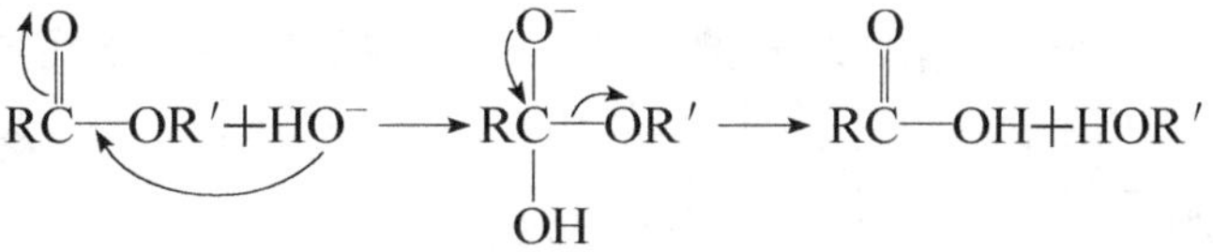

生物体内存在水解酶(hydrolase)，水解酶亦可催化酯底物的加水分解反应。例如，脂肪酶(lipase)催化的脂水解反应：

$$R—COOCH_2CH_3 \xrightarrow[\text{脂肪酶}]{H_2O} RCOOH + CH_3CH_2OH$$

2. 醇解

酰氯、酸酐、酯和酰胺能和醇反应生成相应的酯。

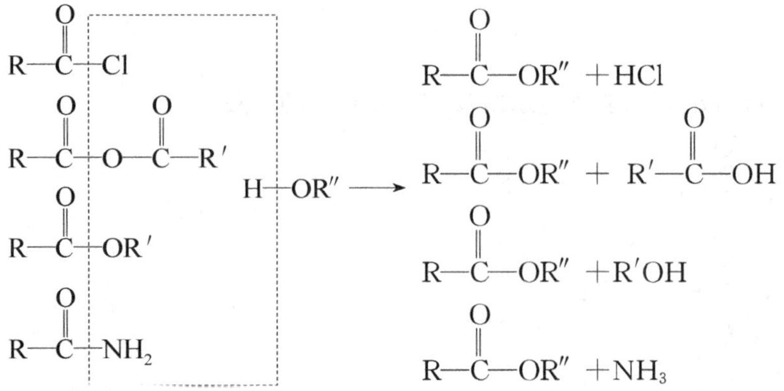

酰卤和酸酐能直接与醇反应。酰卤的反应活性大，在有机合成上常用此类反应制备用普通方法难以合成的酯。

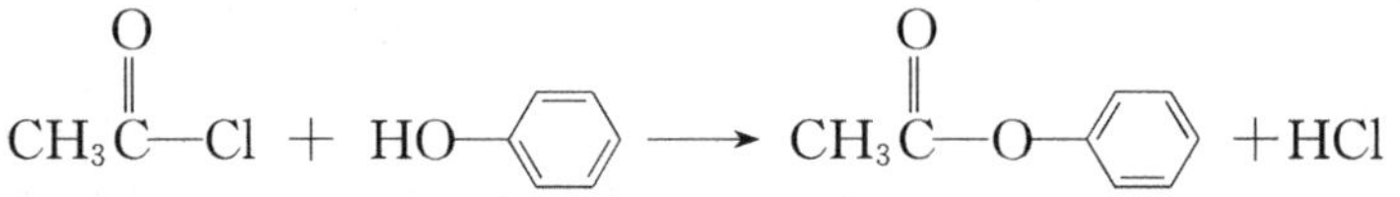

如烯丙菊酯对家庭害虫具有强烈触杀、击倒性能，主要用于防治家蝇、蚊虫、虱、蟑螂等家庭害虫。在合成上也采用酰卤直接与醇反应制备。

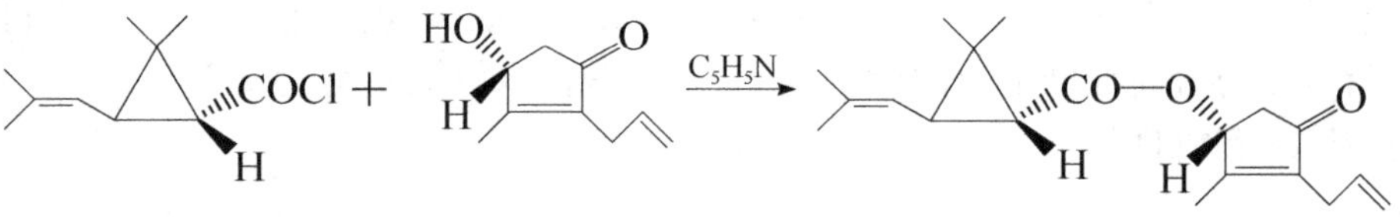

酯的醇解反应必须要在酸或碱的催化下进行，经醇解后生成了新的醇和酯。故酯的醇解也称酯交换反应。酯交换反应可以制备难以合成或不能直接酯化合成的酯，也可将一个低沸点醇的酯转为高沸点醇的酯。例如，通过对甲基苯磺酸（TsOH）催化的酯交换反应，从丙烯酸甲酯转为丙烯酸丁酯

$$CH_2=CHCO_2CH_3 + HOC_4H_9 \xrightarrow{TsOH} CH_2=CHCO_2C_4H_9 + CH_3OH$$

生物柴油的生产中应用了酯交换反应。生物柴油主要为 $C_{12}\sim C_{24}$ 的脂肪酸甲酯。生物柴油可利用植物油生产。天然油脂的直链脂肪酸甘油酯在酸性条件下可与甲醇发生酯交换反应，得到 $C_{12}\sim C_{24}$ 的脂肪酸甲酯，其性能与柴油相似。生物柴油是清洁燃料，使用生物柴油可减少空气污染，同时降低排放二氧化碳的浓度，减缓温室效应。

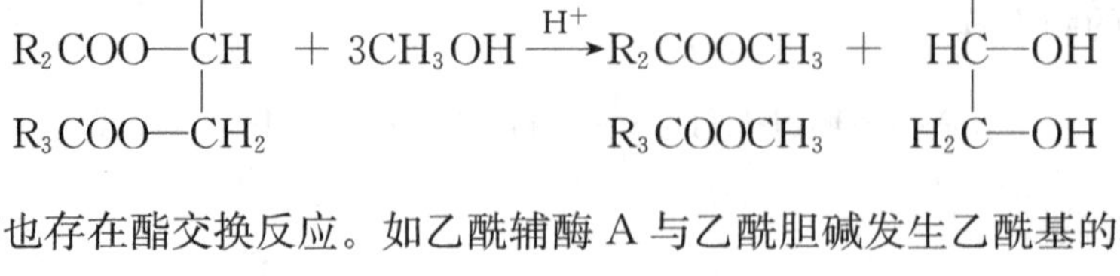

在生物体内也存在酯交换反应。如乙酰辅酶 A 与乙酰胆碱发生乙酰基的转移反应。

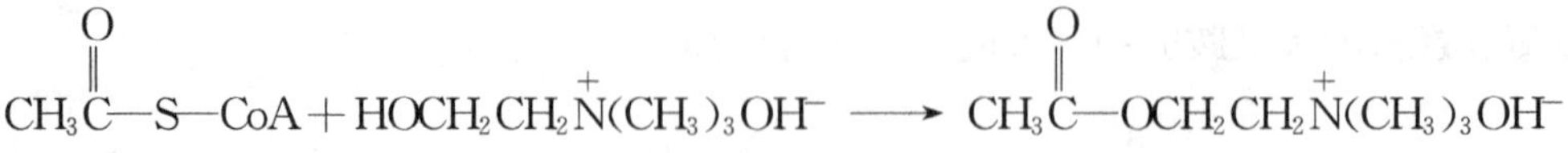

乙酰辅酶 A　　胆碱　　乙酰胆碱

酰胺的醇解是可逆的，需用过量的醇才能使反应向醇解的方向进行。

3. 氨解

酰氯、酸酐和酯与氨或胺反应生成酰胺，称为氨解。由于氨或胺具有碱性，氨解反应比水解反应容易进行。

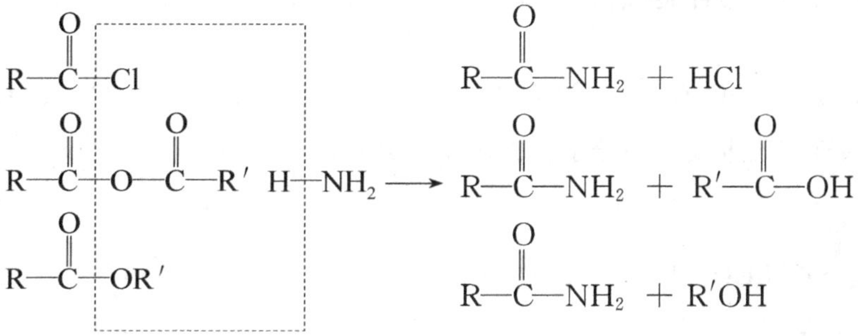

从上述反应可见，羧酸衍生物的水解、醇解和氨解，是在水、醇和氨的分子中引入酰基，所以这些反应又称酰基化反应。由于酰卤和酸酐的反应能力强，是常用的酰基化试剂。

4. 还原反应

羧酸衍生物通常比羧酸容易还原。催化加氢或用还原剂氢化锂铝均能使羧酸衍生物还原成醇。酰胺被还原成胺。

$$\mathrm{R\overset{\overset{O}{\|}}{C}X \xrightarrow{LiAlH_4} RCH_2OH + HCl}$$

$$\mathrm{R\overset{\overset{O}{\|}}{C}O\overset{\overset{O}{\|}}{C}R \xrightarrow{LiAlH_4} 2RCH_2OH}$$

$$\mathrm{R\overset{\overset{O}{\|}}{C}OCH_2R' \xrightarrow{LiAlH_4} RCH_2OH + R'CH_2OH}$$

$$\mathrm{R\overset{\overset{O}{\|}}{C}NH_2 \xrightarrow{LiAlH_4} RCH_2NH_2}$$

酰氯用 $\mathrm{Pd\text{-}BaSO_4}$ 作催化剂，可被选择性地还原成醛。此法称罗森蒙得(Rosenmund)还原法。

$$\mathrm{R\overset{\overset{O}{\|}}{C}{-}Cl + H_2 \xrightarrow{Pd\text{-}BaSO_4} RCHO + HCl}$$

酯较易还原，并且方法也较多，因此有机合成上往往将羧酸通过酯还原成醇。如用金属钠加乙醇作还原剂，可将酯还原为醇，并且双键不受影响。该反应称博沃-布兰克(Bouveault-Blanc)反应。

$$\mathrm{C_8H_{17}CH{=}CH(CH_2)_7COOC_2H_5 \xrightarrow[EtOH]{Na} C_8H_{17}CH{=}CH(CH_2)_7CH_2OH}$$

5. 酯缩合反应

酯分子中 α-氢受酯基的吸电子影响，在强碱性试剂催化下，与另 1 分子酯失去 1 分子醇生成β-酮基酯。该反应称克莱森(Claisen)酯缩合反应。例如,乙酸乙酯在乙醇钠催化下发生缩合,脱去1分子乙醇,生成乙酰乙酸乙酯。

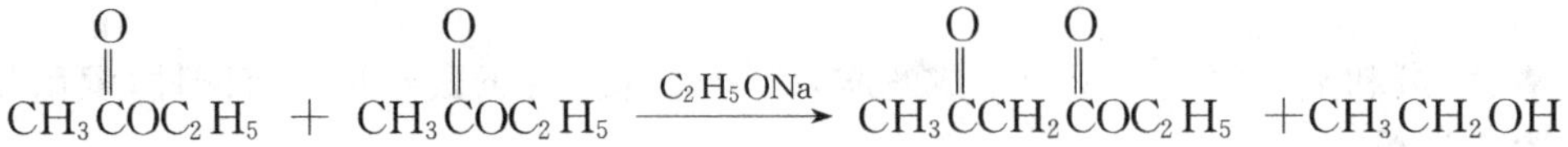

其反应机理与醇醛缩合类似,首先碱性试剂醇钠夺取酯分子中的α-氢原子,生成碳负离子中间体:

$$CH_3CH_2O^- + CH_3COOCH_2CH_3 \rightleftharpoons {}^-CH_2COOCH_2CH_3 + CH_3CH_2OH$$

碳负离子作为亲核试剂进攻另一分子酯的羰基,然后失去乙醇负离子,生成乙酰乙酸乙酯。

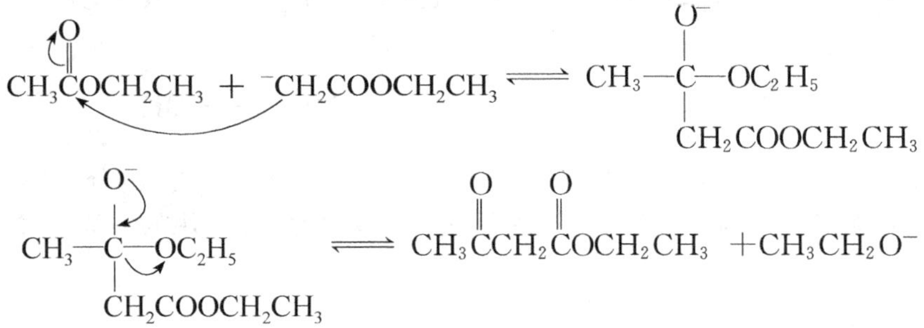

酯缩合反应是生物体内的一个重要生化反应。例如,在酶的催化下,丙酮酸和丁酮二酸经酯缩合反应生成柠檬酸:

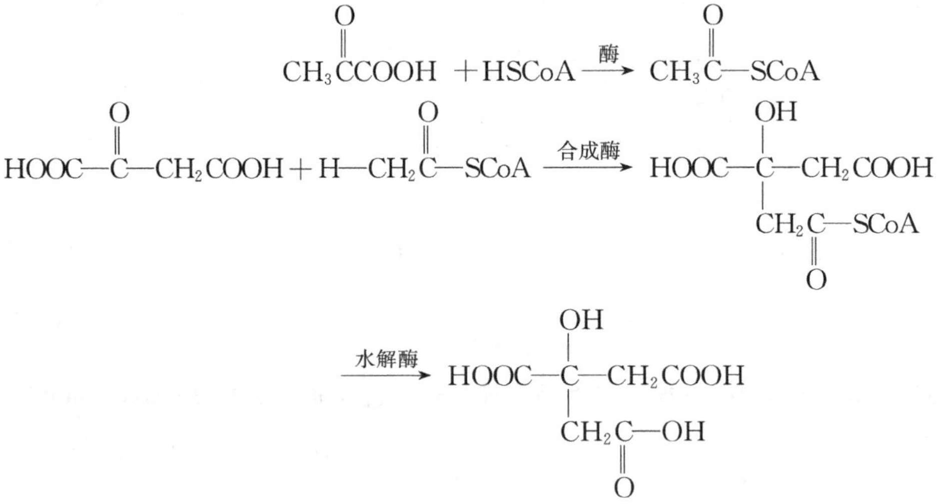

9.2.4 酰基亲核取代反应机理

羧酸衍生物发生水解、醇解和氨解后,其产物可看作是羧酸衍生物中的酰基取代水、醇(酚)和氨(伯胺或仲胺)中的氢原子,形成羧酸、酯和酰胺等取代产物。反应机理属亲核取代,经历亲核加成-消除过程。可用如下通式表示:

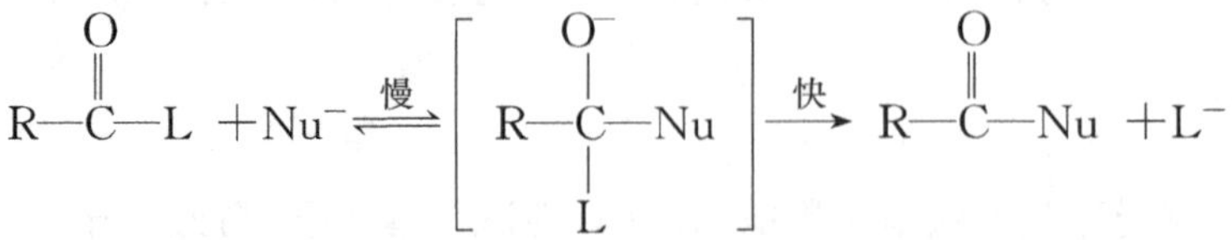

式中：Nu^- 为亲核试剂，如 H_2O、ROH、NH_3 等；L^- 为离去基团，如—X、—OCOR、—OR、—NH_2、—NHR 等。

酰基的亲核取代反应分两步进行：第一步是亲核试剂 Nu^- 进攻羰基碳原子发生亲核加成，形成四面体的氧负离子中间体，羰基碳原子由 sp^2 杂化状态变成 sp^3 杂化；第二步是中间体发生消除反应，L^- 作为离去基团离去，羰基碳原子由 sp^3 杂化恢复到原来的 sp^2 杂化状态。

酰基的亲核取代反应速率受到空间和电子效应两方面的影响，因此与亲核加成和消除反应两步均有关。第一步亲核加成时，形成四面体型的氧负离子中间体，如果羰基碳原子连接的基团体积小，并具有吸电子性（吸电子诱导效应：—X>—OCOR>—OR>—NH_2），则有利于亲核试剂 Nu^- 的进攻和形成稳定的中间体，反应速率快；反之，就慢。第二步消去反应，其反应速率取决于离去基团的稳定性，稳定性从大到小的次序：$X^- > RCOO^- > RO^- > NH_2^-$，因此，羧酸衍生物的反应活性为

$$\text{酰氯} > \text{酸酐} > \text{酯} > \text{酰胺}$$

9.2.5　重要的羧酸衍生物

1. 乙酰氯

乙酰氯为无色而有刺激性气味的液体，沸点 51℃。乙酰氯遇水立即起水解反应，反应剧烈，并放出大量的热。乙酰氯是常用的酰化试剂。

2. 苯甲酰氯

苯甲酰氯是有刺激性气味的无色液体，沸点 197℃，不溶于水，与水或碱溶液作用慢。与羟基或氨基化合物进行反应后，能形成水溶性极小的化合物。是一种常用的苯甲酰化试剂。

3. 乙酸酐

乙酸酐简称乙酐，为有刺激性气味的无色液体，沸点 140℃。乙酐的酰化反应比乙酰氯慢，也是常用的酰化试剂。在工业上，乙酐还用于合成染料、醋酸纤维、药物和香料等。

4. 邻苯二甲酸酐

邻苯二甲酸酐是无色针状结晶，熔点 128℃。邻苯二甲酸酐也是一种常用的酰化剂。是染料、药物、聚酯和增塑剂的重要原料。邻苯二甲酸酐能与一些酚类物质反应，生成一些呈色的化合物。如与两分子苯酚共熔，生成酚酞。

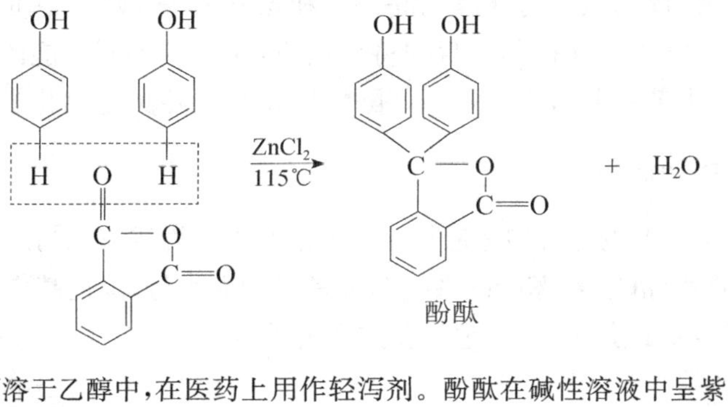

酚酞为无色固体，可溶于乙醇中，在医药上用作轻泻剂。酚酞在碱性溶液中呈紫红色，酸性溶液中则无色。故用作分析化学的酸碱滴定指示剂。

邻苯二甲酸酐和间苯二酚起类似的反应,生成荧光素。

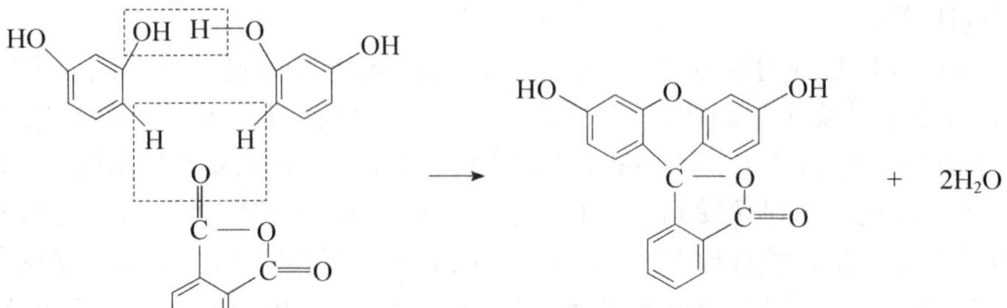

荧光素

5. 除虫菊酯

除虫菊酯存在于天然植物除虫菊的花中。除虫菊酯主要用于防治农业和卫生害虫,它对害虫击倒快,并具有广谱杀虫效果,对哺乳动物几乎无害。在除虫菊的提取物中至少有 6 种有效成分,其中除虫菊酯Ⅰ和除虫菊酯Ⅱ的含量占 73%。其结构如下:

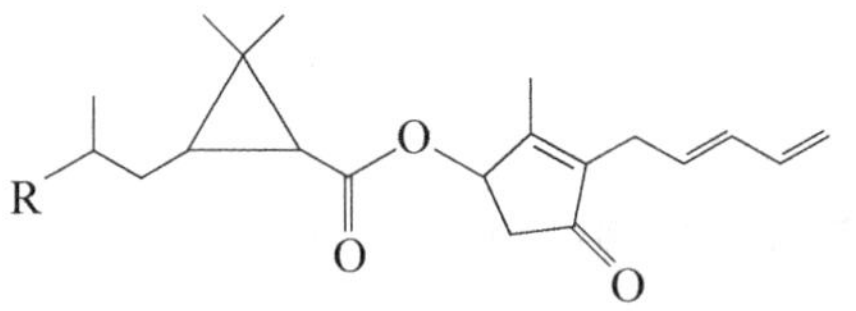

除虫菊酯(Ⅰ, R=CH_3; Ⅱ, R=$COOCH_3$)

但除虫菊酯在阳光和空气中不稳定,限制了它的应用。自 20 世纪 50 年代起,人们对除虫菊酯的结构进行了修饰,开发出人工合成的拟除虫菊酯,例如,富右旋胺菊酯、右旋丙炔菊酯等,开拓出杀虫剂的一个新领域。

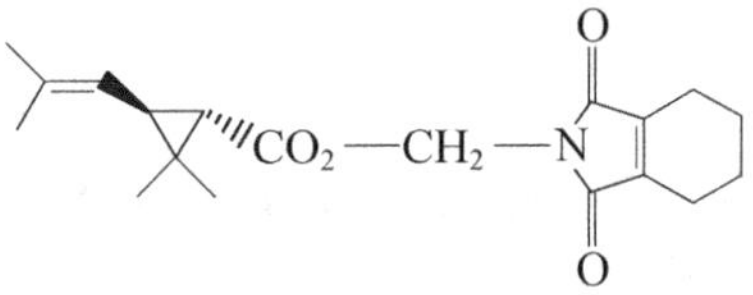

富右旋胺菊酯

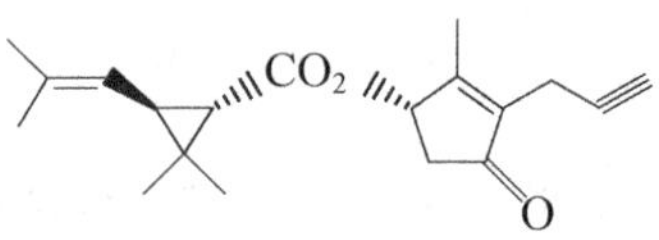

右旋丙炔菊酯

9.3 取 代 酸

羧酸分子中烃基上的氢原子被其他原子或原子团取代后的化合物称为取代酸。常见的取代酸有卤代酸、羟基酸、羰基酸(包括醛酸和酮酸)和氨基酸等。取代酸是一类复合官能团的化合物,在性质上各种官能团既保持其本身的特性反应,又由于不同官能团之间的相互影响而产生一些特殊的反应。本节主要讨论羟基酸和酮酸以及与之相关生物化学中的重要意义。

9.3.1 羟基酸的分类和命名

分子中含有羧基和羟基的化合物称羟基酸。羟基酸可分为醇酸和酚酸,羟基连在脂肪链上的属醇酸;连在芳环上的属酚酸。羟基酸的系统命名是以羧酸为母体,羟基作为取代基,并用阿拉伯数字或希腊字母表示羟基的位置。有一些羟基酸常用俗名。

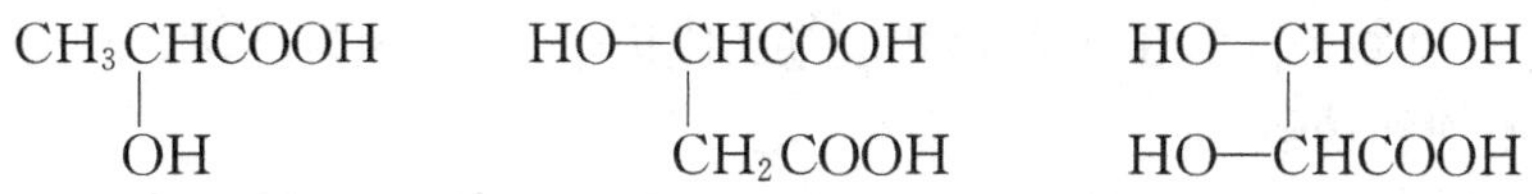

2-羟基丙酸(乳酸)　羟基丁二酸(苹果酸)　2,3-二羟基丁二酸(酒石酸)

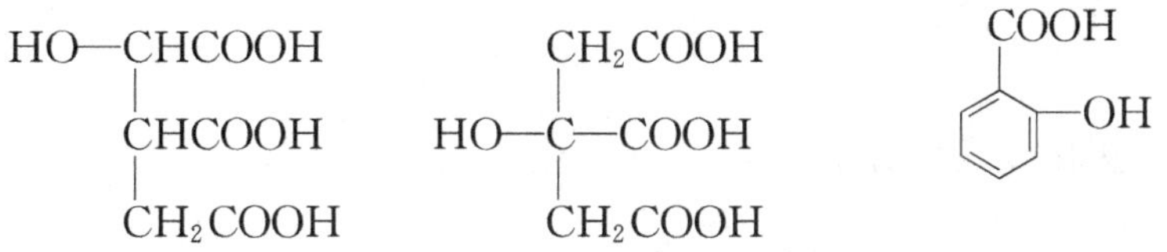

3-羧基-2-羟基戊二酸(异柠檬酸)　3-羧基-3-羟基戊二酸(柠檬酸)　邻羟基苯甲酸(水杨酸)

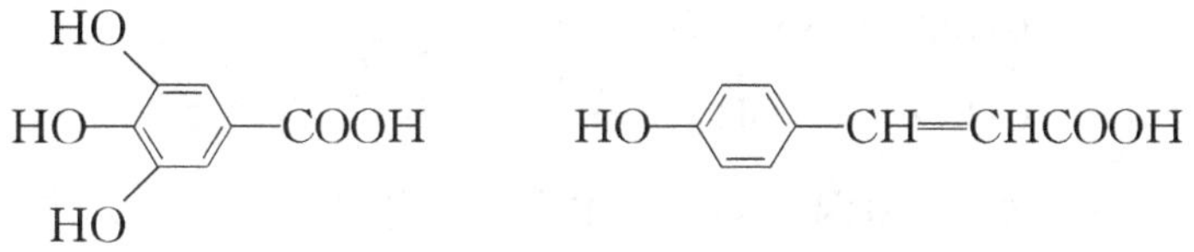

3,4,5-三羟基苯甲酸(没食子酸)　3-(对羟基苯基)丙烯酸(香豆酸)

9.3.2　羟基酸的化学性质

1. 氧化反应

α-羟基酸中的羟基比醇的羟基容易氧化,产物为α-羰基酸。例如,土伦试剂能把乳酸氧化成丙酮酸。生物体中乳酸脱氢酶(lactate dehydrogenase)催化类似的氧化反应。

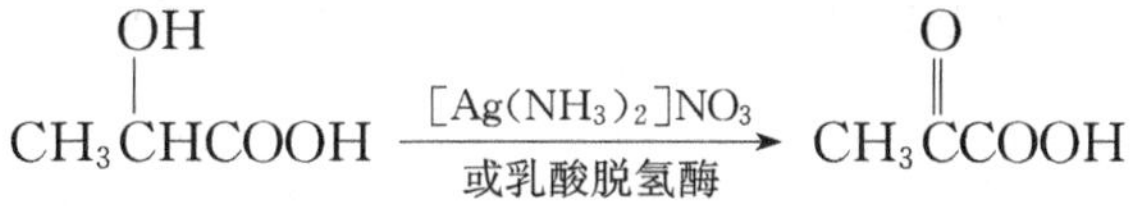

使用其他氧化剂如稀硝酸、稀高锰酸钾都能将醇酸氧化成醛酸、酮酸或二元羧酸。

$$HOCH_2COOH \xrightarrow{\text{稀 } HNO_3} OHCCOOH \xrightarrow{\text{稀 } HNO_3} HOOCCOOH$$

2. 脱水反应

醇酸由于羟基和羧基之间的相互影响,加热时很容易脱水,但随着羟基位置的不同脱水的方式也不同。

α-羟基酸加热时,发生两分子间的交叉脱水,生成环状的交酯。

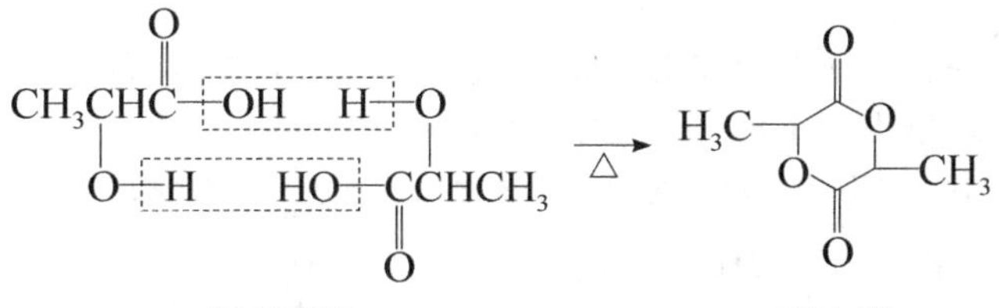

α-羟基丙酸　丙交酯

β-羟基酸的 α-氢原子同时受到羟基和羧基的吸电子影响，比较活泼，受热时发生分子内的脱水，生成 α，β-不饱和羧酸。

$$CH_3\underset{OH}{CH}-\underset{H}{CH}COOH \xrightarrow{\triangle} CH_3CH=CHCOOH + H_2O$$

3-羟基丁酸　　　　2-丁烯酸

γ-羟基酸和 δ-羟基酸易发生分子内脱水，分别形成 5 元和 6 元环结构的内酯。

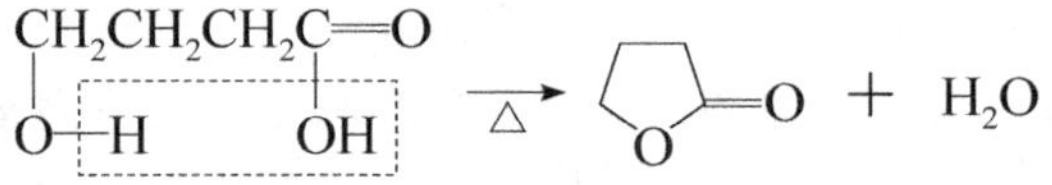

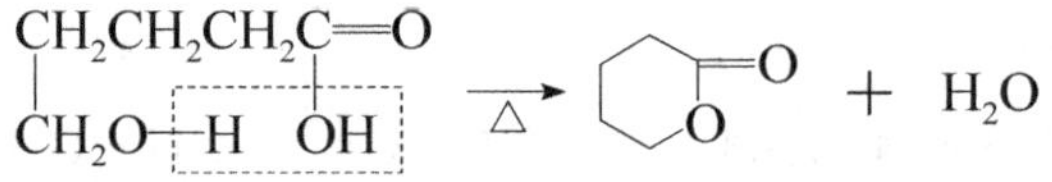

γ-羟基酸非常容易脱水，在室温下即可脱水形成内酯(lactone)。γ-内酯是中性化合物，但在碱性条件下易水解成稳定的 γ-羟基酸盐。

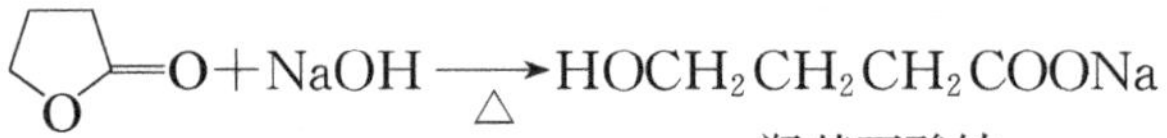

γ-羟基丁酸钠

3. 分解脱羧反应

α-羟基酸与稀硫酸共热，则分解为醛以及甲酸。

$$R\underset{|}{\overset{OH}{C}}HCOOH \xrightarrow[\triangle]{\text{稀 } H_2SO_4} RCHO + HCOOH$$

9.3.3 重要的羟基酸

1. α-羟基丙酸

α-羟基丙酸，最初由酸牛奶中得到，故又称乳酸。人体内乳酸是糖元代谢的产物，人体激烈运动时，肌肉中糖元分解产生乳酸，同时放出能量。人体肌肉中的乳酸是右旋体。乳酸也可用糖经乳酸菌发酵制得，此乳酸为左旋体。

$$C_6H_{12}O_6 \xrightarrow[35\sim40℃]{\text{乳酸菌}} 2CH_3\underset{OH}{CH}COOH$$

乳酸熔点为 18℃，因强吸湿性而呈黏稠状液体，易溶于水、乙醇和乙醚中。乳酸钙用于治疗佝偻病，乳酸钠用于酸中毒的解毒剂。乳酸钙不溶于水，因此乳酸在工业上用作脱钙剂。

2. 3-羟基丁二酸

3-羟基丁二酸最初从苹果中获得，故又名苹果酸。它广泛存在于未成熟的果实中，也存在于一些植物的叶子中。天然的苹果酸是左旋体。熔点 100℃，易溶于水和乙醇。

苹果酸是体内糖代谢的中间产物，经脱氢氧化生成草酰乙酸。苹果酸常用于食品工业和制药工业中。

$$HOOC\underset{OH}{CH}CH_2COOH \xrightarrow{\text{酶}} HOOC\overset{O}{\overset{\|}{C}}CH_2COOH$$

3. 2,3-二羟基丁二酸

2,3-二羟基丁二酸俗名酒石酸。葡萄中以溶解度较小的酸式盐(酒石酸氢钾)形式存在,该盐难溶于乙醇,所以葡萄发酵制酒时便以固体形式沉淀下来,故由此得名。酒石酸为无色透明晶体,熔点 170℃,易溶于水,不溶于有机溶剂。

酒石酸盐用途广泛。酒石酸钾钠可作泻剂,也可用于配制费林试剂。酒石酸锑钾曾用作催吐剂和治疗血吸虫病的药。由于酒石酸的 2 种旋光异构体容易得到,因此左旋或右旋酒石酸常用于合成药物或农药的外消旋体拆分。

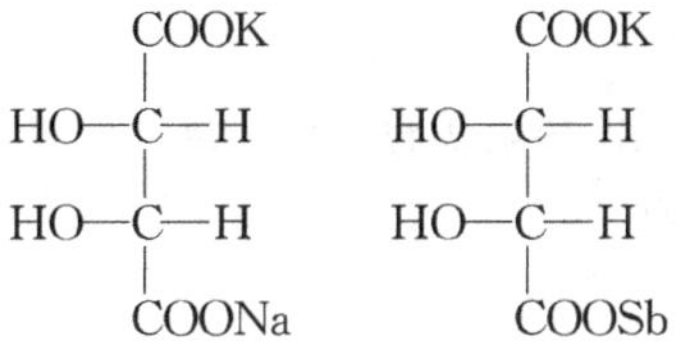

酒石酸钾钠 酒石酸锑钾

4. 3-羧基-3-羟基戊二酸

3-羧基-3-羟基戊二酸俗名柠檬酸或枸橼酸,广泛存在于植物果实中,尤其在柠檬和柑橘中含量丰富,故而得名。柠檬酸是无色结晶,不含结晶水的柠檬酸熔点 153℃,易溶于水、乙醇和乙醚中。柠檬酸是体内糖、脂肪、蛋白质代谢过程中的中间产物。柠檬酸在食品工业中是各种饮料的重要酸味剂。在医药上柠檬酸的镁盐是温和的泻药,钠盐具有防血凝和利尿作用,柠檬酸铁铵是常用的补血剂。

柠檬酸加热至 150℃时,分子内脱水生成顺-乌头酸,再加水转为异柠檬酸。类似的转变也发生在生物体内。

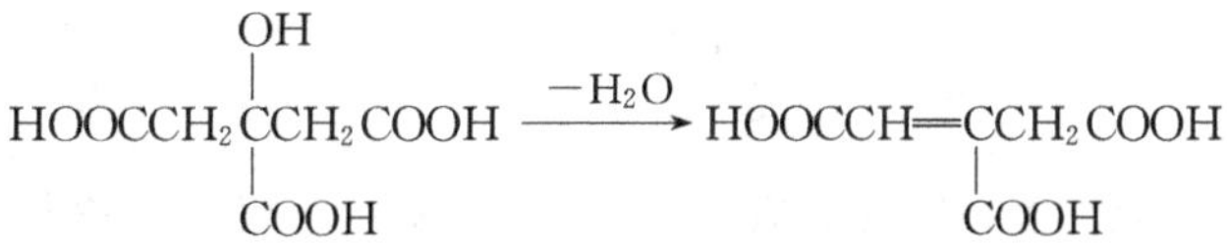

柠檬酸 顺-乌头酸

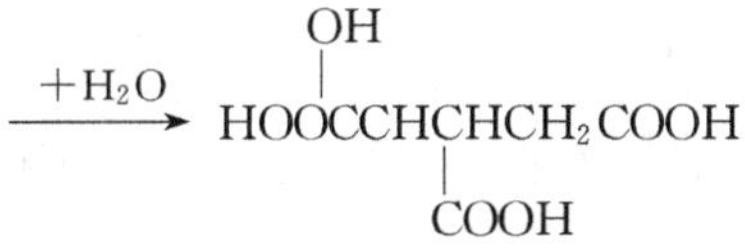

异柠檬酸

5. 邻羟基苯甲酸

邻羟基苯甲酸俗名水杨酸。水杨酸是无色针状结晶,熔点 159℃,在 79℃时升华,易溶于乙醇、乙醚和氯仿。因具有酚羟基,能与三氯化铁溶液作用呈紫色。加热易脱羧生成苯酚和二氧化碳。

水杨酸是合成药物、染料和香料等的重要原料。水杨酸本身具有杀菌作用,它的钠盐可作防腐剂和食品保藏剂。乙酰水杨酸又称阿司匹林,是常用的解热镇痛药;对氨基水杨酸简称 PAS,其钠盐具有抗结核病作用。水杨酸苯酯又名萨罗尔,在肠道内水解成水杨酸和苯酚,是肠道和尿道的消毒剂。

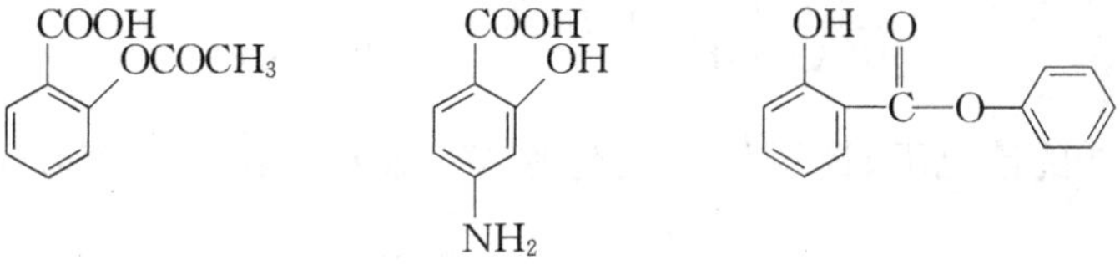

乙酰水杨酸 对氨基水杨酸(PAS) 水杨酸苯酯

6. 3,4,5-三羟基苯甲酸

3,4,5-三羟基苯甲酸又名没食子酸或五倍子酸。它是植物中分布最广的一种酚酸，以游离态或成苷状态结合成鞣质，存在于五倍子、槲树和茶叶中。

没食子酸为白色粉末，熔点 253℃，能溶于热水、乙醇和乙醚中。没食子酸加热到 210℃以上时脱羧生成连苯三酚。

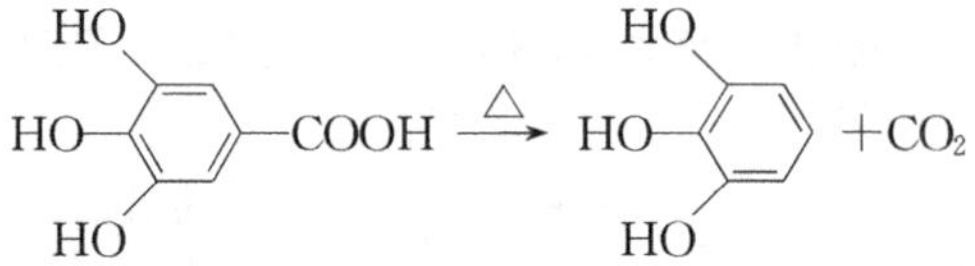

没食子酸的水溶液与三氯化铁溶液产生蓝黑色沉淀。没食子酸的碱溶液能被迅速氧化而变成暗色，所以没食子酸可作抗氧剂或照相的显影剂。

9.3.4 羰基酸

分子中含有羰基和羧基的化合物称为羰基酸。羰基酸可分为醛酸和酮酸。羰基酸的系统命名是以含有羰基和羧基的最长碳链为母链，羰基作为取代基，用“氧代”表示，并用阿拉伯数字或希腊字母表示羰基的位置。一些羰基酸常用普通命名或俗名。

$$\underset{\text{乙醛酸}}{H-\overset{\overset{\displaystyle O}{\|}}{C}-COOH} \qquad \underset{\text{3-氧代丁酸(3-丁酮酸)}}{CH_3\overset{\overset{\displaystyle O}{\|}}{C}CH_2COOH} \qquad \underset{\text{2-氧代丁二酸(丁酮二酸)}}{HOOCCH_2\overset{\overset{\displaystyle O}{\|}}{C}COOH}$$

9.3.5 羰基酸的化学性质

1. 还原反应

羟基酸能被氧化生成羰基酸，羰基酸也能被还原为羟基酸。生物体内这些反应均在氧化或还原酶的催化下进行。

$$CH_3\overset{\overset{\displaystyle O}{\|}}{C}COOH \underset{-2H}{\overset{+2H}{\rightleftharpoons}} CH_3\overset{\overset{\displaystyle OH}{|}}{C}HCOOH$$

$$HOOC\overset{\overset{\displaystyle O}{\|}}{C}CH_2COOH \underset{-2H}{\overset{+2H}{\rightleftharpoons}} HOOC\overset{\overset{\displaystyle OH}{|}}{C}HCH_2COOH$$

2. 脱羧反应

α-酮酸分子中，酮基和羧基直接相连，由于氧原子的吸电子效应，使酮基与羧基之间的碳碳键容易断裂，脱去二氧化碳生成醛。

$$R\overset{\overset{\displaystyle O}{\|}}{C}COOH \xrightarrow[\triangle]{\text{稀 } H_2SO_4} RCHO + CO_2$$

在有氧化剂存在的情况下，还可发生氧化脱羧。如在土伦试剂存在下，丙酮酸脱羧生成乙酸。

$$CH_3\overset{\overset{O}{\|}}{C}COOH \xrightarrow[\triangle]{[Ag(NH_3)_2]NO_3} CH_3COOH + CO_2 + Ag$$

β-酮酸比 α-酮酸更易脱羧，这是由两方面的因素决定的。一方面由于氧原子的吸电子诱导效应影响；另一方面由于羰基氧与羧基氢形成氢键，所以有的酮酸即使在室温也能脱羧。通常该反应也称酮式分解。

$$R\overset{\overset{O}{\|}}{C}CH_2COOH \xrightarrow[\triangle]{} R\overset{\overset{O}{\|}}{C}CH_3 + CO_2$$

其反应机理如下：

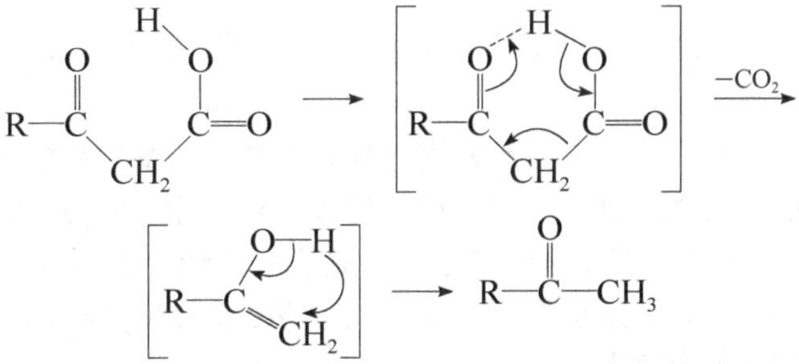

但 β-酮酸与浓碱共热时，在 α 和 β 碳原子之间发生碳碳键断裂，生成两分子羧酸盐，羧酸盐经酸化后，得到羧酸，所以该反应也称酸式分解。

$$R\overset{\overset{O}{\|}}{C}\vdots CH_2COOH + 2NaOH \xrightarrow[\triangle]{} RCOONa + CH_3COONa + H_2O$$

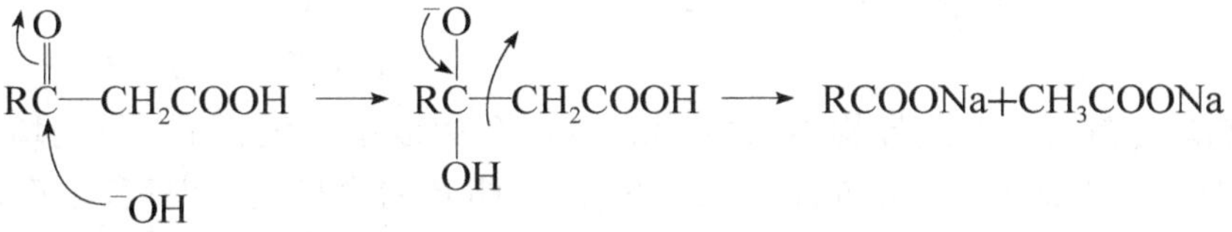

9.3.6　互变异构现象

乙酰乙酸乙酯分子，能与 HCN、$NaHSO_3$ 等亲核试剂加成，能与 2,4-二硝基苯肼反应生成橙色的 2,4-二硝基苯腙沉淀，这说明分子中具有羰基结构。但它还具有一些特殊的性质，如能使溴水褪色，与金属钠反应放出氢气，与三氯化铁溶液作用呈紫色等。这些性质无法用酮和酯的结构来说明。然而，凡具有烯醇式结构的化合物都具备这些性质，这表明乙酰乙酸乙酯分子中存在着烯醇式结构。现已证明乙酰乙酸乙酯实际上不是一种物质，而是酮式异构体和烯醇式异构体的混合物，两种异构体互相转变构成一动态平衡体系：

酮式结构(93%)　　　　烯醇式结构(7%)

两种异构体以一定比例呈动态平衡存在。在室温下，两种异构体相互转变极快，二者不能分离。像这样处于动态平衡的同分异构现象，称互变异构现象。而这两种异构体互称为互变异构体。

乙酰乙酸乙酯的酮式和烯醇式是一种互变异构关系。在无酸、碱催化剂存在时，二者在低温时的互变速度并不快，在适当的条件下可以把它们分离开来。如将乙酰乙酸乙酯溶解于石油醚中并冷至－78℃，就可得到不含烯醇式结构的酮式结晶（m. p. －39℃）。将烯醇钠盐在－78℃用盐酸分解，可得到只具有烯醇式结构的油状液体。但是，由上述两种方法得到的物质，其性质都不能保持不变。一旦温度升高就很快发生互变，各自都出现了酮的性质和烯醇的性质。

一般来说，凡分子中有 α-氢的羰基化合物都可以发生酮式-烯醇式互变异构现象。但醛、酮中 α-氢只受一个羰基活化，烯醇式异构体的比例太少。如丙酮：

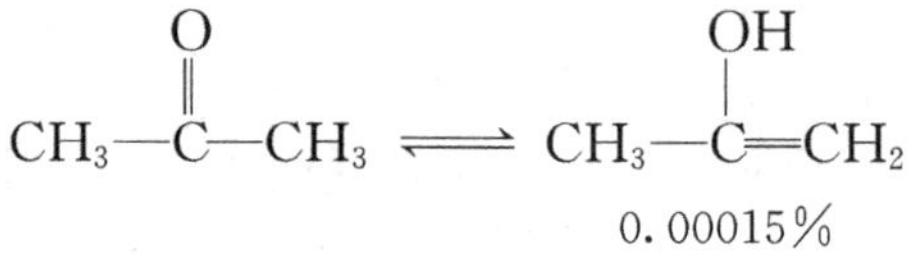

而在乙酰乙酸乙酯分子中，由于亚甲基同时受到羰基和酯基的影响，使亚甲基上的氢原子特别活泼，能以质子的形式转移到羰基氧上形成烯醇式异构体，并且羟基上的氢原子能与酯基中的羰基氧原子形成分子内氢键而得到稳定。乙酰乙酸乙酯一旦形成烯醇式异构体后，分子中还能产生一个 π-π 共轭体系，这也使得乙酰乙酸乙酯形成烯醇式异构体的稳定性增加。下面是一些化合物的烯醇式异构体含量。

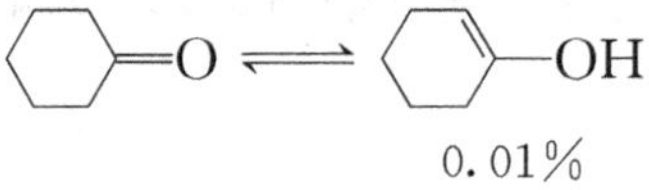

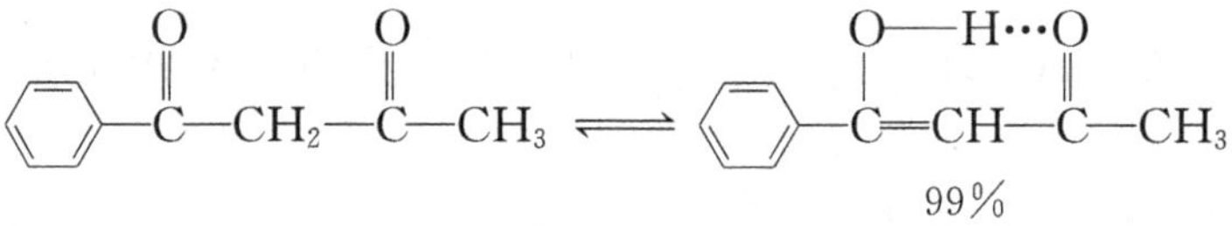

总之，在酮式-烯醇式互变异构体系中，烯醇式的含量是随 α-氢原子酸性的增加、分子内氢键的形成以及 π-π 共轭体系的延伸而增加。此外，烯醇式的含量还与温度、浓度、溶剂等有一定的关系。

含氮的有机化合物也存在类似的互变异构现象。例如，嘧啶和嘌呤的衍生物尿嘧啶、鸟嘌呤等都有互变异构体，它们在生物化学中具有重要意义。

尿嘧啶(酮式)　　2,4-二羟基嘧啶(烯醇式)

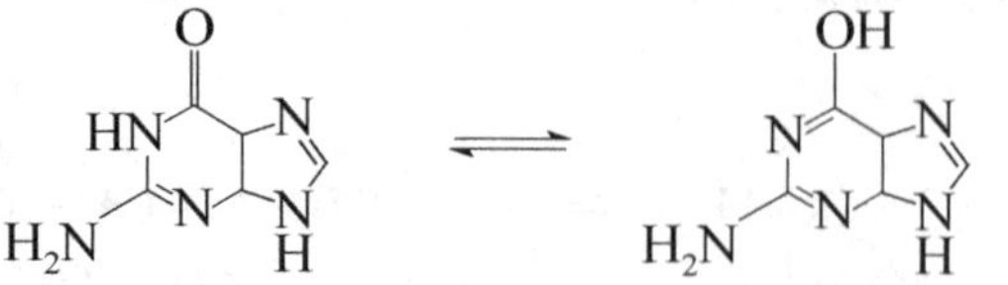

鸟嘌呤(酮式)　　鸟嘌呤(烯醇式)

与酮式-烯醇式互变异构体系类似，还有胺式-亚胺式互变异构：

腺嘌呤胺式　　　　腺嘌呤亚胺式

9.3.7 重要的羰基酸

1. 丙酮酸

丙酮酸是最简单的酮酸，它是无色有刺激性气味的液体，沸点 165℃，易溶于水。丙酮酸可由乳酸氧化得到，也可由酒石酸失水、脱羧得到，所以丙酮酸又称焦酒石酸。

$$\mathrm{HOOC\underset{|}{\overset{HO}{C}}H\underset{|}{\overset{OH}{C}}HCOOH \xrightarrow{-H_2O} HOOC\overset{\overset{O}{\|}}{C}CH_2COOH \xrightarrow{-CO_2} CH_3\overset{\overset{O}{\|}}{C}COOH}$$

在动物体内丙酮酸是糖、脂肪、蛋白质代谢的中间产物，能在酶的作用下转变成氨基酸，在生理上具有重要意义。

2. 3-氧代丁酸

3-氧代丁酸又称 β-丁酮酸或乙酰乙酸，是无色黏稠液体。它是生物体内脂肪代谢的中间产物。所有 β-酮酸的结构都不稳定，乙酰乙酸只有在低温下才稳定，在室温以上便分解为丙酮和二氧化碳。β-丁酮酸还原后生成 β-羟基丁酸。

$$\mathrm{CH_3\overset{\overset{O}{\|}}{C}CH_2COOH \underset{[O]}{\overset{[H]}{\rightleftharpoons}} CH_3\overset{\overset{OH}{|}}{C}HCH_2COOH}$$

β-丁酮酸、β-羟基丁酸和丙酮在医学上称为酮体。酮体是脂肪酸在人体内不能被完全氧化成二氧化碳和水的中间产物，大量存在于糖尿病患者的血液和尿中。正常人的血液中酮体的含量低于 10mg/L，而糖尿病人因糖代谢不正常，血液中酮体的含量在 3g/L 以上。由于 β-丁酮酸和 β-羟基丁酸都具有较强的酸性，所以晚期的糖尿病患者酮体含量过高易发生酸中毒。

β-丁酮酸的酯类具有高的稳定性。β-丁酮酸乙酯(乙酰乙酸乙酯)是一种非常重要的有机合成中间体，能发生多种反应，在有机合成中应用广泛。

3. 2-氧代丁二酸

2-氧代丁二酸又称草酰乙酸，可由酒石酸制取，也能从丁烯二酸制得。

$$\mathrm{\begin{matrix}CHCOOH\\ \|\\ CHCOOH\end{matrix} + H_2O \underset{-H_2O}{\overset{H_2SO_4}{\rightleftharpoons}} HO{-}\begin{matrix}CH_2COOH\\ |\\ CHCOOH\end{matrix} \underset{[H]}{\overset{[O]}{\rightleftharpoons}} O{=}\begin{matrix}CH_2COOH\\ |\\ C{-}COOH\end{matrix}}$$

草酰乙酸为晶体，能溶于水，在水溶液中存在酮式和烯醇式的互变异构体。水溶液与三氯化铁反应呈红色。

$$\mathrm{HOOC{-}\overset{\overset{O}{\|}}{C}{-}CH_2COOH \rightleftharpoons HOOC{-}\overset{\overset{O-H\cdots}{|}}{C}{=}CH{-}\overset{\overset{O}{\|}}{C}{-}OH}$$

草酰乙酸分子中同时存在酮基和羧基，具备酮和羧酸的化学性质。如成肟和腙以及成盐、酯、酰胺等。

在生物体内，草酰乙酸在各种酶的催化下可发生一系列生化反应。如在脱羧酶的作用下生成丙酮酸和二氧化碳：

$$HOOC-\overset{\overset{\displaystyle O}{\|}}{C}-CH_2COOH \xrightleftharpoons{酶} CH_3-\overset{\overset{\displaystyle O}{\|}}{C}-COOH + CO_2$$

思 考 题

1. 羧酸的酸性强弱受分子结构中什么因素的影响？
2. 为什么 α-羟基酸、β-羟基酸或 γ-和 δ-羟基酸受热反应时，生成不同的产物？
3. 克莱森酯缩合反应为什么只需要催化量的碱性缩合剂乙醇钠催化？
4. 为什么 β-酮酸比 α-酮酸更易脱羧？
5. 为什么含氮的有机化合物也存在类似酮式-烯醇式互变异构体现象？

习 题

1. 命名下列化合物。

(1) 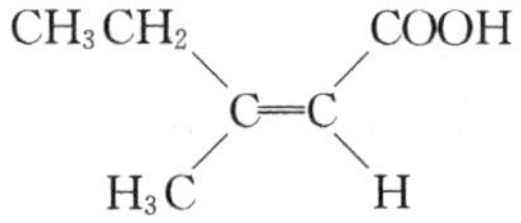

(2) 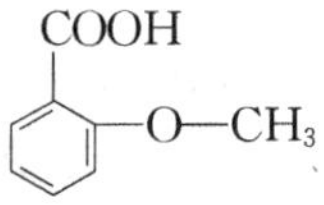

(3) $HOOC-\overset{\overset{\displaystyle O}{\|}}{C}-CH_2CH_2COOH$

(4) 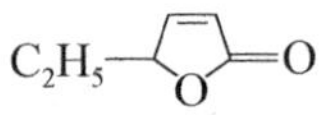

(5) 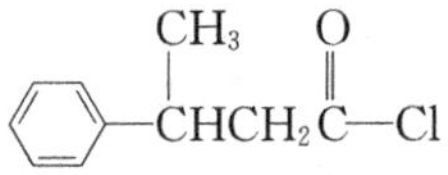

(6) 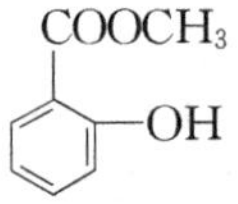

(7) 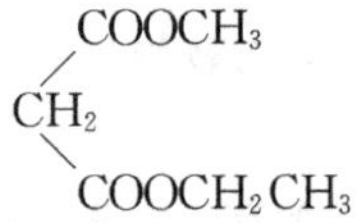

(8) 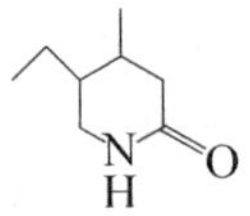

(9) 

(10) 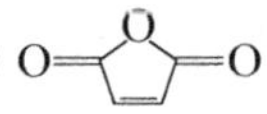

2. 写出下列化合物的结构式。

(1) 马来酸　　(2) 十八碳酸

(3) 甲基丙烯酸甲酯　　(4) R-苹果酸

(5) 反-4-甲基环己烷羧酸(最优构象)　　(6) 乙丙酐

(7) 2-乙基己酰氯　　(8) 丁二酰亚胺

(9) S-2-氨基丁酰胺　　(10) 柠檬酸

3. 完成下列反应。

(1) $CH_3\overset{\overset{\displaystyle OH}{|}}{C}HCH_2CH_2CH_2COOH \xrightarrow[\triangle]{}$

(2) 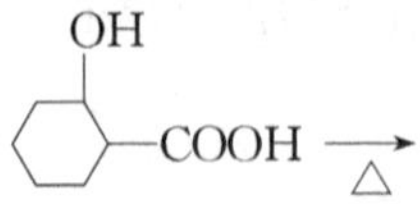

(3) 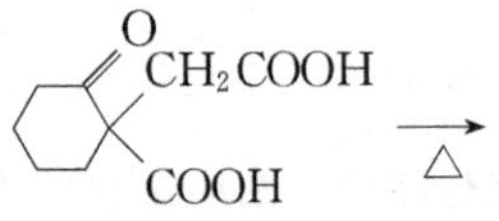

(4) $CH_3-\overset{\overset{\displaystyle O}{\|}}{C}-CH_2COOC_2H_5 + Br_2 \longrightarrow$

(5) 　　(6) 

(7) $(CH_3CO)_2O + CH_3NHCH_2CH_3 \longrightarrow$　　(8) 

4. 完成下列转变。

(1) 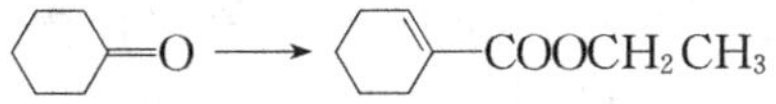　　(2) 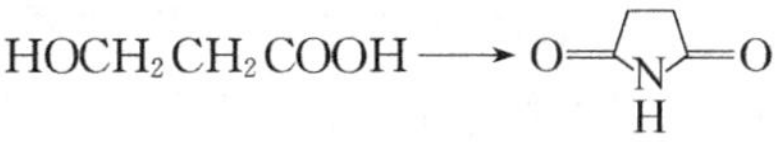

(3) $CH_3COOH \longrightarrow HOOCCH_2COOH$　　(4) 

5. 用简单的方法区分下列各组化合物。

(1) 乙酰乙酸乙酯　　2-丁酮　　乙酸乙酯

(2) 乙酰水杨酸　　水杨酸　　水杨酸乙酯　　乳酸

(3) 3-氧代丁酸　　丙二酸　　乙二酸

(4) 3-羟基丁酸　　酒石酸　　柠檬酸

6. 如何用化学方法提纯下列物质。

(1) 乙酸中混有少量乙醇

(2) 对甲基苯甲酸中混有少量对甲基苯酚

7. 写出下列化合物的酮式-烯醇式互变异构体结构式。

(1) 2-丁酮　(2) 2,4-己二酮　(3) 乙酰乙酸乙酯　(4) 1,3-环己二酮　(5) 丙二酸二乙酯

8. 环丙烷二甲酸有 3 个异构体,异构体 A 对热稳定;异构体 B 加热易脱羧;异构体 C 加热易失水。试写出异构体 A、B、C 的结构式。

9. 分子式为 $C_4H_6O_3$ 的化合物,有两个异构体 A 和 B,无旋光性,与 $NaHCO_3$ 反应放出 CO_2。A、B 均能与羰基试剂作用。B 既能使 $FeCl_3$ 溶液显色,也能使 Br_2 反应。B 经催化加氢生成一对对映体。试写出 A 和 B 的结构式及相关反应式。

10. 分子式为 $C_7H_6O_3$ 的化合物 A,能溶于碳酸氢钠溶液,与 $FeCl_3$ 溶液显色。与乙酐作用生成化合物 B($C_9H_8O_4$);A 与甲醇作用生成有香味的化合物 C($C_8H_8O_3$)。将 C 硝化,按苯环上亲电取代反应定位规则,只得到两种一硝基的产物。试推出 A、B 和 C 的结构式。

11. 旋光性物质 A($C_5H_{10}O_3$)可与 $NaHCO_3$ 反应放出 CO_2。A 经加热后脱水生成 B。B 有两种构型,将 B 用高锰酸钾溶液处理可得到乙酸和化合物 C。C 不仅能与 $NaHCO_3$ 反应,而且能发生碘仿反应。试推出 A、B 和 C 的结构式。

第 10 章　含氮和含磷化合物

有机化合物中含氮和含磷的化合物主要是胺(amines)、酰胺(amides)、重氮化合物(diazonium compounds)以及膦和磷酸的衍生物。本章主要介绍胺的分类、胺类衍生物的命名；有机胺碱性强弱与结构变化的关系；氨基烷基化反应，酰基化反应；酰胺的平面结构与化学性质；重氮盐的制备，重氮盐发生的放氮反应和保留氮反应，及其在官能团转变中的应用；重氮盐发生的偶合反应及偶合反应条件；膦(phosphine)，膦酸酯(phosphonates)，磷酸(phosphoric acid)，磷酸酯(phosphates)的结构差别，以及它们的水解产物；有机磷化合物的反应。

10.1　胺

10.1.1　胺的分类、命名和结构

1. 分类

氨分子中的氢原子被烃基取代的衍生物叫胺。氮原子上连有 1 个、2 个、3 个烃基分别称为伯胺(一级胺)、仲胺(二级胺)或叔胺(三级胺)，伯胺和仲胺中分别含有氨基(NH_2)和亚氨基(NH)。例如

NH_3 氨

CH_3NH_2 一级胺(伯胺)

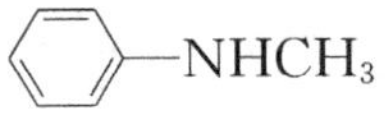
二级胺(仲胺)

$(CH_3CH_2)_3N$ 三级胺(叔胺)

根据烃基的不同有脂肪胺和芳香胺；根据胺基的数目有一元胺、二元胺和多元胺。相应于氢氧化铵和铵盐的四烃基取代物，分别称为季铵碱和季铵盐。例如

$CH_3CH_2NH_2$ 乙胺

$NH_2CH_2CH_2NH_2$ 乙二胺

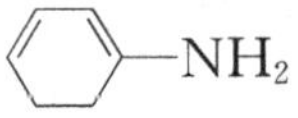
苯胺

$R_4N^+OH^-$ 季胺碱

$R_4N^+X^-$ 季胺盐

2. 命名

简单的胺以习惯命名法命名，它是以胺为官能团。烃基相同时，只需写出烃基的名称和数目；烃基不同时，则按顺序规则“较优”基团的名称放在后面。例如

$CH_3CH_2NH_2$ 乙胺

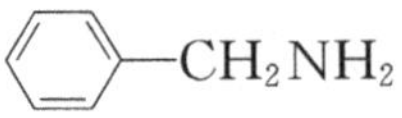
苯甲胺

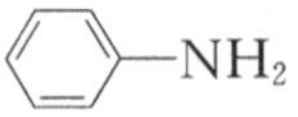
苯胺

CH_3NHCH_3 二甲胺

$CH_3NHCH_2CH_3$ 甲乙胺

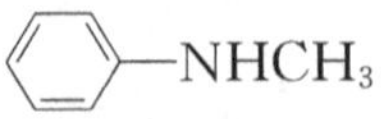
N-甲基苯胺

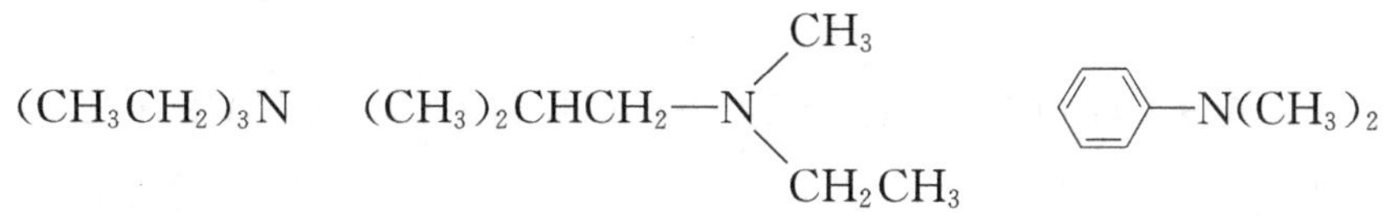

三乙胺　　N-甲基-N-乙基-异丁胺　　N,N-二甲基苯胺

在取代基前面加 N-，是为了明确取代基的位置。含 2 个氨基的化合物称为二胺。顺序复杂的胺，按系统命名法，将胺基作为取代基，以烃基或官能团为母体，按顺序规则命名。其他季铵离子则按正负离子命名。例如

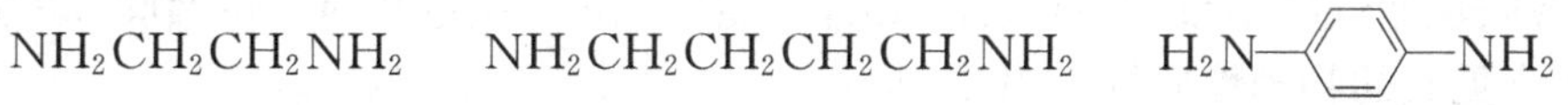

乙二胺　　1,4-丁二胺　　对苯二胺

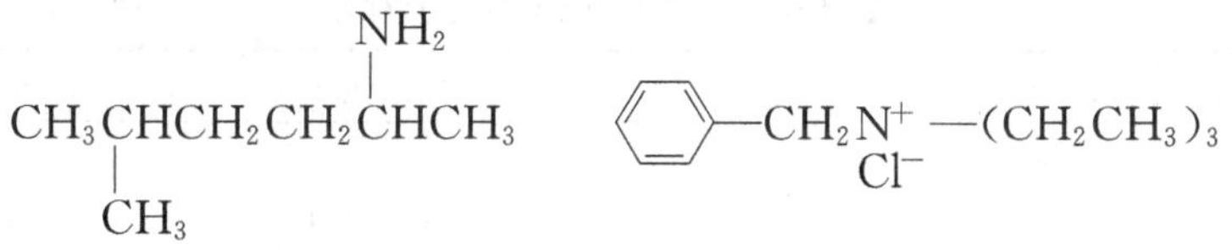

2-甲基-5-胺基己烷　　三乙基苄基氯化铵

3. 结构

胺的结构和氨相似，呈三角锥形，分子中氮原子为 sp^3 杂化，4 个杂化轨道中，有 1 个为电子对所占据，其他 3 个 sp^3 轨道则与氢或碳原子生成 σ 键。

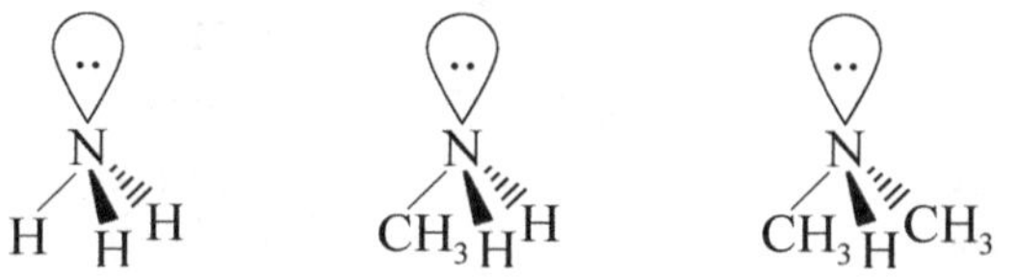

若氮上连有 3 个不同的取代基，理论上应有手性。但由于对映体之间可以通过平面过渡态相互迅速转化（所需能量约 21kJ/mol），室温无法分离到光学活性的对映体。

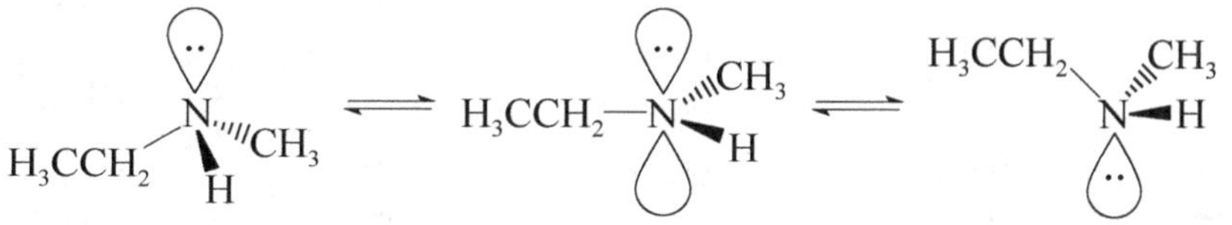

而当氮上连有 4 个不同的取代基时，就有旋光异构体存在。

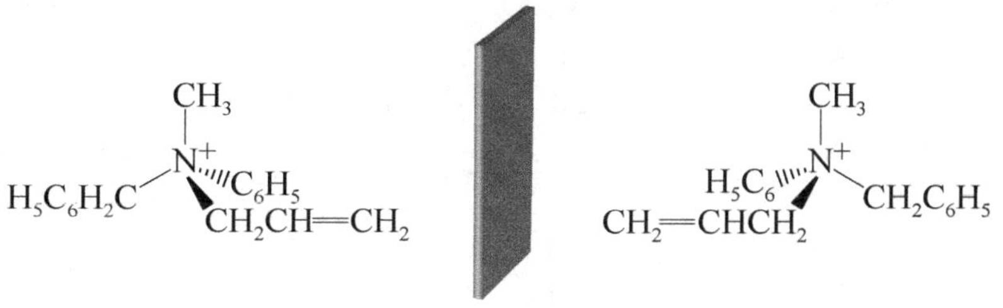

10.1.2 胺的物理性质

氮上有氢的胺可通过氢键缔合，N—H…N 氢键比 O—H…O 弱，因此，胺的沸点比不能通过氢键缔合的醚高，而比相对分子质量相当的醇低。叔胺分子不能缔合，沸点与相应的烃相差

不大，例如

	$CH_3CH_2OCH_2CH_3$	$CH_3CH_2NHCH_2CH_3$	$CH_3CH_2CH_2OH$
沸点/℃	34.5	56	117
	$(CH_3)_3CH$	$(CH_3)_3N$	$CH_3CH_2CH_2NH_2$
沸点/℃	−10	3	48

各种胺都能与水形成氢键，因此，相对分子质量低的胺可溶解于水。芳香胺一般难溶或微溶于水。挥发性低的脂肪胺有刺激气味，甲胺、乙胺有氨的气味；三甲胺、六氢吡啶有腐败鱼类的气味；芳香胺虽然气味不浓，但对人体有毒，还能渗入皮肤引起中毒。β-萘胺、联苯胺还是致癌物。一些常见胺的物理性质列于表 10-1。

表 10-1　一些常见胺的物理常数

名　称	熔点/℃	沸点/℃	密度/(g/cm^3)	折光率	pK_b
氨	−77.7	−33			4.76
甲胺	−92.5	−6.5	0.699(−1℃)	1.4321(1℃)	3.38
乙胺	−80.5	10.5	0.6829	1.3663	3.7
丙胺	−83	48.7	0.7173	1.3870	3.33
丁胺	−50.5	77.8	0.7417	1.4031	3.39
戊胺	−5.5	104	0.7574	1.4118	
己胺	−19	132.7			
二甲胺	−96	7.4	0.6804(0℃)	1.350(17℃)	3.29
二乙胺	−50	55.5	0.7108	1.3864	3.02
二丙胺	−39.6	110.7	0.7400	1.4050	3.03
三甲胺	−124	3.5	0.6356	1.3631(0℃)	4.4
三乙胺	−115	89.7	0.7275	1.4010	3.4
1,2-乙二胺	8.5	117	0.8995	1.4568	4.0;7.0*
1,2-丙二胺		135.5	0.884	1.4600	
1,4-丁二胺	27	158	0.877	1.4569	
1,5-戊二胺	−2.1	178			
苯胺	−6	184	1.022	1.5863	9.42
N-甲基苯胺	−57	194	0.989	1.5684	9.31
N,N-二甲基苯胺	2	193	0.956	1.5582	8.94
邻甲基苯胺	24.4	197	1.008	1.5688	9.5;12.7*
间甲基苯胺	31.5	203	0.991	1.570	9.3;11.4*
对甲基苯胺	44	200	1.046		8.9;10.7*
邻苯二胺	103	257			9.5
间苯二胺	63	284	1.139	1.6339(58℃)	9.3
对苯二胺	140	267			8.9
二苯胺	54	302	1.159		13
α-萘胺	49	301	1.131		11.1
β-萘胺	112	306	1.061		9.9
水					15.74

* 为 pK_{b_2}。

10.1.3　胺的化学性质

1. 碱性

和氨一样，胺的氮原子有未共用电子对，可提供电子对给质子，具有碱性，能和酸成盐，胺的碱性比水强但比氢氧根离子弱。胺的碱性强度可用 K_b或 pK_b来表示。

$$RNH_2 + H_2O \rightleftharpoons RNH_3^+ + OH^-$$

$$K_b = \frac{[RNH_3^+][OH^-]}{[RNH_2]} \qquad pK_b = -\lg K_b$$

胺的碱性也可用它的共轭酸 RNH_3^+ 的离解常数来 K_a或 pK_a来表示。

$$RNH_3^+ + H_2O \rightleftharpoons RNH_2 + H_3O^+$$

$$K_a = \frac{[RNH_2][H_3O^+]}{[RNH_3{}^+]} \qquad pK_a = -\lg K_a$$

胺的 K_b与其共轭酸的 K_a有如下关系：

$$K_aK_b = K_w \qquad pK_a + pK_b = pK_w$$

K_w为水的离解常数，25℃时 $pK_w = 14$，故碱性越强，pK_b越小，它的共轭酸的 pK_a越大。

$$pK_a + pK_b = 14$$

胺的碱性强弱和氮上电子密度有关。氮上电子密度越大，接受 H^+ 的能力越强，碱性也就越强。胺的碱性还与氮原子相连烃基的数目有关，烃基多，空间位阻大，不利于氮原子接受质子，碱性就小。脂肪胺在水中的碱性还与水的溶剂化作用有关，如果胺上氮的氢原子越多，溶剂化程度越大，铵正离子就越稳定，碱性就越强。故胺的碱强弱可能是电子效应、立体效应和溶剂化效应共同影响的结果，胺的碱性强弱一般有如下顺序：

脂环仲胺 > 脂肪仲胺 > 脂肪伯、叔胺 > 芳伯胺 > 芳仲胺 > 芳叔胺

例如

	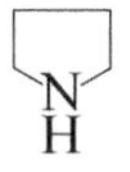	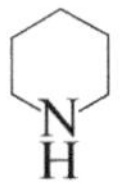	$(C_2H_5)_2NH$	$(C_2H_5)_3N$	$C_2H_5NH_2$	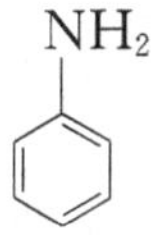
	四氢吡咯	六氢吡咯	二乙胺	三乙胺	乙胺	苯胺
pK_b	2.73	2.86	3.02	3.4	3.7	9.42

脂肪烃基是斥电子基团，能提高氮原子电子密度；而芳香烃胺因氮原子上的未共用电子对与芳环形成 p-π 共轭而降低氮原子上的电子密度。因此芳香胺不能使红色石蕊试纸变蓝，而脂肪胺能使红色石蕊试纸变蓝。

2. 烃基化反应

胺和氨一样，可以与卤代烃发生烃化反应，产物是高一级的胺，最终生成季铵盐。季铵盐与 AgOH 反应生成季铵碱。

$$RNH_2 \xrightarrow{RX} R_2NH \xrightarrow{RX} R_3N \xrightarrow{RX} R_4N^+X$$

$$ArNH_2 \xrightarrow{RX} ArNHR \xrightarrow{RX} ArNR_2 \xrightarrow{RX} ArNR_3^+X$$

$$R_4N^+X \xrightarrow{AgOH} R_4NOH$$

胺的烃化反应有空间阻碍。例如

$$CH_3(CH_2)_6CH_2Br + NH_3 \longrightarrow \underset{45\%}{CH_3(CH_2)_6CH_2NH_2} + \underset{43\%}{[CH_3(CH_2)_6CH_2]_2NH}$$

$$\underset{痕量}{[CH_3(CH_2)_6CH_2]_3N} + \underset{痕量}{[CH_3(CH_2)_6CH_2]_4NBr}$$

3. 酰基化反应

氮上有氢的胺可以与酰氯、酸酐等酰化试剂发生酰基化反应生成 *N*-取代酰胺。如伯胺、仲胺能发生酰基化反应，而叔胺不能。

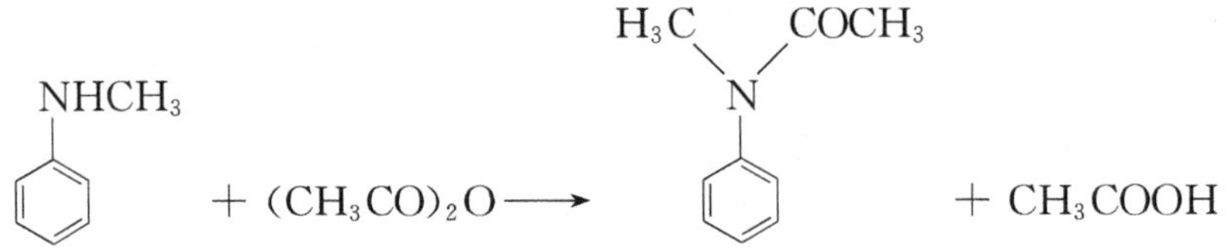

N-甲基乙酰苯胺

绝大部分酰胺具有一定的熔点，可以用来鉴定胺。酰胺在酸或碱催化下水解得到原来胺，所以可利用酰化反应保护氨基。例如，在药物乙吗噻嗪中间体 3-硝基二苯胺的合成中用到酰基化反应。

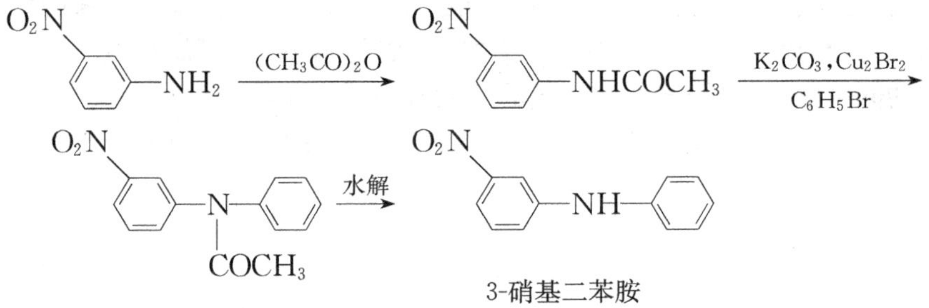

3-硝基二苯胺

4. 磺酰化反应

磺酰化剂(苯磺酰氯或对甲苯磺酰氯)在强碱性溶液中与伯胺或仲胺反应，胺被磺酰化。伯胺磺酰化后，氮上剩余的氢可与碱成盐；仲胺形成的磺酰胺氮上无氢，不与碱成盐；叔胺不被磺酰化。如果将 3 种胺磺酰化的混合物蒸馏，叔胺可被蒸出，余下的液体过滤，滤渣为仲胺的磺酰胺，滤液酸化得到伯胺。利用这种不同的反应可以分离 3 种胺。这就是著名的兴斯堡(Hinsberg)反应。

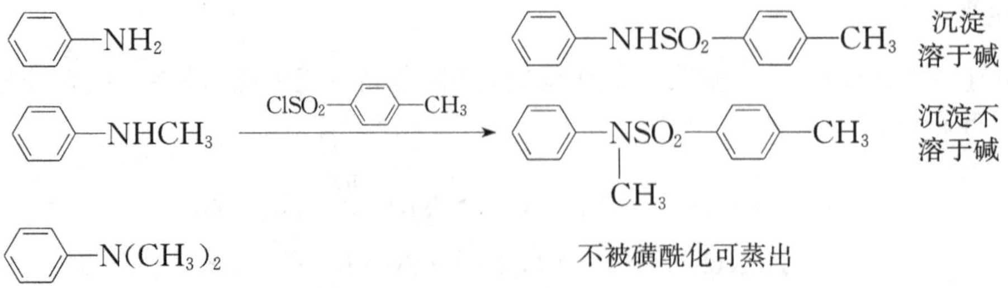

5. 与亚硝酸的反应

亚硝酸不稳定，一般在反应过程中由亚硝酸钠和盐酸或硫酸作用制得，不同的胺与亚硝酸反应情况不同。

1）伯胺

脂肪族伯胺与亚硝酸反应定量放出氮气，利用此反应可定量测定分子中的氨基。

$$RNH_2 + HNO_2(NaNO_2 + HCl) \longrightarrow \text{醇与烯的混合物} + N_2\uparrow$$

芳伯胺在过量的强酸中与亚硝酸低温反应得到重氮盐。

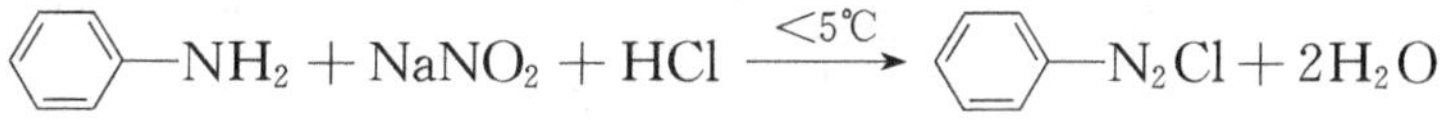

2）仲胺

脂肪族仲胺和芳香族仲胺与亚硝酸作用生成 N-亚硝基胺。N-亚硝基胺为不溶于水的黄色油状液体或固体，有致癌作用，能引发多种器官或组织的肿瘤。脂肪族 N-亚硝基胺与稀酸共热，又可分解生成仲胺，因此可用于鉴定或提纯仲胺。

$$R_2N\text{-}\boxed{H + HO}\text{-}N{=}O \longrightarrow R_2N{-}N{=}O + H_2O$$

$$R_2N{-}N{=}O + HCl + H_2O \longrightarrow R_2\overset{+}{N}H_2Cl \xrightarrow{OH^-} R_2NH_2$$

芳香族 N-亚硝基胺在酸性条件下容易重排生成对亚硝基化合物。

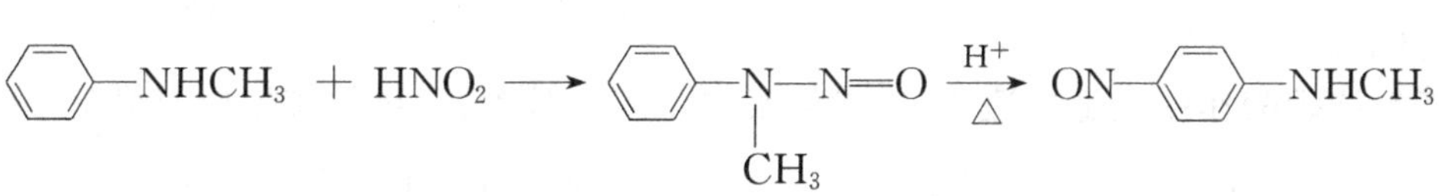

3）叔胺

脂肪叔胺与亚硝酸生成不稳定的盐，此盐用碱处理又重新得到游离的叔胺。芳香叔胺与亚硝酸反应可在环上引入亚硝基。例如

$$R_3N + HNO_2 \longrightarrow R_3N^+HNO_2^- \xrightarrow{OH^-} R_3N$$

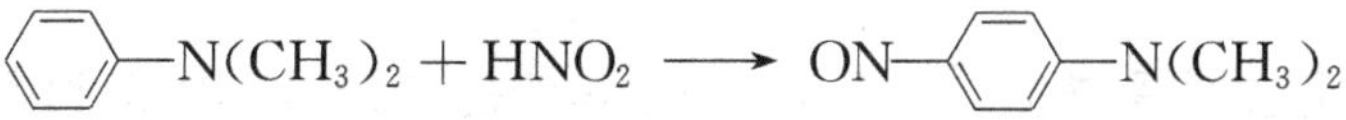

（绿色固体，m. p. 86℃）

6. 芳环上的亲电取代反应

氨基是邻、对位定位基，又是苯环的活化基团，所以芳香胺易进行亲电取代反应，如卤代、硝化、磺化等反应。

1）卤化

芳胺与卤素反应很快，如苯胺和溴水在常温下立即生成 2,4,6-三溴苯胺。要得到一溴化合物，必须先经酰化，以降低苯胺的活性。

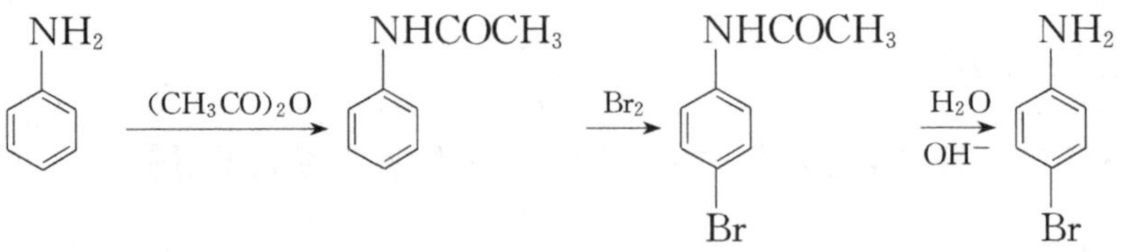

2）硝化

芳香胺直接硝化，易被硝酸氧化，产物复杂。通常先把氨基保护起来，再硝化得对或邻硝基产物；或先生成铵盐，再硝化则主要得到间硝基产物。例如

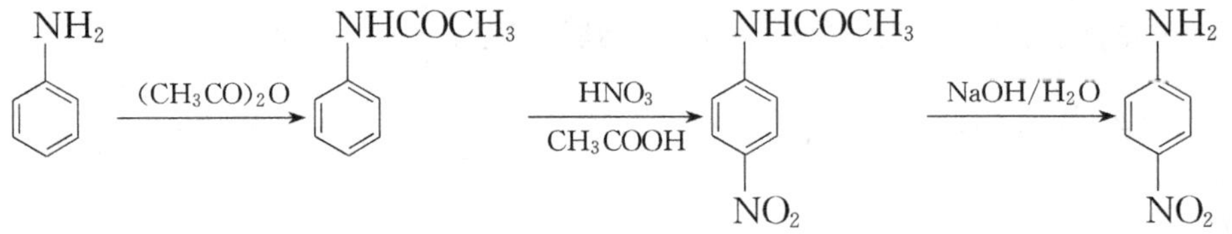

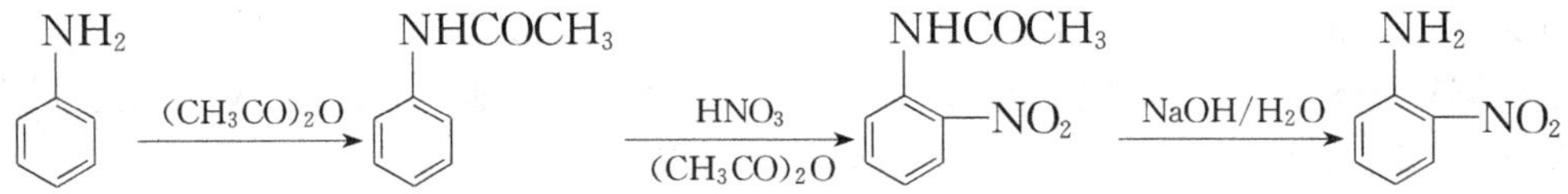

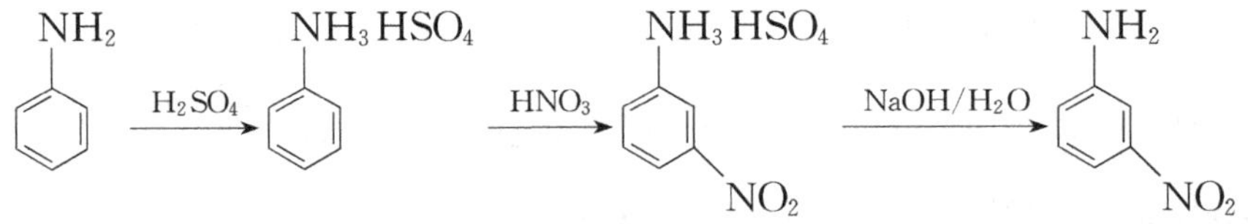

3）磺化

芳胺与浓硫酸作用先生成硫酸盐，加热脱水生成磺基苯胺，再重排生成对氨基苯磺酸。

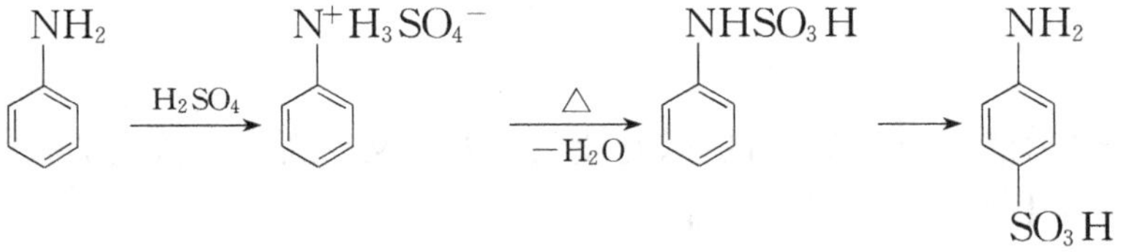

7. 季铵盐和季铵碱

叔胺和卤代烷作用生成季铵盐。在醇溶液中，季铵盐与强碱作用得到含有季铵碱的混合物，或和氢氧化银反应也能制得季铵碱。

$$R_3N + RX \longrightarrow R_4N^+X^-$$

$$R_4N^+X^- + KOH \rightleftharpoons R_4N^+OH^-$$

$$R_4N^+X^- + AgOH \rightleftharpoons R_4N^+OH^-$$

季铵碱呈强碱性，其碱性与氢氧化钾、氢氧化钠相当。且加热易分解，分解方式有两种：含 β-氢的季铵碱加热分解生成叔胺和烯烃，得到的是双键上烷基最少的烯烃，称为霍夫曼烯烃。季铵碱按霍夫曼热消除反应进行，称为霍夫曼规则。

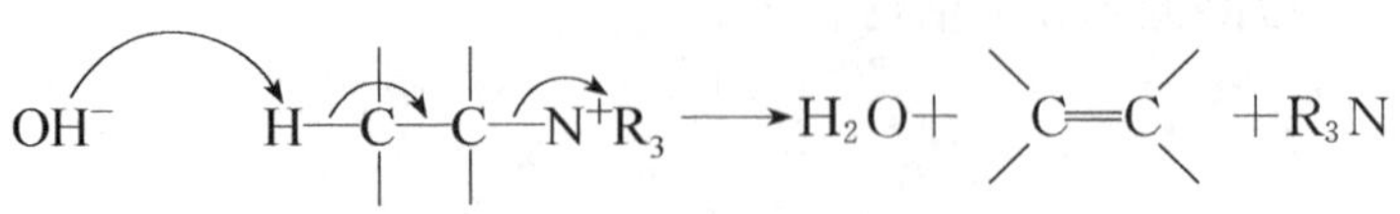

例如

$$\underset{\displaystyle \mathrm{N(CH_3)_3}}{\mathrm{CH_3CH_2CH_2CHCH_3}} \xrightarrow[\mathrm{C_2H_5OH}]{\mathrm{C_2H_5ONa}} \underset{95\%}{\mathrm{CH_3CH_2CH_2CH{=}CH_2}} + \underset{5\%}{\mathrm{CH_3CH_2CH{=}CHCH_3}}$$

如果季铵碱的烃基上没有 β-氢原子，则加热时生成叔胺和醇。例如

$$\mathrm{(CH_3)_4N^+OH^-} \xrightarrow{\triangle} \mathrm{(CH_3)_3N + CH_3OH}$$

10.1.4　重要化合物

1. 苯胺

苯胺是无色、油状、有毒的液体，在空气中易氧化，可通过蒸馏或成盐而精制。它是合成药物、染料的重要中间体。

2. 二胺

含两个氨基的胺叫二胺。重要的二胺有乙二胺、己二胺等。最简单的二胺是乙二胺，它的分子式为 $H_2NCH_2CH_2NH_2$，是无色液体。乙二胺的衍生物乙二胺四乙酸（EDTA）常用于金属离子的络合滴定。EDTA 结构式如下：

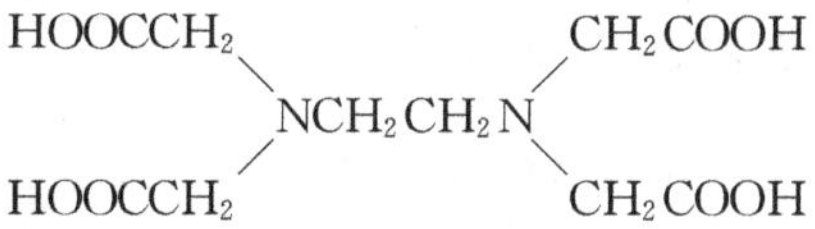

1,4-丁二胺和 1,5-戊二胺是动物蛋白质腐烂时产生的二胺，有恶臭味，毒性很大。1,6-己二胺是合成纤维尼龙-66 的原料。

3. 胆碱和氯代胆碱的盐酸盐

胆碱在动物生长过程中具有调节肝内脂肪代谢和运输作用。氯代胆碱的盐酸盐又称矮壮素，是植物生长抑制剂，可以使被处理的植物茎部缩短，减少节间距。从而使植株变矮，茎秆变粗，叶色变绿，叶片加宽、加厚，增加抗倒伏能力，用于防止小麦、棉花等作物的倒伏，防止棉花落铃，增加马铃薯及甘薯的产量。它们的结构如下：

$$\mathrm{[HOCH_2CH_2N^+(CH_3)_3]OH^-} \qquad \mathrm{ClCH_2CH_2N^+(CH_3)_3Cl^-}$$

胆碱　　　　矮壮素

4. 季铵盐

N,*N*-二甲基哌啶氯化铵属季铵盐，是近年来推广的有效植物生长延缓剂，具有延缓棉花细胞伸长、节间缩短、株型紧凑、增强光合作用的功能。三乙基苄基氯化铵在有机合成中作为良好的相转移催化剂。它们的结构式为

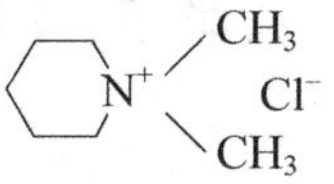

N,*N*-二甲基哌啶氯化铵

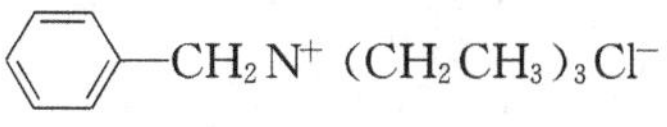

三乙基苄基氯化铵

5. 金刚烷胺

金刚烷(adamantane)存在于石油中，它是分子式为 $C_{10}H_{16}$ 的异构体中最稳定的结构。金刚烷的衍生物金刚烷胺(amantadine)是抑制流感病毒的抗病毒药与帕金森病的治疗药。1976 年，美国确认其为治疗药。1998 年，日本批准其用于流感病毒 A 型感染性疾病的治疗。

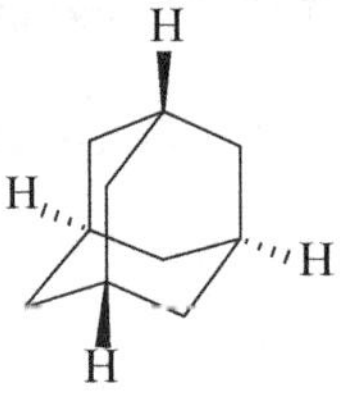

金刚烷

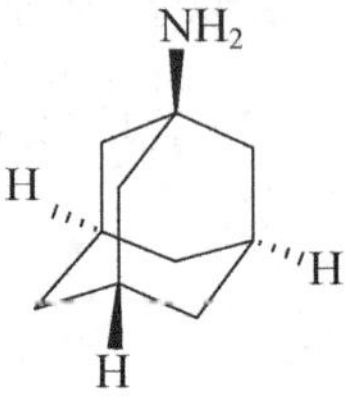

金刚烷胺

10.2　酰　　胺

10.2.1　酰胺的结构和命名

酰胺的制备已在胺的酰化中提到，由于氮原子上的孤对电子与羰基形成共轭体系，所以一般认为酰胺分子的 C—N 键常温下不能自由旋转，C、N 及相连的 4 个原子或基团处于同一平面上，这种平面结构如图 10-1 所示。

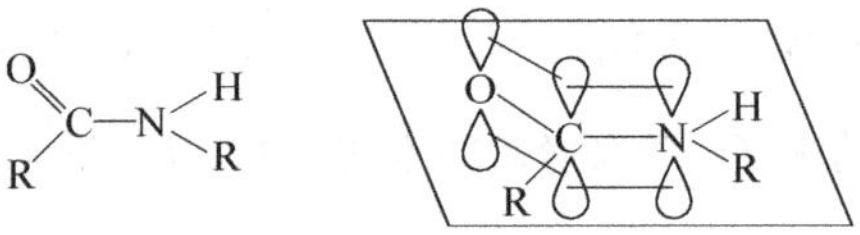

图 10-1　酰胺的平面构型

酰胺一般根据酰基来命名。例如

$CH_3\overset{\overset{O}{\|}}{C}NH_2$　乙酰胺

$CH_3\overset{\overset{O}{\|}}{C}NHCH_3$　*N*-甲基乙酰胺

$H\overset{\overset{O}{\|}}{C}N(CH_3)_2$　*N*,*N*-二甲基甲酰胺

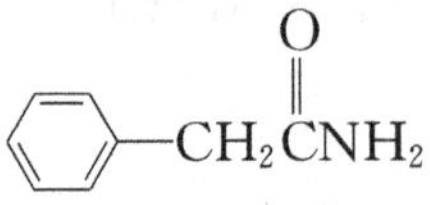

苯乙酰胺

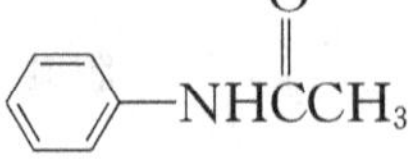

乙酰苯胺

10.2.2　酰胺的物理性质

酰胺分子间以氢键缔合，沸点高，除甲酰胺为液体外，绝大多数为良好的晶体。低相对分子质量的脂肪族酰胺可溶于水，其他酰胺在水中微溶或难溶。部分酰胺的物理常数列于表 10-2。

表 10-2 部分酰胺的物理常数

名 称	熔点/℃	沸点/℃	密度/(g/cm³)
甲酰胺	2	192	1.139
乙酰胺	82	222	1.159
丙酰胺	80	213	1.042
丁酰胺	116	216	1.032
苯甲酰胺	130	290	1.341
乙酰胺	114	305	1.21
苯磺酰胺	153		

10.2.3 酰胺的化学性质

1. 酸、碱性

酰胺中氮原子的电子密度由于共轭效应而降低，接受和释放质子的能力相差不大。因而酰胺近乎中性，邻苯二甲酰亚胺中氮原子受两个羰基的影响，其亚胺上的氢原子酸性明显增加，可与强碱成盐。

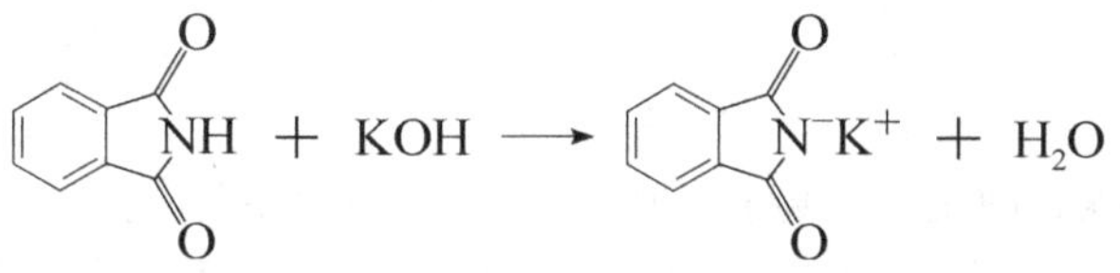

2. 水解反应

在酸或碱的催化下，酰胺可以缓慢水解，酰胺水解不可逆。例如

$$RCONH_2 + H_2O \xrightarrow{H^+} RCOOH + NH_4^+$$

$$RCONH_2 + H_2O \xrightarrow{OH^-} RCOO^- + NH_3$$

3. 与亚硝酸反应

具有伯氨基的酰胺与伯胺一样，与亚硝酸反应放出氮气。例如

$$CH_3CONH_2 + HNO_2 \longrightarrow RCOOH + N_2\uparrow + H_2O$$

4. 霍夫曼降解反应

用溴的碱溶液处理酰胺，可生成比酰胺少 1 个碳原子的胺，该反应称霍夫曼降解，应用此反应，可以制备高纯度的伯胺，且收率也很好。例如

$$RCONH_2 + Br_2 + 4NaOH \longrightarrow R'NH_2 + 2NaBr + Na_2CO_3 + 2H_2O$$

霍夫曼(Hofmann)降解反应的机理一般认为是：酰胺与溴反应生成 *N*-溴代酰胺；*N*-溴代酰胺在强碱作用下形成氮负离子；烃基从羰基碳原子重排到氮原子上，溴离子同步离去；异氰酸酯水解脱羧，生成伯胺。

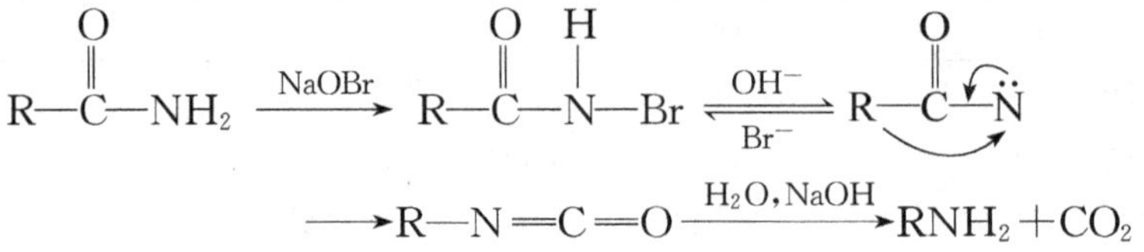

霍夫曼降解重排中，如果迁移基团有光学活性，则迁移前后基团的构型不变。霍夫曼降解重排的这种特性在合成含手性碳原子的胺类有重要的意义。例如

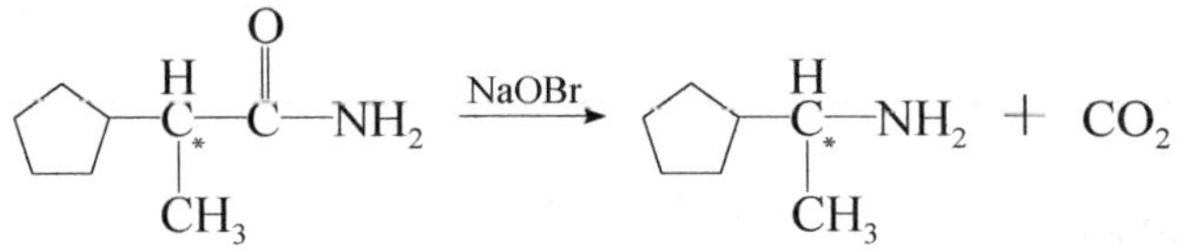

5. 脱水反应

酰胺与强脱水剂混合共热，分子内脱水生成腈。例如

$$CH_3CH_2CH_2-\overset{\overset{O}{\|}}{C}-NH_2 \xrightarrow{P_2O_5} CH_3CH_2CH_2CN + H_2O$$

10.2.4 碳酸酰胺

碳酸分子中有两个羟基，可形成单酰胺和二酰胺。碳酸的单酰胺又称氨基甲酸，它不稳定，易分解为二氧化碳和氨，但氨基甲酸的盐和酯比较稳定。一些氨基甲酸酯类化合物可作为农药使用。例如

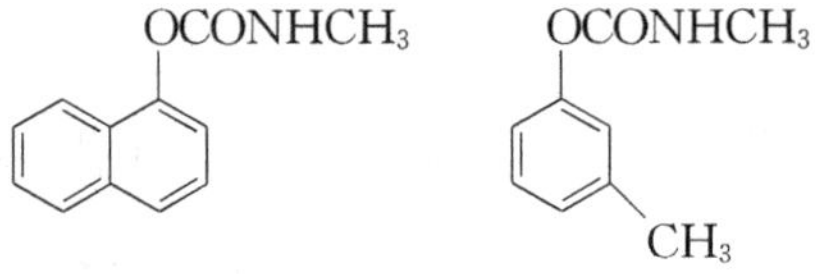

西维因　　速灭威

碳酸的二酰胺又称尿素或脲，它是哺乳动物体内蛋白质代谢的最终产物。尿素为白色结晶，熔点 135℃，易溶于乙醇和水，强热分解成氨和二氧化碳。除用作肥料外，还作为塑料、医药、农药的中间体。尿素的化学性质与酰胺相似，在酸或碱作用下被水解；与亚硝酸作用定量放出氮气；两分子尿素加热可失去一分子氨。生成二缩脲或叫缩二脲。反应如下：

$$NH_2\overset{\overset{O}{\|}}{C}NH_2 + NH_2\overset{\overset{O}{\|}}{C}NH_2 \xrightarrow{\triangle} NH_2\overset{\overset{O}{\|}}{C}NH\overset{\overset{O}{\|}}{C}NH_2 + NH_3$$

缩二脲在碱性溶液中能与稀的硫酸铜溶液产生紫红色的颜色反应，这个呈色反应叫做“缩二脲反应”。凡分子中有两个以上酰胺键的化合物，例如，多肽、蛋白质等均有缩二脲反应。

尿素羰基的氧被亚胺基取代得到的化合物叫做胍。胍存在于萝卜、蘑菇、米糠、某些贝类及蚯蚓等动植物中。胍碱性极强，能吸收空气中的二氧化碳和水分，胍水解生成尿素和氨。

$$NH_2\overset{\overset{NH}{\|}}{C}NH_2 \xrightarrow{H_2O} NH_2\overset{\overset{O}{\|}}{C}NH_2 + NH_3$$

医学上胍类化合物有重要的意义。例如，在尿毒症患者的血液中，各种胍类化合物的含量增多，其中最重要的是甲基胍，其次为胍基琥珀酸。实验表明，大剂量甲基胍注入正常狗的体内，可诱导出许多类似尿毒

症的临床表现，如血中尿素氮升高、溶血、红细胞生成减慢。因此有人认为甲基胍可能是尿毒症的主要毒性物质。

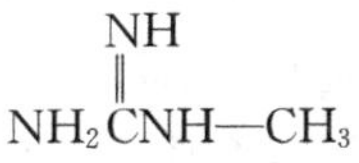
甲基胍

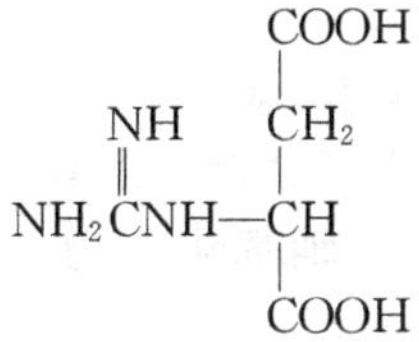
胍基琥珀酸

但也有一些胍类化合物作为重要的药物为人类所应用。例如，盐酸吗啉胍为广谱抗病毒药，对流感病毒等多种病毒增殖期的各个环节都有作用，用于呼吸道感染、流感、流行性腮腺炎、水痘、疱疹及扁平疣等治疗。又如，盐酸二甲双胍用于对单纯饮食控制不满意的Ⅱ型糖尿病患者，尤其是肥胖者，不但有降血糖作用，还可能有减轻体重的作用。对某些磺酰脲类无效的病例有效。

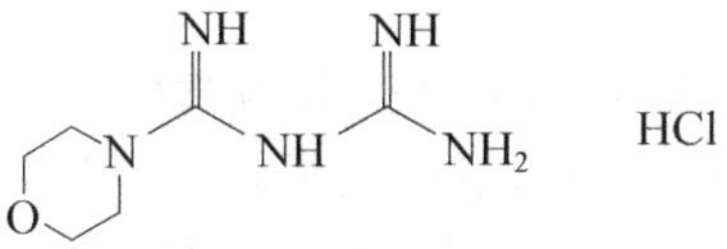
盐酸吗啉胍

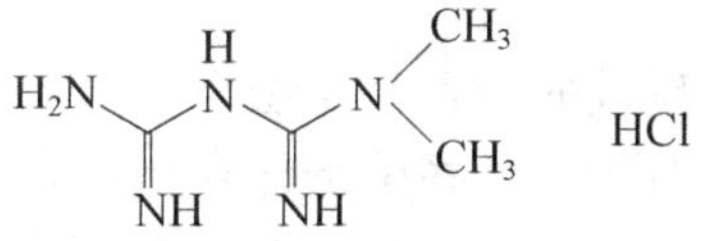
盐酸二甲双胍

10.2.5　苯磺酰胺和苯磺酰脲

苯磺酰胺由于氮基直接与吸电子能力很强的磺酰基相连，因而具有明显的酸性，与强碱成盐。对氨基苯磺酰胺，简称磺胺，是 20 世纪 30 年代发展起来的一类抗菌药物，也是人类用于预防及治疗细菌感染的第一类化学合成药，如磺胺嘧啶。具有如下通式的化合物不少都有药物性能，通称为磺胺药物。

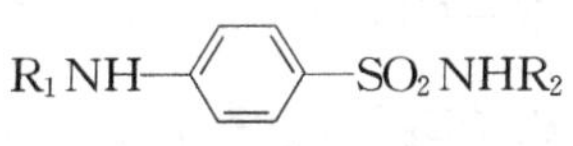
磺胺药物通式

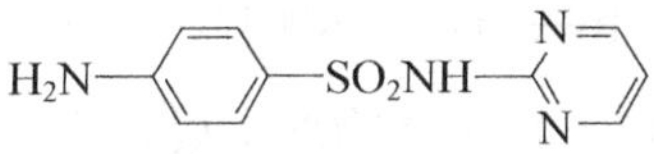
磺胺嘧啶

有一些苯磺酰脲类化合物是一类超高效除草剂，它们具有如下通式：

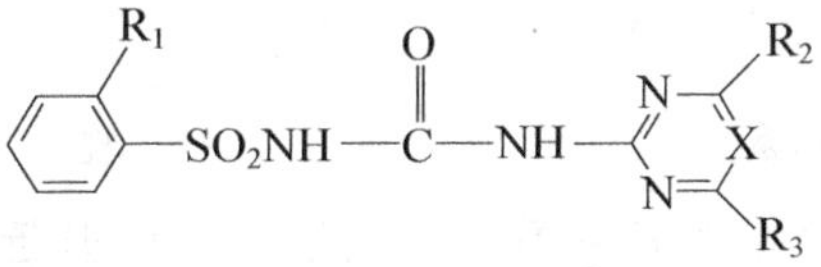
磺酰脲类除草剂

1982 年，氯磺隆作为磺酰脲类除草剂的第一个品种，在美国取得注册登记，随即推广使用。

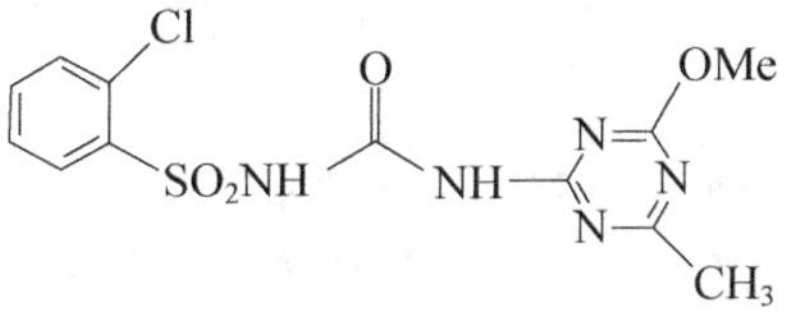
氯磺隆

10.3　其他含氮化合物

10.3.1　硝基化合物

由硝酸和亚硝酸可以导出四类含 N—O 键的化合物，结构通式如下：

$RONO_2$	RNO_2	$RONO$	RNO
硝酸酯	硝基甲烷	亚硝酸酯	亚硝基化合物

酯和硝基化合物的区别在于，酯分子中与碳原子相连的是氧原子，而硝基或亚硝基化合物中与碳相连的是氮原子。硝基化合物与其相应的亚硝酸酯为同分异构体。酯类的命名与有机酸酯的命名方法相同；硝基或亚硝基化合物的命名则将硝基或亚硝基作为取代基。例如

$CH_3CH_2ONO_2$　　CH_3NO_2　　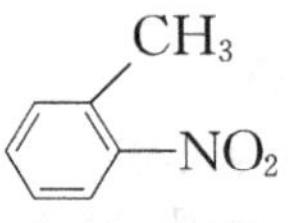　　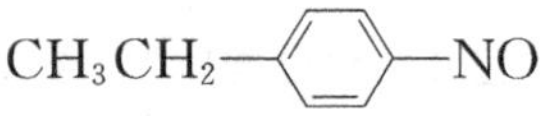

硝酸乙酯　　硝基甲烷　　邻硝基甲苯　　对亚硝基乙苯

1. 物理性质

某些一硝基的芳香化合物为高沸点的液体，多硝基的化合物一般为黄色结晶，不溶于水，易溶于有机溶剂。有些硝基化合物具有极强的爆炸性，如三硝酸甘油酯和 2，4，6-三硝基甲苯（TNT）。芳香硝基化合物能使血红蛋白变性，长期吸入或接触粉尘可引起中毒。

2. 化学性质

1）与碱作用

硝基是强吸电子基，因此脂肪族硝基化合物的 α-氢原子有较强的活性。具有 α-氢的硝基化合物能与强碱作用生成盐。

$$R—CH_2NO_2 + NaOH \longrightarrow [R—CHNO_2]Na + H_2O$$

这种化学性质和硝基化合物能生成稳定的负离子有关，它存在如下互变异构：

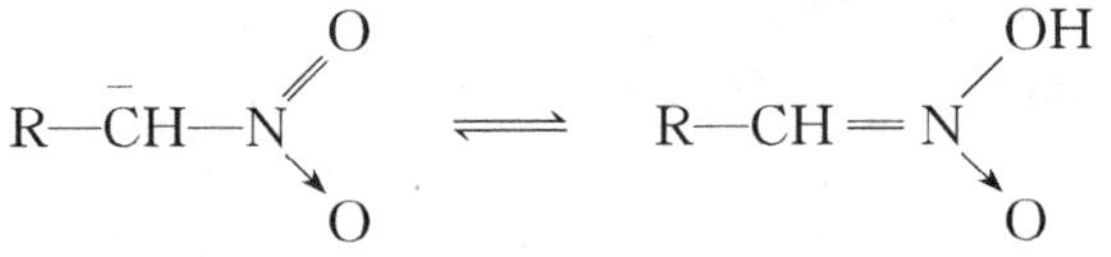

硝基式　　酸式

具有 α-氢的活泼硝基化合物能和羰基化合物反应。硝基连在叔碳上没有 α-氢，不能与碱反应。

$$C_6H_5CHO + CH_3NO_2 \xrightarrow[②H_2O]{①NaOH} C_6H_5CH{=}CHNO_2$$

2）还原反应

硝基易被还原，反应产物和所选择的反应条件有关。以硝基苯为例，在酸性介质下还原为苯胺；在中性介质下生成苯基羟胺；在碱性介质中发生双分子还原氢化得偶氮苯。

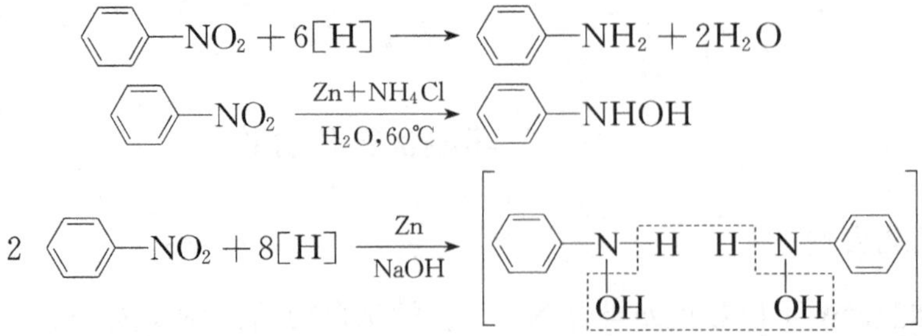

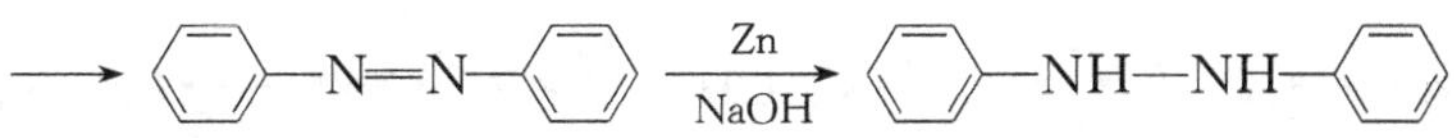

3）苯环上的取代反应

硝基为强吸电子基团，对分子中的其他原子产生较强的诱导效应。因此卤代硝基苯容易发生亲核取代反应，例如，氯苯很难水解为苯酚，但若其邻、对位上有硝基，就易于水解为酚。

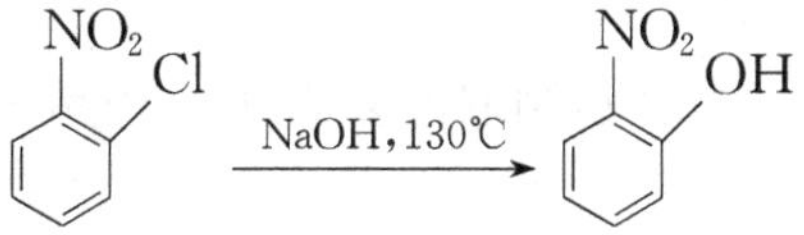

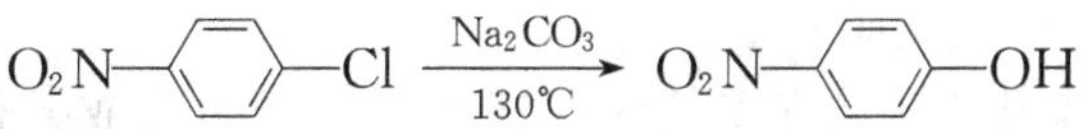

2,4-二硝基氯苯就更易水解成酚：

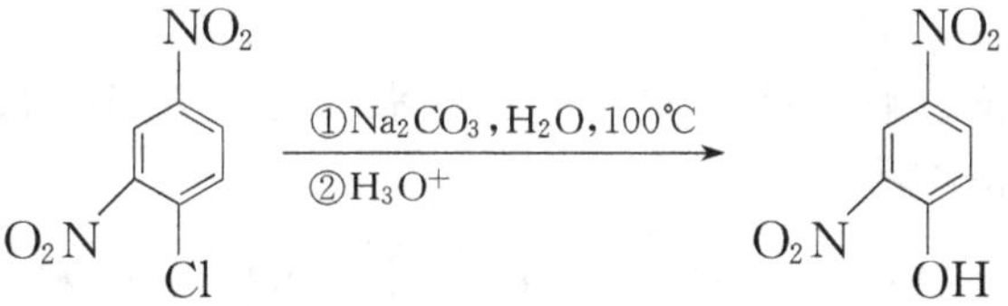

邻、对位的硝基氯苯也可以与其他亲核试剂反应：

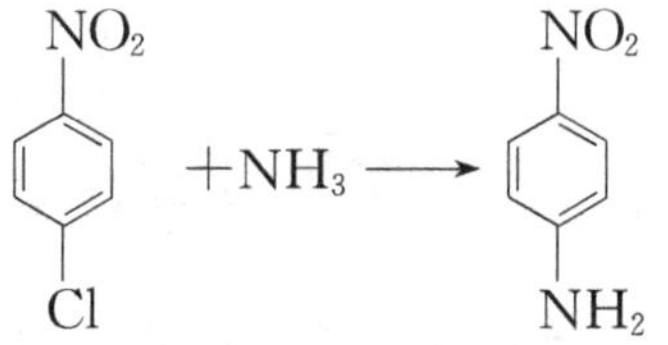

95%

卤原子是很好的离去基团，它们被取代的活性次序大致为 F>Cl>Br>I。

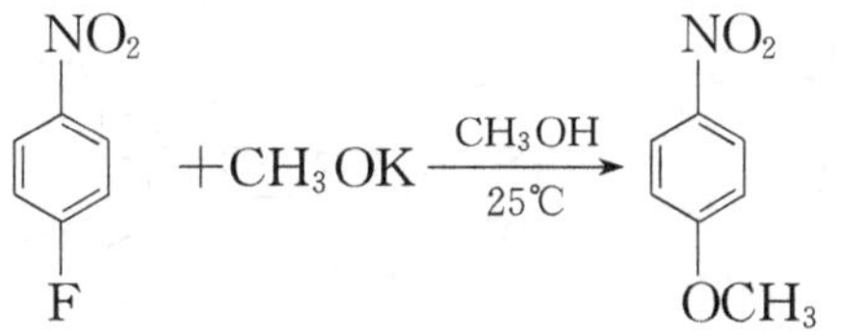

93%

10.3.2　重氮盐和偶氮化合物

1. 重氮盐

芳香伯胺与亚硝酸在低温下缓慢反应，生成重氮盐(diazonium salt)。这个反应叫重氮化反应(diazotization reaction)。

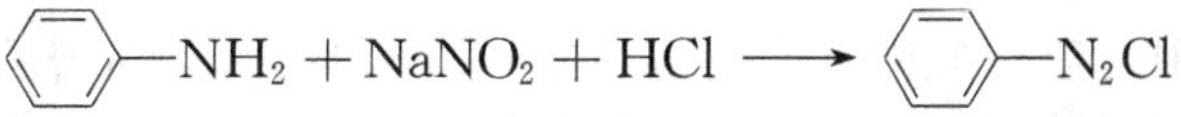

氯化重氮苯

重氮化的机理如下：

$$HO—N{=}O + H^+ \rightleftharpoons H_2O^+—NO \rightleftharpoons H_2O + {}^+NO$$

$$R—\ddot{N}H_2 + {}^+NO \longrightarrow R—\overset{+}{N}H_2—NO \xrightleftharpoons{-H^+} R—NH—N{=}O \rightleftharpoons$$

$$R—N{=}N—OH \underset{}{\overset{H^+}{\rightleftharpoons}} R—\ddot{N}{=}N—\overset{+}{O}H_2 \overset{-H_2O}{\rightleftharpoons} R—\overset{+}{N}{\equiv}N \longrightarrow R^+ + N_2\uparrow$$

重氮盐很不稳定，只有在低温的溶液中才能存在，温度稍高就会分解，但当苯环上有吸电基的芳胺，反应温度可在 40～60℃进行。

固态的重氮盐容易爆炸。在有机合成中一般不将它结晶出来，直接在溶液中进行下一步反应。

重氮盐很活泼，可以发生许多反应，制取许多有用的产品。重氮盐主要发生两类反应：放氮反应和保留氮反应。

1）重氮基被取代（放氮反应）

重氮盐中的重氮基很容易被许多其他的基团所取代而生成各种有机化合物，重氮基则成为氮气而放出。

（1）重氮盐水解。

重氮盐的酸性水溶液一般不稳定，高温时迅速水解，这是一个由胺通过重氮盐制备一些直接方法难以合成的酚类的方法。

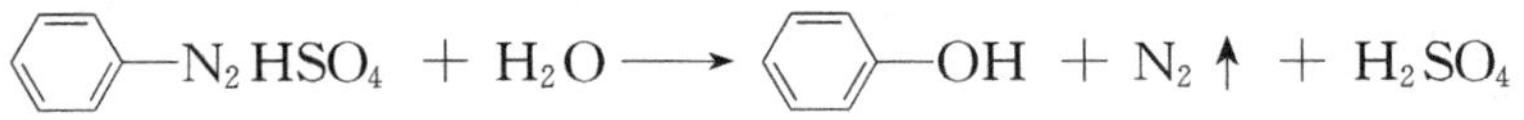

重氮盐的热水解过程中产生活性很大的中间体：苯碳正离子

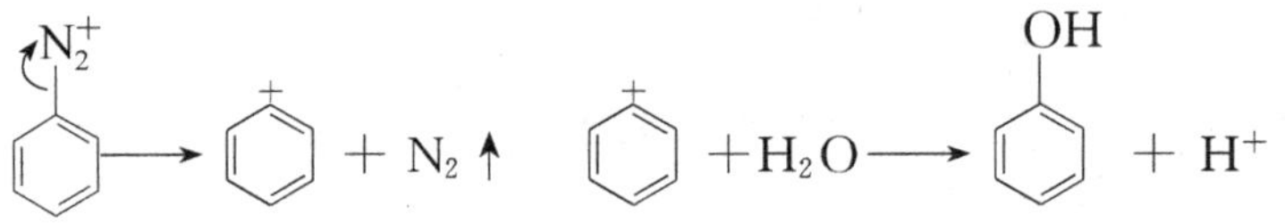

因此通过重氮盐制备酚，重氮化反应应在硫酸中进行，以减少其他亲核试剂的干扰，这时 HSO_4^- 负离子的亲核性比水分子和氯负离子弱，不会与水竞争苯碳正离子，重氮化完毕后加热即得相应的酚。

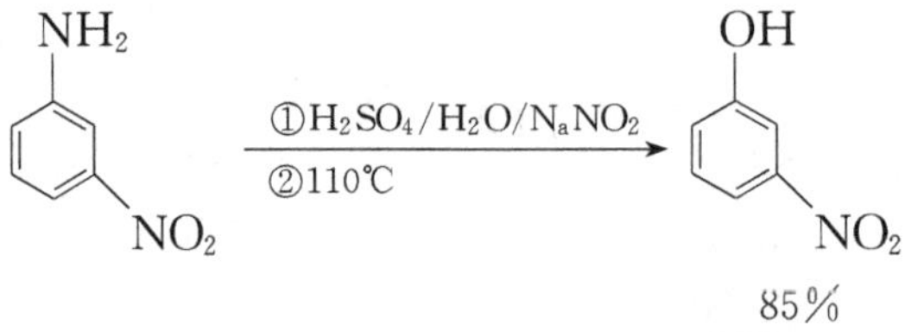

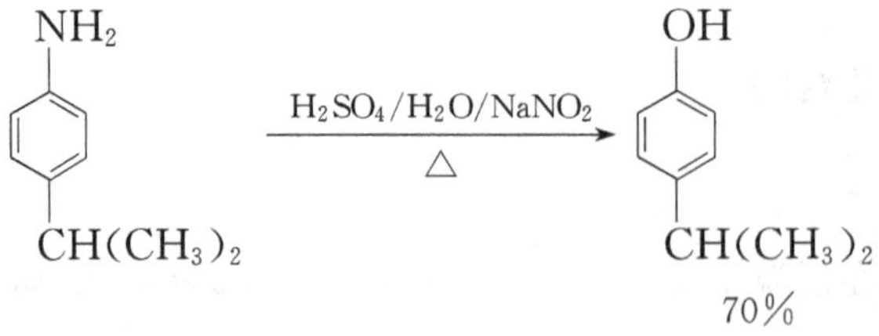

（2）席曼反应。

芳胺在盐酸溶液中与亚硝酸钠反应先进行重氮化反应，反应完毕后，加入冷的氟硼酸，生成氟硼酸重氮盐沉淀，经干燥后加热分解生成氟化物，这一反应叫席曼反应（Schiemann reaction）。通过氟硼酸重氮盐可制备芳香氟化物。

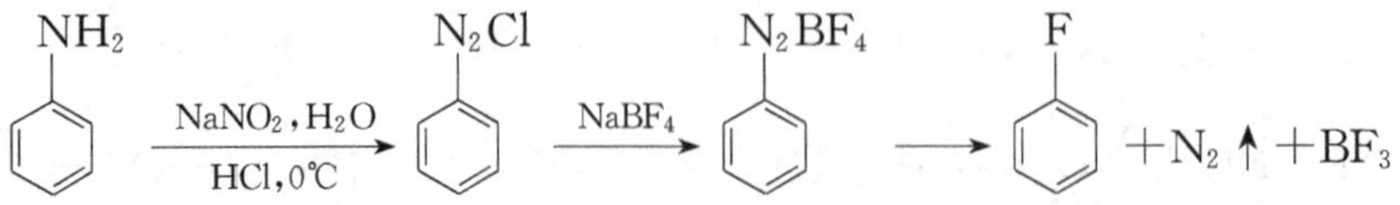

(3) 桑德迈耳反应。

重氮盐在氯化亚酮或溴化亚酮的催化下，重氮基分别被氯或溴原子取代；在氯化亚酮的作用下，重氮盐还可被氰基所取代，生成芳香腈，通常把这些反应叫做桑德迈耳反应(Sandmeyer reaction)。

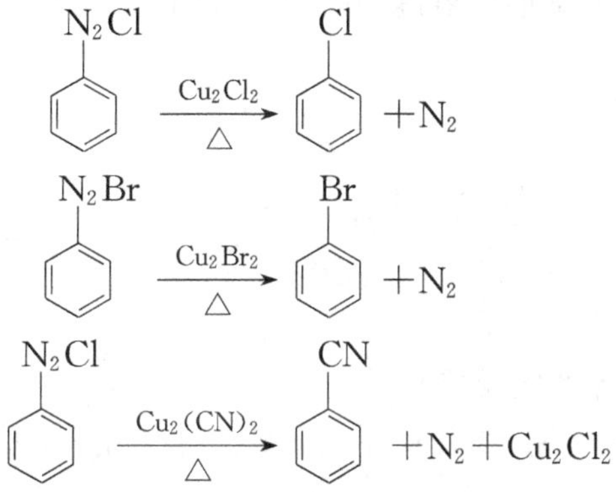

用金属铜、盐酸盐及氢溴酸代替氯化亚酮及溴化亚酮，也可制得芳香氯化物或溴化物，这类反应叫加特曼反应(Gatterman reaction)。

此外，在金属铜催化下，重氮盐分别与亚硝酸钠、亚硫酸钠、硫氰化钾反应，可制得芳香硝基化合物、芳香磺酸化合物和芳香硫氰化合物。

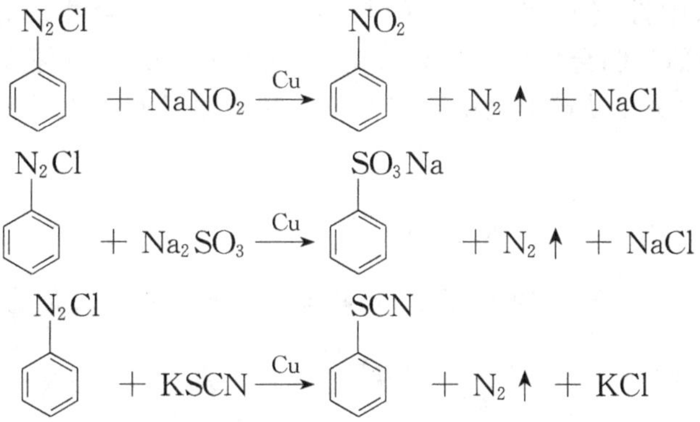

(4) 还原反应。

重氮基也可被氢原子取代，还原为芳香烃，所用的还原剂有乙醇、次磷酸(H_3PO_2)，反应式如下：

$$ArN_2X+C_2H_5OH \longrightarrow Ar—H+N_2\uparrow+CH_3CHO+HX$$

$$ArN_2X+H_3PO_2 \longrightarrow Ar—H+H_3PO_3+N_2\uparrow+HX$$

通过此反应，可使芳胺变为芳烃，合成一些特殊的化合物。例如

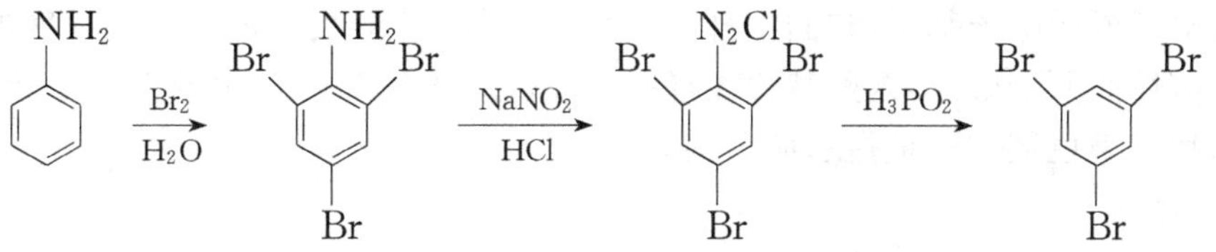

(5) 生物体中重氮基被取代的反应。

生物体中亚硝酸的存在,使氨基在适当条件下,也可以发生类似的重氮基被取代的化学反应。例如,嘧啶核苷在亚硝酸作用下,可以形成重氮盐,再转变为尿嘧啶核苷。因此生物体内亚硝酸的存在有可能改变 DNA 的碱基组成。嘌呤核苷和鸟嘌呤核苷也能发生类似的反应。这种变化将影响或改变碱基形成氢键的能力和方向,导致 DNA 复制错误,是引起基因突变的重要原因之一。

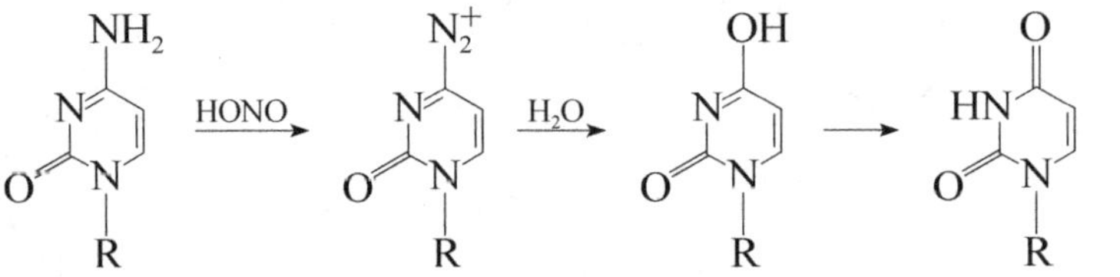

R=核糖或脱氧核糖

2) 重氮基被还原(保留氮反应)

重氮盐在氧化亚铜、锌粉、氯化亚锡或亚硫酸盐作用下,可还原为肼。

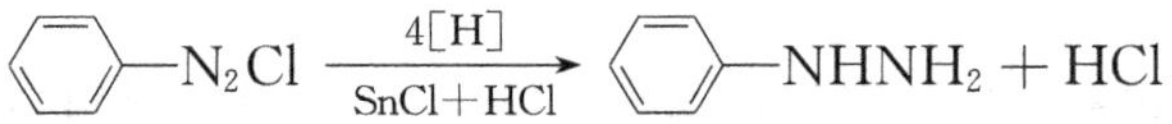

苯肼熔点 24℃,沸点 241℃,常温下为无色液体,不溶于水,在空气中易氧化,通常制成盐酸盐或硫酸盐。苯肼是重要的羰基试剂,与羰基反应生成腙。

3) 偶合反应

重氮盐在碱性、中性或弱酸性介质中与酚、芳香胺等化合物缩合生成偶氮化合物(azo compound),此反应称为偶合反应。偶合反应(coupling reaction)是亲电取代反应,是重氮阳离子(弱的亲电试剂)进攻苯环上电子云密度较大的碳原子而发生的反应。因此,重氮盐只能与活泼的酚、芳香胺偶合。

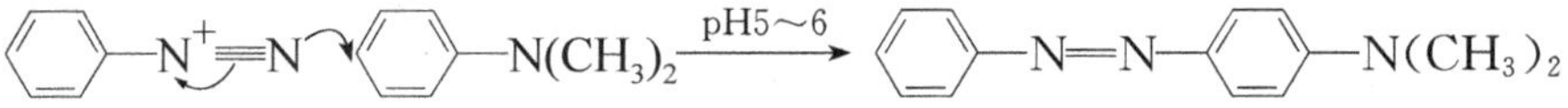

偶合反应主要发生在酚、芳香胺的对位,除非对位有取代基才偶合在邻位。例如

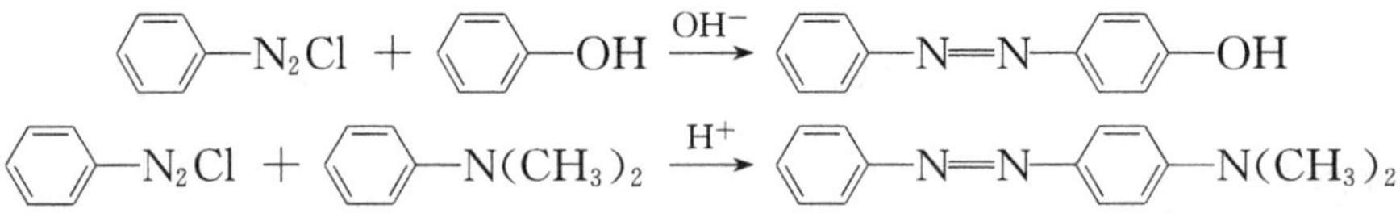

与胺偶合若溶液的酸性太强(pH<5)时,会使胺生成不活泼的铵盐,偶合反应就难进行或很慢。与酚偶合碱性太大(pH>10)时,重氮盐会转变为不活泼的苯基重氮酸或重氮酸盐离子,不能发生偶合反应。

2. 偶氮化合物

偶氮化合物都有颜色,可用作染料,称为偶氮染料。偶氮染料分子中除偶氮发色基团外,还有一些吸电子或斥电子基团,它们本身不发色,但可使染料颜色发生不同程度的变化,或使染料增加水溶性而便于染色,这些基团如羟基、磺酸基、羧基等,称为助色基团。有些偶氮染料用作生物切片的染色剂和酸碱指示剂。例如

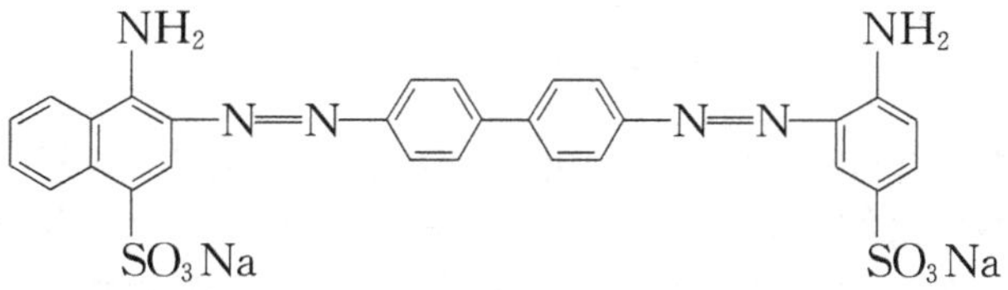

刚果红

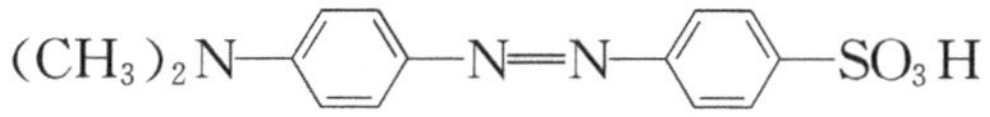

甲基橙

甲基橙随着共轭结构的变化而呈现不同的颜色，当 pH＝3～4.4 时为橙色，pH＞4.4 时为黄色，当 pH＜3 时为红色。

又如柠檬黄呈橙黄色至橙色的颗粒或粉末，无臭味，耐光性、耐热性、耐酸性和耐盐性均较好，耐氧化性较差，遇碱微变红，还原时褪色，它易溶于水。柠檬黄是一种含偶氮发色基团的食用色素，其用量不得超过我国《食品添加剂使用卫生标准》单一色素允许量的规定。

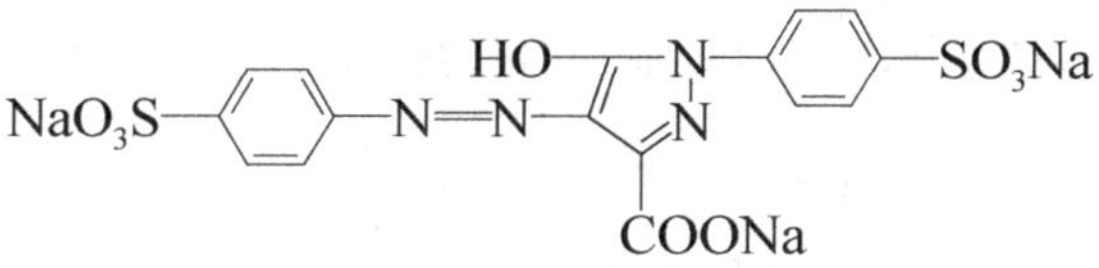

柠檬黄

10.3.3 腈和异腈

1. 腈

分子中含氰基(—CN)的化合物称为腈(nitrile)。腈分子有较大的极性，所以沸点比较高。低级腈为无色液体，高级腈是固体。低级腈可溶解于水，几乎无臭。

CH_3CH_2CN 　　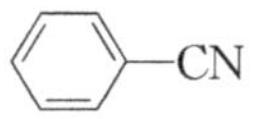

丙腈　　苯腈

腈可还原成伯胺：

$$RCN \xrightarrow{Na/CH_3CH_2OH} RCH_2NH_2$$

腈可在酸或碱催化下水解成羧酸，酸或碱水解腈均不可逆，水解反应是腈的重要反应之一。一般说来，酸水解腈反应速度慢，但反应温和，副产物少；碱水解腈反应速度快，但副产物多。

酸催化水解

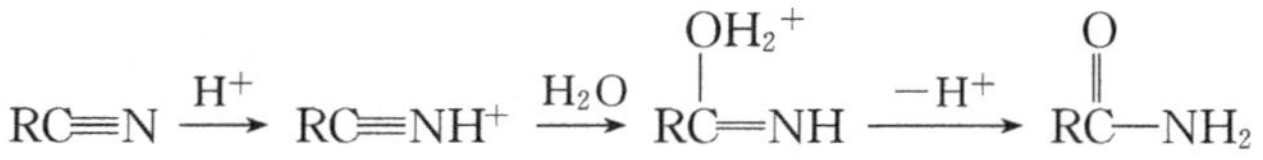

碱催化水解

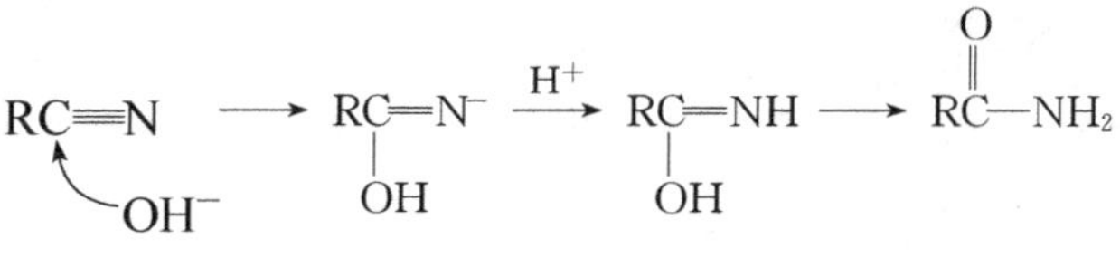

很多氰化物，如乙腈、丙烯腈、正丁腈等能在体内很快析出氰离子，均属高毒类化合物。凡能在加热后或在组织中释放出氰化氢或氰离子的都具有与氰化氢同样的剧毒作用。

2. 氯氰与氰氨

氯与—CN 连接形成的化合物叫氯氰，很不稳定。它的三聚合物叫三聚氯氰，是均三氮苯类除草剂的中间体。氨与—CN 连接而成的化合物叫氰氨，氰氨为无色晶体，溶解于水。由于氰基的诱导效应，氨基具有酸性。氰氨化钙俗称石灰氮，它在土壤中与水缓慢作用生成尿素，易被植物吸收利用，可作为基肥。石灰氮也可作为棉花的脱叶剂或除草剂。

Cl—CN　　NH_2—CN　　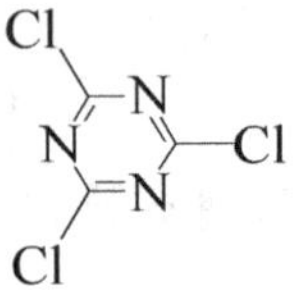　　CaNCN

氯氰　　氰胺　　三聚氯氰　　氰氨化钙

3. 异腈

分子中含有—NC 基团的化合物称为异腈或胩(isonitrile or carbylamine)，与腈互为异构体。两者中的碳原子是 sp 杂化的，但是胩没有腈稳定，胩长时间加热可以转变为腈。

$$CH_3CH_2NC \xrightarrow{\triangle} CH_3CH_2CN$$

最重要的异腈衍生物是异氰酸酯和硫代异氰酸，它们的结构如下：

$$RNC{=}O \qquad\qquad RNC{=}S$$

两者均可与含有活泼氢的物质如胺、醇等在碳氮双键上发生加成反应，分别得到氨基甲酸酯、硫代氨基甲酸酯、取代脲类、取代硫脲类化合物。这些化合物中不少可作为杀虫剂、除草剂和植物生长调节剂。

10.4 含磷有机化合物

10.4.1 磷化物的结构和命名

1. 结构

磷元素在周期表中位于第三周期第Ⅴ主族，在外层有 3 个未成对电子和 5 个 3d 轨道，共有 5 个价电子。在成键时，磷外层电子易从 3s 轨道跃迁至 3d 轨道，因而磷元素更易利用空 d 轨道参与成键形成杂化轨道。

亚磷(膦)酸酯、亚磷酸酰胺等属于三配位磷化物，以通式 PX_3 表示，结构测定发现这类化合物为一变形的四面体。而不是像纯 p^3 键形成的正三面锥体，也与 sp^3 杂化形成的正四面体不同。

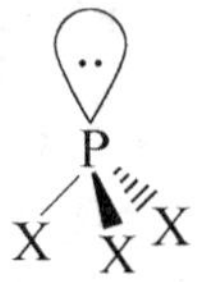　　PH_3　　$(CH_3)_2PH$　　$(RO)_3P$

膦　　二甲基膦　　亚膦酸三烷基酯

2. 分类和命名

磷化物的命名比较复杂，PH_3 称作为膦，氢被烷基等取代基取代后所形成的化合物，均以

膦为母体；膦的氧化态 $H_3P(X)(X=O,S)$，分别称作为氧化膦、硫化膦。例如

PH_3	$(CH_3)_2PH$	$(C_6H_5)_3P$	$H_3P(O)$	$H_3P(S)$	$(CH_3)_3P(S)$
膦	二甲基膦	三苯基膦	氧化膦	硫化膦	三甲基硫化膦

PH_3 中所有氢被羟基取代称为亚磷酸；含有 1 个磷碳键或磷氢键称为亚膦酸；含有 2 个磷碳键或磷氢键称为次亚膦酸。

$(HO)_3P$	$HP(OH)_2$	$H_2P(OH)$
亚磷酸	亚膦酸	次亚膦酸

亚磷酸、亚膦酸、次亚膦酸中 OH 基被 SH 取代，命名如下：

$(HO)_2PSH$	$(HO)P(SH)_2$	$P(SH_3)$	$(OH)(HS)PH$	$(HS)PH_2$
硫代亚磷酸	二硫代亚磷酸	三硫代亚磷酸	硫代亚膦酸	硫代次亚膦酸

磷酸是常见的化合物，磷酸含有 P—C 键或 P—H 键时，称之为膦酸；含有两个 P—C 或 P—H 键时，称为次膦酸。

$(HO)_3P(O)$	$HP(O)(OH)_2$	$H_2P(O)(OH)$
磷酸	膦酸	次膦酸

10.4.2　有机磷化合物的反应

1. 三价磷化物的亲核取代反应

三价磷化物其亲核性比相应的氮化物强，和卤代物反应成盐，和酸形成加合物。例如

$$R_3P+HX \longrightarrow R_3PHX$$
$$R_3P+R'X \longrightarrow R_3P^+R'X^-$$

三苯基磷与碘甲烷很易起反应生成相应的鏻盐。

$$(C_6H_5)_3P+CH_3I \longrightarrow (C_6H_5)_3P^+CH_3I^-$$

2. 阿尔布佐夫-迈克尔反应

三烷基亚磷酸酯作为亲核试剂与卤代烷作用，生成 *O*,*O*-二烷基烷基膦酸酯和 1 个新的卤代烷，即阿尔布佐夫-迈克尔(Arbuzov-Michaelis)反应，简称为阿-迈反应。

$$(RO)_3P + R'X \longrightarrow (RO)_2P(R'){=}O + RX$$

阿-迈反应中，三烷基亚磷酸酯中磷原子有 1 孤对电子，和卤代烷起 S_N2 反应，生成的卤素负离子进攻鏻离子的烷氧基，最终生成 *O*,*O*-二烷基膦酸酯和 1 个新的卤代烷。其他卤代烷也可以和三烷基亚磷酸酯发生阿-迈反应。

$$(C_2H_5O)_3P+BrCH_2CO_2C_2H_5 \xrightarrow{200℃} C_2H_5O_2CCH_2P(O)(OC_2H_5)_2+C_2H_5Br$$

阿-迈反应的重要意义，不在于制备卤代烷，而是在于制备烷基膦酸酯。

3. 维悌希反应

烷基三苯基鏻在强碱作用下与卤代烷生成磷叶立德(Ylide)，磷叶立德与醛或酮反应生成

烯烃，这一反应称为维悌希(Wittig)反应。

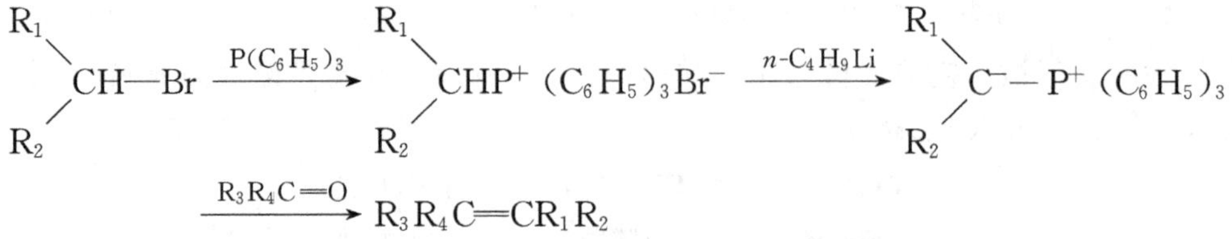

维悌希反应是合成烯烃的重要方法。例如

$$CH_3CH_2CH_2CHO + (C_6H_5)_3P{=}\underset{\displaystyle CH_3}{\underset{|}{C}}{-}CH_2CH_3 \longrightarrow$$

$$CH_3CH_2CH_2CH{=}C(CH_3)CH_2CH_3 + (C_6H_5)_3PO$$

维悌希反应的机理一般认为，首先可能是叶立德碳对羰基的亲核加成，中间产物受热消去 $(C_6H_5)_3P{=}O$ 而生成烯烃。

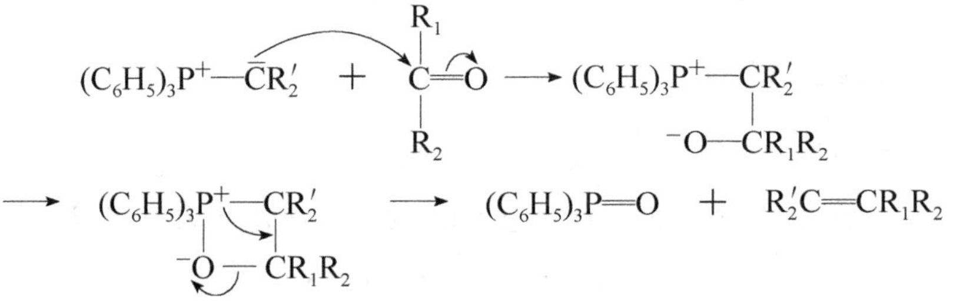

10.4.3　磷的生化作用

生物体内都含有磷，磷在生命体内起作用的是磷酸酯及盐。例如，基因的材料 DNA 和 RNA 是磷酸二酯，许多辅酶是磷酸酯和焦磷酸酯，生物体内主要能量储存仓库 ATP 也是磷酸酯，细胞膜的主要组成部分是磷脂双分子层，因此磷酯及其酸酐在生物界中起着十分重要的作用。

许多含磷的有机化合物是有用的药物，例如，2-甲基丙烯酰氧乙基磷酸酯(2-methacryloyloxyethyl dihydrogen phosphate，M2P)和 10-甲基丙烯酰氧癸基磷酸酯(10-methacryloyloxydecyl dihydrogen phosphate，M10P)是齿科功能性生物黏结单体，末端含有磷酸基是酸性单体，与牙本质黏结时易于渗透，结固后有利于牙本质与树脂的黏结。又如羟乙膦酸(或其钠盐)是抗骨质疏松药。

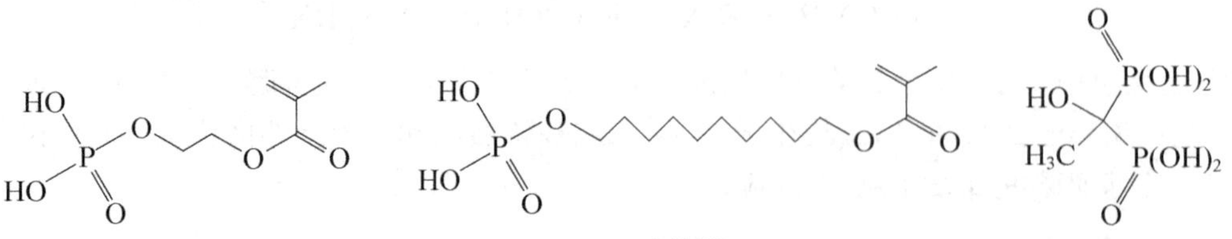

M2P　　M10P　　羟乙膦酸

更重要的是有机磷化物可作为农药使用，由于它们易于被生物吸收，在作用部位具有较好的化学反应亲和性以及易于代谢等特点，可分别用作杀虫剂、杀菌剂、除草剂及植物生长调节剂。例如

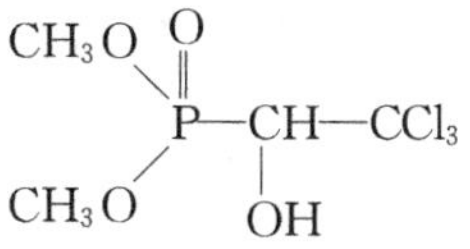

敌百虫

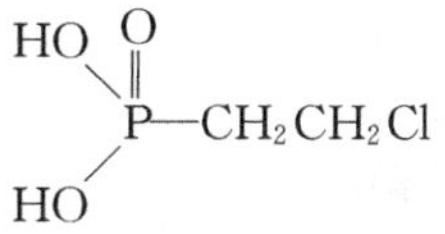

乙烯利

具有 C—P 键的膦酸和膦酸脂类结构的杀虫剂敌百虫、植物生长调节剂乙烯利(ethephon)，在生物酶的催化作用下，能被水解。如乙烯利能被植物迅速吸收，并被运转，在植物的细胞液(pH>4.1)里逐渐被分解并释放出乙烯。乙烯是植物的成熟激素。

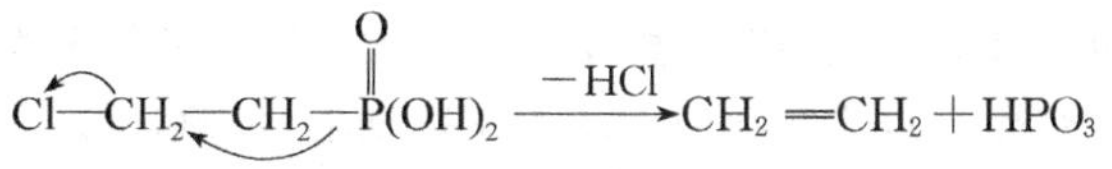

敌百虫可类似地脱氯化氢产生敌敌畏，并产生相应的生物效应。

含有 P—O 键的磷酸酯类，如敌敌畏；硫代磷酸酯，如三唑磷均是杀虫剂。同时含有 P—S 键的硫醇式硫代磷酸酯，如稻瘟净，二硫代磷酸酯，如马拉硫磷，分别可用作杀菌剂及杀虫剂。

$(CH_3O)_2P(O)-O-CH=CH_2$

敌敌畏

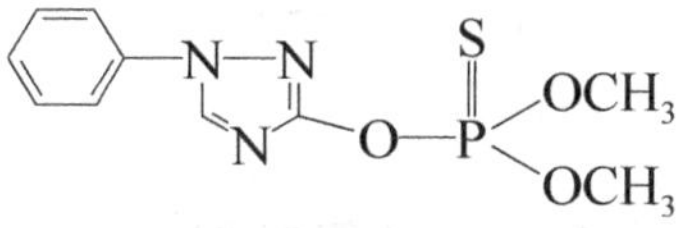

三唑磷

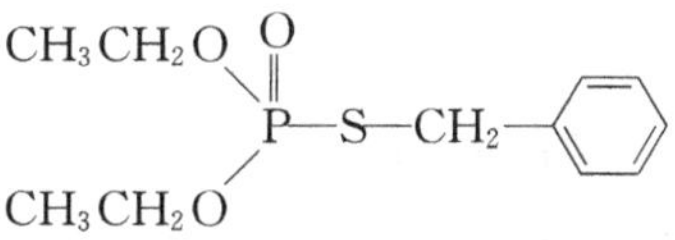

稻瘟净

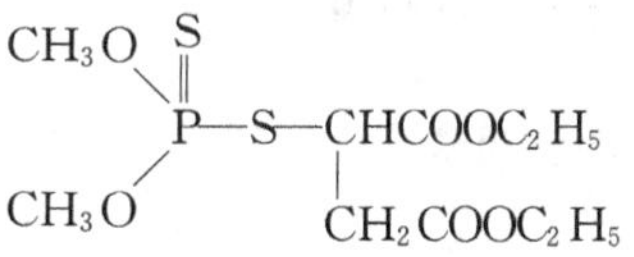

马拉硫磷

思　考　题

1. 苯胺为什么比脂肪族胺碱性弱？酰胺为什么碱性更弱？
2. 氨基保护常用的是什么方法？举例说明。
3. 酰胺分子的官能团为什么会形成一种平面结构？
4. 为什么说霍夫曼降解重排是合成含手性碳原子的高纯度伯胺的重要方法？
5. 苯环上难以发生亲核取代反应，但为什么卤代硝基苯容易发生亲核取代反应？
6. 为什么说亚硝酸是一种强烈的致癌物质？
7. 为什么重氮盐只能与活泼的酚、芳香胺发生偶合反应？

习　　题

1. 命名下列化合物。

(1) $CH_3CH_2CH_2N(CH_3)_2$　　(2) $NH_2CH_2(CH_2)_2CH_2NH_2$

(3) $(CH_3)_4NBr$　　(4) $(CH_3)_2NH_2Cl$

(5) $CH_3-NH-\overset{\overset{O}{\|}}{C}-H$　　(6) $NH_2-\overset{\overset{O}{\|}}{C}-NH-\overset{\overset{O}{\|}}{C}-NH_2$

(7) 　　(8) 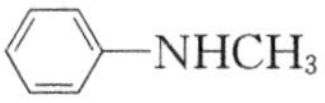

2. 将下列化合物按沸点从高到低次序排列：丙醇、丙胺、甲乙醚、甲乙胺。

3. 将下列化合物按碱性强弱排列。

(1) 苯胺，对甲苯胺，对氨基苯甲醛

(2) NH_3　CH_3NH_2　CH_3CONH_2　NH_2CONH_2　$(CH_3)_4NOH$

(3) $CH_3CH_2NHCH_2CH_3$ 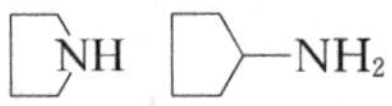

4. 一个含丙胺的样品 0.4g，用亚硝酸处理可得 149.3cm^3 氮气(标准状况)。计算样品中丙胺的百分含量。

5. 某有机化合物的分子式为 C_3H_7ON，加入 NaOH 煮沸，放出某种气体。将此气体通入盐酸溶液后，可得一含氯量为 52.6%的盐。这个化合物是什么？写出有关反应式。

6. 一个化合物(A)，分子式为 $C_6H_{15}N$，能溶于稀盐酸，与亚硝酸在室温下作用放出氮气得到(B)，(B)能进行碘仿反应，(B)和浓硫酸共热得(C)，(C)能使溴水褪色，用高锰酸钾氧化(C)，得到乙酸和 2-甲基丙酸。推出(A)、(B)、(C)的化合物。

7. 从苯胺制取对硝基苯胺，一般通过下述途径。

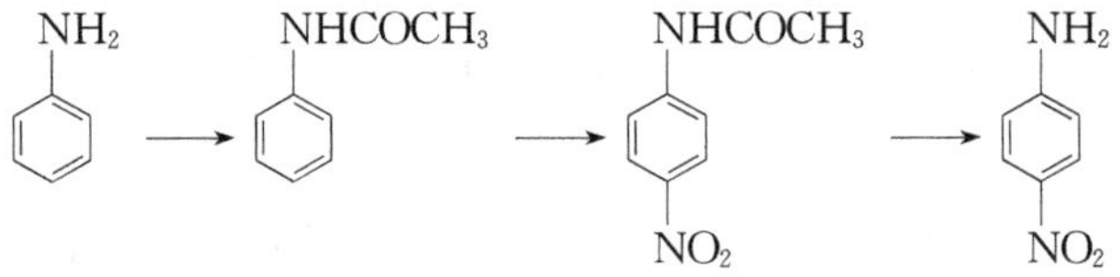

(1) 写出各步反应所有的试剂和反应条件。

(2) 为什么不通过苯胺直接硝化来制取？

8. 完成下列转变。

(1) 由苯合成 1,3,5-三溴苯　(2) 由乙醇合成甲胺

(3) 乙醇合成乙胺　(4) 由乙醇合成丙胺

(5) 由苄醇合成苯酚　(6) 由甲苯合成苄胺

9. 以苯或甲苯为原料，合成下列化合物。

(1) 　(2) 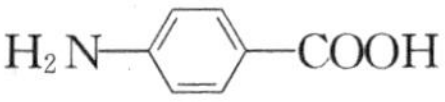

(3) 　(4) 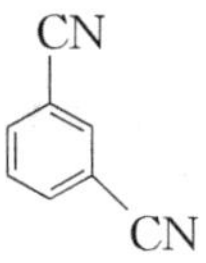

(5) 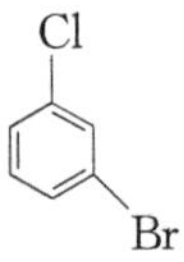　(6) 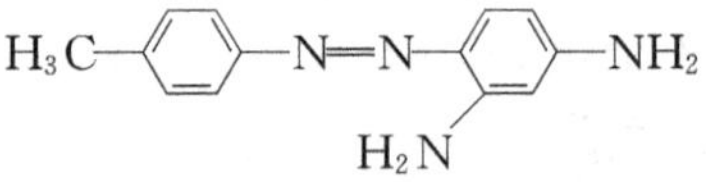

10. 用化学方法区别下列各组化合物。

(1) 乙酰胺　尿素　α-萘胺

(2) 硝基苯　苯胺　*N*-甲基苯胺　苯酚

11. 稻瘟净是一种有机磷杀菌剂，结构式如下，请用系统命名法命名，并写出在碱性条件下彻底水解的产物名称。

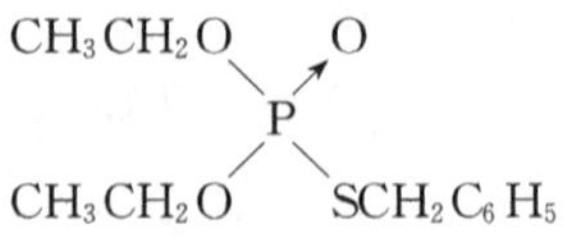

第 11 章　杂环化合物和生物碱

碳环化合物中的一个或多个成环碳原子被氧、硫、氮等非碳原子取代后的化合物，即为杂环化合物(heterocyclic compound)，这些非碳原子叫杂原子。杂环化合物广泛存在于自然界并具有重要的生理功能，如核酸、生物碱等都含有杂环。本章介绍重要杂环母体的编号顺序、名称。讨论"富电子杂环"与"缺电子杂环"结构特征，以及它们在化学性质上的差异。介绍杂环化合物的亲电取代反应与苯环上的亲电取代反应的类似性和区别。介绍卟吩化合物的结构特征，以及具有含氮杂环结构特征的生物碱。

11.1　杂环化合物

11.1.1　杂环化合物的分类和命名

由于组成杂环的杂原子的种类和数量不同，环的大小及稠合的方式不同，因此杂环化合物在自然界分布的种类繁多，数目可观，约占全部已知有机化合物的 65%以上。同时它们的应用范围也极其广泛，涉及医药、农药、染料、生物模拟材料、超导材料、分子器件、储能材料等，尤其在生物界，杂环化合物几乎随处可见。例如，中草药的有效成分生物碱大多是杂环化合物；动植物体内起重要生理作用的血红素、叶绿素、核酸的碱基都是含氮杂环；部分维生素、抗生素，一些植物色素、植物染料、合成染料都含有杂环。同样，在有机化学领域内，有关杂环化合物的研究工作占了相当大的比例。

1. 分类

杂环化合物的分类方法，常见的有三种。根据杂环有无芳香性，分为芳香型杂环系和脂肪型杂环系；根据杂环分子中所含 π 电子的状态数量，分为超 π 电子环系、缺 π 电子环系、烯型杂环环系；根据杂环分子中环的大小，又可分为三元环、四元环、五元环、六元环等。所以，综合考虑各类杂环化合物的性质和分子结构因素，可以将杂环化合物分为五类：单杂环、稠杂环、巨杂环、螺杂环、桥杂环和杂环多面体。

2. 命名

杂环化合物命名包括基本母环和环上取代基，取代基的命名原则与前述大体一致。

1) 杂环母环的命名

母环化合物的命名有两种方法：一种是根据相应碳环来命名，即将杂环当作被取代的碳环来命名，在相应碳环名称前加上杂原子的名称即可；另一种是根据 IUPAC 推荐的通用名，以中文译音的方法来命名，即按英文名称译音，选用同音汉字，并以"口"字旁表示为杂环化合物。目前，我国主要采用音译法。例如

furan
呋喃

thiophene
噻吩

pyrrole
吡咯

thiazole
噻唑

imidazole
咪唑

pyridine
吡啶

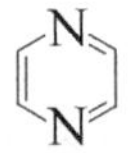
pyrazine
吡嗪

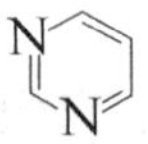
pyrimidine
嘧啶

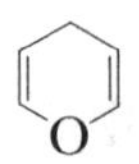
pyran
吡喃

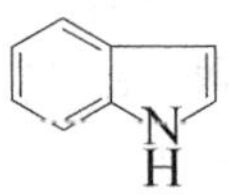
indole
吲哚

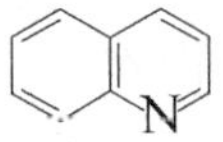
quinoline
喹啉

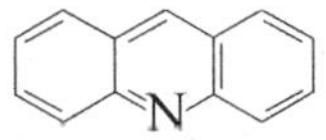
acridine
吖啶

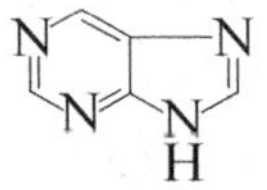
purine
嘌呤

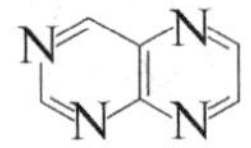
pteridine
喋啶

2）杂环母环的编号

环上有取代的杂环化合物，命名时以杂环为母体，杂环上原子编号的规则如下：

① 单杂环时，以杂原子作为编号的起点，杂原子的编号为 1。

② 两个或两个以上相同的杂原子，要使连有氢原子取代基的杂原子的编号为 1，并使其余杂原子的编号尽可能小。

③ 多个杂原子同时存在时，按 O、S、N、P、…的先后顺序编号。

④ 环上连有不同取代基，编号时根据顺序规则。

⑤ 特定名称的稠杂环母环，按稠环芳烃的规则编号，对许多例外，按特定编号顺序编号。例如

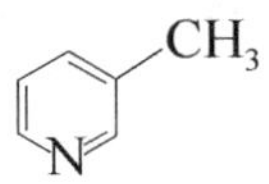
3- 甲基吡啶

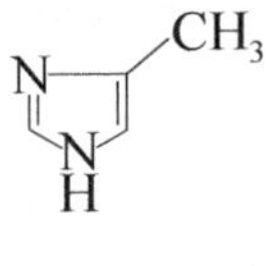
4- 甲基咪唑

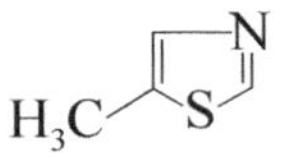
5- 甲基噻唑

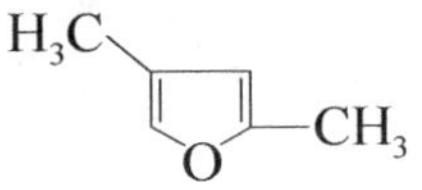
2, 4- 二甲基呋喃

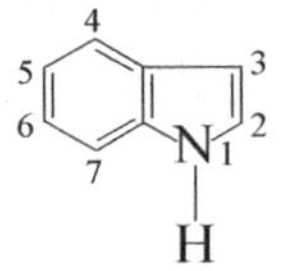
吲哚

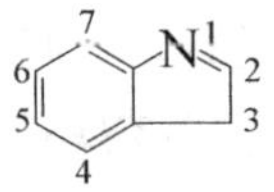
3*H*- 吲哚

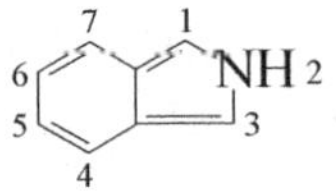
异吲哚

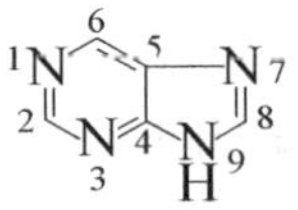
嘌呤

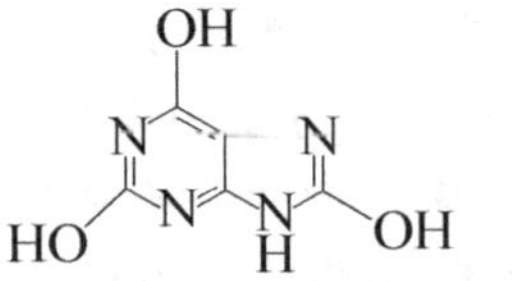
2, 6, 8- 三羟基嘌呤

11.1.2　杂环化合物的结构与芳香性

1. 五元杂环的结构与芳香性

在研究苯的结构时，曾经提出苯的芳香性，即 6 个碳原子处于 1 个平面，构成环状闭合体系，π 电子数符合 $4n+2$ 规则。多数杂环化合物也具有这一特点，也有芳香性。五元单杂环，如呋喃、噻吩、吡咯。碳原子与杂原子均以 sp^2 杂化轨道互相连接成 σ 键，并且在 1 个平面上，每个碳原子及杂原子均有 1 个 p 轨道互相平行，每个碳原子的 p 道中有 1 个电子，在杂原子的 p 轨道中有 2 个电子，形成一个环形封闭的 6π 电子的共轭体系，符合休克尔的 $4n+2$ 规则，所以都具有芳香性。

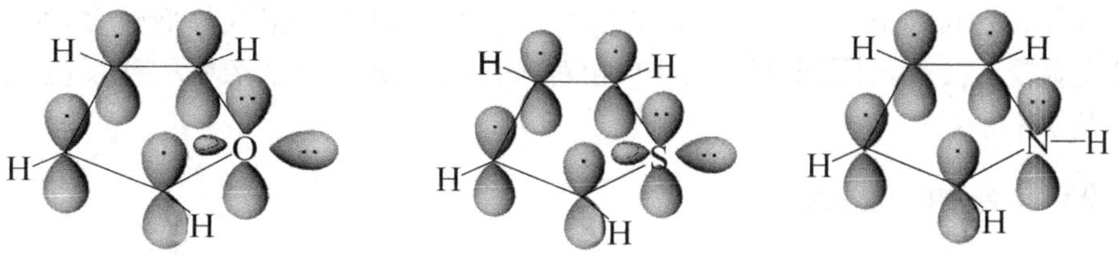

这些五元杂环分子中的键长数据如下：

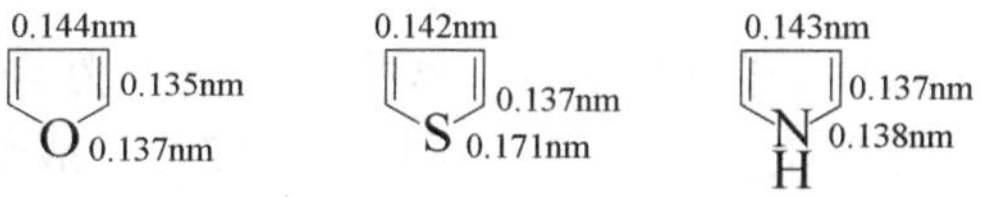

呋喃　　噻吩　　吡咯

值得注意的是，由于杂原子的影响，五元杂环分子具有以下基本结构特点：

① 五元杂环有芳香性，因此呋喃、噻吩、吡咯具有很高的离域能，分别为 67、88、117kJ/mol。五元杂环键长有一定程度的平均化，但不如苯那样完全平均化，因此芳香性较苯差，有一定程度的不饱和性及环的不稳定性。它们的芳香性大小为

$$苯 > 噻吩 > 吡咯 > 呋喃$$

② 五元杂环中杂原子有给电子性，使环上电子云密度较苯为高，称为富电子芳杂环(electron rich heteroaromatic ring)。因环上的 π 电子云密度比苯环大，且分布不匀，尤其容易在 α-位发生亲电取代反应，反应的速率也比苯快得多。它们的亲电取代反应的活性为

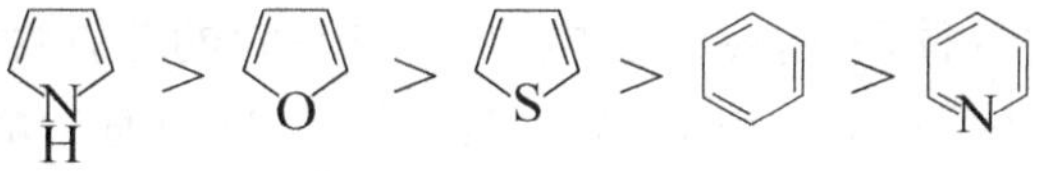

2. 六元杂环的结构与芳香性

六元杂环化合物用吡啶结构加以说明。吡啶结构与苯相似，也具有芳香性。只是苯中的一个碳原子被氮原子代替，氮原子以 sp^2 杂环轨道和两个相邻碳原子的 sp^2 杂化轨道重叠形成两个 σ 键。环上每个原子均有一个 p 电子轨道垂直于环的平面，组成 6 电子闭合大 π 键体系。其他如嘧啶、吡嗪、哒嗪的电子结构都与吡啶相似，同样具有 6 电子闭合大 π 键体系。

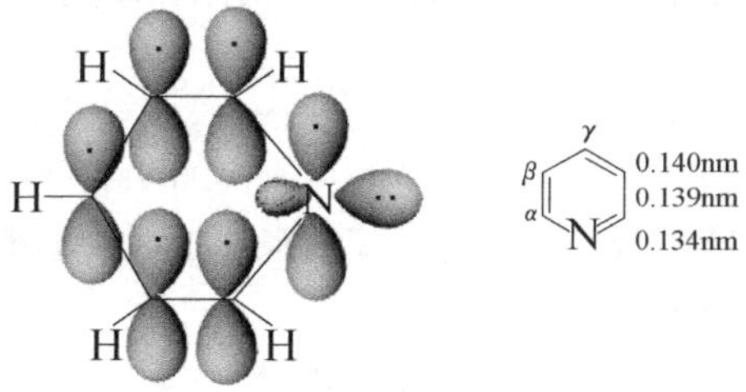

吡啶氮 sp^2 轨道上的一对电子不参与共轭形成的大 π 键，因此这对电子可以与酸结合生成稳定的盐，所以吡啶的碱性较吡咯和苯胺都来得强。

	CH_3NH_2	NH_3		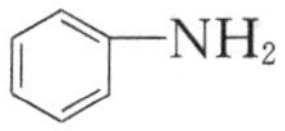	
pK_b	3.38	4.76	8.80	9.42	13.6

吡啶氮由于氮原子的吸电子的诱导效应，使环上电子云密度降低，称为缺电子芳杂环

(electron deficient heteroaromatic ring)，尤其是 α-、γ-位电子云密度降低较多，所以吡啶发生亲电取代反应较苯要难，且主要进入 β-位；相对来讲吡啶更易发生亲核取代反应，亲核取代主要进入 α-及 γ-位。

11.1.3 杂环化合物的化学性质

1. 五元杂环化合物的亲电取代反应

1）硝化

呋喃环是富 π 电子的芳香环，容易起亲电取代反应。它的芳香性较差。

呋喃不能直接用硝酸进行硝化，直接用硝酸硝化，环破裂生成焦油。可用弱的硝化试剂硝酸-乙酸酐(硝酸乙酰酯)硝化。硝化反应先按 1,4-共轭加成的方式进行，而后在吡啶作用下得 2-硝基呋喃。

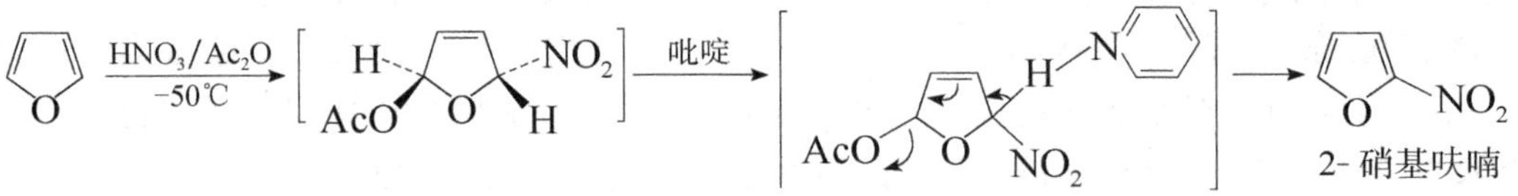

噻吩环是富 π 电子的芳香环，比呋喃环稳定，容易起亲电取代反应，比苯活泼，相对速度约为苯的 10^3～10^5。

噻吩可用硝酸-乙酸酐硝化，主要得到 2-硝基噻吩。

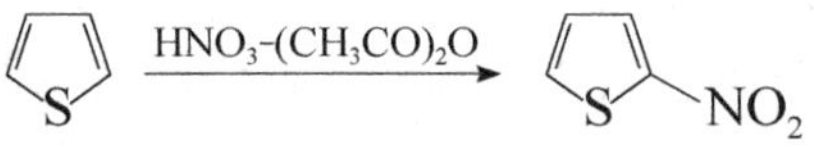

吡咯环是富 π 电子的芳香环，容易起亲电取代反应；它的芳香性也较差。

吡咯硝化反应在常温下进行，产物以 2-硝基吡咯为主，同时有少量 3-硝基吡咯。

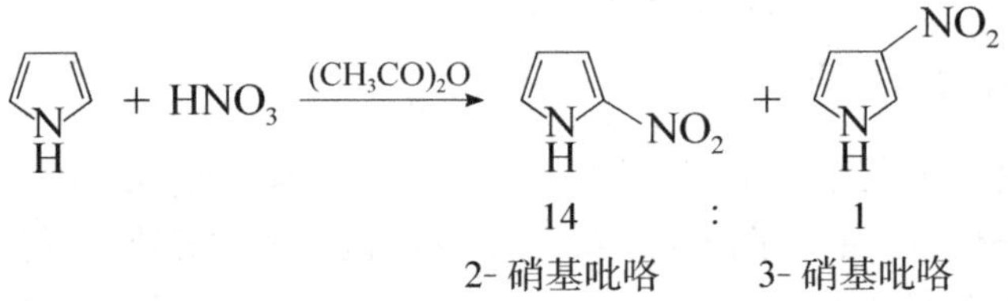

2）磺化

呋喃不能直接用发烟硫酸磺化，但可用吡啶-三氧化硫磺化可得 2-呋喃磺酸。

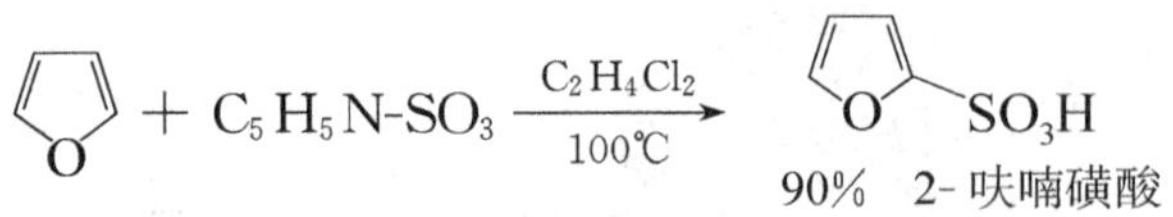

噻吩在室温下即可与浓硫酸反应，生成 2-噻吩磺酸，而苯不能在室温下磺化，利用这反应差异，从煤焦油中得到的苯进行提纯。

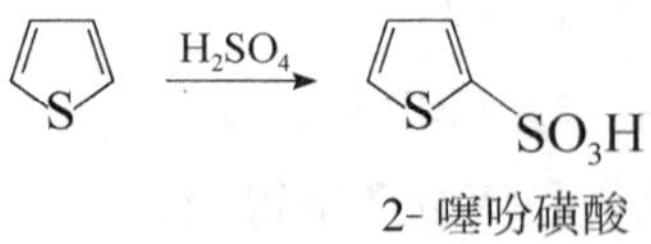

吡咯在一般磺化条件下，将发生吡咯的氧化和聚合，选用吡啶-三氧化硫可使吡咯磺化。

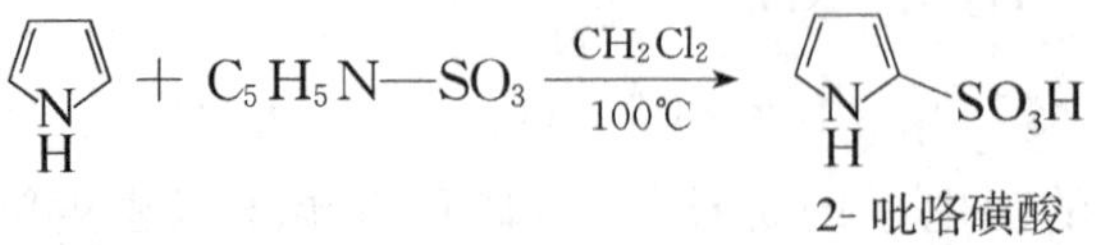

3）卤化

呋喃直接用单质卤化，反应剧烈，产物复杂。用卤氰为卤化剂可得一卤代产物。呋喃在二硫化碳溶液中溴化，可分离得到 2-溴呋喃。

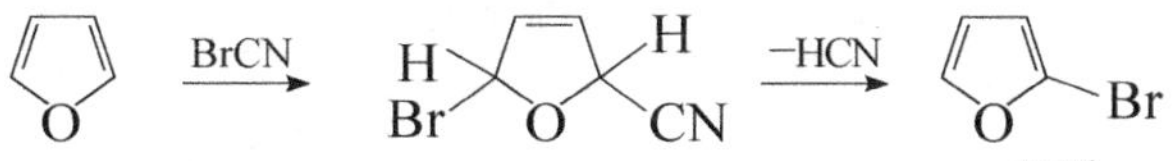

49%

2- 溴呋喃

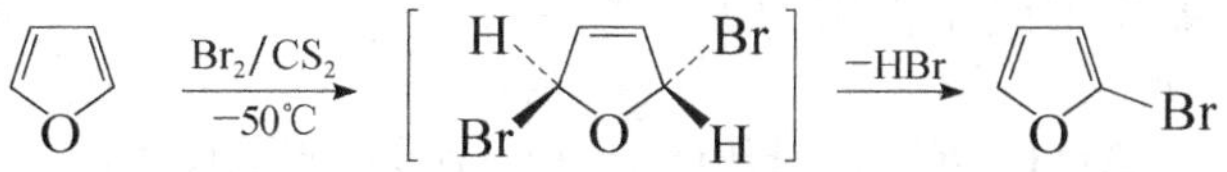

与苯相比较，噻吩的卤化反应快，噻吩用 *N*-溴代琥珀酰亚胺(NBS)溴化得 2-溴噻吩。碘在室温或低于室温下反应生成 2-碘噻吩。氯化反应产物更复杂。

2-溴噻吩

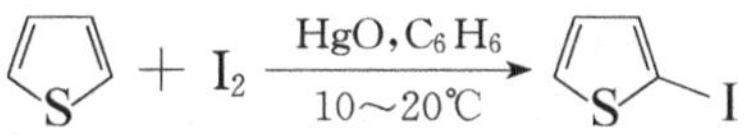

80%

2-碘噻吩

吡咯和单质卤素反应容易生成多卤化合物，氯和溴由于有较强的氧化性，常得到氧化产物。要得到一卤吡啶需用溴吡咯镁。

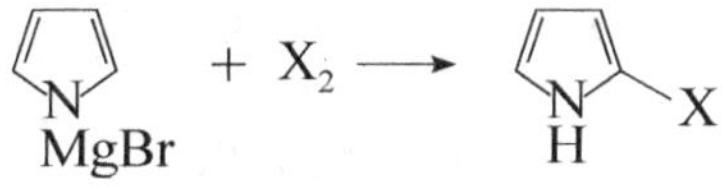

(X=Cl, Br)

4）酰基化

在 $AlCl_3$、$ZnCl_2$ 等催化剂存在下，呋喃及同系物易发生傅-克酰基化反应，生成酰基呋喃化合物，酰化试剂常用酸酐、酰氯，除个别反应外，一般情况下收率较低。

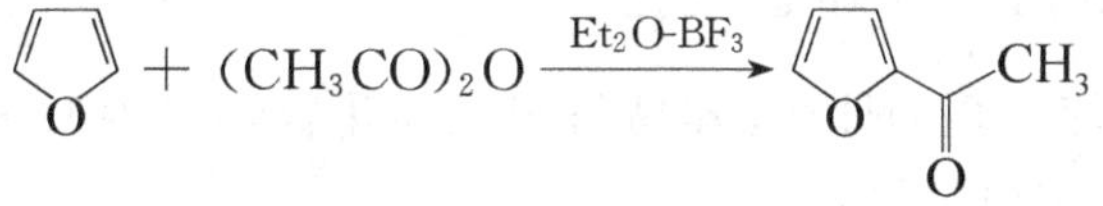

77%

2- 乙酰基呋喃

在磷酸催化下噻吩容易发生傅-克酰基化反应，常用酸酐为酰化试剂。

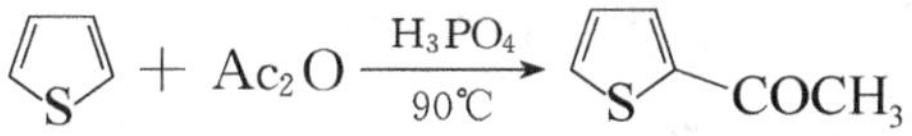

95%

2- 乙酰基噻吩

吡咯的酰基化也容易进行。在路易斯酸催化下，吡咯的酰基化主要发生在 α-位。在无催化剂存在下，吡咯与乙酸酐反应得到 *N*-酰基化和 α-酰基化产物。在三乙胺等碱性条件下，主要得到 *N*-酰基化产物。

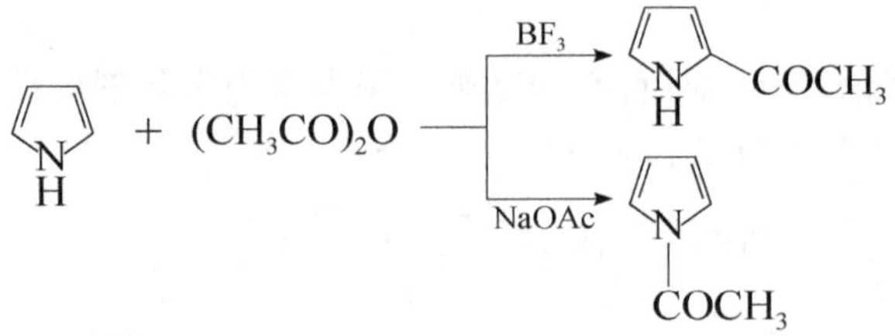

维路斯梅尔(Vilsmeier)反应是目前芳环上引入甲酰基的常用方法。*N*,*N*-二甲基甲酰胺(DMF)、*N*-甲基-*N*-苯基甲酰胺是常用的甲酰化试剂。

$$ArH + RR'NCHO \xrightarrow{POCl_3} ArCHO + RR'NH$$

例如

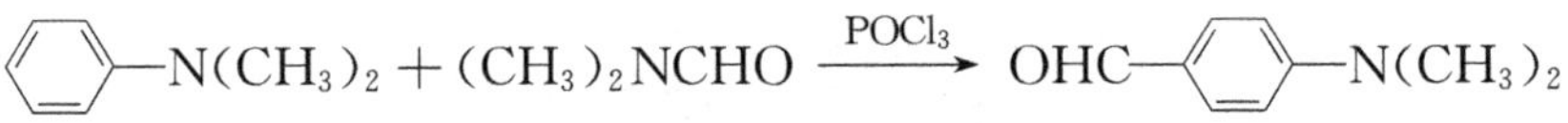

五元杂环化合物用 *N*,*N*-二甲基甲酰胺、三氯氧磷反应也可引入醛基,发生维路斯梅尔反应。例如

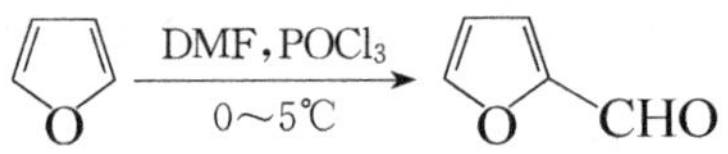

64%

2-呋喃甲醛

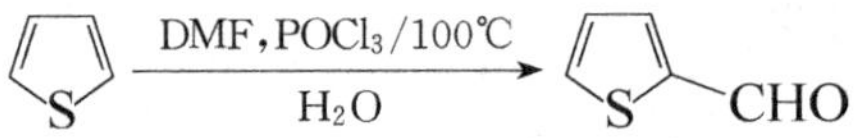

75%

2-噻吩甲醛

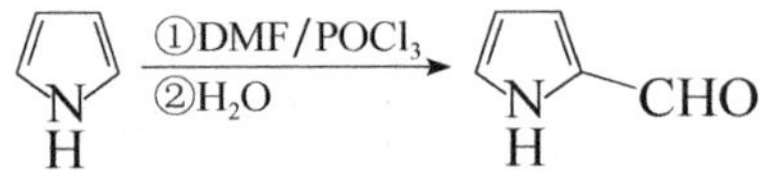

2. 五元杂环化合物的 Diels-Alder 反应

呋喃具有明显的共轭二烯的性质,容易与亲二烯化合物发生 Diels-Alder 反应,如呋喃和丁烯二酸酯发生正常的环加成反应。

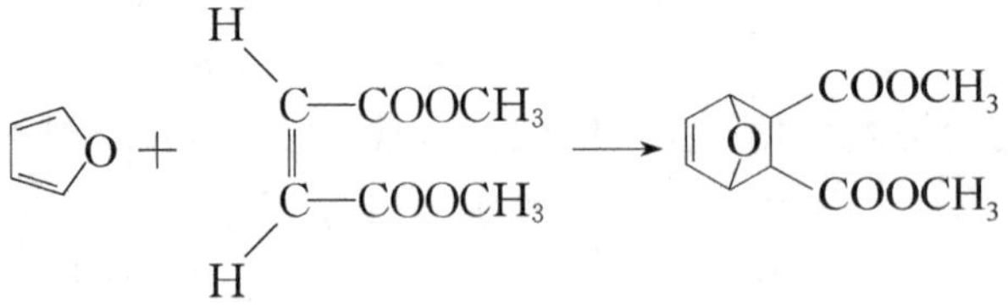

吡咯与亲二烯化合物不能起正常的 Diels-Alder 反应,只能生成共轭加成产物。

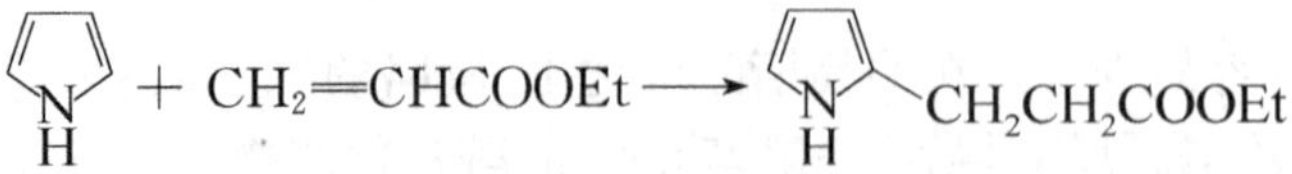

3-(2-吡咯)丙酸乙酯

噻吩在一般情况下不能起正常的 Diels-Alder 反应。但在个别情况下,与有强烈吸电子基的亲二烯组分能发生 Diels-Alder 反应。

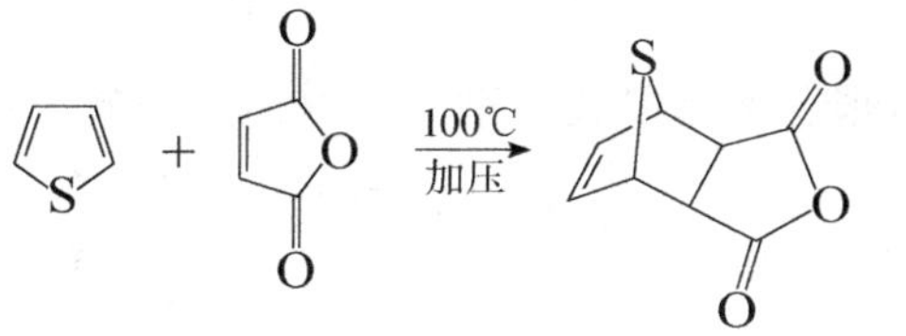

3. 五元杂环化合物的氢化反应

呋喃环用 Raney Ni 催化氢化可生成四氢呋喃环，Pt 催化氢化常引起环的开裂。

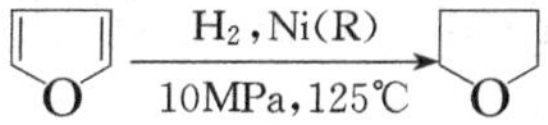

95%

在 Pd 催化下，噻吩被氢化生成四氢噻吩。

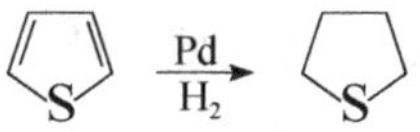

71%

催化氢化可使吡咯环转变为四氢吡咯，常用催化剂为 Pd、Pt、Raney Ni。

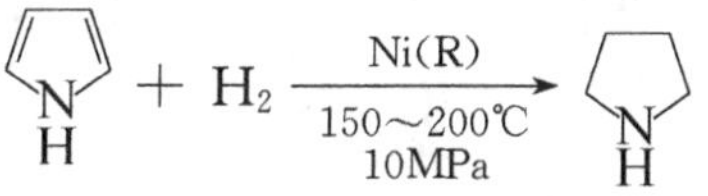

4. 吡咯氮原子上的取代反应

吡咯为一弱酸，在强碱作用下，氮上氢可被取代，如吡咯在液氨中与氨基钾反应，可生成吡咯盐。

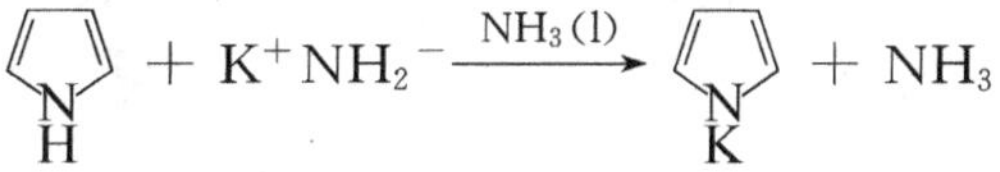

5. 吡啶的化学反应

1) 碱性和亲核性

吡啶环氮原子上的一对未共用电子对，由于未参与共轭，因此这对电子保留着较强的碱性和亲核性，从而能发生如下反应。

(1) 成盐反应。

吡啶为一弱碱，如能与强酸生成盐。

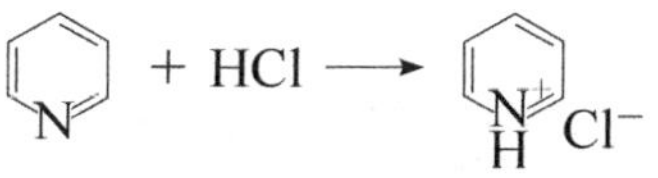

(2) 烷基化。

吡啶有良好的亲核性，能和卤代烷生成 N-吡啶鎓盐。

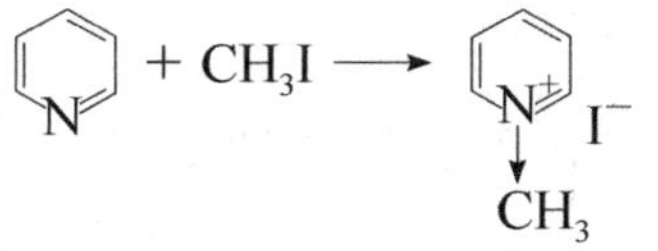

(3) 酰基化。

吡啶有良好的亲核性，很容易与酰化试剂——酰氯或酸酐反应，生成 N-酰基吡啶盐。

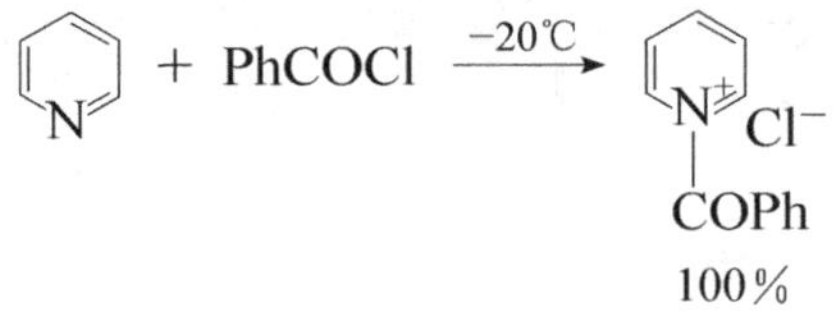

(4) 氧化。

吡啶环上的氮原子可用双氧水或过氧酸氧化生成 N-氧化吡啶，它是合成吡啶衍生物的重要中间体。

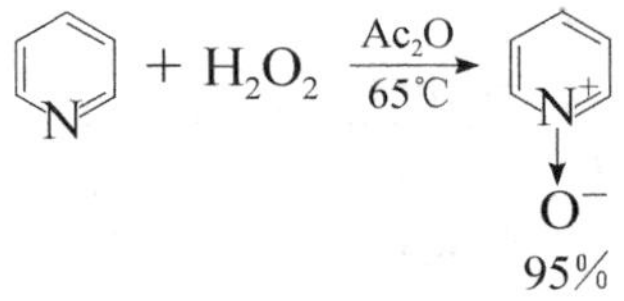

例如，氧化吡啶在有机合成中用于合成 4-取代吡啶化合物。

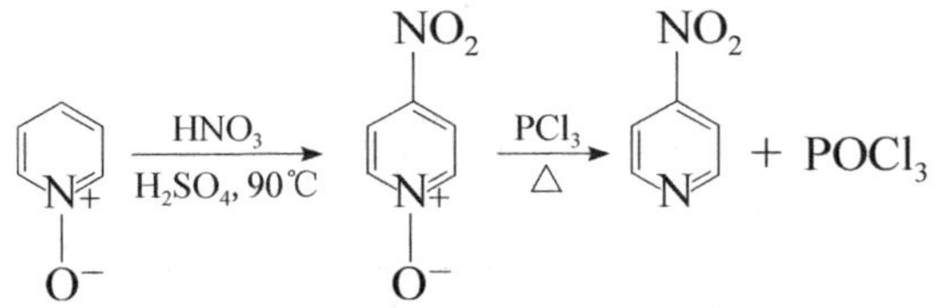

(5) 配位反应。

通过吡啶 N 上的孤对电子，吡啶和许多亲电试剂容易生成配合物和分子复合物。如吡啶-三氧化硫、吡啶-三氧化铬。所以吡啶在有机化学反应中常起催化剂作用。

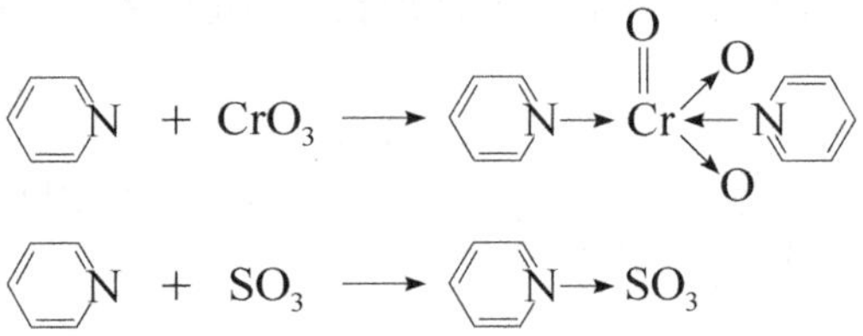

2) 吡啶环上的亲电取代反应

吡啶环上氮原子具有吸电子的诱导和共轭效应，吡啶环上的电子密度小于苯，是缺电子芳杂环。另外，亲电取代反应需路易斯酸催化，吡啶环上氮原子与酸结合，增加了氮原子吸电子的诱导和共轭效应，因此吡啶的亲电取代反应的活性约为苯的百万分之一，如不能发生傅-克酰基化和烃基化反应。卤化、硝化、磺化等亲电取代反应也需在更为强烈的反应条件下进行。反应主要发生在吡啶环上氮原子吸电子诱导和共轭效应影响较小的 β-位进行，其反应活性和硝基苯相似。

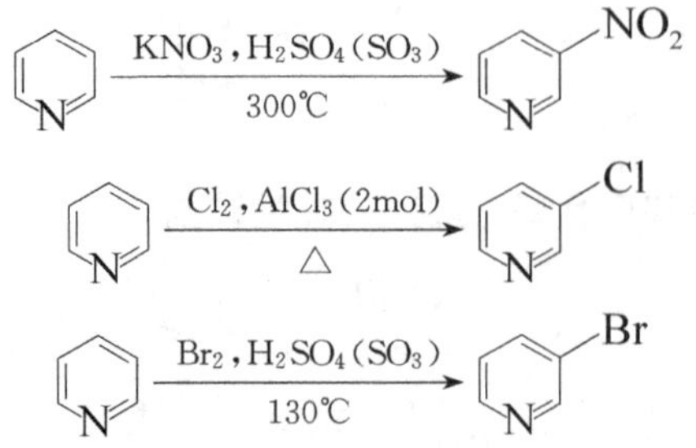

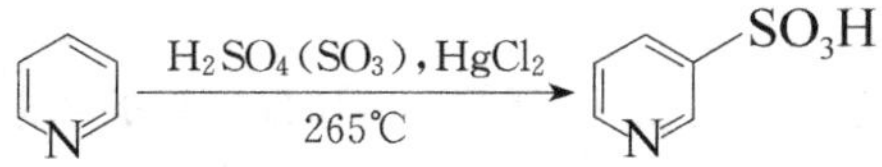

当吡啶环上连有推电子基时，推电子基能增加吡啶环发生亲电取代反应的活性。例如

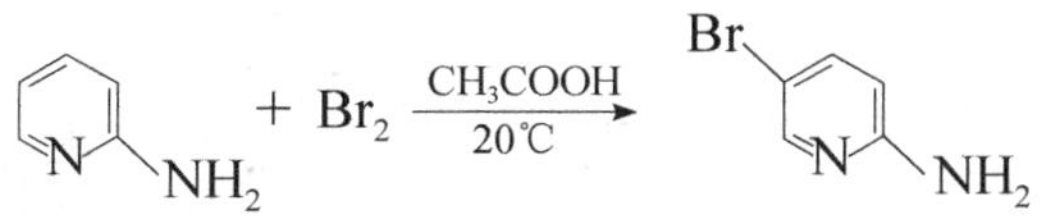

90%

3）吡啶环上的亲核取代反应

吡啶是缺电子环，环上易起亲核取代，并主要发生在 2-，4-和 6-位上，反应活性小于硝基氯苯而大于氯苯。吡啶环上的卤素、硝基、磺酸基、氢可以被相应的亲核试剂所取代。例如

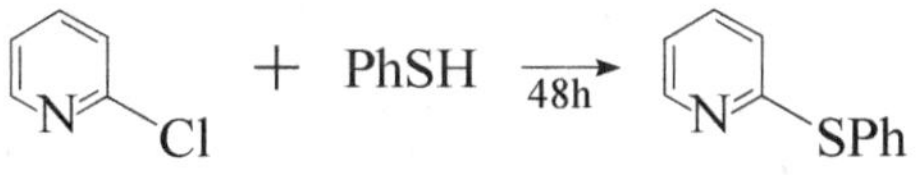

93%

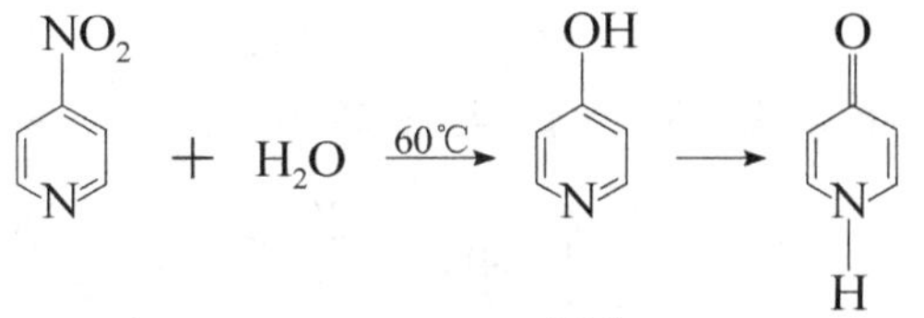

95%

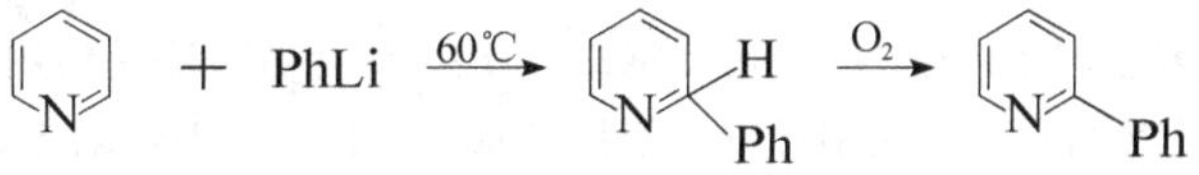

100%　　80%

4）氧化还原反应

吡啶比苯环难氧化，特别是在酸性环境中，喹啉氧化时，苯环开裂而吡啶环保留。

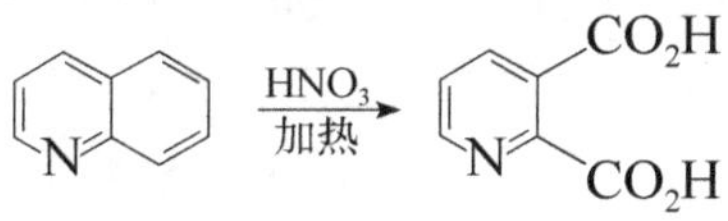

吡啶比苯易氢化，如吡啶催化氢化得六氢吡啶。

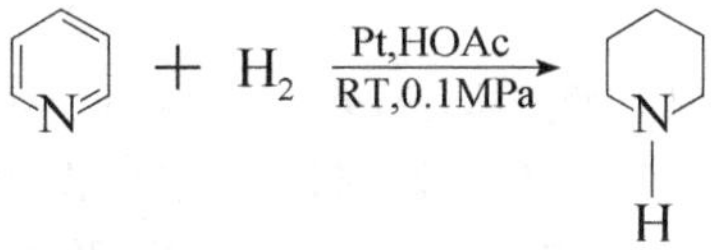

5）偶联反应

吡啶与 Raney Ni 共同回流，得 2，2′-联吡啶，金属钠或锌加乙酐使吡啶偶联为 4，4′-联二氢吡啶，用空气氧化即得 4，4′-联吡啶。

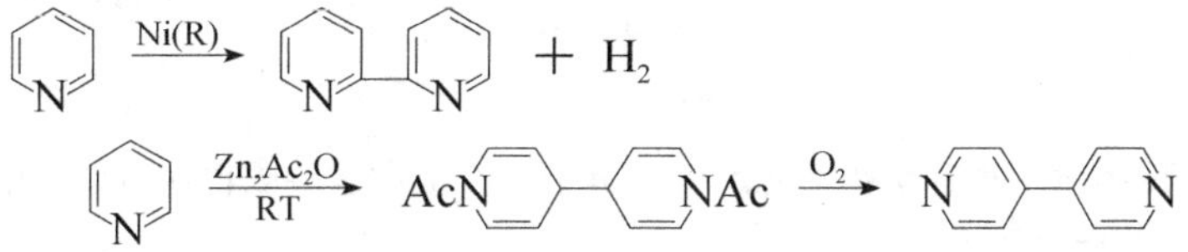

6．喹啉的化学反应

喹啉是稠杂环，存在于煤焦油中，是有恶臭味的无色油状液体，沸点 238.05℃。难溶于水，能与大多数有

机溶剂混溶。

1）亲电取代与亲核取代反应

喹啉由于吡啶环的电子云密度低于与之并联的苯环，所以喹啉的亲电取代反应发生在电子云密度较大的苯环上，取代基主要进入 5 或 8 位。如喹啉的硝化、磺化和卤化等反应。

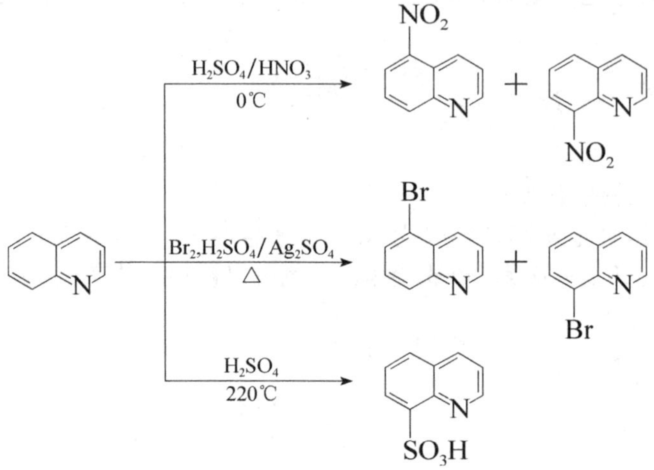

亲核取代则主要发生在吡啶环的 2-或 4-位，如喹啉与氨基钠反应。

2）喹啉环的合成法

喹啉的合成方法有多种，常用的是斯克劳普(Skraup)法。斯克劳普法是利用苯胺与甘油、浓硫酸及硝基苯共热而生成喹啉。斯克劳普法能利用多种取代苯胺作原料，因此，对于合成喹啉的吡啶环上有取代基的喹啉衍生物而言，有特殊意义。

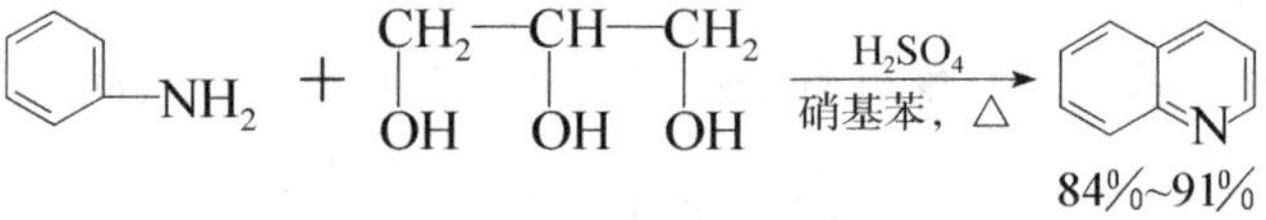

11.1.4 重要杂环化合物

1. 呋喃及其衍生物

呋喃是一种无色、有特殊气味、低沸点的液体，易溶于有机溶剂，它的衍生物 α-呋喃甲醛(糠醛) 和 5-硝基呋喃甲醛是重要的工业原料。α-呋喃甲醛可从米糠、棉籽壳、玉米芯、高粱秆、花生壳等农副产品加工而得。用稀酸加热蒸煮处理上述农副产品，所含的多聚戊糖水解为戊糖，再失水环化即可得糠醛。

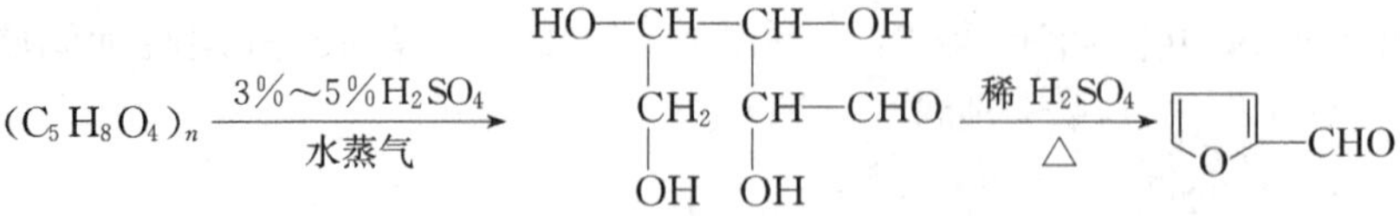

多聚戊糖　　　　戊糖　　　　呋喃甲醛

糠醛在光、热作用下，空气中很容易被氧化和聚合，是有机合成的重要原料，可制造糠醛树脂。糠醛不含 α-氢，在碱性条件下可发生歧化反应。

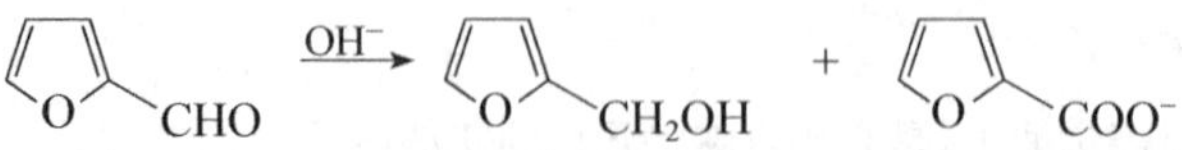

5-硝基糠醛是医药工业的原料，醛基与氨基化合物缩合可以制备呋喃西林，呋喃唑酮等杀菌和抗菌药物。

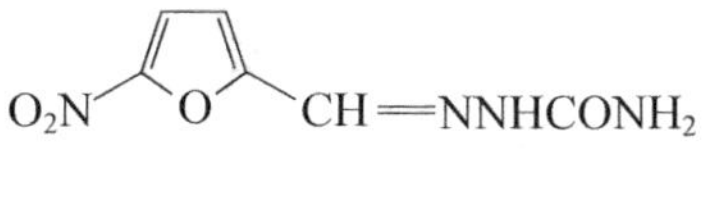

呋喃西林

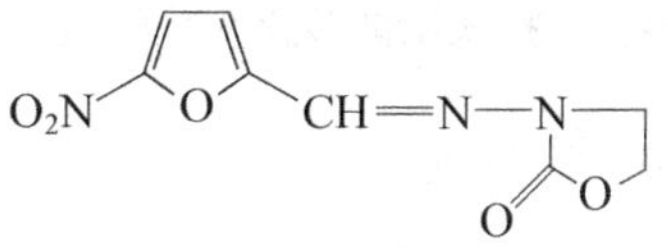

呋喃唑酮

2. 吡咯及其衍生物

吡咯存在于骨焦油和煤焦油中，沸点为 113℃的无色液体，溶于有机溶剂，在空气中易氧化。4 个吡咯环与 4 个次甲基组成 1 个共轭的卟吩环，它是构成生物界有重要生物功能的色素——血红素和叶绿素的物质(图 11-1)。

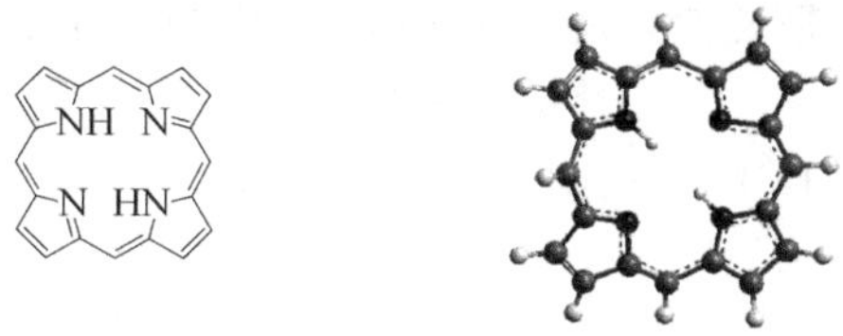

图 11-1　卟吩环分子结构

血红素为血红蛋白分子中的辅基，它起着将肺部吸收的氧传递到肌肉或其他组织中的作用。该分子的化学结构中含 1 个卟啉环，为复杂共轭体系。血红素被血红蛋白质的肽链包围，只留下 1 个小孔，允许氧分子通过(图 11-2)。

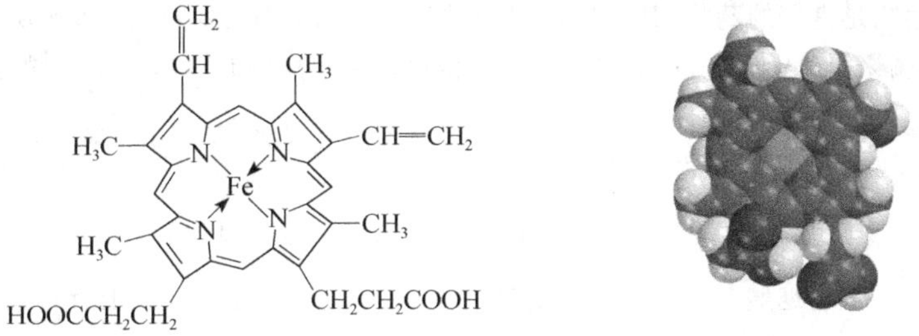

图 11-2　血红素分子结构与模型

叶绿素能溶于非极性溶剂。在碱的作用下可皂化水解，在弱酸的作用下可置换金属镁离子，在强酸作用下可使叶绿素遭到破坏。叶绿素化学结构如下：

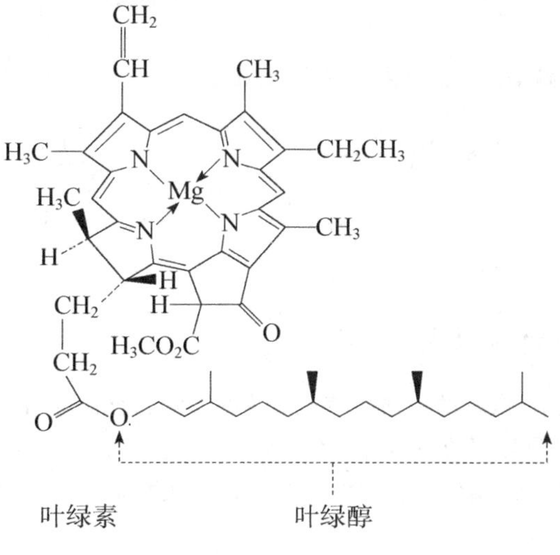

叶绿素分子中仍含有高度共轭的卟啉环，并含有一个甲酯、一个叶绿醇酯。卟啉环中心与镁螯合。叶绿素分子能吸收光量子，把太阳能转化为化学能。

3. 吡啶及其衍生物

吡啶存在于煤焦油和骨油中，它是一种有臭味的液体，可与水、乙醇、乙醚等任意混合。含有吡啶的化合物是重要的生物活性物质。例如，植物所含的生物碱不少都具有吡啶环结构，维生素 PP、维生素 B_6、辅酶Ⅰ及辅酶Ⅱ也含有吡啶环。吡啶是重要的有机药物合成原料、良好的有机溶剂和有机合成催化剂。

维生素 B_6 为无色结晶，易被光破坏。维生素 B_6 是维持蛋白质正常代谢必需的维生素。临床上主要用于防治异烟肼、青霉胺等药物引起的中枢神经兴奋症状和周围神经炎，放化疗引起的贫血和白细胞减少。麦麸、米糠和谷胚中含量较多。维生素 B_6 在体内主要以吡哆醛和吡哆胺形式存在，与三磷酸腺苷(ATP)反应生成的磷酸吡哆醛和吡哆胺，两者是氨基酸转胺酶和氨基酸脱羧酶的辅酶。它们的化学结构如下：

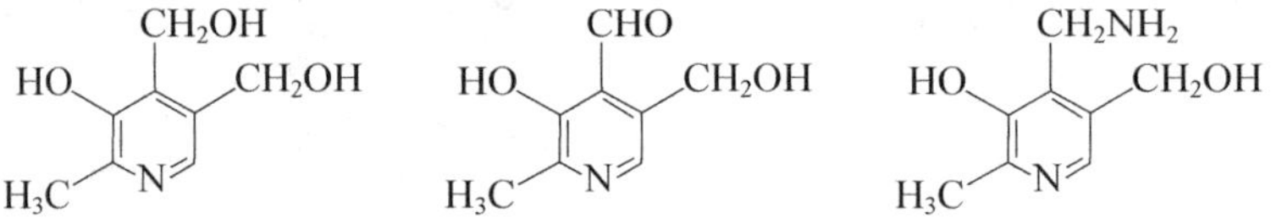

吡哆醇　　吡哆醛　　吡哆胺

烟酸又称 β-吡啶甲酸，它的酰胺是维生素 PP 的组成成分，在米糠、酵母、肝、牛乳、花生中含量较多。烟酸参与生物体内的许多反应，并参与组成某些酶。如烟酸参与组织氧化还原过程，促进细胞新陈代谢机能。烟酸有扩张血管作用，用于末梢血管痉挛、动脉硬化等治疗。

烟酸的不少衍生物是良好的药物，其作用是兴奋呼吸中枢及血管运动中枢，如吡啶-4-甲酸又叫异烟酸，它的酰肼商品名叫“雷米封”(remifonum)；是一个很好的医治结核病(肺结核，肠结核)的药，主要有以下几种：

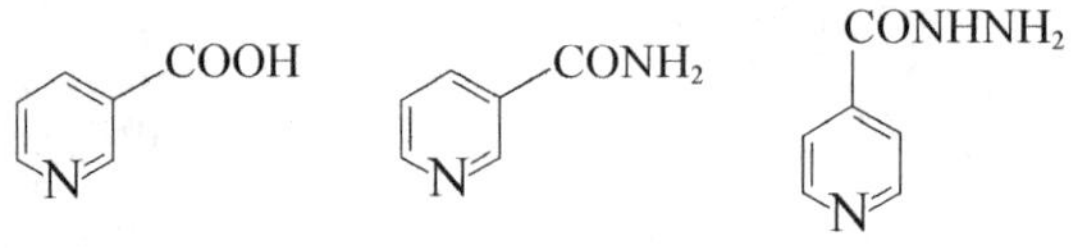

烟酸　　烟酰胺　　异烟酰肼，雷米封

又如 *N*,*N*-二乙基烟酰胺(尼可刹米；nikethamide)是中枢神经兴奋药，用于治疗中枢性呼吸功能不全，严重感染引起的呼吸、循环衰竭，也可用于治疗吗啡中毒。*N*,*N*-二乙基烟酰胺可由下法合成：

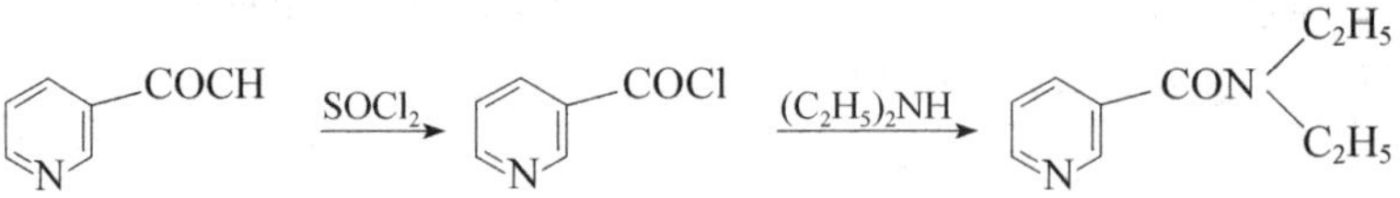

烟碱有杀虫作用，基于烟碱类结构而开发的杀虫剂，如吡虫啉、吡虫清具有杀虫谱广、用量低等特点。

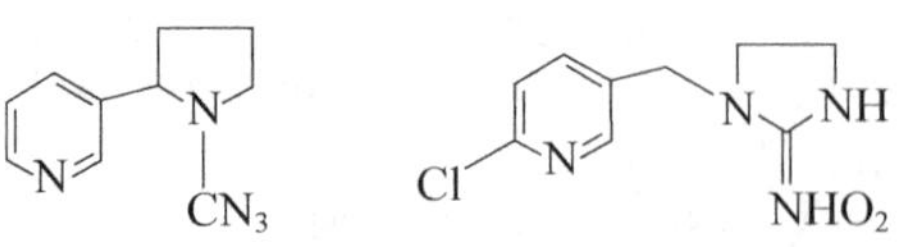

烟碱　　吡虫啉

4. 吲哚和 1,2,4-三唑的衍生物

吲哚属稠杂环，无色片状结晶，它的极稀溶液有愉快的香味。有与吡咯相似的弱酸性及红色的松片反应。吲哚乙酸简称 IAA，是最早发现的植物内源性激素之一，它能刺激植物细胞伸长和分生组织的活动，抑制侧芽和分枝的发育、促进切条基部新根的发生。吲哚乙酸在植物体内，经色氨酸氧化脱氨、脱羧产生。

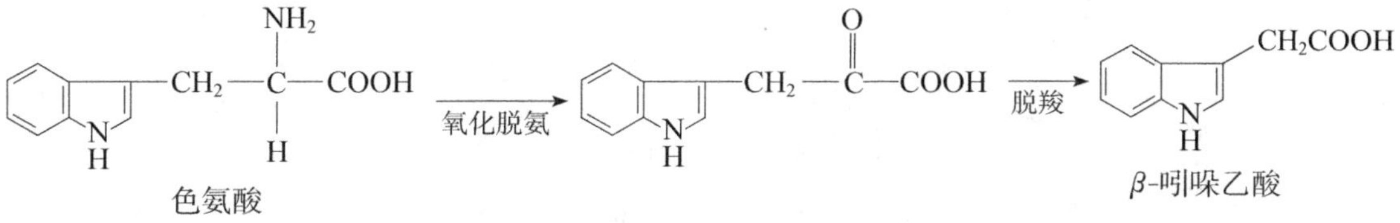

含 1,2,4-三唑的一些化合物是杀菌剂和植物生长调节剂，如三唑酮、多效唑等，它们的结构如下：

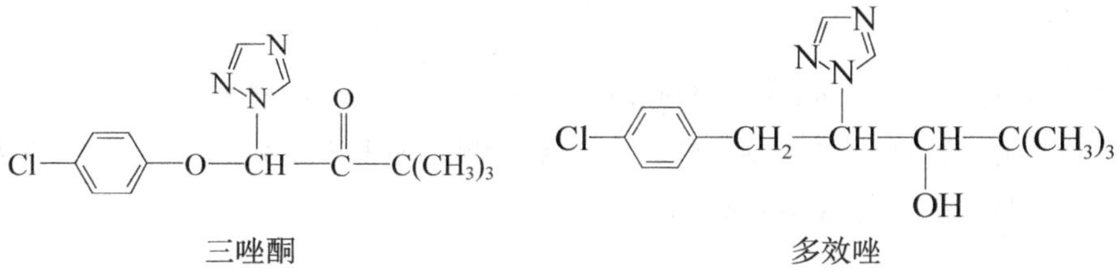

5. 嘧啶和嘌呤的衍生物

嘧啶和嘌呤的衍生物广泛存在于自然界。

嘧啶的衍生物维生素 B_1 为无色结晶，味苦，易溶于水，能与酸成盐。麦麸、米糠和谷胚中含有丰富的维生素 B_1。人体缺乏维生素 B_1 会得脚气病。维生素 B_1 在生物体内与 ATP 反应生成焦磷酸酯，为 α-酮酸氧化脱羧酶系中的一种辅酶，参与糖代谢的中间产物丙酮酸氧化脱羧和酮基转移生成乙酰辅酶 A 的过程，它的化学结构式如下：

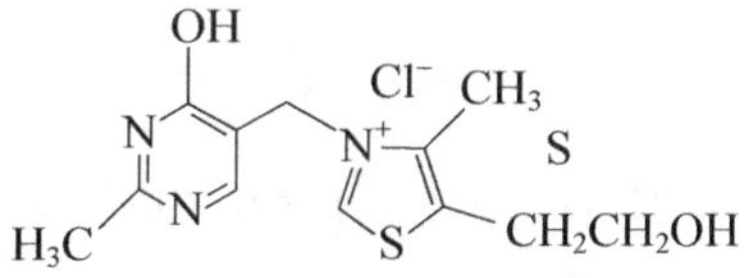

硫胺素(维生素B_1)

嘌呤常分布于植物的组织中。细胞分裂素是分子内含有嘌呤环的一类植物激素。细胞分裂素能促进植物细胞分裂，能扩大和诱导细胞分化，以及促进种子发芽。人们常用细胞分裂素来促进植物发芽、生长和防衰保绿，以及延长蔬菜的储藏时间和防止果树生理性落果等。目前在高等植物中已至少鉴定出了 30 多种细胞分裂素。

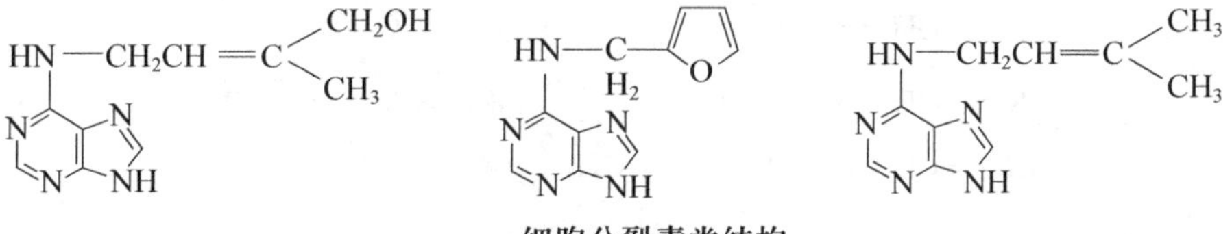

细胞分裂素类结构

嘧啶碱、嘌呤碱是核酸的重要组成部分，它们的结构式如下：

嘧啶和嘌呤也是一些抗肿瘤药物的母体。例如，5-氟尿嘧啶可干扰核酸的功能和合成，其衍生物用作抗癌药；6-巯基鸟嘌呤及其衍生物是治疗急性白血病的药物。

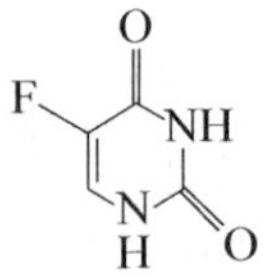

5-氟尿嘧啶

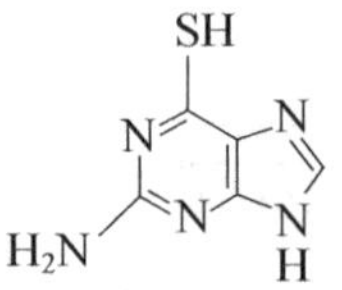

6-巯基鸟嘌呤

6. 维生素 B_2

维生素 B_2 又称核黄素，橙黄色针状结晶，味苦，略溶于水，不溶于非极性溶剂，见光易分解。维生素 B_2 与磷酸结合的化合物也是酶的组成部分，人体缺乏 B_2 经常会引起口唇黏膜及周围皮肤发炎。维生素 B_2 主要存在于酵母、肝、肾和心肝中。它的化学结构如下：

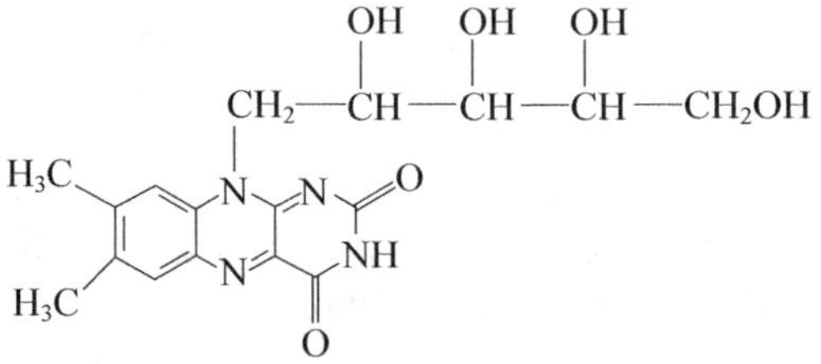

维生素B_2(核黄素)

7. 青霉素

青霉素是一类抗生素的总称，已知的青霉素有一百多种，它们的结构相似，均由 β-内酰胺环和具有稠合在一起的四氢噻唑环。

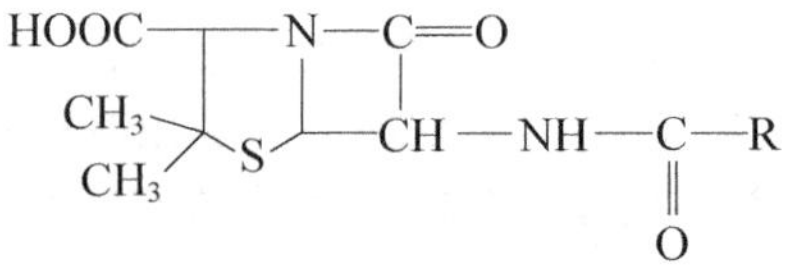

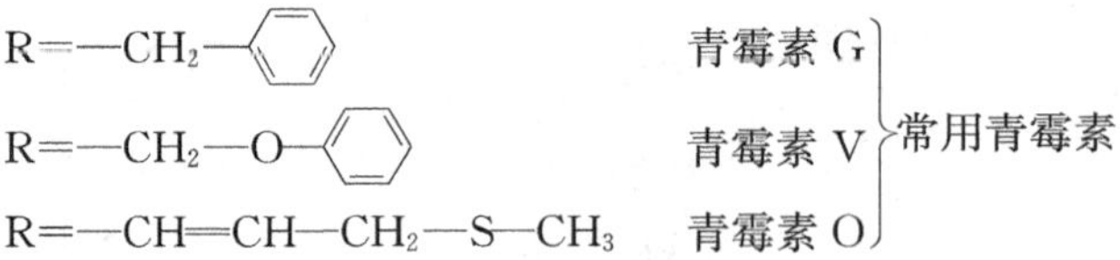

青霉素具有强酸性($pK_a \approx 2.7$)，在游离状态下不稳定(青霉素 O 例外)，故常将它们变成钠盐、钾盐或有机碱盐用于临床。

8. 青蒿素

20 世纪 60 年代末，疟原虫对抗疟药奎宁(quinine，是治疗疟疾的首选药物)及氯喹产生了抗药性，致使全球疟疾的年发病人数达到数亿，病人死亡率急剧上升。1965 年首先由中国研究人员从青蒿植物中提取出青蒿素(artemisinin)，后来发现在越南的疟疾高发期间，青蒿素成功地使当地死于疟疾的人数减少了 97%，从而迅速取代治疗疟疾的传统药物，如奎宁及其衍生药物。进一步药理实验证实，青蒿素及结构改进的蒿甲醚除有优良的抗疟作用外，还有杀死癌细胞的能力。体外试验表明青蒿素几乎能全部被杀死乳腺癌细胞，但对正常细胞的影响很小。青蒿素有可能成为无毒的抗癌药。

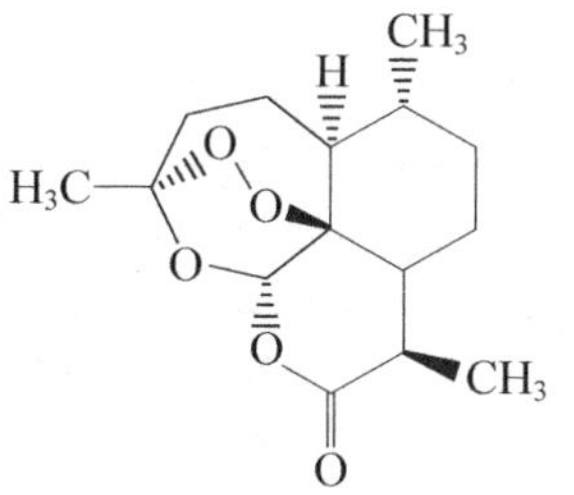

青蒿素

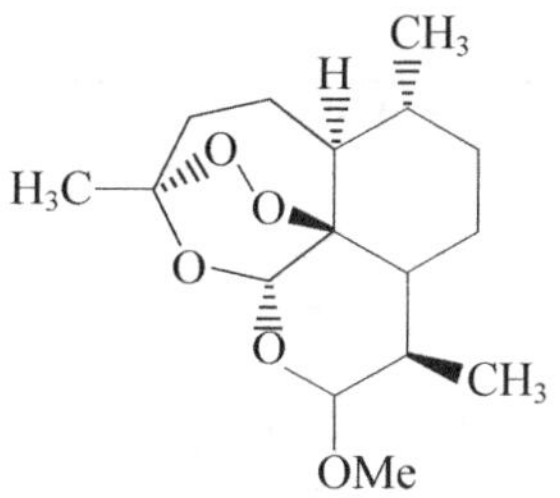

蒿甲醚

11.2 生　物　碱

11.2.1 生物碱概述

生物碱(alkaloid)是一类存在于生物体内,对人和动物有强烈生理效应的碱性含氮化合物。它们基本是含氮的杂环,也有少数生物碱的分子结构中没有含氮的杂环。它们大多对人畜有毒,少量应用可作为医药疗剂,许多中草药的有效成分是生物碱。

生物碱广泛分布于植物界中,以双子叶植物最多,其次依次为单子叶植物、裸子植物、蕨类植物,只有极少数生物碱存在于动物内体,因此生物碱也常称为植物碱。在罂粟科、茄科、毛茛科、豆科等植物中生物碱的含量较多,同一科属或亲缘关系较近的科,常含有同一结构或类似结构的生物碱,但同一种生物碱亦可分布在多种科中,如小檗碱在毛茛科、芸香科、小檗科的一些植物中都有存在。生物碱含量一般都较低,大多少于 1%,但有少数含量特别多或特别少的特殊情况,如黄连中小檗碱含量可高达 8%～9%,金鸡纳树皮中生物碱含量为 10%～15%,而长春花中的长春新碱含量只有百万分之一。

生物碱一般按它的来源来命名,例如,从烟草提出的生物碱就叫烟碱(尼古丁,nicotine),喜树中的喜树碱、长春花中的长春新碱等。

大多数生物碱是无色有苦味的晶体,可溶于稀酸及乙醇、乙醚、氯仿等有机溶剂。生物碱呈碱性,生物碱的碱性强弱,与它们分子中氮原子存在的状态有密切的关系。如果分子中氮原子呈酰胺状态,则碱性极弱或消失。有的生物碱分子具有酚性羟基或羧基,因而会具有酸碱两性。大多数生物碱在生物体内常与草酸、苹果酸、柠檬酸等有机或无机酸结合成盐。因此,可用碱处理,使生物碱游离出来,再用有机溶剂提取。有些生物碱还可直接采用水蒸气蒸馏、升华、色层、离子交换等方法从植物中提取。

生物碱可被许多试剂沉淀或发生呈色反应,这些试剂常称为生物碱试剂,例如,单宁、苦味酸、磷钨酸、磷钼酸、碘化汞与碘化钾、碘化铋与碘化钾、甲醛、硫酸、硝酸。

11.2.2 生物碱选述

生物碱按基本骨架大致分为:氢化吡咯、吡啶、喹啉、异喹啉、吲哚、咪唑、苯并吡嗪、嘌呤及不含杂环的化合物等数大类。这里以列表形式介绍其中的比较常见的几种生物碱(表 11-1)。

表 11-1　生物碱举例

名　称	结构式	存　在	性质和用途
毛果芸香碱	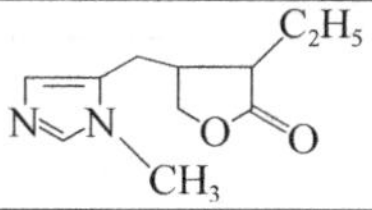		油状液体,溶于水、醇、氯仿,难溶于醚。沸点 260℃(670Pa)。对汗腺和唾液有刺激作用,对瞳孔有收缩作用。

续表

名称	结构式	存在	性质和用途
金鸡纳碱（奎宁）	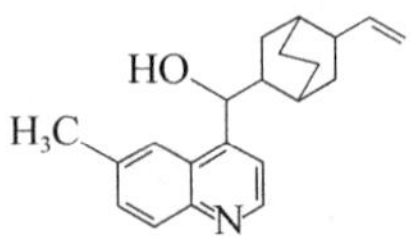	金鸡纳树皮（芸香科）	无水奎宁熔点 177℃。3 个分子结晶水的奎宁熔点 57℃。微溶于水，易溶于乙醇、乙醚。是常用的抗疟疾药，并有退热作用。但对恶心性疟疾无效。
黄莲素（小檗碱）	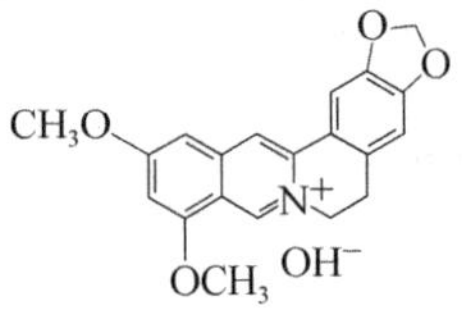	黄柏、黄莲	黄色结晶，味极苦。熔点 145℃。易溶于水，是抗菌类药物，治疗肠胃炎及细菌性痢疾。
吗啡	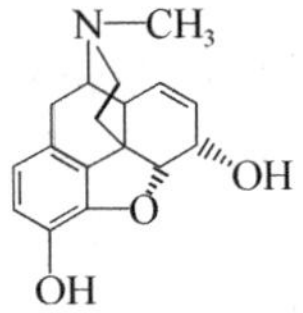	罂粟	片状结晶，熔点 253～254℃。难溶于一般有机溶剂。有镇疼、止痉、止咳、催眠、麻醉等作用。
烟碱（尼古丁）	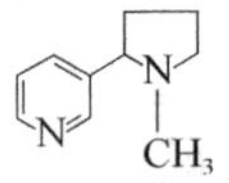	烟草	无色液体，味苦，溶于水，可用水蒸气蒸馏法提取。有毒，人吸烟可发生尼古丁慢性中毒。
麻黄素	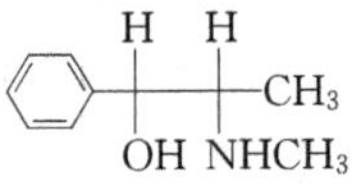	麻黄	无色结晶，熔点 38.1℃。易溶于水或乙醇。有扩张支气管、平喘、止咳、发汗等作用。
秋水仙碱	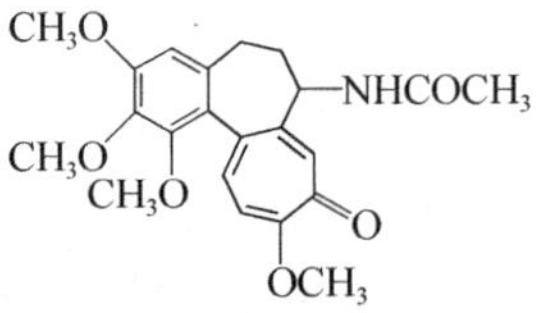	百合科球径、云南山慈姑	灰黄色针状结晶，熔点 155～157℃，易溶于氯仿，不溶于乙醚。用于人工诱发单倍体，组织培养，具有抗癌（乳腺癌），治急性痛风。但毒性较大，用时慎重。
颠茄碱（阿托品）	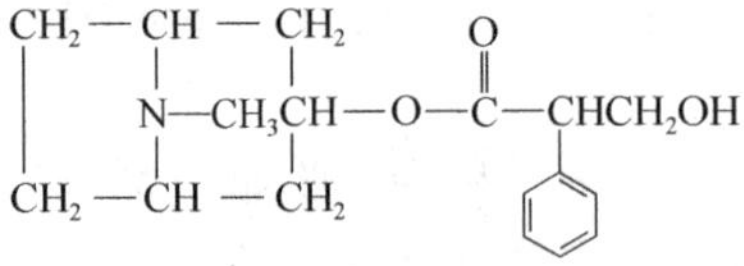	颠茄、曼陀罗、天仙子（茄科）	白色结晶，难溶于水，易溶于乙醇。用于扩散瞳孔，治平滑肌痉挛，亦用作有机磷中毒的解毒剂。
咖啡碱	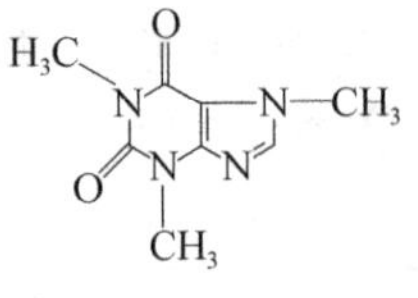	茶叶、咖啡	白色有丝光的针状结晶，味苦。熔点 238℃，于 178℃ 升华。易溶于水，乙醇、丙酮、氯仿，有兴奋中枢神经作用，是复方阿司匹林的成分之一，还具有利尿作用。嘌呤环上第 7 位 N 上的 CH_3 换为 H 即是茶碱。

思　考　题

1. 何谓"富电子杂环"与"缺电子杂环"？它们与苯的芳香性比较有何差别？
2. 呋喃为什么不能直接用硝酸进行硝化？
3. 吡咯磺化，选用吡啶催化的作用是什么？
4. 为什么说吡咯是弱酸？
5. 为什么吡啶环上易起亲核取代，并主要发生在 2-，4-和 6-位上。

习　　题

1. 用适当的方法将下列混合物的少量杂质除去。
   (1) 甲苯中混有少量吡咯
   (2) 苯中混用少量噻吩
2. 如果按亲电取代反应的活泼性来排列，则为如下次序：吡咯＞吡啶，但如果按碱性强弱来排列次序相反，试从结构理论上说明。
3. 完成下列反应。

(1) 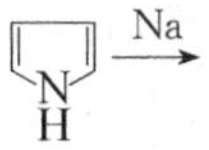

(2) 

(3) 

(4) 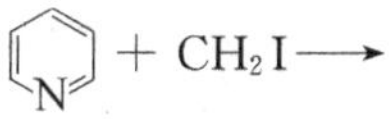

(5) 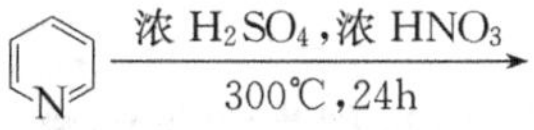

(6) 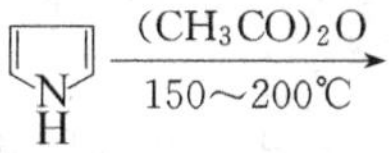

(7) 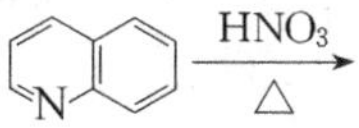

(8) 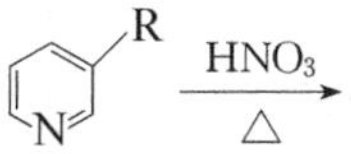

4. 叶绿素分子可看作是以卟啉环为主的"头部"和叶绿醇长链"尾部"组成，问：
   (1) 叶绿素的颜色取决于结构的哪一部分，为什么？
   (2) 哪一部分亲水性强？
5. 写出下列化合物的分子结构式。
   (1) β-吲哚丁酸　　(2) 烟酸　　(3) 6-苄氨基嘌呤
6. 吡咯和呋喃为什么不能用混酸进行硝化？吡咯和呋喃是否比苯更具有芳香性？
7. 喹啉发生硝化反应时，硝基取代在苯上还是取代在吡啶环上？为什么？
8. 颠茄碱水解可得颠茄醇(结构如下)，颠茄醇有旋光性吗？

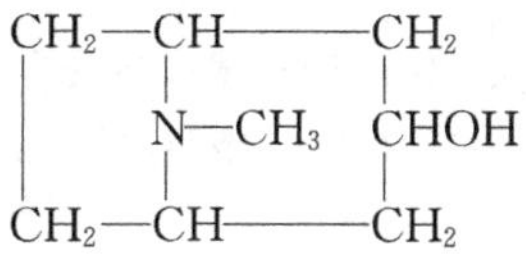

第 12 章　脂类化合物

脂类(lipoid)是广泛存在于生物体内的油脂及类似脂肪的化合物。它们在化学组成和结构上差异很大,因此,不能像以前讨论各类化合物一样,按官能团能给出一个定义,但脂类化合物都有其共同的特征:①由于脂类化合物结构中碳氢比例较大,所以它们一般不溶于水而溶于非极性的有机溶剂中;②脂类是细胞组成成分,能被生物体利用,是维持生物体正常的生命活动所不可缺少的物质;③具有酯的结构或成酯的可能。油脂、蜡、磷脂、甾族化合物、前列腺素等都属于脂类化合物,本章将重点讨论油脂结构;体现油脂性质的四个值,皂化值、酸值、酯值、碘值;磷脂及甾族化合物的结构;表面活性剂的结构与性质。

12.1　油　　脂

12.1.1　油脂的组成、结构和命名

油脂(oil)是 3 分子高级脂肪酸所形成的中性甘油酯(又叫酰基甘油)。一般在室温下呈液态的称为油(如菜油、豆油、蓖麻油等);呈半固态或固态的称脂肪(fat)(如猪油、牛油、羊油等)。天然的油脂都是 L-型的,其结构通式如下:

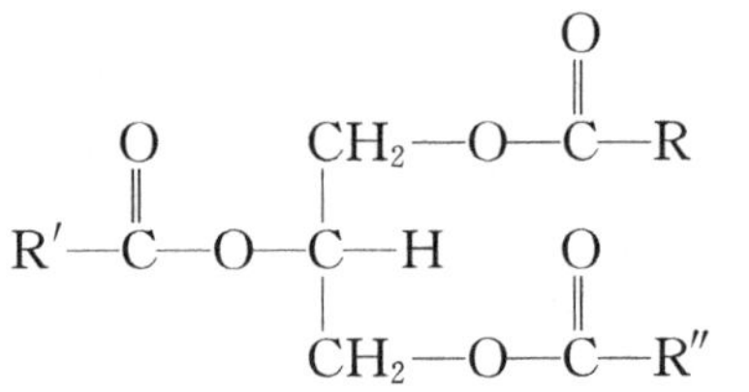

当三酰甘油中,有相同的 R 基时称为简单甘油酯,有不同的 R 基时称为混甘油酯。天然的油脂一般都是混甘油酯与简单甘油酯的混合物,即混合甘油酯。

命名油脂时,可以将甘油名称放在前,脂肪酸名称放在后,叫甘油某酸酯。也可以把甘油名称放在后,叫某酸甘油酯。如果是混甘油酯,则需分别标明脂肪酸的位次,例如

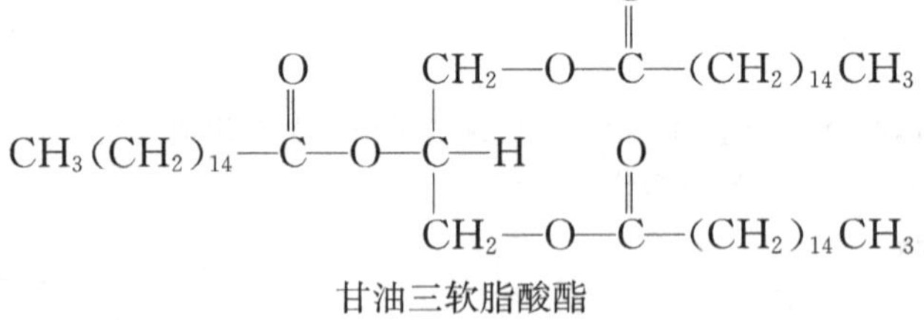

甘油三软脂酸酯

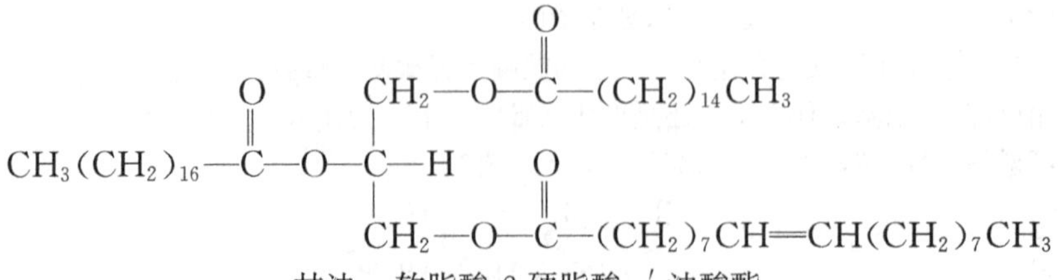

甘油-α-软脂酸-β-硬脂酸-α'-油酸酯

甘油酯水解可以得到高级脂肪酸。高级脂肪酸一般是含偶数个碳原子(C_{12}～C_{20})的长链高级脂肪酸,没有支链,可以是饱和的也可以是不饱和的。有双键时大多为顺式的构型,最常见的是 C_{14}、C_{16}和 C_{18}的酸(表 12-1 和表 12-2)。

表 12-1　常见油脂中所含的重要脂肪酸

脂肪酸的俗名	碳原子数	结构式	熔点/℃
1. 饱和脂肪酸			
月桂酸	12	$CH_3(CH_2)_{10}COOH$	44
肉豆蔻酸	14	$CH_3(CH_2)_{12}COOH$	54
软脂酸	16	$CH_3(CH_2)_{14}COOH$	63
硬脂酸	18	$CH_3(CH_2)_{16}COOH$	70
花生酸	20	$CH_3(CH_2)_{18}COOH$	75
2. 不饱和脂肪酸			
棕榈油酸	16	$CH_3(CH_2)_5CH{=}CH(CH_2)_7COOH$(cis)	32
油酸	18	$CH_3(CH_2)_7CH{=}CH(CH_2)_7COOH$(cis)	4
亚油酸*	18	$CH_3(CH_2)_4(CH{=}CHCH_2)_2(CH_2)_6COOH$(cis,cis)	−5
亚麻油酸*	18	$CH_3CH_2(CH{=}CHCH_2)_3(CH_2)_6COOH$(all cis)	−11
花生四烯酸*	20	$CH_3(CH_2)_4(CH{=}CHCH_2)_4CH_2CH_2COOH$(all cis)	−50

* 为必需脂肪酸。

表 12-2　一些脂肪或油的脂肪酸组成(质量分数,%)

脂肪或油	月桂酸	肉豆蔻酸	软脂酸	硬脂酸	油酸	亚油酸	亚麻油酸
猪油		1～2	25～30	12～16	40～50	5～10	1
奶油*	2～5	8～14	25～30	9～12	25～35	2～5	
牛油		3～5	25～30	20～30	40～50	1～5	
椰子油**	45～48	16～18	8～10	2～4	5～8	1～2	
橄榄油			8～16	2～3	70～85	5～15	
豆油			10	3	25～30	50～55	4～8
棉籽油		1	20～25	1～2	20～30	45～50	
红花油			6	3	13～15	75～78	
亚麻籽油					20～35	15～25	40～60

* 含 3%～4%丁酸和 C_6、C_8、C_{10}酸各 1%～3%。

** C_8 和 C_{10}酸各含 5%～9%。

天然油脂中,饱和油脂分子形状较规整,易紧密排列。不饱和油脂分子 π 键一般为顺式构型,其碳链不能像饱和酸那样呈锯齿形的“直链”,而是弯成一定角度,分子形状不规整,不易紧密排列。这样链与链间就不能紧密接触,油脂分子间很难形成紧密的稳定排列或晶格,分子间的作用力就小,因此不饱和高级脂肪酸的熔点比饱和高级脂肪酸的熔点低;含双键多的比含双键少的高级脂肪酸的熔点低。油中不饱和高级脂肪酸含量较多,所以油的熔点比脂肪低。

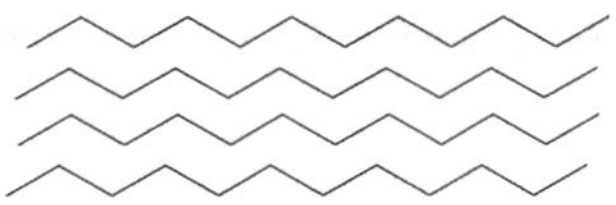

饱和油脂分子排列

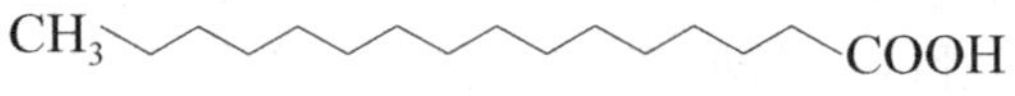

十六碳酸

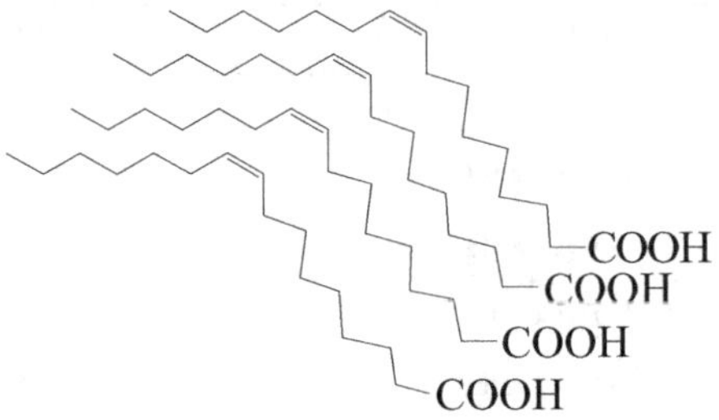

不饱和油脂分子排列

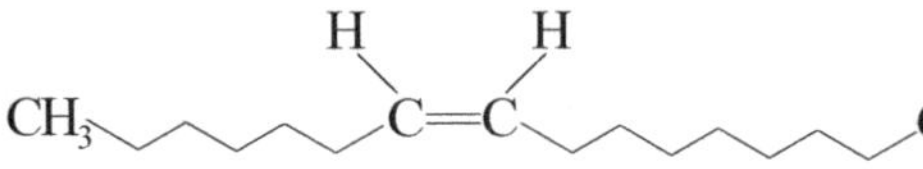

顺-9-十六碳烯

甘油酯水解得到的高级脂肪酸中，必需脂肪酸是人类饮食中缺乏的，但又与人类健康密切相关的脂肪酸，如多烯的脂肪酸。亚油酸和亚麻酸与鳞样皮肤，生长缓慢，皮肤脱水等健康问题有关。这些酸在生物合成途径中也是产生前列腺素的原料。

不少天然不饱和脂肪酸是有营养的生物活性物质。如深海鱼油，含有丰富的多元不饱和脂肪酸——二十二碳六烯酸 (DHA)和二十碳五烯酸(EPA)，它们具有健脑促智、降血脂、降血压、抗血栓和抗炎作用。又如蜂王浆的脂肪酸主要是 10-羟基-2-癸烯酸(10-HDA)，它是蜂王浆中特有的不饱和脂肪酸，所以又称为王浆酸。

12.1.2　油脂的性质

1. 物理性质

纯净的油脂是无色、无臭、无味的物质，一般油脂常有特殊的气味和颜色，这主要是因为天然油脂中往往溶有少量的维生素和色素的缘故。油脂的相对密度都小于 1，不溶于水，易溶于乙醚、氯仿、丙酮和苯等有机溶剂中，天然的油脂都是混合物，没有恒定的熔点和沸点。

2. 化学性质

1) 水解

油脂在酸、脂酶或碱的催化下都能发生水解反应。在酸或酶催化下水解，生成一分子甘油和三分子高级脂肪酸，这在工业上极为重要，因为脂肪酸可以用来制造肥皂及蜡烛等。水解反应如下：

$$\begin{array}{l}CH_2O—COR\\ |\\ CHO—COR'\\ |\\ CH_2O—COR''\end{array} + 3H_2O \xrightleftharpoons{\text{酸或脂酶}} \begin{array}{l}CH_2OH\\ |\\ CHOH\\ |\\ CH_2OH\end{array} + \begin{array}{l}RCOOH\\ \\ R'COOH\\ \\ R''COOH\end{array}$$

生物体中的消化作用就是油脂以脂酶为催化剂进行水解反应的一个实例。

在碱性条件下，油脂水解产生 1 分子甘油和 3 分子高级脂肪酸盐，高级脂肪酸盐即肥皂，因此油脂在碱性条件下的水解反应也叫皂化反应：

$$\begin{array}{l} CH_2O—COR \\ | \\ CHO—COR' \\ | \\ CH_2O—COR'' \end{array} + 3NaOH \longrightarrow \begin{array}{l} CH_2OH \\ | \\ CHOH \\ | \\ CH_2OH \end{array} + \begin{array}{l} RCOONa \\ \\ R'COONa \\ \\ R''COONa \end{array}$$

油脂的皂化反应是一个不可逆的过程。将油脂在氢氧化钠水溶液中煮沸直至水解完全，然后，在反应混合液中加入食盐，高级脂肪酸的钠盐就因盐析作用而分离出来，浮在水面。甘油的食盐水溶液在下面，这样就可以把两种产物分开。脂肪酸的钠盐就是所谓的硬皂，如果用氢氧化钾代替氢氧化钠进行皂化，就可得到一种半胶状的物质叫软皂或钾皂。

1g 油脂完全皂化所需的氢氧化钾的毫克数称为皂化值。皂化值与油脂的平均相对分子质量成反比。含有较大比例高相对分子质量的脂肪酸的油脂，要比含有较大比例相对分子质量较小的脂肪酸的油脂的皂化值要低。因此，从皂化值可计算油脂的平均相对分子质量。一些油脂的皂化值列于表 12-3 中。

$$平均相对分子质量 = 168000/皂化值$$

式中：168000 是皂化 1mol 油脂所需的氢氧化钾的毫克数（$56 \times 3 \times 1000 = 168000$）。

表 12-3　一些油脂的皂化值范围

脂肪或油	皂化值	脂肪或油	皂化值
猪油	195～203	豆油	189～195
奶油	210～230	棉籽油	190～198
牛油	190～200	红花油	188～194
橄榄油	187～196	亚麻籽油	187～195

1g 纯粹甘油酯完全水解所需的氢氧化钾的毫克数称为酯值。由于天然油脂一定含有少量游离的脂肪酸，皂化值中包含着中和这些脂肪酸所需的氢氧化钾的毫克数，中和脂肪酸所需的氢氧化钾的毫克数为酸值，因此油脂的酯值与皂化值不同，皂化值等于酯值与酸值之和。

2）油脂氢化

油脂中脂肪酸的不饱和程度对油脂的物理及化学性质都有很大的影响，不饱和酸的熔点较低，因此，用含不饱和酸较多的油脂制备肥皂，质量较差。为了克服这个缺点，常采用催化氢化法。将含有较多不饱和高级脂肪酸的油脂，在低压有催化剂存在下用氢处理，可降低不饱和度，液态的油就可以转化为半固态或固态的脂肪。随着氢化的进行，油的熔点也不断升高。因此，油脂的氢化也叫“油脂的硬化”。不饱和油脂控制氢化可使植物油硬化，植物油部分氢化的产物还可作为人造奶油和黄油的代用品，这样可以防止由天然牛油中摄入过多的胆固醇。油脂中含有不饱和脂肪酸较多时容易氧化变质，经氢化后的油脂不易被氧化，并因熔点提高有利于储存，便于运输。

3）油脂与卤素加成

油脂分子不饱和脂肪酸中的碳碳双键（C═C）可以与卤素进行加成反应，氯和溴虽然都可以与不饱和的油脂加成，但通常用在标准状况下吸收的碘量（碘值）来估计 1 个油脂的不饱和程度。碘值是指 100g 油脂所吸收碘的克数，碘值越大，油脂的不饱和程度就越高，熔点越低。天然脂肪中饱和脂肪酸占优势，因而碘值低；油中不饱和脂肪酸的比例大，所以有较高的碘值。一些油脂的碘值列于表 12-4 中。

表 12-4　一些脂肪和油的碘值范围

脂肪或油	碘　值	脂肪或油	碘　值
猪油	46～70	豆油	127～138
奶油	26～28	棉籽油	105～114
牛油	30～48	红花油	140～156
橄榄油	79～90	亚麻籽油	170～185

4）油脂的氧化

油脂久置空气中，空气中的氧会慢慢氧化油脂成为各种产物，双键越多越易被氧化。氧化的过程较复杂，最终使碳碳双键断裂，氧化成含有较短碳链的酮、醛或酸一类的化合物。氧化产物具有一种不愉快的气味，这种氧化变化过程叫油脂的酸败。光、热或某些金属可加速油脂的酸败，因此油脂应避光冷藏保存。

植物油中虽然含有较多的不饱和脂肪酸，但比脂肪稳定，其主要原因是在植物油中存在较多的天然抗氧剂——维生素 E。

在微生物和酶的作用下，油脂水解成长链脂肪酸，脂肪酸可发生 β-位氧化成酮酸，这种氧化在生物代谢中出现。在正常代谢中，β-酮酸进行酸式分解得降解 2 个碳原子的脂肪酸，此脂肪酸反复进行 β-氧化供给生物体能量。当代谢障碍时，β-酮酸进行酮式分解生成酮。同样产生不愉快的气味。例如，辛酸经 β-氧化作用后生成 β-羰基辛酸，后者进一步分解成为甲基酮：

$$CH_3(CH_2)_4CH_2CH_2COOH \xrightarrow{\beta\text{-氧化}} CH_3(CH_2)_4\overset{\overset{\displaystyle O}{\|}}{C}CH_2COOH$$

$$\xrightarrow{\text{脱羧}} CH_3(CH_2)_4\overset{\overset{\displaystyle O}{\|}}{C}CH_3 + CO_2\uparrow$$

12.1.3　表面活性剂

1）表面张力

物质分子与分子间存在相互吸引的作用，位于表面层的分子和它的内部分子所处的情况是不同的。以液体为例，液体内部的分子，它从各方向所受到相邻分子的引力是均衡的，作用于该分子上的吸引力的合力等于零。

液体内部分子受到相邻分子的引力　　液体表面层的分子受到相邻分子的合力

液体表面层的分子，它所受到相邻分子吸引力的合力是指向液体内部并与液面相垂直的。结果是这种合力企图把表面层的分子拉入液体内部，因而液体表面有自动缩小的倾向。如果想使表面增大，就必须使分子从液体内部反抗引力将其拉到表面，这一过程需要消耗一定量的功，这种功成为表面层分子多余的能量，储藏在表面上。表面张力就是增加液体表面积所需的能量。表面张力是一切表面现象产生的根源。如小液滴的饱和蒸气压增大，小颗粒固体的溶解度增大，胶体颗粒的聚结不稳定性等。

2）肥皂

日常用的肥皂是高级脂肪酸的钠盐或钾盐，分子中的长链烃基部分是非极性的，是疏水基；另一头的羧酸根离子具有极性，是亲水基。

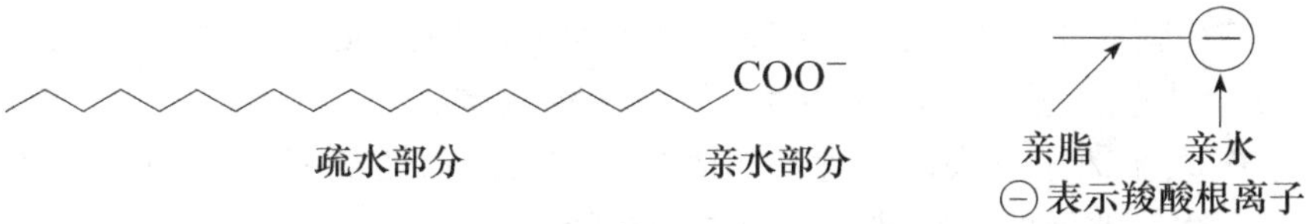

在水溶液中，肥皂分子中亲水基羧酸根就进入水中，而亲油的长链烃基则翘出水面。如果肥皂分子与油层接触，则亲油基进入油层而亲水基翘在油面上。这样，肥皂分子在水面或油面上就定向排列形成一个单分子层，并使水或油的表面性质发生改变，降低了表面张力，这就是肥皂的表面活性，因此肥皂是一种表面活性剂。如图 12-1 所示。

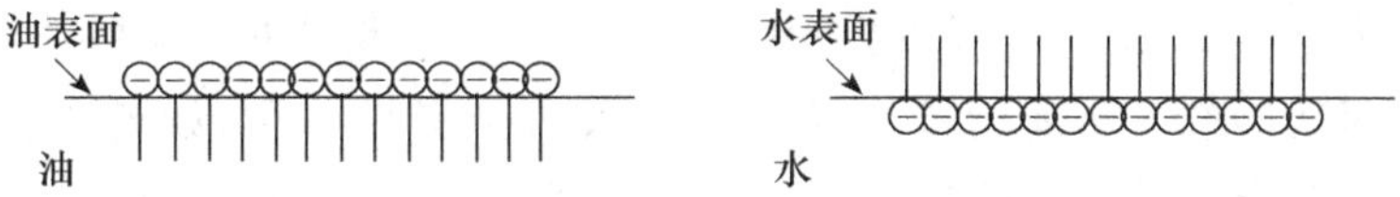

图 12-1　肥皂在水面或油面形成单分子层

将少量的油与水一起振荡时，大的油滴会成为微小的液珠分散在水中，构成乳浊液。停止振荡后，静置一段时间，会发现油珠因分子间的范德华引力又由小变大聚集在一起，油与水分层。如果在水油混合液中加入适量的肥皂，经振荡后，肥皂分子中亲油的长链烃基将没入油中，而羧酸根离子部分伸在油滴外面而没入水中，这样，小油珠的表面就被肥皂分子所包围，分散而悬浮于水中，如图 12-2。翘在油珠外面的一层羧酸根负离子，由于带相同的电荷，同性相斥，因此油珠不再聚集，而是形成相对稳定的乳浊液，所以肥皂也可作乳化剂。

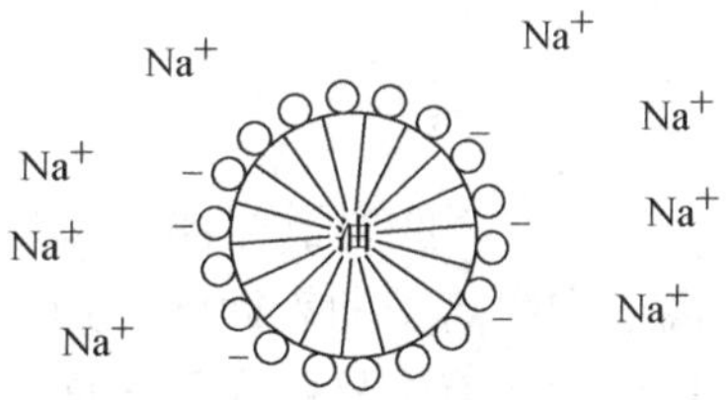

图 12-2　肥皂的乳化作用

衣物上的油污用肥皂处理后，再经机械振动和摩擦作用，大的污渍被分散成细小的油珠，然后再受肥皂分子的包围而分散入水中，这就是肥皂的去污原理。

肥皂具有优良的去污作用，但也有一些缺点，如普通的肥皂只能在软水中使用，一遇硬水（水中钙、镁、铁含量较高）肥皂就生成了钙盐、镁盐等不溶性的沉淀，使去污能力大大降低。若在酸性水中使用，肥皂能游离出能溶于水的高级脂肪酸，也使其去污能力降低，而且，制造肥皂需消耗大量的食用油脂。用合成表面活性剂代替它，基本上克服了这些缺点。

由于对肥皂的需用量很大，目前国内外大量使用合成表面活性剂。这些合成的表面活性剂结构可以不同，但都有一个共同的特点，就是类似于肥皂，均含有一个极性的水溶性基团和一个非极性的油溶性基团，其作用也与肥皂类似。

3）合成表面活性剂

根据结构特点可以将合成表面活性剂分为四类。

（1）阴离子型：这是目前应用最广的一类表面活性剂，它的结构与肥皂类似，亲水基是阴离子。所以，肥皂也是一类阴离子型的表面活性剂。这一类表面活性剂中最重要的是十二碳醇硫酸酯的钠盐：$n\text{-}RCH_2OS\overset{-}{O}_3\overset{+}{N}a$。十二烷基硫酸酯的钠盐稳定性好，具有优良的起泡性能，对皮肤作用温和且无毒，并具有良好的调理效果，常用于牙膏、化妆品和洗洁精中。十二烷基苯磺酸钠是洗衣粉的主要成分，它是现在国内外使用最广泛的一种阴离子型合成表面活性剂：

烷基一般以十二个碳原子左右为好。碳原子过多使油溶性太强，水溶性太小；太少，又会使油溶性减弱，水溶性太强。过大或过小都直接影响去污效果。

(2) 阳离子型：阳离子型表面活性剂与阴离子型表面活性剂相反，溶于水时起作用的有效部分是阳离子。这一类表面活性剂大多数是季铵盐。例如

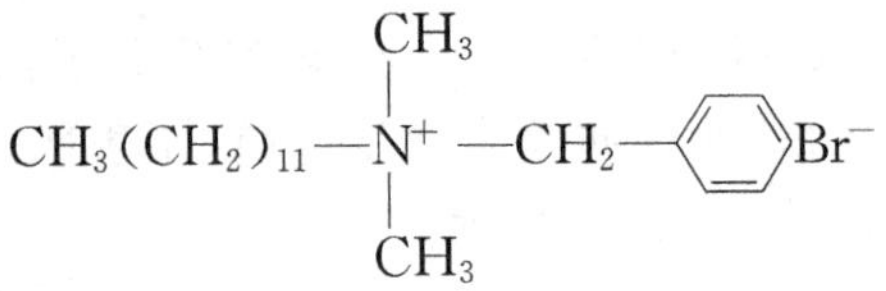

新洁尔灭（二甲基十二烷基苄基溴化铵）

$$CH_3(CH_2)_{11}-\overset{+}{N}(CH_3)_3Cl^-$$

三甲基十二烷基氯化铵

阳离子型表面活性剂去污能力较差，但它们大多兼有杀菌作用，如新洁尔灭就常用作医用洁净杀菌剂。三甲基十二烷基氯化铵可用作黏胶凝固液中的添加剂。

(3) 非离子型：非离子型表面活性剂的亲水基不带电荷，如羟基、醚键等，它们是中性化合物，在水中不解离。如十六醇、十八醇、二十二醇、壬烷基酚聚氧乙烯醚等。

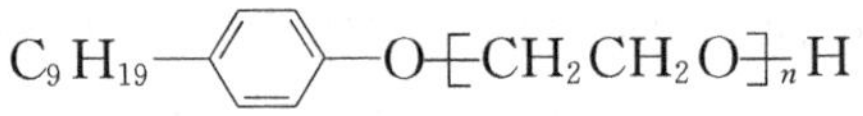

壬烷基酚聚氧乙烯醚

(n=6～12)

(4) 两性离子型：两性型表面活性剂是同时具有阳离子和阴离子或非离子和阳离子，或非离子和阴离子的表面活性剂，其结构上同时存在性质相反的离子，在水中同时带有正负电荷。在酸性溶液中呈阳离子表面活性；碱性溶液中呈阴离子表面活性；在中性溶液中呈非离子表面活性。按其化学结构可分为

氨基酸型　　$RNHCH_2CH_2COOH$

甜菜碱型

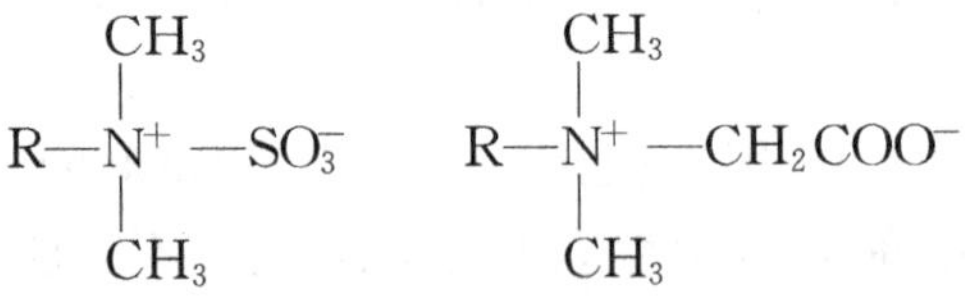

除了以上几种常见的合成表面活性剂之外，还有些含氟、含硅等特种类型的表面活性剂。

自然界的细菌可以使肥皂发生降解作用。这是因为天然存在的脂肪酸都是直链的化合物。R 基团带支链的烷基苯磺酸钠就不能被细菌所降解，容易聚集在下水道中或漂浮在河流中，引起环境污染。这是因为细菌对有机物的生物氧化降解有选择性，它对直链的有机物可以作用，所以，从 60 年代中期起，国际上采用线形的 C_{12} 以上的烷基制备表面活性剂。

12.1.4　蜡

蜡(waxes)是一种混合物，其组成相当复杂。大部分的蜡都是 16 个碳以上的偶数碳原子的羧酸和高级一元醇形成的酯。此外，蜡中还存在一些游离的高级羧酸、醇、高级的烃及酮等。

蜡在常温下是固体，不溶于水而溶于乙醚、苯、氯仿等有机溶剂。

根据来源不同，蜡可分为植物蜡和动物蜡两类。动物蜡存在于动物的皮毛、羽毛及昆虫的体表等部位；植物蜡常成薄层状覆盖在茎、叶、树干、花等植物组织或器官的表层，或覆盖在种子和果实的表皮。重要的蜡常见有以下几种：

$$CH_3(CH_2)_{14}\overset{O}{\overset{\|}{C}}OCH_2(CH_2)_{14}CH_3$$

鲸蜡，m. p. 41～46℃

存在于鲸鱼头部

$$C_{25\sim27}H_{51\sim55}\overset{O}{\overset{\|}{C}}OC_{30\sim32}H_{61\sim65}$$

蜂蜡，m. p. 60～62℃

存在于蜜蜂腹部

$$C_{25}H_{51}\overset{O}{\overset{\|}{C}}OC_{30}H_{61}$$

巴西蜡，m. p. 83～90℃

存在于巴西棕榈叶

蜡在工业上可用作光亮剂、防水剂、制蜡纸和医药材料等。如将蜡水解，就可得相应的高级羧酸及高级醇。蜡在生物体中常起润滑和防水保护层等作用。

12.2　磷　　脂

磷脂(phospholipid)是一类含磷的类脂化合物，是构成人体所有细胞和组织的成分之一，存在于绝大多数细胞膜中，尤其广泛分布于脑和神经组织中。蛋黄、植物种子及胚芽、大豆中都含有丰富的磷脂。磷脂的结构与油脂相似，但结构较复杂，按照与磷酸酯化的醇的不同，可将磷脂分为两种。

12.2.1　磷酸甘油酯

最常见的磷脂有磷酸甘油酯，磷酸甘油酯是磷脂酸的衍生物。磷脂酸的结构式如下：

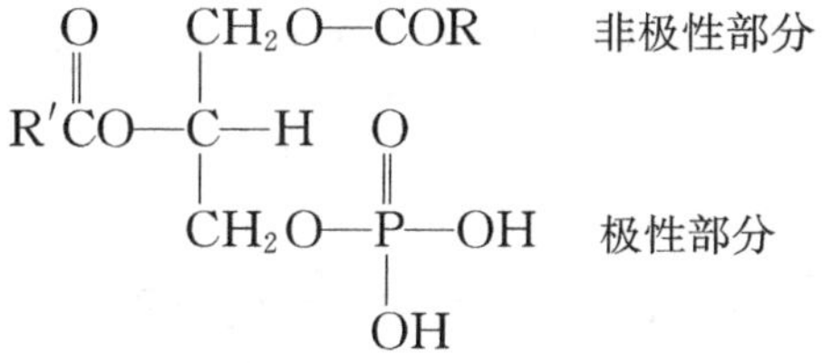

L-α-磷脂酸

从结构上看，磷脂酸是由两个脂肪酸通过酯键连接在甘油的第一和第二个碳原子上，甘油的第三个羟基与一分子磷酸酯化。磷脂酸有 D 或 L 两个光学异构体。自然界存在的是 L-构型的异构体。

脂肪酸的碳原子数范围一般是 C_{16}～C_{20}。通常 R-是饱和脂肪烃基，R′是不饱和脂肪烃基，而 L-磷脂酸分子中的羟基还可以离子化，所以磷脂酸有极性和非极性两部分。将磷脂放在水中，可以排成两列，它的极性基团指向水，而憎水性基团因对水的排斥而聚集在一起，尾尾相连，与水隔开，可以形成磷脂双分子层。人们认为磷脂在细胞膜中是以双分子层的形式存在，它们构成的壁不仅包住了细胞，而且有选择地控制着各种物质(营养物、激素、废物……)的进出。在各种物质跨膜转运过程中，细胞膜起着重要的调控作用，许多物质的转运过程需要特殊的蛋白载体帮助(图 12-3)。所以细胞膜在细胞吸收外界物质和分泌代谢产物的过程中起着重要的功能作用。

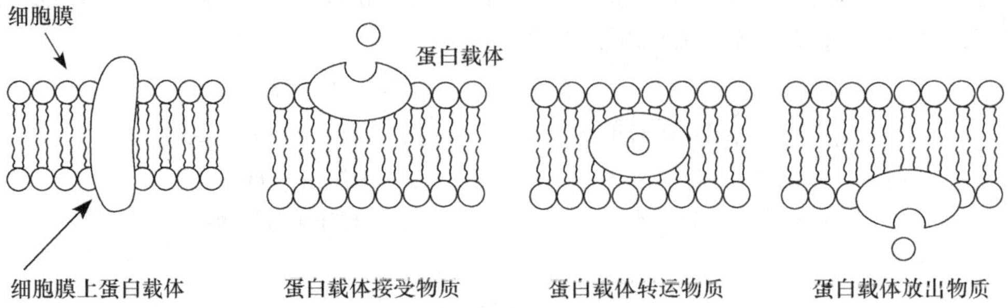

图 12-3　细胞膜上蛋白载体跨膜转运物质过程

自然界中游离的磷脂酸很少,因为磷脂酸中磷酸根的一个羟基还可以进一步酯化。如与氢氧化三甲基-2-羟基乙基铵或 2-氨基乙醇脱水生成卵磷脂或脑磷脂。

1. α-卵磷脂

水解天然 L-α-卵磷脂可得到甘油、磷酸和胆碱各一分子及少量的硬脂酸、软脂酸、油酸、亚油酸、亚麻酸和花生四烯酸等物质。纯粹的 L-α-卵磷脂是 L-α-磷脂酸结构中的磷酸与胆碱脱水成的酯,它是一个吸水性的白色蜡状物,易被空气中的氧氧化而变色,不溶于水,易溶于乙醚、乙醇及氯仿等溶剂中。

$$HOCH_2CH_2\overset{+}{N}(CH_3)_3\overset{-}{O}H$$

胆碱(氢氧化三甲基-2-羟基乙基铵)

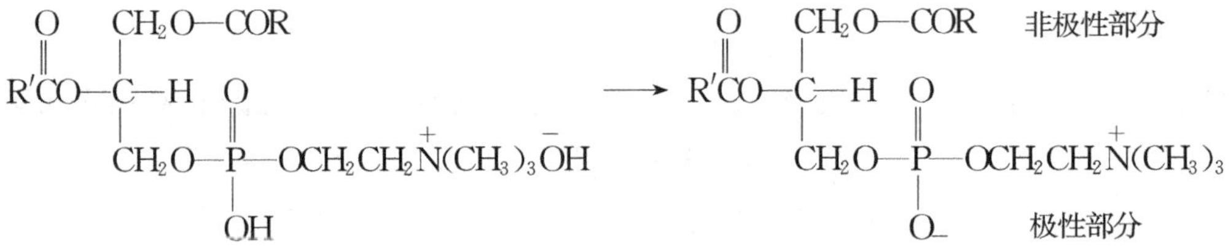

L-α-卵磷脂

L-α-卵磷脂的结构类似于肥皂,具有亲油和亲水的双重性,它能溶解体内的血清胆固醇,清除附着于血管壁上的沉积物,同时还能促使血液中的油脂、糖类与水分亲和并游离出来,保持悬浮状态,从而使血液稀释,血液循环流畅,大脑也因此获得足够的营养和氧气,而保持活力。L-α-卵磷脂能使人类延缓衰老、提高生命质量、健康长寿。

2. L-α-脑磷脂

水解天然的 L-α-脑磷脂可得到的脂肪酸有硬脂酸、软脂酸、油酸及少量花生四烯酸。纯粹的 L-α-脑磷脂是 L-α-磷脂酸结构中的磷酸与胆胺脱水成的酯:

$$HOCH_2CH_2NH_2$$

胆胺(2-氨基乙醇)

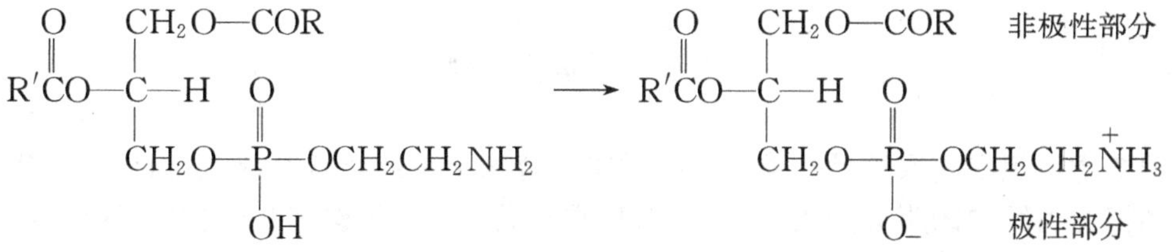

L-α-脑磷脂

L-α-脑磷脂与 L-α-卵磷脂相似，也是白色蜡状固体，也不稳定，在空气中易被氧化成棕黑色。L-α-卵磷脂和 L-α-脑磷脂都不溶于丙酮，而溶于乙醚。但 L-α-卵磷脂溶于乙醇而 L-α-脑磷脂不溶于乙醇，借此可将两者分离。

L-α-脑磷脂与血液凝固有关，血小板中的凝血激酶是由 L-α-脑磷脂与蛋白质所组成的。

12.2.2　神经鞘磷脂

另一类重要磷脂是鞘磷脂。鞘磷脂分子中含有一个长链不饱和醇即鞘氨醇(神经氨基醇)而不是甘油。神经氨基醇的结构式如下：

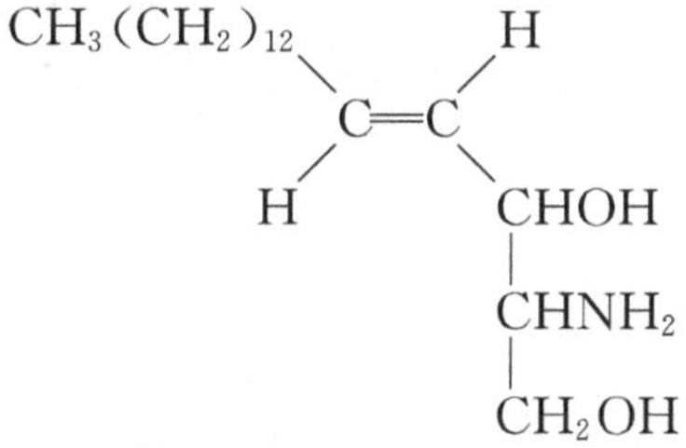
鞘氨醇

神经氨基醇的氨基部分总是与脂肪酸结合成酰胺结构存在，脂肪酸主要是 C_{16}、C_{18}、C_{22} 和 C_{24} 的饱和脂肪酸。人体内鞘磷脂中含量最多的是神经鞘磷脂，它的结构式如下：

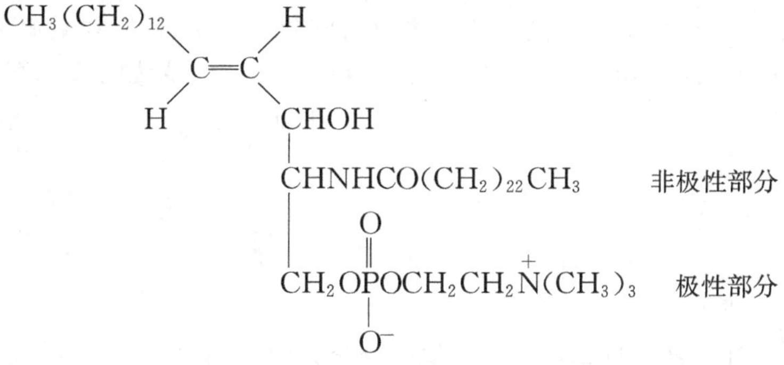

神经鞘磷脂

神经鞘磷脂是围绕着神经纤维鞘样结构的一种成分，其大小、形状和极性方面与 L-α-卵磷脂相似，是构成细胞膜的重要磷脂之一。鞘磷脂常与卵磷脂并存于细胞膜的外侧，约有 300 种以上的鞘磷脂已在哺乳动物的膜中检出。鞘磷脂分子及去掉酰胺键上的酰基的鞘磷脂，被认为是一类神秘的化合物。近年来大量研究工作表明：这些化合物具有多种细胞活性，它们是细胞调控的一类内源性介质，是转换中生成的一类第二信使。当鞘磷脂代谢经酰基鞘氨醇至鞘氨醇时，它们对蛋白激酶 C 起抑制作用。而蛋白激酶 C 是肿瘤激动剂作用的中介物质，因此鞘氨醇和其活性类似物有可能抑制细胞体系对肿瘤激动剂的响应，可能有作为药物应用的前景。

12.3　甾族化合物

从动植物组织中提取的另一类重要的类脂化合物是甾族化合物(steroid)。当用脂溶性溶剂提取动植物组织中的脂类物质时,其中常有或多或少不能被碱皂化的物质,这些物质称为甾族化合物。

12.3.1　甾族化合物的结构

甾族化合物的结构虽然很多,但它们都有 3 个六元环和 1 个五元环稠合的十七碳结构。该结构是甾族化合物的母核,称为环戊烷多氢菲。如下所示,4 个环用 A、B、C、D 字母表示,并将 17 个碳原子编号:

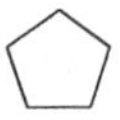
环戊烷

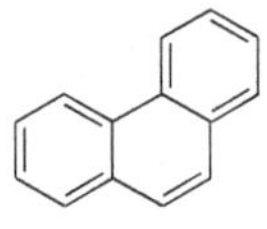
菲

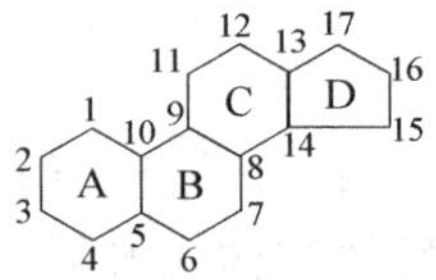

环戊烷多氢菲

环戊烷多氢菲是所有甾族化合物的母体,除此之外,绝大多数甾族化合物在 C_{10},C_{13}及 C_{17} 3 个碳原子上还含有 3 个侧链:

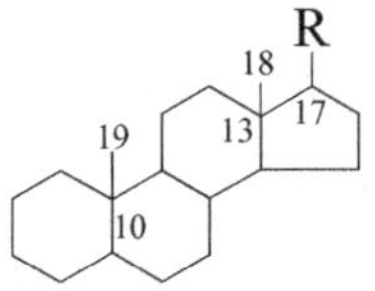

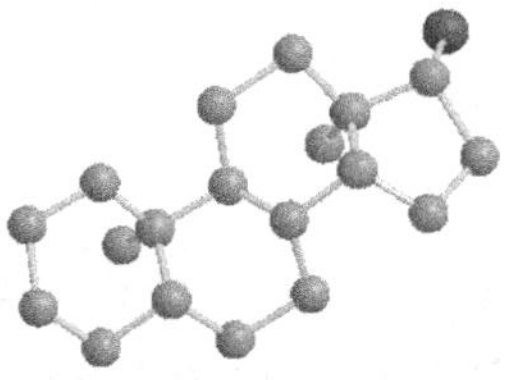
甾族母体碳架

C_{10}及 C_{13}上的两个甲基称为角甲基,甾族化合物的"甾"字是一个象形字,"田"字表示有 4 个环,"巛"表示有 3 个取代基。在已知的大多数甾族化合物中,B 环和 C 环及 C 环和 D 环是以反式稠合的,而 A 和 B 环可以是顺式或反式两种方式稠合。就如十氢萘的两种异构体:

平面结构式　　构象式　　平面结构式　　构象式

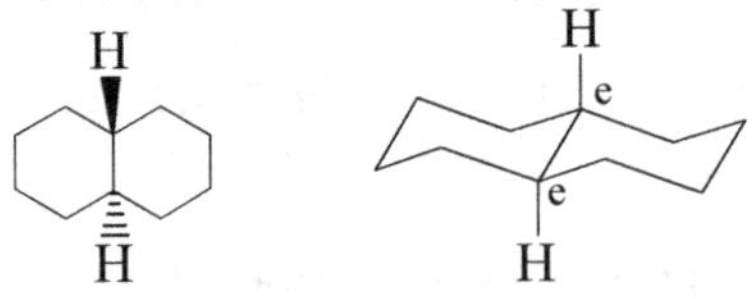

反-十氢萘

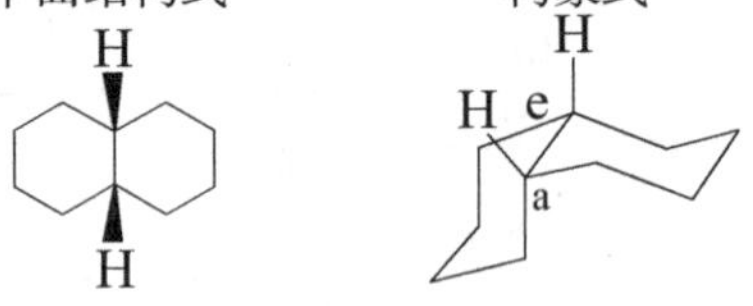

顺-十氢萘

十氢萘可以看作是两个环己烷稠合而成的环系。由于稠合处两个氢原子在空间的排列不同,可分为顺式和反式两种异构体。由电子衍射研究证明十氢萘中的两个环己烷都是以椅式存在。反-十氢萘中两个环己烷是以 e,e 键稠合的;而在顺-十氢萘中两个环己烷是以 e,a 键稠合的。因此反-十氢萘要比顺-十氢萘稳定。

在甾族化合物中,当 A、B 两环是顺式稠合时,相当于顺-十氢萘的构型,即 C_5 上的氢原子和 C_{10}上的角甲基在环系的同一边,都伸向环系的前方,一般用实线表示,叫正系(或 5β-);另一类是 A、B 两环反式稠合,相当于反-十氢萘,即 C_5 上的氢原子与 C_{10}上的角甲基不在环系的同一边,C_5 上的氢伸向环系平面的后方,用虚线表示,称为别系(或 5α-):

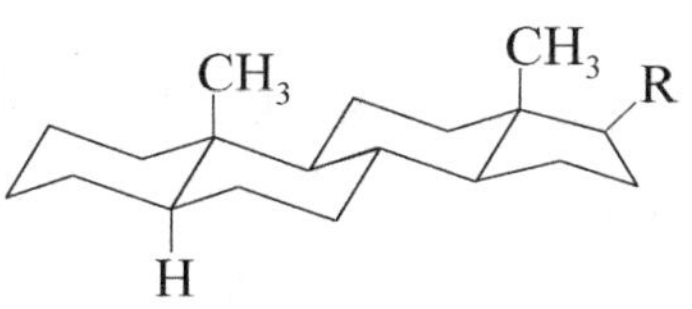

5α-别系
（AB 环反式稠合）

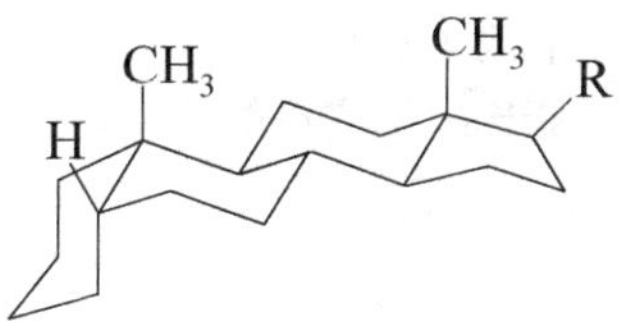

5β-正系
（AB 环顺式稠合）

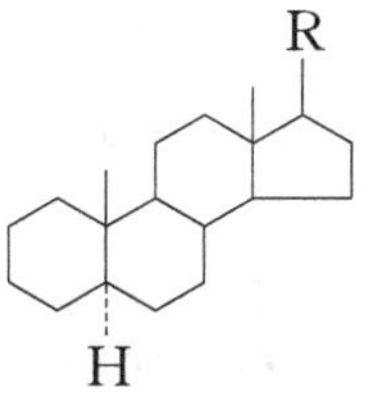

5α-构型

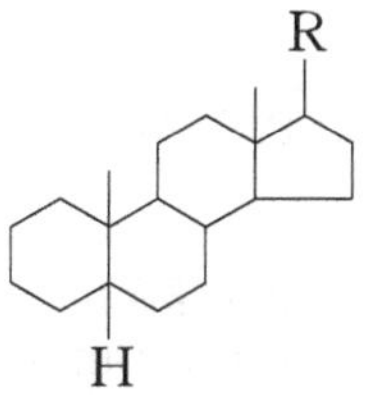

5β-构型

此外，甾族化合物的环上所连接的取代基与角甲基在环平面同侧时，用实线表示，属 β-型；与角甲基不在同侧时用虚线表示，属 α-型，例如

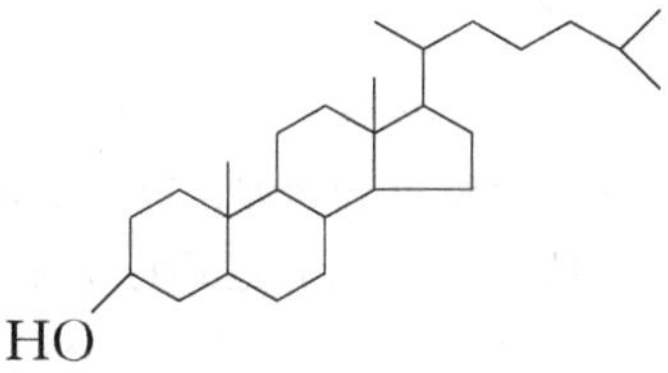

二氢胆甾醇（3β-羟基）

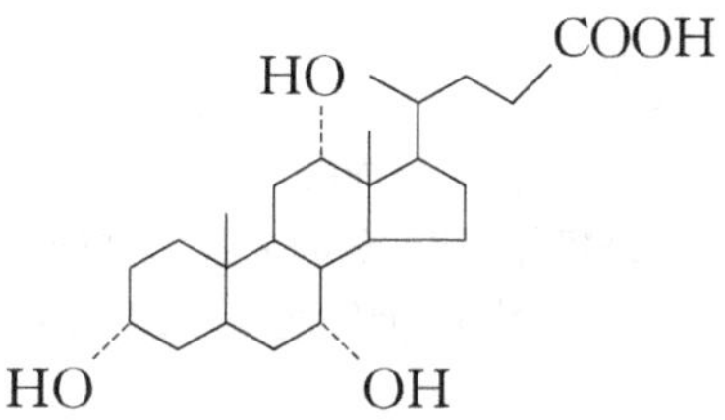

胆酸（3α，7α，12α-三羟基）

12.3.2　重要的甾族化合物

1. 甾醇类

1）胆甾醇（胆固醇）

胆甾醇是分布最广、在动物和人体组织中含量最多的甾族化合物。几乎所有动物组织中都可以萃取离析得到胆甾醇。人体胆石中胆甾醇含量最丰富，肝、肾和表皮组织中含量也相当多。胆甾醇为无色或略带黄色的固体，易溶于乙醚、氯仿、苯及热的乙醇中，难溶于水，不能皂化。胆甾醇的结构式如下：

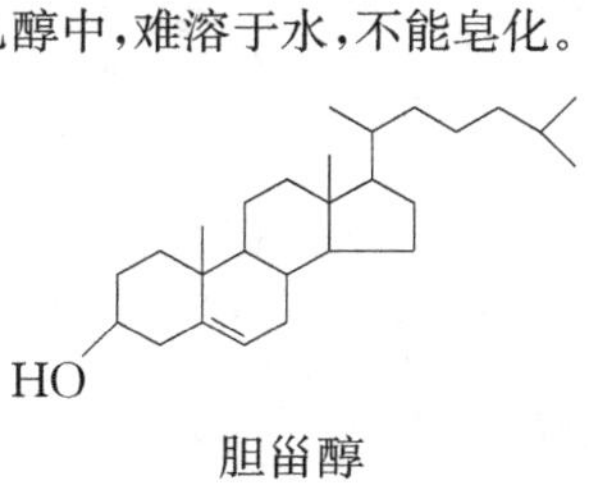

胆甾醇

从胆甾醇的结构可以看出它含有 8 个不相同的手性碳原子，理论上的异构体数目应该是 2^8 个，即 256 个可能的光学异构体，其中的一个就是胆甾醇。但由于各环系的相互牵制，使实际光学异构体数只有极少数的几个。

胆甾醇的生理功能尚不完全清楚，可以肯定的是胆甾醇是作为体内所有甾族化合物的生物合成的中间体。胆甾醇对于生命来说非常重要，能被动物吸收利用。胆甾醇 C_3 上的—OH 易与高级脂肪酸成酯，C═C 双键上也易发生类似烯烃的加成及氧化等反应。临床检验测定血液中胆甾醇含量常用利伯曼-布查（Liebermann-Burchard）反应。即将胆甾醇溶于氯仿中，加入乙酸酐和浓硫酸，胆甾醇与乙酸酐及浓硫酸化合产生蓝绿色，其颜色的深浅与胆甾醇的浓度成正比，可以进行比色分析（限于不饱和胆甾醇）。

2）7-脱氢胆甾醇和维生素 D_3

7-脱氢胆甾醇存在于皮下，它可能是由胆甾醇转化而来的。当紫外线照射 7-脱氢胆甾醇时，B 环破裂，得到维生素 D_3：

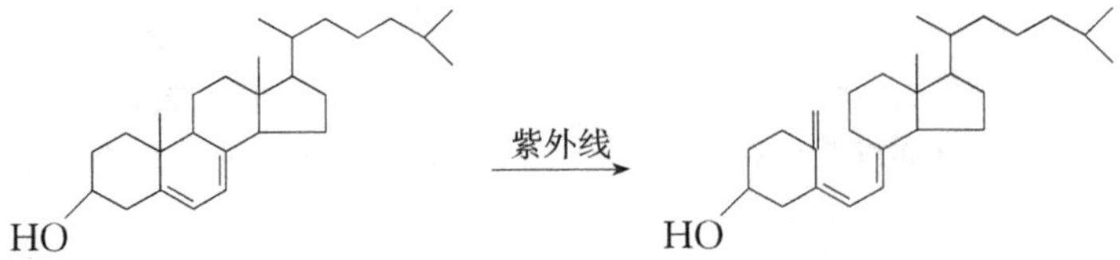

7-脱氢胆甾醇　　维生素 D_3

3）麦角固醇和维生素 D_2

植物甾醇中最重要的甾醇麦角固醇存在于麦角、酵母等中，它也是青霉素生产中的一种副产物。它与 7-脱氢胆固醇相比，在 C_{17} 处的侧链上多 1 个甲基和 1 个双键。在紫外线照射下，麦角固醇同样 B 环破裂变成维生素 D_2（或称骨化醇）：

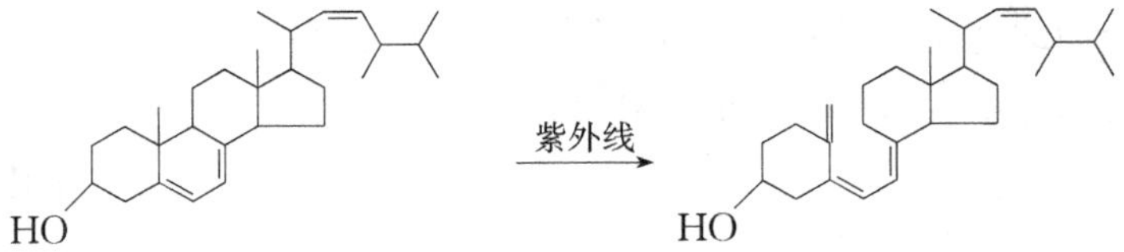

麦角固醇　　维生素 D_2

维生素 D 具有促进机体对钙、磷的吸收、维持血液中钙、磷正常浓度的功能。因此也叫抗佝偻病维生素，因为人体缺乏它时，便患软骨病（佝偻病）。所以儿童需服用一些维生素 D，并且需要多晒太阳。

2. 胆甾酸类

在动物胆汁中可分离得到的几种甾族化合物叫胆甾酸，其中最重要的是胆酸，其次是脱氧胆酸及鹅胆酸。其结构式如下：

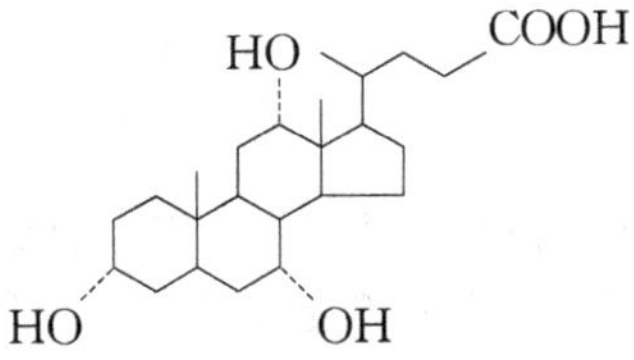

胆酸

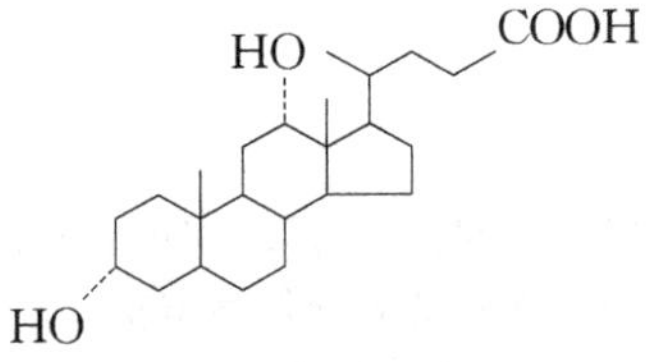

脱氧胆酸

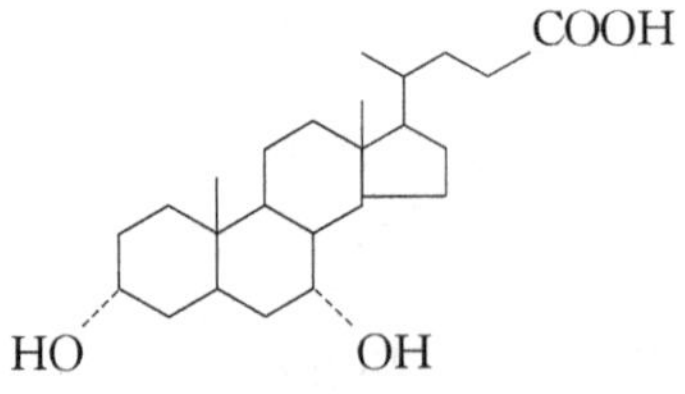

鹅胆酸

在胆汁中，胆酸中的羧基可分别与甘氨酸或牛磺氨酸中的氨基相结合形成甘氨胆酸或牛磺胆酸：

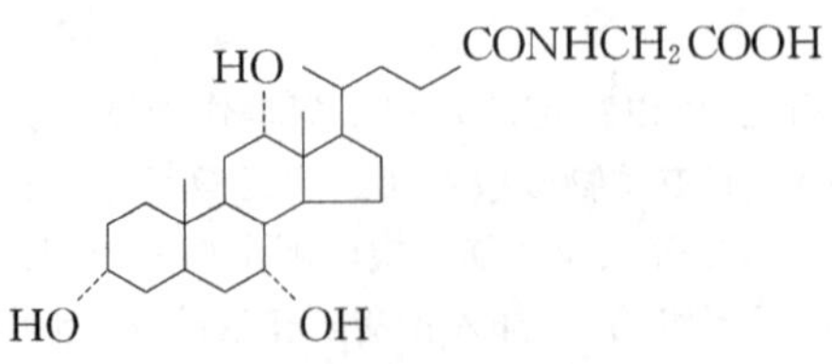

甘氨胆酸

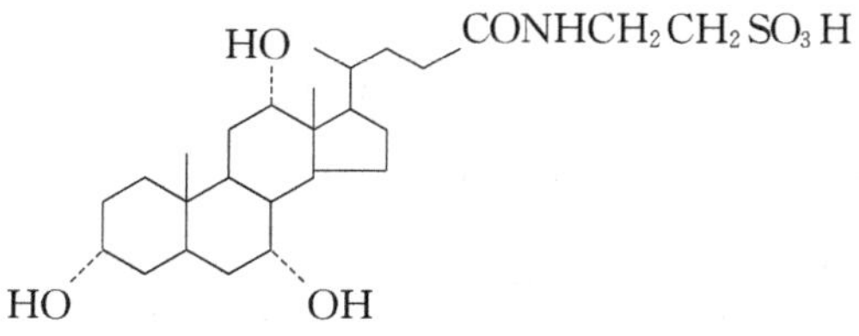

牛磺胆酸

在小肠碱性的条件下，甘氨胆酸或牛磺胆酸多以钾(钠)盐的形式存在，称为胆汁酸盐(简称胆盐)，它们是胆苦的主要原因。这些盐为乳化剂，能降低小肠液的表面张力，可增大脂肪与脂肪酶的接触面，帮助脂类乳化。它们能中和食糜(部分水解的食物与胃分泌的胃液组成的酸性混合物)，促进小肠的消化过程。

3. 甾体激素类

激素是生物体内产生的，通过体液或细胞外液运送到特定作用部位，从而引起特殊激动效应的一类微量的有机化合物。生物体内分泌的激素，数量虽少，但对生物的生长发育却起着重要的作用，如控制生长、营养和性机能等。具有甾核结构的激素称为甾体激素，性激素、肾上腺皮质激素及昆虫蜕皮激素等都属于甾体类激素。

1) 性激素

性激素可分为雌性激素和雄性激素两大类。雌性激素又可分为雌激素和孕酮。雌性激素的主要生理功能是促进雌性动物性器官(子宫、输卵管等)及副性器官(乳腺)的发育及产生月经等。

雌性激素是雌烃的直接衍生物，雌激素的结构式如下：

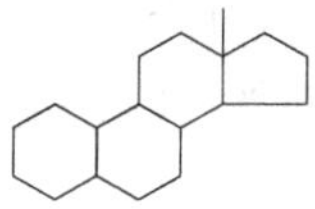

雌烃

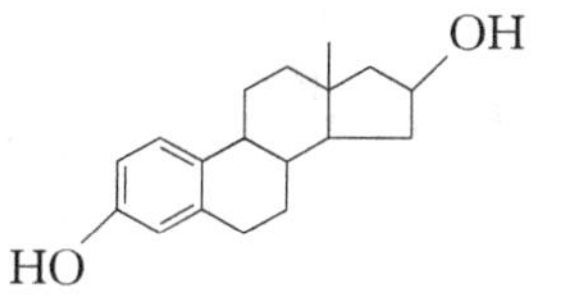

雌二醇

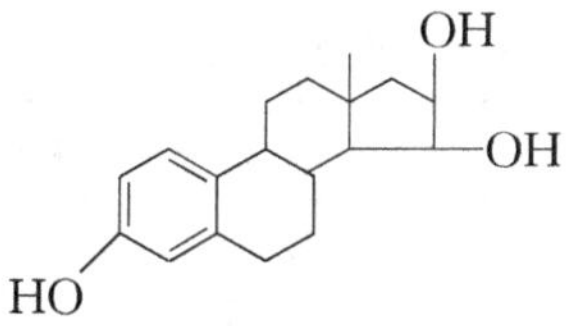

雌三醇

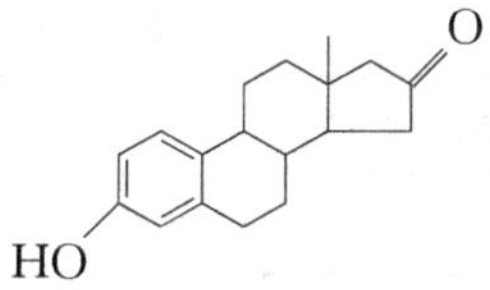

雌酮

雌二醇是雌激素中最重要的一个，它的激素作用最强，雌三醇活性最低。这三种激素在体内可相互转变。

孕酮又叫黄体酮，是孕烃的衍生物。孕酮的主要生理作用是阻止排卵，停止月经，减少子宫收缩等，使受精卵在子宫中着床发育。孕烃、孕酮及孕二醇的结构式如下：

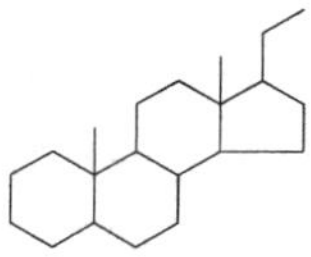

孕烃

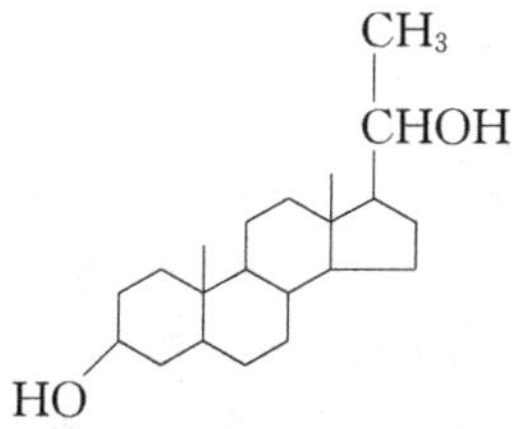

孕二醇

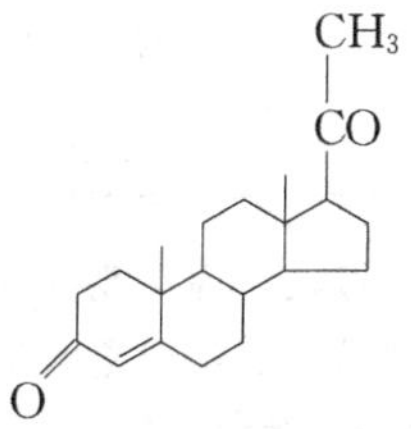

孕酮

雄(性)激素的生理功能是促进雄性动物性器官的发育，促进精子的生成和第二性特征的显现，并维持性特征。雄激素都是雄烃的直接衍生物，睾酮是活性最大的雄激素，它的激素活性约为雄酮的 6 倍。雄烃、睾酮及雄酮的结构式如下：

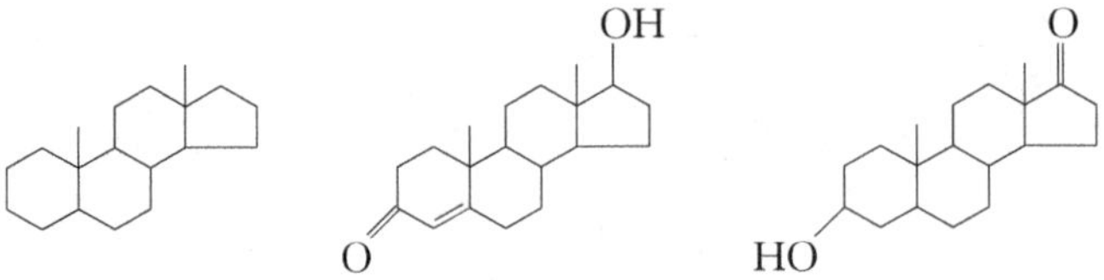

雄烃　　睾酮　　雄酮

两类性激素可以相互转变，雄性激素在机体内可变为雌性激素，由尿排出；雌性激素也可变为雄性激素，由尿排出。不论雌性动物或雄性动物体内都同时存在着一定比例的雄激素和雌激素，这两类激素之间存在着一定的平衡。在雄性中，平衡偏向于雄激素方面。所以，在雄性动物的尿液中排出较多的雌酮；而在雌性中，平衡偏向于雌激素方面。所以，在雌性动物的尿液中排出较多的雄酮。这种规律已在医学和兽医学方面得到实际应用。

2）肾上腺皮质激素

肾上腺皮质激素是由肾上腺皮质分泌的激素(表 12-5)。目前已从肾上腺皮质中提取分离出 70 余种甾醇类结晶。其中活性较强的激素统称为肾上腺皮质激素，它们可以矫正因切除肾上腺而出现的致死症状。它们在结构上有相似之处，一般甾核 C_3 为酮基，C_4 和 C_5 之间为双键，C_{17} 上都连有—$COCH_2OH$ 基团，C_{13} 除醛固酮为醛基外，其余均为角甲基。

肾上腺皮质激素的一般结构式如下：

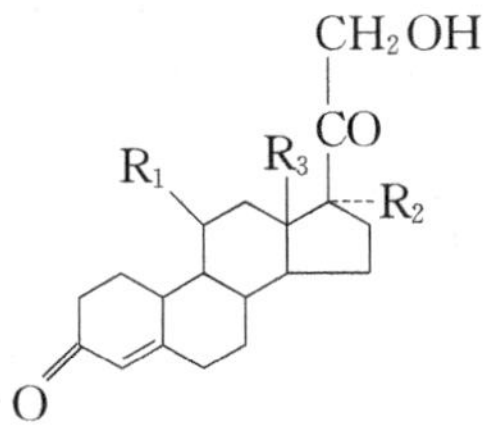

R_1，R_2：见表 12-5

R_3：醛固酮为—CHO，其他均为—CH_3

表 12-5　肾上腺皮质激素

皮质激素		侧链基团	
简　称	化学名	R_1	R_2
皮质酮	同左	—OH	—H
脱氢皮质酮	11-脱氢皮质酮	═O	—H
醛固酮	同左	—OH	—H
皮质醇(氢化可的松)	17 羟-皮质酮	—OH	—OH
可的松(皮质素)	17 羟-11 脱氢皮质酮	═O	—OH
脱氧皮质醇	17 羟-11 脱氧皮质酮	—H	—OH

肾上腺皮质激素按其生理功能，可以分为糖皮质激素和盐皮质激素两类。这两类激素的化学结构相似，但在调节糖代谢或调节无机盐代谢的功能上有差异。糖皮质激素(如皮质醇及可的松)的主要生理功能是抑制糖的氧化，促进蛋白质转化为糖，调节糖代谢，升高血糖等；盐皮质激素的主要生理功能是促使体内保留钠及排出钾，调节水盐代谢，是维持电解质平衡和体液容量的重要激素。这类激素主要有醛固酮，11-脱氧皮质酮等，其中醛固酮的生理效应最强。

在药物方面，可的松及氢化可的松具有减轻炎症及过敏反应的功能，临床上多用以控制严重中毒感染，皮肤病及风湿性关节炎等。目前，人们经过对氢化可的松的结构及构效关系的研究，又研制出了比氢化可的松抗炎能力强 4～5 倍的药物，如强的松龙，泼尼松龙等。

最近在甾族化合物的研究中，又研制开发出几种有效的新药，并在 2000 年向世界市场上推出。它们的商品名、结构式及主要用途如下：

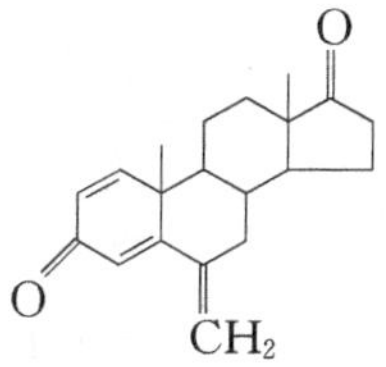

商品名：依西美坦(exemestane)
用于治疗乳腺癌

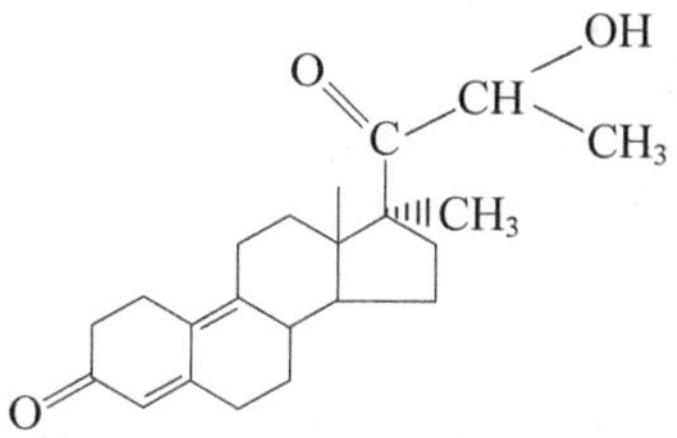

商品名：曲美孕酮(trimegestone)
避孕药，用于治疗妇女骨质疏松症

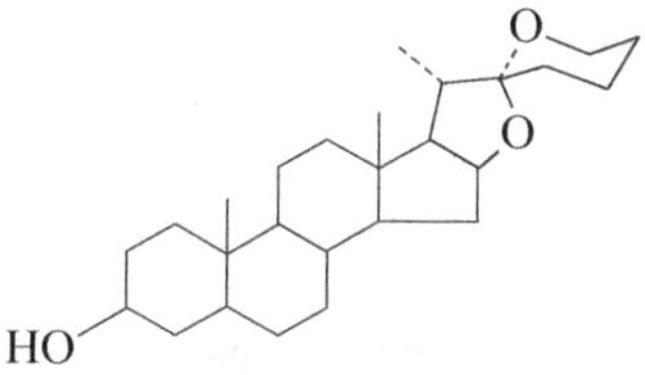

商品名：菝葜皂苷元(sarsasapogenin)
用于治疗老年性痴呆症

3) 昆虫蜕皮激素

昆虫蜕皮激素是昆虫前胸腺所分泌的一种内激素，它能刺激昆虫蜕皮与昆虫返幼(保幼)激素协调作用，控制昆虫的变态过程。当返幼(保幼)激素消失时，它可使幼虫的内部器官分化、变态及蜕皮。成虫中不再有蜕皮激素存在。其化学结构如下：

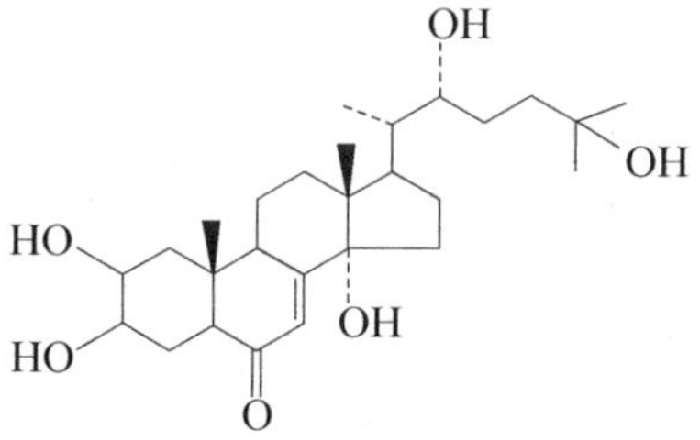

α-蜕皮激素

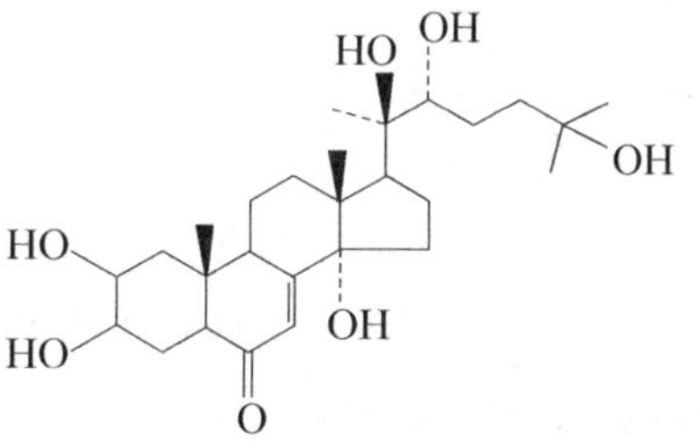

β-蜕皮激素

人工合成的多种具有这类生理活性的类似物，可应用于养蚕和防治害虫。用昆虫激素防治农业害虫是"以虫治虫"的方法之一。这种方法主要是破坏昆虫体内的激素平衡。干扰昆虫的正常生长、分化和变态程序，造成畸形与死亡。

4. 油菜素内酯

油菜素内酯(brassinolide)也叫油菜素、芸苔素内酯，是 1970 年被发现的一种具有极高生理活性的天然植物激素。油菜素内酯可以促进细胞伸长和分裂，具有生长素、赤霉素及细胞分裂素的部分生理作用，据报道用 0.1ppm 的油菜素内酯喷洒小麦、玉米及水稻等作物，便可增产 10%以上。但油菜素内酯在自然界的植物体内存在极少，主要存在于花粉、花、茎、叶及种子内。因此，人们采用从结构相似的甾醇来合成。例如

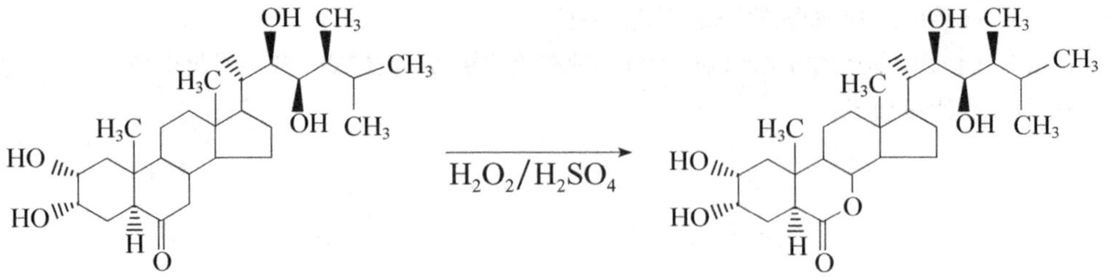

油菜素内酯

思　考　题

1. 天然油脂中，为什么饱和油脂常呈固态，而不饱和油脂常呈液态？
2. 什么是酯值？酯值与皂化值有何不同？
3. 液体表面张力是怎样产生的？
4. 为什么说磷脂是生物表面活性剂？

习　　题

1. 命名下列各化合物，并指出它们属于哪一类物质。

(1) $C_6H_5COOCH_3$

(2) CH_2COOCH_3
　　|
　　CH_2COOCH_3

(3) $CH_3CH_2\overset{O}{\overset{\|}{C}}—NHCH_2CH_3$

(4) 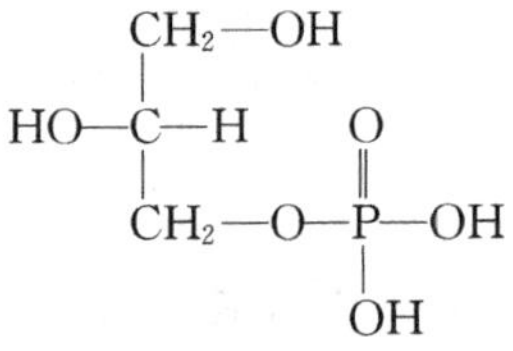

(5) 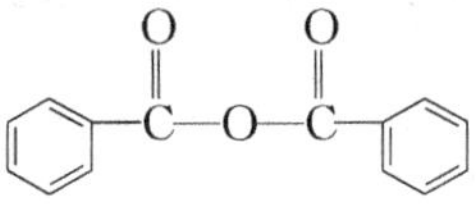

(6) 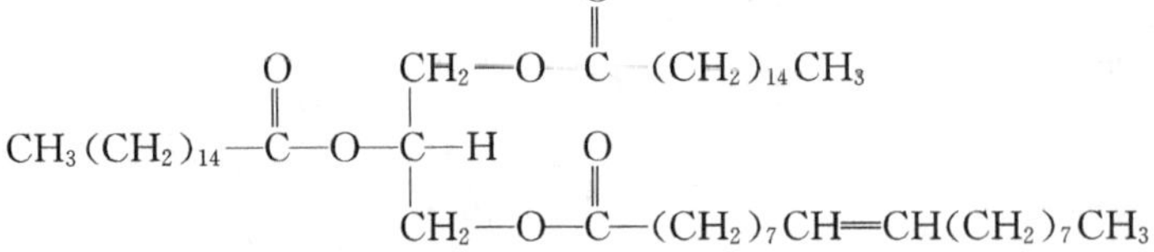

(7) $COOC_2H_5$
　　|
　　$COOC_2H_5$

2. 写出下列各化合物的结构式。

(1) 三硬脂酸甘油酯　(2) 油酸　(3) 全顺式花生四烯酸　(4) 胆固醇

(5) 胆酸　(6) L-α-卵磷脂　(7) 甘氨胆酸　(8) 一个含有软脂酸和油酸的卵磷脂

3. 解释下列各名词。

(1) 皂化值　(2) 碘值　(3) 混甘油酯　(4) 酸败

4. 画出胆固醇的平面结构式及构象式。胆固醇的显色反应在临床上有何意义？
5. 用化学方法鉴别下列化合物。

(1) 硬脂酸甘油酯与三油酸甘油酯

(2) 软脂酸与亚麻酸

6. 蛋黄中含卵磷脂和脑磷脂，请设计一个将它们提取出来并予以分离的方案。
7. 某一物质不溶于水，易溶于有机溶剂，能被生物体所利用，并能使溴水的红棕色褪去，将此物质与氢氧化钠溶液共煮一段时间，放冷，加入食盐，可析出固体，以手擦之，可产生泡沫，试问此物质是什么？解释与溴水及氢氧化钠溶液发生的反应。

第 13 章　碳水化合物

碳水化合物(carbohydrate)是多羟基醛或多羟基酮，以及水解后得到多羟基醛或多羟基酮的有机化合物。根据碳水化合物的结构和性质，可以将其分成三大类：单糖(monosaccharide)、低聚糖(又称寡醣，oligosaccharide)、多糖(polysaccharide)。本章将介绍单糖 D、L 构型与 R、S 构型的关系；单糖和多糖的哈武斯式结构；单糖对映异构体，差向异构体，非对映异构体的概念；还原糖与非还原糖的主要化学性质；异构化与变旋现象的关系；一些重要的低聚糖和多糖的结构和性质。

13.1　单　　糖

碳水化合物是自然界分布最广、最丰富的一类有机化合物。碳水化合物是植物光合作用的产物，由光合作用(photosynthesis)合成的碳水化合物占植物干重的 80%左右。植物中的叶绿素吸收太阳能被活化，经过复杂的过程，将从外界环境吸收的二氧化碳和水合成葡萄糖和其他碳水化合物，并放出氧气。光合作用的研究能促进光能的转化和利用，以及人工合成食物。

$$nCO_2 + nH_2O \xrightarrow[\text{叶绿素}]{h\nu} [CH_2O]_n + nO_2$$

碳水化合物在动、植物体内的代谢作用中被氧化，最后生成二氧化碳和水，同时释放能量以供生命活动需要。因此，碳水化合物具有储存太阳能的作用，它是人类和动、植物生命活动不可缺少的一类重要化合物。

观察葡萄糖(glucose)、果糖(levulose)、蔗糖(sucrose)、淀粉(starch)、纤维素(cellulose)的分子式，最初发现的这类化合物都是由 C、H、O 三种元素组成，分子中的 H 和 O 的比例与水分子相同，分子式可用 $C_m(H_2O)_n$的通式表示，即把它们看成是碳和水结合成的化合物，所以称碳水化合物。葡萄糖、果糖、半乳糖(galactose)、甘露糖(mannose)的分子式都为 $C_6H_{12}O_6$，核糖(ribose)的分子式为 $C_5H_{10}O_5$，其结构式如下：

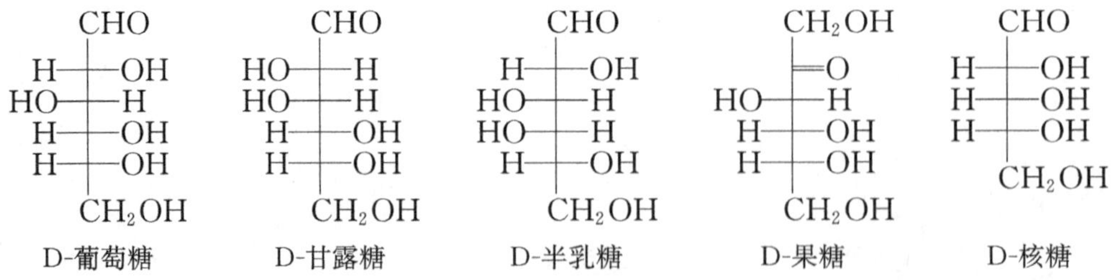

D-葡萄糖　　D-甘露糖　　D-半乳糖　　D-果糖　　D-核糖

后续的研究发现，有些化合物结构上与碳水化合物相似，但组成不符合$C_m(H_2O)_n$通式。如 2-脱氧核糖是典型的碳水化合物，分子式为 $C_5H_{10}O_4$，不符合通式，鼠李糖分子式为 $C_6H_{12}O_5$，也不符合通式。而有些化合物虽符合上述通式，但却不是碳水化合物，如甲醛 HCHO、乙酸

CH_3COOH、乳酸 $C_3H_6O_3$、戊二酸 $C_5H_8O_4$ 等。因此“碳水化合物”这个词只是历史的沿用，它并不完全反映出这类化合物的特点，由于很难找到一个普遍适用的定义，因此“碳水化合物”名称就一直保留下来了。

13.1.1　单糖的结构

1. 分类

按照分子中所含官能团不同，单糖是不能水解的多羟基醛或多羟基酮。单糖可分为两大类：多羟基醛叫醛糖(aldose)，多羟基酮叫酮糖(ketose)。按照分子中碳原子数目不同，又可分为丙、丁、戊、己糖等。这两种分类方法常合并使用。例如

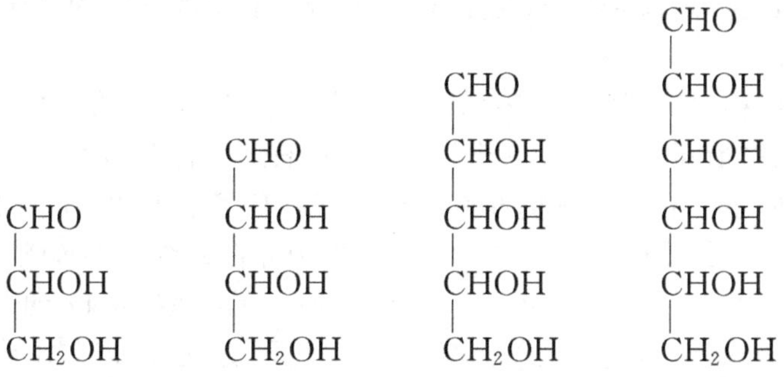

丙醛糖　丁醛糖　戊醛糖　己醛糖

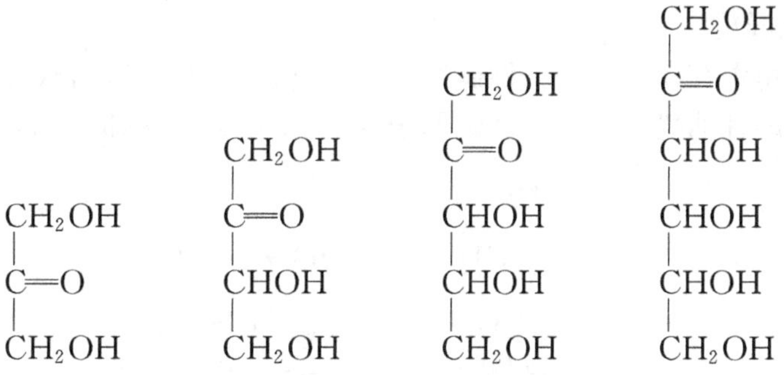

丙酮糖　丁酮糖　戊酮糖　己酮糖

丙醛糖是最简单的单糖，多为生物代谢的中间产物。而戊醛糖、己醛糖和己酮糖是自然界存在最广泛和最重要的单糖。如核糖属于戊醛糖，葡萄糖属于己醛糖，果糖则属于己酮糖。

2. 单糖的链状结构

1）构型

从丙糖醛和丁酮糖起，各级醛和酮糖分子中都有手性碳原子，都有旋光异构体。因此，各种单糖都具有其特定的构型。

一般用费歇尔投影式表示糖的链状结构。写糖的结构时，一般将羰基写在上端(或近上端)，碳链的编号是从醛基或靠近羰基的一端开始，也就是说，把编号小或氧化数高的写在上端，编号大的写在下端。如 D-葡萄糖可用如下式子表示。

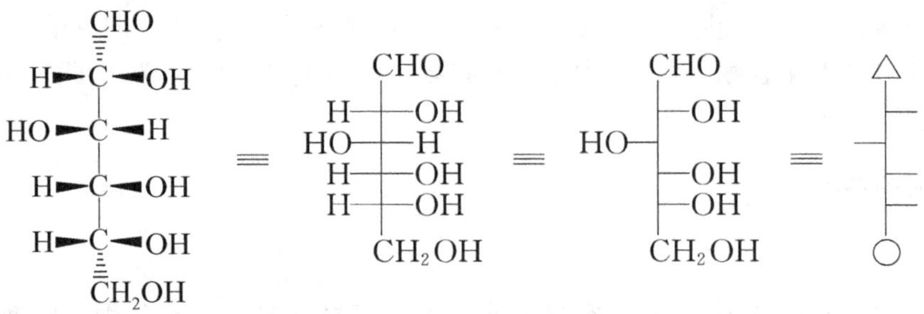

D-葡萄糖

投影式清楚地表示出糖分子中各基团、各种糖之间及糖与其反应的产物之间的结构关系，但并不代表分子的真实形状。投影式是重叠式的投影，而实际存在的是交叉式。

2) 构型的表示

糖的构型一般用相对构型(D、L)表示。将单糖的标准费歇尔投影式与甘油醛比较，与D-甘油醛相同者，即位次最高的手性碳原子上的羟基在右边的称D-构型；与L-甘油醛相同者，即位次最高的手性碳原子上的羟基在左边的为L-构型。有多个手性碳原子的糖的构型，由位次最高(命名时编号最大)的手性碳原子决定。自然界中存在的绝大多数碳水化合物为D-构型。

用绝对构型表示时，要求表示出每一个手性碳原子的构型，如D-葡萄糖，IUPAC法命名为(2*R*,3*S*,4*R*,5*R*)-2,3,4,5,6-五羟基己醛，这种命名不方便，所以碳水化合物的名称常用俗名，分子构型就常用相对构型(D、L)表示。

3) 单糖的对映异构

由于碳水化合物中存在着多个手性碳原子，因此就存在着多种对映异构体(丙酮糖除外)。如最简单的丙醛糖即甘油醛有一个手性碳原子，有两个旋光异构体，以D、L法表示为

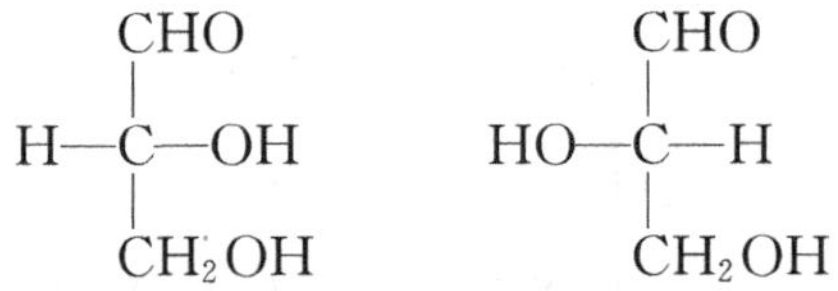

D-(+)-甘油醛　　L-(−)-甘油醛

从甘油醛的构型出发，通过一定的方法，可衍生出其他各种醛糖，并确定其构型。例如，从D-(+)-甘油醛出发，经与HCN加成、水解、还原等化学反应步骤，可得到两种丁醛糖。

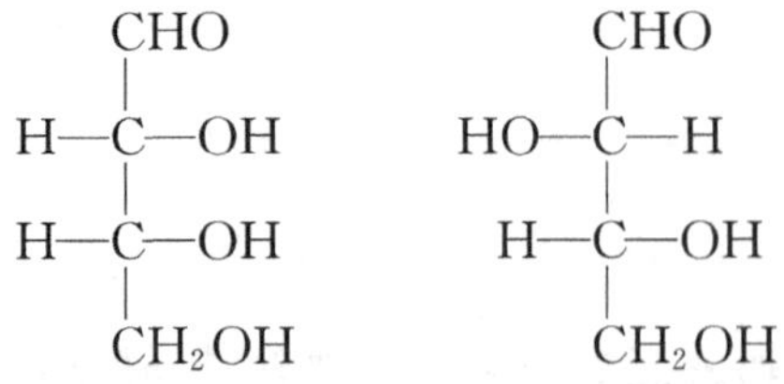

D-(−)-赤藓糖　　D-(+)-苏阿糖

D-(−)-赤藓糖和D-(+)-苏阿糖都是从D-(+)-甘油醛衍生出来的，所以都属于D型。通过上面的反应，可以从一个低级的醛糖递升为高一级的醛糖，其相对构型不变。

如此类推，从D-(−)-赤藓糖和D-(+)-苏阿糖出发，用同样的方法，可各衍生出两个戊醛糖，共4个D-戊醛糖。从4个D-戊醛糖出发，每个D-戊醛糖各得两个己糖，共8个D-己醛糖。

这种从D-(+)-甘油醛衍出来的一系列醛糖，称为D-系醛糖。其结构的共同特点是：命名

时编号最大的手性碳原子上的羟基在费歇尔投影式的右边。

同样，从 L-(－)-甘油醛衍生 L-系醛糖。命名时编号最大的手性碳原子上的羟基在费歇尔投影式的左边。

某一种 L-系醛糖与其相对应的 D-系醛糖互为对映异构体。例如，D-葡萄糖与 L-葡萄糖互为对映异构体。

图 13-1 列出从 D-(＋)-甘油醛衍生出的各级 D-醛糖。

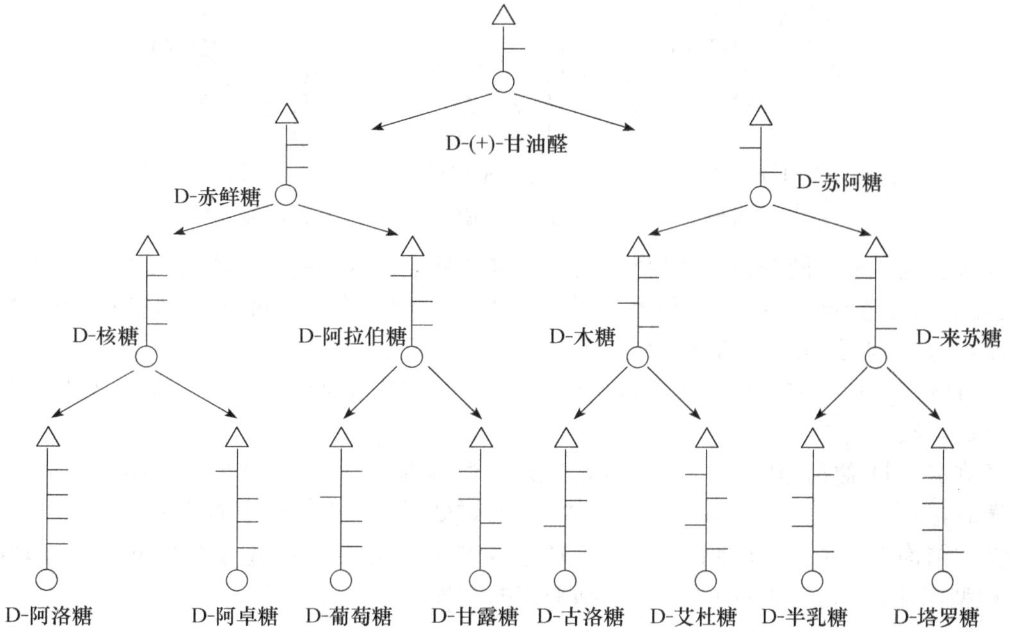

图 13-1　D-系列醛糖

在含有多个不相同手性碳原子的许多旋光异构体中，只有 1 个手性碳原子的构型不同的非对映异构体称为差向异构体(epimer)。差向异构体不是一对对映异构体。例如，D-(－)-赤藓糖和 D-(＋)-苏阿糖结构式相同，并各有 2 个手性碳原子，它们的 C_3 构型相同，而 C_2 构型不同，因此是一对 C_2 差向异构体。D-葡萄糖与 D-甘露糖互为 C_2 的差向异构体。此外，D-果糖与 D-葡萄糖虽不是差向异构体，但它们第 3-、4-、5-位碳原子的构型是相同的。因此在一定条件下，通过差向异构化差向异构体可以互相转化。工业上利用 D-(＋)-葡萄糖差向异构化法生产果糖-葡萄糖糖浆。在生物体内，也有一种单糖差向异构化为另一种单糖便于生物代谢的现象。

3. 单糖的环状结构及变旋现象

人们在研究 D-葡萄糖的旋光现象时，发现 D-葡萄糖在不同条件下得到的结晶，其比旋光度不同，熔点也不同。室温时，从水溶液结晶出来的不含结晶水的 D-葡萄糖的比旋光度为 ＋113.4°；而从吡啶溶液结晶出来的 D-葡萄糖的比旋光度为 ＋19.7°。如果把这两种不同的结晶分别溶解在水中，放置一段时间后，可以观察到其比旋光度会逐渐变化，最后都变成 ＋52.5°。这种比旋光度自发改变的现象称为变旋现象。

D-葡萄糖的变旋现象，如果只用链状结构是无法解释的。实际上，在自然界中固态的戊醛糖、己醛糖、己酮糖基本上是以环状结构存在的。只有溶液中才有少量链状结构。

以 D-葡萄糖为例，其分子中的羟基和醛基可以发生反应生成环状半缩醛，这样就可能产生新的旋光异构体。事实上，天然存在的 D-葡萄糖分子中，C_5 上的羟基与醛基在分子内形成六元环状半缩醛。这样，原来的 C_1 变成了手性碳原子，醛基变成了半缩醛羟基，所以就有两种不同的构型。如下面所示：

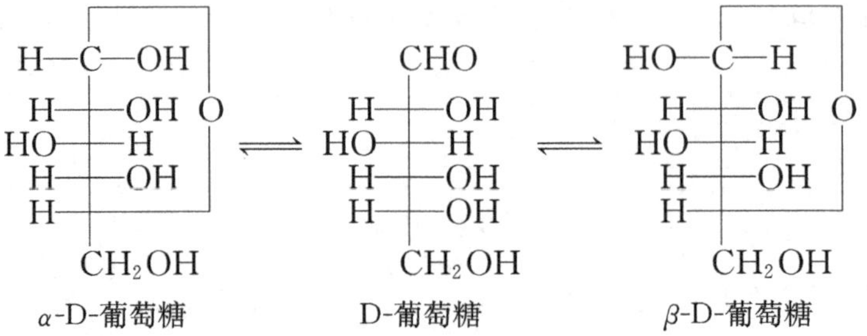

为区别这两种不同构型的葡萄糖，人们规定凡是半缩醛羟基与倒数第 2 位碳原子上的羟基（成环前的位置）同侧者，为 α-构型；异侧者，为 β-构型。换句话说，D-系列糖的半缩醛羟基在右侧者为 α-构型；在左侧者为 β 构型。L-系列糖则反之。

α-构型和 β-构型的异构体属非对映异构体。如 α-D-葡萄糖是 β-D-葡萄糖的非对映异构体。反之亦然。

经测定 α-D-葡萄糖的$[\alpha]_D = +113.4°$，β-D-葡萄糖的$[\alpha]_D = +19.7°$在 25℃的水溶液中，达平衡时，α-构型约占 37%，β-构型约占 63%，其链式结构占很少。此时，$[\alpha]_D = +52.5°$，D-葡萄糖链式结构占比很少。由此可见，变旋现象的产生是由于 α-构型与 β-构型的相互转化，最后 α-构型、β-构型及链式三种异构体达到平衡的过程。

4. 单糖环状结构的写法

前面画的环状半缩醛结构投影式仍不能反映各个基因在空间的相互关系。为了更接近真实并形象地表达单糖的环状半缩醛结构，现在一般采用哈武斯式（Haworth formula）来表示单糖的环状半缩醛结构。费歇尔投影式和哈武斯式这两种方法常常同时使用，下面对费歇尔投影式如何转换为哈武斯式作一介绍。例如，当 C_5 上羟基与 C_1 上的醛基形成 1-5 氧桥时，为了使 C_5 上的羟基与 C_1 的醛基接近，依照单链自由旋转而不改变构型的原理，将 C_5 旋转 109.5°。这样，C_5 上的末位羟甲基和氢原子也随着箭头所指方向调换位置，因而构成环后，其末位羟甲基应在环平面的上方（图 13-2）。

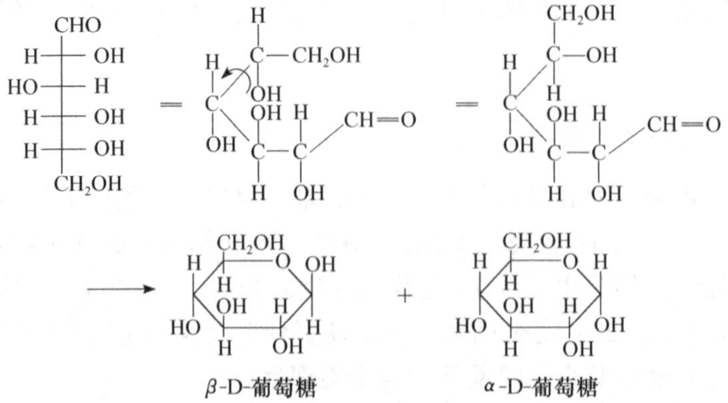

图 13-2　费歇尔投影式转换为哈武斯式示意图

为了表示出每个手性碳原子的构型，哈武斯式的写法必须遵循下述规则：

① “氧桥”的氧原子，原则上可写在任何一角上，但习惯上常将六元环的氧原子写在右上方，五元环的氧原子写在正上方。

② 从半缩醛羟基所在的碳原子开始按顺时针方向排列。

③ 末位羟甲基。D-系列单糖的末位羟甲基写在环上方；L-系列的写在环下方。

④ 半缩醛羟基。α-单糖的半缩醛羟基与末位羟甲基在环的异侧；β-单糖的半缩醛羟基与末位羟甲基在环的同侧。

⑤ 其他羟基。链式结构中在右侧的羟基写在环下方；左侧的羟基写在环上方。

⑥ 如果碳原子按逆时针方向排列，则 3、5 两点要反过来。

如果单糖的羰基和末位羟甲基形成氧环时，书写哈武斯式的规则不再适用。

例如：α-D-葡萄糖和 β-D-葡萄糖的哈武斯式如下：

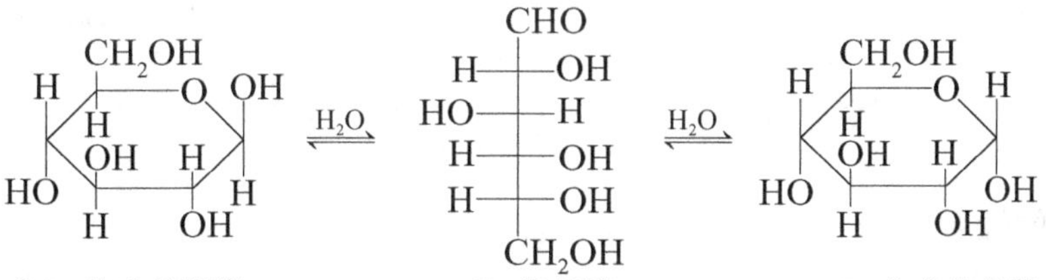

β-D-吡喃葡萄糖　　D-葡萄糖　　α-D-吡喃葡萄糖

几种常见单糖的哈武斯式见图 13-3。这些 D-系列醛、酮糖的对映体，便是同名的 L-系列单糖。

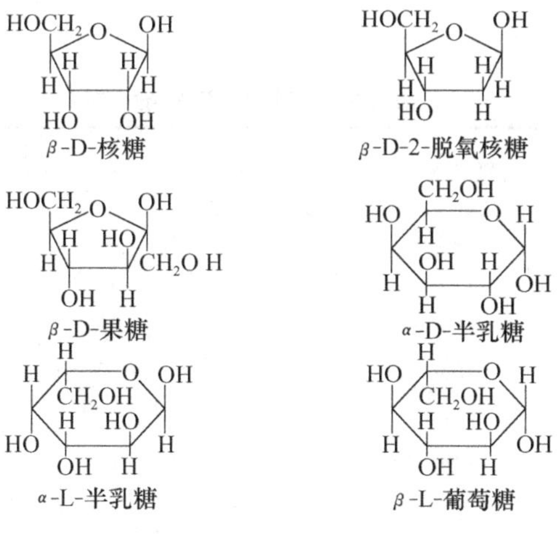

图 13-3　几种常见单糖的哈武斯式

单糖的环状结构可以看作是一种饱和的杂环。六元环与吡喃结构相似，可称为吡喃型单糖。存在于自然界的己醛糖一般形成吡喃环，因而六元环葡萄糖也叫吡喃葡萄糖。而戊醛糖和某些己酮糖则又多形成五元环，与呋喃环相似，故称为呋喃型单糖。自然界化合态的果糖都是呋喃型，而结晶态则为吡喃型。

5. 单糖的构象

研究证明，晶体状态的吡喃单糖具有椅式构象。从葡萄糖的椅式构象中可以看到

(图 13-4)，在 β-D-(＋)-吡喃葡萄糖中体积大的取代基—OH 和—CH_2OH 都在 e 键的位置上，而 α-D-(＋)-吡喃葡萄糖中半缩醛羟基在 a 键的位置上。因此 β-D-(＋)-吡喃葡萄糖比 α-D-(＋)-吡喃葡萄糖稳定。在葡萄糖的平衡体系中，β-D-(＋)-吡喃葡萄糖的存在量也较多。

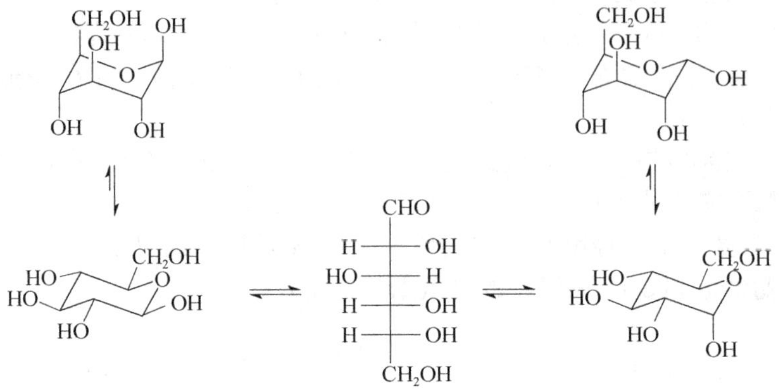

图 13-4　D-(＋)-葡萄糖的椅式构象

13.1.2　单糖的性质

单糖都是无色晶体，有吸湿性，易溶于水，能形成黏稠的糖浆。单糖可溶于醇，但难溶于乙醚、丙酮、苯等有机溶剂。除二羟基丙酮外，各种单糖都有旋光性。大多数有变旋现象。

单糖和二糖都有甜味，但其相对甜度不同，一般以蔗糖的甜度为 100，葡萄糖的甜度则为 74；果糖的甜度高达 173，是已知单糖和二糖中甜度最大的糖。一些糖的物理常数列于表 13-1。

表 13-1　糖的物理常数

名　称	糖脎熔点/℃	比旋光度$[\alpha]_D^{20}$		
		α 式	β 式	平衡混合物
D-阿拉伯糖	160	−54	−175	−105
D-来苏糖	163	＋5.5	−36	−14
D-核糖	160	—	—	−23.7
D-木糖	163	＋92	−20	＋19
D-葡萄糖	210	＋113.4	＋19.7	＋52.5
D-甘露糖	210	＋34	−17	＋14.6
D-半乳糖	186	＋144	＋52	＋80
D-古罗糖	168	—	—	−20
D-果糖	210	−21	−133	−92.3
麦芽糖	206	＋468	＋118	＋130.4
乳糖	200	＋90	＋35	＋55
纤维二糖	208	＋72	＋16	＋35
蔗糖	—		＋66.5	
转化糖*	—		−20	
淀粉	—		≥＋196	
糖元	—		＋196～197	

* 由蔗糖水解生成的 D-葡萄糖与 D-果糖的混合物称为转化糖。

单糖是多羟基醛或多羟基酮，因此，具有醇和醛、酮的某些性质，例如，成酯、成醚、还原、氧化等。此外，由于分子内羟基和羰基的相互影响，还能产生一些特殊的性质。

单糖在水溶液中是以链式和环式平衡存在的，因此，单糖的反应有的以环状结构进行，有的则以开链结构进行。

1. 异构化反应

用碱的水溶液处理单糖时，能形成某些差向异构体的平衡体系。例如，用稀碱处理 D-葡萄糖，就会得到 D-葡萄糖、D-甘露糖和 D-果糖三种物质的平衡混合物。其中 D-葡萄糖和 D-甘露糖的互相转化称为差向异构化。三者之间的转化是通过烯二醇中间体完成的。

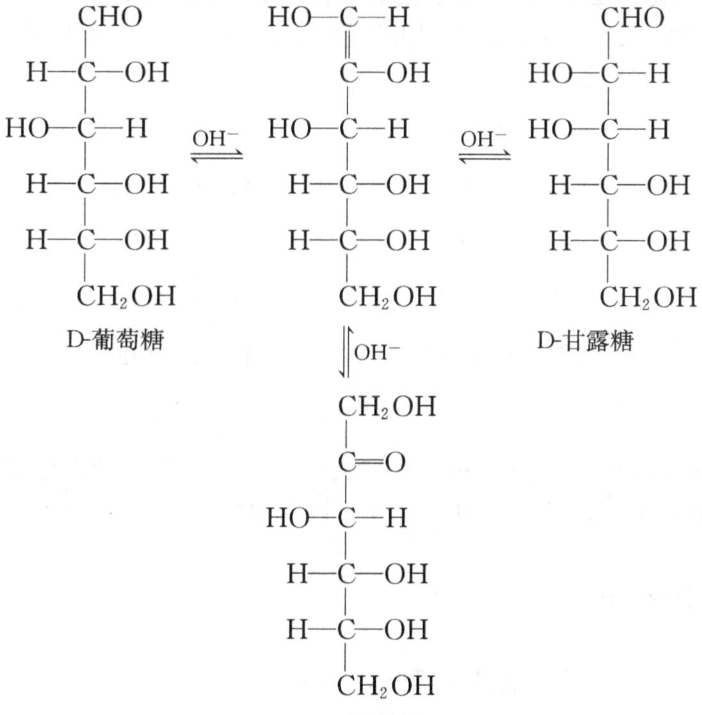

D-葡萄糖　D-甘露糖　D-果糖

在烯二醇结构中，C_2 为 sp^2 杂化，不再是手性碳原子。烯二醇结构不稳定，当它变回醛型时，C_2 为 sp^3 杂化，C_2 上的羟基可以在右边，即仍然得到 D-葡萄糖；但也可在左边，产物便是 D-甘露糖。如果 C_2 羟基上的氢原子转移到 C_1 上，这样得到的产物便是 D-果糖。D-葡萄糖和 D-果糖并不是差向异构体。因此，它们之间的异构化，不能称为差向异构化。

差向异构化(epimerization)是一种糖转化成其差向异构体的现象。差向异构化的特征在于一种含两个或多个手征性中心的糖，在异构化过程中仅 1 个手征性中心的构型发生了转化。

果糖是一种酮糖，它也能被费林试剂氧化。有人认为是由于费林试剂中的碱催化果糖发生互变异构化而被氧化的结果。

生物体代谢过程中，在异构酶的作用下，常会发生葡萄糖与果糖的互相转化。

浓碱溶液中，单糖很不稳定，能发生裂解、聚合、异构化等。由这些反应可产生很多分子大小不同的物质。

2. 氧化反应

单糖用不同的试剂氧化，生成氧化程度不同的产物。

1）碱性溶液中的氧化

醛与酮的主要区别在于酮较难氧化，但当酮 α-碳原子上连有羟基时，也能被氧化。所以酮糖和酮的性质不完全相同。酮糖和醛糖一样，能被土伦试剂、费林试剂（硫酸铜、氢氧化钠和酒石酸钾钠混合液）和班氏试剂（硫酸铜、氢氧化钠和柠檬酸钠混合液）所氧化，分别生成银镜或氧化亚铜沉淀。在有机化学和生物化学中，能使费林试剂等碱性弱氧化剂还原的糖，统称为还原糖。所有单糖，包括醛糖和酮糖都是还原糖。单糖的这种性质可作糖的定性或定量测定。不过，因糖的氧化产物较复杂，不能从反应式中计算物质的量，因此，应用费林试剂等定量测定单糖时，必须以已知糖液在一定条件下测得与费林试剂作用的经验物质的量，然后才能在同样条件下测定未知样品的单糖含量。

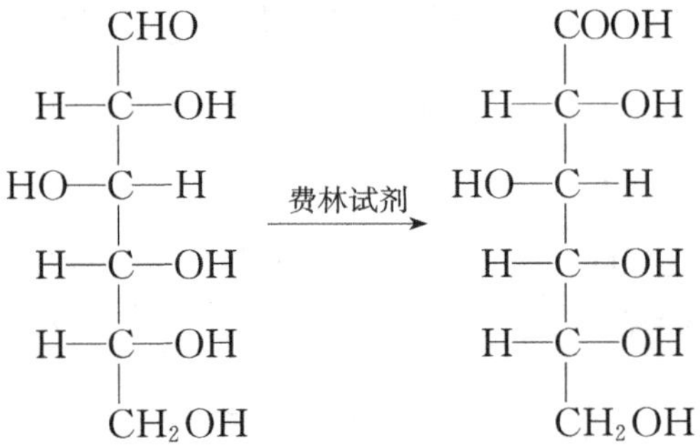

在碱性溶液中，糖酸以开链羧酸根离子形式存在。酸化时，迅速地形成内酯，正如 γ-或 δ-羟基酸那样，形成的内酯是五元环和六元环。糖酸内酯的形成，以五元环内酯（γ-内酯）为常见。

2）酸性溶液中的氧化

（1）溴水氧化。

溴水（pH 5～6）能使醛糖氧化成为糖酸。例如

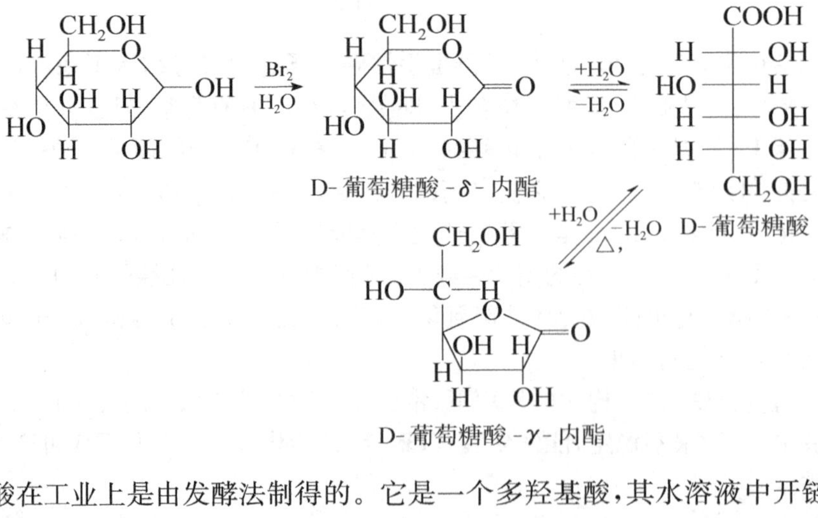

葡萄糖酸在工业上是由发酵法制得的。它是一个多羟基酸，其水溶液中开链式与内酯式是一个动态平衡体。葡萄糖酸钙可以作为有效的人体补钙剂；葡萄糖酸锌可作为人体必需的

微量元素锌的补充源。葡萄糖酸的 δ-内酯大量用于食品添加剂，如可用于调味剂、防腐剂、蛋白质凝固剂等。

酮糖不能被溴水氧化。所以可以用溴水鉴别酮糖和醛糖。

(2) 稀硝酸氧化。

硝酸是强氧化剂，稀硝酸与醛糖作用时可把醛糖氧化成糖二酸，糖二酸在受热时可脱水生成内酯。例如

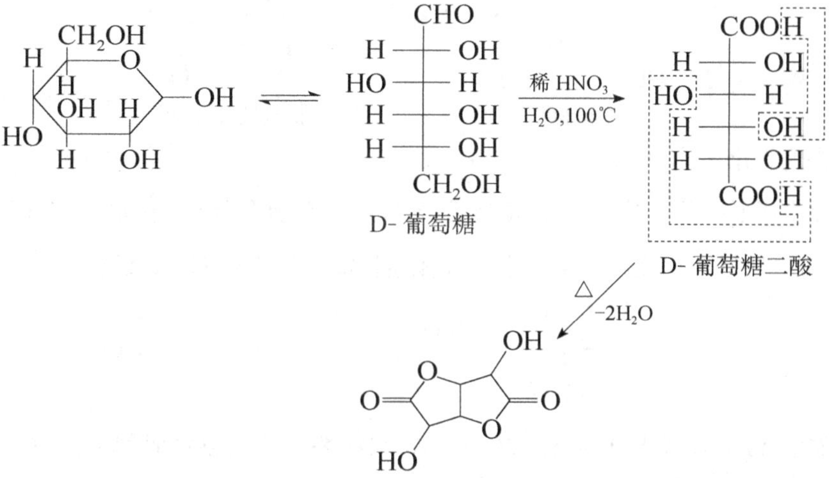

双内酯

在浓硝酸作用下，醛糖、酮糖都被氧化，发生碳链断裂，产物比较复杂。

植物体内，有些醛糖在酶的作用下，可以是羟甲基氧化成羧基，形成尾酸（或叫糖醛酸）。例如

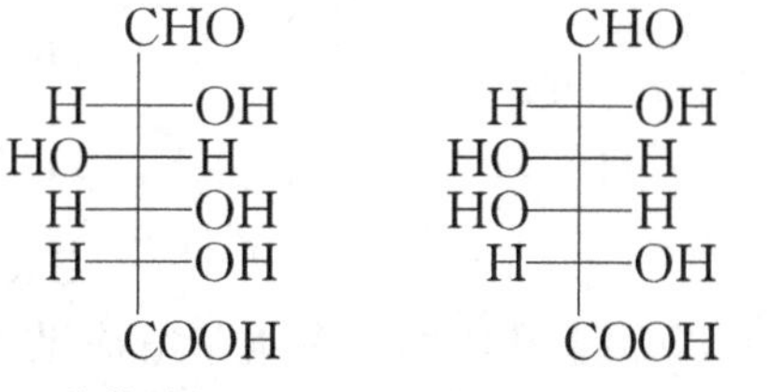
D-葡萄糖尾酸　　D-半乳糖尾酸

对动物体来说，葡萄糖尾酸是重要的，因为许多有毒物质可以葡萄糖尾酸苷的形式由尿中排泄出体外。

维生素 C 又名抗坏血酸是人体必需维生素，在结构上可以看成是不饱和糖酸的内酯。在动、植物体内，D-葡萄糖尾酸也可以转化成 L-古洛糖酸，进一步转化为 L-抗坏血酸。但是，后一步反应，灵长类动物不能进行，因此，需要外源的维生素 C 补充。

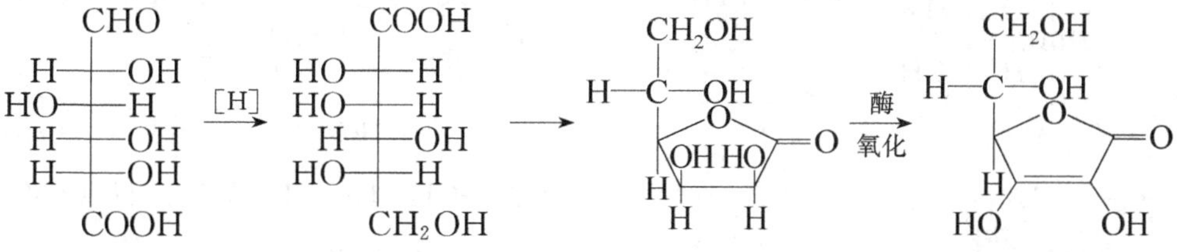

D-葡萄糖尾酸　　L-古洛糖酸　　γ-L-古洛糖酸酯　　L-抗坏血酸

维生素C广泛存在于新鲜的瓜果蔬菜中，柠檬、橘子、番茄中含量较多。它是白色结晶，易溶于水，其构型为L-型，$[\alpha]_D=+21°$。分子中C_2和C_3上有烯醇型羟基，显酸性，属强还原剂。干燥的纯品维生素C比较稳定，天然植物中及在溶液中的维生素C不稳定，极易氧化生成脱氢维生素C，在生物氧化过程中，可作传递氢的载体。

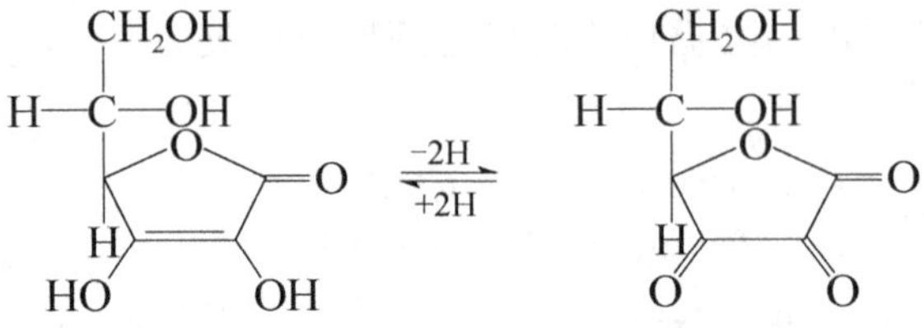

抗坏血酸　　　　脱氢抗坏血酸

(3) 高碘酸氧化。

糖具有邻二醇()的结构特征，当高碘酸与其作用时，在水溶液(pH 3～5)中，可迅速地发生C—C键断裂，反应时定量消耗氧化剂，每破裂1个C—C键消耗1分子高碘酸。

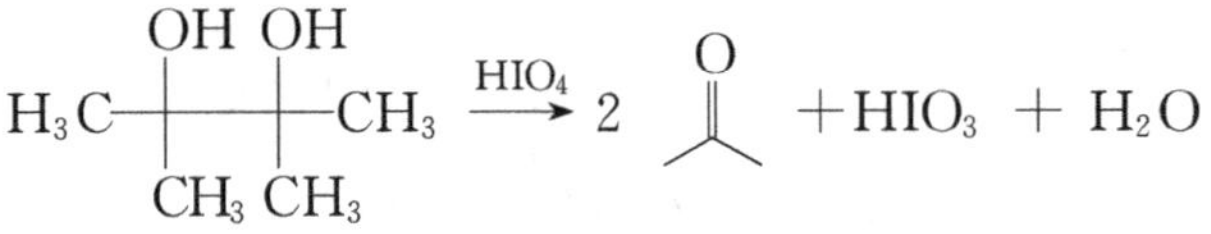

D-葡萄糖被高碘酸氧化，也同样发生C—C键断裂。此反应合成制备上意义不大，但是研究糖类结构的重要手段之一。

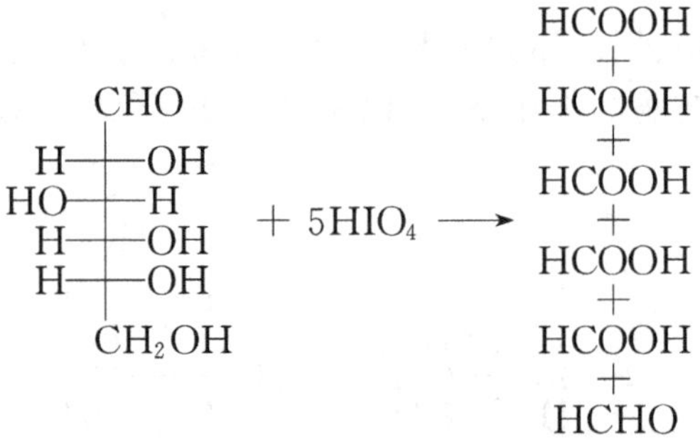

D-葡萄糖水溶液在pH＝3.7时用高碘酸氧化，先是迅速地消耗3mol的高碘酸，生成2mol甲酸(由最初C—C键氧化断裂后，再进一步氧化得到)和较稳定的2-*O*-甲酰基甘油醛；后者在水溶液中经过缓慢水解，生成了1mol甲酸和1mol甘油醛；甘油醛再消耗2mol高碘酸，生成2mol甲酸和1mol甲醛。通过这个氧化反应的研究可以说明D-葡萄糖在其水溶液中主要是以吡喃型半缩醛结构存在的：

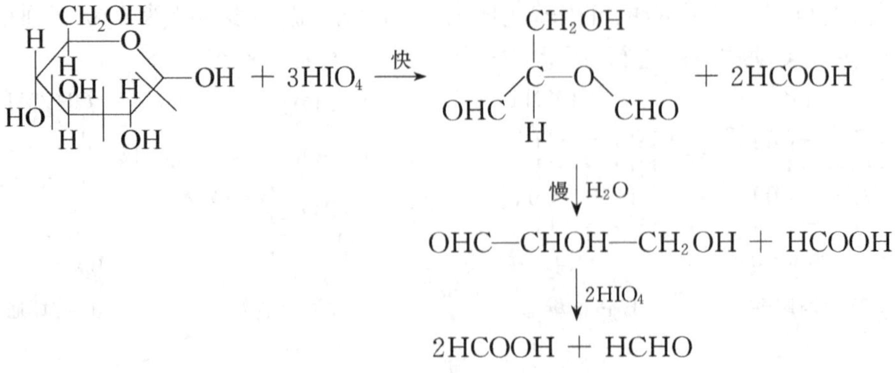

3. 还原反应

单糖有游离羰基，易被还原。在 $NaBH_4$ 或 Ni 的作用下催化氢化，或在酶的作用下，醛糖还原成糖醇；酮糖还原成两个非对映体的糖醇。在工业生产上，是以镍催化加氢的方法来生产多元醇的。山梨醇和 D-甘露醇是在化妆品和药物生产中用量较大的多元糖醇。

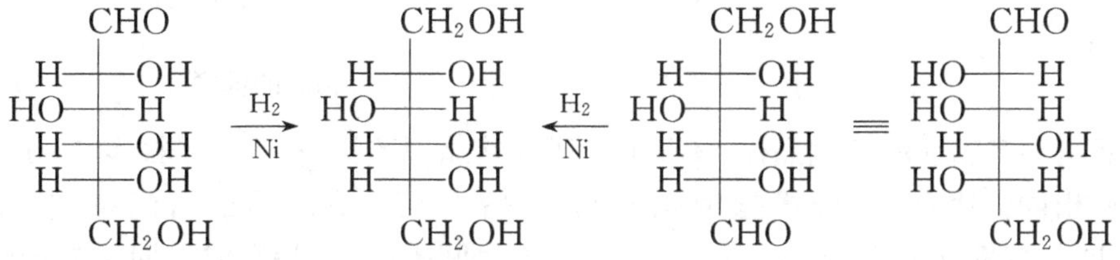

葡萄糖　　D-山梨醇　　L-古罗糖

硼氢化钠可将醛(酮)糖还原为糖醇：

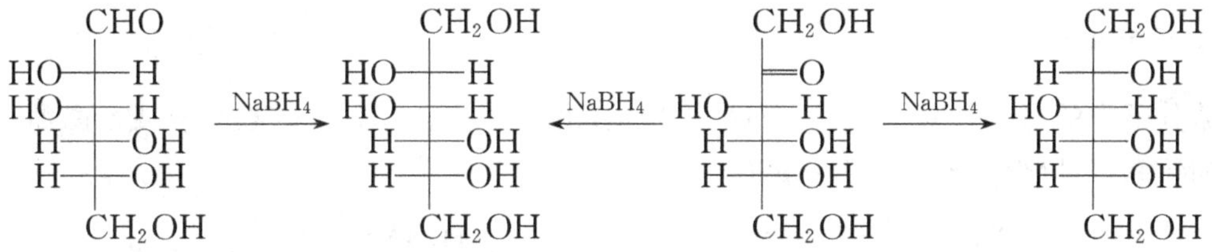

D-甘露糖　　D-甘露醇　　D-果糖　　D-山梨醇

山梨醇和甘露醇广泛存在于植物体内，李、桃、苹果、梨、柿、洋葱、蘑菇、胡萝卜等的果实、块茎、块根中都含有这些糖醇。

4. 成脎反应

一般的醛、酮，能与 1 分子苯肼作用生成苯腙。而在糖的开链结构中，羰基可与苯肼作用生成糖的苯腙；但在过量的苯肼试剂中，醛糖或酮糖却能逐步与 3 分子苯肼作用生成糖脎(osazone)，总的结果可表示如下：

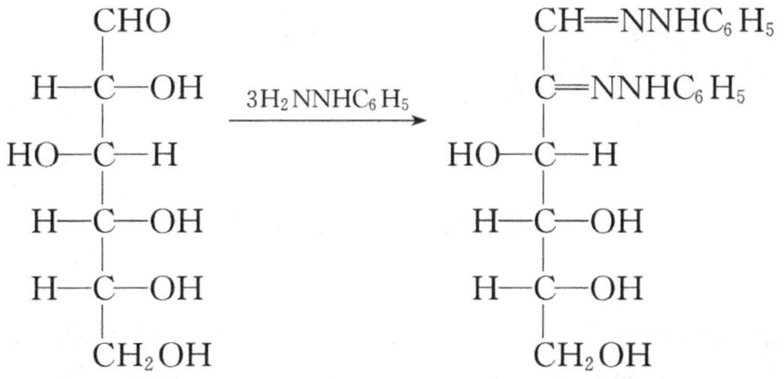

D-葡萄糖　　D-葡萄糖脎

成脎反应是在 C_1 和 C_2 上发生的加成消除及互变异构反应，不涉及其他碳原子，因此，只要是 C_1 和 C_2 以上碳原子的构型相同的糖，都可以生成相同的脎。例如 D-葡萄糖、D-甘露糖和 D-果糖都生成相同的糖脎。

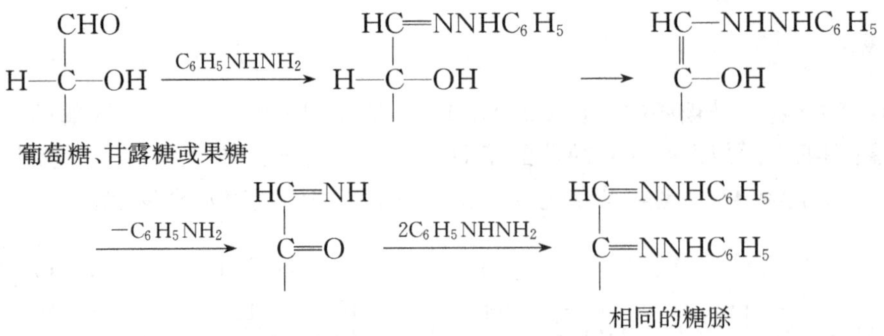

糖脎都是不溶于水的黄色晶体，不同的糖脎，其晶形不同，熔点不同(表 13-1)，生成的反应速率也不相同。因此，可以根据糖脎的晶形、熔点及生成所需的时间来鉴定和分离糖。D-葡萄糖、D-甘露糖和 D-果糖的糖脎，由于生成的时间不同，糖脎生成早期结晶形状还是有差别，只有放置一段时间后才转变成相同的糖脎。成脎反应在早期测定糖的构型方面起了重要作用。

5. 成酯反应

糖分子中的羟基与有机酸或无机酸形成的酯称为糖酯。例如，以乙酰氯或乙酸酐(Ac_2O)处理葡萄糖，可以得到葡萄糖五乙酸酯。

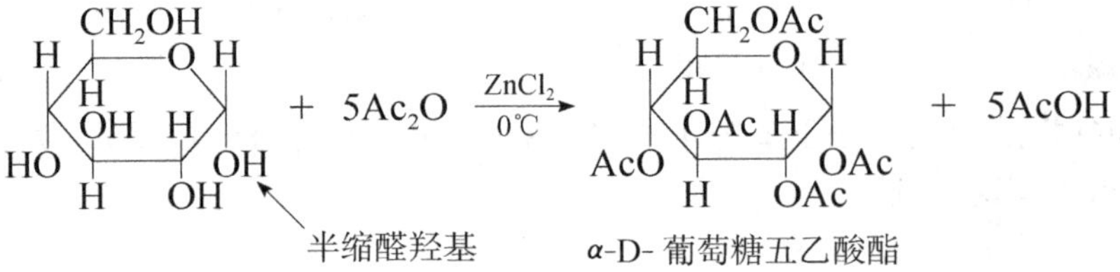

自然界存在的这类糖酯可举中国单宁为例。中国单宁是 5 个双没食子酸与 1 个葡萄糖形成的酯。双没食子酸与糖的羟基形成的酯键和双没食子酸本身的酯键都能水解。中国单宁彻底水解可得 10 个分子没食子酸和 1 个分子的葡萄糖。

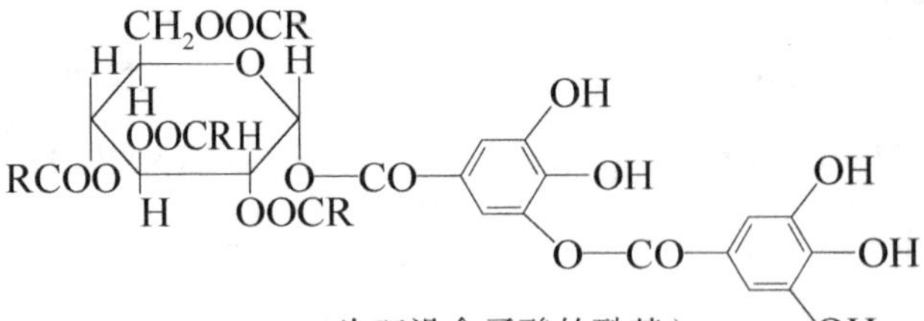

(RCO 为双没食子酸的酰基)

中国单宁

在生物体内，糖在酶的作用下形成一些单酯或二酯。其中最重要的是磷酸酯，它们在生理过程中起着极为重要的作用，是生物体糖代谢过程中的重要中间产物。作物施磷肥就是为了有充足的磷去完成体内磷酸酯的合成。若作物缺磷，磷酸酯的合成便出现障碍，作物的光合作用和呼吸作用也不能顺利进行。

重要的单糖磷酸酯有

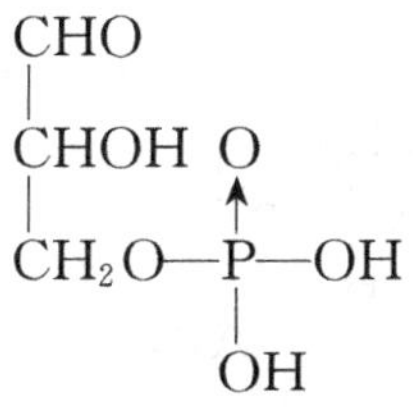

3-磷酸甘油醛酯

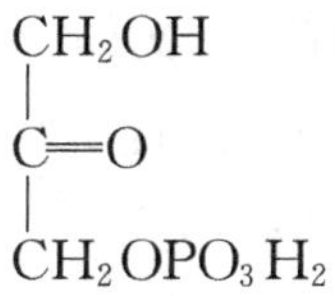

磷酸二羟丙酮

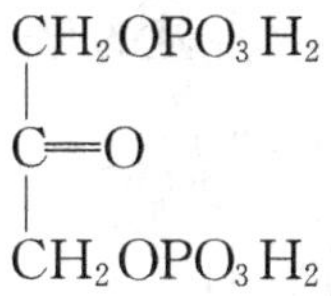

二磷酸二羟丙酮

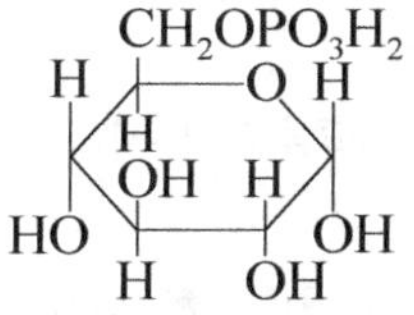

6-磷酸葡萄糖

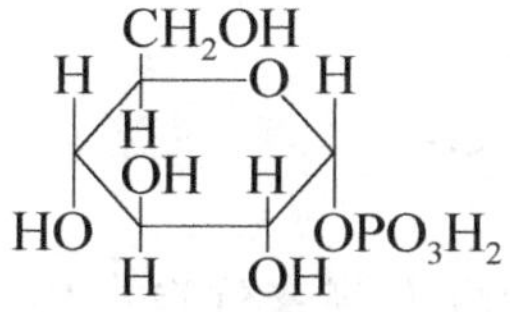

1-磷酸葡萄糖

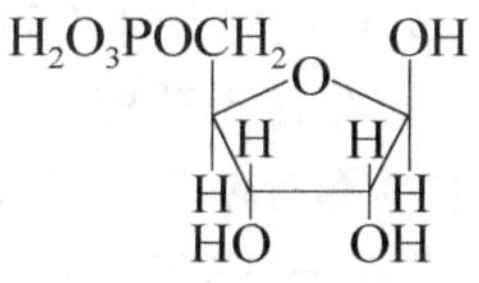

5-磷酸核糖

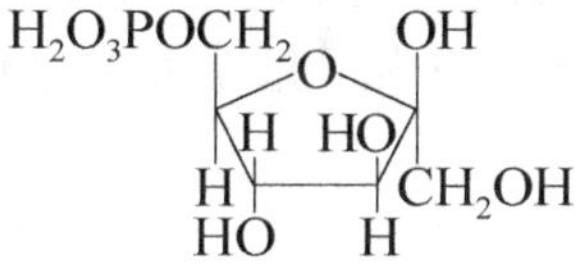

6-磷酸果糖

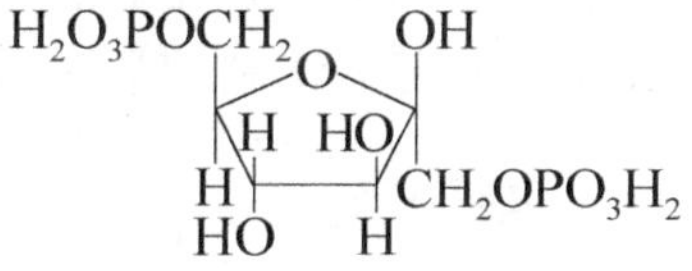

1,6-二磷酸果糖

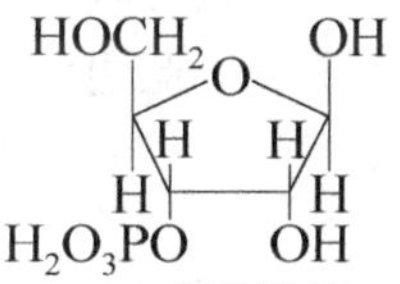

3-磷酸核糖

6. 成苷反应

单糖环状结构的半缩醛羟基(称为苷羟基)与其他含羟基的化合物如醇、酚等形成的环状缩醛叫做糖苷(glycoside)。非糖部分叫配糖基,连接配糖基(aglycon)与糖基(glycon)的键叫苷键。糖苷的命名形式为某糖某苷,例如,α-D-葡萄糖甲苷。

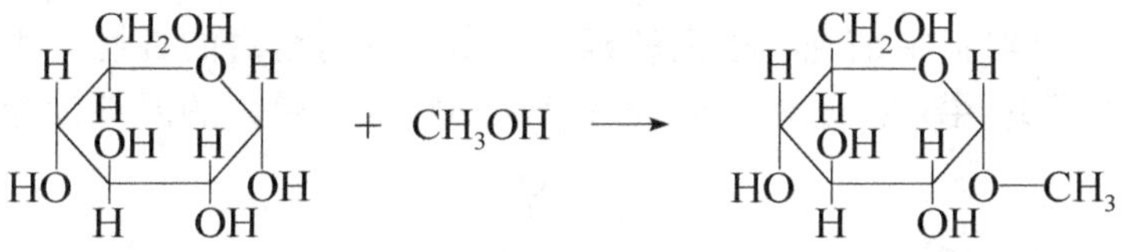

α-D-葡萄糖　　　α-D-葡萄糖甲苷

在 HCl 存在下,D-(+)-葡萄糖与甲醇共热,生成 D-(+)-甲基葡萄糖苷:

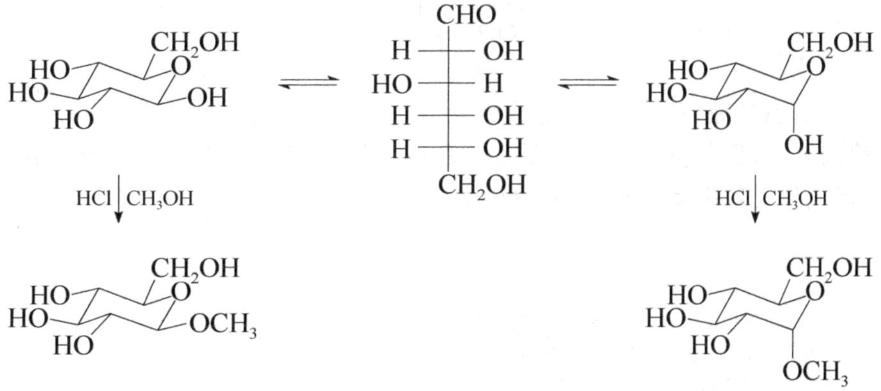

β-D-甲基葡萄糖苷　　　α-D-甲基葡萄糖苷

缩醛在中性和碱性溶液中是稳定的,糖苷也比较稳定。糖苷在水溶液中不能再转变为开链式,因此,糖苷没有变旋现象和还原性,也不能与苯肼成脎。它在稀酸或酶的作用下可以水

解为单糖和其他含羟基的化合物(非糖体)。例如

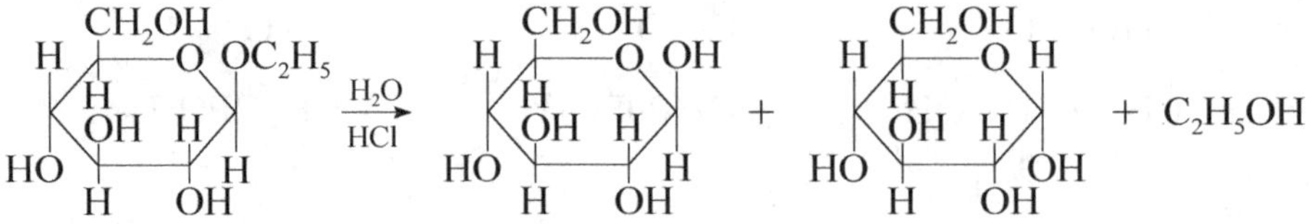

同一糖苷的不同异构体的化学活性是不同的,例如,β-D-葡萄糖苷可用 O_3 氧化为葡萄糖酸酯,而 α-D-葡萄糖苷却不容易被氧化。

糖苷广泛存在于动植物体中,例如,在人参、灵芝及天然的靛蓝、茜素染料中,淀粉、纤维素以及核酸中等都有糖苷键存在。

例如,花色苷-E163(红米红色素)为深紫红色的粉末,易溶于水和乙醇水溶液,在酸性溶液中对光和热均较稳定。花色苷-E163 在酸性溶液中呈桃红色,在中性溶液中为紫红色,在碱性溶液中呈蓝色。花色苷-E163 用于饮料、糖果、配制酒等食品,也可用于化妆品。其结构式为

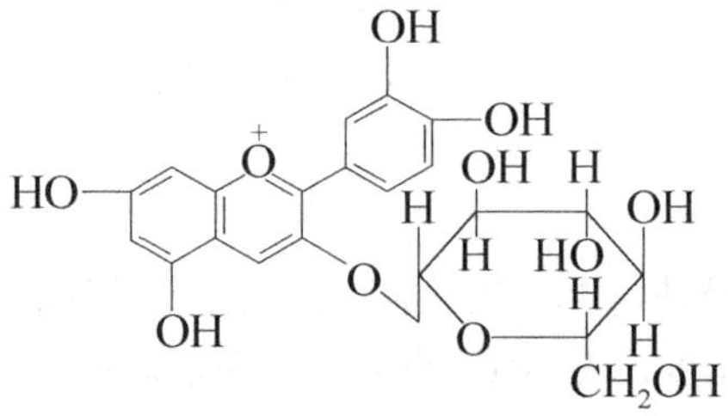

又如,碘苷(idoxuridine;2′-脱氧-5-碘尿苷)是一种含氮的脱氧核糖苷。碘苷对病毒和宿主细胞都有作用,而且对宿主细胞有很大的毒性。由于其对全身的毒性作用很强,碘苷已被限用于单纯疱疹性角膜炎、牛痘病毒性角膜炎和带状疱疹病毒感染的局部治疗。

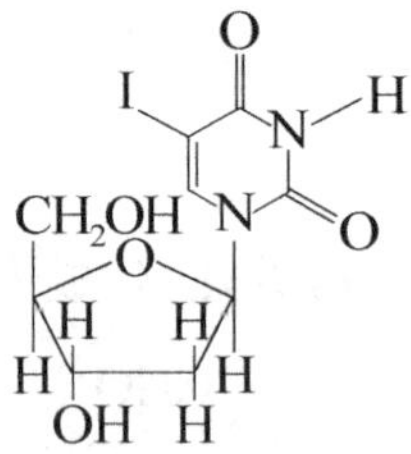

碘苷

又如,5′-肌苷酸钠是一种具有含氮核糖苷结构的核苷酸盐。5′-肌苷酸钠为无色至白色结晶粉末,呈鸡肉鲜味,倘若将 99%以上的谷氨酸钠的鲜度定为 100,那么肌苷酸钠的鲜度可达 4000。其增强风味的效率是味精的 20 倍以上。

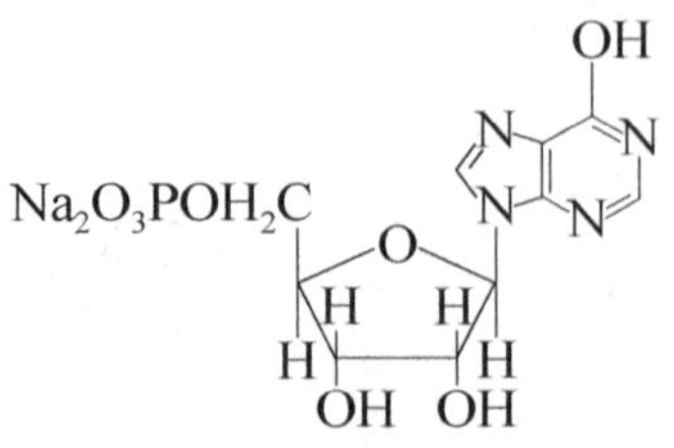

肌苷酸钠

7. 脱水和呈色反应

强脱水剂如浓硫酸，能使干燥的碳水化合物彻底脱水焦化。但在水存在时，某些无氧化性的酸如 HCl 和稀 H_2SO_4 等，能使单糖部分脱水，生成糠醛的衍生物。例如

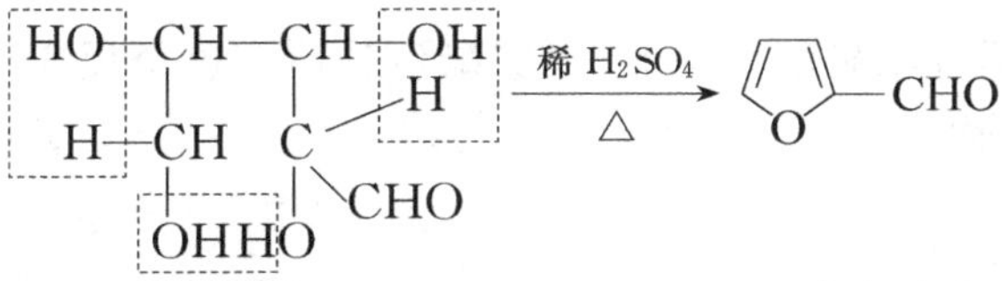

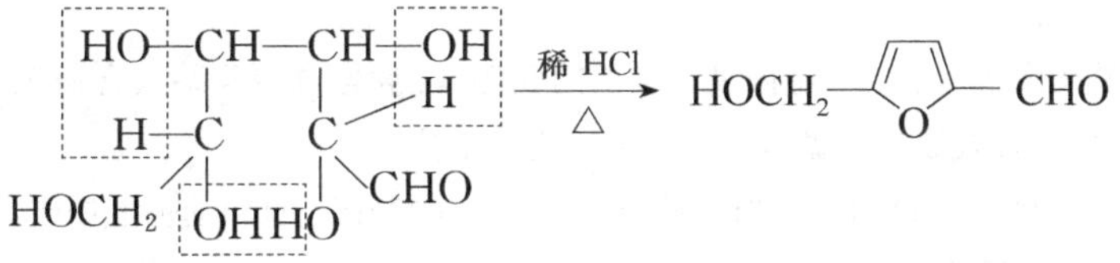

利用这个反应，我们可以从含戊糖丰富的农副产品，如玉米穗轴和棉籽壳等，制取价廉的工业原料糠醛。

在一定条件下，醛糖或酮糖生成的糠醛及其衍生物与某些酚类化合物作用，能生成有色物质，由于反应灵敏，呈色清楚，常可用来定性鉴定碳水化合物。

1) 莫力许(Molisch)反应

在糖的水溶液中，加入 α-萘酚的酒精溶液，摇匀，将试管倾斜，然后沿管壁小心滴入浓硫酸，则在两层液面之间会出现一个紫色环。所有糖类都能发生这种颜色反应。这反应叫做莫力许试验，常用于鉴定糖的存在。

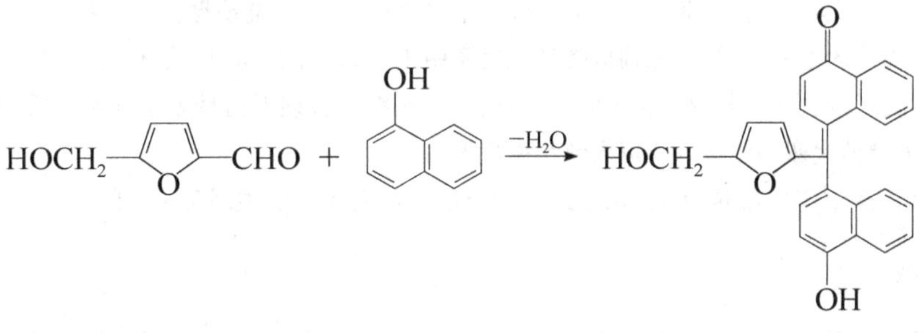

2) 西力凡诺夫(Seliwanoff)反应

间苯二酚与盐酸遇酮糖呈红色，遇醛糖呈很浅的颜色，根据这一特性，可以鉴别酮和醛糖。这一反应叫做西力凡诺夫试验。

3) 皮阿耳(Bial)反应

戊糖与甲基间苯二酚(5-甲基-1,3-苯二酚)在浓盐酸存在下，能形成绿色物质，这个反应称为皮阿耳试验，是鉴别戊糖的一种方法。

4）蒽酮反应

单糖和其他糖类能与蒽酮在浓硫酸作用下，生成绿色物质。这个反应可用于比色法定量测定葡萄糖、糖原等碳水化合物。

13.1.3　重要的单糖及其衍生物

1. D-核糖及D-2-脱氧核糖

D-核糖及D-2-脱氧核糖是生物细胞内极为重要的戊醛糖，常与磷酸及某些含氮杂环结合而存在于核蛋白中。它们分别是核糖核酸及脱氧核糖核酸大分子的构成组分。

核糖是最重要的戊醛糖，是D型左旋糖。核糖的第二个碳原子上的羟基被氢原子替代后得到的就是D-2-脱氧核糖，它们的开链式结构如下：

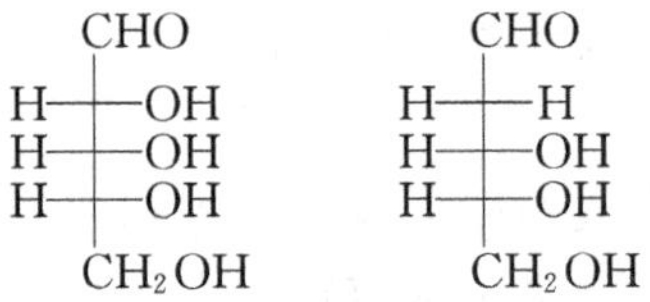

2. D-葡萄糖

D-葡萄糖是自然界分布最广泛的己醛糖，它为无色结晶或白色粉末，熔点为146℃。在蜂蜜和葡萄等水果中有丰富的含量，植物的根、茎、叶、果实及种子中也有较高的含量。在蔗糖、麦芽糖、淀粉、纤维素中含有的葡萄糖是以糖苷的形式存在的，工业上可由淀粉或纤维素水解得到D-葡萄糖。

在人体或动物体的生命过程中，葡萄糖是新陈代谢中不可缺少的营养物质，也是运动所需能量的重要来源。人体通过饮食所吸收的葡萄糖存在于血液中，也称为血糖。长期低血糖者会导致头昏、恶心及营养不良等症状，而高血糖及糖代谢功能减退者可导致糖尿病发生。

D-葡萄糖在医药上用作营养剂，印染工业中用作还原剂，食品工业中用于制糖浆。

3. D-果糖

D-果糖是最甜的单糖，也是自然界中存在最多的己酮糖，它广泛存在于水果和蜂蜜中，并能以游离态存在。天然的果糖是左旋体，无色结晶或粉末，熔点102℃（分解）。

4. D-半乳糖

它是乳糖、棉籽糖、琼脂、黏多糖和半纤维素等分子中的组分，也是组成脑髓的重要物质之一。

5. 氨基己糖

天然氨基糖是己醛糖分子中第2个碳原子上的羟基被氨基取代的衍生物，主要有氨基葡萄糖和氨基半乳糖等。氨基糖的氨基有的是乙酰化的，例如，昆虫甲壳质（也叫几丁质）的基本组成单位是2-乙酰氨基-D-葡萄糖；软骨素中所含多糖的基本单位是2-乙酰氨基-D-半乳糖；链霉素分子中含有2-甲氨基-L-葡萄糖。

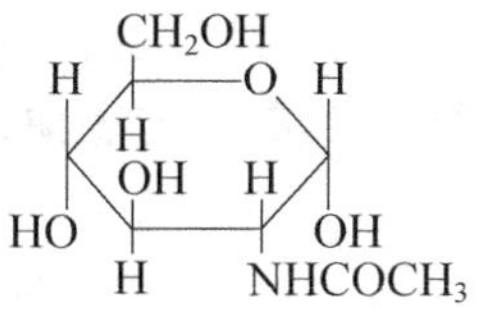

2-乙酰氨基-D-葡萄糖

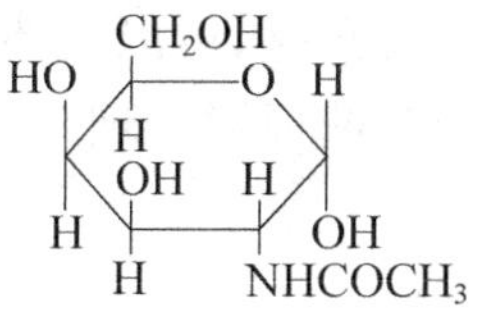

2-乙酰氨基-D-半乳糖

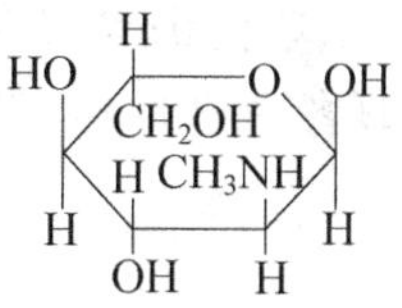

2-甲氨基-L-葡萄糖

6. 水杨苷和熊果苷

糖苷类广泛存在于自然界，尤以在植物体中更多，且往往是 β-型的。例如，松针内的水杨苷，它是由 β-D-葡萄糖和水杨醇形成的。水杨苷有解热、镇痛、抗风湿作用。

熊果苷是由 β-D-葡萄糖和对苯二酚形成的。在皮肤黑色素形成过程中，酪氨酸酶起着催化氧化作用。熊果苷能强力抑制酪氨酸酶的活性，阻断黑色素的形成，通过自身与酪氨酸酶结合，加速色素的分解和排泄，从而实现美白祛斑的目的。

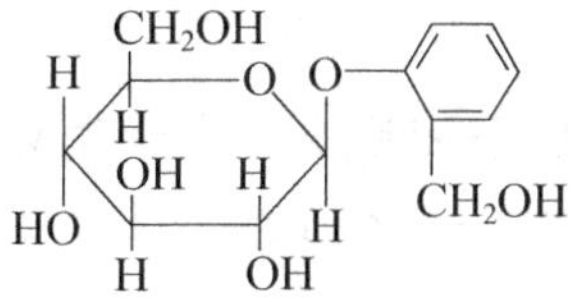

水杨苷

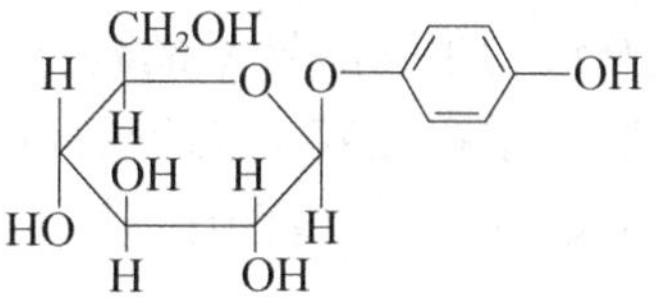

熊果苷

7. 苦杏仁苷

苦杏仁中的苦杏仁苷是由龙胆二糖和苦杏仁腈形成，苦杏仁有毒，主要是由于在消化道中它可被水解而产生氢氰酸的缘故。

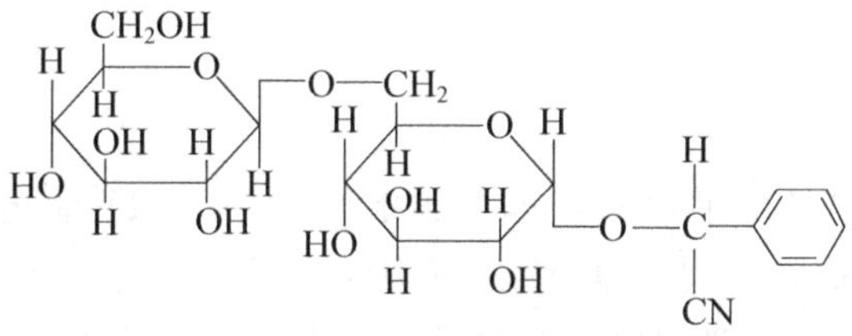

苦杏仁苷

木薯及其他一些植物中也含有这类生氰苷，所以食用木薯之前，必须经过去皮和浸水处理以除去这类糖苷。

13.2 低　聚　糖

低聚糖由几个单糖分子以糖苷形式缩合而成。根据水解后生成单糖的数目，又可分为二糖、三糖等。二糖(disaccharide)是低聚糖中最重要的一类，可以看作是由两分子单糖失水形成的化合物。它在酸存在下，能被水解为两分子单糖。二糖的物理性质和单糖相似：能成结晶，易溶于水，有甜味。天然存在的二糖，根据它们能否被费林试剂氧化，分为还原性二糖和非还原性二糖两类。

13.2.1 还原性二糖

还原性二糖可以看作一分子单糖的半缩醛羟基与另一分子单糖的醇羟基脱水形成的糖

苷。其分子中有一单糖仍保留有半缩醛羟基，可以开环形成链式，所以这类二糖具有一般单糖的性质：有变旋现象和还原性，并能与苯肼成脎。现介绍几种比较重要的还原性二糖。

1. 麦芽糖

淀粉在 α-淀粉酶作用下水解便得到麦芽糖(maltose)。麦芽糖的甜度是蔗糖的三分之一，很容易被人类消化，能被酵母发酵。

麦芽糖在酸性条件下或在麦芽糖酶存在下水解得到两分子的 D-葡萄糖。麦芽糖可被土伦试剂及费林试剂氧化，并可与苯肼作用生成脎，用溴水氧化麦芽糖时生成麦芽糖酸。这些实验事实说明，麦芽糖是一个 α-葡萄糖苷，而且分子中应存在半缩醛羟基，这一点也被麦芽糖的水溶液有变旋现象所证实。

麦芽糖分子是由两个 D-葡萄糖基以 α-1,4′-苷键连接而成，即一个 α-D-葡萄糖的半缩醛羟基与另一分子 4-位上的羟基脱水缩合形成的糖苷。麦芽糖有 α- 和 β-两种异构体，其区别只在于单糖基中未成苷键的半缩醛羟基的构型。

在谷物种子的胚芽中存在着 α-淀粉酶，在其作用下淀粉水解生成麦芽糖。大麦芽中的麦芽糖含量最高，在用大麦酿造的啤酒中，麦芽糖的含量一般在 10%～12%。

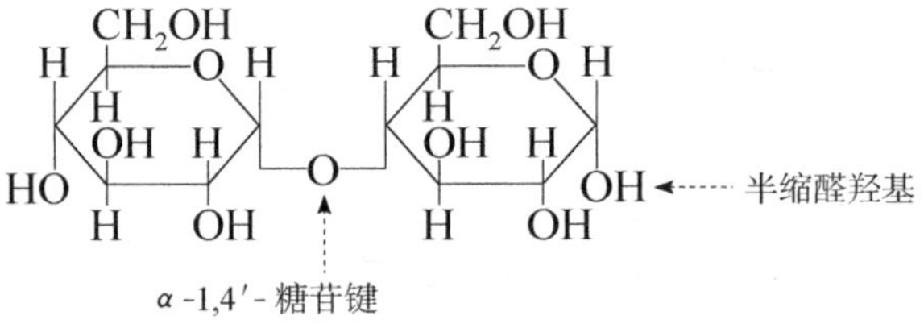

麦芽糖

2. 纤维二糖

纤维二糖(cellobiose)是纤维素的基本组成单位，由两个 D-葡萄糖以 β-1,4′-糖苷键连接而成。纤维二糖没有甜味，不能被人类消化，不能被酵母发酵。淀粉酶只能将 α-1,4′-糖苷键水解，而不能水解 β-1,4′-糖苷键，因此，人类只能消化淀粉而不能消化纤维素。食草动物的消化道中存在一些微生物，这些微生物能分泌出可以水解 β-1,4-糖苷键的酶(纤维素酶)，纤维素酶将纤维二糖和纤维素中的苷键水解，所以纤维素对这些动物有营养价值。

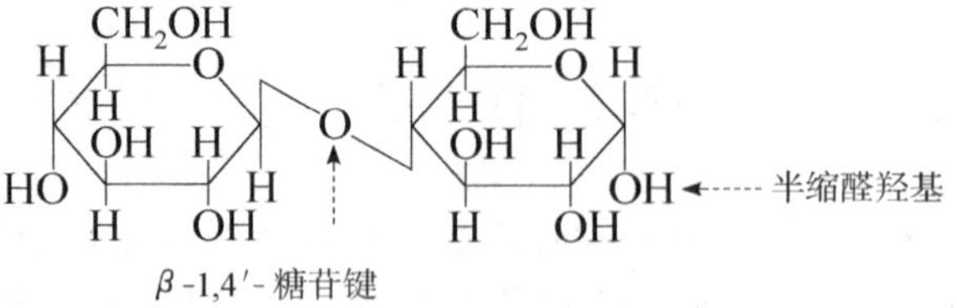

纤维二糖

3. 乳糖

乳糖(lactose)是由 D-半乳糖基和 D-葡萄糖基以 β-1,4′-糖苷连接而成的二糖，水解得到等量的半乳糖和葡萄糖的混合物。用溴水氧化乳糖则得到乳糖酸，后者经水解得到半乳糖和葡萄糖酸，这表明乳糖中的半缩醛羟基在葡萄糖基一端。

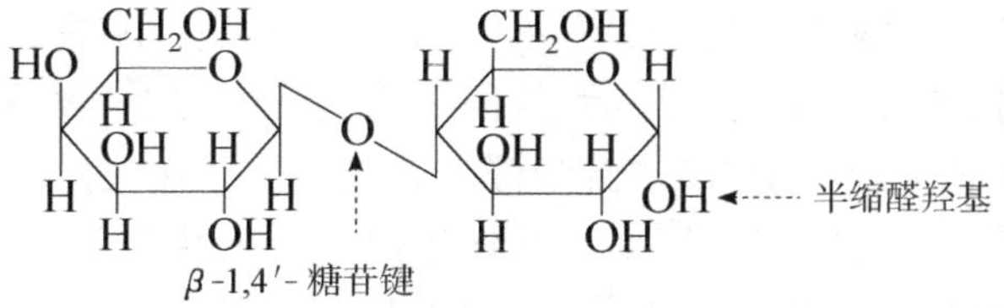

乳糖

乳糖存在于哺乳动物的乳汁中，人乳中含乳糖 5%～8%，牛、羊乳中含乳糖 4%～5%。乳糖是由牛乳制干酪时所得的副产品，它是二糖中水溶性较小，没有吸湿性的一种，用于食品及医药工业。

13.2.2　非还原性二糖

非还原性二糖是由两个单糖的半缩醛羟基脱水而成的，分子中没有半缩醛羟基。这样形成的二糖就没有变旋现象和还原性，也不与苯肼成脎。

1. *蔗糖*

蔗糖是自然界中分布最广泛的非还原性二糖，它是由 α-D-葡萄糖的 C_1 和 β-D-果糖的 C_2 通过糖苷键连接而成的二糖，故分子中不存在半缩醛羟基。

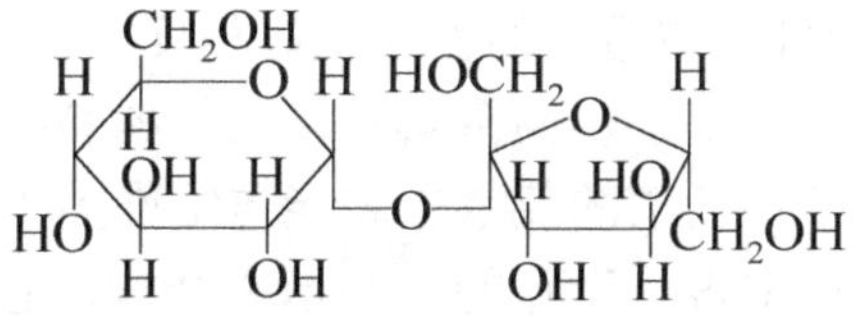

蔗糖

各种植物的果实中都含有蔗糖，甘蔗和甜菜中含量最多。蔗糖是右旋糖，水解后生成等量的 D-葡萄糖和 D-果糖的混合物则是左旋的。由于水解而使旋光的方向发生改变，故一般把蔗糖的水解产物叫做转化糖。蜂蜜的主要成分就是转化糖。

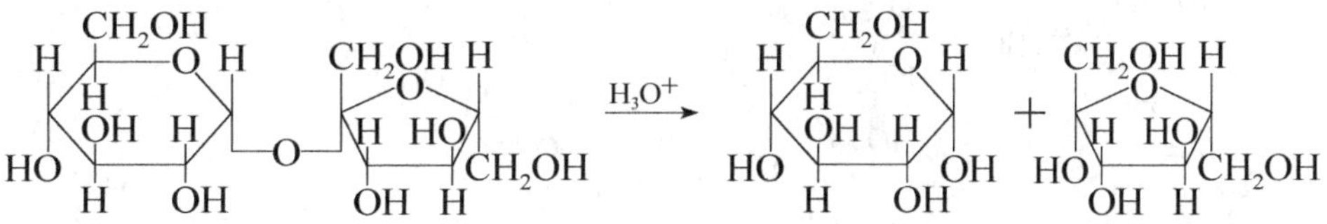

蔗糖 [α]=66.5　　葡萄糖 [α]=52.5　　果糖 [α]=−92.3

2. *海藻糖*

海藻糖(trehalose)也是自然界中分布较广的一种非还原性二糖，存在于藻类、细菌、真菌、酵母、地衣及某些昆虫中。其分子是由两个 α-D-葡萄糖基以 α-1,1′-糖苷键连接而成的二糖，故分子中不存在半缩醛羟基。

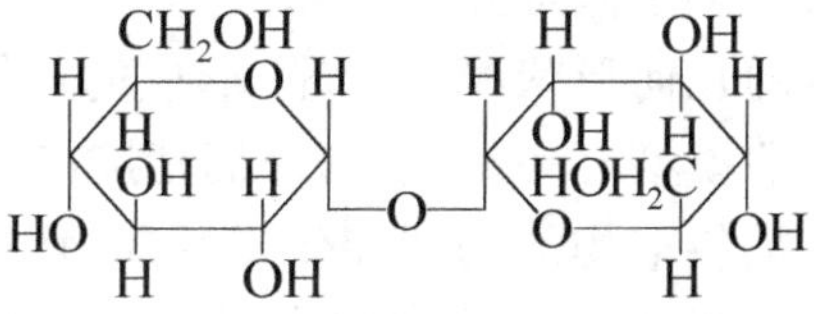

海藻糖

海藻糖在高温、高寒、高渗透压及干燥失水等恶劣环境条件下，能在细胞表面形成独特的保护膜，有效地保护蛋白质分子不变性失活，从而维持生命体的生命过程和生物特征。许多对外界恶劣环境表现出非凡抗逆耐受力的物种，都与它们体内存在大量的海藻糖有直接的关系。海藻糖除了可以作为蛋白质药物、酶、疫苗和其他生物制品的优良活性保护剂以外，还是保持细胞活性重要成分，更可作为防止食品劣化、保持食品新鲜风味、提升食品品质的独特食品配料，这些性质大大拓展了海藻糖作为天然食用甜味糖的功能。自然界中的蔗糖、葡萄糖等其他糖类，均不具备这一功能。

13.2.3　环糊精

环糊精(cyclodextrin)分子式可用$(C_6H_{10}O_5)_n$表示。当$n=6$时，是α-环糊精；$n=7$时，是β-环糊精；$n=8$时，是γ-环糊精。环糊精是由淀粉在葡萄糖基转移酶的作用下生成的。而葡萄糖基转移酶主要是由一些杆菌形成。各菌种所得环糊精葡萄糖基转移酶的性质不同，有的以生成α-环糊精为主要产物，有的以β-环糊精为主要产物。环糊精上—OH基都绕“上部”桶缘向外伸出；$—CH_2OH$基则都绕“下部”桶缘向外伸出；空穴是由C—H和糖苷的C—O键组成(图13-5)，因而使内腔有很强的疏水性，与冠醚的性质正好相反。

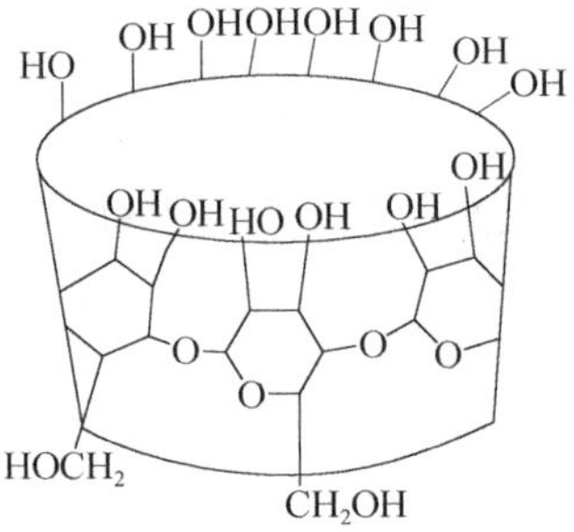

图13-5　环糊精结构示意图

基于环糊精具有以上结构特征，且具有一定的水溶性，又由于环糊精的疏水空腔能包结许多小分子，因此是目前人工受体设计中很受青睐的一个基本结构。它不仅在应用领域而且在基础理论研究领域都得到了广泛重视，如用作选择性合成试剂，相转移催化剂，主客体络合作用，分子识别及模拟酶研究等。

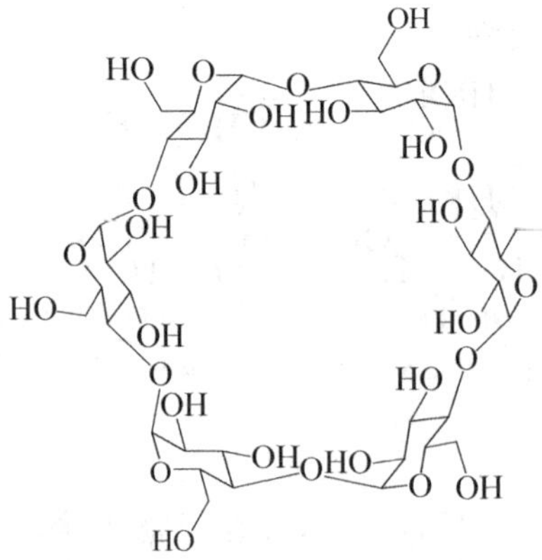

α-环糊精

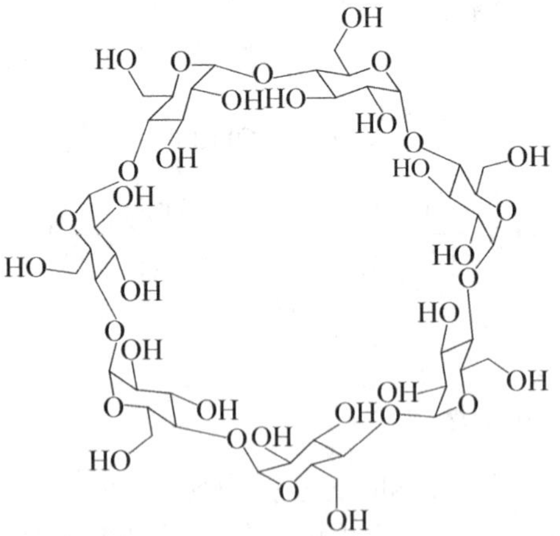

β-环糊精

环糊精包结物的稳定性取决于主体空腔的容积、客体分子大小、基团性质及空间构型等。只有当客体分子与环糊精空腔的几何形状相匹配时，形成的包结物才稳定。以上特点与酶有类似性，因此，环糊精成为人工酶模型之一。此外，环糊精被广泛用于食品、医药、农药、化妆品工业、化学分析等方面，可改变被包结物的物理和化学性质，增加稳定性，减少毒副作用，延长药效。还可利用环糊精制造香味塑料、香泥及香味纺织品，所以应用得到迅速的发展。

13.3 多　糖

多糖是由许多单糖通过糖苷键连接在一起而构成的高分子化合物。多糖彻底水解生成单糖。多糖与单糖及低聚糖在性质上有较大差异。多糖对费林试剂没有还原性、没有变旋现象、没有甜味，而且大多不溶于水。

多糖在生物体内的作用有三个方面：作为骨架物质、营养物质和具有特殊作用的物质。典型的骨架多糖是纤维素（它支撑植物茎和分枝）和几丁质（昆虫外壳的结构成分）。小麦和大米中的淀粉，动物体内的糖原属于典型的营养多糖。肝素则是有阻止血液凝固作用的多糖。

多糖也可以和其他类型的化合物结合，例如，糖蛋白和糖酯。

多糖不是一种纯粹的化学物质，而是多种聚合度不同的高分子化合物的混合物。

13.3.1　淀粉

淀粉是自然界中仅次于纤维素的最丰富的多糖，当把淀粉块磨成粉状溶于热水时，可以把淀粉根据其不同的溶解性分离成二类：一类是可溶于热水而成溶胶，叫做直链淀粉（amylose），它常存在淀粉粒内部；另一类是不溶性的，只能吸水膨胀，叫做支链淀粉（amylopectin），常存在于淀粉粒外部；它们在淀粉粒中所占比例，随作物的品种不同有很大差异。

直链淀粉是由 D-葡萄糖通过 α-1，4′-糖苷键结合而成的线型高聚物，其相对分子质量随来源不同，差别很大，在 $2\times10^4\sim2\times10^6$ 之间，结构如图 13-6 所示。

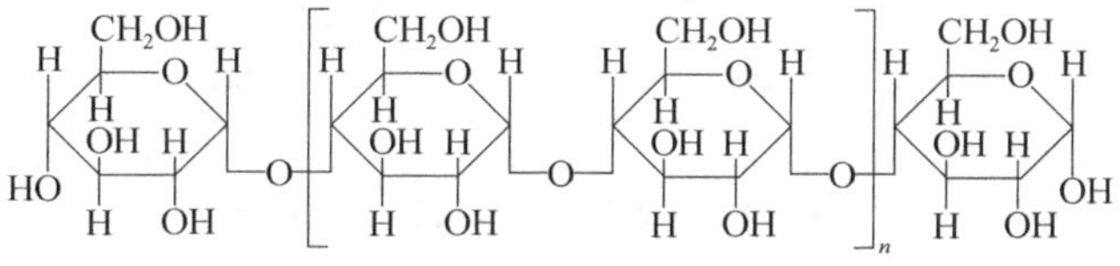

n=200~980

图 13-6　直链淀粉

直链淀粉构型并不是简单的线形长链分子，而是由分子内的氢键使长链卷曲成螺旋状（图 13-7）。

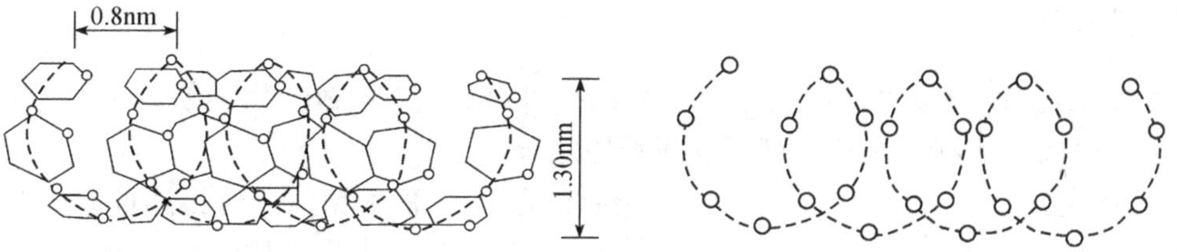

图 13-7　直链淀粉螺旋状结构示意图

每圈螺旋约含有 6 个葡萄糖单位，各圈螺旋间可能是通过氢键来维持其构型的。直链淀粉遇碘呈深蓝色，是由于螺旋中的空隙恰好可以装入碘分子，当碘分子进入螺旋圈内时，圈内的羟基是电子供给体，碘分子是电子接受体，从而形成一个深蓝色的包结物（图 13-8）。

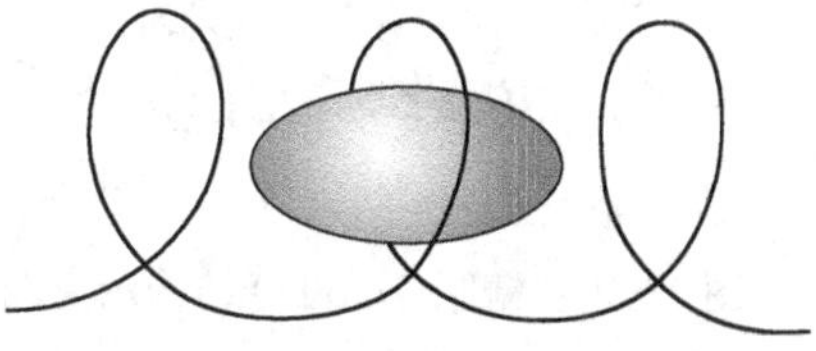

图 13-8　直链淀粉与碘形成的包结物

直链淀粉在酸催化下可完全水解，生成 D-葡萄糖；用淀粉酶催化水解，则生成麦芽糖。

支链淀粉的分子比直链淀粉更大，其相对分子质量有的可以达 600 万。和直链淀粉一样，支链淀粉的主链是 D-葡萄糖基之间以 α-1,4′-苷键相连；但和直链淀粉又不一样，支链淀粉是有分支的，大约相隔 25 个葡萄糖的单位有一个分支，在分支上的结合是 α-1,6′-苷键。它遇碘呈紫色。

支链淀粉的结构式和结构图(图 13-9)如下：

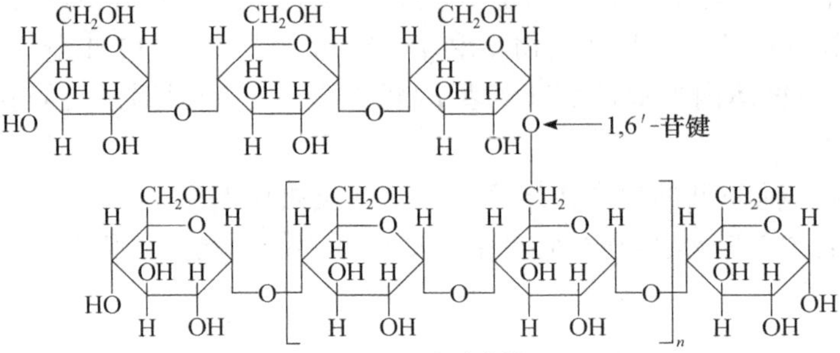

支链淀粉

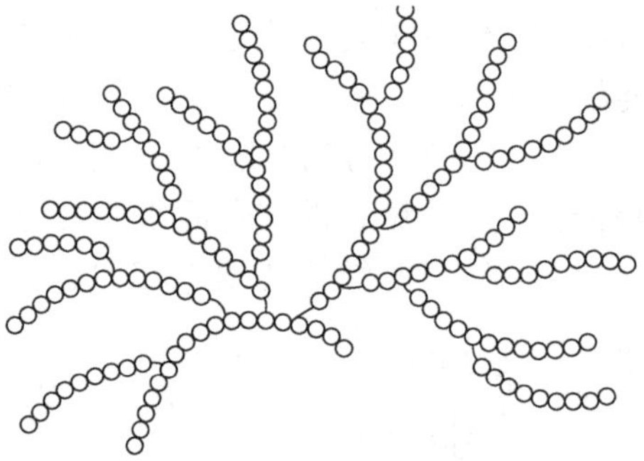

图 13-9　支链淀粉结构示意图

支链淀粉用酸催化可完全水解产生 D-葡萄糖，用淀粉酶催化水解，生成麦芽糖、异麦芽糖和寡糖的混合物。水解过程如下：

支链淀粉→兰糊精→红糊精→无色糊精→[麦芽糖＋异麦芽糖]→D-葡萄糖

13.3.2　糖原

糖原(glycogen)是动物体内为储存物质的一种多糖，又叫做动物淀粉。主要储存于高等动物肝脏和肌肉中，因此，又有肝糖原和肌糖原之分。

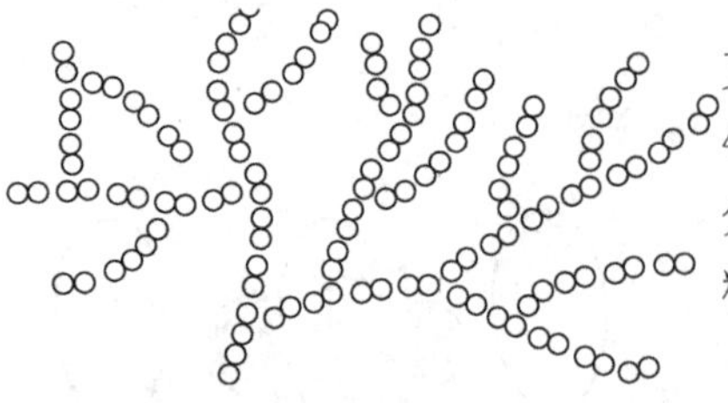

图 13-10　糖原分子部分结构示意图

糖原也是由 D-葡萄糖以 α-苷键连接而成，其结构与支链淀粉相似，只是分支程度比支链淀粉还多，约第 3～4 个 D-葡萄糖单位即出现分支。图 13-10 是糖原分子部分结构示意图。糖原是无色粉末，易溶于水成溶胶而不糊化，遇碘呈红色。

糖原是动物的主要储存物质，D-葡萄糖在动物血液中含量较高时，它就结合成糖原而储存于肝脏中，当血液中含糖量降低时，糖原就分解为 D-葡萄糖。

13.3.3　纤维素

纤维素是自然界中存在最广泛的有机化合物，它占植物界碳含量的 50%以上。估计地球上绿色植物每年大约净产有机物 $15\times10^{10}\sim20\times10^{10}$ t，其中纤维素占三分之一至二分之一。

棉花、亚麻和黄麻都含有大量优质的纤维素。木材中的纤维素则常与半纤维素和木质素共同存在。木材中纤维素含量为 50%左右，亚麻为 80%，禾秆为 34%～36%，玉米茎为 30%，棉花是自然界最纯的纤维素，其含量为 97%～99%。纤维素分子式如下，其分子式中 n 的范围大约在 500～5000。

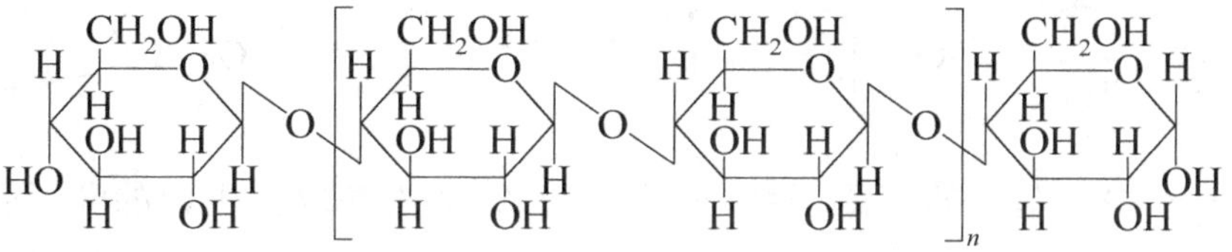

纤维素

纤维素是 D-葡萄糖单位通过 β-1,4′-苷键构成的高聚体，是植物细胞壁的主要成分。纤维素和直链淀粉一样，是没有分支的链状分子，但是，纤维素分子不是盘绕成空心螺旋形，而是扁平、伸展的螺条形（锯齿形），再由 100～200 条这样彼此平行的螺条形链通过氢键像绳子那样扭成纤维束。这些纤维束以某种方式叠加在一起，定向排列成网状结构，从而使纤维具有良好的机械强度和化学稳定性。

纤维素遇水，水分子进入纤维束的纤维素分子之间，但仍能通过氢键将纤维素分子拉住，这样长链分子之间虽有些离开，但不至于分散。所以纤维素分子能吸水膨胀而不溶解（图 13-11）。

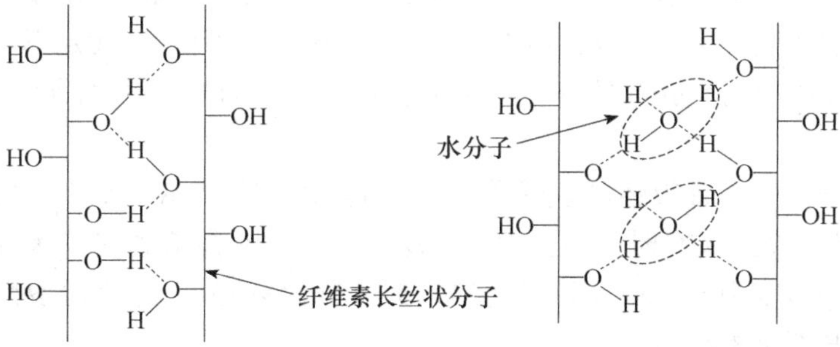

图 13-11　纤维胶束构成示意图

纤维素是白色纤维状物质，不溶于水和一般有机溶剂。它没有还原性和变旋现象。在 40%盐酸的水溶液中，它彻底水解生成 D-葡萄糖，部分水解则可生成纤维二糖，所以纤维素也可说是纤维二糖的高聚体。

纤维素分子中所含的许多羟基可以被酯化。例如，乙酐和硫酸与纤维素进行乙酰化反应，得到醋酸纤维素（cellulose acetate），可用于制造电影胶片及人造丝。

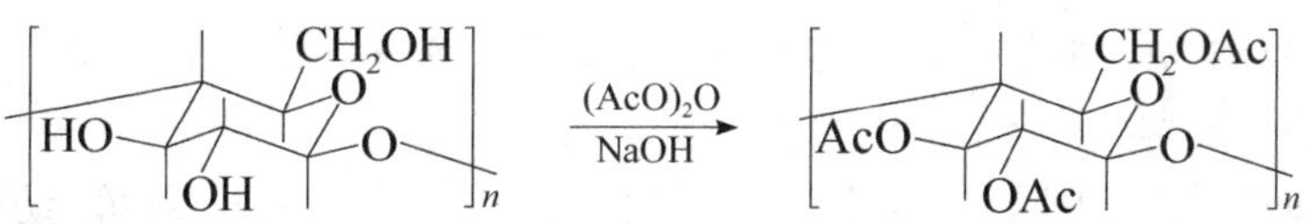

用浓硝酸和浓硫酸的混合液处理纤维素，得到硝化纤维素（cellulose nitrate），硝化程度高

的叫做火棉，用于制造无烟火药，硝化程度低的叫做胶棉，用于制造赛璐珞(celluloid)和油漆。

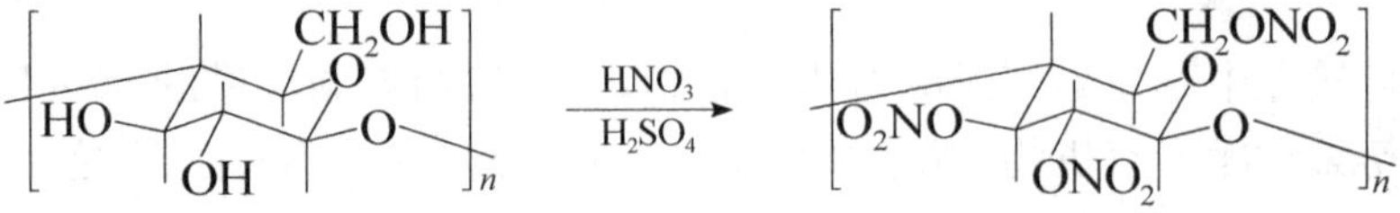

纤维素分子中的羟基也可以醚化，例如，纤维素和一氯乙酸在氢氧化钠溶液中反应，生成羧甲基纤维素钠，可用作增稠剂和药物缓释剂。

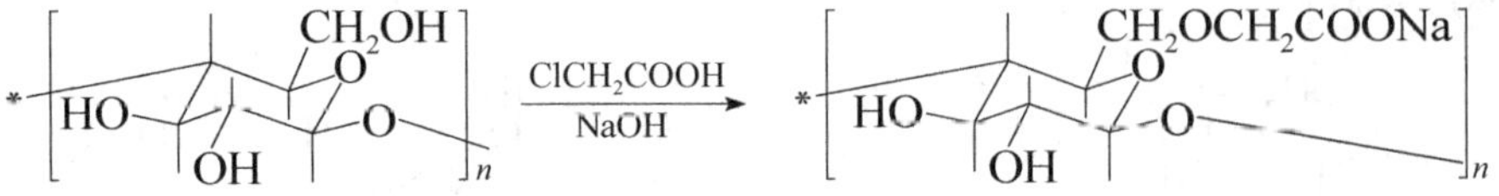

纤维素分子中羟基上的氢原子被 N,N-二乙氨基乙基取代生成的醚，简称 DEAE 纤维素。

羧甲基纤维素和 DEAE 纤维素是天然的离子交换剂，常用于蛋白质、核酸等复杂高分子化合物的分离。

纤维素水解也可得到 D-葡萄糖。人的消化系统中的水解酶，只能消化淀粉，不能消化纤维素，但纤维素可帮助肠胃蠕动，以提高消化和排泄能力，因此纤维素对人而言又是必不可少的。

13.3.4　甲壳素

甲壳素(也称甲壳质，chitin)是酰氨基聚多糖，其名称是 2-乙酰氨基-2-脱氧-β-(1,4)-D-葡聚糖，是 N-乙酰氨基-2-脱氧葡萄糖通过 β-(1,4)-糖苷键连接而成的直链多糖。大量存在于昆虫和甲壳类动物的甲壳之中。虾、蟹壳中富含的甲壳质是一种白色、无定形的半透明物质。据估计自然界中每年生成的甲壳素约有一百亿吨。在天然聚合物中甲壳素的储存量占第二位，仅次于纤维素。

在甲壳素分子间存在着很强的氢键作用，又有酰胺结构存在，所以甲壳素不溶于一般溶剂，加热时也不熔化，在 200℃时开始分解。在酸性溶剂中受热溶解时发生降解。甲壳素脱去分子中的乙酰基则转变为壳聚糖，即氨基多糖，其溶解性较好，也称为可溶性甲壳素。甲壳素和壳聚糖的结构与纤维素相似。

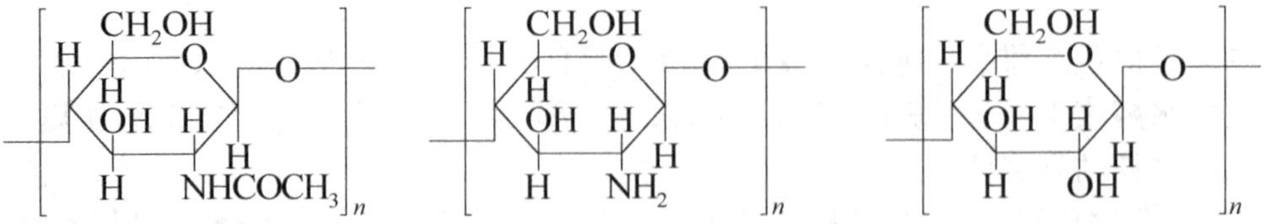

甲壳素　　壳聚糖　　纤维素

甲壳素在节肢动物的外壳中含量非常高，是虾、蟹、昆虫等外壳的重要成分。在自然界中，由生物体产生的甲壳素是十分丰富的自然资源。

近十年来的研究结果表明，甲壳素和壳聚糖在医药、生物、化工、环境、纺织、食品、化妆品、洗涤剂等方面已显示出广泛的应用前景。

13.3.5　其他多糖

1. 半纤维素

半纤维素是与纤维素共存于植物细胞壁中的一类多糖，相对分子质量比纤维素小。它是由 D-木糖、L-阿拉伯糖、D-半乳糖、D-甘露糖组成的多缩戊糖、多缩己糖和杂多糖以及与葡萄糖尾酸或半乳糖尾酸结合在一起的多糖混合物。大多数半纤维素是杂多糖，一般含有 2～4 种（有时多至 5～6 种）不同的单糖。聚木糖是由许多吡喃型木糖以 β-1，4′-苷键连接而成的。

半纤维素不溶于水，但可溶于稀碱，用稀碱处理，能将它们从细胞壁中提取出来。

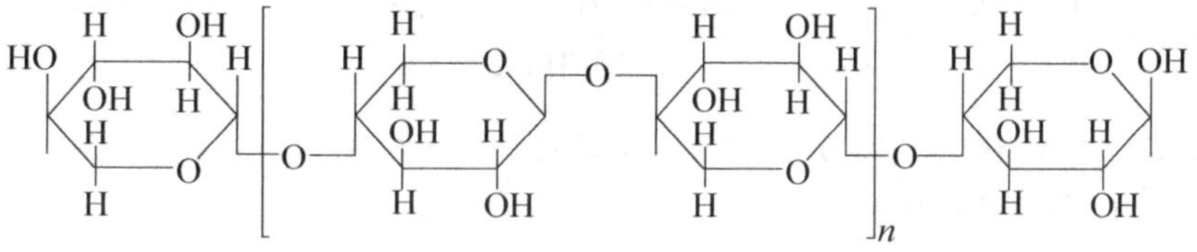

聚木糖

2. 果胶质

果胶质一般充塞在植物细胞层，植物成熟、衰老时，在酶的作用下果胶质逐步水解，使植物某些部位的细胞松脱离层，于是便出现落叶、落花、落果等现象。果胶质主要是由 D-半乳糖尾酸以 α-1，4′-苷键连接成的直链高聚体，但也常含有其他的单糖成分，如 L-阿拉伯糖、D-半乳糖、L-鼠李糖、D-木糖、D-葡萄糖等。L-鼠李糖存在于多聚半乳糖尾酸的直链中，而其他的糖则可能形成侧链。半乳糖尾酸的羟基可以为游离态、成盐态及甲酯态而存在。一般认为，果胶质包括果胶酸、可溶性果胶和原果胶三类。果胶酸基本不含甲酯，每条链由 100 个以上的糖单位组成，溶于水形成溶胶或凝胶；可溶性果胶则有不同程度的甲酯化，每条链由 200 个以上的糖单位组成，亦可溶于水；原果胶不溶于水，其结构还不很清楚。一般认为它是可溶性果胶与半纤维素的结合物。未成熟的水果较为坚硬，这与原果胶的存在有关。原果胶在稀酸或原果胶酶的作用下，可转变为可溶性果胶。其基本结构式如下：

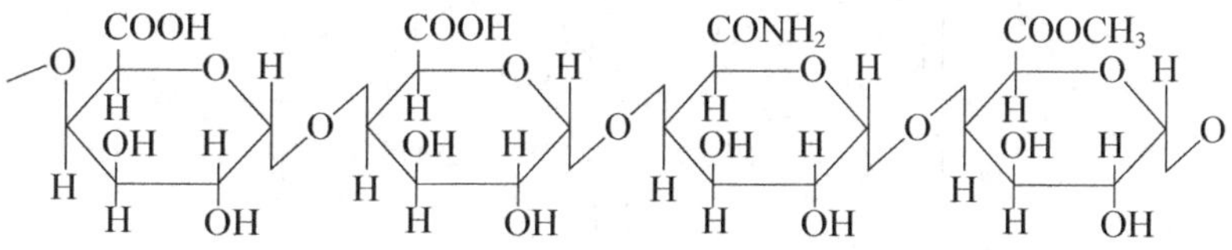

3. 琼脂

琼脂（agar）是从红藻类植物石花菜中提取的一种黏胶，经冻结和干燥制成。琼脂是混合物，主要成分为两种多糖衍生物：琼脂糖（agarose），一般约占 64%；琼脂胶（agaropectin），一般约占 36%。琼脂糖大抵是一种中性的无硫酸酯化的直链多糖，由 β-D-半乳糖和 3，6-脱水-α-L-半乳糖交替结合而成。

琼脂胶是一种复杂的酸性多糖，其结构大抵除如上述由 *β-D*-半乳糖和 3，6-脱水-α-L-半乳糖组成外，还含有硫酸酯基和丙酮酸基。

琼脂的 1%～2%水溶液，冷却后凝胶，它常作为微生物培养基的介质。由于琼脂凝胶是透明的，所以也用作免疫扩散和血清免疫电泳的介质。不同浓度的琼脂糖构成的凝胶，又可用于高分子化合物的分离。

4. 黏多糖

黏多糖是存在于动物体内的一类含氮多糖，常与蛋白质结合形成黏蛋白而存在于软骨、肌腱、结缔组织、关节液、眼睛玻璃体中。它通常含有两种类型交替出现的单糖单位，其中至少 1 个有羧基或硫酸根，因而具有酸性。重要的黏多糖有透明质酸、硫酸软骨素及肝素等。

透明质酸(hyaluronic acid)是由等分子的 N-乙酰氨基-D-葡萄糖和 D-葡萄糖尾酸交替出现，通过 β-1,3′-苷键连接而成的线状高聚体。由于它的羧基是游离的，故在 pH 为 7.0 时带负电荷。透明质酸能溶于水，并形成高度黏稠溶液。透明质酸酶催化透明质酸的 β-1,4′-苷键水解，其黏度随着水解而降低。

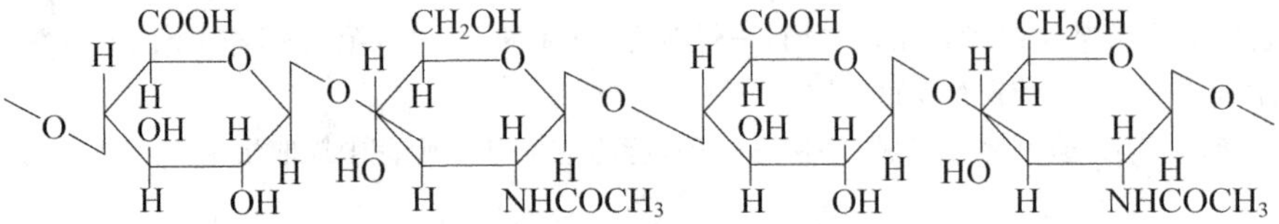

透明质酸

硫酸软骨素是一类双糖聚合物，它是由 D-葡萄糖尾酸和 N-乙酰氨基-D-半乳糖-6-硫酸酯以 β-1,3′-和 β-1,4′-苷键交错结合而成，其结构如下：

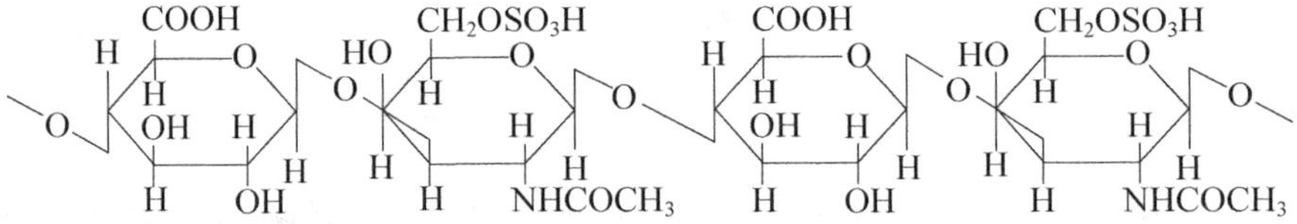

硫酸软骨素

5. 肝素

肝素(heparin)是存在于动物体内的天然抗凝血物质。它在肝脏中含量较多，因而得名。植物中如蚕豆、豌豆等也存在肝素。肝素是比较简单的多糖，相对分子质量约 6000～20000，随来源不同而有差异。其结构单位可能是 D-葡萄糖尾酸-2-硫酸酯和 N-磺酸基-D-氨基葡萄糖-6-硫酸酯。

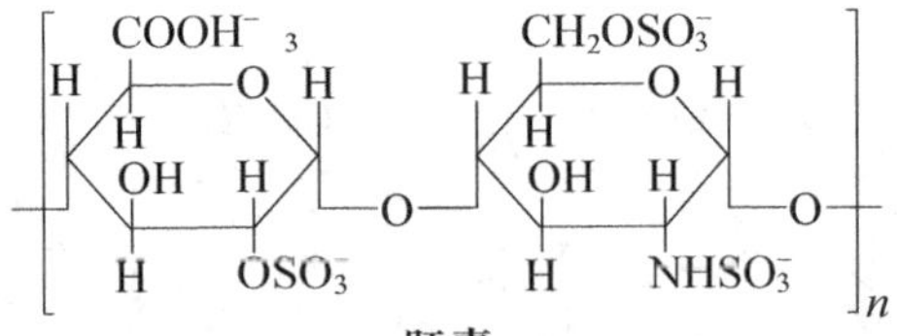

肝素

肝素结构与其他黏多糖不同之处，在于分子中硫酸根与氨基相合。其抗凝血活力与硫酸含量和分子形状大小有关，水解可破坏酯键，其分子大小和形态即起改变，生物学活性也随之丧失。

思 考 题

1. 单糖的 α-构型和 β-构型的异构体属对映异构体还是非对映异构体？这两种异构体中，哪种构型的异构体稳定？
2. 单糖的变旋现象与糖的构型有何关系？
3. 差向异构化有何意义？单糖差向异构化涉及几个手性碳原子的构象发生了转化？
4. 为什么稀硝酸可把醛糖氧化成糖二酸？
5. 为什么麦芽糖可被土伦试剂及费林试剂氧化，可与苯肼作用生成脎，有变旋现象；而蔗糖不被土伦试剂及费林试剂氧化，不与苯肼作用生成脎，没有变旋现象？

习　题

1. 糖类化合物按 IUPAC 命名，D-葡萄糖应称为(2*R*，3*S*，4*R*，5*R*)-2，3，4，5，6-五羟基己醛，据此，试命名 D-果糖和 D-甘露糖。
2. 试写出下列各对化合物的构型式，并判断它们是属于对映体、非对映体或差向异构体？
   (1) D-葡萄糖和 L-葡萄糖的开链式结构　　(2) α-D-葡萄糖和 β-D-葡萄糖
   (3) α-麦芽糖和 β-麦芽糖　　(4) D-葡萄糖和 D-半乳糖的开链式结构
3. 在下列化合物中，哪些没有变旋现象？

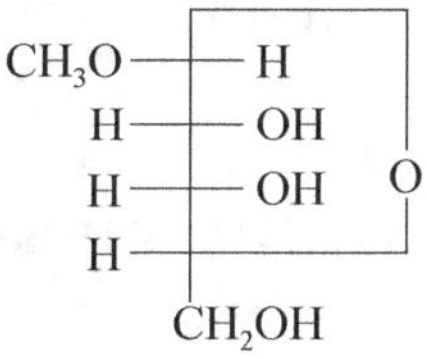

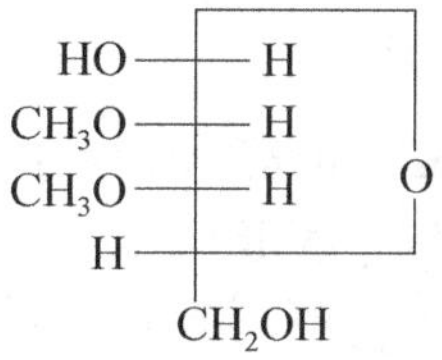

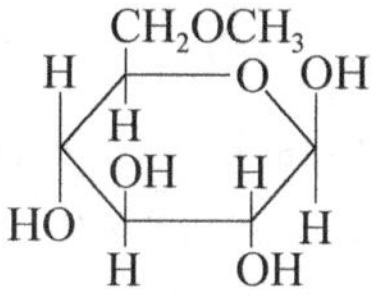

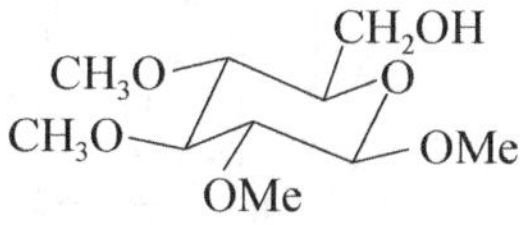

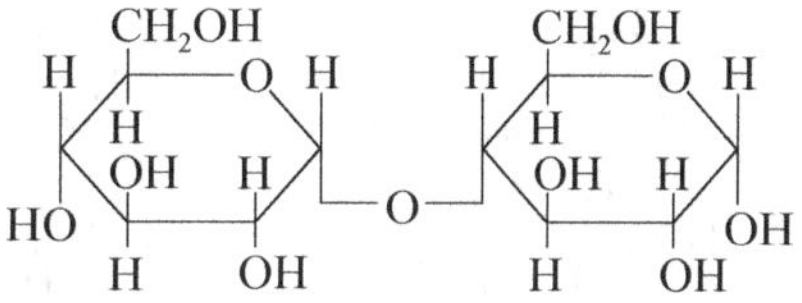

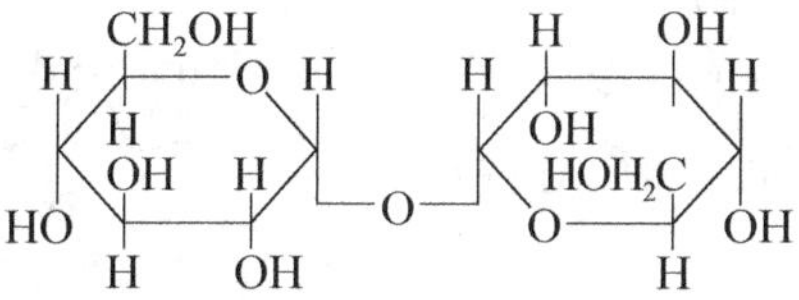

4. 写出下列化合物的结构。
   (1) β-D-半乳糖　　(2) β-L-甘露糖
   (3) 甲基-β-D-脱氧核糖苷　　(4) 2-乙酰氨基-β-D-葡萄糖
   (5) α-异麦芽糖　　(6) β-纤维二糖
5. 用化学方法，鉴别下列各组化合物。
   (1) 蔗糖与麦芽糖　　(2) 纤维素与淀粉
   (3) 葡萄糖与果糖　　(4) 甘油、麦芽糖与淀粉
   (5) 乳糖与纤维二糖　　(6) 核糖、脱氧核糖、果糖及葡萄糖
6. 写出 β-D-核糖与下列试剂反应的反应式。
   (1) 异丙醇(干燥 HCl)　　(2) 苯肼(过量)　　(3) 稀硝酸
   (4) 溴水　　(5) H_2(Ni 为催化剂)
7. 有两个丁醛糖 A 和 B，与苯肼作用要生成不同的糖脎。用稀硝酸氧化，A 生成内消旋酒石酸，B 生成右旋酒石酸。推论 A 和 B 的构型和它们的名称。
8. 某化合物的分子为 $C_5H_{10}O_5$(A)。其性质和一些反应的结果如下。
   (1) 它是无色、能溶于水而不被水解的中性物质；
   (2) 它能被 Na-Hg 和 HI 彻底还原成正戊烷；
   (3) 它能与苯肼作用生成黄色沉淀；
   (4) 它能氧化成含 5 个碳原子的羧酸；
   (5) 它可与 4 分子乙酰氯作用，生成 1 个四元乙酸酯；

如何从上述结果推论 A 是一个戊醛糖？哪几项结果可以肯定或否定 A 的分子中有哪些结构特点或官能团？

(6) 将 A 用稀硝酸氧化，得到无旋光性的糖二酸，由此推论 A 可能有哪 4 种构型？

(7) 将 A 经下述反应得到一个丁醛糖 B，将 B 将 Na-Hg 小心还原，得到无旋光性的丁四醇；由此推论 B 可能有哪两种构型？

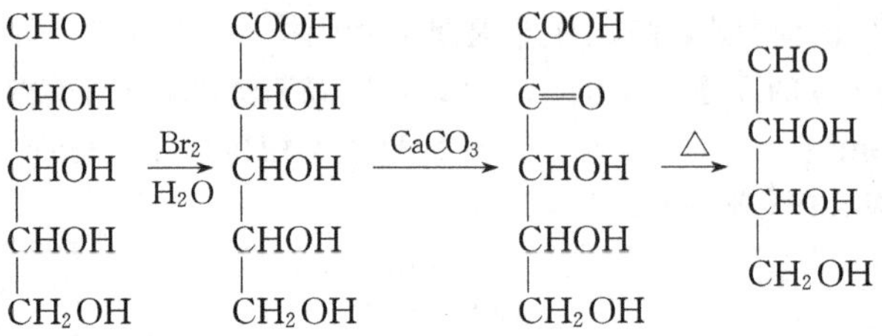

(8) 将 B 重复(7)的反应，得到右旋甘油醛。由此要最后判定 A 是什么糖？

9. 某糖是一种非还原性二糖，没有变旋现象，不能用溴水氧化成糖酸，用酸水解只生成 D-葡萄糖。它可以被 α-葡萄糖苷酶水解但不能被 β-葡萄糖苷酶水解，试推导此二糖的结构。

10. 确定下列单糖的构型(α、β、D、L)。

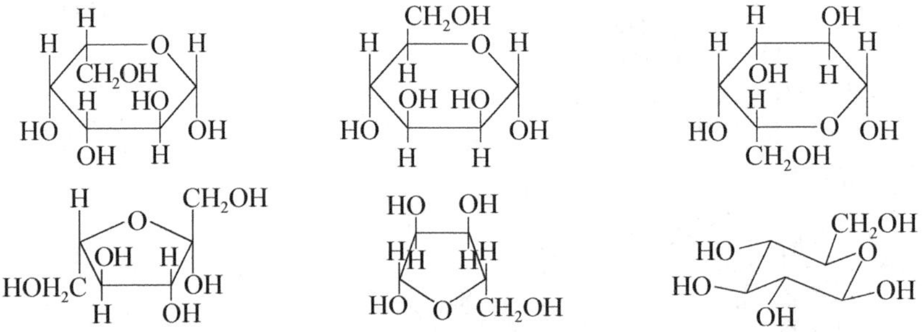

11. 纤维素与下列试剂能否反应？

(1) 过量的 H_2SO_4 水溶液

(2) 热水

(3) 稀的 NaOH 水溶液

12. 回答下列问题。

(1) D-半乳糖在稀 HNO_3 作用下，生成的糖二酸是否具有手性？

(2) 这种糖二酸的 γ-内酯是不是有手性？

第 14 章　氨基酸、蛋白质和核酸

蛋白质(protein)和核酸(nucleic acid)存在于所有的生物体中，不论从高等动物到低等微生物甚至病毒均由这些物质构成。本章主要介绍组成蛋白质的氨基酸分类、氨基酸(amino acid)的两性性质及等电点的意义；氨基酸中氨基与羧基分别或协同发生的化学反应；蛋白质的组成成分和多肽的结构特点；蛋白质二维结构中的各种副键类型与性质；蛋白质的胶体性质、两性性质；核酸的组成成分和单核苷酸以及核酸的结构特点。

14.1　氨　基　酸

氨基酸是分子中具有氨基和羧基的一类含有复合官能团的化合物，是蛋白质的基本组成成分。尽管蛋白质有各种生理机能和不同的物理性质，如丝绸是一种柔软的纤维，角质物是一种坚韧而坚硬的实体，酶(enzyme)呈可溶解于水的结晶形态，但它们分子的结构十分地相似。蛋白质在酸、碱或酶的作用下进行水解时，巨大的蛋白质分子逐渐地水解为相对分子质量比较小的分子，最终变成各种不同的 α-氨基酸。

14.1.1　氨基酸的分类和命名

根据氨基酸上 R 基团的结构和性质，氨基酸有不同的分类方法，如按 R 基团的结构可分为脂肪族氨基酸、芳香族氨基酸和杂环氨基酸。根据氨基酸分子中所含有的氨基或羧基的数目，可将氨基酸分为中性氨基酸、酸性氨基酸和碱性氨基酸。

氨基酸命名时，氨基酸可以看做是羧酸烃基上的氢原子被氨基取代而形成的取代酸，称氨基某酸。构成蛋白质的二十种氨基酸有国际通用符号，例如：甘氨酸为 Gly，丙氨酸为 Ala 等。而氨基的位置常采用希腊字母 $\alpha,\beta,\gamma,\cdots$表示在氨基酸的名称前面。此外，人们还常用氨基酸的俗名。表 14-1 列举了组成蛋白质的 20 种氨基酸。

表 14-1　蛋白质中的 20 种氨基酸

氨基酸名称	国际通用符号-简略号	生理条件下(pH=6～7)的结构式	相对分子质量	pK_a (25℃) (COOH)	pK_a (25℃) (NH_2)	pI (25℃)
非极性氨基酸						
甘氨酸	Gly-G	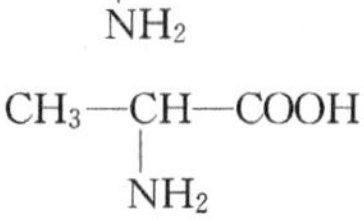	75.07	2.4	9.8	6.06
丙氨酸	Ala-A	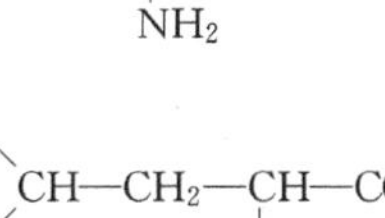	89.10	2.4	9.9	6.11
亮氨酸*	Leu-L	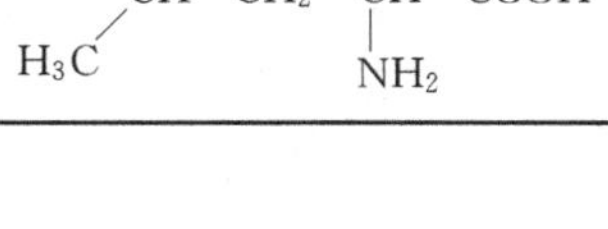	131.18	2.3	9.7	6.04

续表

氨基酸名称	国际通用符号-简略号	生理条件下(pH=6~7)的结构式	相对分子质量	pK_a (25℃) (COOH)	pK_a (25℃) (NH_2)	pI (25℃)
异亮氨酸*	Ile-I	$H_3C—CH_2—CH(CH_3)—CH(NH_2)—COOH$	131.18	2.3	9.8	6.04
缬氨酸*	Val-V	$(H_3C)_2CH—CH(NH_2)—COOH$	117.15	2.3	9.7	6.02
脯氨酸	Pro-P	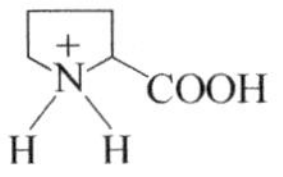	115.13	2.0	10.6	6.30
苯丙氨酸*	Phe-F	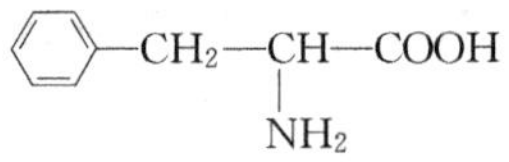	165.19	2.2	9.3	5.76
甲硫氨酸*	Met-M	$H_3C—S—(CH_2)_2—CH(NH_2)—COOH$	149.21	2.1	9.3	5.71
非电离的极性氨基酸						
丝氨酸	Ser-S	$HO—CH_2—CH(NH_2)—COOH$	105.09	2.2	9.2	5.70
谷氨酰胺	Gln-Q	$H_2N—C(=O)—CH_2—CH_2—CH(NH_2)—COOH$	146.15	2.2	9.1	5.65
苏氨酸*	Thr-T	$H_3C—CH(OH)—CH(NH_2)—COOH$	119.12	2.1	9.1	5.60
半胱氨酸	Cys-C	$HS—CH_2—CH(NH_2)—COOH$	121.16	1.9	10.7	5.15
天冬酰胺	Asn-N	$H_2N—C(=O)—CH_2—CH(NH_2)—COOH$	132.12	2.1	8.7	5.43
酪氨酸	Tyr-Y	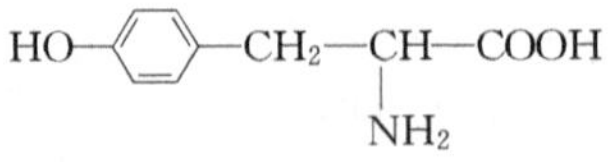	181.19	2.2	9.2	5.63
色氨酸*	Trp-W	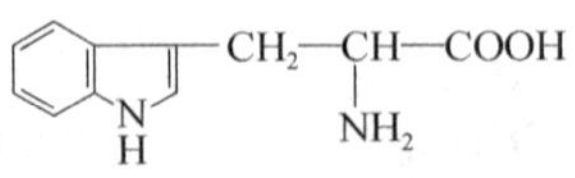	204.23	2.5	9.4	5.88

续表

氨基酸名称	国际通用符号-简略号	生理条件下(pH=6～7)的结构式	相对分子质量	pK_a (25℃) (COOH)	pK_a (25℃) (NH_2)	pI (25℃)
酸性氨基酸						
天冬氨酸	Asp-D	$HOOC—CH_2—CH(NH_2)—COOH$	133.11	2.0	9.9	2.98
谷氨酸	Glu-E	$HOOC—CH_2—CH_2—CH(NH_2)—COOH$	147.13	2.1	9.5	3.08
碱性氨基酸						
赖氨酸*	Lys-K	$H_2N—(CH_2)_4—CH(NH_2)—COOH$	146.19	2.2	9.1	9.47
精氨酸	Arg-R	$H_2N—C(=NH)—HN—CH_2—CH_2—CH_2—CH(NH_2)—COOH$	174.20	1.8	9.0	10.76
组氨酸	His-H	咪唑基$—CH_2—CH(NH_2)—COOH$	155.16	1.8	9.3	7.64

* 氨基酸为必需氨基酸(essential amino acid)。

在生物合成蛋白质中，这 20 种 α-氨基酸是遗传密码所控制的，它们是生物合成蛋白质的主要成分。但自然界中，还是有其他的天然氨基酸存在的。如在胶原中，发现羟赖氨酸和羟脯氨酸。β-丙氨酸是泛酸的组成成分。γ-氨基丁酸(GABA)是存在于哺乳动物脑、脊髓中的抑制性神经传递物质，由谷氨酸经谷氨酸脱羧酶催化转化而来。研究表明，GABA 具有降血压、改善脑机能、精神安定、促进长期记忆、促进生长激素分泌、肾功能活化、肝功能活化等作用。还有一些由微生物合成的天然氨基酸，如鸟氨酸。鸟氨酸是自然界普遍存在的氨基酸，对人体有害的胺经过肝脏变成尿素的过程中，即肝的氨解毒的过程起重要的作用。

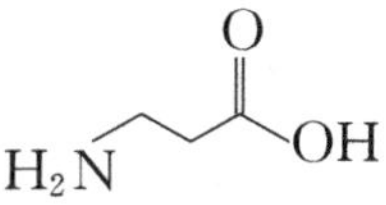
β-氨基丙酸

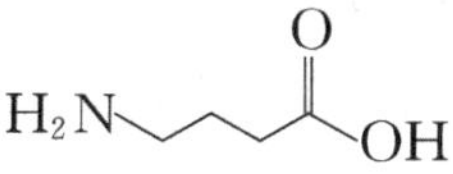
γ-氨基丁酸

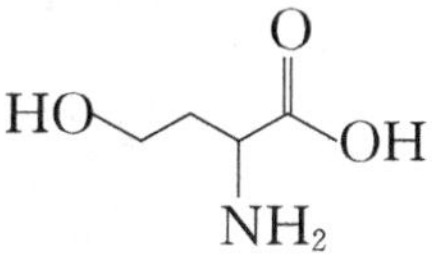
高丝氨酸(homoser ine)

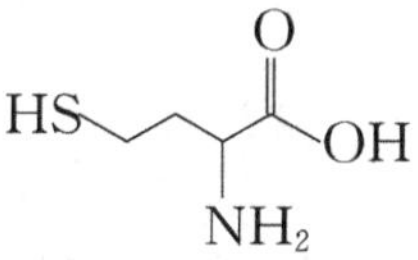
高半胱氨酸(homocyste ine)

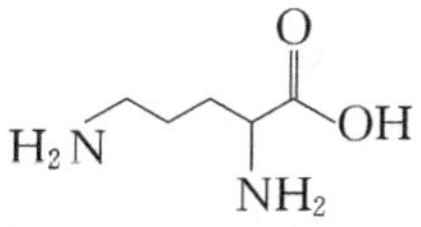
鸟氨酸

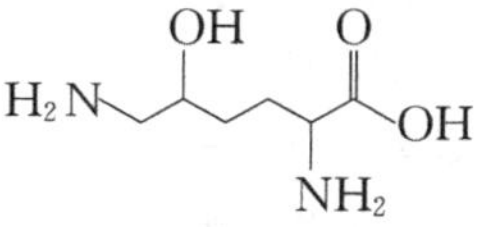
羟赖氨酸

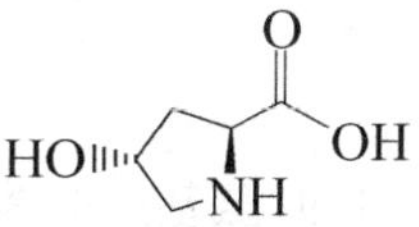
羟脯氨酸

14.1.2　氨基酸的结构和构型

由蛋白质水解得到的 20 种氨基酸，都是属于 α-氨基酸，即氨基都连在与羧基相邻的 α-碳原子上。可用如下通式表示：

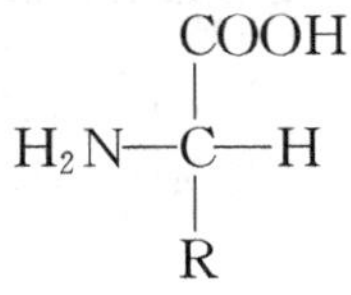
氨基酸通式

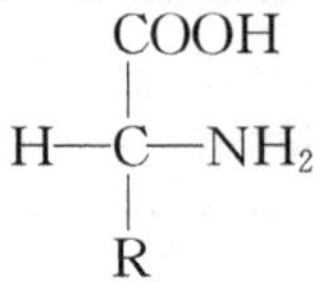
D-氨基酸

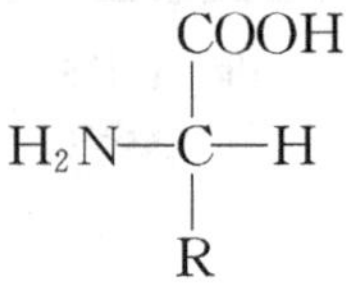
L-氨基酸

不同的氨基酸仅仅是 R 基团部分有所不同。除甘氨酸外，其他各种氨基酸的 α-碳原子都是手性碳原子，具有 D 和 L 两种构型。

蛋白质中所有氨基酸都是 L-构型。在这些 α-氨基酸中，除了半胱氨酸的绝对构型为 *R*-构型外，其余的都是 *S*-构型。

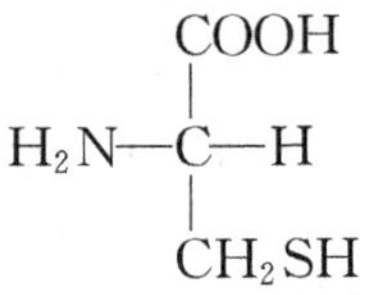
R-半胱氨酸

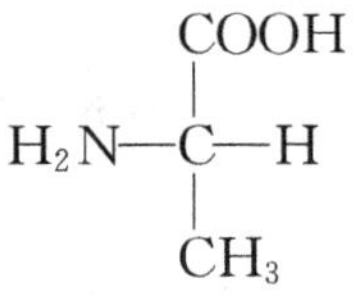
S-丙氨酸

14.1.3 氨基酸的性质

组成蛋白质分子的 α-氨基酸都是无色晶体，熔点较高，一般在 200～300℃，当达到熔点时，往往会分解而放出二氧化碳。

大多数 α-氨基酸能溶于水，但溶解度差别很大。它们能溶解于酸性和碱性溶液中，但是难溶于非极性的有机溶剂。

1. 两性电离和等电点

氨基酸分子中含有酸性的羧基和碱性的氨基，因此氨基酸是两性化合物，能分别与酸或碱作用生成盐类。氨基酸溶于水时，氨基与羧基同时电离成为一种两性离子。若将此水溶液酸化，则两性离子与 H^+ 结合成为阳离子；若向此水溶液加碱，则两性离子与 OH^- 结合成为阴离子。

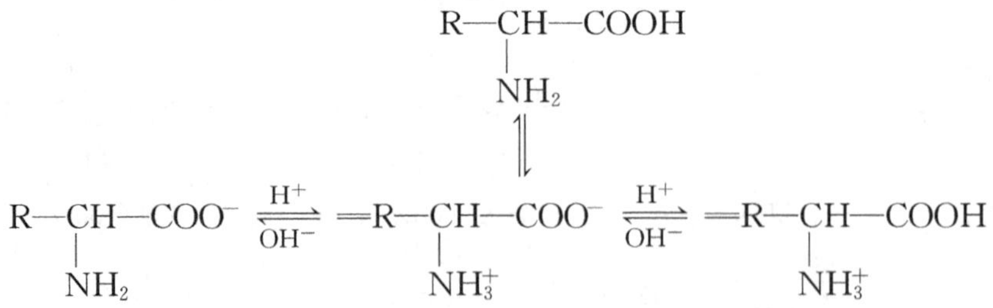
阴离子(pH＞pI)　　两性离子(pH＝pI)　　阳离子(pH＜pI)

根据上式可知，氨基酸的荷电状态随溶液的 pH 不同而发生改变，因此若将氨基酸的水溶液给以适当的调节，则可使氨基酸的酸性电离与碱性电离相等，即使氨基酸带有的正、负电荷数恰好相等，此时溶液的 pH 称为氨基酸的等电点。氨基酸的等电点以 pI(isoelectric point)表示。

每种氨基酸有其一定的 pI，这是由于各种氨基酸的结构不同，所含酸性和碱性基团的数目不同，以及各基团的电离度不同所造成的。具有一氨基和一羧基的氨基酸，羧基的电离度略大于氨基，故其等电点小于 7，一般在 5.0～6.5，称中性氨基酸；二羧基一氨基氨基酸，等电点在 2.7～3.2，故称酸性氨基酸；二氨基一羧基氨基酸的等电点在 9.5～10.7，故称碱性氨基酸。

2. 脱水成肽反应

2 分子的氨基酸可由 1 分子的氨基与另 1 分子的羧基脱去 1 个水分子成为 1 个简单的二肽。

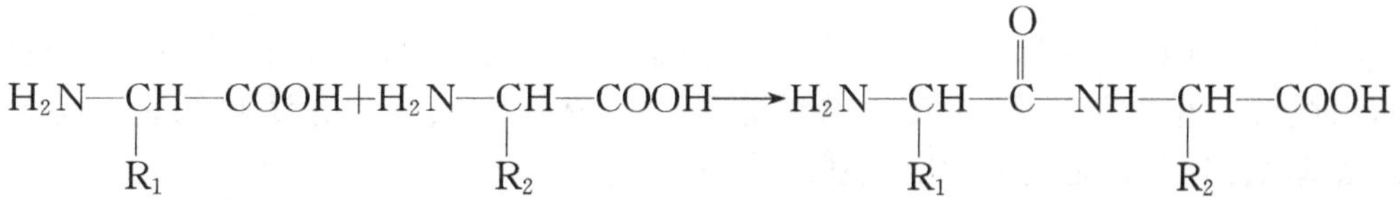

二肽分子中含有的酰胺键称为肽键(peptide bond)。二肽分子中仍含有自由的氨基和羧基，因此，可以继续与氨基酸结合成为三肽、四肽、……、多肽(polypeptide)。

肽键的特点是氮原子上的孤对电子与羰基具有明显的共轭作用。组成肽键的原子处于同一平面(图 14-1)。肽键中的 C—N 键具有部分双键性质，不能自由旋转。在大多数情况下，以反式结构存在。

图 14-1　肽键模型的正面图与侧面图

肽分子有生理活性。如谷胱甘肽是一种普遍存在于动植物细胞中的重要三肽，它由 L-谷氨酸、L-半胱氨酸和甘氨酸组成。在这个三肽中谷氨酸是以 γ-位的羧基与半胱氨酸的氨基脱水形成肽键。谷胱甘肽分子中因含有—SH，故称为还原型谷胱甘肽，简写为 GSH。

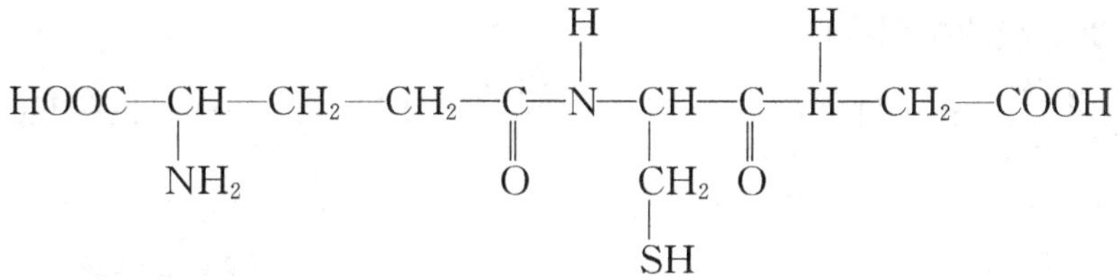

在生物体内 2 分子的还原型谷胱甘肽可通过巯基氧化形成二硫键(—S—S—)而连接起来，成为氧化型谷胱甘肽(G—S—S—G)。

$$2GSH \underset{+2H}{\overset{-2H}{\rightleftharpoons}} G—S—S—G$$

还原型谷胱甘肽可以保护人和哺乳类动物体内细胞膜上含巯基的膜蛋白或含巯基的酶免受氧化，使细胞具有良好的功能。

L-天冬氨酸和 L-苯丙氨酸组成的二肽化合物俗称阿斯巴甜，无色透明至白色结晶状粉末，具有强烈的甜味，其稀溶液的甜度约为蔗糖的 180 倍。而没有其他人造甜味剂的苦味、化学味或金属味。能增进水果的风味降低咖啡的苦味，能有效地降低热量，而且不会造成牙齿龋坏，具有与蛋白质相类似的代谢作用。

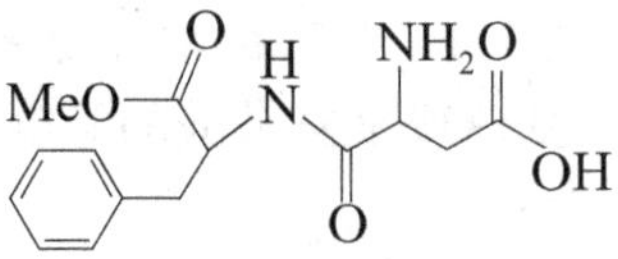

阿斯巴甜

3. 与亚硝酸反应

氨基酸分子中的氨基具有伯胺的性质，与亚硝酸反应时放出氮气。因此，利用该反应可以测定蛋白质分子中的游离氨基或氨基酸分子中的氨基含量。此方法称为范斯来克（Van Slyke）氨基氮测定法。是定量测定氨基酸的基本反应。

$$\underset{\displaystyle NH_2}{R-CH}-COOH + HNO_2 \longrightarrow \underset{\displaystyle OH}{R-CH}-COOH + N_2\uparrow + H_2O$$

4. 与甲醛反应

由于氨基酸是两性物质，故不能用酸、碱滴定法直接测定它的含量。利用甲醛与氨基反应生成羟甲基衍生物后，由于羟基的吸电子诱导效应，降低了氨基氮原子的电子云密度，削弱了氮原子结合质子的能力，使氨基的碱性削弱，$-NH_3^+$释放出氢离子，就可用酸碱滴定法测定出氨基酸的含量。

$$\underset{\displaystyle NH_3^+}{R-CH}-COO^- + 2HCHO \longrightarrow \underset{\displaystyle N(CH_2OH)_2}{R-CH}-COO^- + H^+$$

5. 烃基化反应

与胺类似，氨基酸的氨基可与特殊结构的卤代烃作用。在弱碱性条件下氨基酸与2，4-二硝基氟苯（DNFB）反应生成2，4-二硝基苯基氨基酸（DNP-氨基酸）。这个反应常用来测定蛋白质或多肽中氨基酸的排列次序。

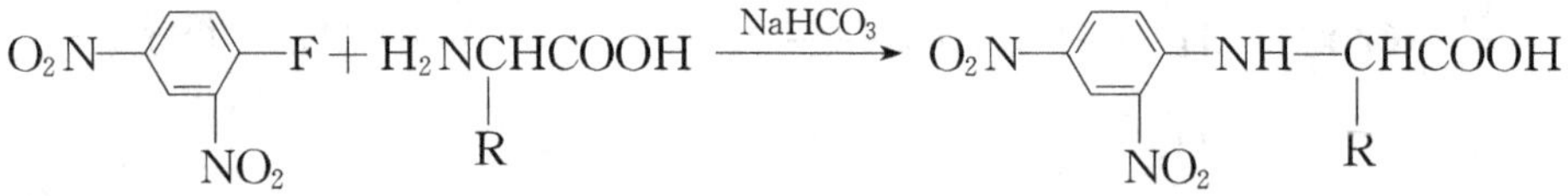

DNFB　　　DNP-氨基酸

6. 脱羧反应

氨基酸与$Ba(OH)_2$共热，脱去羧基变成胺。脱羧反应也可以在酶的催化作用下进行。如蛋白质腐败时，由精氨酸可以生成腐胺，由赖氨酸可以生成尸胺。

$$\underset{\displaystyle NH_2}{R-CH}-COOH + Ba(OH)_2 \xrightarrow{\triangle} R-CH_2-NH_2 + CO_2$$

7. 脱氨基反应

氨基酸经氧化剂（H_2O_2，$KMnO_4$）或氨基酸氧化酶作用，可脱去氨基生成酮酸。该反应包括氨基酸首先氧化成亚氨基酸，接着水解，然后脱去一分子氨生成酮酸，故称氧化脱氨反应。这也是生物体内氨基酸分解代谢的重要方式。

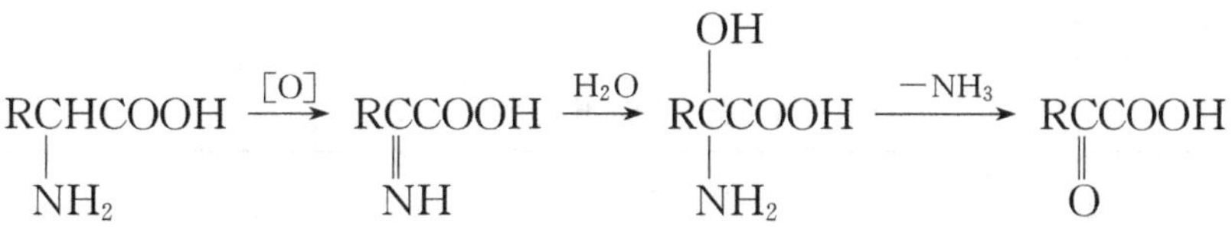

8. 与茚三酮反应

α-氨基酸与水合茚三酮在溶液中加热，被氧化分解成醛、胺和二氧化碳，茚三酮则被还原为仲醇，与所生成的氨结合生成具有蓝紫色的化合物。反应产生的蓝紫色的深浅与氨基酸的浓度有关，在 570nm 可经比色测定氨基酸的含量。多肽和蛋白质在溶液中加热也有此反应。

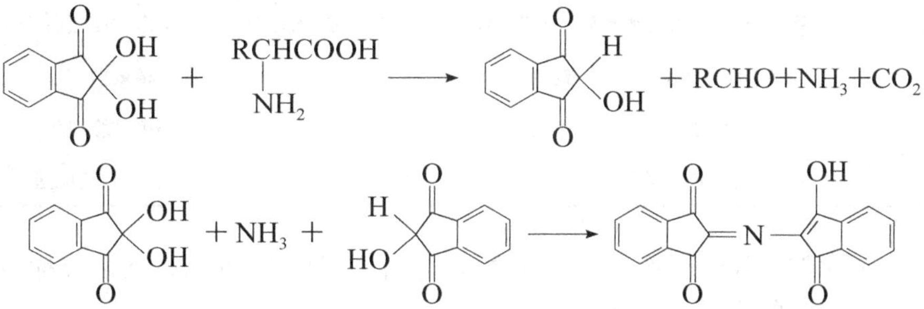

蓝紫色化合物

14.2　蛋　白　质

蛋白质是生物体内一类极为重要的功能大分子化合物，生物体内一切生命活动过程几乎都与蛋白质有关。它与糖、脂类、核酸等生物大分子共同构成生命的物质基础。从最简单的病毒、细菌等微生物到高等动物，一切生命过程和繁衍活动都与蛋白质密切相关。催化生物体内绝大多数重要化学反应的酶，能使细菌和病毒失去致病作用的抗体，以及使动、植物致病的病毒等都是蛋白质。可以说没有蛋白质就没有生命。对蛋白质等生物大分子的研究已成为 21 世纪生命科学最重要的课题之一。

14.2.1　蛋白质的分类

蛋白质是由一条或多条多肽(polypeptide)链以特殊方式结合而成的生物大分子。蛋白质与多肽并无严格的界限，通常是将相对分子质量在 6000 道尔顿[道尔顿就是原子质量单位，定义为碳^{12}原子质量的 1/12，在生物化学、分子生物学和蛋白组学中经常用 D 或 KD 表示道尔顿或千道尔顿，1D=1/N 克(N 为阿伏伽德罗常量)]以上的多肽称为蛋白质。蛋白质相对分子质量变化范围很大，从大约 6000～1000000 道尔顿甚至更大。蛋白质的种类繁多，由于大多数蛋白质的结构尚未明确，目前还无法找到一种根据化学结构进行分类的方法。一般是根据蛋白质的形状、溶解度、化学组成和功能等进行分类。

按分子形状可把蛋白质分为纤维状蛋白质(fibrous protein，分子形状类似细棒状纤维，如血纤维蛋白原、胶原蛋白等)和球状蛋白质(globular protein，分子类似于球状，如血红蛋白、肌红蛋白等)。

按化学组成可把蛋白质分为单纯蛋白质(simple protein)和结合蛋白质(conjugated protein)两类。单纯蛋白质水解的最终产物是 α-氨基酸，这类蛋白质按其理化性质的不同，又可进一步分类，见表 14-2。

表 14-2　单纯蛋白质的分类

单纯蛋白质	性　质	实　例
白蛋白	溶于水、稀酸、稀碱及中性盐中，能被饱和硫酸铵沉淀，加热会凝固	血清蛋白、乳清蛋白、卵清蛋白等
球蛋白	不溶于水、溶于稀酸、稀碱及中性盐中，能被半饱和硫酸铵沉淀，加热会凝固	免疫球蛋白、血清球蛋白等
谷蛋白	不溶于水、乙醇和中性盐中，溶于稀酸、稀碱中	米谷蛋白、麦谷蛋白等
醇溶谷蛋白	不溶于水、无水乙醇和稀盐溶液中，能溶于 70%～80%乙醇	玉米醇溶蛋白、麦醇溶蛋白等
精蛋白	易溶于水和稀酸中，呈强碱性，加热不凝固	鱼精蛋白
组蛋白	溶于水和稀酸中，不溶于稀氨水，加热不凝固	小牛胸腺组蛋白
硬蛋白	不溶于水、稀酸、稀碱、中性盐以及有机溶剂	角蛋白、胶原蛋白

结合蛋白质水解的最终产物除 α-氨基酸外，还有非蛋白质，非蛋白质部分称为辅基，结合蛋白质又可根据辅基的不同进行分类，见表 14-3。

表 14-3　结合蛋白质的分类

结合蛋白质	辅　基	实　例
核蛋白	核酸	动植物细胞核和细胞质内，如动植物细胞中的染色质蛋白、核蛋白
色蛋白	色素	动物血中的血红蛋白、植物叶子中的叶绿蛋白和细胞色素等
磷蛋白	磷酸	染色质中磷蛋白、乳汁中的酪蛋白和卵黄中的卵黄蛋白
糖蛋白	糖类	唾液中的糖蛋白、免疫球蛋白
脂蛋白	脂类	血浆和各种生物膜的成分，如乳糜微粒、β-脂蛋白
金属蛋白	金属离子	铁蛋白、铜蛋白、激素、胰岛素等

14.2.2　蛋白质的结构

蛋白质承担着多种多样的生理作用和功能，这些重要的生理作用和功能是由蛋白质的组成和特殊结构所决定的。为了表示其不同层次的结构，常将蛋白质结构分为一级、二级、三级和四级结构。一级结构又称初级结构和基本结构，二级结构以上均属高级结构。

1. 一级结构

多肽链是蛋白质分子的基本结构。蛋白质分子的一级结构(primary structure)是指多肽链中氨基酸的排列顺序。有些蛋白质分子中只有 1 条多肽链，有些蛋白质分子中则有两条或多条多肽链。在一级结构中肽键是其主要的连接方式，另外在两条肽链之间或 1 条肽链的不同位置之间也存在其他类型的化学键，如二硫键、氢键、酯键等。例如，牛胰岛素的一级结构(图 14-2)。

A 链

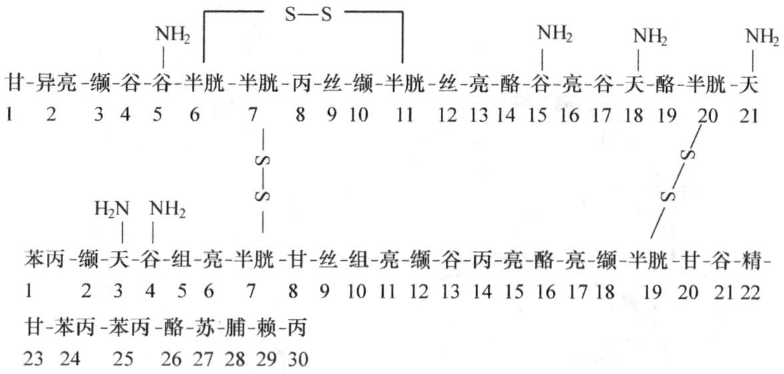

B 链

图 14-2　牛胰岛素的一级结构

牛胰岛素是由 A 和 B 两条多肽链共 51 个氨基酸组成。A 链含有 11 种共 21 个氨基酸残基，N-端为甘氨酸，C-端为天冬酰胺；B 链含有 16 种共 30 个氨基酸残基，N-端为苯丙氨酸，C-端为丙氨酸。A 链和 B 链通过两条二硫键互相连接成胰岛素分子，其相对分子质量大约为 6000。

蛋白质分子的一级结构，虽然化学上只是不同氨基酸分子的排列顺序，但与蛋白质的功能有密切的关系。一级结构的氨基酸排列顺序使多肽链折叠形成高级结构时，会形成特定的形状，并使一些基团进入合适的位置，从而导致相应功能的出现，安费荪(Anfinsen. C. B)的著名实验证明了这一点。安费荪用尿素和巯基乙醇($HOCH_2CH_2SH$)作用于牛胰核糖核酸酶，结果该酶发生了变性，原有的 4 个二硫键还原成 8 个巯基。然后用透析法除去尿素和巯基乙醇，酶的活力由于复性而恢复。酶活力的全部恢复表明重新形成的二硫键位于原来的位置上，即天然的三维结构得到重建，它是多肽链自发折叠的结果[后发展为蛋白质分子的自组装(self-assembly)学说]。可见多肽链的氨基酸顺序虽不能直接表现蛋白质分子的生物功能，但多肽链的氨基酸顺序包含了它折叠的全部信息。生物功能只是多肽链折叠成特定的三维结构后才出现的。同样，体内某些蛋白质分子由于遗传基因的突变而引起其一级结构的改变，会使蛋白质的功能失常，从而引起病变。

2. 二级结构

蛋白质的二级结构(protein secondary structure)是指多肽链的主链中若干肽段在空间的伸展方式。包括 α-螺旋(α-helix)、β-折叠(β-sheet)、无规卷曲(random coil)和 β-转角(β-turn)等。它们是蛋白质的基本构象。

在 α-螺旋结构中，多肽链中的各肽键平面通过 α-碳原子的旋转，围绕中心轴形成一种螺旋上升的盘曲构象，这种盘曲可以按右手方向或左手方向旋转形成右手螺旋和左手螺旋。因为右手螺旋比左手螺旋稳定，所以绝大多数蛋白质分子是右手螺旋的。在 α-螺旋结构中，肽链每隔 3.6 个氨基酸残基上升一圈，每圈轴向升高 0.54nm，每个氨基酸残基轴向升高 0.15nm。螺旋之间依靠每个氨基酸残基的 N—H 键中的氢与后面第四个氨基酸残基的 C═O 双键中的氧之间形成氢键，方向与螺旋轴大致平行。由于肽链中的每个氨基酸残基都参与形成氢键，故保持了 α-螺旋结构的稳定性(图 14-3)。

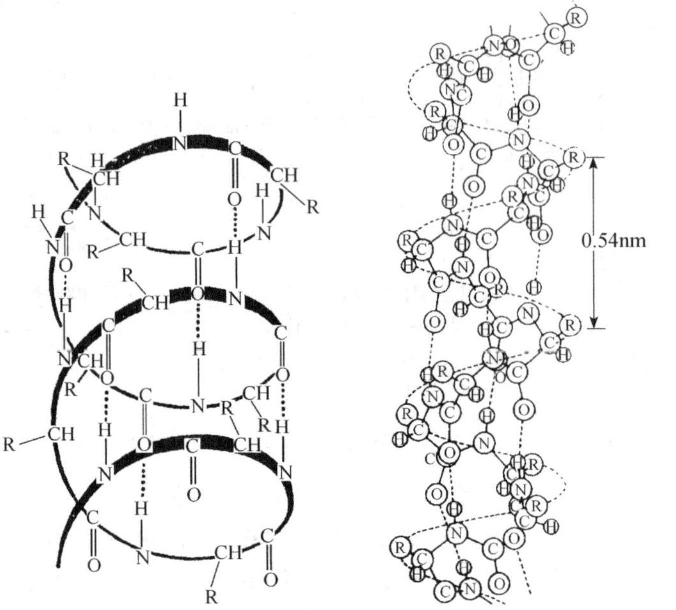

图 14-3　蛋白质分子的 α-螺旋结构

在 α-螺旋结构中伸向外侧的 R 基团的形状、大小以及带电状态，对 α-螺旋结构的形成和稳定性都有影响。如 R 基团较大，由于空间位阻的影响，不利于 α-螺旋的形成；或者，由脯氨酸参与形成的肽链，由于吡咯环的 N 原子上没有 H 原子，使它不能形成链内氢键，中断了 α-螺旋，使多肽链发生转折；另外，在某些酸性或碱性氨基酸较集中的区域，由于带有相同电荷的 R 基团之间的排斥作用，造成 α-螺旋结构难以形成。

β-折叠层是蛋白质分子肽链几乎完全伸展的结构。它由两条或两条以上的多肽链之间依靠氢键维系而成。为了能在相邻的多肽链之间形成最多的氢键，避免相邻侧链 R 基团间的空间斥力，各条多肽链必须同时作一定程度的折叠，从而造成一个折叠片层，称 β-折叠层。β-折叠层有两种类型：一种是平行结构，肽链的排列从 N-端到 C-端为同一方向；另一种是反平行结构，一条肽链从 N-端到 C-端，另一条则刚好相反，如图 14-4 所示。

上述的 α-螺旋和 β-折叠结构是蛋白质分子中局部肽链有规则的结构单元，此外，在蛋白质分子的肽链上还常常会出现 180°的回折，肽链的这种回折称 β-转角。β-转角是蛋白质分子链的转角处第一个残基的 C═O 与第四个残基的 N—H 键形成的一个紧密的环。β-转角能很好地调整蛋白质分子在形成蛋白质分子的高级结构时，其他残基形成的空间阻碍。

在有些肽链的某些片段中，由于氨基酸残基的互相影响，还会出现一些不规则的排列，称无规卷曲。无规卷曲肽段构象结构比较松散，但对于有些蛋白质分子无规卷曲特定构象是不能被破坏的，否则影响整体分子的构象和活性。

3. 三级结构

蛋白质分子的三级结构（tertiary structure）是指多肽链在二级结构的基础上，依靠 R 基团的相互作用做进一步卷曲，折叠而成的一种特定的、更复杂的三维空间结构。多肽链中 R-基团之间的作用力主要包括下列几种：

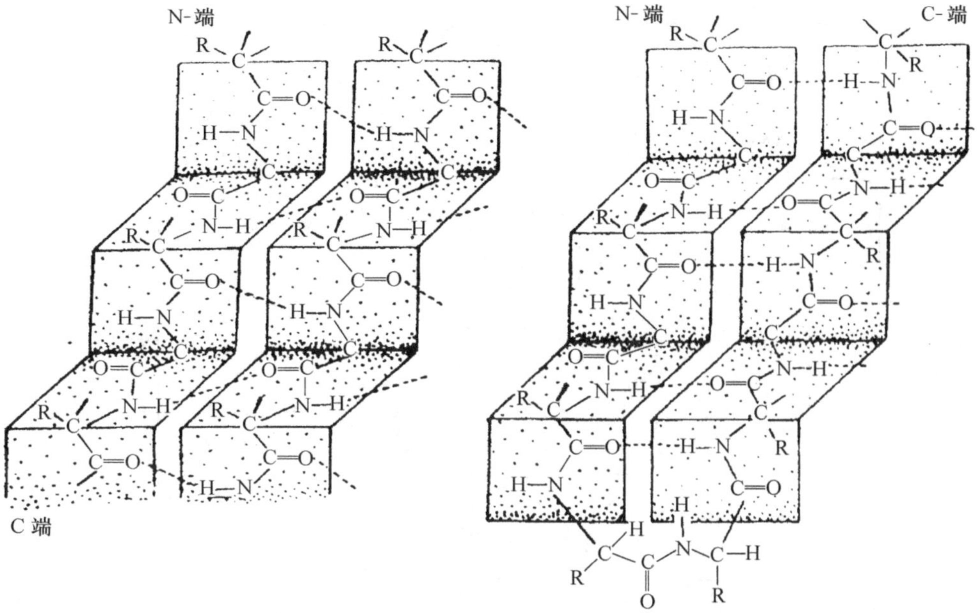

图 14-4　蛋白质分子的 β-折叠结构及空间示意图

1）氢键

在蛋白质分子中存在两种氢键。一种是在主链之间形成的氢键，如多肽链中羰基上的氧原子与亚氨基的氢原子间形成的氢键；另一种是在侧链 R 基团间形成的氢键，如丝氨酸中的醇羟基与天冬氨酸或谷氨酸侧链中的羧基形成氢键。

2）盐键

许多氨基酸侧链为极性基团，能电离为阳离子或阴离子，如精氨酸、赖氨酸或天冬氨酸、谷氨酸等。阴、阳离子间依靠静电引力形成盐键。

3）二硫键

二硫键是在蛋白质分子中由两个半胱氨酸残基的巯基经氧化形成。它可将不同的肽链或同一条肽链间连接起来，对稳定蛋白质的结构具有重要的作用。角蛋白中二硫键的含量最多。

4）疏水作用力

疏水作用力存在于氨基酸残基上的非极性基团之间。这些非极性的基团具有疏水性，它们趋向于分子的内部，彼此聚集在一起可将水分子从蛋白质内部排挤出去。

氢键、盐键、二硫键和疏水作用力等称为次级键。虽然它们的键能较小，稳定性不高，但数量多，故在维持蛋白质分子的空间构象中起着非常重要的作用，如图 14-5 所示。

4. 四级结构

蛋白质分子的四级结构(quaternary structure)是指由两条或两条以上具有三级结构的多肽链按一定方式通过盐键、疏水作用力等次级键结合而成的聚合体。此时具有三级结构的多肽链称为亚基(subunit)。如血红蛋白是由 2 条 α-链和 2 条 β-链缔合而成的，α-链含有 141 个氨基酸残基，β-链含有 146 个氨基酸残基，每 1 条链均与 1 个血红素结合盘曲折叠为三级结构，4 个亚基通过侧链间的次级键两两交叉紧密相嵌形成 1 个具有四级结构的球状血红蛋白分子，如图 14-6 所示。并非所有的蛋白质分子都有四级结构。

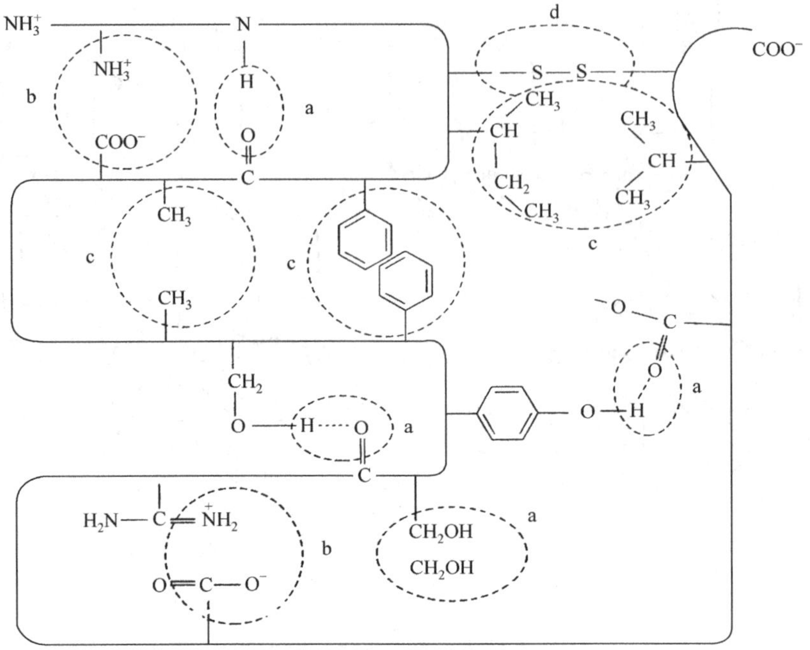

图 14-5　蛋白质分子中维持构象的次级键

a. 氢键　b. 离子键　c. 疏水键　d. 二硫键

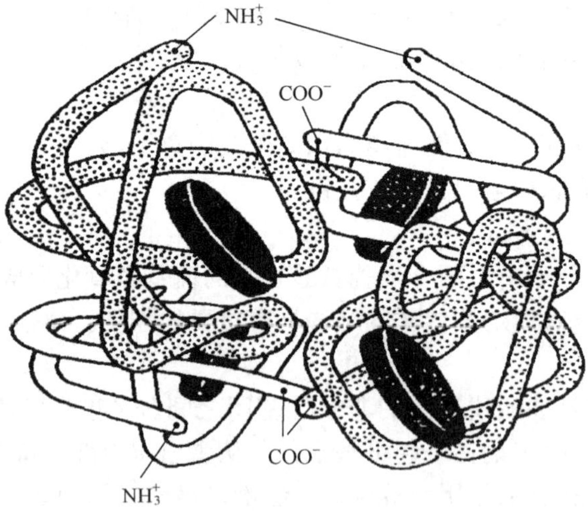

图 14-6　血红蛋白分子四级结构

14.2.3　蛋白质的理化性质

蛋白质分子的性质由蛋白质的组成和结构特征决定。虽然各种蛋白质分子基本上是由20种左右的氨基酸组成，但是分子中 α-氨基酸的种类、排列次序、数目、折叠方式、亚基的多少以及空间结构的不同，会造成蛋白质分子理化性质的差异。蛋白质具有某些与氨基酸相似的性质，又具有一些高分子化合物的性质。

1. 两性电离和等电点

蛋白质分子末端和侧链 R 基团中仍存在着未结合的氨基和羧基，另外还有胍基、咪唑基等极性基团。因此，蛋白质和氨基酸一样，也具有两性电离和等电点的性质，在不同的 pH 条件下，可解离为阳离子和阴离子。即蛋白质的带电状态与溶液的 pH 有关。

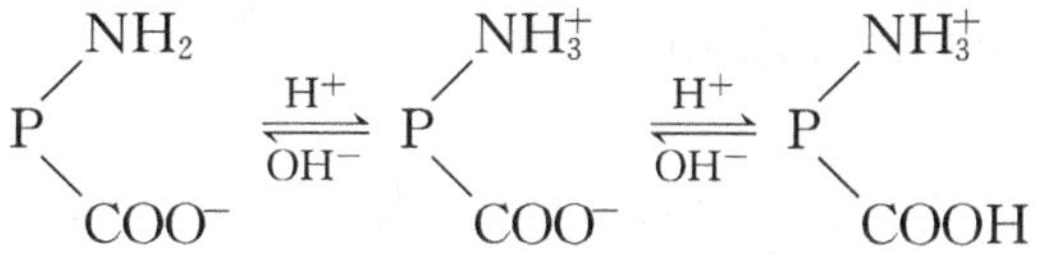

pH>pI　　pH=pI　　pH<pI

当溶液的 pH 大于 pI 时，蛋白质带负电荷；当溶液的 pH 小于 pI 时，蛋白质带正电荷；当溶液的 pH 等于 pI 时，蛋白质所带的正、负电荷相等，净电荷为零；此时溶液的 pH 为蛋白质的等电点。在等电点时，因蛋白质不带电，不存在电荷的相互排斥作用，蛋白质易沉淀析出。此时蛋白质的溶解度、黏度、渗透压和膨胀性等最小。蛋白质的两性电离和等电点的特性对蛋白质的分离和纯化具有重要的意义。一些常见蛋白质的等电点见表 14-4。

表 14-4　一些常见蛋白质的等电点

蛋白质	来　源	等电点	蛋白质	来　源	等电点
血清白蛋白	人	4.64	卵清蛋白	鸡	4.55～4.9
蛋白	牛	4.6	胰岛素	牛	5.30～5.35
胃蛋白酶	猪	2.75～3.00	肌球蛋白	肌肉	7.0
丝蛋白	蚕	2.0～2.4	白明胶	动物皮	4.7～5.0
细胞色素 C	来源广泛	9.8～10.3	溶菌酶	来源广泛	11.0

2. 蛋白质的胶体性质

蛋白质分子是高分子化合物，相对分子质量很大，其分子颗粒的直径一般在1～100nm，属于胶体分散系，所以具有胶体溶液的特性。像布朗运动、丁铎尔效应、电泳、不能透过半透膜等特点。

蛋白质分子表面有许多极性基团，在非等电点时带有相同的电荷，使蛋白质分子颗粒不易接近而沉淀；蛋白质分子表面的极性基团还可吸引水分子在它的表面定向排列形成一层水化膜，使蛋白质颗粒均匀地分散在水中形成稳定的胶体溶液。

3. 蛋白质的沉淀

保持蛋白质溶液稳定的因素是：①蛋白质分子在溶液中带有相同的电荷；②在蛋白质分子的表面形成水化膜。如果用物理或化学方法破坏蛋白质的上述稳定因素，则蛋白质分子将发生凝聚而沉淀。如调节溶液的 pH 使其至等电点，此时蛋白质分子呈等电状态，再加入脱水剂，使蛋白质分子失去水化膜，蛋白质分子便会从溶液中沉淀析出。使蛋白质沉淀的方法主要有以下几种：

1) 盐析

向蛋白质溶液加入一定浓度的中性盐[如 $(NH_4)_2SO_4$、Na_2SO_4、NaCl 等]，使蛋白质发生沉淀的作用称盐析(salting out)。

盐析作用的实质是电解质离子的水化能力比蛋白质强，破坏蛋白质分子表面的水化膜，同时电解质离子中和蛋白质所带的电荷，蛋白质的稳定因素被消除，使蛋白质分子相互碰撞而聚集沉淀。

蛋白质盐析所需盐的最小量称盐析浓度。各种蛋白质的水化程度及所带电荷不同，发生沉淀时所需的盐析浓度也不同。因此，利用此特性可用不同浓度的盐溶液使蛋白质分段析出，这一操作方法称为分段盐析。

用盐析沉淀得到的蛋白质，其分子内部结构未发生变化，可保持原有的生物活性，只需经过透析法(dialysis)或凝胶层析法去除盐后，便可获得较纯的蛋白质。

2）加脱水剂

当向蛋白质溶液中加入甲醇、乙醇或丙酮等极性有机溶剂，由于这些有机溶剂与水的亲和力较大，能破坏蛋白质分子的水化膜以及降低溶液的介电常数从而增加蛋白质分子相互间的作用，使蛋白质凝聚而沉淀。但是用有机溶剂沉淀蛋白质，如果操作不当，往往导致蛋白质丧失生物活性。因此，常用低浓度的有机溶剂并在低温下操作，使蛋白质沉淀析出。

此外，用重金属盐类(如氯化汞、硝酸银等)和酸类(如三氯乙酸、苦味酸等)也能使蛋白质沉淀，但往往引起蛋白质变性，因而不适宜制备具有活性的蛋白质。

4. 蛋白质的变性

天然蛋白质因受物理或化学因素的影响，可改变或破坏蛋白质分子的空间结构，致使蛋白质生物活性和理化性质的改变，该现象称为蛋白质的变性(denaturation)。物理因素包括加热、紫外线照射、X 射线、超声波、剧烈搅拌等；化学因素包括强酸、强碱、尿素、重金属盐和有机溶剂等。

蛋白质的变性，主要是由于蛋白质分子的次级键和空间结构遭到破坏。蛋白质分子从原来有规则的空间结构变为松散紊乱的结构，蛋白质分子的形状发生改变，原来藏在分子内部的疏水基团大量外露，分子表面的亲水基团减少，使蛋白质水化作用减弱。蛋白质变性后会出现各种现象，如酶失去催化能力、抗体失去免疫作用、激素失去调节作用、溶解度降低、黏度增加等。

蛋白质的变性作用在实际生活中的应用很多。如用紫外线或酒精进行消毒，就是使细菌或病毒的蛋白质失去致病能力；用放射性同位素杀死癌细胞等。相反，在制备具有生物活性的蛋白质时，就必须要避免引起蛋白质变性的因素。

蛋白质的变性作用如果不过于剧烈，则是一种可逆过程，变性蛋白质通常在除去变性因素后，可缓慢地重新自发折叠成原来的构象，恢复原有的理化性质和生物活性，这种现象称为复性(renaturation)。

5. 蛋白质的颜色反应

蛋白质分子中的氨基酸带有某些特殊的侧链基团，便可和某种试剂产生特殊的颜色反应，利用这些反应可以鉴别蛋白质。见表 14-5。例如，米伦反应中，蛋白质首先沉淀，加热则变为红色沉淀，此为酪氨酸的酚核所特有的反应，因此含有酪氨酸的蛋白质均呈米伦反应。又如，黄蛋白反应中，蛋白质遇浓硝酸会变黄，这一反应为苯丙氨酸、酪氨酸、色氨酸等含苯环的氨基酸所特有。这些反应都是蛋白质中各种氨基酸侧链的反应，这些呈色反应被广泛应用于蛋白质的定性和定量测定。

表 14-5　蛋白质的颜色反应

反应名称	试　剂	颜　色	起反应的基团
茚三酮反应	稀茚三酮溶液	蓝紫色	氨基
缩二脲反应	强碱，稀硫酸铜溶液	紫红色	肽键
黄蛋白反应	浓硝酸，加氨水	黄色或橙红色	苯环
米伦反应	硝酸汞，硝酸亚汞和硝酸混合液	红色	酚羟基

14.3　核　　酸

核酸(nucleic acid)因首先发现于细胞核并且具有酸性而得名。核酸是一类具有非常重要生物功能和生理活性的大分子化合物，存在于所有的生物体内，它储存着生物体内的遗传信息，与生物的遗传、繁衍、变异等各过程有着密切的联系。

核酸根据其化学组成可以分为两大类：一类是分子中含有核糖，称为核糖核酸(ribonucleic acid，RNA)。RNA 主要存在于细胞质中，微粒体含量最多，线粒体含量较少。RNA 参与体内蛋白质的合成。另一类是分子中含有脱氧核糖，称为脱氧核糖核酸(deoxyribonucleic acid，DNA)。DNA 主要存在于细胞核内的染色体中，只有少量的 DNA 存在于核外的线粒体中。DNA 是生物遗传的物质基础。

14.3.1　核酸的组成

核酸是由几十以至几千万个单核苷酸组成的高分子化合物。核酸经彻底水解可以得到磷酸、脱氧核糖或核糖、嘌呤碱和嘧啶碱。其组成单元见表 14-6。DNA 和 RNA 之间除了戊醛糖不同以外，嘧啶碱也有区别。胸腺嘧啶主要存在于 DNA 中，而尿嘧啶仅存在于 RNA 中。

表 14-6　DNA 和 RNA 的组成单元

组成＼核酸		DNA		RNA	
酸		H_3PO_4		H_3PO_4	
戊醛糖		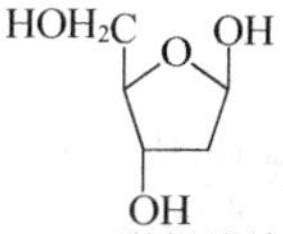 β-D-2-脱氧核糖		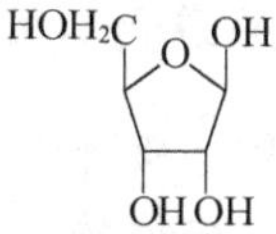 β-D-核糖	
含氮有机碱	嘌呤碱	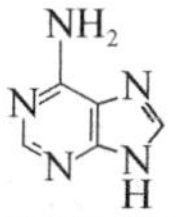 腺嘌呤(A)	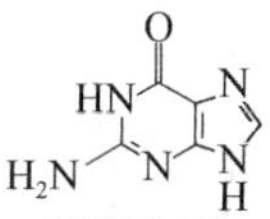 鸟嘌呤(G)	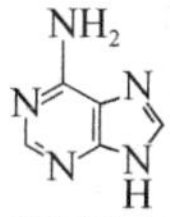 腺嘌呤(A)	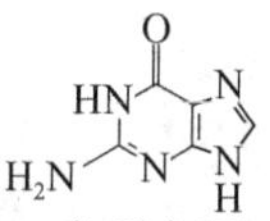 鸟嘌呤(G)
	嘧啶碱	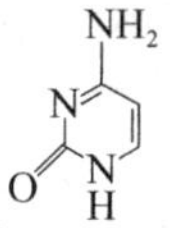 胞嘧啶(C)	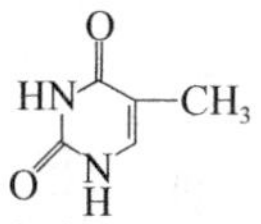 胸腺嘧啶(T)	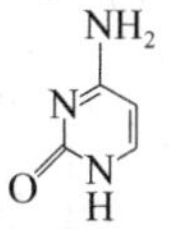 胞嘧啶(C)	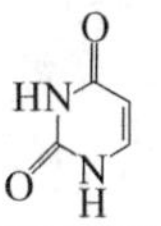 尿嘧啶(U)

14.3.2 核苷和单核苷酸

1. 核苷

核苷(nucleoside)的结构是由核糖或脱氧核糖的 C-1′-位上的 β-半缩醛羟基与嘌呤碱的 9-位或嘧啶碱的 1-位氮原子上的氢原子脱水缩合而成的氮苷。为了不使核苷分子中糖的碳原子编号与碱基的环上原子编号混淆，将糖的碳原子编号数字的左上角标加一撇，以便与碱基环上的原子编号相区别。

在 DNA 分子中存在 4 种脱氧核糖核苷，其结构如下：

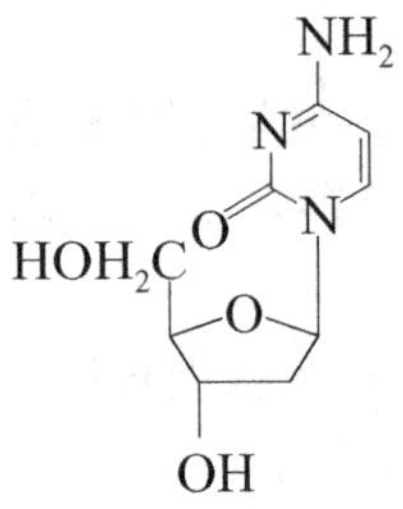

胞嘧啶脱氧核苷
（脱氧胞苷）

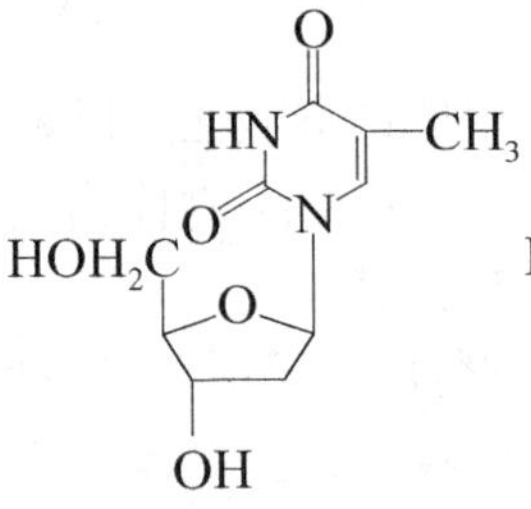

胸腺嘧啶脱氧核苷
（脱氧胸苷）

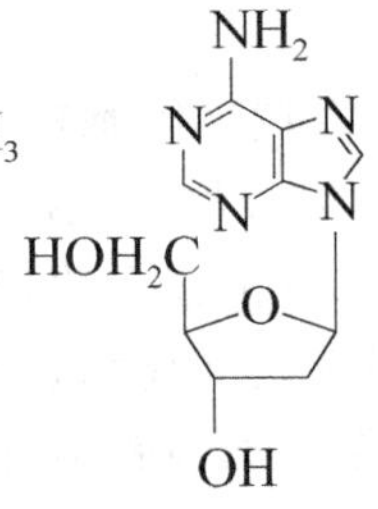

腺嘌呤脱氧核苷
（脱氧腺苷）

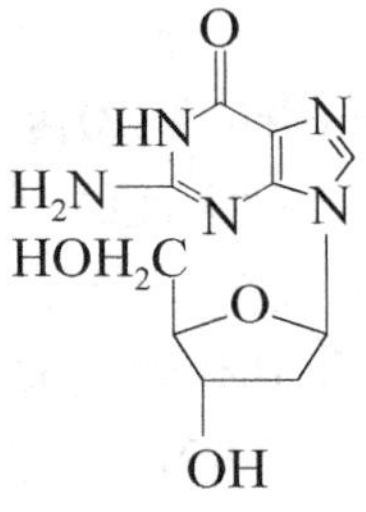

鸟嘌呤脱氧核苷
（脱氧鸟苷）

在 RNA 分子中存在 4 种核糖核苷，其结构如下：

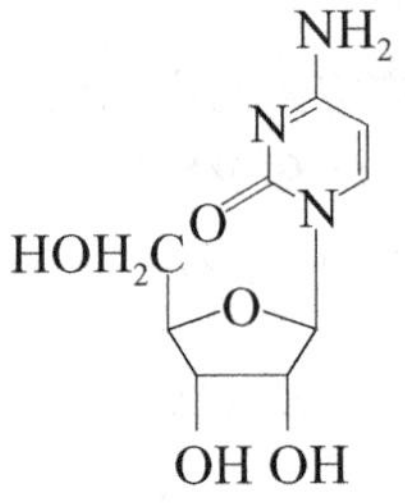

胞嘧啶核苷
（胞苷）

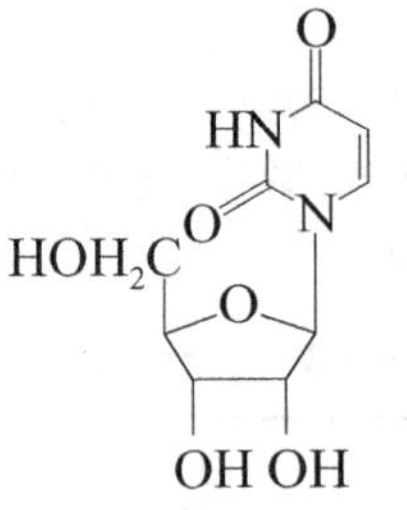

尿嘧啶核苷
（尿苷）

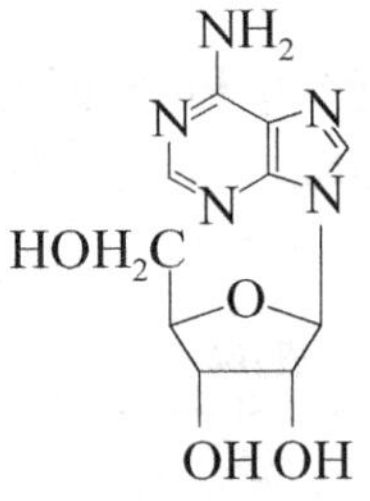

腺嘌呤核苷
（腺苷）

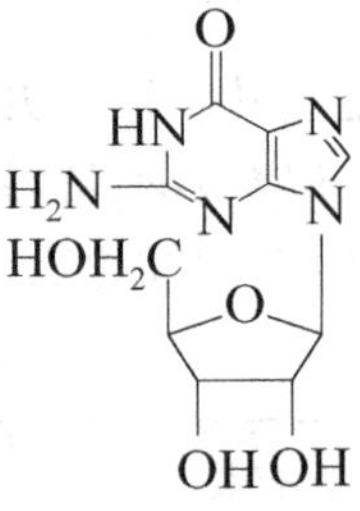

鸟嘌呤核苷
（鸟苷）

2. 单核苷酸和二核苷酸

单核苷酸是核苷中戊糖的 3′-或 5′-羟基与磷酸脱水而形成的核苷磷酸酯，它是核酸的基本组成单位。核苷酸(nucleotide)是两性物质，但其酸性强于碱性。3′-或 5′-单核苷酸酯都是在生物细胞中被发现的。它们可能是由核酸酶催化下的 DNA 或 RNA 选择性水解获得的。

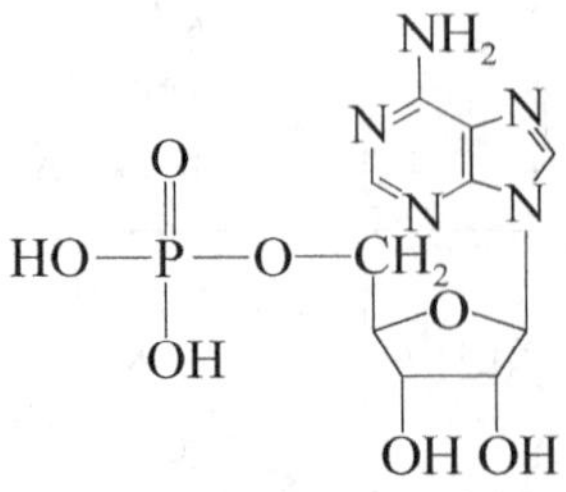

5′-腺嘌呤核苷酸

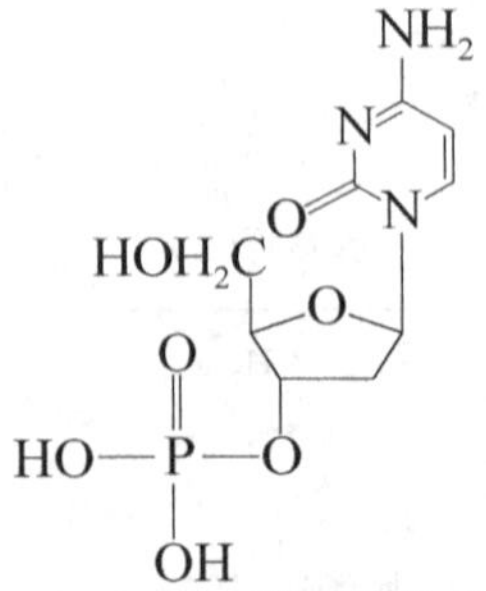

3′-胞嘧啶脱氧核苷酸

5′-单核苷酸还可以在 5′-位的磷酸基上再与磷酸脱水，形成核苷二磷酸或核苷三磷酸。核苷二磷酸或核苷三磷酸被认为是生化反应中重要的能量携带者，如 5′-三磷酸腺苷简称 ATP(adenosine triphosphate)。在这些化合物中，磷酸与磷酸结合形成的磷酸酐键含有较高的能量，水解释放的能量为 33.5～54.4kJ/mol，称为高能磷酸键，常用“～”表示。

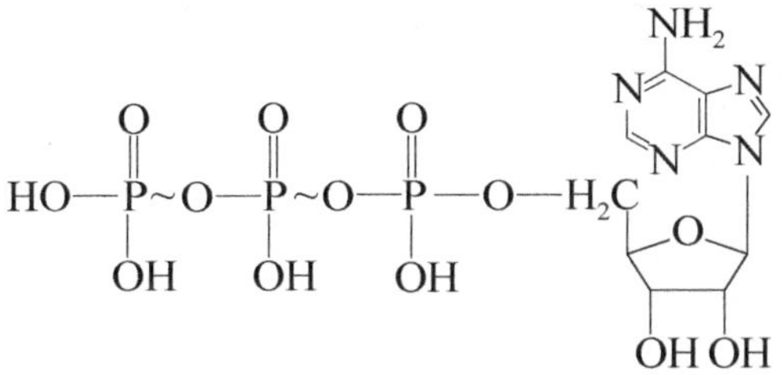

三磷酸腺苷 (ATP)

生物体内还有一些结构较为特殊的环状核苷酸，它由 5′-位的磷酸与 3′-位的羟基脱水构成 3′,5′-环化核苷酸。如 3′,5′-环化腺苷酸(cAMP)。它作为激素的第二信使，在细胞的信息传递上起着非常重要的作用。

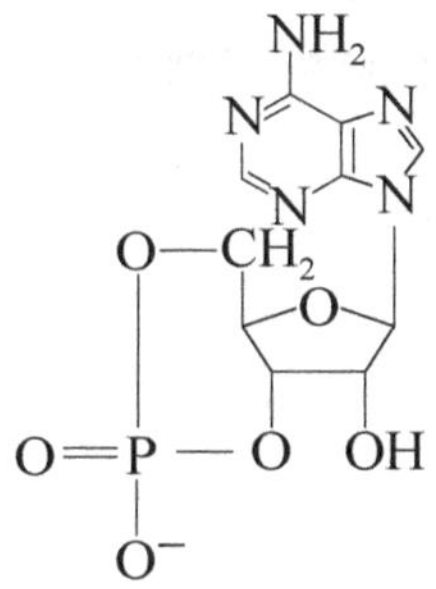

3′,5′- 环化腺苷酸 (cAMP)

生物体内还有一些结构较为特殊的单核苷酸或二核苷酸的衍生物。例如，尼克酰胺腺嘌呤二核苷酸(NAD^+，又称为辅酶Ⅰ)和尼克酰胺腺嘌呤二核苷酸磷酸($NADP^+$，又称为辅酶Ⅱ)能与酶蛋白结合在一起，并协同实施催化作用，因此被称为辅酶(或辅基)。辅酶参与酶促氧化-还原反应或酶促基团转移反应。辅酶结构中的尼克酸又称烟酸、VB_5 和抗癞皮病因子。

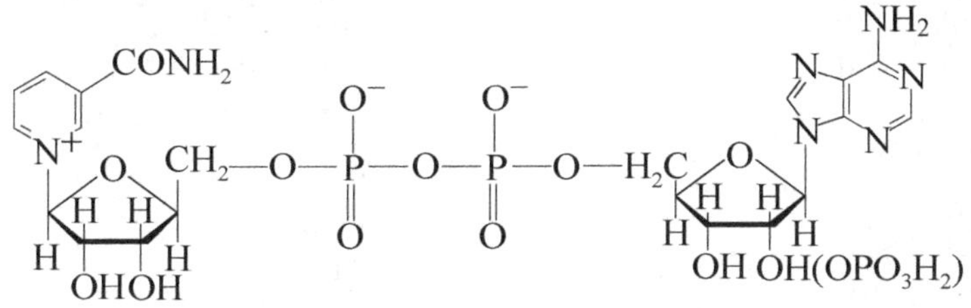

NAD^+中核苷戊糖的2位为OH

$NADP^+$中核苷戊糖的2位为OPO_3H_2

NAD^+和$NADP^+$

NAD^+、$NADP^+$ 中主要由尼克酸起递氢、递电子作用。

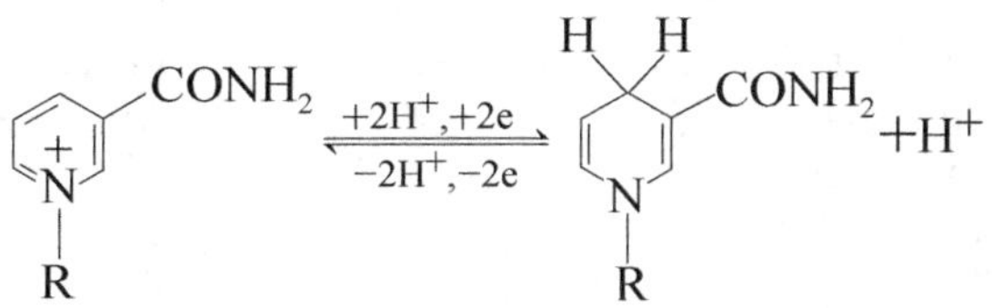

辅酶 A 是生物体内代谢反应中乙酰化酶的辅酶，是传递酰基形成代谢中间产物的重要辅酶。

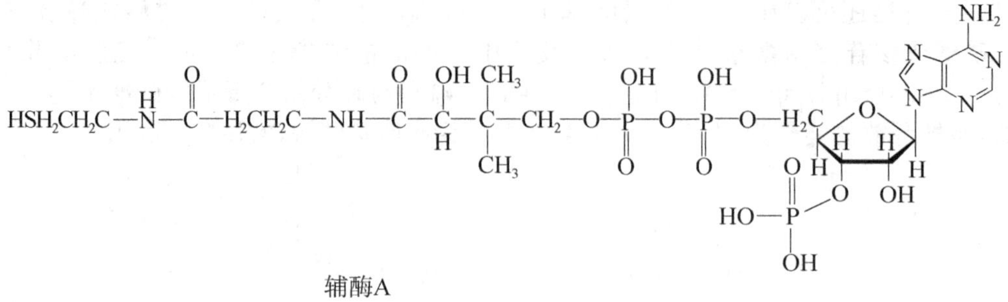

辅酶A

14.3.3 核酸的结构

1. 核酸的一级结构

核酸的一级结构是指单核苷酸按一定的种类、数量和排列顺序连接而成的长链。不论是RNA分子还是DNA分子，单核苷酸都是通过磷酸二酯键互相连接的，即由核糖或脱氧核糖C-5′上的磷酸基以酯键与另一个核糖或脱氧核糖C-3′相连，如此依次相连形成一条多核苷酸链（图14-7）。

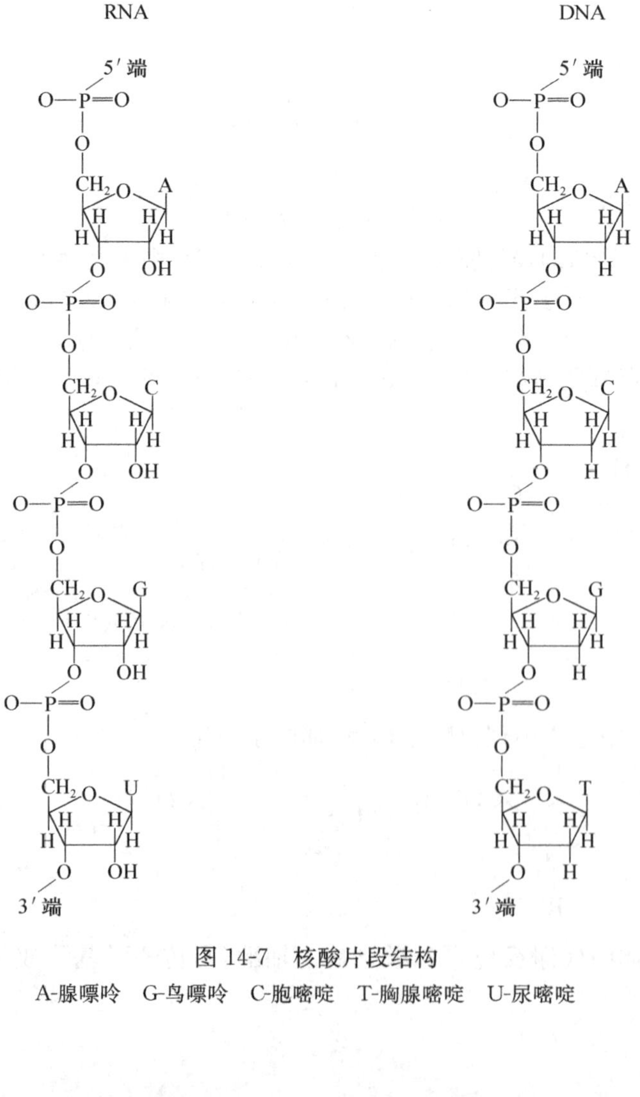

图14-7　核酸片段结构

A-腺嘌呤　G-鸟嘌呤　C-胞嘧啶　T-胸腺嘧啶　U-尿嘧啶

2. 核酸的二级结构

与蛋白质一样，核酸也具有特殊的空间结构。经 X 射线衍射分析，DNA 分子是由 2 条方向相反的平行核苷酸链组成(一条链为 3′-5′，另一条为 5′-3′走向)，围绕着一中心轴形成 1 个右手双螺旋结构，螺旋的直径为 2.0nm，如图 14-8 所示。

两条链上的碱基位于链的内侧，磷酸和脱氧核糖在双螺旋的外侧，彼此通过 3-5′磷酸二酯键结合，形成 DNA 的骨架。在含水体系中这种右手螺旋是一种优势结构。两条交互链上的凹槽很明显，主凹槽(major groove)又宽有深，而副凹槽(minor groove)则既窄又浅。其他分子，包括多肽，可能嵌入到这些凹槽中，从而干扰 DNA 的化学性质(图 14-9)。

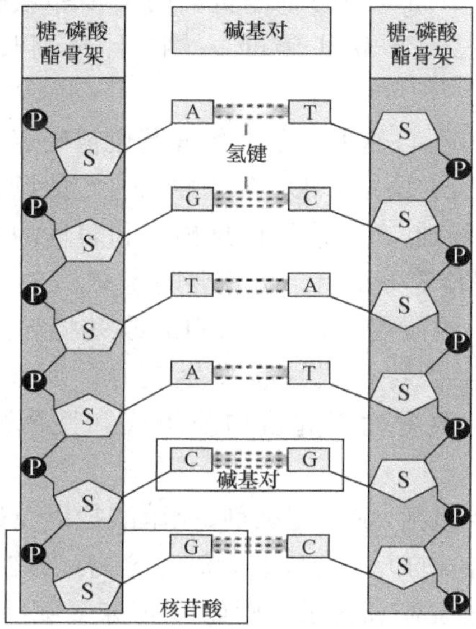

图 14-8　DNA 双螺旋结构示意图

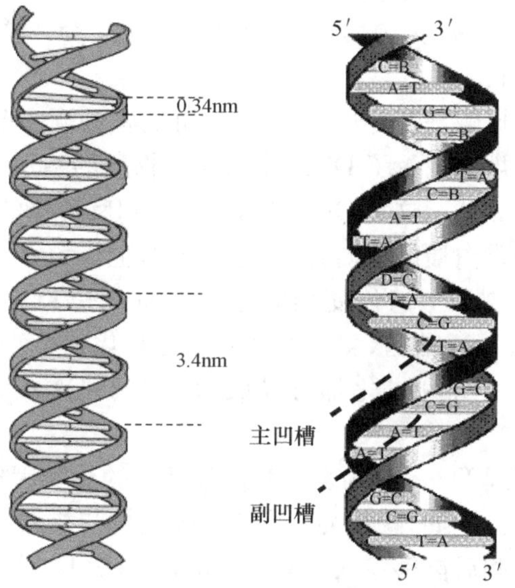

图 14-9　DNA 双螺旋结构中的主、副凹槽示意图

DNA 的双螺旋结构只有通过碱基配对才能形成。嘌呤与嘧啶碱尽管以芳香杂环的形式存在具有更好的稳定性，但在生物体中嘌呤与嘧啶碱却常常以互变异构体的类酰胺结构(amide-like structures)形式存在。2-羟基吡啶为这种互变现象提供了一个简单的模型。例如，预期含有 2-羟基吡啶结构的化合物可能会有苯酚样酸性羟基的特性，然而，它的实际沸点比苯酚高 100℃，它的酸度比预期值低 100 倍($pK_a = 11.7$)。这些差异与 2-吡啶酮互变异构体(2-pyridone tautomer)，两性离子内盐(zwitterionic internal salt)的稳定形态相符。

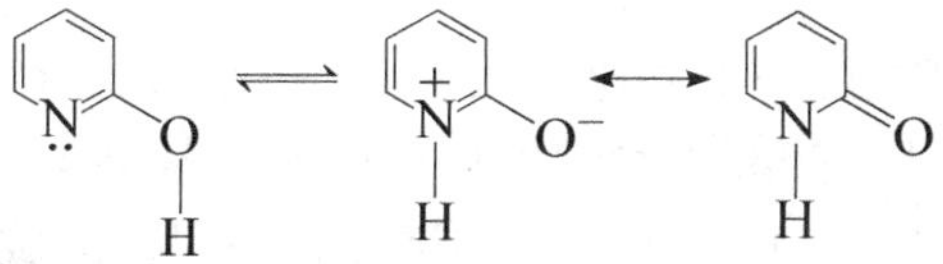

2-羟基吡啶　　2-吡啶酮

类酰胺结构形式在空间上和氢键形成上有利于核酸的二级结构中的碱基配对。配对时，碱基之间必须遵循一定的规律：一条链上的嘌呤碱必须与另一条链上的嘧啶碱相配，腺嘌呤(A)通过形成两个氢键与胸腺嘧啶(T)相配；鸟嘌呤(G)经三个氢键与胞嘧啶(C)相配。该规律称为碱基互补规则，如图 14-10 所示。

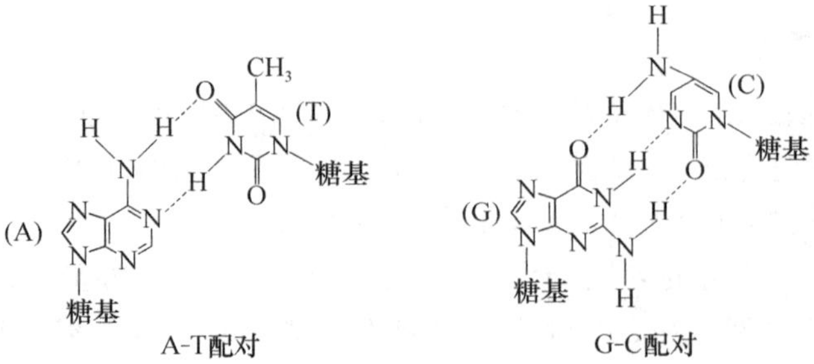

图 14-10　DNA 双螺旋分子的碱基配对

在双螺旋结构中，碱基是 1 个平面环状分子，其平面与中心轴垂直。两个相邻碱基对平面间的距离为 0.34nm，其旋转夹角为 36°。每 10 个碱基旋转一圈，上升高度恰好是 3.4nm。

根据碱基互补规律，当一条链的碱基顺序已被确定，自然另一条链的碱基也被确定了。碱基配对规律揭示了 DNA 作为遗传物质的稳定性特征，它决定了 DNA 在控制遗传信息方面的高度可靠性。这是 DNA 复制、转录和反转录的分子基础，亦是遗传信息传递和表达的分子基础。在蛋白质的体内合成、生物体的生长和生物的遗传等方面有十分重要的意义。

生物学上遗传变异的化学本质就是 DNA 结构的改变。DNA 结构的改变将导致相应蛋白质一级结构（氨基酸顺序）的变化，从而引起生物特征或性状发生变异。所以，一切生物的变异和进化都可以认为是由于 DNA 结构的改变而引起蛋白质组成和性质变化的结果。

引起 DNA 结构发生变化最常见的化学因素主要包括，烷基化试剂、亚硝酸盐以及碱基类似物等。例如，碱基类似物是一类结构与核酸碱基相似的人工合成或天然化合物，当这些物质进入细胞后能够渗入到 DNA 链中，干扰 DNA 的正常复制和转录。例如，5-溴尿嘧啶（5-BU），它与胸腺嘧啶（T）碱基的结构相似，能取代（T）与腺嘌呤（A）配对，干扰 DNA 的正常复制和转录。

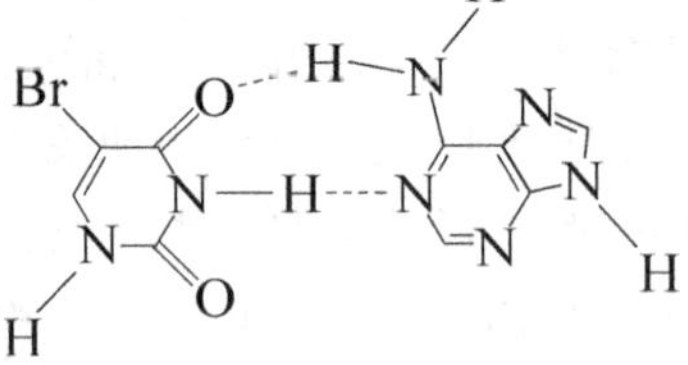

5-BU 取代 T 与 A 配对

对 RNA 的研究表明，RNA 分子要比 DNA 分子小得多，大多数天然的 RNA 分子是由几十个至几千个单核苷酸经 3′-5′磷酸二酯键连接而成的一条单链。其二级结构不像 DNA 分子那样呈极有规律的双螺旋状态。在分子内链有许多自身回折区域，这些区域存在双螺旋结构，并符合碱基配对规律。与 DNA 不同的是在 RNA 中与腺嘌呤（A）配对的是尿嘧啶（U）。在碱基不能配对的区域则形成突起的环（突环），见图 14-11 和图 14-12。

图 14-11　RNA 的二级结构

表示在一条 RNA 链中有几个螺旋区域

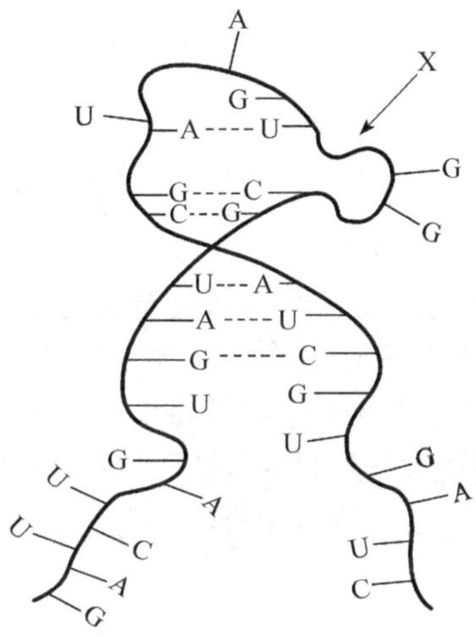

图 14-12　RNA 的二级结构

X 表示螺旋的突环部分

思　考　题

1. 自然界中只存在表 14-1 列举的 20 种 α-氨基酸吗？为什么这 20 种 α-氨基酸如此重要？
2. 为什么多肽分子中，组成肽键的原子处于同一平面？
3. 蛋白质相对分子质量大小常用"道尔顿(D)"作单位，"道尔顿(D)"是一个什么样的单位？
4. 蛋白质分子都有一、二、三级结构，对吗？蛋白质分子都有四级结构，对吗？
5. 为什么蛋白质和氨基酸一样，也具有两性电离和等电点的性质？
6. 应该说嘌呤与嘧啶碱以芳香杂环的形式存在具有更好的稳定性，但为什么在生物体中嘌呤与嘧啶碱却常以互变异构体的类酰胺结构形式存在？

习　　题

1. 写出下列氨基酸的结构式。

   (1) 丝氨酸　(2) 半胱氨酸　(3) 丙氨酸　(4) 蛋氨酸

   (5) 赖氨酸　(6) 亮丙氨酸　(7) 组氨酸　(8) 脯氨酸
2. 由谷氨酸、亮氨酸、赖氨酸和甘氨酸组成的混合液，调溶液的 pH 至 6.0 进行电泳，哪些氨基酸向正级移动？哪些氨基酸向负级移动？哪些氨基酸停留在原处？
3. 一个含有丙、精、半胱、缬和亮的五肽，部分水解得丙-半胱，半胱-精，精-缬，亮-丙四种二肽，试写出氨基酸的排列顺序。
4. 写出缬氨酸在 pH＝6.0、3.0 和 9.0 的水溶液中呈现的荷电状态。
5. 写出丙氨酸与下列试剂反应的产物。

   (1) $NaNO_2+HCl$　(2) NaOH　(3) HCl　(4) CH_3CH_2OH/H^+

   (5) $(CH_3CO)_2O$　(6) HCHO　(7) H_2O_2
6. 何谓蛋白质的变性？能导致蛋白质变性的因素有哪些？
7. 将 RNA 和 DNA 彻底水解后，各得哪几种产物？
8. 写出下列化合物的结构式。

   (1) 胞嘧啶脱氧核苷　(2) 鸟嘌呤核苷　(3) ATP
9. 测得某段 DNA 链的碱基顺序为：—TACTGGTA—，请写出该段互补 DNA 链的碱基顺序。

第 15 章 波谱基础

波谱是确定一个有机化合物分子结构的重要方法。本章将介绍有机化合物发生紫外吸收的原理;紫外光谱法常用于含不饱和官能团或具有共轭体系的化合物的结构分析;红外光谱原理及有机化合物发生红外特征吸收峰的原因,甲基、亚甲基、羰基(醛、酮、羧酸)的特征吸收峰;核磁共振谱原理和其中质子共振的屏蔽效应与去屏蔽效应以及由此产生的化学位移;质谱的原理、用途以及简单化合物的分子离子峰。

15.1 吸收光谱

15.1.1 概述

在有机化学、生命科学研究领域,无论研究植物、动物或微生物样品,还是分析、合成有机化合物样品时,都会遇到化合物结构测定的问题。研究一个未知的有机化合物或鉴定一个有机化合物的结构,需要对该化合物进行结构表征。其一般程序为:化合物的分离提纯、元素定性、定量分析、测定相对分子质量、确定分子式、确定化合物可能的构造式、化合物的结构表征。在实际工作中,这些基本操作过程有时是互相交错进行的(参见第 1 章 1.1 节)。

随着现代分析仪器的发展,分离技术的提高,人们常用柱色谱、薄层色谱、气相色谱和高效液相色谱从复杂的动植物材料中分离出少量或微量的纯物质,这样少的样品用经典的化学分析法来测定物质结构是不可能的。因此,波谱法成了测定有机化合物结构的重要方法。

20 世纪 50 年代以来,运用近代物理方法(主要是波谱法)测定有机化合物的结构有了很大的进展。波谱法是一种物理方法,其特点是只需要微量的样品就可以很快获得可靠的物质结构分析数据,弥补了化学方法繁复费时的不足。现在许多大型物理仪器已成为研究有机化合物结构不可缺少的实验设备。近代物理方法中,紫外光谱、红外光谱、核磁共振谱和质谱等使用最广泛,它们与有机化合物结构之间的关系,以及如何应用波谱数据来确定有机化合物的结构等有关问题将在本章作一介绍。

15.1.2 吸收光谱的产生

物质是运动的体系。各种分子、原子、原子核、核外电子等都在不同能级上作不同形式的运动。当电磁波照射物质时,物质的分子或原子将吸收一部分能量,吸收的能量可以激发分子中的电子(主要是外层的价电子)跃迁到能量较高的能级或增加分子中原子的振动和转动的能量。根据量子理论,原子或分子中各种运动状态所对应的能级是量子化的,即能级的能量变化是不连续的。只有当电磁波的能量与原子或分子中较高和较低两个能级之间的能量差相等时,原子或分子才可能吸收该电磁波的能量,并从低能级跃迁到高能级。

电磁波的能量 E 与波长或频率之间的关系为

$$E = h\nu = \frac{hc}{\lambda}$$

式中:E=电磁波能量(J);h 为普朗克常量(6.626×10^{-34} J · s);ν 为频率(s^{-1}或 Hz);c 为光速

$(3\times10^{17}nm/s)$；λ 为波长(nm)。

如果用 ΔE 表示两个能级 E_1 和 E_2 之间的能量差，当电磁波的频率或波长与 ΔE 符合下述关系时，电磁波才能被原子或分子吸收：

$$\Delta E = E_2 - E_1 = h\nu = \frac{hc}{\lambda}$$

根据上式可以计算分子中各种能级跃迁时吸收电磁波的波长或频率。由于分子中电子的跃迁或分子的振动与转动引起的能量变化 ΔE 不同，能级跃迁所选择吸收的电磁波波长也不同，分属不同波区。电磁波的简略分区见表 15-1。

表 15-1　电磁波区与分子运动跃迁的关系

电磁波	光　谱	波长/nm	能量/(kJ/mol)	跃迁类型
远紫外线	真空紫外光谱	100～200	1196～598	σ 电子跃迁
近紫外线	紫外光谱	200～400	598～301	n 及 π 电子跃迁
可见光线	可见光谱	400～800	301～150	n 及 π 电子跃迁
中红外线	红外光谱	2500～25000(或 4000～400cm^{-1})	46～0.52	分子振动与转动能级跃迁
无线电波	核磁共振谱	1～10^4m	4.210^{-5}	核自旋

紫外吸收光谱是分子中最外层价电子在不同能级轨道上跃迁而产生的，它反映了分子中价电子跃迁时的能量变化与化合物所含发色团之间的关系，它主要提供了分子内共轭体系的结构信息。

红外吸收光谱是一种分子振动-转动光谱，它是由分子的振动-转动能级间的跃迁而产生的。对每种化合物都可测绘出具有自身特征的红外光谱图，反映出整个分子的特性。可由红外光谱图中显示的特征吸收峰的位置，来鉴别分子中所含的特征官能团和化学键的类型，进而确定分子的化学结构。与紫外吸收光谱相比，它具有应用范围广、可靠性高的优点。

核磁共振谱是由分子中具有核磁矩的原子核 ^1H、^{13}C(或 ^{15}N、^{19}F、^{31}P 等)在外加磁场中，在射频电磁波的照射下吸收一定频率的电磁波能量，由低能量的能级跃迁到高能量的能级而产生的核磁共振信号。从核磁共振谱可以了解化合物分子中氢原子的数目、类型、相对位置和碳的骨架等结构信息。它提供的分子结构信息比红外、紫外光谱图多，已成为有机化合物结构分析中最有效的一种手段。

质谱分析法是用具有一定能量的电子流去轰击被分析物质的气态分子，产生各种阳离子碎片，在外加静电场和磁场的作用下，按质荷比将这些碎片逐一进行分离和检测。在获得的质谱图上，有各种碎片离子的质荷比数值和相对丰度，结合分子断裂过程的机理，可推测被测物质的分子结构，并确定其相对分子质量，组成元素的种类和分子式。

15.2　紫外-可见吸收光谱

15.2.1　紫外-可见吸收光谱的基本原理

1. 紫外吸收光谱的产生

电子光谱是由于电子的跃迁而产生的吸收光谱的总称，它包括可见吸收光谱(400～800nm)和紫外吸收光谱(200～400nm)两部分。有机化合物经可见光或紫外光照射时，外层电子就从能量较低的基态跃迁到能量较高的激发态，此时，电子就吸收了与激发能相应波长的某些电磁波（紫外-可见光区），这样产生的吸收光谱叫紫外-可见光谱（ultraviolet and visible spectroscopy，UV-Vis）。

紫外光谱是电子光谱的一部分。紫外光的波长范围为 100～400nm。紫外光根据波长不同又可分为远紫外和近紫外两个区域；远紫外波长范围 100～200nm，近紫外波长范围 200～400nm。由于空气中的氧、氮、二氧化碳及水在远紫外区有吸收，为了避免干扰，测定物质的远紫外吸收光谱必须在真空条件下，因此，远紫外区又称真空紫外区，在有机分析中用处不大。近紫外光区的光波可被普通玻璃吸收，测试时要用石英玻璃，因此，近紫外区又称石英紫外，在有机分析中很有用。

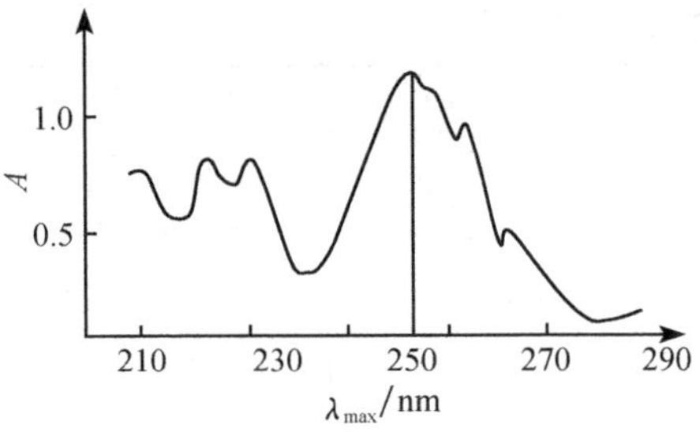

图 15-1　茴香醛的紫外吸收光

物质由于吸收可见光而产生了各种颜色。许多无色透明的有机化合物，虽不吸收可见光，但往往能吸收紫外光。如果用一束具有连续波长的紫外光照射有机化合物，这时紫外光中某些波长的光就可被该化合物的分子所吸收，若将不同波长的吸光度记录下来，并以波长 λ 为横坐标、吸光度 A 为纵坐标作图，就得到该化合物的紫外吸收光谱，如图 15-1。

2. 电子跃迁的类型

分子的紫外-可见吸收光谱是由分子中价电子的跃迁而产生的。从化学键的类型看，与电子光谱有关的主要有 σ 成键电子，π 成键电子和非键电子（n 电子）。根据分子轨道理论的计算结果，分子轨道能级的能量以反键 σ^* 轨道最高，成键 σ 轨道最低，而 n 轨道的能量介于成键轨道与反键轨道之间。分子中轨道能级的高低次序为：$\sigma^* > \pi^* > n > \pi > \sigma$。

分子中处于能量较低的 σ 成键轨道、π 成键轨道及 n 轨道上的电子，经紫外光照射而吸收能量后，按能级顺序和跃迁规则，电子将从成键轨道跃迁到反键轨道上，或从 n 轨道跃迁到反键轨道上。电子跃迁方式主要有 4 种，如图 15-2 所示。

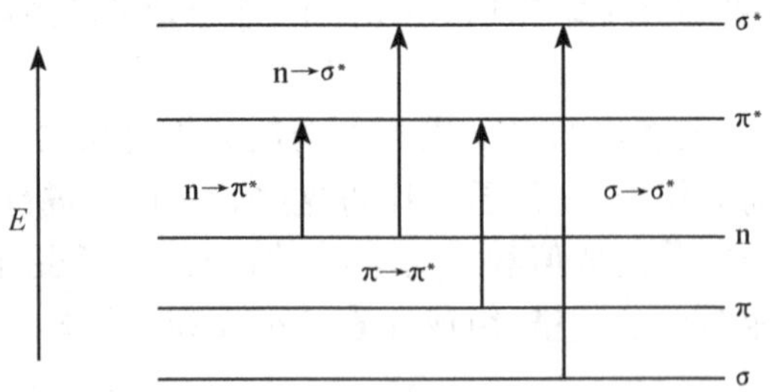

图 15-2　σ、π、n 轨道及电子的跃迁

由于分子轨道之间能量差不同，电子在不同轨道间跃迁所吸收的光的波长不同。σ-σ^* 所需能量最高，吸收波长最短；而 π-π^* 跃迁所需的能量最低，吸收波长最长。

1) σ-σ^* 跃迁

饱和有机化合物中的 C—C 单键、C—H 键以及其他单键都是 σ 键，双键或叁键中也有 1 个为 σ 键。由于 σ 键比较牢固，σ 成键轨道能量较低，电子从 σ 轨道跃迁到 σ^* 轨道所需能量较大，约 780kJ/mol，所以 σ-σ* 跃迁是一种高能跃迁。这类跃迁对应的吸收波长都在真空紫外区。例如，甲烷的 σ-σ* 跃迁吸收波长为 125nm，乙烷的跃迁吸收波长为 135nm，环丙烷的跃迁为 190nm。由于饱和烃的吸收波长都在真空紫外区，在近紫外无吸收，所以常用作测定紫外吸收光谱的溶剂。

2）n-σ* 跃迁

如果分子中含有氧、氮、硫、卤素等具有孤对电子的原子，则可以产生 n-σ* 跃迁。n-σ* 跃迁的能量比 σ-σ* 跃迁的能量低得多，但这类跃迁所吸收的波长仍低于 200nm。只有当分子中含有硫、碘等电离能较低的原子时，n-σ* 跃迁的吸收波长才大于 200nm，例如，甲硫醇和碘甲烷的 n-σ* 跃迁的吸收波长分别为 227nm 和 258nm，但 n-σ* 跃迁的吸收强度很弱。

3）π-π* 跃迁

不饱和化合物除了含 σ 电子外，还含有 π 电子。电子从成键 π 轨道跃迁到反键 π* 轨道所需的能量较低。一般含孤立双键的烯烃，其 π-π* 跃迁的吸收波长在 170～200nm，但吸收强度很强，摩尔吸光系数可达 10^3 以上。例如，乙烯的 π-π* 跃迁吸收波长为 170nm。如果双键上连有取代基或与其他双键共轭，则 π-π* 跃迁的吸收波长将移到近紫外区。

4）n-π* 跃迁

当分子中同时存在 π 电子和 n 电子时，则可产生 n-π* 跃迁。n-π* 跃迁所需的能量最低，所以这种跃迁的吸收波长最长，但吸收强度很弱。摩尔吸光系数一般不超过 10。例如，丙酮分子中的羰基能产生 n-π* 的跃迁，其吸收波长为 280nm，摩尔吸光系数为 1.5。

电子跃迁类型与分子结构及其连接的基团有密切的联系，因此可以根据分子结构来预测可能产生的电子跃迁类型。反之，也可以根据紫外吸收带的波长及电子跃迁的类型来判断化合物分子中可能存在的吸收基团。表 15-2 列出了一些有机化合物的跃迁类型、最大吸收波长和吸收强度等数据。

表 15-2　某些化合物的电子跃迁类型和吸收带的波长

化合物	跃迁类型	吸收带波长 λ/nm	摩尔吸光系数 ε	吸收带
C_2H_6	σ-σ*	135	1000	
$C_6H_{11}SH$	n-σ*	224	12.6	
$CH_2{=}CH_2$	π-π*	170	1500	
$CH{\equiv}CH$	π-π*	173	600	
CH_3COCH_3	π-n	166	1600	
	n-σ*	189	90	
	n-π*	280	1.5	R
$CH_2{=}CH{-}CH{=}CH_2$	π-π*	217	2100	K
$CH_2{=}CH{-}CHO$	π-π*	210	1150	K
	n-π*	315	1.4	R
C_6H_6	π-π*	184	600	E_1
		203	80	E_2
		256	21.5	B
$C_6H_5CH{=}CH_2$	π-π*	244	1200	K
		282	45	B

续表

化合物	跃迁类型	吸收带波长 λ/nm	摩尔吸光系数 ε	吸收带
$C_6H_5COCH_3$	π-π*	240	1300	K
		278	110	B
	n-π*	319	5	R

3. 共轭体系与吸收波长的关系

分子中只含孤立双键的化合物如乙烯、丙烯等，其 π-π* 跃迁的吸收波长处于真空紫外区。如果有两个或多个双键共轭，则 π-π* 跃迁的吸收波长随着共轭程度的增加而增长，这种现象称为共轭红移。表 15-3 列出了一些共轭烯烃的吸收光谱特征。

表 15-3　某些共轭烯烃的吸收特征

化合物	π-π* 跃迁 λ/nm	摩尔吸光系数 ε	化合物	π-π* 跃迁 λ/nm	摩尔吸光系数 ε
乙烯	170	1.5×10^3	1,3,5-己三烯	256	3.5×10^3
1,3-丁二烯	217	2.1×10^3	二甲基辛四烯	296	5.2×10^3

从表 15-3 中可以看出每增加一个共轭双键，吸收波长约增加 40nm，当共轭双键数增加到 8 时，吸收波长将进入可见光区。例如，β-胡萝卜素，其结构式如下：

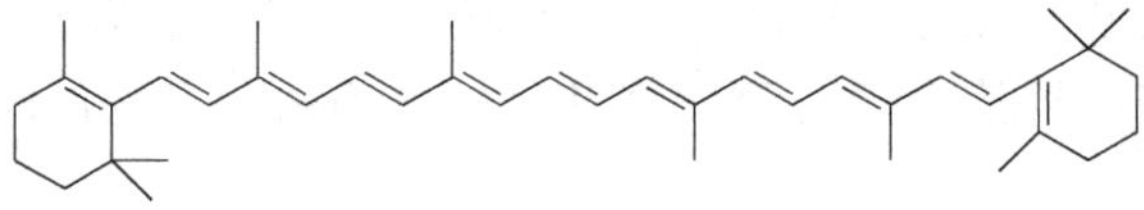

可以看出它具有 11 个共轭双键，它的最大吸收波长为 497nm，在可见光范围内。由于被吸收的 497nm 的光为蓝绿色，所以人们看到的 β-胡萝卜素颜色是蓝绿色的补色——橙红色。非共轭双键不会引起吸收带波长红移，但可以使吸收强度增强。

4. 紫外光谱仪和紫外光谱图

紫外光谱仪一般以氢弧灯为光源，它发射出 200～800nm 的各种波长的电磁波。一束平行的电磁波通过待测试样，试样对其中某些波长的电磁波进行选择吸收后，再通过一个旋转着的石英棱镜进行分光。随着棱镜的旋转，分光后的光带依次通过一个狭缝，落在一个光能转换器（如光电池）上，再以一定的装置（如微电动机）得到各个波长电磁波的吸光度 A 的读数。这就是紫外光谱仪工作的基本原理（图 15-3）。

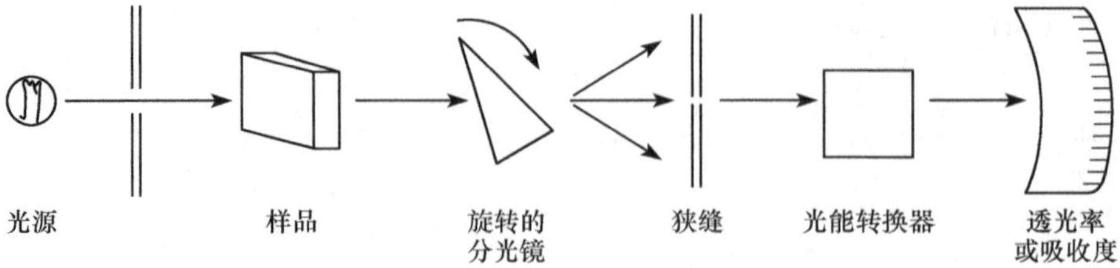

图 15-3　紫外光谱仪工作原理示意图

紫外光谱仪都有与棱镜旋转同步的自动记录装置，可以绘出以波长 λ 为横坐标、吸光度 A 为纵坐标的紫外-可见光谱图。

紫外吸收光谱的吸收强度在实验中可用朗伯-比尔定律来描述：

$$A=\varepsilon cL$$

式中：A 为吸光度；ε 为摩尔吸光系数，简称吸光系数；c 为样品的浓度（mol/L）；L 为样品池的宽度（cm）。

可以看出，已知溶液的浓度，可以通过测定吸光度来计算样品的吸光系数 ε；已知样品的吸光系数 ε，也可通过测定吸光度求得样品的浓度。所以紫外-可见光谱还常用于在紫外-可见光区有吸收的化合物的定量分析。

由于样品对光的选择性吸收，紫外光谱图有一个（图 15-1）或几个（图 15-4）最大吸收峰，最大吸收峰所对应的波长表示吸收得最多的电磁波的波长，记作 λ_{max}。最大吸收峰对应的吸光度表示吸收的程度，常以 ε 用括号记在 λ_{max} 数值之后。最大吸收波长和吸收系数是紫外光谱最主要的，特征性的数据。例如，香芹酮的紫外光谱特征是 λ_{max} 238nm 和 λ_{max} 320nm（图 15-4）。λ_{max} 和 ε 还与溶剂和 pH 等因素有关，应予注明。

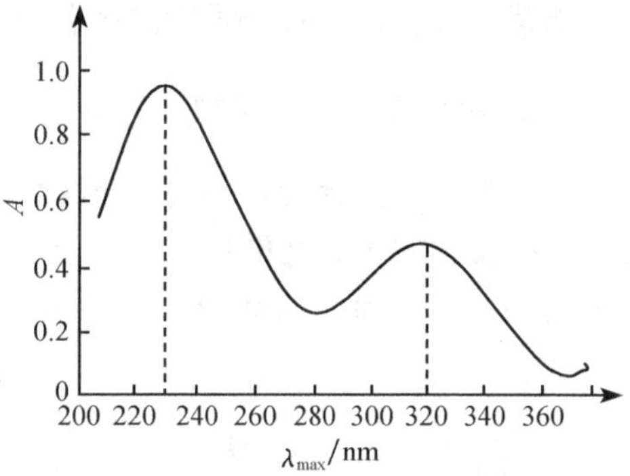

图 15-4　香芹酮的紫外光谱图

15.2.2　影响紫外吸收光谱的主要因素

有机化合物紫外吸收光谱的吸收带波长和吸收强度，往往会受各种因素的影响而发生改变。紫外吸收光谱的主要因素可以归纳为两类：一类是分子内部因素，如分子结构的变化而引起最大吸收波长的改变；另一类是外部因素，如分子与分子间相互作用或与溶剂分子之间的作用而引起最大吸收波长或吸收强度的变化。

1. 紫外吸收光谱与分子结构的关系

化合物分子结构的改变将引起紫外吸收光谱发生显著的变化。分子中双键位置或基团排列位置不同，它们的最大吸收波长及吸收强度就有一定的差异。

例如，α-和 β-紫罗兰酮分子差别只是环中双键的位置不同，它们的 π-π^* 跃迁吸收波长分别为 227nm 和 299nm。

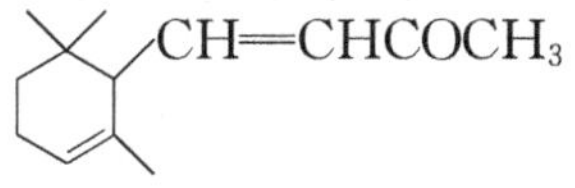

α-紫罗兰酮

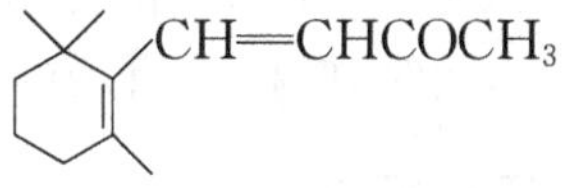

β-紫罗兰酮

在多取代烯烃中，由于取代基排列不同而引起的顺反异构体，一般情况下，反式异构体的最大吸收波长比顺式异构体大。

芳香族化合物具有闭合的共轭体系，其吸收带一般都在近紫外区。苯是最简单的芳香族化合物，它的紫外吸收光谱中有 3 个吸收带，其吸收带波长分别为 184nm（ε＝60000），204nm（ε＝7900）和 266nm（ε＝200）。当苯环上连有取代基时，绝大多数取代基都使吸收带向长波方向移动。

在共轭体系一端引入含有孤对电子的基团，如—NH_2，—NHR，—NR_2，—OH，—OR，—SR，—Cl，—Br 等，由于发生 p-π 共轭，常使化合物的最大吸收波长向长波方向移动，这种基团叫做助色团。

某些化合物具有互变异构现象，如 β-二酮可以发生酮式和烯醇式互变异构：

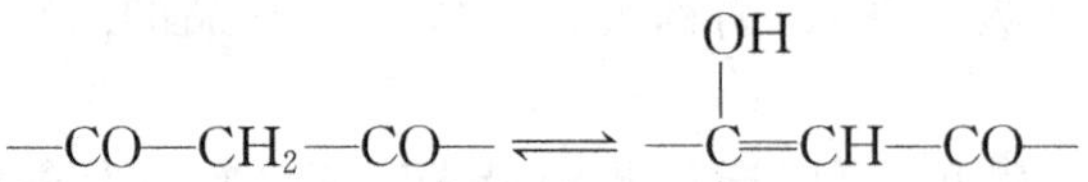

在酮式异构体中两个双键不共轭，π-π* 跃迁需要较高的能量；而烯醇式异构体中双键与羰基共轭，π-π* 跃迁能量较低，吸收波长较长。在不同溶剂中酮式与烯醇式含量不同，根据 β-二酮紫外吸收带位置及强度的变化，可以测定两种异构体的相对含量及平衡常数。

2. 分子离子化的影响

如果一个化合物在不同的 pH 介质中能形成阳离子或阴离子，则吸收带会随分子的离子化而改变。如苯胺在酸性介质中会形成苯胺盐正离子，谱带就会红移，吸收峰分别从 211nm 和 270nm 位移到 236nm 和 287nm。

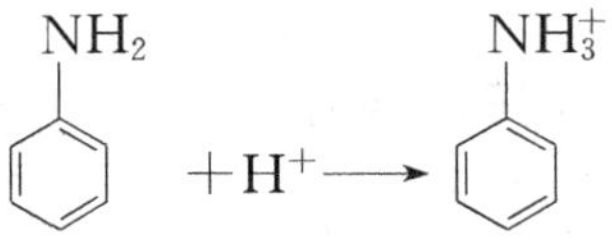

苯酚在碱性介质中能形成苯酚负离子，其吸收带将从 210nm 和 270nm 红移到 235nm 和 287nm：

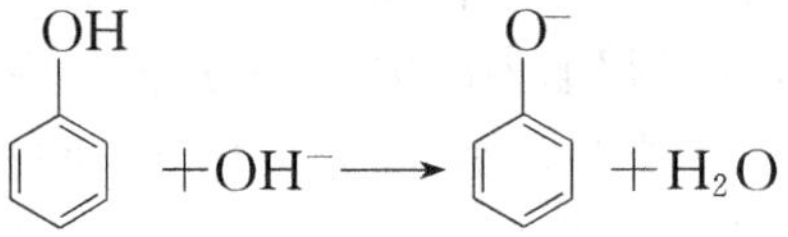

这是因为形成苯酚负离子时，氧原子上孤对电子增加到 3 对，使 p-π 共轭作用进一步增强，从而使吸收带红移，同时吸收强度也增强。

3. 溶剂的影响

溶剂常常影响紫外吸收光谱的吸收波长和吸收强度，甚至影响吸收带的形状。一般来说，改变溶剂的极性会引起吸收波长发生变化。增加溶剂极性使 π-π* 跃迁的吸收波长红移，而使 n-π* 跃迁的吸收波长蓝移。因此，化合物的紫外光谱图和文献报道化合物的最大吸收波长和最大摩尔吸光系数的同时，应标明所用的溶剂。

15.2.3　紫外光谱图的解析

解析紫外光谱图的第一步是观察谱图，观察吸收光谱的特征，如吸收曲线的形状、吸收峰的数目以及各吸收峰的最大吸收波长和摩尔吸光系数，然后根据该化合物的吸收特征作出初步判断：

(1) 220～400nm 没有吸收带，则说明不存在共轭体系、芳环结构或 π-π*，n-π* 等易于跃迁的基团。

(2) 化合物在 210～250nm 有强吸收带，摩尔吸光系数 $\varepsilon \geqslant 10^3$，则该化合物可能是含有共轭双键的化合物。如果强吸收出现在 260～300nm，表明该化合物可能含 3 个或 3 个以上共轭双键。如果有多个吸收峰进入可见光区，则该化合物是 1 个含长的共轭体系的化合物或稠环化合物。

(3) 若化合物在 250～300nm 有中等强度吸收带，$\varepsilon=10^2\sim10^3$，这是苯环 B 吸收带的特征，因此该化合物很可能含有苯环。

按上述规律可以初步确定该化合物的归属范围，与标准谱图对照两者吸收光谱的特征完全相同，则可考虑两者可能是同一化合物，或者它们具有相同的分子骨架和发色基团。

15.2.4　紫外光谱的应用

1. 推测化合物的结构特征

有机化合物的紫外吸收光谱只有少数几个宽的吸收带，缺乏精细结构，它只能反映分子中发色基团和助色基团及其附近的结构特征，而不能反映整个分子的特征，但是紫外光谱对于判别有机化合物中发色基团和助色基团的种类、数目以及区别饱和与不饱和化合物，测定分子中共轭程度等有独特的优点。例如，有一化合物的分子式为 C_6H_6O，其可能的结构式有许多种，测定得它的紫外吸收光谱的波长在 230nm 左右，并有较强的吸收，由此可以推测它是共轭醛或共轭酮。

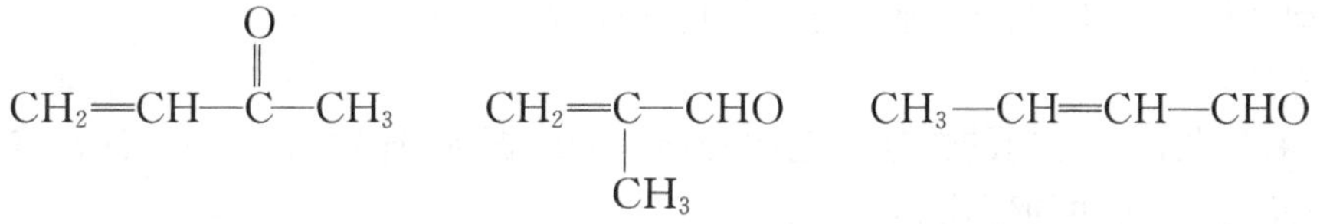

究竟是哪一种？还需要用红外光谱和核磁共振谱来判断。又如三氯乙醛在已烷溶液中有一个 $\lambda_{max}=290$nm 的吸收峰，这是乙醛的 n-π^* 吸收峰。但在水溶液中形成水合三氯乙醛后，这个峰消失了。可见，在水合三氯乙醛分子中已没有羰基了，它的结构是 $CCl_3CH(OH)_2$，而不是 $CCl_3CHO\cdot H_2O$。

2. 化合物纯度的检测

如果在已知化合物的紫外光谱中发现有其他吸收峰，便可判定有杂质存在。测定杂质的 λ_{max} 和吸光度就可对杂质精细定量检测。如乙醇在紫外和可见光区没有吸收带，若含有少量苯时，则在 230～270nm 范围内有吸收带。因此，用这一方法来检验是否存在杂质是很方便的。

3. 对化合物进行定量测定

由于有紫外吸收的化合物，其 ε 都很大，且重复性好，灵敏度高。根据朗伯-比尔定律对化合物进行定量分析。对于杂环化合物的定性与定量分析特别有用。大多数杂环化合物或含杂环的各类衍生物，在紫外光谱中均有较强的吸收峰。例如，吡咯 λ_{max} 分别为 210nm，340nm。吡啶 λ_{max} 分别为 195nm，250nm。喹啉 λ_{max} 分别为 275nm，311nm。

例如，已知 RNA 和 DNA 在 260nm 处有一最大吸收峰，在 230nm 处有一个谷。这个特征便可作为检测核酸的依据。又如腺嘌呤 λ_{max} 分别为 263nm，269nm。鸟嘌呤 λ_{max} 分别为 248nm，275nm。胞嘧啶 λ_{max} 分别为 210nm，274nm。尿嘧啶 λ_{max} 分别为 259nm，284nm。胸腺嘧啶 λ_{max} 分别为 207nm，264nm，291nm。这些紫外吸收特征，可用于核酸水解产物和核苷酸类化合物的定性和定量测定。

15.3　红外光谱

红外光谱(infrared absorption spectroscopy,IR)是由于物质吸收红外光区的辐射能而产生的,当红外光照射有机化合物时,主要是引起分子振动能级的变化。根据实验技术应用的不同,又可分为三个区域:近红外(ν=12820～4000cm^{-1});中红外(ν=4000～400cm^{-1});远红外(ν=400～20cm^{-1})。一般红外光谱仪使用的波数为4000～400cm^{-1},属中红外区,相当于分子的振动能量,所以,红外光谱也称为振动光谱。

15.3.1　红外光谱的基本原理

分子是由各种原子通过化学键互相连接而成的。分子的振动是键合的原子通过化学键而引起的伸缩或弯曲运动。可以用不同质量的小球代表原子,以不同硬度的弹簧代表各种化学键,就组成了分子的近似模型。这样就可以根据力学原理来处理分子的振动。

1. 分子的振动类型

物质吸收红外光的能量大小与原子振动能级能量相当,就产生振动能级跃迁,产生红外吸收光谱,振动能级的大小与化学键的类型和其振动方式有关。

1)伸缩振动

两原子沿着共价键方向的快速往返运动称为伸缩振动,通常用ν表示,其特点是振动时只发生键长的变化,无键角的变化。

双原子分子的伸缩振动可以近似地看作是简谐运动,其振动频率用波数表示为

$$\nu = 1307\sqrt{k(1/M_1 + 1/M_2)}$$

式中:ν为波数;M_1,M_2为成键两原子的相对原子质量;k为键的力常数。

由上式可以看出,该振动方程式把吸收峰的位置与分子结构联系起来了。化学键的振动频率与键的力常数成正比,键的力常数与键能有关,键能越大,力常数越大,振动频率也越大,如表15-4所示。

表15-4　键的力常数与振动频率的关系

键的类型	—C—C—	C=C	C≡C
$k/(10^{10}N \cdot cm^{-1})$	12～18	8～12	4～6
ν/cm^{-1}	2100～2260	1620～1680	700～1200

组成化学键的原子的折合质量越小,化学键的振动频率越大,如表15-5所示。

表15-5　折合质量与振动频率的关系

键的类型	O—H	C—H	C—C
折合质量	0.941	0.923	6
ν/cm^{-1}	3590～3650	2853～2960	600～1500

同一个原子上有几个化学键,这些键之间的振动会互相影响。在H—C—H中,两个C—H键的振动频率相等,振动不是独立的,而是互相偶合。这两个共价键可以同时伸缩,称对称

伸缩振动(ν_s),也可以一伸一缩,称不对称伸缩振动(ν_{as}),其频率也相应改变,如图 15-5 所示。

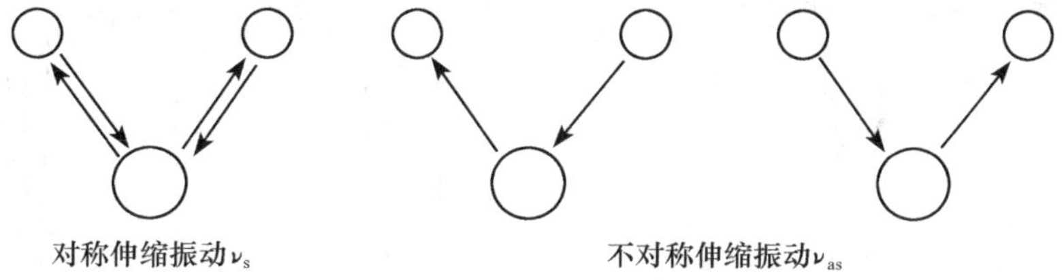

图 15-5 分子伸缩振动示意图

在 C—C—H 中,由于 C—H 键振动频率(约 2900cm^{-1})比 C—C 键的(约 1000cm^{-1})大得多,它们伸缩振动互相影响很小,可以看成是独立的。同样,Y—H、Y ═Z 和Y≡Z键振动频率比分子骨架的C—C 键的振动频率高得多,它们与 C—C 键振动互相影响也很小也可以看成是独立的。因此,官能团的振动受具体分子环境影响较小,可用官能团的伸缩振动光谱表征化合物。

2)弯曲振动

在亚甲基等由几个键组成的体系中,除伸缩振动外,还有弯曲振动,如图 15-6 所示。弯曲振动是离开键轴进行前、后、左、右的振动,其特点是振动时键长不变化,而键角发生变化,因此力常数变化小,因此,它们的振动频率较低。弯曲振动分为面内弯曲和面外弯曲,面内弯曲又有剪式和摇式振动;面外弯曲又有摆式和扭式振动。

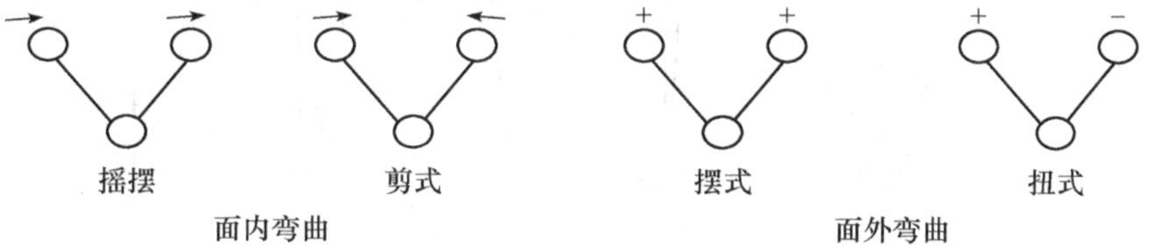

图 15-6 分子弯曲振动示意图

2. 红外光谱产生的条件

产生红外吸收光谱需要有两个条件。一是红外辐射光的频率(能量)能满足分子振动能级跃迁需要的能量,即辐射光的频率与分子振动的频率相当,才能被物质吸收从而产生红外吸收光谱。二是在振动过程中能引起分子偶极矩发生变化的分子才能产生红外吸收光谱。如 H_2、O_2、N_2 等双原子组成的分子,分子内电荷分布是对称的,振动时不会引起分子偶极矩的变化,在实验中观察不到它们的红外光谱。

3. 红外光谱图

图 15-7 为甲苯的红外吸收光谱图。图中横坐标为吸收光的频率,通常用波数(cm^{-1})表示,波长越短,波数就越大。纵坐标用透光率 T 表示吸收强度。吸收越多,透光率 T 就越小。因分子振动所需能量范围在中红外区,故波数范围一般为 4000～400cm^{-1}。

物质的吸收峰不仅表现在吸收峰的位置(吸收频率),还表现在吸收峰的强度和峰的形状上,在文献中常常用下列符号定性地描述吸收峰的强度:VS 表示很强、S 表示强、M 表示中强、W 表示弱。吸收峰的形状有:宽峰、尖峰、肩峰和双峰等类型(图 15-8)。

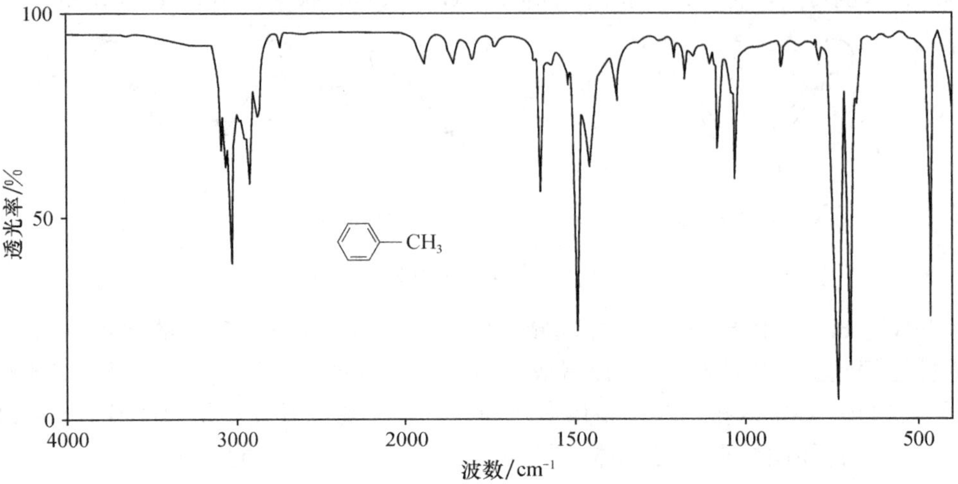

图 15-7　甲苯红外吸收光谱图

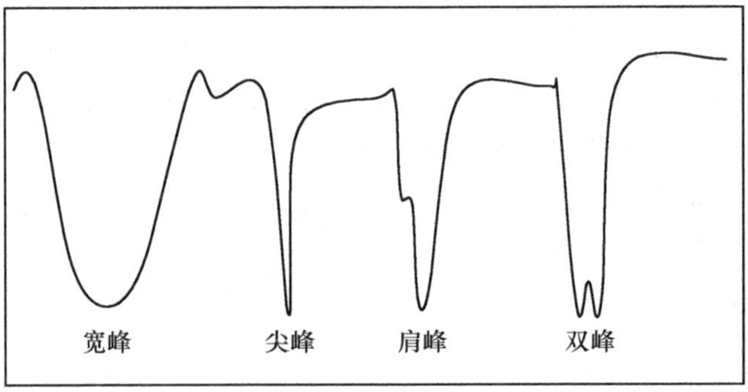

图 15-8　红外光谱吸收峰的形状

15.3.2　红外光谱与分子结构的关系

红外光谱的最大特点是吸收特征与分子的结构能联系起来。红外光谱的吸收特征表现在吸收峰在谱中的吸收位置(频率)、吸收强度和吸收峰的形状等方面。

1. 吸收峰的频率与分子结构的关系

通过研究大量的红外光谱后发现,同一类型的化学键(官能团)的振动频率非常相近,总是出现在某一范围内,不受或很少受分子中其他部分的影响,即吸收峰在谱中的位置是与特定原子团相联系的,键能越大,键长越短,振动所需的能量就越大,吸收峰所在的波数也越大。例如,C═C 键的键能比 C—C 键大,键长也较短,力常数 k 大,振动所需的能量就大,其吸收频率必然比 C—C 键大。又如 C—H 键的折合质量比 C—C 小,根据振动方程式可知,C—H 键的吸收频率比 C—C 键大。

根据化学键的性质不同,结合吸收频率与力常数、折合质量之间的关系,可将红外区 $4000 \sim 400\text{cm}^{-1}$ 分为四个区(表 15-6)。

表 15-6 化学键所在红外区

4000～2500cm^{-1}	2500～2000cm^{-1}	2000～1500cm^{-1}	1500～400cm^{-1}
氢键区	叁键区	双键区	单键区
O—H	C≡C	C═C	C—C
C—H	C≡N	C═O	C—O
N—H	C═C═C	C═N	C—N

2. 吸收强度与分子结构的关系

吸收峰的强度取决于化合物的结构，它与基团本身的偶极矩有关。极性大的化合物分子在吸收红外光后的振动中引起偶极矩的变化较大，对应的吸收峰的吸收强度也较强。例如，极性大的共价键 C═O、C═N、C—O 等振动时引起偶极矩的变化大，红外吸收峰一般都很强，而 C—C、C—H 的吸收峰较弱。C═O 键和 C═C 键的吸收频率都在双键区，差别不大，但吸收强度差别很大。

3. 红外光谱的分区

根据吸收峰的位置可鉴定官能团，这是红外光谱的最大优点。按吸收的特征，通常将 4000～400cm^{-1}范围的红外光谱分为官能团吸收区和指纹区。

1) 官能团吸收区

在 1250～3700cm^{-1}区域，称为高频区，吸收峰比较稀疏，易于辨认。有机化合物各种官能团的吸收峰都在此区，它主要为某些官能团的伸缩振动所产生的吸收峰，所以称官能团吸收区。同一种官能团存在于不同的化合物中，它们的红外吸收都出现在比较狭窄的波数范围，可用来鉴定官能团。通过辨认该区的吸收峰，可以确定化合物所含有官能团的类型。

2) 指纹区

所谓指纹区是指频率小于 1250cm^{-1}的低频区，主要代表某些分子骨架的特征振动以及 C—C、C—O、C—N 等单键的伸缩振动和各种弯曲振动的吸收。在这一区域内谱带密集，难以辨认。但这个区域中的一部分频率对整个分子结构环境十分敏感，就是说，在这一区域内化合物结构上的微小变化都会在谱带上有所反映，如同人的指纹那样复杂和具有特征，故把该区域称为指纹区。在确认化合物结构时，该区的吸收带很有用，只有结构完全相同的化合物，其指纹区才相同。

15.3.3 各类有机化合物红外吸收光谱

1. 烷烃、烯烃和炔烃的红外光谱

由 C—C 和 C—H 键振动所产生的吸收谱带将出现在所有有机化合物的红外光谱中。烷烃、烯烃和炔烃的特征谱带如下：

(1) C—C 的伸缩振动在 700～1400cm^{-1}区域有很弱的吸收，吸收峰不明显，对结构分析价值不大。烯烃的 C═C 伸缩振动吸收峰在 1640～1680cm^{-1}处；炔烃的C≡C伸缩振动吸收峰在 2100～2200cm^{-1}处。但当烯烃或炔烃的结构对称时，就不出现此吸收峰。

(2) C—H 键伸缩振动所产生的吸收峰在高频区。碳原子的杂化状态不同，C—H 键伸缩振动所产生的吸收峰的位置也不同。C_{sp^3}—H 伸缩振动吸收峰在 2800～3000cm^{-1}处，

C_{sp^2}—H 伸缩振动吸收峰在 3000～3100cm^{-1}处，而 C_{sp}—H 伸缩振动吸收峰在 3300cm^{-1}。各种 C—H 键的弯曲振动所产生的吸收峰在低频区，并代表着结构特征。

(3) 烷烃的弯曲振动在 1460cm^{-1}和 1380cm^{-1}处有特征吸收，1380cm^{-1}峰对结构敏感，对于识别甲基很有用。异丙基在 1370～1380cm^{-1}有等强度的双峰。

(4) 分子中具有—$(CH_2)_n$—链节，$n \geq 4$ 时，在 722cm^{-1}有一个弱吸收峰。随着 CH_2 个数的减少，吸收峰向高波数方向位移，由此可推断分子链的长短。

2. 芳烃的红外光谱

芳烃的红外吸收主要为苯环上的 C—H 键及环骨架中的 C═C 键振动所引起。芳烃主要有三种特征吸收。

(1) 芳环上芳氢的伸缩振动吸收频率在 3000～3100cm^{-1}处，与烯烃双键碳原子上 C—H 键伸缩振动吸收频率相近，特征性不强。

(2) 苯环骨架伸缩振动正常情况下有 4 条谱带，约为 1600、1585、1500、1450cm^{-1}，在无干扰的情况下是鉴定有无苯环的重要标志之一。

(3) 芳烃的 C—H 变形振动吸收出现在 900～650cm^{-1}处，吸收较强，是识别苯环上取代基位置和数目的重要特征峰。

3. 醇、酚和醚的红外光谱

醇和酚类化合物有相同的羟基，其特征吸收为 O—H 和 C—O 键振动频率。

(1) O—H 伸缩振动吸收峰一般在 3670～3200cm^{-1}区域。游离羟基吸收出现在 3640～3610cm^{-1}，峰形尖锐，无干扰，极易识别。羟基形成氢键的缔合峰出现在 3550～3200cm^{-1}。

(2) C—O 键伸缩振动在 1410～1100cm^{-1}处有强吸收，可利用该吸收峰来了解羟基所连碳原子的取代情况。如伯醇在 1050cm^{-1}附近；仲醇在 1125cm^{-1}附近；叔醇在 1200cm^{-1}附近；酚在 1230cm^{-1}附近。

(3) 醚与醇之间最明显的区别是醚在 3670～3200cm^{-1}无吸收峰。醚的特征吸收峰是 C—O—C 不对称伸缩振动，出现在 1150～1060cm^{-1}处，强度大。

4. 醛和酮的红外光谱

醛、酮结构的共同特点是含有羰基(C═O)，其红外吸收在 1750～1680cm^{-1}区域有 1 个很强的 C═O 伸缩振动吸收峰，这是鉴别羰基最明显的证据。此外，羧酸、酸酐、酰卤等化合物中都含有羰基，因此在它们的红外光谱中都有 C═O 伸缩振动吸收峰，位置各有差异，全落在 1900～1600cm^{-1}区域内。醛和酮的区别是醛在 2700cm^{-1}、2800cm^{-1}附近各有一个中等强度的吸收峰，而酮没有。

5. 酰胺和胺的红外光谱

酰胺的特征吸收峰有 3 种：即羰基伸缩振动，N—H 伸缩振动，N—H 弯曲振动。

(1) N—H 伸缩振动吸收峰位于 3500～3100cm^{-1}，游离伯酰胺位于 3520cm^{-1}和 3400cm^{-1}，而氢键缔合 N—H 伸缩振动吸收峰位于 3350cm^{-1}和 3180cm^{-1}，均呈双峰。仲酰胺 N—H 伸缩振动吸收峰位于 3440cm^{-1}，氢键缔合 N—H 伸缩振动吸收峰位于 3100cm^{-1}，均

呈单峰。叔酰胺无此峰。

(2) 受氨基影响羰基伸缩振动吸收峰向低波数位移。伯酰胺吸收位于 1690～1650cm^{-1}，仲酰胺吸收在 1680～1655cm^{-1}，叔酰胺吸收在 1670～1653cm^{-1}。

(3) 伯酰胺 N—H 弯曲振动吸收位于 1640～1600cm^{-1}，仲酰胺在 1530～1500cm^{-1}，强度大，非常特征。叔酰胺无此峰。

(4) 胺的 N—H 伸缩振动吸收峰位于 3500～3300cm^{-1}，游离和缔合的氨基吸收峰的位置不同。在该区域中出现峰的数目与氨基氮原子上氢原子的数目有关，其规律如酰胺。

(5) 脂肪胺的 C—N 伸缩振动吸收峰位于 1230～1030cm^{-1}，芳香胺在 1380～1250cm^{-1}区域。

各类有机化合物的重要基团红外吸收峰见表 15-7。

表 15-7　常见官能团和化学键的红外光谱特征吸收频率

基　团	频率/cm^{-1}	吸收强度
A. 烷基		
C—H(伸缩)	2853～2962	M-S
—$CH(CH_3)_2$	1380～1385 及 1365～1370	S
—$C(CH_3)_3$	1385～1395 及～1365	M
B. 烯基		
C—H(伸缩)	3010～3095	M
C═C	1620～1680	不定
R—CH═CH_2	985～1000 及 905～920	S
R_2C═CH_2　C—H 面外弯曲振动	880～900	S
(Z)RCH═CHR	675～730	S
(E)RCH═CHR	960～975	S
C. 炔基		
≡C—H(伸缩)	～3300	M
C≡C(伸缩)	～2100～2260	不定
D. 芳香烃		
AR—H	～3030	不定
芳环取代类型(C—H 面外弯曲振动)		
一取代	690～710 及 730～770	S
邻二取代	735～770	S
间二取代	680～725 及 750～810	S
对二取代	790～840	S
E. 醇、酚和羧酸		
O—H(醇、酚)	3200～3600	宽，S

续表

基团	频率/cm^{-1}	吸收强度
O—H(羧酸)	2500～3600	宽,S
F. 醛、酮、酯和羧酸		
C═O(伸缩)	1690～1750	VS
G. 胺		
N—H	3300～3500	M
H. 氰		
C≡N	2200～2600	M

15.3.4 红外光谱图的解析方法

由于一个有机化合物中存在多个共价键,每个共价键以不同的方式振动,一张红外光谱图会出现数十个吸收峰。在一般情况下只需辨认数个至十几个吸收峰,再结合其他方法就可对化合物进行鉴定,不需要对每个吸收峰都辨认出来。但对一个新化合物,还是需要逐个辨认吸收峰。识别图谱常用的方法是:

(1) 观察特征吸收峰。从高波数移向低波数,依照各吸收峰的位置和强度,与有关各类化合物红外光吸收特征对照,确定可能存在的官能团。例如,有 3600～3300cm^{-1}的宽峰,就可能有—OH;2240～2100cm^{-1}有吸收峰,就可能有—C≡C或—C≡N;1820～1660cm^{-1}的强峰表明有 C═O。

(2) 找相关峰。判断出化合物可能含有的基团后,进一步观察指纹区内吸收峰的频率,以确证存在的官能团,并推测基团间的结合方式。如醇和酚,除—OH 伸缩振动吸收峰外,在1300～1000cm^{-1}处还应存在 C—O 伸缩振动吸收峰,并根据 C—H 伸缩振动吸收峰是否大于3000cm^{-1}以及在 1600～1450cm^{-1}的有无芳环骨架振动吸收峰来鉴别醇与酚。

(3) 确定化合物的类别。如确定化合物分子中含有 C═O 后,在 3300～2500cm^{-1}有宽峰的为羧酸,在 2820 和 2720cm^{-1}有弱吸收峰的为醛;在 1300～1000cm^{-1}有 C—O 伸缩振动吸收峰的为酯。无上述吸收峰的可能为酮。

(4) 确定可能的结构式。根据以上的推断,结合合成过程、物理常数、化学特征反应及其他近代物理方法,确定可能的结构式。

(5) 查阅标准谱图验证。若为已知化合物,可与标准谱图对照,或作叠谱测定,最后确定两者是否为同一物质。常用的标准图谱有 Sadtler 红外图谱集,由美国 Sadtler 实验室于 1947 年开始编制出版,现已收集包括棱镜、光栅和傅里叶变换的光谱图 10 万余张,是一套收集图谱最全、数量最多的红外图谱集。另外,中国国家药典委员会于 1985 年开始编制出版《药品红外光谱集》,作为药品鉴别用红外对照图谱。凡在《中国药典》收载红外鉴别或检查的品种,该光谱集均有相应记载。

15.3.5 红外光谱图解析举例

例如,十二烷烃红外光谱图(图 15-9)中 C—H 伸缩吸收峰均在 3000cm^{-1}以下或接近3000cm^{-1},分别为 CH_3:2962、2872cm^{-1};CH_2:2926、2853cm^{-1},CH_3:1450、1375cm^{-1},CH_2:

$1465cm^{-1}$。C—C 的伸缩振动在 700～$1400cm^{-1}$ 区域只有很弱的吸收。

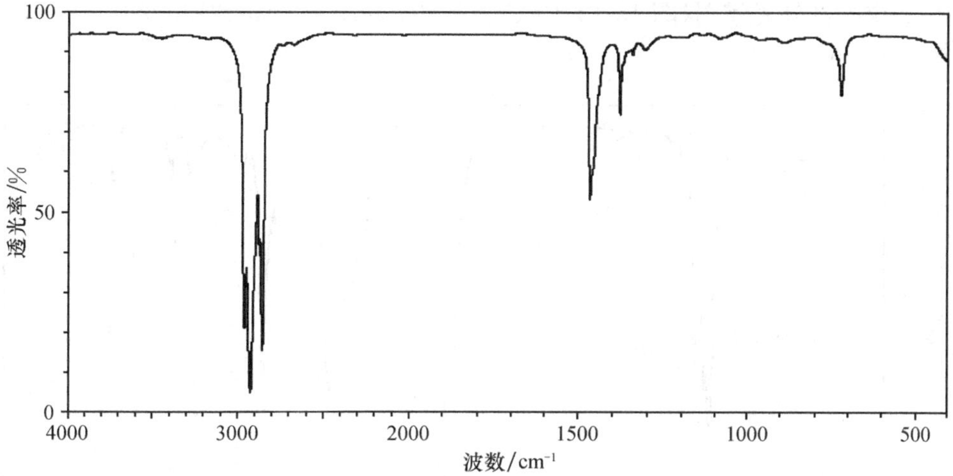

图 15-9　十二烷烃的红外光谱图

例如，1-己炔红外光谱图（图 15-10）中 C—H 伸缩振动在 3268，2857，$2941cm^{-1}$，1-己炔的 C≡C伸缩振动在 $2110cm^{-1}$附近。

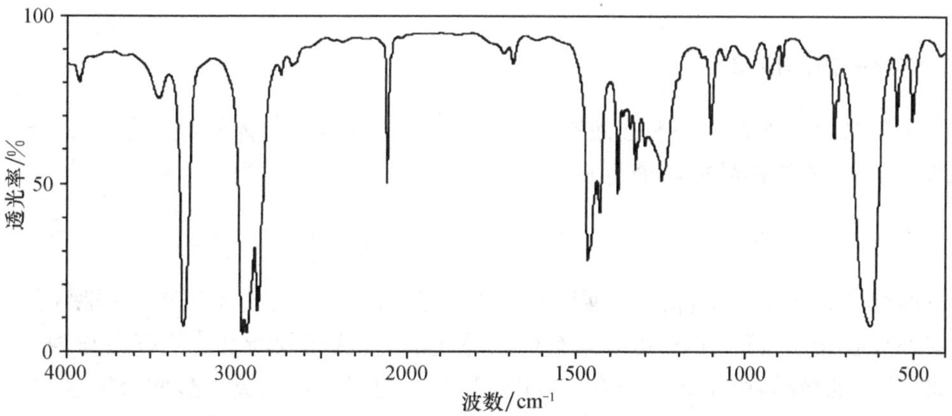

图 15-10　1-己炔的红外光谱图

例如，苯甲醇红外光谱图（图 15-11）中 O—H 在 $3300cm^{-1}$，苯环上的 C—H 伸缩振动在 3100～$3000cm^{-1}$，CH_2 的 C—H 伸缩振动在 2980～$2840cm^{-1}$，C ═C 伸缩振动在 1497、

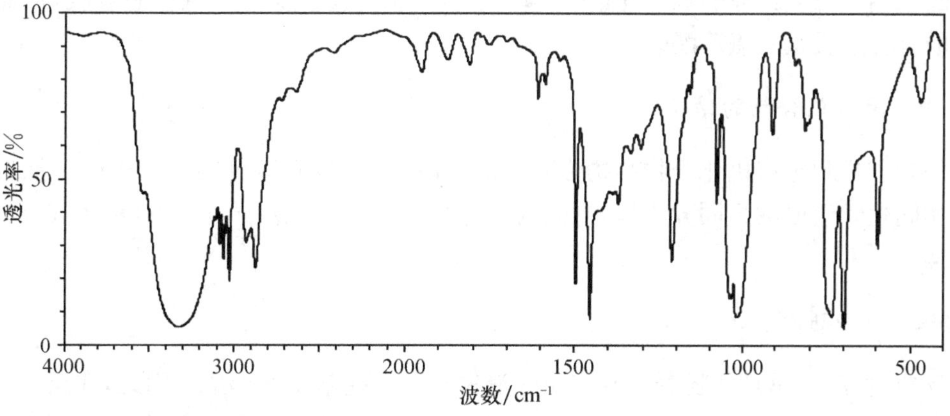

图 15-11　苯甲醇的红外光谱图

$1453cm^{-1}$，C—O 伸缩振动在 $1017cm^{-1}$，苯环上的 C—H 弯曲振动在 700、$735cm^{-1}$。

例如，2-戊酮红外光谱图(图 15-12)中 C—H 伸缩振动在 2955、2930、$2866cm^{-1}$，C═O 伸缩振动在 $1725cm^{-1}$。

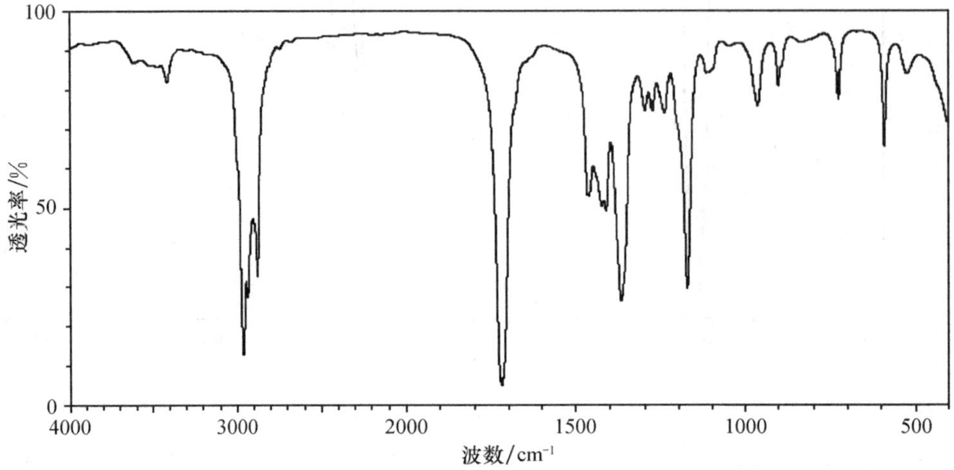

图 15-12 2-戊酮的红外光谱图

15.3.6 红外光谱的应用

有机化合物的红外光谱一般在液态、固态或溶液中测定。固体样品一般与 KBr 粉末混合后压成薄片测定，液体样品或溶液可直接测定。

1. 官能团定性分析

在许多红外光谱专著中都详细地叙述各种官能团的红外吸收光谱特征频率，利用各种官能团的红外吸收光谱特征频率，可以来解析红外光谱图，从而判断官能团存在与否。

例如，有一批盐酸，由于长时间存放，颜色变黄。为了确定发黄盐酸和合格盐酸的差异，分别进行红外光谱分析比较。发现发黄盐酸比合格盐酸多出 1 个杂质峰，其吸收峰频率为 $1755cm^{-1}$，且吸收强度很强，比一般醛、酮的 C═O 伸缩振动吸收频率高。根据红外光谱知识，推测该杂质可能是含 2 个以上氯取代的醛(酮)。从原料来源处了解到以上盐酸可能含有三氯乙醛。测试三氯乙醛的红外光谱，证实了 $1755cm^{-1}$ 吸收峰为三氯乙醛吸收，从而判断发黄盐酸的有害杂质是三氯乙醛。

2. 测定有机化合物的结构

红外光谱是测定有机化合物结构强有力的手段，由红外光谱可判断分子中可能含有的官能团。相同化学组成的不同异构体，它们的红外光谱有一定的差异，因此可利用红外光谱识别各种异构体。

3. 跟踪反应进程

在反应过程中，总是伴随着一些基团的消失和另一些基团的形成。因此，在反应过程中定时取出少量样品测定红外光谱，观察一些关键基团吸收带的消失和形成，便可推测反应进行的程度，探索反应机理。

4. 定量分析

用红外光谱作定量分析，误差在 5%左右，灵敏度不如紫外光谱。

15.4 核磁共振谱

具有奇数原子序数或奇数相对原子质量（或两者都有）的元素，如^{1}H、^{13}C、^{15}N、^{17}O、^{31}P等，在磁场的作用下会发生核磁共振现象，核磁共振所研究的元素有氢、碳、氮、氟、磷等。就氢、碳而言，核磁共振谱则给出了分子中各种氢原子、碳原子等的数目，以及所处的化学环境等信息，因此，核磁共振仪已成为物质结构分析不可缺少的工具。目前应用最广的是氢谱。就仪器的分辨率而言，有分辨率较低的 60MHz、90MHz、100MHz 的核磁共振仪，到现在已发展到分辨率相当高的 800MHz 的超导核磁共振仪。

如果说红外吸收光谱揭示了分子中官能团的种类及确定了化合物所属类型，那么核磁共振谱则给出了分子中各种氢原子、碳原子等的数目以及所处的化学环境等信息。应用最广的是氢谱，本节仅讨论氢的核磁共振谱（nuclear magnetic resonance spectroscopy，NMR）。

15.4.1 核磁共振的基本原理

1. 原子核的自旋

所有元素的原子可分为有自旋和无自旋两大类，质量数为奇数的原子（或同位素），例如，^{1}H、^{13}C有自旋，而质量数为偶数的原子（或同位素）没有自旋。有自旋的原子，核自旋时就会产生一个小小的磁场，这个磁场常常用核磁矩来描述。

自旋的质子和它的核磁矩很像一根小小的磁铁棒，把它放在外加磁场中，质子的核磁矩在外加磁场中就有两种取向，即与外加磁场平行或反平行。质子在磁场中的两个取向相当于两个能级，平行状态下的质子比反平行状态下的质子稳定，能量较低但两个能级差别很小，在波长很长的无线电波范围，质子吸收一定的能量后，可从能级较低的平行状态跃迁到能级较高的反平行状态，能量的吸收是量子化的[图 15-13(a)]。

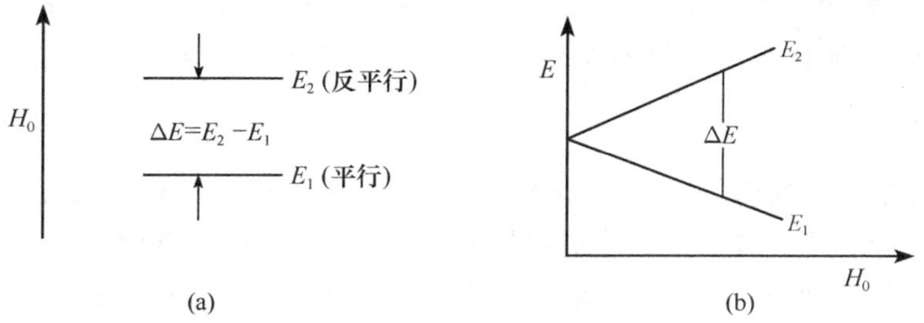

图 15-13 质子两种自旋状态的能量差及其与外磁场的关系

2. 产生核磁共振的条件

核磁共振谱实际上也是一种吸收光谱，它所吸收的光辐射在无线电波区，当质子在磁场中受到不同频率的电磁波照射时，只要能满足两个自旋态能级间的能量差 ΔE，质子就由低自旋态跃迁到高自旋态，发生核磁共振。质子跃迁所需的电磁波频率大小与外磁场强度成正比

[图 15-13(b)]。根据量子力学计算结果表明，电磁波辐射的共振频率与外磁场强度关系如下：

$$\Delta E = h\nu = \frac{hr}{2\pi}H_0$$

$$\nu = \frac{r}{2\pi}H_0$$

式中：ν 为电磁波辐射的共振频率，单位 MHz；r 是一个常数，称为磁旋比，质子的磁旋比为 26750，不同磁核有不同的磁旋比，是磁核的一个特征值；H_0 为外磁场强度，单位 Gs；h 为普朗克常量。

根据上式，实现核磁共振的方式有两种：

(1) 保持外磁场强度不变，改变电磁波辐射频率，称为扫频。

(2) 保持电磁波辐射频率(射频)不变，改变外磁场强度，称为扫场。

两种方式的核磁共振仪得到的谱图相同。实验室中使用的核磁共振仪多数是采用固定电磁波辐射频率不变(60MHz、90MHz、100MHz、400MHz 等)，改变外磁场强度的方式。

从上可见，似乎所有的质子都应在同样的 H_0 和 ν 相匹下发生核磁共振，但事实并非如此。质子周围的磁场受分子结构中其他部分的影响，不同分子中的质子发生共振所吸收的能量是不同的。因此，质子的核磁共振谱常常用于有机化合物结构的测定。

15.4.2 ^{1}H NMR 的化学位移

有机化合物分子中的氢核与裸露的质子不同，它周围还有电子(处于不同化学环境)，在电子的影响下，分子中氢核(质子)与裸露质子的共振信号的位置不同，分子中的质子由于化学环境引起核磁共振信号位置的变化称为化学位移(chemical shift)。化学位移常用 δ 表示。

1. 屏蔽效应

在有机分子中，任何一个质子都是以 σ-键与碳、氧或其他原子结合的。外加磁场(H_0)会使这些 σ 电子产生一个感应磁场(H_1)，由于感应磁场(H_1)与外加磁场(H_0)方向相反，结果使核实际受到的外磁场强度减小，核外电子对核的这种作用称为屏蔽作用。各种质子在分子内所处的环境不同，核外电子云的密度不同，屏蔽效应也不同。若氢周围的电子云密度较高，则屏蔽作用也较大，因而在较高磁场强度下才能发生共振吸收。

2. 化学位移表示方法

处于不同化学环境的质子，受到的屏蔽作用大小不同，在略有差别的磁场强度下共振，这种差别仅在百万分之几。这么小的差别在几十甚至几百兆赫的仪器上，也很难测出其精确数值。为了表示方便，通常以四甲基硅烷 $Si(CH_3)_4$(简称 TMS)为标准物。四甲基硅烷 $Si(CH_3)_4$ 分子中 12 个氢只产生 1 个信号，灵敏度高，此外，由于硅的电负性比碳小，氢周围的电子云密度最大，屏蔽作用最大，通常处在最高场。在一般情况下，有机化合物中质子的化学位移均在它的左边，δ 值为负数，但为方便表示 IUPAC 规定为正值。

将 TMS 化学位移值定为零，其他质子的化学位移与其对照，取相对值：

$$\delta = \frac{\nu_{试样} - \nu_{TMS}}{\nu_0} \times 10^6$$

式中：$\nu_{试样}$为试样信号频率，单位 Hz；ν_{TMS}为 TMS 信号频率，单位 Hz；ν_0 为仪器电磁波辐射频率，单位 Hz。

化学位移值大小直接反映了分子的结构特征。质子受屏蔽作用后，吸收峰从左向右移，即由低场区向高场区移动，具有较低的化学位移值；质子去屏蔽后，吸收峰从右向左移，即由高场区向低场区移动，具有较高的化学位移值。常见的各种质子的化学位移值(δ)范围见表 15-8。

表 15-8 各种质子的化学位移

质子的化学环境	δ/ppm	质子的化学环境	δ/ppm
H—C—R（C 上另有两个单键）	0.9～1.8	H—C—NR₂（C 上另有两个单键）	2.2～2.9
H—C—C═C（第一个 C 上另有两个单键）	1.9～2.6	H—C—Cl（C 上另有两个单键）	3.1～4.1
H—C—Ar（C 上另有两个单键）	2.3～2.8	H—C—O—（C 上另有两个单键）	3.3～3.7
H—C═C—（两个 C 上各另有一个单键）	4.5～6.5	H—O—R	0.5～5.0
H—C≡C—	2.5	H—O—Ar	6～8
H—Ar	6.5～8.5	H—O—C(═O)—	10～13
H—C(═O)—	9.0～10	H—C—C═O（第一个 C 上另有两个单键）	2.1～2.5

3. 影响化学位移的因素

影响化学位移的因素很多，有电负性、杂化态与共振效应、各向异性、氢键、温度、溶剂及溶液浓度等。

1) 电负性对化学位移的影响

有机化合物中的质子，会因受屏蔽效应的影响，而改变其化学位移值，而屏蔽效应与质子周围电子云密度有关。与质子相连接的原子，其电负性较大，质子周围的电子云密度就比较小，屏蔽作用就小，因此，质子就在低场发生共振，化学位移 δ 值就大(表 15-9)。

表 15-9 电负性对化学位移的影响

化合物	δ/ppm	化合物	δ/ppm
$(CH_3)_4Si$	0.0	CH_4	0.2
CH_3I	2.16	$(CH_3)_3N$	2.2
CH_3Br	2.65	CH_3OCH_3	3.2
CH_3Cl	3.05	CH_2Cl_2	5.3
CH_3F	4.26	$CHCl_3$	7.3

2) 各向异性效应

苯环上的质子和烯烃双键碳原子上的质子化学位移比烷烃中的质子大得多。例如

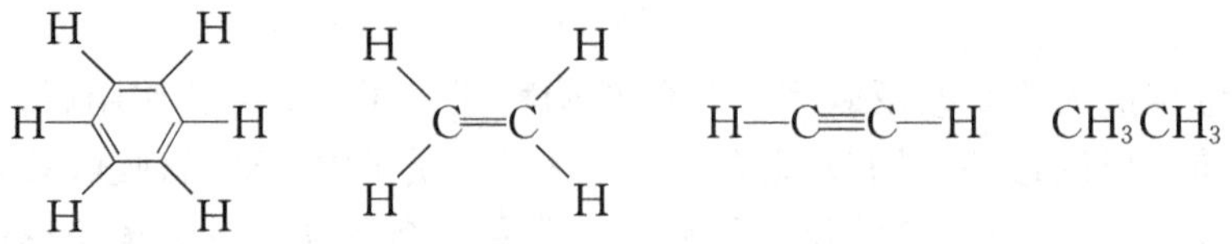

δ/ppm　　7.3　　5.3　　2.8　　0.9

上述情况仅用电负性是无法解释的。因为分子中质子的化学位移不仅与某基团的电负性有关，还与质子和某基团的空间位置有关，即所谓的各向异性效应。由于苯环和烯烃的 π 电子在外加磁场中所产生的感应磁场方向与外加磁场方向相反，且磁力线是闭合的，双键和苯环上的质子正好处在感应磁场与外加磁场方向一致的区域（去屏蔽区），故信号出现在低场（图 15-14）。

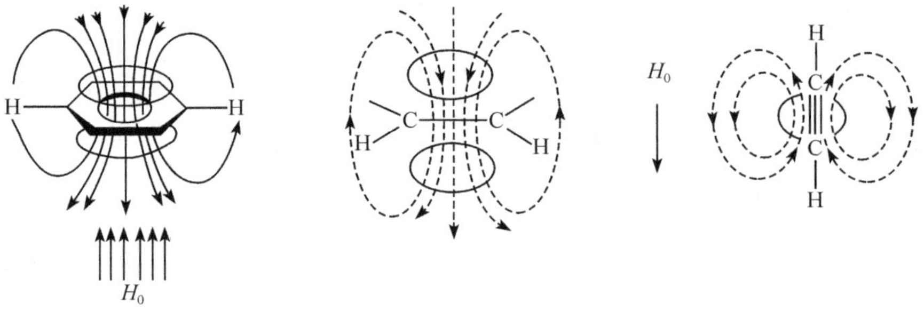

图 15-14　π 电子产生的感应磁场

炔烃 π 电子云绕 C—C 键轴对称分布呈圆柱形，在磁场作用下，π 环电子流促使炔键轴顺外磁场方向排列。感应磁场方向与键轴平行，并与外加磁场方向相反，形成如图 15-14 所示的屏蔽区与去屏蔽区。炔烃叁键碳原子上的质子处在屏蔽区，故 δ 值较苯环和烯烃的质子小。

3）氢键的影响

键合在电负性大的元素上的氢原子，如 O—H、N—H 等易形成氢键，氢键质子比没有形成氢键的质子有较小的屏蔽效应，因此，在较低场发生共振。形成氢键越强烈，质子受到的屏蔽作用就越小，质子的化学位移就越大。

15.4.3　核磁共振信号与分子结构的关系

1. 核磁共振中吸收峰的数目

在有机化合物分子中，化学环境相同（化学位移相同）的一组质子称为磁等性质子。而化学环境不同（化学位移不同）的质子称为磁不等性质子。所以在核磁共振谱中，吸收峰的数目表示分子中不等性的质子的数目。例如，$CH_3CH_2CH_3$ 有两种不等性质子，NMR 中有两个吸收峰；CH_3CH_2Cl 有两种不等性质子，NMR 中有两个吸收峰；CH_3CH_2OH 中有三种不等性质子，NMR 中有三个吸收峰。2-溴丙烯（$CH_3CBr{=}CH_2$）中因双键碳上的两个质子是磁不等性质子，在 NMR 上出现三个吸收峰。

判别两个质子是否等性的最简单的方法，是设想分子中各个质子轮流被 1 个原子取代后，如能得到相同产物或对映体，则这些质子是等性的；否则，是不等性的。

总之，分子中不等性质子的数目决定该分子在 NMR 中吸收峰的数目。

2. 峰面积与质子的数目

核磁共振信号的强度与氢原子的数目有关，一个峰的面积越大，则表示所含的氢原子数越多。各个吸收峰的面积与质子的数目成正比。这对决定结构很有用处。依据各峰的积分值或峰高的比例(现在的核磁仪出图时，图中积分线不出现，峰面积已由软件处理后告知结果)，就可知道不同类质子之间的比例。但这种比较只能在一个分子内进行。例如，对叔丁基甲苯(图 15-15)分子中叔丁基、甲基和苯环上的质子数之比为 9∶3∶4。

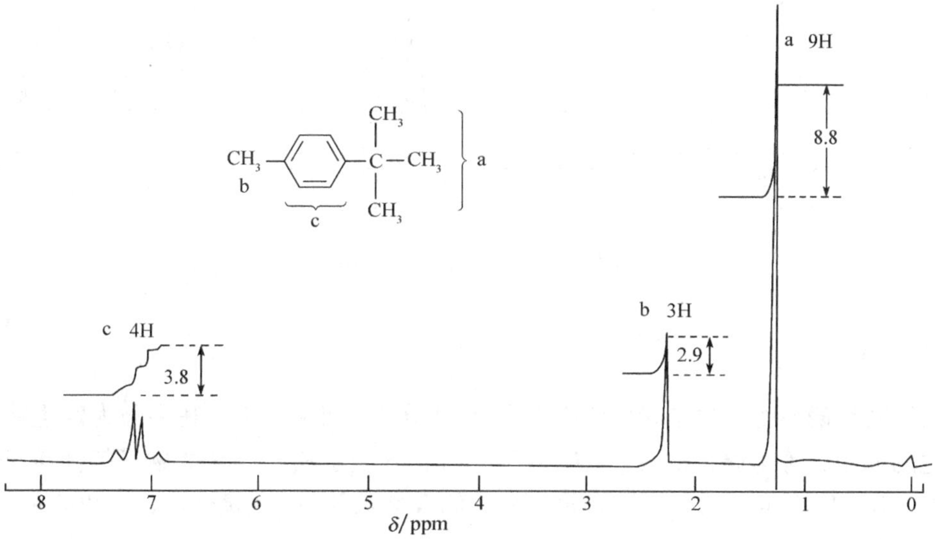

图 15-15　叔丁基甲苯的核磁共振图

3. 自旋偶合和自旋裂分

氯乙烷的核磁共振谱图(图 15-16)中甲基和亚甲基上质子所产生的吸收峰分别为三重峰和四重峰，这是由于分子中相邻的磁不等性质子自旋相互作用的结果。把这种相互作用称为自旋-自旋偶合，简称自旋偶合。由于自旋偶合作用使一种质子的共振吸收峰分裂成多重峰的现象称为自旋裂分。

一般情况下，NMR 吸收峰的裂分遵循以下规律：

(1) $n+1$ 规律：在分子中，某个质子与 n 个磁等性质子自旋偶合，该质子核磁共振信号裂分为 $n+1$ 重峰。如图 15-16 中，甲基有两个邻近质子，故裂分为三重峰，而亚甲基有 3 个邻近质子，故裂分为四重峰。

(2) 等性质子间不会偶合产生裂分：如甲基上的三个质子，彼此互不作用，当甲基的邻近碳(或杂原子)上不连接 H 时，甲基只形成一个单峰，如 CH_3—CO—、CH_3—O—等。

(3) 活泼质子(如 CH_3CH_2OH 中的 OH 质子)一般必须为一个尖单峰，这是因为 OH 质子间能快速交换，使 CH_3 与 OH 之间的偶合平均化。

(4) 各裂分小峰的相对强度比与二项式$(a+b)^n$ 展开的系数相同，并大体按峰的中心左右对称分布。如二重峰($n=1$)的强度比为 1∶1；三重峰($n=2$)的强度比为 1∶2∶1；四重峰($n=3$)的强度比为 1∶3∶3∶1；依此类推。

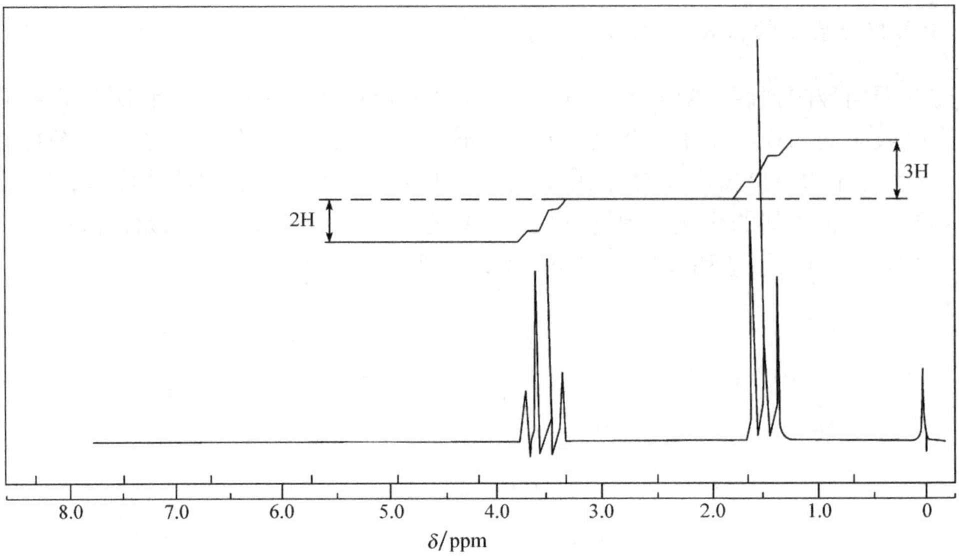

图 15-16　氯乙烷核磁共振图

4. 偶合常数

氯乙烷两组磁不等性质子(图 15-16)，甲基裂分为三重峰，亚甲基裂分为四重峰，每组峰内各峰之间的距离称为偶合常数，用 J_{ab} 表示，下角 ab 表示相互偶合的磁不等性质子种类，偶合常数单位用 Hz 表示。相互偶合的质子间的偶合常数相等，由偶合常数可以判断哪些质子间相互偶合。

碳碳双键上的顺式两个氢的偶合常数与反式不同：

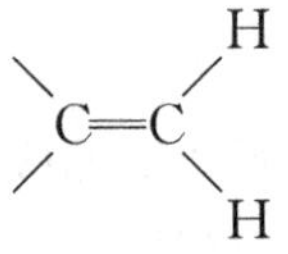

J=0～3.5Hz

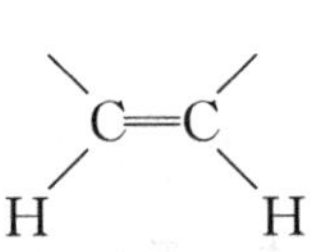

J=5～14Hz

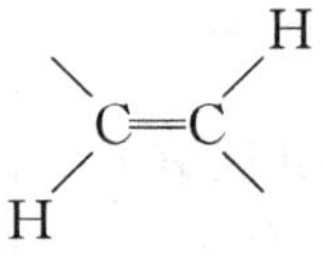

J=12～18Hz

15.4.4　核磁共振谱的应用

1. 推测有机化合物的结构

解析核磁共振谱，主要是从中寻找吸收峰的位置、数目、峰面积、裂分情况等信息。一般包括以下几个步骤：

(1) 根据吸收峰的数目、峰面积和分子式中氢原子的总数，可知道有几种类型的氢，求出每组峰所代表的氢原子的数目；

(2) 根据各个吸收峰的化学位移值确定可能属于哪种类型的氢，必要时通过加 D_2O 后吸收峰是否消失来确定其中的活泼氢；

(3) 从峰的裂分数和 J 值找出相互偶合的信号，从而确定邻近碳原子上氢原子的数目和相互关联的结构片段；

(4) 综合上面给出的信息来推测样品的结构。

下面结合具体例子来说明谱图的解析方法。

【例 15-1】 测得分子式为 C_3H_6O 的化合物的核磁共振谱如图 15-17 所示，试确定其可能得结构式。

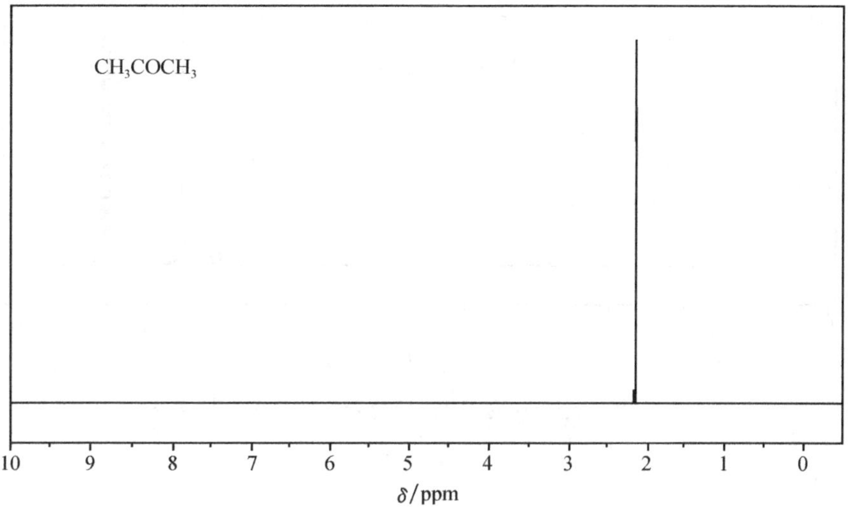

图 15-17　CH_3COCH_3 的核磁共振谱图

解　由分子式推知化合物可能为 CH_3COCH_3、CH_3CH_2CHO、$CH_3CH—CH_2$（—O— 桥连）、$CH_2CH_2CH_2$（—O— 桥连）、$CH_2═CHOCH_3$、$CH_2═CHCH_2OH$ 等。核磁共振谱上只有 $\delta=2.1$ppm 1 个单峰，说明 6 个氢是磁等性质子，这些异构体中只有 CH_3COCH_3 得 6 个氢为磁等性的。查表 15-7 知 $H—\overset{|}{\underset{|}{C}}—C═O$ 的 $\delta=2.1\sim2.5$ppm，可见该化合物的结构式为 CH_3COCH_3。

【例 15-2】 已知某有机化合物的分子式为 $C_5H_{10}O$，试根据下列 ^1H NMR 谱(图 15-18)推测其结构。

解　(1) 除 TMS 吸收峰外，从高场至低场，共有 3 组吸收峰，积分线高度之比为 6∶3∶1，因分子中只有 10 个 H，故各吸收峰分别相当 6H、3H 和 1H。

(2) 根据各吸收峰的 δ 值，$\delta=2.1$ppm(3H) 和 $\delta=2.56$ppm(1H)，化学位移较大，可推测—CH_3 和—CH—连接吸电子基，如 C═O、—O—等基团。

(3) $\delta=1.08$ppm(6H) 的二重峰和 $\delta=2.56$ppm(1H) 的多重峰，两组的 J 值相同，提示它们彼此偶合，结构上应处于邻近位置，得结构片段 $CH_3—CH—CH_3$，$\delta=2.1$ppm(3H) 的 CH_3 为单峰，表示无邻近质子，按分子式计算，余下的 1 个 C、1 个 O 应组成 1 个吸电子的羰基，因而得另一结构片段为 $CH_3CO—$。

(4) 将上述两个结构片段相连，即得化合物的结构为

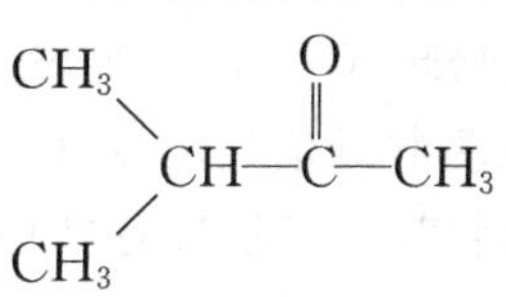

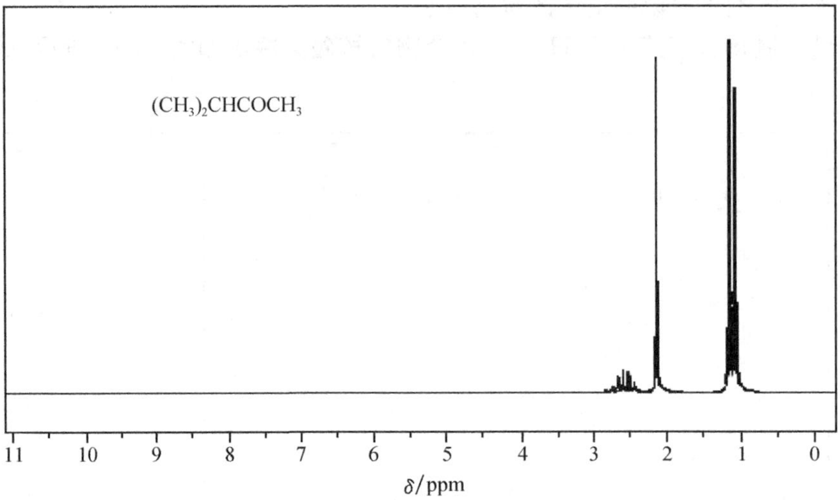

图 15-18　分子式为 $C_5H_{10}O$ 化合物的核磁共振谱图

2. 构型研究

N,*N*-二甲基甲酰胺的 NMR 谱图上(图 15-19),除了在 δ=8.02ppm 处有一个单峰(1H)外,在 δ=2.97ppm 和 δ=2.88ppm 处还有两个单峰。

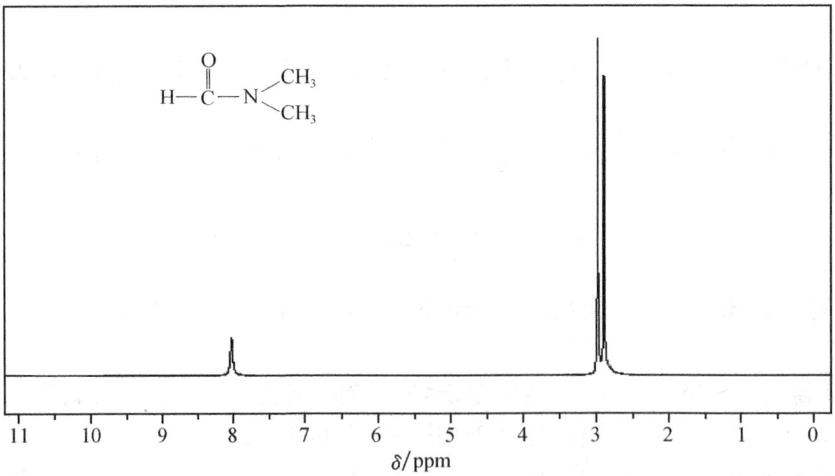

图 15-19　*N*,*N*-二甲基甲酰胺的核磁共振谱图

δ=8.02ppm 处的单峰(1H)显然是甲酰基上 H 的吸收峰。两个甲基给出两组吸收峰,说明它们所处的化学环境不同,从而得出 C—N 键不能自由旋转和酰胺键具有平面结构的结论。

3. 芳香性研究

呋喃、噻吩、吡咯具有很高的离域能,分别为 67、88、117kJ/mol。在核磁共振谱中,呋喃环(α-H,7.43ppm;β-H,6.38ppm)、噻吩环(α-H,7.30 ppm;β-H,7.10 ppm)和吡咯环(α-H,6.68 ppm;β-H,6.22 ppm)上氢的核磁共振信号出现在低场,通常位于芳香族化合物区内,这也是它们具有芳香性的一个标志。例如,呋喃的核磁共振谱图(图 15-20)。

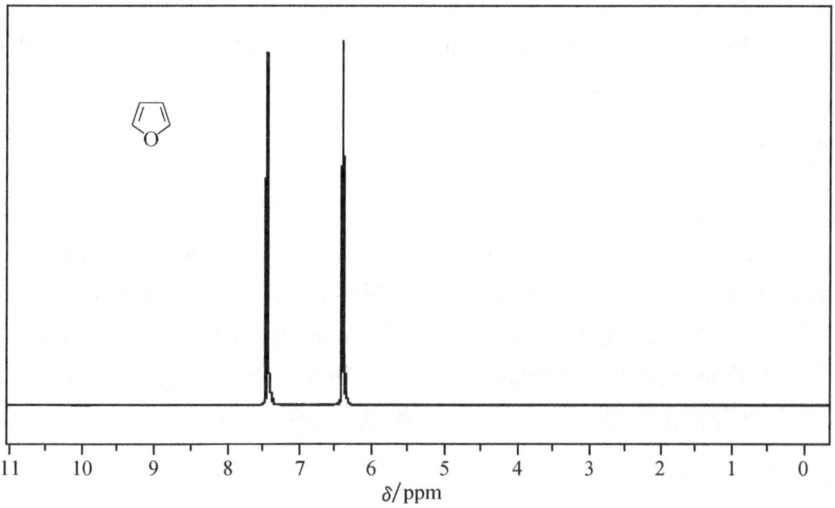

图 15-20 呋喃的核磁共振谱图

4. 核磁共振在生物、医学上的应用

近年来，核磁共振用于临床诊断取得了长足的发展，如磁共振成像(nuclear magnetic resonance imaging，简称 NMRI)作为当前临床诊断的一种先进手段也是基于^{1}H NMR 原理发展起来的。氢核是人体成像的首选核种。人体各种组织含有大量的水和碳氢化合物，所以氢核的核磁共振灵敏度高、信号强，这是人们首选氢核作为人体成像元素的原因。因人类肌体的每一个细胞都含有相当量的水，人体中各种组织间含水比例不同，即含氢核数的多少不同，则 NMR 信号强度有差异，利用这种差异作为特征量，以显示组织和器官。由于病态细胞中水的质子在 NMR 成像中不同于正常健康细胞中的质子，而且随着病变的不同分子阶段而不同，因此，利用计算机技术可将检查部位的横切片的二维图像记录下来，并进一步集合成三维图像，为临床提供很有价值的信息。例如，利用磁共振成像技术绘制成的人头内部的结构图像(图 15-21)。

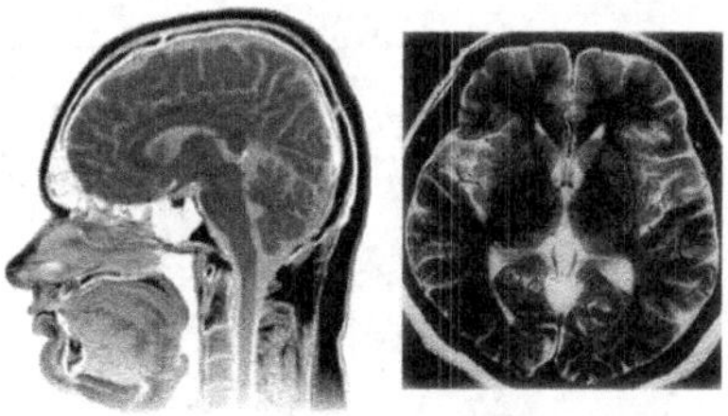

图 15-21 人脑部结构的磁共振图像

动物活体的 NMR 技术已成为生理学、生物化学、药理学和神经生物化学研究的一种新的手段。这种技术具有对活体组织无损害，可同时测定活体内数种化合物，在正常生理状态下连续进行适时动态测定、进行药物代谢动力学研究等优点。因此，这种技术受到了广大生物医学工作者的青睐。

15.5 质 谱

质谱(mass spectrometry，MS)是近年来发展起来的一种快速、简捷、精确地测定相对分子质量的方法。高分辨率质谱仪只需几微克样品就可以精确地测定有机化合物的相对分子质量和分子式。1mol CO、N_2 和 C_2H_4 的质量都是 28g，精确计算在十分位上才有差别，用一般的测定方法很难区别它们，而用质谱仪很容易将它们区分。质谱不仅可以给出相对分子质量方面的信息，还可以给出分子结构方面的某些信息。如果用色谱仪和质谱仪联合使用，还可以测出混合物的组成及各组分的相对分子质量和分子结构。质谱已成为有机化学和生命科学工作者了解有机分子结构的有力工具之一。

15.5.1 质谱的基本原理

有机分子在高真空下受高能量电子束轰击时，化合物分子失去 1 个外层电子而变成分子离子 $M^{+}\cdot$（“+”表示正离子，“·”表示不成对电子）。多数分子离子是不稳定的，在这样高能量的电子束作用下，进一步发生键的断裂产生许多碎片，有些碎片也带正电荷。各种正离子的质量与其所带的电荷之比（质荷比）m/e 不同，在电场、磁场作用下，可按 m/e 的大小分离即得到质谱。分子离子的质量即为该化合物的相对分子质量。分析各种不同 m/e 的碎片的种类、质量和强度，结合化合物化学键断裂规律，可以推断化合物的分子结构。

15.5.2 质谱仪和质谱图

1. 质谱仪

普通质谱仪的工作原理如图 15-22 所示。由进样系统、离子化室、磁分析器和离子收集器等部分组成。进样系统来的试样在离子化室内受到高能离子束轰击，有机分子失去 1 个电子生成分子离子，分子离子可继续断裂成各种碎片，带电荷的分子离子和碎片由离子加速器加速后进入分析系统。在分析器中，不同 m/e 的正离子在磁场作用下按质量和所带电荷不同而产生偏离，进入不同弯曲轨道得以分离，不同 m/e 的离子按质量大小的顺序通过狭缝进入离子收集器，离子的电荷转变成电信号，经放大得质谱图。

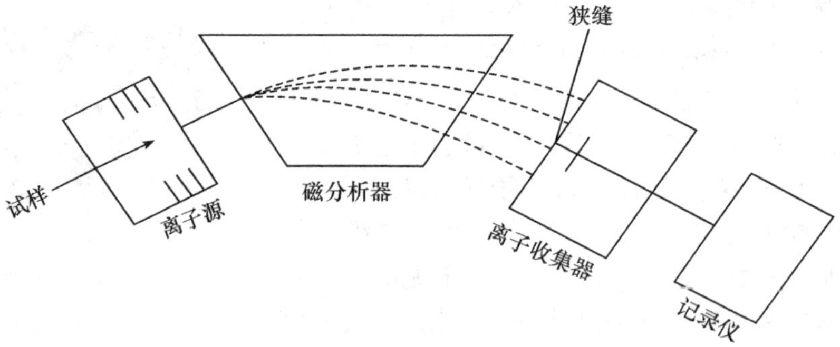

图 15-22 普通质谱仪的工作原理

2. 质谱图

质谱图以质荷比（m/e）为横坐标，相对强度为纵坐标，一般将原始质谱图上最强的离子峰定为基峰，其相对强度为 100%，其他离子峰则以对基峰的相对百分值表示。图可以直观地看到分子的整个质谱。图 15-23 是正己烷的质谱图。

15.5.3 质谱图的解析

解析质谱图上出现的峰，就是要说明这些峰是怎么引起的，它的位置和强度与化合物的分子种类和结构的关系。经过大量质谱工作的研究，把质谱峰归纳为分子离子峰、碎片离子峰、同位素离子峰、亚稳离子峰、多电荷离子峰等。下面主要介绍分子离子峰、碎片离子峰和同位

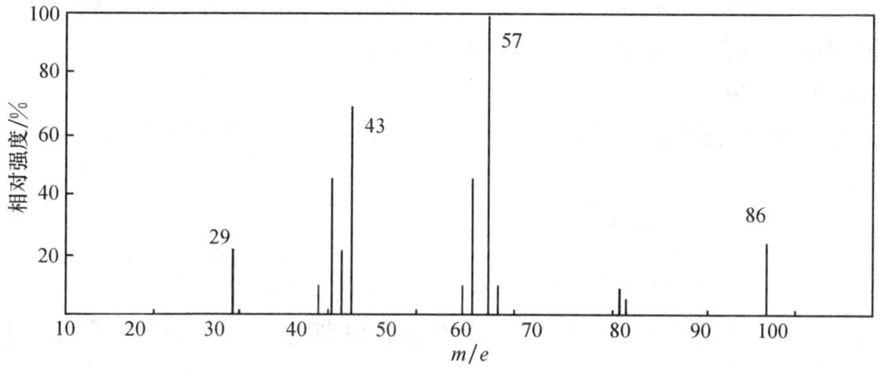

图 15-23　正己烷的质谱图

素离子峰。

1. 分子离子峰

分子离子峰一般位于质谱中质荷比(m/e)最高值，故分子离子峰的 m/e 值就是样品的相对分子质量，在解析质谱图时，确定分子离子峰是非常重要的。理论上所有的有机化合物都可以产生可以辨认的分子离子峰，其稳定性决定于分子结构。分子离子峰的强度与样品的结构有关。各类化合物分子离子的稳定顺序大致如下：

芳烃＞共轭烯烃＞烯烃＞脂环烃＞羰基化合物＞直链烃＞醚＞酯＞胺＞羧酸＞醇

若了解化合物的结构，对分子离子峰的强弱有一定的预见性，就可利用上述次序来判断分子离子峰。

2. 同位素离子峰

有机化合物一般由 C、H、O、N、S、Cl、Br 等元素组成。这些元素都有稳定的同位素，而在各种同位素中常常是最轻的同位素为最普通的同位素，这样在质谱图上可出现比分子离子峰的 m/e 大 1 或 2 个单位的峰，即 M+1 或 M+2 峰。一些组成有机化合物元素的重同位素的丰度见表 15-10。

表 15-10　一些同位素的天然丰度

重同位素	^{2}H	^{13}C	^{15}N	^{17}O	^{18}O	^{33}S	^{34}S	^{36}S	^{37}Cl	^{81}Br
丰度/%	0.015	1.107	0.366	0.037	0.204	0.76	4.22	0.014	24.47	49.46

M+1 峰可以由分子中分别含有一个 ^{13}C 、^{15}N 、^{17}O 或 ^{33}S 形成。M+2 峰可由分子中含有 1 个 ^{18}O、^{34}S、^{37}Cl、^{81}Br 或同时含有上述两个重同位素的原子形成。除 ^{81}Br 以外，其他同位素的含量一般都比普通同位素的含量低得多。分子离子峰与同位素离子峰的强度比与同位素的丰度比是相当的，可由丰度比来推测分子离子峰，由它们之间的强度关系可以帮助确定分子离子峰和分子式。

3. 碎片离子峰

分子离子在电子流轰击下继续开裂生成碎片离子，碎片离子的相对峰度与化合物的分子结构有密切关系，一般情况下几个主要的碎片离子峰就可以代表分子的主要结构。因此，掌握各种类型有机物的开裂方式对确定分子结构是非常重要的。

1）α 开裂和 β 开裂

醛、酮、羧酸、酯和酰胺等含有羰基的化合物都发生 α 开裂（具有正电荷的原子与 α-碳原子间的开裂）：

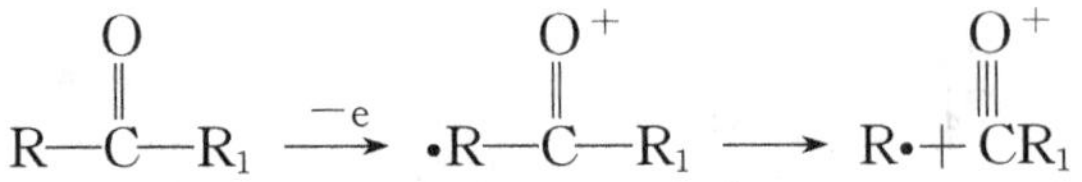

醇、胺、酯、硫醇、卤化物等易发生 β 开裂（具有正电荷的原子与 β 碳原子间的开裂）。即含有杂原子的化合物，开裂易发生在与杂原子相隔的 C_α—C_β 键上。例如：

$$CH_3CH_2NHCH_3 \xrightarrow{-e} CH_3—CH_2—\overset{+\cdot}{N}H—CH_3 \longrightarrow CH_3\cdot + CH_2=\overset{+}{N}HCH_3$$

2）产生稳定离子的开裂

碳氢化合物易在多分支处开裂产生稳定的碳正离子，稳定顺序为 3°>2°>1°。含杂原子的化合物易发生 β 开裂，生成具有共轭结构的离子，稳定顺序为 N>S>O>Cl。烷基取代的苯易发生 β 开裂。

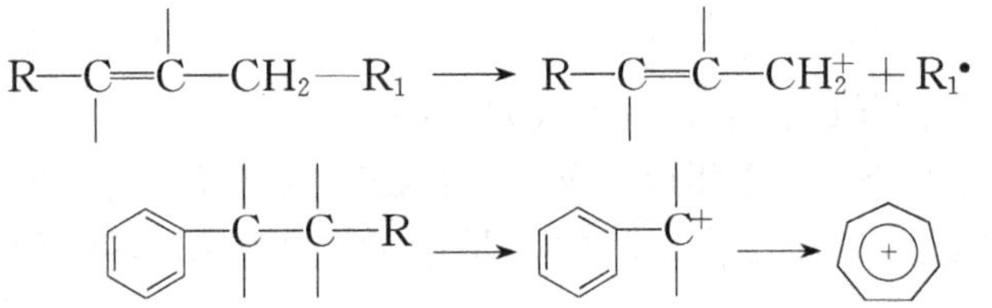

3）脱离中性小分子的开裂

由上述开裂方式得到的 $RCH_2CH_2^+$ 的或 $R—C\equiv O^+$ 会进一步开裂脱离中性分子。例如

$$RCH_2CH_2^+ \longrightarrow R^+ + CH_2=CH_2$$
$$R—C\equiv O^+ \longrightarrow R^+ + CO$$

分析有机化合物结构一般需综合运用多种波谱。波谱综合解析的一般步骤为：

① 利用质谱的分子离子峰(M)和同位素峰(M+1)，(M+2)的相对强度可得出最可能的分子式；

② 由分子式可计算不饱和度，进而推测化合物的大致类型，如是否是芳香化合物，有否羰基等；

③ 由质谱的分子离子峰，碎片离子峰可推知可能存在的分子片段，根据分子离子峰与碎片离子峰以及各碎片离子峰 m/e 的差值可推知可能失去的分子片段，从而给出可能的分子结构；

④ 从紫外光谱可计算出 ε 值，根据 ε 值及 λ_{max} 的位置，可推测化合物中有否共轭体系或芳香体系；

⑤ 参考红外光谱提供的分子中可能含有的官能团信息；

⑥ 参考核磁共振谱给出分子中含几种类型氢，各种氢的个数以及相邻氢之间的关系，以验证所推测结构是否合理。

思　考　题

1. 何谓红外吸收光谱？它是如何得到的？
2. 紫外及可见光谱有哪几种谱带系？产生的原因是什么？有些什么特点？
3. 在有机化合物的鉴定与结构分析上，紫外光谱能提供哪些信息？有什么应用？
4. ^{1}H，^{2}H，^{12}C，^{13}C，^{14}N，^{15}N 哪些核可以进行核磁共振实验？哪些不可以？为什么？
5. 什么叫化学位移？简述影响化学位移的因素。
6. 有机化合物在电子轰击下，会产生哪些类型离子？其相应的离子峰在谱图解析中各起什么作用？

习　　题

1. 下图中两条紫外光谱图，其中：(a)的 λ_{max}=277nm，(b)的 λ_{max}=324nm。问哪一条是 2-丁酮的，哪一条是 3-丁烯-2 酮的？

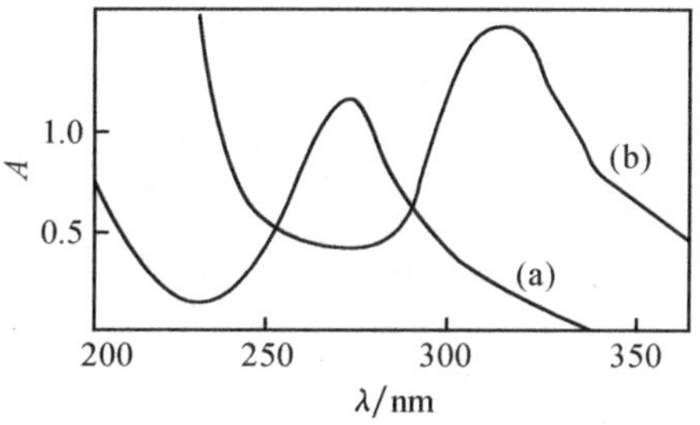

2. 用红外光谱可鉴别下列哪几对化合物？并说明理由。
   (1) $CH_3CH_2CH_2OH$ 与 $CH_3CH_2NHCH_3$
   (2) CH_3COCH_3 与 CH_3CH_2CHO
   (3) $CH_3CH_2CH_2OCH_3$ 与 $CH_3CH_2COCH_3$
   (4) 四氢呋喃和环己二烯
3. 某一化合物的 IR 谱，发现 1700cm^{-1}有一强吸收峰，在 3020cm^{-1}处有一中强吸收峰，由此可推断该化合物是下列化合物中的哪一种？

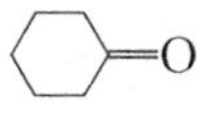

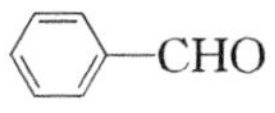

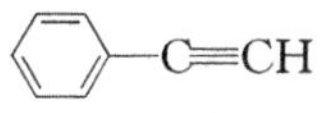

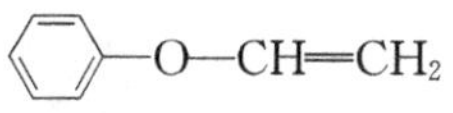

4. 应用 IR、^{1}H NMR 谱中的哪一种可使下列各对化合物达到快速而有效的鉴别？
   (1) $CH_3CH_2CH_2CHO$ 与 $CH_3COCH_2CH_3$
   (2) 环己醇与环己酮
   (3) 2-丁醇与四氢呋喃
5. 具有下列各分子式的化合物，在^{1}H NMR 谱中均只出现 1 个信号，其可能的结构式是什么？
   (1) C_5H_{10}　(2) $C_3H_6Br_2$　(3) C_2H_6O　(4) C_3H_6O　(5) C_4H_6　(6) C_8H_{18}
6. 如何用^{1}H NMR 谱区分下列各组化合物？
   (1) 环丁烷和甲基环丙烷
   (2) $C(CH_3)_4$ 和 $CH_3CH_2CH_2CH_2CH_3$
   (3) $ClCH_2CH_2Br$ 和 $BrCH_2CH_2Br$
7. 某化合物的分子式为 C_4H_8O，它的红外光谱在 1715cm^{-1}有强吸收峰；它的核磁共振谱有 1 个单峰，相当于 3 个 H，有 1 个四重峰相当于 2 个 H，有 1 个三重峰相当于 3 个 H。试写出该化合物的结构式。
8. 某化合物的分子式为 C_4H_6O，其光谱性质为

UV 谱：在 230nm 附近有吸收峰，$\varepsilon > 5000$；

^{1}H NMR 谱：δ 2.03ppm　双峰　3H，δ 6.13ppm　多重峰　1H，δ 6.87ppm　多重峰　1H，δ 9.48ppm　双峰　1H；

IR 谱：在 1720cm^{-1}、2720cm^{-1} 处有强吸收。

试推测该化合物的结构式。

9. 某化合物元素分析结果为 C：62.5%，H：10.3%，O：27.5%。常温时，该化合物与碘无作用，但加入 NaOH 并加热，则得到黄色沉淀。一些波谱数据如下：

MS：分子离子峰 m/e 为 116；

UV：无吸收峰；

IR：3300cm^{-1} 强宽吸收峰；1700cm^{-1} 强吸收峰；

^{1}H NMR：δ 1.3ppm　单峰，δ 2.6ppm　单峰，δ 3.8ppm　单峰，峰面积比为 6∶3∶2。

请根据以上提供的数据推导该化合物的结构。

10. 用何种波谱法鉴别下列各组化合物。

(1) 亚麻油酸和桐油酸

(2) 麦角甾醇和胆甾醇

(3) 丙酸和乙酸乙酯

(4) 1,1-二氯乙烷和 1,2-二氯乙烷

(5) 乙醇和二甲醚

参 考 文 献

拜尔 H,瓦尔特 W. 1989. 有机化学教程. 唐慰慈译. 北京:高等教育出版社

迪安 J A. 2003. 兰氏化学手册. 2 版. 魏俊发等译. 北京:科学出版社

胡宏纹. 2006. 有机化学. 3 版. 北京:高等教育出版社

刘湘等. 2005. 天然产物化学. 北京:化学工业出版社

莫里森 R T,博伊德 R N. 1992. 有机化学. 北京:科学出版社

沈同,王镜岩. 1990. 生物化学. 北京:高等教育出版社

汪巩. 1982. 有机化合物命名原则. 北京:高等教育出版社

邢其毅等. 2001. 基础有机化学. 2 版. 北京:高等教育出版社

徐伟亮等. 2007. 有机化学学习指南. 北京:科学出版社

叶秀林. 1999. 立体化学. 北京:北京大学出版社

袁开基等. 1984. 有机杂环化学(基本原理与合成). 北京:人民卫生出版社

浙江农业大学. 1990. 有机化学. 北京:中国农业出版社

朱宝泉等. 2002. 新编药物合成手册(上、下卷). 北京:化学工业出版社

Carey F A. 2005. Organic Chemistry. 6th edition. New York:McGraw-Hill

Carruthers W. 2004. Modern Methods of Organic Synthesis. New York:Cambridge

Fisher J,Arnold J R P. 2000. 生物学中的化学. 李艳梅译. 北京:科学出版社

Graham Solomons T W,Fryhle C B. 2003. Organic Chemistry. 8th edition. New York:John Wiley & Sons,Inc (化学工业出版社影印)

Graham Solomons T W, Fryhle C B. 2010. Organic Chemistry. 10th edition. International Student Version. New York:John Wiley & Sons, Inc

Joule J A,Mills K. 2010. Heterocyclic Chemistry. 5th edition. New York:John Wiley & Sons, Inc

JackLirn J. 2011. 有机人名反应:机理及应用. 荣国斌译. 北京:科学出版社

Klein D R. 2010. Organic Chemistry. New York:John Wiley & Sons, Inc

Laue T,Plagens A. 2005. Named Organic Reactions. 2nd edition. Translated into English by Dr. Claus Vogel. New York:John Wiley & Sons Ltd

Lide D R. 2010. CRC Handbook of Chemistry and Physics. 90th edition. Florida:CRC Press

Moloney M G. 2009. Structure and Reactivity in Organic Chemistry. New York:John Wiley & Sons, Inc

Raymond K W. 2009. General Organic and Biological Chemistry. 3rd edition. New York: John Wiley & Sons, Inc

Smith M B,March J. 2001. March's Advanced Organic Chemistry. 5th edition. New York:John Wiley & Sons, Inc

Thomas G. 2007. Medicinal Chemistry An Introduction. 2nd edition. New York:John Wiley & Sons, Inc

Voet D,Voet J G. 2010. Biochemistry. 4th edition. New York:John Wiley & Sons, Inc